L'ARBORICULTURE

FRUITIÈRE

THÉORIE ET PRATIQUE

LES CLASSIQUES DU JARDIN

L'ARBORICULTURE
FRUITIÈRE

TRAITÉ COMPLET

DE LA

CULTURE DES ARBRES

COMPRENANT

La culture *intensive*, *extensive*, et *forcée* des FRUITS DE TABLE
(jardins fruitiers et vergers)
celle de la PÉPINIÈRE et du VIGNOBLE ; PLANTATIONS URBAINES
et D'ALIGNEMENT : les soins à donner aux ARBRES
DES VILLES, DES AVENUES, LES ROUTES ET DES FORÊTS

PAR GRESSENT

PROFESSEUR D'ARBORICULTURE ET D'HORTICULTURE

OUVRAGE APPROUVÉ PAR L'UNIVERSITÉ

Encouragé par le Ministère de l'Agriculture
Et recommandé par le Ministère de l'Instruction publique
pour les Bibliothèques scolaires depuis 1868

DIXIÈME ÉDITION

CHEZ M. GRESSENT	PARIS
AUTEUR ET ÉDITEUR	
À SANNOIS (Seine-et-Oise)	AUGUSTE GOIN
	LIBRAIRE
On *expédie franco, par la poste* *et par retour du courrier*, contre un mandat de 7 fr.	Rue des Écoles, 62

1894

A MES LECTEURS

Je commence aujourd'hui la DIXIÈME ÉDITION de l'*Arboriculture fruitière*.

Ce chiffre : **Dix éditions** dispense de commentaires et répond à toutes les objections.

Les suffrages du public comme les services rendus par ce livre l'ont placé au premier rang ; en faisant ma DIXIÈME ÉDITION, j'ai un double devoir à remplir :

Témoigner d'abord ma profonde reconnaissance à mes auditeurs et à mes lecteurs d'avoir donné la place d'honneur à ce livre, et ensuite de le perfectionner encore, afin d'en rendre les enseignements faciles pour tous.

La vieillesse est venue, et je ne vois personne pour continuer les expériences auxquelles j'ai consacré la majeure partie de ma longue existence ; j'ai fait quelques bons élèves ; la France hésitait à les rémunérer ; l'Etranger les a tous pris.

L'enseignement, qui avait porté de si féconds résultats en province, lorsqu'il était confié à des professeurs érudits, est en pleine décadence, tombé qu'il est entre les mains des marchands ou des jardiniers ; les questions d'économie politique, de patriotisme et de richesse publique ont fait place à l'intérêt personnel et à l'insuffisance ; il recule au lieu d'avancer.

Dans ces conditions, j'apporte un soin tout particulier à la DIXIÈME ÉDITION de l'*Arboriculture fruitière* ; c'est probablement la dernière que je ferai ; je m'y prends d'avance et y apporte tous mes soins dans le but de ne rien laisser inachevé. J'augmente tout ce qui m'a été signalé comme incomplet, et j'ajoute plusieurs chapitres, traitant des questions nouvelles, etc. Je m'étends longuement sur les maladies de la vigne, des arbres, et indique les meilleurs moyens curatifs, pas assez connus et trop négligés dans les campagnes. Tout le monde, faute des connaissances nécessaires, s'est trouvé désarmé en présence de nombreuses catastrophes ; des récoltes pouvant être sauvées ont été perdues, et des milliers d'arbres qu'il était facile de restaurer ont été arrachés ; d'autres atteints de maladies faciles à guérir, ou ravagés par les insectes, ont péri faute de soins. La DIXIÈME ÉDITION DE L'ARBORICULTURE FRUITIÈRE préservera mes adeptes des erreurs de l'ignorance et de bien des accidents.

Je fais tout ce qui est possible pour rendre ce livre aussi lucide que pratique pour tous ceux qui veulent étudier : propriétaires, horticulteurs, comme jardiniers. Cette nouvelle édition est un testament dans lequel je lègue de grand cœur à la postérité tout ce que j'ai acquis en un demi-siècle.

Pendant près de quarante ans, j'ai fait visiter mes jardins à toutes les personnes qui se sont présentées, aux environs de Paris, à mon jardin d'expériences d'Orléans, et enfin à mes jardins-écoles de Sannois. N'étant plus d'âge à conduire le personnel jardinier d'aujourd'hui et ne pouvant être uniquement occupé à recevoir des visites, j'ai fermé les jardins-écoles au public pour continuer mes expériences jusqu'au bout, dans un champ uniquement consacré aux essais.

Si j'ai le regret de ne plus vous montrer de jardins, chers lecteurs, j'ai la satisfaction de vous donner dans la DIXIÈME ÉDITION de l'*Arboriculture fruitière* un livre des plus complets et des plus pratiques, soigneusement revu dans le silence du cabinet, ce qui ne m'avait pas été possible pour les éditions précédentes, qu'il fallait mener de front avec des cultures très étendues et une administration importante à conduire.

Ce que vous perdez de la visite des jardins, chers lecteurs, sera largement compensé par la lecture de ce livre qui vous restera entre les mains et que vous pourrez toujours consulter. En outre, j'aurai toujours le plus grand plaisir à vous éclairer de mes conseils pour tout ce qu vous paraîtra obscur. Un mot jeté à la poste deux ou trois jours à l'avance, et je vous donnerai réponse par la poste, ou rendez-vous chez moi.

Sannois, 13 Avril 1893.

L'ARBORICULTURE

FRUITIÈRE

PREMIÈRE PARTIE

DROIT AU BUT

CHAPITRE PREMIER

VOULEZ-VOUS RÉUSSIR?

« Assurément ! C'est pour cela que j'ouvre votre livre, » me répondrez-vous.

Rien n'est plus facile que de réussir en arboriculture sans en avoir la moindre notion, mais à trois conditions :

1° DE LIRE ATTENTIVEMENT ET MÊME D'ÉTUDIER, SANS EXCEPTION, TOUTES LES PAGES DE CE LIVRE : il ne contient pas un mot inutile ;

2° DE SUIVRE TOUTES MES INDICATIONS A LA LETTRE, EN RESTANT SOURD AUX AVIS COMME AUX RÉCRIMINATIONS DE L'IGNORANCE, DES PRÉJUGÉS ET DE LA ROUTINE. Mon enseignement, basé sur les lois naturelles, est le fruit de près d'un demi-siècle de travail assidu et d'incessantes expérimentations pratiques des méthodes anciennes et de tous les systèmes modernes.

Si, mû par une influence quelconque, vous modifiez dans l'application une méthode née de l'étude et de l'expérience, basée sur des principes vrais, vous échouerez infailliblement. Dans ce cas, vous reculerez au lieu d'avancer, et vous rendrez toute marche impossible, en enlevant à une machine neuve et en bon état une pièce indispensable, pour la remplacer par un engrenage vicieux, qui détraquera tout ;

3° DE METTRE LA MAIN A L'ŒUVRE ET D'APPLIQUER VOUS-MÊME CE QUE VOUS AUREZ APPRIS. Que cette dernière condition ne vous effraye pas, cher lecteur : je n'ai pas la prétention de vous faire prendre une fourche pour labourer votre jardin fruitier, mais de vous rendre le chirurgien de vos arbres. Ce n'est ni difficile ni fatigant ; des dames du meilleur monde s'en acquittent à merveille et obtiennent les plus brillants résultats.

Il est urgent que vous vous appliquiez vous-même, parce que chaque opération sera raisonnée et efficace par conséquent. En outre, soyez bien convaincu de ceci :

Quand bien même vous vous tromperiez souvent dans l'application (ce qui ne sera pas), vos opérations même imparfaites, basées sur des principes vrais, donneront encore un résultat bien supérieur à celui qui serait obtenu à l'aide d'opérations purement machinales.

Un mot encore pour dissiper vos appréhensions

sur les opérations de taille et de pincement, les seules auxquelles vous aurez à vous livrer.

On se figure généralement, à tort, que l'entretien d'un jardin fruitier produisant de beaux et bons fruits exige un travail énorme. Erreur profonde! Le moyen le plus sûr d'annihiler la production et d'atrophier les arbres et les fruits est de tourmenter sans cesse les arbres, en leur appliquant des opérations inutiles, ne faisant qu'abréger leur existence en les empêchant de végéter et de fructifier. Laissez pousser; ne faites que les mutilations indispensables pour assurer la fructification, vous aurez des arbres aussi fertiles que vigoureux et des fruits splendides.

Un fait dans toute sa brutalité, pour éloigner tous vos doutes. Mon ancien jardin fruitier école avait une étendue de 23 ares; il demandait trois jours pour la taille d'hiver, et deux heures par semaine, en moyenne, de mai à octobre, pour les opérations de palissage, de pincement, rapprochement, etc.

Voilà tout le travail, et chaque opération était faite en temps voulu.

Disons encore que cette taille, demandant trois jours de travail, pouvait être faite de novembre à mars, en cinq mois. Ce n'est plus du travail, mais une distraction, et encore une grande partie de ce travail peut être exécutée par un homme intelligent et de bonne volonté, qui, après avoir étudié ce livre, sera dressé assez promptement par le propriétaire, pour faire bientôt presque tout sous sa surveillance.

Si vous voulez bien, cher lecteur, accepter les conditions indiquées, n'hésitez pas à créer un jardin fruitier; je vous aiderai, s'il le faut, de mes conseils dans la création, pour vous éviter travail et dépenses inutiles.

L'entretien n'est rien; vous élèverez vos arbres, les formerez promptement, les soignerez, avec la plus grande facilité, et obtiendrez vite des résultats qui vous surprendront par leur fécondité, en suivant ce livre à la lettre.

Dans ce cas, marchez, marchez hardiment; le succès est certain, et bientôt vous n'aurez qu'un regret: celui de ne pas vous être occupé plus tôt d'arboriculture.

Mais si vous voulez regarder superficiellement les choses, en confier l'exécution à un homme inexpérimenté, et vous contenter de donner simplement un ordre, fermez ce volume, et ne créez rien à nouveau.

La création sera exécutée, sans aucun douté, d'après les indications que je donnerai; mais que deviendra cette création livrée aux soins de gens ignorants en arboriculture.

Les arbres plus ou moins bien plantés, paralysés par l'abus des liens, resteront infertiles et souffreteux sous les mutilations réitérées du sécateur.

En moins de trois ou quatre années, vous verrez périr une plantation qui serait devenue magnifique et productive, si elle eût été soignée d'une manière intelligente.

Pour faire, il faut savoir, et bien que l'arboriculture soit une science facile, il faut encore la posséder pour arriver à un bon résultat.

Les jardiniers ne savent pas ; il ne faut pas leur en vouloir, la majeure partie ne demande qu'à apprendre ; mais ils n'ont pas eu la possibilité de s'instruire ; ils n'ont pour conseils que les jardiniers dits professeurs et les pépiniéristes, aussi ignorants qu'eux, et pour étudier, que les petits livres de 15 à 25 sous, écrits par des culoteurs de pipes, dans les mansardes de Paris.

C'est au propriétaire ayant l'intelligence et le savoir à diriger son jardinier souvent intelligent et rempli de bonne volonté, mais ignorant les premiers principes de l'arboriculture.

Que le propriétaire communique au jardinier ce qu'il sait, le lui fasse comprendre d'abord et exécuter, ensuite, il obtiendra bien vite un résultat sérieux.

Rien de possible sans l'œil du maître, et quand le maître sait, et sait faire au besoin, tout devient facile.

CHAPITRE II

ÉTAT ACTUEL DE L'ARBORICULTURE

Depuis nombre d'années, la passion de l'arboriculture a envahi toutes les classes de la société. Tout le monde veut tailler et soigner ses arbres : les uns pour avoir les fruits promis par chaque nouveau jardinier et qui n'ont existé qu'en espérance, les autres pour se créer une distraction, et d'autres enfin pour augmenter des revenus insuffisants.

Tout le monde fait de l'arboriculture ; peu de personnes opèrent sérieusement. Ni le zèle ni l'intelligence ne font défaut, au contraire ; mais il manque à cette activité et à ce bon vouloir une direction éclairée, aussi sage que désintéressée, pour tirer bon parti de ces forces vives au profit de ceux qui les possèdent et à celui de la richesse publique.

Examinons l'état des jardins dans toute la France, au point de vue de la production fruitière.

Dans les potagers des châteaux, de beaux espaliers, conduits par de vieux serviteurs nés sur le domaine et espérant bien y mourir. Ces espaliers, souvent traités d'après les vieilles méthodes, donnent de beaux et bons fruits, des fruits qui coûtent cher, il est vrai, mais le propriétaire en a abondamment.

C'est l'application de l'école ancienne, produisant sans s'inquiéter du prix de revient. Cette école a sa raison d'être au château, où l'on ne compte pas. On veut des produits, coûte que coûte, et on les obtient.

C'est de cette école que sortent presque tous les jardiniers professeurs.

Dans la plupart des maisons de campagne, habitées par des propriétaires de fortune moyenne, la production fruitière se soutient encore. Elle est due tantôt à un jardinier habile, largement rétribué, tantôt à l'initiative du propriétaire, dirigeant lui-même ses cultures fruitières, après avoir suivi les cours de Paris et s'être inspiré de bons livres. Dans le premier cas, les fruits coûtent largement ce qu'ils valent; dans le second, le produit indemnise amplement des dépenses de création et d'entretien.

Une quantité de personnes ayant leurs affaires à Paris et leur domicile dans les environs, suivant les cours, sans cesse à la piste des innovations, et opérant elles-mêmes, autant par besoin de se distraire que par goût pour la culture, obtiennent souvent les plus brillants résultats : une quantité de fruits superbes et excellents, sur les espaces les plus restreints et avec peu de dépenses.

C'est de la culture intelligente et productive dans toute l'acception du mot, celle qui devrait être faite partout. Malheureusement, ces petits chefs-d'œuvre d'arboriculture ne se rencontrent guère que dans un petit rayon autour de Paris, où l'on trouve l'enseignement.

Voilà pour les cultures d'amateurs. A la spéculation fruitière maintenant.

C'est encore aux environs de Paris que la spéculation fruitière se fait sur une certaine échelle. (J'excepte *Montreuil* et *Thomery*, où de véritables artistes cultivent avec assez de talent pour fournir des pêches et des raisins au monde entier.)

La spéculation fruitière est presque entièrement du domaine des paysans des environs de Paris. Leurs cultures sont loin d'être parfaites, mais elles sont conduites avec une certaine intelligence.

Ils plantent des champs d'arbres fruitiers dans la plaine. La forme adoptée est le plus souvent celle que l'arbre se donne lui-même ; on se garde bien de le contrarier quand il pousse. Quant à la taille, elle se réduit à un rognage annuel, fait le plus souvent sans le moindre raisonnement. Aussi, ne cultive-t-on pour la spéculation que les variétés de poires se mettant à fruit toutes seules et produisant quand même : les Duchesse, Louise-Bonne, Beurré d'Amanlis, William, Curé, et dans les clos et les jardins, à l'abri des murs et des maisons, quelques Doyennés d'hiver.

Pour rien au monde, le paysan ne sortira de ces variétés, et il a raison ; elles donnent des fruits, même sous ses coups de sécateur. Il sait bien qu'il y a des poires valant le triple de celles qu'il cultive ; mais il n'ignore pas que les arbres qui les produisent exigent une taille raisonnée et ne se mettraient jamais à fruit sous son sécateur. Il ne veut même pas les essayer, tant il est sûr de l'échec.

Parlez de progrès à ces paysans ; ils vous répondront en haussant les épaules : « Ah bien ! je connais ça ; le système Du Breuil, à 40,483 fr. 50 cent. de frais par hectare, pour planter des bâtons qui *crèvent* tout de suite. J'aime mieux acheter pour 40,000 fr. de bien ; c'est plus sûr ! » Mettez donc le livre aux 40,000 fr. par hectare avec celui qui promet 3,000 fr. de rente en élevant des lapins, ils seront bien ensemble.

Et, sur ce raisonnement, que nous sommes loin de blâmer au fond, car il est profondément juste, le paysan continue à inonder la halle de Paris de fruits d'été et de l'unique poire de Curé pour l'hiver.

Voilà pour les environs de Paris, où convergent toutes les lumières.

Examinons maintenant l'état des cultures dans la France entière.

Partout, tous les jardins dits de produits se ressemblent : un immense potager dont les murs sont garnis d'arbres sans formes, couverts de têtes de saule, et donnant par hasard quelques fruits.

Tous les carrés du potager bordés de quenouilles, pyramides ou chandelles (c'est toujours la même chose) ; le nom seul change suivant les contrées. Ces arbres, mal formés ou plutôt sans formes, rognés à outrance et couverts de mutilations et de nodosités, donnent quelques fruits pierreux et fendus tous les quatre ou cinq ans.

Au milieu de ces misères fruitières, quelques jardins fruitiers, créés et soignés par les propriétaires eux-mêmes, donnant en quantité de superbes fruits. Heureuses les contrées où des jardins fruitiers sont créés, et où le propriétaire applique la taille qu'il est venu apprendre à mes cours de Paris ou dans ce livre ! Ces jardins sont la vie au milieu de la mort ; ils servent vite de modèle, et bientôt le pays marche ; il imite plus ou moins parfaitement, et retire promptement des bénéfices importants de ce qu'il a vu et imité.

C'est dans ces conditions que de nombreuses cultures fruitières ont été créées, depuis quelques années, en province, d'après l'initiative des propriétaires, sur les indications de mes livres, et ont donné les plus brillants résultats.

C'est le commencement d'une révolution dans l'arboriculture : révolution des plus pacifiques, apportant à ses adeptes travail et prospérité.

N'oublions pas que l'Angleterre, la Russie et tout le Nord de l'Allemagne ne peuvent obtenir qu'en serre les fruits que le sol et le climat privilégiés de la France nous prodiguent. Rappelons-nous encore que les acheteurs étrangers parcourent nos marchés et y enlèvent, à des prix élevés, tous nos fruits et une grande partie de nos légumes.

Cette vente, si la production était ce qu'elle peut devenir, donnerait un chiffre de PLUSIEURS MILLIARDS PAR AN. Cette énorme richesse serait obtenue sur des terrains abandonnés à l'ignorance et à l'incurie, ne rapportant rien ou presque rien, et ne demandant qu'une culture raisonnée, pour donner au propriétaire comme à ses aides : richesse et aisance.

En présence du phylloxera, du mildew et autres calamités menaçant nos vignobles de destruction, et de la détresse actuelle de l'agriculture, c'est le moment ou jamais de penser sérieusement à la production des fruits à cidre, pouvant remplacer le vin, et à la culture en grand des fruits de table, dont l'exportation est assurée d'avance et dont les bénéfices peuvent contre-balancer les pertes que nous donnent les céréales.

A l'œuvre donc tous ceux qui veulent enrichir leur pays et attacher les habitants des villages à leur clocher. Ils émigrent, parce qu'ils ne peuvent vivre chez eux. Créez-leur des richesses : ils vous béniront et ne viendront plus dans les grandes villes, où, mus par des ambitions insensées, ils viennent presque toujours chercher la misère et souvent finir à l'hôpital.

CHAPITRE III

LE REMÈDE

J'ai signalé le mal pour lui opposer un remède énergique : ce remède infaillible, source de prospérité comme de gloire pour notre malheureux pays, est :

LE TRAVAIL !

J'entends, par travail, le travail intelligent et consciencieux. S'agiter dans le vide, même en se donnant beaucoup de peine, n'est pas travailler. Ceux qui opèrent ainsi n'acquièrent rien pour eux ni pour leur pays.

Loin de ma pensée de décourager qui que ce soit ; je veux, au contraire, le concours de tous à l'œuvre que j'ai commencée depuis plus de quarante ans : MORALISATION DES MASSES ET BIEN-ÊTRE POUR TOUS PAR LE TRAVAIL INTELLIGENT !

Ce programme est facile à remplir'; il s'accomplira un jour, je n'en doute pas, par l'extension des cultures productives ; mais il faut les faire connaître et les enseigner partout, plus encore dans les villages que dans les villes.

Le progrès horticole a fait du chemin depuis trente ans, cela est incontestable. Des sociétés d'horticulture ont été créées; des cours ont été donnés dans bien des localités ; c'est un bon commencement, mais tout est à perfectionner.

Malgré tout le zèle des sociétés d'horticulture, leur action est concentrée dans un cercle trop restreint ; toujours tout pour les villes, rien pour les campagnes !

L'enseignement est tout entier pour les villes ; l'enseignement nomade lui-même, qui a déterminé le mouvement progressif actuel, ne pénétrait pas dans les campagnes, ou s'il y parvenait, c'était par l'intermédiaire de jardiniers s'intitulant professeurs, n'ayant pas les connaissances nécessaires pour enseigner et pour faire avancer les populations rurales.

Je ne veux pas faire la guerre aux jardiniers dits professeurs ; qu'ils ne prennent pas en mauvaise part ce que je viens de dire. Je les considère comme appelés à rendre les plus grands services, et mon but est de les placer à la hauteur de leur mission.

Leur éloignement de Paris et le manque de bons livres ne leur ont pas permis de faire même les études élémentaires, indispensables pour le professorat. Dans la plupart des localités, ils enseignent la culture des châteaux, la seule qu'ils ont apprise et pratiquée. Cette culture, tout utile qu'elle est pour les grandes fortunes, ne peut être appropriée ni à la bourse ni au coin de terre du paysan.

Le jardinier-professeur a besoin de travailler pour apprendre d'abord son enseignement et le rendre ensuite fructueux pour tous. Il faut qu'il le divise et l'approprie aux besoins de chacun, exigeant une culture différente.

La culture du jardin fruitier du propriétaire ne peut pas être appliquée à celui du spéculateur, pas plus que celle de ce dernier ne convient au petit cultivateur.

Que les jardiniers-professeurs, après avoir étudié ce livre, adoptent demain la classification que je vais leur indiquer ; en moins de trois ans ils créeront plus de richesse dans les campagnes que l'enseignement nomade en un siècle. Avec un peu de travail, ils y arriveront vite et, pour ma part, je leur en donnerai tous les moyens.

Si j'ai conseillé aux jardiniers-professeurs de travailler pour être à la hauteur de leur mission, je donnerai le même conseil à ceux qui les dirigent, comme à ceux qui les entourent.

Que tout le monde se mette à l'œuvre, dignitaires des sociétés de progrès, propriétaires, particuliers, etc. Que chacun dirige et aide le jardinier-professeur, non seulement de conseils, mais encore de bons livres. Que tous l'encouragent dans sa mission, stimulent son dévouement, et bientôt les résultats se produiront.

Lorsque j'ai débuté dans l'enseignement, les difficultés étaient grandes ; j'apportais des idées neuves qui blessaient les usages reçus. L'opposition, ardente alors, n'existe plus aujourd'hui, ou si elle se manifeste, c'est toujours en faveur d'un intérêt particulier ou d'une idée politique : deux choses qui n'ont rien à voir dans l'enseignement.

La tâche de l'enseignement est plus facile aujourd'hui ; mais, pour s'y faire apprécier, il faut avoir d'abord une valeur réelle et savoir ensuite se rendre utile : créer des cultures productives et bientôt des richesses au milieu des populations ignorantes et pauvres en leur donnant l'exemple.

C'est ce que beaucoup d'instituteurs primaires ont tenté de faire, et fait avec succès d'après mes cours et mes livres. Le jardin de l'instituteur primaire est l'école pratique d'horticulture de la commune ; si l'instituteur n'enseigne pas, il cultive son jardin avec profit, et le jardinier-professeur y trouve tous les sujets nécessaires à ses démonstrations pratiques.

Que l'instituteur primaire et le jardinier-professeur unissent leurs efforts ; que les communes et les particuliers les aident un peu ; leur action aura une puissance énorme.

Si, pendant les longues soirées d'hiver, l'instituteur a fait des lectures de bons ouvrages aux habitants de sa commune, la moitié du travail du jardinier-professeur est accomplie, en ce qu'il se trouvera devant un public possédant la théorie.

J'émets cette idée, déjà adoptée par bon nombre

de propriétaires, d'instituteurs primaires et quelques jardiniers-professeurs, remplis de zèle, mais n'ayant pas toujours la possibilité de faire tout ce que leur dévouement leur inspire, et je leur trace ce programme :

Division des cultures, afin de les approprier aux besoins de tous ;

Propagation des bonnes variétés de fruits et de légumes dans toutes les communes ;

Classification des cultures générales et spéciales pour mettre l'enseignement à la portée de tous les besoins. Là seulement est l'instruction profitable pour les campagnes et pour le pays, et de l'exécution de ce programme dépend leur richesse.

Que tout le monde enseigne, mais que chacun soit logique, clair, précis, fasse bien saisir sa pensée et n'enseigne surtout que ce qu'il sait, et les choses applicables par son auditoire.

Pour ma part, j'introduis dans ce livre une classification qui rendra les choses saisissables pour tous et aidera efficacement ceux qui enseignent. Un peu de travail de la part de chacun, avec le concours de tous à mon œuvre, et bientôt le sol français sera le plus productif du monde.

CHAPITRE IV

CLASSIFICATION DES CULTURES FRUITIÈRES

Disons tout d'abord, pour les ersonnes qui n'appartiennent pas à l'agriculture, ce que c'est que la culture *intensive* et la culture *extensive*.

La culture *intensive* est celle qui, à l'aide d'un capital élevé et d'un travail suffisant, donne sur un très petit espace de terrain une récolte abondante et régulière des plus beaux produits.

La culture *extensive*, au contraire, donne moins de produits, et des produits moins assurés, sur un plus grand espace de terrain ; mais on les obtient avec peu de mise de fonds et avec un travail moindre.

Cette division dans l'arboriculture est indispensable pour donner aux propriétaires des fruits dignes d'être servis sur leur table, pour permettre à la spéculation fruitière de prendre le rang qui lui est assigné dans la production du sol et donner à ces deux divisions les soins de culture si différents que chacune d'elle exige.

Le jardin fruitier du propriétaire appartient entièrement au domaine de la culture intensive.

Le but du propriétaire n'est pas de produire pour le marché, mais pour sa table, d'obtenir les plus beaux et les meilleurs fruits pour lui et pour sa famille et d'en prolonger la récolte le plus longtemps possible.

Ce jardin, souvent encadré dans une partie du parc, devra être joli, afin de ne pas choquer la vue dans le paysage. Il devra être créé dans les meilleures conditions d'exposition, afin d'être très fertile, et, en outre, il devra contenir une grande quantité de variétés, habilement choisies, pour fournir de tous les fruits en quantité et pendant le plus de temps possible.

Rien ne sera négligé dans le jardin fruitier du propriétaire pour obtenir ce résultat : élégance, fertilité et production de tous les fruits hors ligne. Le prix de création sera plus élevé que dans le jardin fruitier destiné à la spéculation, et la somme de travail sera aussi plus grande.

Le jardin du propriétaire est de la culture intensive dans toute l'acception du mot.

Je classe aussi dans la culture intensive, mais à un degré moindre, le jardin fruitier pour la spéculation. Ce jardin n'aura sa raison d'être que très près de Paris ou d'une grande ville, sur une ligne de chemin de fer ou près d'un port d'embarquement pour l'Angleterre.

On n'y cultivera que des fruits de table d'élite, se vendant cher et ayant un débouché assuré. La création sera faite avec la plus grande économie ; le travail sera aussi moins minutieux.

Ces deux jardins fruitiers forment à eux deux le bilan de la culture fruitière intensive, celle demandant un certain capital et des soins assidus.

La culture extensive comprendra presque toutes les cultures de spéculation, celles destinées à enrichir la

France, pouvant être faites par tous, et dont jusqu'à présent aucun professeur ne s'est occupé.

1° Le VERGER GRESSENT, créé presque sans capital, produisant des fruits marchands d'une grande valeur, planté avec des arbres en touffes, n'exigeant pas de supports, et soumis à la taille simplifiée, pouvant être exécutée par des manœuvres, des femmes ou des adolescents.

Le verger Gressent donne en même temps des asperges et des artichauts, suivant la nature du sol, et des légumes non arrosés, dont la vente produit, dès la première année, plus du double des frais de création.

La culture et la taille du verger Gressent diffèrent entièrement de celles des jardins fruitiers;

2° Le verger d'arbres à haute tige, dans trois conditions:

Avec arbrisseaux fruitiers, avec légumes et avec fourrage;

3° La pépinière d'arbres fruitiers;

4° Le vignoble.

Ajoutons à cela les divisions suivantes de ce livre:

Première partie. — Droit au but. — Voulez-vous réussir? — État actuel de l'arboriculture. — Le remède. — Classification des cultures fruitières.

Deuxième partie. — Études préliminaires: anatomie et physiologie végétales. — Études du sol et des engrais. — Influence de l'eau, de l'air, de la lumière et de la chaleur sur la végétation.

) *Troisième partie.* — Notions générales. Greffes.

— Choix des arbres à planter. — Formes à donner aux arbres. — Taille. — Instruments à employer. — Coupe du bois.— Principes généraux de la taille.

Quatrième partie. — Culture intensive. — Création des jardins fruitiers du propriétaire et du spéculateur.— Sol. — Murs. — Palissages. — Plantations, etc.

Cinquième partie. — Cultures spéciales. — Culture, formation, taille et restauration de toutes les espèces fruitières.

Sixième partie. — Culture forcée des fruits.

Septième partie. — Récolte et conservation des fruits. — Construction du fruitier. — Entretien du jardin fruitier. — Soins à lui donner chaque mois.

Huitième partie. — Verger Gressent. — Verger d'arbres à haute tige. — Pépinière d'arbres fruitiers. — Vignoble, maladies de la vigne et moyens curatifs.

Neuvième partie. — Traitement des arbres fruitiers et des vignobles ravagés par la grêle.— Restauration des arbres gelés.

Dixième partie. — Plantations urbaines et d'alignement. — Formation des avenues. — Élagage. — Entretien des forêts. — Élagage des chênes, etc. etc.

Chaque chose est classée distinctement et de manière à empêcher toute confusion des différentes cultures.

Cette classification guidera sûrement les amateurs et permettra aux instituteurs, comme aux jardiniers-professeurs, de commencer un cours avec certitude de le terminer avec succès, en observant l'ordre que j'ai suivi, sans même avoir lu tout le volume, et en l'étudiant, au fur et à mesure, chapitre par chapitre.

DEUXIÈME PARTIE

ÉTUDES PRÉLIMINAIRES

CHAPITRE PREMIER

ANATOMIE VÉGÉTALE

Posons tout d'abord ceci en principe :

L'homme ne connaissant pas l'anatomie des arbres, ignorant les fonctions de chacun de leurs organes, ne sachant pas comment un arbre se nourrit, croît et fructifie, est INCAPABLE de PLANTER et d'ÉLEVER UN ARBRE, et plus INCAPABLE ENCORE de lui appliquer une TAILLE JUSTE.

Cela dit, je commence.

Les principaux organes qui constituent les arbres sont :

Les ORGANES ÉLÉMENTAIRES : le *tissu cellulaire* et le *tissu vasculaire*.

Le TISSU CELLULAIRE, formation primitive et primordiale de tout végétal organisé, est composé par la réunion de petites vésicules contiguës, à parois communes, percées d'ouvertures par lesquelles elles communiquent entre elles.

Ces petites vésicules, ovales d'abord (fig. 1), prennent ensuite la forme hexagone (fig. 2) : vues au mi-
croscope, elles simulent les alvéoles des abeilles.

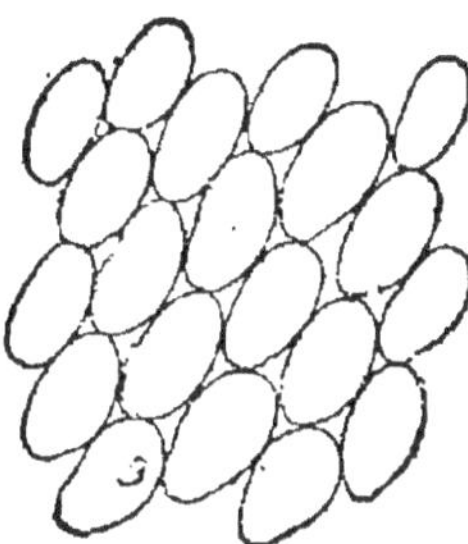

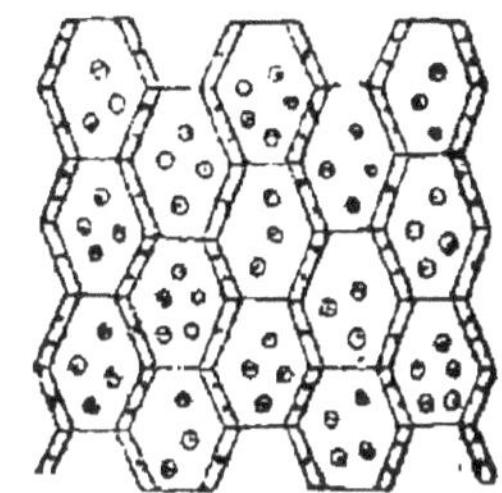

Fig. 1.   Fig. 2.
Tissus cellulaires.

Le tissu cellulaire forme toutes les parties molles
des végétaux. Les parois des cellules, d'abord très

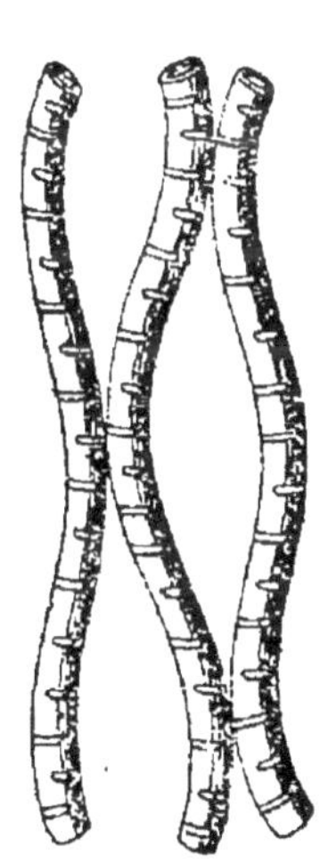

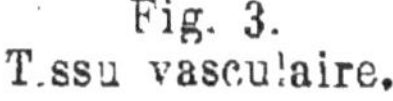

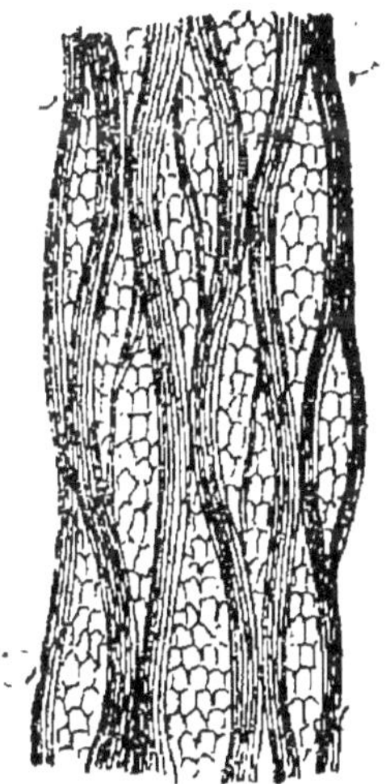

Fig. 3.   Fig. 4. — Tissus vasculaire
T.ssu vasculaire.   et cellulaire.

minces, s'épaississent par la formation intérieure de
nouvelles parois ; les matières minérales, sans cesse
introduites dans les cellules, contribuent à les obs-

truer ; avec le temps elles s'oblitèrent entièrement et acquièrent la dureté du bois.

Le TISSU VASCULAIRE (fig. 3) est formé par la réunion de longs tubes ou vaisseaux se joignant d'intervalle en intervalle, et présentant l'aspect des mailles allongées d'un filet. Ces vaisseaux sont percés d'ouvertures latérales par lesquelles ils communiquent entre eux. Dans la formation ligneuse, les mailles du tissu vasculaire sont remplies de tissu cellulaire.

L'élément vasculaire apparaît toujours après la formation cellulaire : il vient envelopper ce dernier tissu et le solidifier (fig. 4).

Le tissu vasculaire forme toutes les parties solides des végétaux.

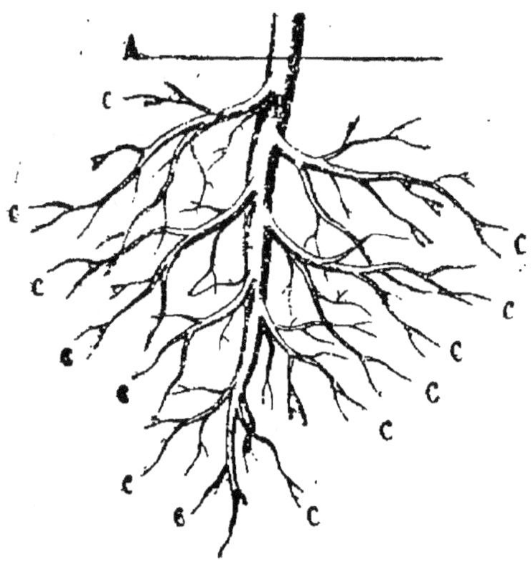

Fig. 5. — Racine provenant de semis.

LES ORGANES CONSERVATEURS SONT : la *racine*, la *tige*, les *boutons*, les *feuilles* et les *stomates*.

La racine se compose :

Du collet, point intermédiaire où la tige et la racine prennent naissance pour se développer en sens inverse (A, fig. 5 et 6);

Du corps ou pivot, formation première de la racine s'enfonçant verticalement en terre et se ramifiant comme la tige (B, fig. 5 et 6);

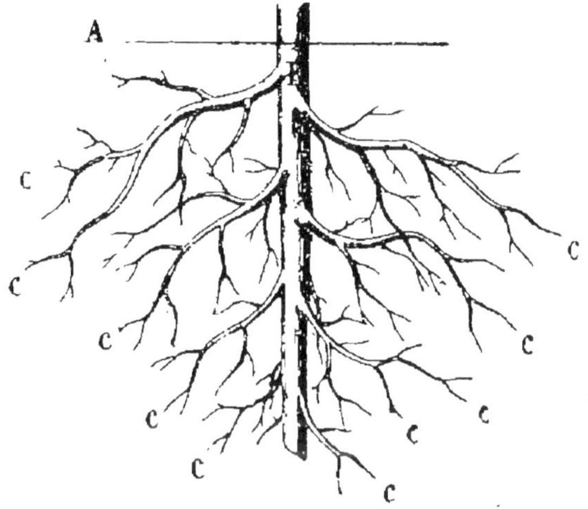

Fig. 6. — Racine provenant de marcotte.

Des radicelles, ramifications du pivot, donnant naissance à une foule de petites ramifications appelées chevelu (C, fig. 5 et 6), et enfin des spongioles, amas de tissu cellulaire formant l'extrémité de toutes les radicelles (fig. 7).

Les spongioles figure 7 sont les seuls organes absorbants des racines, c'est-à-dire les seuls possédant la faculté d'absorber les substances nutritives contenues dans le sol.

Parmi les arbres fruitiers, il y a des racines de deux espèces: celles provenant des semis (fig. 5), pourvues d'un pivot, premier développement de la

racine, et celles provenant des marcottes (fig. 6), multipliées artificiellement (par marcotte), et n'ayant par
conséquent pas de pivot, mais un talon. Souvent le
talon, mal coupé à la déplantation, présente une plaie
non cicatrisée, quelquefois cariée ; alors il faut l'enlever, à l'habillage, jusqu'à la partie saine. Pour les
racines de semis ayant un pivot (fig. 5), on coupe l'extrémité du pivot pour le faire ramifier.
Toutes les radicelles des racines provenant de semis ou de marcottes sont terminées par des spongioles (fig. 7).

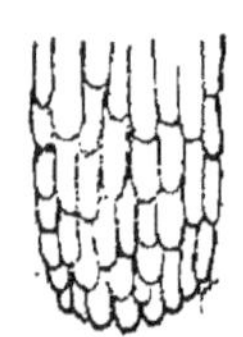

Fig. 7.
Spongiole.

La TIGE est composée D'ORGANES EXTÉ-
RIEURS et d'ORGANES INTÉRIEURS.

Les ORGANES EXTÉRIEURS sont : les *bourgeons*, les
rameaux, les *branches* et le *tronc*.

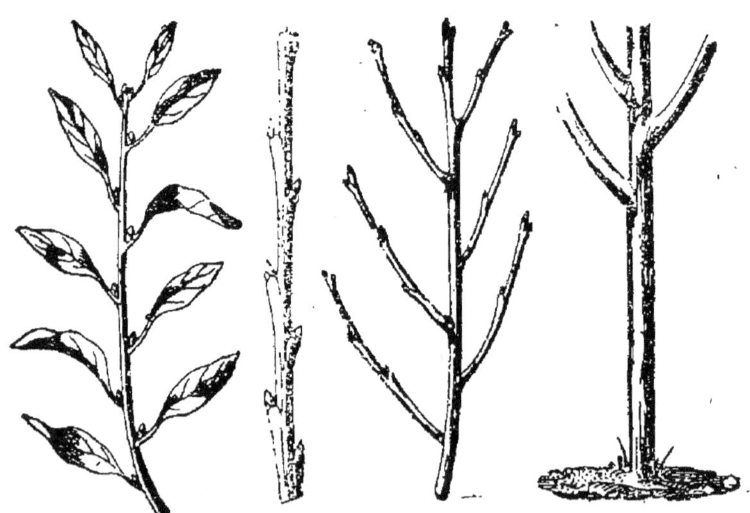

Fig. 8.   Fig. 9.   Fig. 10.   Fig. 11.
Bourgeon.   Rameau.   Branche.   Tronc.

Le bourgeon est le premier développement de la
végétation (fig. 8) ; il prend le nom de rameau à la

chute des feuilles, quand il a acquis la consistance ligneuse (fig. 9); le rameau devient branche lorsqu'il se ramifie à son tour (fig. 10); le tronc est la partie de l'arbre qui s'élève du sol à une certaine hauteur sans se ramifier (fig. 11).

Les ORGANES INTÉRIEURS sont : la *moelle*, le *corps ligneux* et l'*écorce*.

La MOELLE est entièrement formée de tissu cellulaire. Elle est enveloppée par une couche de tissu vasculaire. Ces vaisseaux prennent le nom de vaisseaux du canal médullaire ; la déviation naturelle de ces vaisseaux offre l'aspect d'un petit axe, au sommet duquel se forment les boutons à l'aisselle des feuilles.

Le CORPS LIGNEUX est la partie qui occupe le centre de la tige, depuis la moelle jusqu'à l'écorce. Si nous

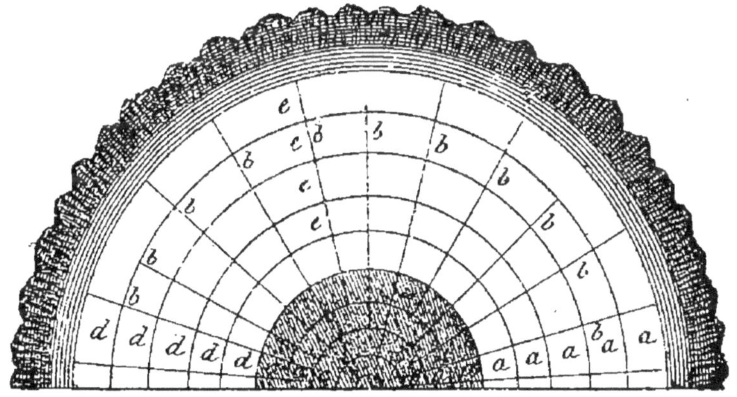

Fig. 12. — Coupe transversale d'un arbre.

coupons un arbre transversalement, le corps ligneux nous apparaîtra sous la forme de couches concentriques ; chaque couche est le produit de la végétation d'une année (*a*, fig. 12). Ces couches sont reliées entre elles par des faisceaux de vaisseaux horizontaux, appelés les rayons médullaires (*b*, fig. 12).

Si, au contraire, nous coupons un arbre verticalement, nous reconnaîtrons que les filets ligneux, formant les couches dont nous venons de parler, sont formés d'une réunion de vaisseaux prenant naissance à la base d'une feuille et se prolongeant jusqu'à l'extrémité des racines. Nous reconnaîtrons encore que les filets ligneux produits par les feuilles supérieures recouvrent ceux produits par les inférieures. Il résulte de ce mode de construction que les couches ligneuses les plus jeunes sont toujours les plus extérieures. Les mailles des vaisseaux ligneux sont remplies, comme tout le tissu vasculaire, de tissu cellulaire.

Le corps ligneux se divise en deux parties : en *bois parfait* et en *aubier*.

Le BOIS PARFAIT, plus dur et d'une couleur plus foncée, occupe le centre de la tige. Il est formé des couches ligneuses les plus anciennes, de celles dont les cellules et les vaisseaux sont complètement obstrués ; il ne sert plus que de support à l'arbre (*c*, fig. 12).

L'AUBIER (*d*, fig. 12), moins coloré, est formé des couches ligneuses les plus récentes ; les couches les plus extérieures contiennent les vaisseaux séveux (*e*, fig. 12); ces vaisseaux fonctionnent avec d'autant plus d'énergie que les couches sont plus jeunes. Ceux formés pendant l'année donnent passage à *un quart de la sève*, ceux de l'année précédente à la *moitié*, ceux de la troisième et de la quatrième année au *dernier quart.* Dans la majeure partie des espèces l'aubier se convertit en bois parfait la cinquième ou la sixième année.

L'ÉCORCE comprend : le *liber*, les *couches corticales*, le *tissu sous-épidermoïde* et l'*épiderme*.

Le LIBER est la partie la plus intérieure de l'écorce, celle qui recouvre l'aubier (*a*, fig. 13) ; le liber est formé d'un grand nombre de couches minces et flexibles, composées de vaisseaux naissant également à la base d'une feuille et se prolongeant jusqu'à l'extrémité des racines. Nous remarquerons que la formation des couches du liber se fait en sens inverse de celle du corps ligneux.

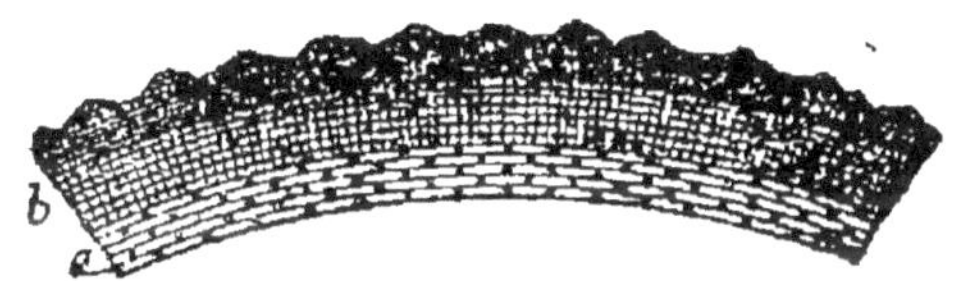

Fig. 13. — Coupe transversale de l'écorce.

Dans le corps ligneux les couches les plus nouvelles sont les plus extérieures ; les couches du liber les plus récentes sont, au contraire, les plus intérieures.

Une couche de liber est également formée chaque année.

LE LIBER EST LE SIÈGE DE LA VIE DE L'ARBRE.

Les COUCHES CORTICALES sont formées des plus anciennes couches du liber, de celles que le temps a complètement desséchées. Ce sont les losanges rugueux que l'on remarque sur le tronc des vieux arbres (*b*, fig. 13). Dans les jeunes tiges seulement, le liber est recouvert d'une couche de tissu cellulaire. C'est le tissu sous-épidermoïde (*a*, fig. 14). Ce dernier tissu est recouvert d'une pellicule mince et incolore : c'est l'épiderme (*b*, fig. 14).

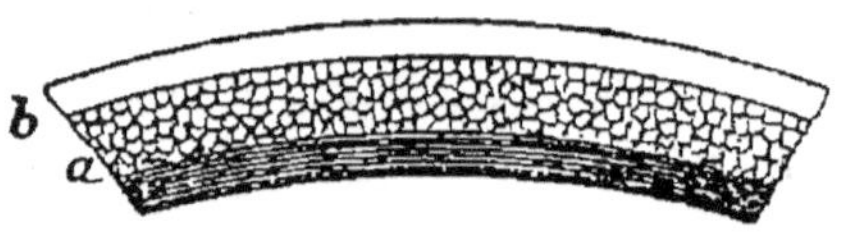

Fig. 14. — Coupe transversale de l'écorce d'un bourgeon.

Le BOUTON placé à l'aisselle des feuilles est le rudiment du bourgeon ; il doit sa formation à la déviation des vaisseaux du canal médullaire. Les vaisseaux déviés forment d'abord un petit axe au sommet duquel

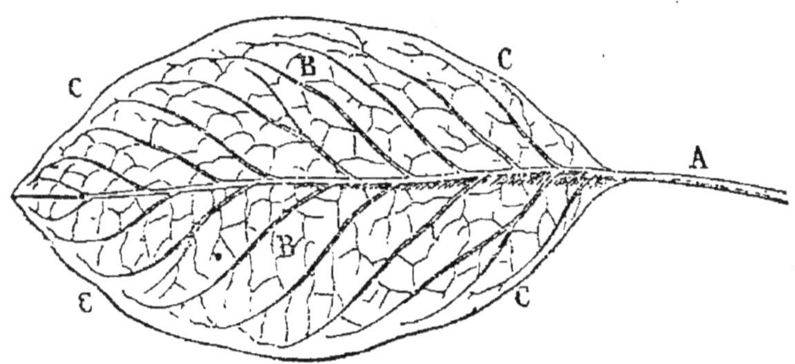

Fig. 15. — Feuille de poirier.

est placé le bouton. Lorsque la végétation est accomplie, le bouton prend le nom d'œil.

On appelle mérithalle l'espace qui sépare les yeux.

Les FEUILLES se composent du *pétiole* et du *disque*.

Le PÉTIOLE ou queue de la feuille (A, fig. 15) est formé des vaisseaux déviés du canal médullaire ; ces vaisseaux, en s'allongeant et se ramifiant à l'infini dans le disque, donnent naissance aux nervures de la feuille (B, fig. 15).

Le DISQUE est la lame de feuille (C, fig. 15). Elle est composée de tissu cellulaire recouvert d'une membrane incolore appelée épiderme; cette membrane, surtout celle de la face inférieure, est percée de petites ouvertures : ce sont les stomates (A, fig. 16).

Toutes les parties vertes des végétaux, les feuilles, les bourgeons et les fruits, sont recouvertes de stomates.

Fig. 16. — Stomates.

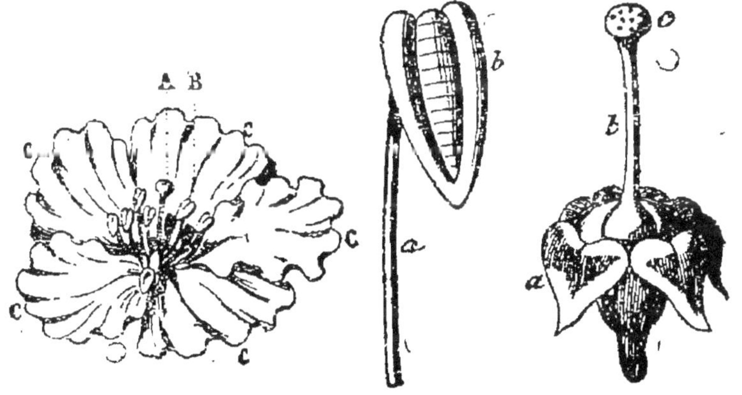

Fig. 17.
Fleur de l'amandier.

Fig. 18.
Étamine de l'amandier.

Fig. 19.
Pistil de l'amandier.

Les ORGANES REPRODUCTEURS sont : les *fleurs* et les *fruits*.

Les FLEURS sont composées des *enveloppes florales* et des *organes sexuels*.

Les ENVELOPPES FLORALES sont : le *calice* et la *corolle*. Les divisions du calice prennent le nom de folioles calicinales ; celles de la corolle, celui de pétales (C, fig. 17).

Les ORGANES SEXUELS sont : les *étamines* (*b*, fig. 17 et fig. 18) et le *pistil* (*a*, fig. 17 et 19).

Les ÉTAMINES sont les organes mâles des plantes ; elles se composent du *filet*, de l'*anthère* et du *pollen*.

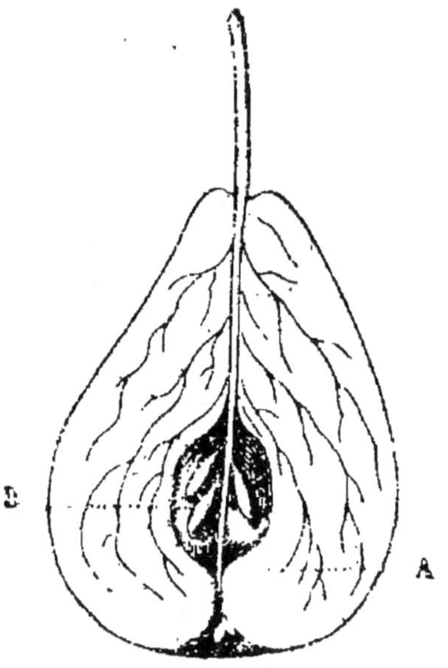

Fig. 20. — Coupe d'une poire.

Le filet portant l'anthère à son sommet (*a*, fig. 18) ; l'anthère, petite poche renfermant le pollen, poussière fécondante des végétaux (*b*, fig. 18).

Le PISTIL (fig. 19) est l'organe femelle des plantes ; il se compose de l'*ovaire* (*a*, fig. 19), renfermant le rudiment des semences à féconder ; du *style b*, portant le *stigmate* (*c*, fig. 19), corps glanduleux et humide, présentant à sa surface l'ouverture de vaisseaux communiquant directement avec les loges de l'ovaire.

Le FRUIT est composé du *péricarpe* et des *semences*.

Le PÉRICARPE comprend toute la partie charnue du fruit ; il est formé de tissu cellulaire (A, fig. 20).

Les SEMENCES (B, fig. 20) renferment le rudiment d'une plante semblable à celle qui leur a donné naissance ; elles sont attachées et enveloppées par un réseau de vaisseaux appelé cordon ombilical ; il prend naissance au pédoncule du fruit et se prolonge jusqu'à son extrémité. Une partie de ces vaisseaux a servi à la fécondation ; leur fonction est d'introduire les substances nutritives pendant tout l'accroissement du fruit.

On appelle tunique l'enveloppe du fruit.

L'EMBRYON contient la *radicule*, rudiment de la racine ; la *plumule*, rudiment de la tige, et les *cotylédons*, partie charnue de la graine.

CHAPITRE II

PHYSIOLOGIE

GERMINATION ET NUTRITION

Après avoir examiné les principaux organes qui constituent les arbres, occupons-nous des fonctions qu'ils remplissent, afin de connaître les causes déter-

minant les principaux phénomènes de la végétation :
la *germination*, la *nutrition*, l'*accroissement*, la *reproduction* et la *mort*, seuls moyens d'opérer à coup sûr
dans la plantation, la formation, la culture, la taille
et la restauration des arbres.

Pour suivre la végétation dans toutes ses phases,
commençons par la GERMINATION.

Lorsqu'une graine est confiée à la terre, voici ce qui
se produit : elle absorbe de l'eau, qui l'amollit et la
gonfle ; la tunique (*c*, fig. 21) se déchire ; la radicule *b*
s'enfonce dans le sol ; la plumule *d* se redresse, s'allonge et sort bientôt de terre, portant les cotylédons, *a*,

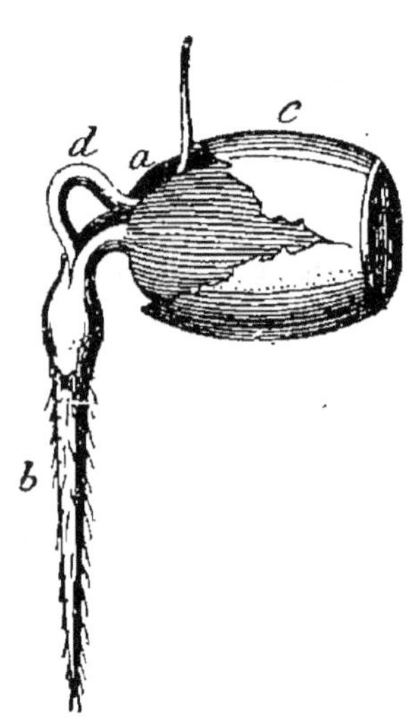

Fig. 21. — Gland germé.

à sa base ; ceux-ci fournissent à la jeune plante la
nourriture première, et tombent dès que les feuilles apparaissent.

La GERMINATION ne peut
s'effectuer sans le concours
de l'*eau*, de l'*air* et de la *chaleur*.

L'eau amollit la graine, la
gonfle et fait déchirer la tunique.

L'air est indispensable à la
germination ; le gaz oxygène
qu'il contient modifie la substance des cotylédons
et la rend propre à nourrir la plante. La graine soustraite au contact de l'air ne germe pas ; elle pourrit.

La chaleur active la germination ; plus elle est élevée, plus celle-ci est prompte. Cependant elle ne doit jamais dépasser 45 degrés. Le sol se desséchant trop vite à cette température, la germination n'a plus lieu.

Il résulte de ce que nous venons de dire que les semis, pour être faits avec succès, doivent l'être dans des conditions spéciales : dans un sol plutôt léger que compact afin d'être très perméable à l'air ; labouré très profondément, pour conserver l'humidité, et de plus copieusement fumé avec des *engrais très consommés*, assimilables par conséquent, afin de fournir immédiatement une nourriture abondante à la plante qui naît.

Les semis d'arbres doivent être faits en ligne et non à la volée. Dans les semis en lignes, les plantes sont également espacées, par conséquent également éclairées ; chaque racine ayant le même espace à occuper, tous les sujets sont d'égale vigueur ; en outre, les semis en ligne permettent d'enterrer toutes les graines à la même profondeur, opération importante pour qu'elles reçoivent toutes la même somme d'air et d'humidité.

Les graines doivent être enfouies plus ou moins profondément, suivant leur grosseur. Il faudra choisir une moyenne entre ces deux extrêmes : la graine du bouleau, la plus petite des semences, veut être enterrée à deux millimètres, et le marron d'Inde, la plus grosse, à cinq centimètres, dans un sol de consistance moyenne.

Ajoutons que les graines doivent être enterrées plus profondément dans un sol léger, et plus superficiellement dans une terre compacte. Il faut, en outre, entretenir l'humidité à l'aide d'arrosements fréquents, et pailler les planches, afin d'empêcher la dessiccation du sol, qui mettrait les jeunes plants en danger.

Les graines les plus nouvelles sont les meilleures; elles doivent surtout avoir été récoltées très mûres. Les vieilles graines ne germent pas toujours et produisent des sujets moins vigoureux. Il est bon de stimuler leur énergie en les mettant tremper deux ou trois heures dans de l'eau salée. Il ne faut pas mettre plus de 25 grammes de sel par litre d'eau.

NUTRITION

La NUTRITION est l'acte capital de la végétation, celui qu'il importe le plus de bien connaître : c'est la clef de toutes les cultures.

Les substances nutritives sont d'abord introduites dans les végétaux *pour y être modifiées de plusieurs manières avant de pouvoir servir à leur accroissement.*

Fidèle au principe qui sert de base à la culture savante, nous allons d'abord rechercher quelles sont les substances nutritives nécessaires au développement des arbres, afin de les introduire dans le sol, s'il en est dépourvu; ensuite nous verrons comment ces substances sont introduites et modifiées.

L'analyse des végétaux ligneux donne : du carbone en grande quantité, de l'eau, du phosphore, du soufre, des oxydes métalliques unis aux acides phosphoriques,

sulfuriques et siliciques ; des chlorures, des bases alca-
lines (potasse, soude, chaux et magnésie) combinées
avec des acides végétaux.

Si les arbres ne peuvent absorber continuellement
de l'eau (hydrogène et oxygène), de l'air (oxygène et
azote), de l'acide carbonique et certaines matières
minérales, ils dépériront comme l'animal auquel on
refuse une nourriture suffisante.

Toutes ces substances nutritives sont tirées du sol
et de l'atmosphère, et sont absorbées par les racines
et par les feuilles.

Les racines puisent dans le sol les matières minérales et salines, les agents calcaires, la silice soluble, etc.,
le carbone et l'azote, abondamment fournis par les
engrais.

Les feuilles puisent dans l'air du gaz acide carbonique, de l'ammoniaque et de l'hydrogène sulfuré.

Les organes absorbants des arbres sont donc : les
RACINES et les FEUILLES.

Posons en principe que toutes ces substances ne
peuvent être introduites dans les végétaux, soit par
les racines, soit par les feuilles, qu'à l'état liquide ou
gazeux.

Les spongioles, *seuls organes absorbants des racines*,
sont dépourvues d'ouvertures : par conséquent, les
substances nutritives, comme les matières minérales,
ne peuvent y être introduites qu'après avoir été dissoutes par l'eau contenue dans le sol. L'eau est donc
le premier élément, l'élément indispensable à la nutrition.

Lorsque l'eau du sol, chargée de substances nutritives, a pénétré dans les racines *par les spongioles*, elle fait partie intégrante du végétal et prend le nom de sève. La sève dont les praticiens parlent sans cesse, et à laquelle ils attribuent tous les effets de la végétation, n'est autre chose que *l'eau du sol chargée de substances nutritives*. L'unique fonction de la sève est d'introduire dans le végétal et de porter dans les cellules des feuilles les substances nutritives fournies par le sol. C'est dans les cellules des feuilles que s'opèrent les diverses modifications de la sève ; et c'est *seulement* lorsqu'elle *a été modifiée par les feuilles* qu'elle peut concourir à l'accroissement et à la fructification.

L'action de la sève est certes pour beaucoup dans la végétation ; c'est à la fois l'agent qui puise les substances nutritives dans le sol, et le véhicule qui les transporte à l'alambic qui doit les distiller ; mais les matières premières fournies par la sève seraient de nul effet sur la végétation et sur la fructification, sans le concours des feuilles.

Donc, les pincements exagérés, comme les rognages de bourgeons, faits sous le prétexte de mettre les arbres à fruit, n'ont d'autre résultat que *d'arrêter leur accroissement* et de *suspendre la fructification*.

Nous insistons sur ce point, autant dans cet ouvrage que dans nos leçons, parce que l'expérience nous prouve, chaque jour, que la majeure partie des erreurs qui se commettent dans la taille des arbres ne proviennent que de l'ignorance absolue de l'organisation des végétaux.

Nous concluons donc de ce qui précède que les feuilles sont aussi indispensables à la végétation que les racines, et que non seulement sans feuilles, mais encore avec des feuilles placées dans l'obscurité, l'action de la sève sera de nul effet et ne produira ni accroissement, ni fructification.

LES FEUILLES NE FONCTIONNENT QUE SOUS L'INFLUENCE DES RAYONS SOLAIRES.

La sève monte, comme nous l'avons dit déjà, depuis l'extrémité des racines jusqu'aux cellules des feuilles, par les couches les plus extérieures de l'aubier. Cette ascension a lieu pendant le jour.

Nous avons dit que les feuilles absorbent, dans l'atmosphère, par les stomates dont elles sont couvertes, de l'air et de la vapeur d'eau.

Lorsque la sève est montée jusqu'au pétiole de la feuille, elle y pénètre, s'étend dans les nervures et des nervures passe dans les cellules des feuilles. Lorsque la sève est logée dans les cellules du disque de la feuille, la première modification s'accomplit *sous l'action des rayons solaires seulement :* l'eau surabondante s'évapore et est renversée dans l'air sous forme de vapeur d'eau, les substances nutritives restent accumulées dans les cellules. Alors commence la seconde modification, l'accomplissement du phénomène le plus admirable de la végétation.

L'oxygène de l'air, absorbé par les feuilles, vient s'unir aux matières carbonées fournies par les engrais, et forme du gaz acide carbonique. Le gaz acide carbonique est décomposé dans les cellules des feuilles, le carbone est fixé dans le végétal, et l'oxygène reversé dans l'air.

Le gaz acide carbonique, puisé dans l'atmosphère par les feuilles, subit la même décomposition et concourt aussi à l'accroissement.

Lorsque la sève a subi, dans les cellules des feuilles, les modifications que nous venons d'indiquer, elle prend le nom de *cambium*. Alors, complètement modifiée, épaissie, convertie en cambium, elle suit une nouvelle route pour concourir à l'accroissement de l'arbre et à sa reproduction.

La SÈVE monte par les couches les plus extérieures de l'aubier jusqu'au pétiole, pour se répandre dans les nervures et dans les cellules des feuilles, et cela *pendant le jour*. Le CAMBIUM passe des cellules dans les nervures, des nervures dans les pétioles des feuilles, et redescend, *pendant la nuit*, du pétiole de la feuille à l'extrémité des radicelles, par les couches les plus intérieures et, par conséquent, les plus récentes du LIBER.

Le cambium détermine sur tout son passage la formation d'une couche de filets ligneux et d'une nouvelle couche de liber ; alors commence l'*accroissement*.

Constatons de nouveau, avant d'étudier ce phénomène, que l'accroissement de l'arbre, non plus que sa reproduction, ne peuvent s'effectuer *sans le concours des feuilles;* constatons encore que la transformation de la sève en cambium, transformation qui a lieu *dans les cellules des feuilles*, ne peut s'opérer que sous l'*action des rayons solaires*.

En conséquence, l'évaporation de la surabondance d'eau et la conversion de la sève en cambium ne pouvant s'accomplir *que sous l'influence des rayons solaires*, toutes les branches des arbres fruitiers devront être assez espacées pour ne pas *porter d'ombre* sur leurs voisines. Toute branche ou toute partie de branche *soustraite à l'action des rayons solaires ne croîtra pas* et restera TOUJOURS INFERTILE.

CHAPITRE III

PHYSIOLOGIE

ACCROISSEMENT

Lorsque la sève est convertie en cambium, et que la descension s'opère, l'accroissement commence. Il a lieu de deux manières différentes : en longueur par l'ascension de la sève, et en diamètre par la descension du cambium.

Lorsque la végétation s'éveille au printemps, la sève en montant exerce une pression continue sur l'axe des yeux : cette pression détermine l'élongation du bourgeon : c'est le commencement de l'accroissement en longueur.

Les seuls organes dus à l'accroissement en longueur, c'est-à-dire formés de bas en haut par l'effet de l'ascension de la sève, et sans le concours des feuilles, sont : la moelle, les vaisseaux du canal médullaire, une couche très mince de liber, le tissu sous-épidermoïde et l'épiderme ; toutes les autres parties : le corps ligneux, l'écorce, etc., sont formées de haut en bas par l'effet de l'accroissement en diamètre, opéré par la descension du cambium. Il ne peut avoir lieu sans les feuilles : il commence lorsqu'elles apparaissent. Quand les opérateurs seront bien convaincus de cette vérité, ils cesseront de rogner constamment les arbres et de leur supprimer les trois quarts de leurs feuilles ; ils comprendront alors qu'ils les tuent et les empêchent de produire des fruits.

L'accroissement en longueur et en diamètre a lieu simultanément. La sève tend toujours à allonger les bourgeons par sa pression ascensionnelle ; le cambium vient, dans son mouvement, de descension, modérer l'élongation et solidifier le bourgeon à l'aide des filets ligneux et corticaux qu'il dépose sur son passage.

Nous avons dit que la conversion de la sève en cambium ne pouvait s'opérer que sous l'action des rayons solaires. En voici la preuve : les bourgeons qui naissent au centre des arbres sont privés de lumière : ils s'allongent démesurément et ne grossissent pas ; la moelle est très abondante et à peine recouverte d'une couche de bois mou et spongieux. Les feuilles de ces bourgeons ayant été privées de lumière, l'élaboration du cambium n'a pas eu lieu ; l'accroissement en longueur a été continuel, celui en diamètre presque nul. Les bourgeons qui naissent en dehors de l'arbre et ont été vivement éclairés présentent des résultats opposés : l'accroissement en diamètre est considérable, et celui en longueur très modéré. Ces bourgeons sont courts, très gros ; leur bois est dur et bien constitué. Ceux-ci seront d'une fertilité remarquable, tandis que les premiers ne produiront ni fleurs ni fruits. Sans *lumière, pas de fructification possible.*

L'accroissement en longueur ne dure qu'un été ; il s'opère l'année suivante par le développement d'un nouveau bourgeon. L'accroissement en diamètre est continu : il a lieu pendant toute l'existence de l'arbre.

Dès que les premières feuilles d'un bourgeon se déploient, elles reçoivent la sève dans leurs cellules, et la transforment en cambium. Le cambium passe des cellules dans les nervures, des nervures dans le pétiole de la feuille, et descend *par les couches les plus intérieures du liber* jusqu'à l'extrémité des racines ; le cambium en descendant détermine sur son passage la formation des filets ligneux qui viennent recouvrir l'étui médullaire (*a*, fig. 22), et la formation de nouveaux vaisseaux du liber (*b*, fig. 22).

Les filets ligneux et corticaux formés par les feuilles supérieures viennent toujours recouvrir ceux qui ont été précédemment formés par les feuilles inférieures, mais avec cette différence que les couches ligneuses sont formées du centre à la circonférence ; les plus nouvelles sont les plus extérieures (*c*, fig. 22), tandis que les couches de liber les plus récentes sont les plus intérieures (*d*, fig. 22). L'accroissement du liber a lieu de la circonférence au centre.

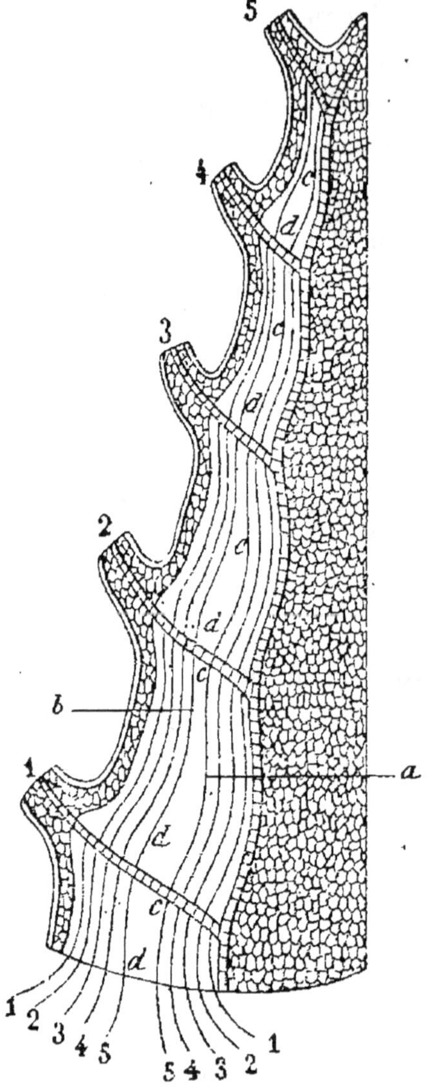

Fig. 22.—Coupe verticale d'un bourgeon.

Les filets ligneux et corticaux, marqués des chiffres 1, 2, 3, 4 et 5, à la base de la figure 22, sont placés dans l'ordre de leur formation par les feuilles 1, 2, 3, 4 et 5.

Ce mode d'accroissement nous explique le danger qu'il y a à laisser de vieilles écorces sur les arbres. L'accroissement en diamètre s'opère intérieurement entre l'aubier et l'écorce ; il faut donc, pour permettre à l'arbre de grossir, que les vieilles écorces éclatent. Si ces écorces sont trop épaisses et trop dures pour céder, il y a étranglement des filets ligneux, et par conséquent des vaisseaux séveux et paralysie des vaisseaux du liber. L'un entrave l'ascension de la sève ; l'autre empêche la descension du cambium. Alors la végétation se ralentit, reste suspendue, et si cet état se prolonge, l'arbre meurt asphyxié.

Il faut donc, lorsque la végétation d'un arbre s'arrête sans cause apparente, examiner soigneusement les écorces et faire, sur toutes les parties où elles sont trop dures pour se fendre naturellement, des incisions longitudinales. Ces incisions peuvent être faites avec la pointe de la serpette ; elles doivent pénétrer jusqu'au corps ligneux, et être placées du côté du nord ou de l'ouest. Quelques jours après cette opération, l'arbre reprend toute sa vigueur.

L'accroissement en longueur cesse vers la fin de l'été avec l'ascension de la sève ; l'accroissement en diamètre s'arrête à la chute des feuilles.

Chaque année, une nouvelle couche d'aubier vient recouvrir les anciennes ; lorsque les cellules et les vaisseaux sont complètement obstrués, l'aubier acquiert plus de dureté et une coloration plus foncée : c'est la formation du bois parfait. Le bois parfait ne sert plus que de support à l'arbre ; il est complètement inerte et ne concourt en rien à son existence. Chaque année aussi, une nouvelle couche de liber est formée ; elle rejette à l'extérieur les anciennes couches desséchées, ne fonctionnant plus et converties en couches corticales.

Lorsque l'accroissement en diamètre vient à cesser à la chute des feuilles, une partie du cambium élaboré par les dernières feuilles ne descend pas jusqu'à l'extrémité des racines ; il s'extravase par les ouvertures latérales des vaisseaux, et se répand dans le tissu cellulaire qui remplit les mailles du tissu vasculaire, où il reste en réserve. Ce cambium de réserve sert à alimenter les jeunes bourgeons avant l'apparition des feuilles; il sert aussi à déterminer la formation de nouvelles spongioles ; c'est encore lui qui donne naissance aux racines sur les boutures. Le tissu sous-épidermoïde qui recouvre le liber des bourgeons est aussi formé à l'aide du cambium de réserve.

L'accroissement des racines est dû à la descension du cambium ; il ajoute chaque jour un peu de tissu cellulaire à l'extrémité des spongioles, et les allonge ainsi pendant tout le cours de la végétation; toutes les fois qu'une nouvelle ramification naît sur la tige, elle détermine la formation d'une nouvelle racine.

Nous avons dit que le liber était le siège de la vie de l'arbre; nous allons le prouver: si nous enlevons circulairement l'écorce d'un arbre sur tout le périmètre du tronc, et sur une hauteur de 15 centimètres seulement, l'arbre mourra. Voici pourquoi: la sève montera bien par les couches de l'aubier, et alimentera les feuilles pendant quelques mois; mais les vaisseaux du liber par lesquels le cambium descend étant supprimés, le cambium formera bourrelet au bord supérieur de la plaie, où il restera amassé sans pouvoir descendre plus loin; alors l'accroissement des racines n'aura plus lieu.

Les spongioles, nous le savons, puisent dans le sol les matières minérales et salines : elles s'obstruent en quelques mois et cessent par conséquent de fonctionner. Dès l'instant où le cambium ne vient plus les allonger et les renouveler, leurs fonctions sont de courte durée. Le jour où les racines n'envoient plus de sève aux feuilles, l'arbre est mort.

CHAPITRE IV

PHYSIOLOGIE

REPRODUCTION. — MORT

Le premier acte de la reproduction est la floraison ; constatons que chez les arbres non soumis à la taille les fleurs n'apparaissent qu'au bout d'un certain temps, alors seulement que l'arbre a acquis un grand développement, et que la sève circule avec lenteur dans ses nombreuses ramifications ; constatons encore que les fleurs ne se rencontrent jamais que sur les rameaux faibles.

La taille nous fournira les moyens d'obtenir des fleurs beaucoup plus tôt, non pas à l'extrémité des rameaux, comme chez les arbres abandonnés à eux-mêmes, mais à leur base, c'est-à-dire attachées la plupart du temps à la branche mère, ou au moins sur un onglet très court, condition indispensable pour obtenir de beaux fruits. Le développement des fruits est subordonné à la quantité de sève qu'ils reçoivent ; plus l'issue ouverte à la sève est large et courte, plus le fruit devient volumineux.

Après la floraison, vient un acte de la plus haute importance : la fécondation. Lorsque la fleur est épanouie, les anthères s'ouvrent pour laisser échapper le pollen. Dès qu'un grain de pollen tombe sur le stigmate, il pénètre par les vaisseaux placés à son orifice, il y subit une pression assez forte pour le déchirer et permettre à la liqueur fécondante qu'il contient de descendre jusqu'aux loges de l'ovaire. Alors la fécondation est accomplie : la fleur fane; la corolle et les organes sexuels tombent, l'ovaire seul grossit : c'est le fruit, son accroissement commence.

La fécondation ne peut s'accomplir que par une température douce et sous une atmosphère sèche. Lorsque les fleurs subissent l'influence de la gelée, les organes sexuels, désorganisés, déchirés, ne fonctionnent pas ; quand elles sont mouillées, le pollen se délaye; la fécondation est impossible. Alors on dit que les fleurs ont coulé. De cette loi, la nécessité des abris naturels ou artificiels.

Chaque fois que les fleurs des arbres seront garanties de la gelée, de la pluie et des brouillards, les quatre-vingt-dix centièmes de fleurs noueront.

L'accroissement du fruit est très prompt ; voici comment il a lieu. Le fruit, nous l'avons dit, est composé de tissu cellulaire ; son épiderme est couvert de stomates. Le parenchyme des fruits fonctionne comme celui des feuilles ; il attire à lui la sève des racines; la surabondance d'eau s'évapore par les stomates dont ils sont couverts ; les substances nutritives puisées dans le sol, par la sève, restent accumulées dans les cellules, et ces matières, décomposées par l'oxygène, sont converties en cambium comme chez les feuilles, mais avec cette différence que le cambium élaboré par les feuilles concourt à l'accroissement et à la fructification de l'arbre, tandis que celui élaboré par les fruits ne sert qu'à leur propre accroissement.

Le mode d'accroissement des fruits explique l'intermittence de production que l'on observe sur les arbres abandonnés à eux-mêmes. Les pommiers à cidre donnent régulièrement une abondante récolte tous les deux ans; voici pourquoi : la quantité de fruits qui existe sur ces arbres pendant les années d'abondance est telle qu'elle atténue les fonctions des feuilles. Les fruits absorbent la majeure partie de la sève ; ils la transforment bien en cambium, mais le cambium élaboré par les fruits ne concourant qu'à leur propre accroissement, celui de l'arbre est suspendu, et la fructification ne s'établit pas pour l'année suivante. Donc l'année qui suit celle de la bonne récolte est stérile : l'arbre l'emploie à former de nouveaux boutons à fruits, et l'année d'après l'abondance revient, pour faire encore place à la disette l'année suivante.

Il résulte clairement de cet enseignement, donné par la nature, que les arbres ne doivent produire qu'une quantité de fruits limitée pour les récolter beaux et obtenir une production égale tous les ans. En effet, les arbres cultivés avec soin et taillés rationnellement produisent chaque année une quantité de fruits égale à un dixième près.

On obtient facilement ce résultat en ne laissant pour les fruits à pépins qu'UN FRUIT PAR QUATRE RAMEAUX A FRUIT, mais un seul fruit, et non des bouquets de trois ou quatre, comme on le fait à tort. Pour les espèces à noyau, la proportion est D'UN FRUIT TOUS LES 10 CENTIMÈTRES.

Les personnes peu habituées à voir des arbres bien tenus penseront peut-être qu'à l'aide de ce procédé nous réduisons considérablement le produit : c'est une erreur, en voici la preuve.

Nous n'admettons, comme on le verra plus loin, pour l'espalier comme pour le plein vent, que des formes d'arbres garnissant le mur ou le palissage de la base au sommet, sans jamais y laisser de vide, et cela dans un laps de temps variant entre cinq et sept années, suivant les formes. Les branches sont placées à un intervalle de 30 à 35 centimètres et ne présentent jamais de lacunes ; elles sont garnies de rameaux à fruits dans toute leur étendue.

Comptons nos fruits sur un mètre de surface. Dans les espèces à pépins, quatre rameaux à fruits occupent à peine une longueur de 15 centimètres. Nous avons trois branches dans ce mètre ; elles nous donnent 3 mètres linéaires, portent quatre-vingts rameaux à fruits, qui nous permettent de conserver vingt fruits par mètre de surface pour les espèces à pépins, et trente pour celles à noyaux.

Supposons un mur de 20 mètres de longueur et 3 mètres d'élévation : il nous donnera 60 mètres de surface, et il produira annuellement:

En espèces à pépins, 1,200 fruits ;

En espèces à noyaux, 1,800 fruits ;

Admettons que la moitié des fruits tombe, faute des soins nécessaires ; nous aurons encore, sur 20 mètres de mur, 600 fruits à pépins et 900 fruits à noyaux. De plus, tous ces fruits seront de premier choix et de première qualité, résultat impossible à obtenir lorsque la production n'est pas réglée.

Cette production de fruits paraîtra fabuleuse aux personnes qui n'ont que de mauvais arbres, aux branches dénudées, et soumis à des formes, quand ils ont des formes, couvrant le tiers ou le quart des murs après quinze ou vingt années de plantation. Si ces personnes veulent bien essayer la culture que leur enseigne ce livre, elles seront vite convaincues que mes estimations sont au-dessous de la réalité.

Pendant tout le temps de leur accroissement, les fruits remplissent les mêmes fonctions que les feuilles : ils attirent la sève, et la transforment en cambium : ils absorbent par conséquent l'acide carbonique et exhalent l'oxygène. Le contraire a lieu lorsque les fruits ont atteint tout leur développement. Dès que la maturation commence, ils absorbent l'oxygène et exhalent l'acide carbonique ; lorsque tout l'acide carbonique est exhalé et remplacé par l'oxygène, la maturation est accomplie : le fruit, d'acide qu'il était, devient sucré, et la décomposition suit bientôt la maturité complète.

Ce nouveau phénomène nous explique pourquoi les fruits verts sont si dangereux pour la santé ; l'acide carbonique dont ils sont saturés porte le trouble dans tous nos organes. C'est également une erreur de croire les fruits meilleurs lorsqu'on les mange aussitôt cueillis ; les fruits ne sont jamais parfaitement mûrs tant qu'ils restent sur l'arbre ; ils finissent sans doute par mûrir, mais incomplètement, et encore perdent-ils beaucoup de leur qualité. Quand les fruits mûrissent sur les arbres, ils exhalent bien une grande partie de l'acide carbonique qu'ils contiennent, mais ils en reçoivent chaque jour une nouvelle quantité par le pédoncule ; la maturation est donc plus longue et toujours imparfaite. Il faut bien se garder aussi de cueillir les fruits trop tôt ; alors ils se rident et ne mûrissent pas. Ils doivent être cueillis dès que la peau devient transparente.

Le phénomène de la maturation nous donne aussi la clef de la conservation des fruits. Dès l'instant où nous priverons d'air et de lumière l'endroit où ils sont renfermés, la maturité sera retardée, le dégagement de l'acide carbonique étant imparfait, et l'absorption de l'oxygène difficile. Joignons à ces conditions une température toujours égale de 4 à 5 degrés centigrades, et la maturation ne s'opérera que très lentement.

La coloration des fruits est due à l'action de la lumière ; il suffit de les découvrir six à sept jours avant de les cueillir pour leur faire acquérir une coloration complète.

Il est facile de colorer en rouge très vif des variétés naturellement incolores, en mouillant trois ou quatre fois par jour avec de l'eau fraîche le côté du fruit exposé à la lumière.

Avant d'aborder l'étude des agents naturels et artificiels de la végétation, il nous reste à rechercher la cause de la mort des arbres.

La plupart des arbres fruitiers soumis à la taille meurent des suites des amputations brutales et maladroites que l'on exerce sans cesse sur eux, sous le prétexte de les former et de les mettre à fruit.

Si les arbres fruitiers n'étaient pas constamment mutilés, celui qui les plante les verrait rarement mourir ; leur existence serait plus longue que celle de l'homme, même en donnant d'abondantes récoltes. Les arbres doivent finir par mourir naturellement, comme tous les êtres organisés ; mais l'énergie vitale est douée d'une force telle qu'elle peut résister aux lois des affinités chimiques pendant de bien longues années.

Les arbres soumis à la taille ne vivent pas cinq ans en moyenne ; les amputations réitérées faites avec de mauvais instruments arrêtent leur accroissement, font développer une forét de bourgeons qui, coupés à leur tour, produisent une quantité de nodosités sur toutes les branches. Au bout de quelques années, l'arbre, tout tortu, couvert de cicatrices, de chancres et de carie, et ne pouvant faire de nouvelles racines, est totalement épuisé ; alors il se couvre de fleurs, mais les fruits tombent avant d'avoir atteint le quart de leur volume ; cette abondante floraison est le chant du cygne : la mort la suit de près, et les insectes qui

attaquent de préférence tous les sujets faibles, la pré-
cipitent.

L'observation exempte de toute théorie a amené
ces déplorables résultats. Les anciens praticiens ont
remarqué que les fleurs n'apparaissaient que sur les
rameaux faibles ; ils ont affaibli les arbres jusqu'à ce
que la mort s'ensuive, pour leur faire produire des
fleurs. C'est le principe qui régit encore les opérations
de taille des trois quarts des praticiens, dans les localités où l'enseignement n'a pas pénétré. Si ceux qui
ont perpétué une pareille hérésie avaient pris la
peine d'étudier les lois de la végétation, loin de mutiler l'arbre, ils auraient favorisé son développement,
et, en se contentant d'affaiblir les bourgeons à l'état
herbacé ou semi-ligneux, ce qui ne nuit en rien à la
végétation, ils eussent obtenu ce que nous avons obtenu constamment : des arbres vigoureux bien portants,
couverts de boutons à fleurs, donnant de magnifiques
fruits, parce qu'ils ont pour les nourrir toute la sève
d'un arbre en parfaite santé.

La mort prématurée des arbres soumis à la taille,
nous ne saurions trop le répéter et nous le prouve-
rons surabondamment plus loin, est due, quatre-vingt-
dix fois sur cent, aux rognages incessants qu'on leur
applique depuis si longtemps pour les mettre à fruits.
On les tue sûrement avec ce système, rien de moins.

CHAPITRE V

DES AGENTS NATURELS ET ARTIFICIELS DE LA VÉGÉTATION

DU SOL

Nous venons d'étudier sommairement l'organisation des arbres et les principaux phénomènes de la végétation ; il nous reste à savoir comment et dans quelles conditions la nutrition, l'accroissement et la reproduction peuvent être augmentés et accélérés. La taille avance la fructification, elle favorise même l'accroissement dans certains cas ; mais les résultats de la taille seront presque nuls si la nutrition s'opère mal.

Mon but est, dans cet ouvrage comme dans mes leçons, d'éviter les déceptions à mes lecteurs et à mes auditeurs ; je ne saurais trop insister sur l'importance des soins de culture, et répéter à la majorité des propriétaires et même des praticiens, toujours portés à attribuer uniquement à la taille les résultats que nous obtenons, qu'un arbre parfaitement taillé donnera des résultats négatifs, s'il a été mal planté, si le sol ne convient pas à son espèce, ou s'il est dépourvu des substances nutritives qui lui sont indispensables. Un arbre bien planté, bien taillé et convenablement fumé ne donnera encore que des demi-résultats s'il est placé à une exposition contraire à sa nature. Ceci posé, recherchons les causes susceptibles de déterminer à la fois une bonne nutrition, un accroissement rapide et une fructification abondante.

Les agents naturels de la végétation : le *sol*, *l'eau*, *l'air*, *la lumière* et *la chaleur*, sont les causes déterminantes des principaux phénomènes de la végétation ; mais, pour que ces phénomènes s'accomplissent à notre satisfaction, il faut que chacun des agents dont nous parlons intervienne en temps voulu et dans une proportion donnée. Prenons pour exemple l'eau : si le sol est trop humide, les arbres seront infertiles ; s'il est trop sec, les fruits tomberont avant maturité.

La nature nous donne toujours trop ou pas assez. C'est donc à l'homme de remédier à sa prodigalité ou à son insuffisance par l'étude, par l'observation et par le travail ; les agents artificiels de la végétation, *les amendements*, *les engrais*, *les abris*, *les labours*, *les binages*, *les paillis*, *les arrosements*, *les aspersions*, etc., employés avec discernement, lui en fournissent tous les moyens.

Parmi les agents naturels de la végétation nous placerons le sol en première ligne. Les sols de bonne qualité ont une valeur inappréciable, en ce que tout y vient facilement, et qu'on y obtient d'excellents produits avec moins de travail et peu de dépense ; mais les sols d'élite sont rares. Il faut donc, à l'aide des amendements, des engrais et d'une culture raisonnée, obtenir des résultats satisfaisants dans les sols médiocres: c'est la science de la culture.

Posons d'abord en principe qu'il n'existe pas de sol, quelque ingrat qu'il paraisse, sur lequel on ne puisse obtenir presque toutes les espèces fruitières. C'est une question de travail et de savoir, rien de plus. Chaque plate-bande devra souvent recevoir un amendement différent, et quelquefois des engrais différents, suivant les besoins des espèces qui y seront plantées. Que le lecteur ne s'effraye pas de cette combinaison d'amendements et d'engrais ; elle n'est ni difficile ni dispendieuse. Presque tous les éléments se trouvent sous la main, dans la majorité des cas ; il faut seulement les connaître, se donner la peine de les recueillir, et savoir les utiliser.

J'ai voulu donner une preuve incontestable de ce que j'avance, en choisissant des terrains plus que médiocres pour créer mon ancien *jardin fruitier* de Sannois, et de la pire espèce pour le *verger Gressent*. La majeure partie des personnes qui ont visité ces jardins-écoles admiraient les résultats obtenus, mais en disant, comme toujours : « C'est superbe ! mais aussi vous avez un terrain de qualité parfaite. » J'avais créé avec intention, je ne saurais trop le répéter, mes jardins-écoles dans un sol pitoyable, parce que ces jardins étaient destinés à prouver matériellement, et ils l'ont fait pendant les douze années où j'ai laissé le public les visiter, ce que j'avance, dans mes leçons et dans mes écrits.

Disons aussi qu'un choix judicieux de sujets nous évitera souvent de grandes dépenses de terrassements et d'amendements. Prenons le poirier pour exemple il peut être greffé sur cognassier, sur poirier franc sur cormier et sur épine blanche. Le cognassier veut un sol substantiel : le poirier franc le remplace dans les sols plus légers ; on a recours au cormier dans les sols siliceux, où le poirier franc ne vient pas ; enfin dans les sols essentiellement calcaires, où toutes les espèces à pépins périssent, l'épine blanche nous fournit de bons poiriers. C'est incontestablement un peu plus long que dans un bon sol ; mais un propriétaire privé de fruits n'hésite jamais devant un retard de trois ou quatre ans, lorsqu'il a la certitude de récolter de magnifiques et d'excellentes poires dans un sol, qui, disait-on, n'en produirait jamais.

Presque toutes les espèces nous offrent les mêmes ressources que le poirier ; je traiterai des sujets à employer à la culture de chacune d'elles. Mon but est de prouver que la production de tous les fruits est possible dans tous les sols, et cela avec une dépense en harmonie avec la valeur de la récolte. J'ai planté plus de cent jardins dans des sols, qui avaient refusé toute production fruitière, et les propriétaires qui doutaient des résultats ont aujourd'hui la satisfaction de cueillir chaque année d'abondantes récoltes.

Le cadre de cet ouvrage ne me permet pas de traiter de géologie ; je veux seulement éclairer le propriétaire et le jardinier sur la valeur des sols, et leur fournir le moyen d'en tirer, à peu de frais, le meilleur parti pour la culture des arbres fruitiers.

Examinons d'abord les trois natures de terres qui servent de base à la fertilité et entrent, en plus ou moins grande quantité, dans la composition de tous les sols.

1° L'ARGILE, desséchée naturellement, est composée de 52 parties de silice, 33 d'alumine et 15 d'eau ; elle est plastique, tenace, difficile à diviser, retient une quantité d'eau considérable, 70 p. 100 de son poids environ, et possède la faculté de s'emparer des gaz ammoniacaux et de les retenir entre ses particules. L'argile mouillée forme une pâte molle, adhérente aux outils ; sèche, elle acquiert la dureté de la pierre. Dans ces deux cas, elle est imperméable à l'air. De plus, il faut que l'argile soit complètement saturée d'engrais pour que les végétaux se ressentent de l'effet des fumures.

Les sols argileux sont toujours humides : leur imperméabilité s'oppose à l'évaporation. Les arbres y poussent d'abord assez vigoureusement ; mais leur bois mou, mal constitué, donne peu de fleurs. Les fruits deviennent gros ; mais ils sont sans saveur et ne se conservent pas. Les hivers rigoureux causent de véritables désastres dans les sols argileux ; leur humidité surabondante donne facilement prise à la gelée. Les grandes chaleurs n'y sont pas moins à craindre : la terre, en se fendant, brise les racines et les laisse à découvert ; puis enfin l'imperméabilité du sol jointe à son humidité naturelle, fait pourrir les racines. L'arbre, qui avait d'abord produit des scions vigoureux, se couvre de mousse, languit et meurt bientôt, après avoir péniblement donné quelques mauvais fruits.

Faut-il devant ces graves inconvénients abandonner la culture des arbres fruitiers dans les sols argileux ? Évidemment non, car ce sont les plus fertiles quand ils sont bien amendés et cultivés avec intelligence. Avant d'appliquer le remède, constatons aussi que l'argile brûlée ne redevient jamais plastique ; que dans cet état elle possède la faculté d'absorber avec avidité les gaz de l'atmosphère, et qu'en principe une forte addition de calcaire produit toujours une grande fertilité dans ces sols.

Je traite ici des amendements pour les jardins fruitiers seulement, où nous aurons à opérer sur des espaces très restreints, de cinq à vingt ares, au plus. Si le sol est très argileux, *formé en entier de terre à brique ou à poterie*, ce qui est très rare, le moyen le plus sûr et le plus énergique est le brûlis, quand on peut toutefois se procurer un combustible quelconque à bon marché : bois, épines, ronces, genêts, bruyères, roseaux, ajoncs, coke, tourbes, débris de tannerie, etc., tout est bon ; le préférable est celui qui coûte le moins cher.

On ouvre la terre pour en former des billons de 60 à 80 centimètres d'élévation ; le combustible est placé au fond de ces billons, en quantité suffisante pour faire un feu susceptible de durer deux heures ; on le recouvre avec de grosses mottes de terre, de manière à former une espèce de fourneau et à per-

mettre aux flammes de pénétrer entre les mottes ;
on met le feu, puis on a soin de boucher les trous
avec de nouvelles mottes de terre, partout où la
flamme se fait jour.

Lorsque les fourneaux sont refroidis, on brise les
mottes avec une masse ou avec la tête d'une pioche ;
lorsqu'elles ont été suffisamment chauffées, un seul
coup les réduit en poussière. Il suffit de mélanger le
brûlis avec le sol, d'y ajouter un bon marnage ou
des plâtras concassés et une copieuse fumure, pour
obtenir instantanément une terre amenée au plus haut
degré de puissance et de fertilité.

L'opération du brûlis n'est applicable qu'aux sols
réputés impossibles, et cette opération, compliquée
il est vrai, pèut se faire sans une grande dépense.
Rien n'est impossible en culture pour qui veut faire
et se donner la peine de chercher. Le remède se
trouve bién souvent à côté du mal ; la plupart du
temps, l'écobuage suffit dans des terres à briques ;
dans ce cas, le sol à amender fournit lui-même le
combustible. Voici comment on opère :

On enlève par plaques la superficie du sol à une
profondeur de 6 à 8 centimètres, c'est-à-dire toute la
couche de terre pénétrée par les racines des herbes
et des gazons ; on les laisse sécher pendant quelques
jours, et l'on construit, avec les herbes et les plaques
de terre remplies de racines, des fourneaux de distance en distance ; on y met le feu, en ayant soin de
boucher avec de la terre neuve toutes les issues ouvertes par les flammes ; on répand ensuite également

les cendres et la terre pulvérisée, pour les mélanger avec le sol.

Pour les sols moins argileux, ceux qu'on désigne généralement sous le nom de *terres fortes*, un drainage suffit souvent pour les assainir. Le plus souvent un mélange de sable, de cendres ou de plâtras amène le résultat demandé.

Le point capital est d'éviter l'humidité surabondante, de rendre la terre perméable à l'air, et assez meuble pour l'empêcher de se fendre. Lorsque l'eau est stagnante dans les couches inférieures du sol, les arbres ne peuvent pas y vivre; alors il faut drainer. Mais si, comme dans la majorité des cas, la terre n'est que compacte, il est facile de la rendre perméable avec un simple amendement.

Je place en première ligne les *plâtras* et les *mortiers de chaux* provenant de la démolition des maisons; ils ne coûtent guère que la peine de les enlever quand les maçons, qui souvent ne savent qu'en faire, ne vous les portent pas ; les *cendres de bois*, de *tourbes* et celles de *houilles*, qui encombrent presque toutes nos gares de chemin de fer, et dont les chefs de gare sont toujours heureux de se débarrasser ; les *cendres de forges, d'usines, de fours à plâtre et à chaux* sont aussi de précieux amendements pour les terres fortes.

S'il est impossible de se procurer des démolitions ou des cendres, il faut avoir recours au sable; mais le sable demande une addition de calcaire pour donner de bons résultats. Il est urgent de donner un chaulage énergique ou un bon marnage après avoir mélangé le sable avec la terre. La chaux ou la marne doivent être répandues sur le sol et enfouies en faisant le défoncement. J'indiquerai la manière d'appliquer les chaulages et les marnages, lorsque le sol est défoncé, en traitant de la fabrication des fumiers et des composts.

Disons encore, avant de terminer, ce qui est relatif aux sols argileux : que ce sont les plus fertiles quand ils sont bien cultivés, et qu'ils récompenseront toujours amplement, par la richesse de leurs produits, le propriétaire et le cultivateur de leurs avances et de leur travail. Mais le propriétaire ne doit pas oublier que les terres fortes demandent plus d'engrais que les autres, et le cultivateur doit toujours se souvenir que ces terres veulent être constamment ameublies par de bons labours et par des binages profonds et réitérés.

2° La SILICE ou sable entre en quantité plus ou moins grande dans la constitution de tous les sols. On l'y rencontre en plusieurs états : sous forme de cristal de roche, insoluble dans l'eau et les acides; sous forme de poudre blanche très fine, soluble dans l'eau et les acides; enfin en combinaison avec d'autres substances, formant des sels où elle joue le rôle d'acide, tels que l'alumine, la potasse, etc. etc. La silice est un des éléments qui donnent aux végétaux leur solidité.

Les sols siliceux variant du blanc au rouge, suivant la quantité d'oxyde de fer qu'ils contiennent, offrent des caractères diamétralement opposés à l'argile : ils sont friables, faciles à travailler, très perméables à l'air, mais toujours exposés à la sécheresse. Les sols siliceux ne retiennent que 25 p. 100 d'eau environ.

Les arbres poussent peu dans les terres siliceuses ; ils produisent beaucoup de fleurs ; mais les fruits, toujours savoureux, restent petits.

Les sols siliceux s'amendent par une addition d'argile et de calcaire. Voici comment il faut opérer :

Le plus expéditif et le plus économique, quand on habite un pays où il y a des constructions en terre, est de se procurer des démolitions de murs ou de maisons en argile, de les pulvériser, de répandre également cette poudre sur le sol, et de l'enfouir à l'aide d'un bon labour, par un temps très sec.

Si l'on opère avec de l'argile humide, il faut la faire sécher complètement au soleil, et la pulvériser avant de l'employer. L'argile mouillée reste en mottes et ne s'amalgame jamais avec le sable. Lorsqu'elle est réduite en poudre et enfouie par un temps bien sec, le mélange est parfait, et les résultats sont toujours des plus profitables.

L'addition de calcaire par chaulage ou marnage se fait après le mélange de l'argile ; quand on emploie des cendres, on les mêle avec l'argile réduite en poudre afin que le mélange de l'argile soit plus complet encore.

On ne doit rien négliger pour donner de la consistance aux sols siliceux, et surtout pour y maintenir de la fraîcheur. Les vases de mares et d'étangs, les cures de fossé mélangées avec des cendres ou avec les engrais, après avoir été desséchées et pulvérisées, produisent d'excellents résultats. La tannée, quand on peut s'en procurer en quantité, est précieuse pour amender les sols siliceux. On peut l'enfouir ou l'employer en couverture indistinctement, mais après l'avoir préparée ainsi :

On fait un tas carré ou rond, et en le construisant on place un lit de chaux tous les 30 centimètres environ. Huit jours après, lorsque la chaux est bien délitée, on démonte le tas verticalement afin d'opérer un mélange parfait de la chaux avec la tannée ; on arrose trois ou quatre fois avec de l'engrais liquide, et l'on peut enfouir et mettre en couverture quatre ou cinq semaines après.

Quand il est possible de se procurer des eaux ammoniacales ayant servi à la fabrication du gaz, il suffit d'arroser la tannée avec ces eaux pour la désagréger en quelques heures et lui enlever son acidité, toujours dangereuse pour les plantes.

Les fumures en vert doivent être souvent employées dans les sables ; les roseaux, les varechs, les herbes de toute nature, grossièrement hachées et enfouies fraîches, produisent le meilleur effet. On recouvre ensuite le sol avec un paillis épais, et la fraîcheur se maintient pendant très longtemps.

Si les sols essentiellement siliceux sont presque improductifs, il en est de très fertiles, ceux fortement colorés en rouge et dont le sable est très fin. Cette fertilité s'explique par la présence de l'oxyde de fer, qui attire et fixe, sous forme d'ammoniaque, l'azote de l'atmosphère.

3° Les SOLS CALCAIRES, formés de chaux à l'état de carbonate, contenant en quantité plus ou moins grande de l'argile et de la silice, sont les moins favorables à la culture des arbres fruitiers. Leur couleur blanche repousse l'action des rayons solaires ; ils absorbent une quantité d'eau considérable et se dessèchent aussi très promptement.

La matière calcaire, presque infertile seule, est indispensable dans tous les sols, surtout pour la culture des fruits à noyaux, où elle doit entrer en assez grande quantité. Les noyaux étant formés en partie de carbonate de chaux, les fruits tombent lorsque le calcaire manque, et deviennent amers lorsqu'il est en quantité insuffisante.

Toutes les espèces à pépins périssent dans les sols essentiellement calcaires ; presque toutes celles à noyaux y souffrent : le cerisier seul y prospère.

Les sols calcaires s'amendent avec du sable et de l'argile. La quantité de sable et d'argile est déterminée par la consistance de la terre à amender ; mais dans tous les cas il faut toujours choisir, pour mêler aux sols calcaires des matières fortement colorées, afin de donner prise à l'action des rayons solaires, en faisant disparaître autant que possible leur couleur blanche ; les frasiers de forge remplissent parfaitement ce but.

La tourbe est un précieux amendement pour les sols calcaires ; elle agit comme amendement et comme engrais. On peut l'enfouir sans préparation : l'excès de calcaire corrige son acidité. La tannée peut également être enfouie sans préparation, mais dans les sols très calcaires seulement ; dans tous les autres, il y aurait danger pour les arbres.

Il résulte de l'examen que nous venons de faire des trois principaux éléments constituant la majorité des sols : argile, silice et calcaire, que chacun de ces éléments, séparé, donne un sol impropre à la culture ; que deux de ces éléments réunis forment une terre médiocre ; il faut le concours des trois pour obtenir la fertilité.

La terre modèle est le loam, appelé terre franche dans certains pays. Les loams contiennent 33 p. 100 d'argile, 33 p. 100 de silice et 33 p. 100 de calcaire. Toutes les cultures sont possibles dans ces sols ; tout y prospère et y donne d'abondantes récoltes. Mais, ne l'oublions pas, cette terre type se rencontre rarement ; c'est au cultivateur à chercher à en approcher le plus possible à l'aide des amendements.

Très souvent l'amendement se trouve sur le sol lui-même : le sous-sol le fournit. Ainsi, il n'est pas rare de trouver une couche de sable sous une couche d'argile, et une de calcaire à une certaine profondeur. Dans ce cas, le mélange du sol avec le sous-sol produit le meilleur effet, et cette opération se fait sans difficulté et sans dépense, en défonçant.

Disons, avant de terminer ce qui est relatif au sol, que les meilleures terres, même les loams, seront moins productives, si elles ne contiennent une certaine quantité d'humus.

L'humus est la cause première de la fertilité du sol ; il provient de la décomposition des végétaux et des matières animales. L'humus fournit aux plantes l'azote provenant des végétaux dont il est formé ; il leur fournit du gaz acide carbonique qui imprègne l'eau du sol et forme au pied de la plante, et sous l'abri de ses feuilles, une atmosphère surchargée de cet acide. (Les plantes, comme le savons, absorbent l'acide carbonique par les racines et par les feuilles.) L'humus est d'autant plus efficace pour la végétation qu'il possède, comme les corps poreux, la faculté de s'emparer des gaz qui l'entourent et de les condenser. Ces gaz sont restitués par l'élévation de la température ou par l'humidité qui les chasse des pores. L'humus est donc en quelque sorte un réservoir de substances nutritives placé au pied de la plante.

Il nous est essentiellement facultatif d'introduire une plus ou moins grande quantité d'humus ou terreau dans le sol, et par conséquent d'activer la végétation de nos arbres à notre gré, si nous savons bien composer et bien employer nos engrais.

CHAPITRE VI

DES ENGRAIS

Avant de m'occuper des engrais propres au jardin fruitier, il est urgent de m'efforcer de détruire un fatal préjugé : celui de refuser des engrais aux arbres à fruits. Beaucoup de propriétaires et même de cultivateurs prétendent que les fumures font mourir les arbres. Ils ont raison, s'ils fument mal ou plutôt avec des engrais en pleine fermentation. Chaque fois que l'on mettra du fumier d'écurie ou d'étable tout frais au pied des arbres, la fermentation du fumier, surtout si l'été est chaud, produira souvent le blanc des racines, maladie qui tue un arbre en quelques heures. Est-ce une raison, si l'on a fait une mauvaise application, pour laisser périr les arbres d'inanition?

Que se passe-t-il habituellement dans la pratique? On fume avec excès et avec du fumier frais; le fumier appliqué au pied de l'arbre, qui n'absorbe rien par le haut des racines, donne naissance, par sa fermentation, au *blanc des racines;* la moitié des arbres périt dans l'année ; alors on ne fume plus du tout, sous prétexte de conserver les arbres ; ils se chargent bien de fruits ; mais, ne trouvant plus dans le sol les substances indispensables à leur nutrition, les fruits tombent lorsqu'ils ont atteint à peine la moitié de leur développement, et l'arbre épuisé meurt bientôt d'inanition à son tour.

Devant ces désastres, on a employé un moyen vicieux, s'il en fut jamais, celui de fumer abondamment tous les trois ans. Qu'arrive-t-il dans ce cas ? L'année où l'on enfouit la fumure, on obtient d'assez bons résultats, quand les arbres sont chargés de fruits ; s'il n'y a pas de fruits, il se développe une quantité de gourmands, une forêt de bourgeons vigoureux difficiles à maîtriser, qui empêchent les boutons à fruits de se former. Chez les espèces à noyaux, c'est pis encore : la gomme apparaît presque toujours après la fumure.

Les fumures triennales causent une profonde perturbation dans la végétation, dans le produit, et sont pernicieuses pour la santé des arbres, en ce qu'elles nécessitent une quantité d'amputations et de mutilations. Il faut fumer peu et souvent, donner une fumure moyenne chaque année. En opérant ainsi la nutrition se fait sans trouble ; la végétation et la fructification sont réglées ; le produit est égal chaque année, et il n'y a jamais d'accidents à redouter.

Disons aussi qu'une fois les arbres plantés on n'enfouit plus de grandes fumures. Chaque année on paille en entier les plates-bandes, soit avec du fumier, soit avec des composts ; l'année suivante, lorsque la taille est faite, on enfouit le paillis en labourant, et l'on en replace un nouveau aussitôt après. En opérant ainsi, les arbres ont une nourriture suffisante, et l'on n'a jamais d'accidents à craindre.

Voyons maintenant quels engrais nous devons employer pour les arbres, tant pour enfouir à la plantation que comme couverture.

En principe, les engrais à décomposition lente donnent les meilleurs résultats ; les déchets de laine, les chiffons de laine et de soie, les bourres, les crins, les poils, les plumes, les râpures de corne, les os concassés, les sabots de chevaux, les ergots de moutons et de porc, les nerfs, les tendons, la chair desséchée, le noir animal, enfin toutes les matières qui se décomposent lentement, cèdent leurs substances nutritives en petite quantité, mais d'une manière continue.

Les arbres végètent pendant un grand nombre d'années, et chaque année ils végètent sans interruption de février à décembre, pendant dix mois. Si nous enfouissons au printemps des engrais animaux, se décomposant entièrement en trois ou quatre mois, nos arbres auront une nourriture trop abondante jusqu'au mois de juin, et ils en manqueront à partir de cette époque jusqu'à la fin de l'année, au moment où les fruits acquièrent tout leur développement, où les arbres ont le plus grand besoin de substances nutritives pour mûrir leurs fruits, et former des boutons à fruits pour l'année suivante. Cet inconvénient est évité avec la fumure en couverture, c'est-à-dire le paillis posé au printemps et laissé sur le sol jusqu'à l'année suivante.

Dans le cas où le propriétaire serait obligé d'acheter des engrais pour la plantation, il devra choisir de préférence ceux que je viens d'indiquer; mais, s'il a à sa disposition des engrais qui ne lui coûtent rien, il pourra les employer pour le même objet, en les préparant convenablement. Les fumiers d'écurie et d'étable peuvent être utilisés pour la plantation, mais à la condition de les employer très consommés, après les avoir maniés plusieurs fois, et seulement lorsque la paille est entièrement décomposée. Dans cet état, les fumiers animaux ne présentent qu'un inconvénient, celui de ne pas avoir une action assez soutenue.

Il est un engrais qu'il est toujours facile de se procurer à peu de frais et en grande quantité, avec un jardin un peu étendu, et excellent pour être enfoui ou employé en couverture ou paillis : c'est un compost formé avec tous les détritus du parc, du potager et de la maison. Cet engrais est préférable, pour le jardin fruitier comme pour le potager, au meilleur fumier d'écurie et d'étable; il faut se donner la peine de le fabriquer convenablement, voilà tout.

On choisit une place ombragée par des arbres ou au moins au nord; on y dresse une plate-forme assez étendue pour permettre de manier facilement deux tas de fumier de chaque côté : cette plate-forme doit être élevée de 25 centimètres au-dessus du sol et inclinée de façon que les jus de fumier tombent dans un réservoir ou même dans une barrique enterrée à cet effet (fig. 23).

On forme un premier lit avec des herbes provenant des sarclages et des binages du jardin, avec tous les détritus du potager : tiges de pommes de terre, d'artichauts, d'asperges, trognons de choux, etc. etc. ; les tontures de haies, de bordures, les mousses, les roseaux, les bruyères, les genêts, les ajoncs, toutes les matières herbacées que l'on peut se procurer sont bonnes, à la

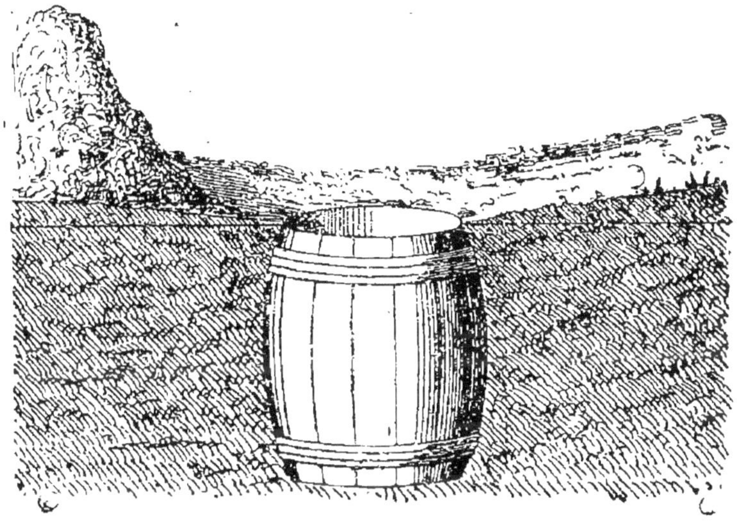

Fig. 23. — Fabrique de fumier.

condition de les employer fraîches. On recouvre ce premier lit avec du fumier, afin d'empêcher les herbes de se dessécher, ou avec un peu de terre à défaut de fumier ; on ajoute chaque jour sur le tas tous les débris de la cuisine : épluchures de légumes, détritus de viande, les plumes et le sang des volailles, les balayures de la maison et des cours. Puis on répand sur le tas les eaux de vaisselle, les eaux de savon, de lessive, les urines, enfin toutes les eaux ménagères ; lorsque le réservoir est plein, on arrose le fumier avec son contenu. Quand on manque de fumier, on peut ajouter aux herbes de la poudrette, des matières fécales ou du crotin de cheval ramassé sur les routes. Il faut avoir soin de défaire le tas de fumier, au bout de quinze jours, de bien le mélanger et de l'arroser trois ou quatre fois avec de l'engrais liquide ou les eaux ménagères. On peut y ajouter aussi les cendres du foyer et la suie.

Il est toujours utile de faire dissoudre dans l'eau pure d'abord quelques kilogrammes de sulfate de fer, que l'on verse aussitôt fondu dans la fosse à engrais liquide ou le tonneau la remplaçant. Non seulement le sulfate de fer enlève instantanément toutes mauvaises odeurs, mais encore son action augmente la valeur des engrais, et contribue puissamment à la destruction des parasites des végétaux.

La tannée et la tourbe peuvent être employées avec profit dans les composts, en les additionnant d'un dixième de chaux.

Si le sol auquel ces composts sont destinés est argileux ou manque de calcaire, on peut ajouter aux détritus de toute espèce : des plâtras concassés, de la chaux, de la marne ou du plâtre suivant le prix de revient, et les mélanger au fumier : plus le mélange sera complet mieux cela vaudra.

Les boues de villes bien consommées forment un engrais excellent, d'autant meilleur qu'il renferme des matières animales et végétales, des détritus de poissons, des cendres, des suies, etc. Chaque fois qu'il sera possible de s'en procurer à bon compte, ce sera une précieuse acquisition pour le jardin fruitier et pour le potager. Les boues de villes forment une excellente couverture pour les plates-bandes du jardin fruitier.

Les composts que je viens d'indiquer ont beaucoup d'analogie avec les boues de ville et ne coûtent rien, que la peine de réunir toutes les substances fertilisantes que l'on jette habituellement dans la rue. Si la fabrique de fumier est près des bâtiments, il est facile d'en neutraliser l'odeur avec quelques kilogrammes de sulfate de fer dissous dans le liquide avec lequel on arrose le fumier. (Voir le chapitre *Engrais* au *Potager moderne*, où la fabrication du fumier est traitée à fond.)

ENGRAIS CHIMIQUES

Malgré toutes les recommandations que j'ai pu faire pour établir la fabrication, si facile, des engrais solides et liquides chez tous les propriétaires, il est rare de voir ces deux services bien établis lorsque le maître ne les surveille pas lui-même.

Presque tous les jardiniers négligent la confection des composts, et très peu consentent à employer les engrais liquides que je viens d'indiquer, malgré leurs incontestables avantages. Presque toujours le propriétaire, manquant d'engrais, est livré à la rapacité des paysans, qui quintuplent le prix du fumier quand le *bourgeois en a besoin.*

Le manque d'engrais autant que le prix exorbitan auquel ils étaient cotés, ont fait renoncer à la culture une quantité de personnes remplies de bon vouloir et dont les essais eussent été une source de richesse pour leur pays.

Devant cet état de choses, j'ai dû expérimenter les engrais chimiques. Le résultat n'est pas douteux pour moi ; il suffit d'avoir vu les expériences de M. Georges Ville, faites dans du sable pur, pour ne conserver aucun doute sur l'action des engrais chimiques, et être bien convaincu qu'avec leur emploi on peut se passer temporairement de fumier.

Je dis temporairement, et pour la plantation seulement. Les engrais chimiques, surtout l'engrais complet, préférable pour la plantation des arbres, donnent lieu à une végétation vigoureuse ; mais leur action serait nuisible à la qualité des fruits, si on les employait d'une manière continue pour des arbres en plein rapport.

La végétation serait très active, et la mise à fruits difficile. En outre, les fruits seraient très gros, mais sans saveur, comme les légumes obtenus avec les engrais chimiques.

Pour la plantation et lorsqu'on manquera d'engrais naturels, on pourra employer l'engrais chimique complet, mais additionné de terreau, de feuilles ou de gazons décomposés, et surtout éviter de l'appliquer sur les racines.

En cas de disette d'engrais, on pourrait encore enfouir de l'engrais chimique complet en labourant le jardin fruitier, mais recouvrir le sol d'un épais paillis et l'enfouir aussitôt que la sécheresse ne sera plus à redouter.

Si l'on veut se donner la peine de faire des composts on aura toujours plus de fumier qu'il n'en faut pour bien pailler le jardin fruitier, et cela est bien préférable aux engrais chimiques, qui apportent toujours à la longue une certaine perturbation dans la végétation des arbres.

Lorsque nous aurons des terres argileuses à chauler, il faudra d'abord mélanger la chaux ou la marne avec cinq ou six fois son volume de terre, laisser fuser pendant quelques jours ; bien mêler le tout ensemble, et manier ce mélange avec le fumier, avant de le répandre sur le sol. En opérant ainsi, on double l'action de la chaux ou de la marne. Quand on fera des composts pour des arbres à fruits à noyaux, il sera toujours bon d'y ajouter un peu de chaux ou de marne pour tous les sols.

J'ai dit précédemment que l'effet des engrais animaux ne se faisait plus sentir quand les arbres avaient le plus grand besoin de nourriture ; les composts, tout en ayant plus de durée, présentent le même inconvénient. Il est facile d'y remédier avec le secours des engrais liquides, engrais des plus précieux, en ce que leur effet est instantané. Ainsi, lorsque, par suite d'une longue sécheresse, la végétation est suspendue, que les arbres sont très chargés, et que les fruits tombent faute de nourriture et d'humidité, un seul arrosement à l'engrais liquide, donné au moment où la végétation languit, non seulement empêche les fruits de tomber, mais amène encore une recrudescence de végétation au profit de l'arbre, du volume et de la qualité des fruits. Cela s'explique par le mode de nutrition des arbres. Les spongioles (extrémités des racines) absorbent les substances nutritives à l'état liquide ou gazeux ; ces substances, à l'état de dissolution dans l'eau, sont immédiatement absorbées par les racines.

L'engrais liquide, malheureusement trop peu employé en France, est la clef de la végétation : rien n'est impossible avec lui. Une plante est-elle malade ou languit-elle faute de nourriture : un arrosement d'engrais liquide lui rend en quelques jours la vigueur et la santé. On objecte l'odeur désagréable de cet engrais ; il est facile de le désinfecter complètement en deux minutes avec une dépense de quelques centimes, et, dans cet état, l'engrais liquide n'est pas plus répugnant à employer que l'eau claire.

Il est facile de fabriquer de grandes quantités d'engrais liquide presque pour rien. Il suffit pour cela d'avoir un réservoir bien étanche, ou simplement quelques tonneaux affectés à cet usage, et d'employer une des recettes suivantes :

1° Le guano, le plus énergique des engrais connus, dissous dans trente fois son volume d'eau, et désinfecter avec 2 kilogrammes de sulfate de fer par hectolitre ;

2° La colombine, curure de pigeonnier et de poulailler, étendue dans trente fois son volume d'eau, et désinfectée avec 2 kilogrammes de sulfate de fer par hectolitre de liquide ;

3° Les matières fécales, dissoutes dans quarante fois leur volume d'eau et désinfectées avec 3 kilogrammes de sulfate de fer par hectolitre ; ne les employer que lorsqu'elles commencent à fermenter ;

4° Les urines étendues de cinq fois leur volume d'eau, avec 1 kilog. 500 grammes de sulfate de fer par hectolitre ;

5° Les purins ou jus de fumier, étendus de quatre fois leur volume d'eau, avec 1 kilog. 500 grammes de sulfate de fer par hectolitre ;

6° Le sang des abattoirs, étendu de dix fois son volume d'eau, avec 3 kilogrammes de sulfate de fer par hectolitre ;

7° Les eaux dans lesquelles les chiffonniers dégraissent leurs os ; les étendre de quinze fois leur volume d'eau, avec 3 kilogrammes de sulfate de fer par hectolitre ;

8° Mélange des urines de la maison avec les eaux de vaisselle, de savon, de lessives, etc., et 1 kilog. 500 grammes de sulfate de fer par hectolitre.

Enfin, si l'on n'a pas eu la précaution de fabriquer une certaine quantité d'engrais liquide, et que l'on manque des matières que j'ai indiquées, on peut encore en faire d'excellent avec du crottin de cheval pur. On prend une futaille dans laquelle on met un tiers de crottin de cheval et deux tiers d'eau ; on abandonne le mélange pendant quelques jours, et on l'emploie quand il commence à fermenter.

Lorsqu'on arrose à l'engrais liquide, il faut préalablement avoir le soin de former au pied de l'arbre un bassin circulaire de 0^m,70 à 1^m,50 de diamètre, suivant la force de l'arbre afin que l'engrais s'infiltre à l'extrémité des racines et non au collet. Deux arrosoirs d'engrais liquide suffisent pour un grand arbre. Il faut toujours faire ces arrosements le soir, après le coucher du soleil, et mettre ensuite du paillis sur la partie arrosée, afin d'empêcher l'évaporation. Lorsqu'on arrose des fleurs ou des légumes à l'engrais liquide, il faut éviter d'en répandre sur les feuilles.

En terminant ce qui est relatif aux engrais, je ne saurais trop recommander aux propriétaires et aux jardiniers de ne rien laisser perdre. Il faut avoir fabriqué des engrais soi-même, pour se figurer combien une maison, quelque peu importante qu'elle soit offre de ressources, et fournit d'éléments précieux pour activer la végétation. La fertilité du potager et du jardin fruitier est subordonnée à la quantité des engrais dont on dispose. Chaque fois qu'on se donnera la peine de tout utiliser pour la fabrication des fumiers, on aura toujours en abondance des engrais et des paillis ; les sols médiocres deviendront bons, et souvent on obtiendra en quelques années d'excellents et d'abondants produits, sur les sols les plus ingrats, quand on les aura enrichis d'humus.

CHAPITRE VII

DE L'EAU, DE L'AIR, DE LA LUMIÈRE
ET DE LA CHALEUR

DE L'EAU

L'eau est un élément indispensable à l'existence des plantes ; elle joue le rôle le plus important dans la végétation partout où on la rencontre : dans le sol, à l'état liquide ; dans le corps des arbres, dont elle fait partie, et dans l'atmosphère à l'état de vapeur.

Dans le sol, l'eau dissout les substances propres à la nutrition, s'empare de l'acide carbonique de l'humus, et permet aux substances qu'il contient de pénétrer dans le corps des végétaux par sa seule action.

Dans le corps des arbres, sous le nom de sève, l'eau introduit tous les éléments de nutrition et leur sert de véhicule jusque dans les cellules des feuilles, où la sève modifiée, convertie en cambium, vient concourir à l'accroissement et à la reproduction.

Dans l'atmosphère, à l'état de vapeur, l'eau produit ces bienfaisantes rosées qui remédient, pendant les grandes chaleurs, à la sécheresse du sol.

Sans eau il n'y a pas de nutrition, et par conséquent pas de végétation possible. Mais, malgré l'utilité de cet élément, il faut le rencontrer dans le sol et
dans l'atmosphère dans une proportion voulue. Si le
sol est trop humide, il produira du bois mal constitué
et pas de fleurs; s'il est trop sec, les arbres se couvriront de fleurs, se chargeront de fruits, sans produire
de bois, et arriveront bien vite à la décrépitude. Il
faut combattre l'humidité surabondante par les amendements et par le drainage; la sécheresse, par des
paillis épais appliqués au printemps, par des aspersions sur les feuilles et par des arrosements à l'engrais liquide, afin de placer les arbres dans des conditions d'humidité moyenne qui leur permettent de
végéter et de fructifier convenablement.

L'aspersion sur les feuilles est un des moyens les
plus énergiques de combattre la sécheresse ; elle est
des plus utiles, surtout à proximité des routes,
où les arbres sont couverts de poussière qui bouche
les stomates et empêche les feuilles de fonctionner. Il
faut bien se garder d'employer de l'eau plus froide
que la température de l'atmosphère pour asperger les
feuilles : on s'exposerait à les faire tomber. Les aspersions doivent être faites avec de l'eau tirée vingt-
quatre heures au moins à l'avance et bien chauffée au
soleil. En cas de presse, il vaut mieux y verser une
casserole d'eau bouillante que de l'employer trop
froide.

La trop grande humidité dans l'atmosphère n'est
pas moins à redouter. Les arbres fleurissent bien,

mais ne produisent pas de fruits. Dans les localités
exposées aux brouillards fréquents, ces brouillards
mouillent les fleurs et rendent la fécondation impossible en délayant le pollen. Alors il faut avoir recours
aux abris naturels ou artificiels pour préserver les
fleurs. Un simple chaperon mobile de 30 centimètres
de saillie, ou une toile posée pendant floraison suffisent pour assurer la fécondation.

DE L'AIR

L'air est indispensable à la végétation; sans le concours de l'oxygène qu'il contient, la sève ne pourrait
être décomposée et convertie en cambium. La germination, nous l'avons dit, ne peut s'accomplir sans le
secours de l'air; les racines pourrissent, comme les
graines, quand elles sont soustraites à son influence.

Quand l'air ne circule pas suffisamment dans un
jardin, les arbres y meurent et ne fructifient pas. Nous
en avons vu de fréquents exemples dans les jardins où
les murailles sont très élevées et très rapprochées,
l'air ne circulant plus, les arbres périssent, même
ceux qui exigent le plus de chaleur. Dans ceux où les
arbres sont trop rapprochés, la fructification ne s'établit pas. Le gaz oxygène, en outre, concourt puissamment à la décomposition des engrais. Il faut donc,
pour obtenir le maximum de végétation, que le sol
soit constamment perméable à l'air. On obtient ce
résultat par les labours profonds et des binages réi-

térés. Plus le sol est compact, plus il doit être fouillé profondément et remué souvent. Les bonnes façons données au sol, ne l'oublions pas, comptent pour beaucoup dans les succès de culture, en accélérant la décomposition des engrais.

DE LA LUMIÈRE

La lumière est un des agents les plus puissants de la végétation ; sans elle, la nutrition ne saurait s'opérer, et les arbres resteraient infertiles. Non seulement la lumière participe à tous les actes de la végétation, mais encore elle les détermine et les accélère.

La seule action de la lumière produit l'évaporation de la surabondance d'eau de la sève dans les cellules des feuilles. Par le fait de cette évaporation, l'ascension de la sève est activée, l'absorption des racines est augmentée en raison de l'activité de celle-ci, et l'accroissement est augmenté en conséquence. Donc, la quantité de substances nutritives puisées dans le sol par les racines est subordonnée à l'évaporation des feuilles, c'est-à-dire à l'action de la lumière. En outre, l'acide carbonique accumulé dans les cellules des feuilles ne peut être décomposé, pour concourir à l'accroissement et à la fructification, que sous l'influence d'une lumière très vive.

Si un arbre fruitier est ombragé en entier, il poussera des rameaux longs et grêles, donnera rarement des fleurs, et ces fleurs ne produiront jamais de fruits.

Si l'arbre est éclairé en partie, les fruits ne se montreront que sur la partie éclairée. A-t-on jamais vu des
fruits sur les quenouilles plantées sous de grands
arbres, à la base des gobelets pointus que l'on trouve
encore dans les vieux jardins, à l'intérieur de ces
grandes pyramides fourrées, dont l'unique résultat
est d'ombrager et d'épuiser le sol, pour produire un
fagot chaque année ? Le jour où les propriétaires et
les cultivateurs seront convaincus des effets de la
lumière, ces productions anormales disparaîtront pour
faire place à des arbres soumis à des formes rationnelles.

On doit encore à l'action de la lumière *la saveur
des fruits, leur coloration et celle des feuilles.* Les
cellules des fruits fonctionnent exactement comme
celles des feuilles ; elles élaborent le cambium de la
même manière. Donc, lorsque le fruit reste dans l'obscurité, l'élaboration étant incomplète, la maturation
ne peut s'accomplir, attendu que le manque de
lumière s'oppose au dégagement de l'acide carbonique
Les fruits d'espalier, notamment les abricots et les
pêches, ne mûriraient jamais également ni parfaitement, si l'on n'avait le soin de les découvrir entièrement et de les exposer à l'influence des rayons
solaires lorsqu'ils ont atteint tout leur volume.

Sans cette précaution, le côté du fruit qui regarde
le mur reste acide, tandis que celui exposé à la
lumière est savoureux et sucré.

La coloration est entièrement due à l'action de la
lumière ; de là, la double nécessité de découvrir les

fruits quelques jours avant de les cueillir, pour leur donner à la fois la saveur et le coloris.

DE LA CHALEUR

La chaleur encore est un agent puissant de la végétation. Elle concourt à la nutrition, comme la lumière, en augmentant l'évaporation. En principe, la chaleur stimule l'énergie des plantes; elle accélère toutes les fonctions de la vie végétale; mais encore faut-il la rencontrer dans certaines limites, et combinée avec une humidité suffisante.

Si la chaleur est de longue durée et le sol très sec, la végétation sera suspendue, et les arbres se couvriront de fleurs; si la sécheresse du sol augmente encore, les fruits tomberont, et l'arbre finirait par mourir s'il manquait totalement d'humidité. Si, au contraire, la température est très élevée et le sol très humide, la végétation sera fort active, les arbres produiront une foule de bourgeons vigoureux et pas de fleurs.

Il faut combattre la sécheresse et l'excès de la chaleur :

1° Par des couvertures de fumier ou de compost épaisses de 8 à 10 centimètres, appliquées sur le sol pendant qu'il est humide, c'est-à-dire en mars, aussitôt après le labour de printemps et non en juillet, quand il est desséché. On peut utiliser, quand on manque de fumier : pailles de colza, bruyères, roseaux, ajoncs, genêts, mousse, herbes marines, etc.; le point capital est de soustraire le sol à l'évaporation. Les objets que l'on peut se procurer le plus facilement et au meilleur marché sont les préférables ;

2° Par des arrosements à l'engrais liquide ; ils sont d'un grand secours, non seulement pour empêcher la chute des fruits, mais encore pour augmenter leur volume et leur qualité ;

3° Par des aspersions données sur les feuilles, le soir après le coucher du soleil ; la pompe à main Dudon (fig. 24) est l'instrument le plus commode et le plus expéditif pour cette opération.

Cette excellente petite pompe lance l'eau à une grande distance : on la divise à volonté en mettant le pouce sur la lance.

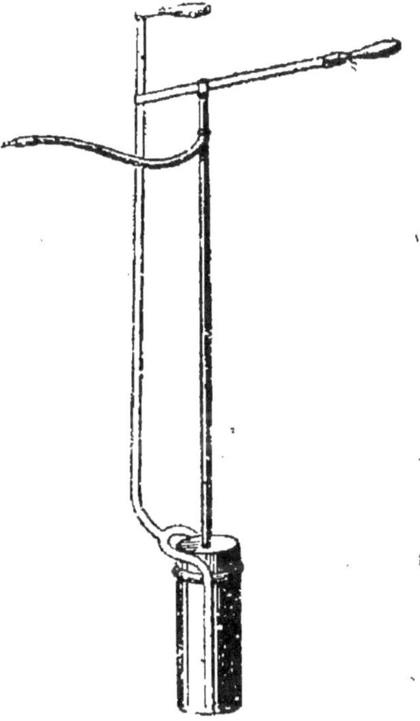

Fig 24. -- Pompe à main Dudon.

La pompe à main Dudon peut se mettre dans un seau ou un arrosoir que l'on transporte facilement ; mais, quand on a une certaine quantité d'arbres à asperger, le *tonneau arroseur* Dudon (fig. 25) rend de grands services.

Ce tonneau, tout en fer, est d'une solidité à toute

épreuve ; il contient 60 litres d'eau, et est facile à rouler quand il est plein.

Au fond du tonneau se trouve un cercle en fer dans lequel s'adapte le bas de la pompe, et de chaque côté, à l'ouverture du haut, une entaille dans laquelle la monture entre juste. La pompe, ainsi tenue, est aussi solide que si elle était rivée sur le tonneau.

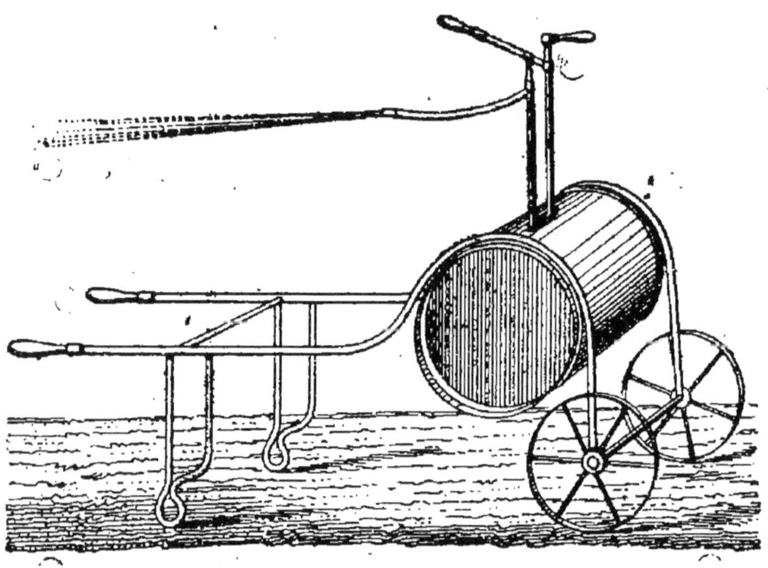

Fig. 25. — Tonneau arroseur Dudon.

Le tonneau est peint en noir ; grâce à sa coloration après l'avoir rempli, une heure d'exposition au soleil suffit pour échauffer l'eau suffisamment.

Je ne saurais trop recommander l'aspersion sur les feuilles ; elle produit les meilleurs résultats, surtout pour les arbres exposés au midi ; elle dispense quelquefois des arrosages à engrais liquide et empêche toujours les feuilles de se dessécher. En employant les deux moyens : aspersion sur les feuilles et arrosage à l'engrais liquide, on peut braver les sécheresses les plus désastreuses ;

4° Par des binages souvent renouvelés, la terre remuée se dessèche moins, et de plus elle est ouverte à l'influence des rosées. On bine sans déranger le paillis.

Il faut bien se garder de répandre des arrosoirs d'eau au pied des arbres, ainsi qu'on le fait souvent pendant les grandes chaleurs. C'est d'abord les exposer à être attaqués par le blanc des racines, qui naît toujours au collet et à la naissance des grosses racines, et les décompose en vingt-quatre heures ; ensuite ces arrosements copieux sont nuisibles à la qualité des fruits, à la santé des arbres

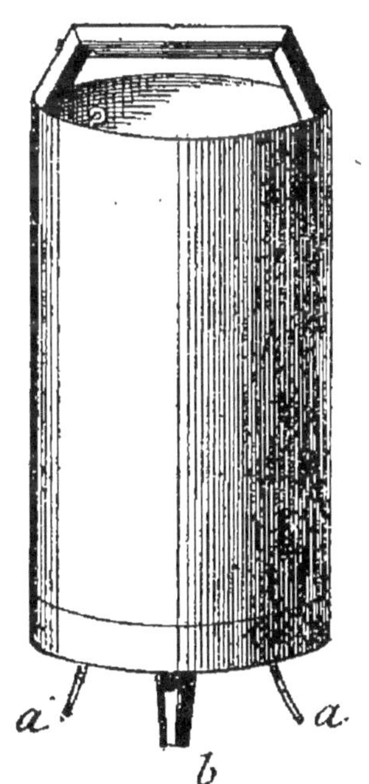

Fig. 26. — Arrosoir à engrais liquide pour les arbres.

et à la fructification pour l'année suivante. Excepté

pendant la première année de la plantation, et encore en cas seulement de sécheresse extraordinaire, les arbres ne doivent être arrosés qu'à l'engrais liquide, et cela *deux ou trois fois au plus* pendant les plus fortes chaleurs.

L'arrosoir à engrais liquide pour les arbres (fig. 26) est l'instrument le plus commode et le plus expéditif pour arroser les arbres sans les exposer au moindre accident. Cet arrosoir, muni d'une anse pour le porter facilement, est monté sur trois pieds *a*, qui entrent en terre; le goulot *b*, par lequel s'échappe l'engrais liquide, entre également dans le sol.

La broche est garnie d'un bouchon *c*, entrant dans le goulot *b*, et empêchant le liquide de s'échapper quand on transporte l'arrosoir. On le place au-dessus des racines que l'on veut arroser; on fait entrer les pieds *a* et le goulot *b* dans le sol; on retire la broche que l'on retourne et avec la pointe *d* que l'on fait entrer dans le goulot, on perce le sol à la profondeur où l'on veut faire pénétrer l'engrais. On retire la broche pour laisser infiltrer l'engrais liquide dans le sol, et quand il y en a une quantité suffisante, on opère à un autre endroit.

Un arrosoir d'engrais liquide est suffisant pour un gros arbre. Pour les arbres d'espaliers placés contre les murs, on fait trois trous afin de laisser échapper dans chacun le tiers du liquide: un en avant de l'arbre, et un de chaque côté, à 30 ou 35 centimètres du mur. La distance des trous au tronc de l'arbre doit varier entre 50 et 90 centimètres, suivant la grosseur de l'arbre et la longueur des racines.

Pour les arbres en plein vent, autour desquels on peut tourner, on fait quatre trous qui reçoivent chacun un quart du liquide de l'arrosoir : un en avant et en arrière, et un de chaque côté, à la distance du tronc que j'ai indiquée plus haut.

Grâce à cet ingénieux instrument, dû à *M. Médéric Rose*, on peut employer les engrais les plus infects sans qu'ils laissent la moindre émanation dans le jardin, et ces engrais, ne subissant aucune évaporation, ont une action double. En outre, l'infiltration souterraine n'offre aucun danger, pour le blanc des racines, qui se produit toujours pendant les grandes chaleurs, après les pluies d'orages abondantes ou les arrosements copieux donnés au collet de la racine.

La chaleur est presque toujours un bienfait sous le climat privilégié de la France, du moins dans toute la région de la vigne. Il y a quelques modifications de culture et de taille à apporter pour la région de l'olivier. Je les indiquerai en traitant du jardin fruitier, de la culture et de la taille de chaque espèce. Mais, depuis le nord jusqu'à la région de l'olivier, il est plus facile de se défendre de la chaleur que du froid. La chaleur, toujours attendue avec impatience, ne nous apporte qu'un inconvénient : un peu de sécheresse passagère, en échange de sa généreuse influence sur la végétation. Les palliatifs contre la chaleur ne demandent ni dépense, ni grand travail; les préservatifs contre le froid sont dispendieux ; ils exigent un travail incessant, un certain matériel et encore ne sont-ils applicables que sur des espaces très restreints.

La nature, dans son admirable organisation, apporte elle-même le remède le plus puissant contre la chaleur et contre le froid : quand l'homme la seconde un peu, elle le récompense au centuple de ses soins et de ses peines. Pendant les chaleurs les plus intenses, alors que les bourgeons sont exposés à griller contre es murs, la sève, plus active que jamais, monte abondamment vers les feuilles, stimulée par l'évaporation de celles-ci. La sève apporte dans le corps de l'arbre la température fraîche du sol pour mitiger celle de l'atmosphère. Aidez la nature de quelques aspersions sur les feuilles, et vous n'aurez jamais d'accidents à déplorer.

Pendant les gelées, la nature vient encore nous apporter le préservatif le plus énergique. Le mouvement de la sève existe toujours pendant l'hiver, mais il est presque nul comparativement à celui qui s'opère pendant l'été. En conséquence, les arbres obéissant à cette loi physique qui fait qu'un liquide en repos gèle moins que s'il était agité, sont d'autant moins exposés à l'action du froid. En outre, l'ascension de la sève, toute lente qu'elle est, existant toujours, même pendant le repos de la végétation, la sève apporte encore dans le corps de l'arbre la température du sol, bien plus élevée que celle de l'atmosphère, pour contre-balancer son action. Empêchez le sol de se refroidir, la sève conservera une température assez élevée pour préserver les arbres de tout accident. Une couche de fumier frais, répandue sur le sol à l'approche des gelées, est suffisante pour les soustraire à leur atteinte et y maintenir une température de plusieurs degrés au-dessus de zéro, excepté cependant par des gelées aussi fortes et d'aussi longue durée que celles de 1879-1880, de désastreuse mémoire, mais heureusement très rares, malgré l'abaissement du climat de la France.

Les plus puissants préservatifs des gelées et des neiges tardives, désorganisant les fleurs, des pluies et des brouillards délayant le pollen, et empêchant la fécondation, sont les abris. Devant l'inclémence constante de la température de nos derniers printemps, je crois devoir consacrer un chapitre spécial aux abris, afin de donner aux propriétaires des moyens certains de sauver leur production de fruits de toutes les intempéries.

LES ABRIS

Il est incontestable que notre climat change et devient chaque année plus rigoureux.

Les intempéries que nous subissons depuis quelques années, et qu'il est à craindre de voir se renouveler, me font un devoir d'attirer l'attention de mes adeptes sur la nécessité des abris pour les arbres fruitiers, afin de les défendre des gelées, des neiges et des pluies pendant leur floraison, sous le climat de

Paris et sous ceux du nord, nord-est et nord-ouest de la France.

La pluie et les brouillards empêchent la fécondation et détruisent les récoltes ; il suffit d'un simple auvent pour l'assurer ; les gelées et les neiges désorganisent les fleurs et les fruits nouvellement formés ; on évite leurs ravages à l'aide d'un obstacle empêchant le rayonnement vers les espaces célestes. Voilà les résultats obtenus avec les abris.

Les abris ne sont possibles que dans les jardins ; mais ils y rendent d'immenses services quand, comme en 1888, les neiges tardives ont désorganisé les boutons à fruits déjà en végétation et fait tomber tous les fruits. Le jardin abrité est alors une précieuse ressource.

Les abris ne sont ni très coûteux ni difficiles à établir ; ils demandent un peu de travail et de soin, rien de plus.

Procédons par ordre, afin de protéger les arbres de nos jardins, et assurer notre récolte annuelle le mieux possible et aussi le plus économiquement possible.

Les arbres plantés en espalier sont les plus faciles à abriter, et ceux aussi demandant le moins de dépenses pour sauvegarder leur récolte.

Il suffit d'un simple auvent ou chaperon en paille de 40 à 50 centimètres de largeur, pour les murs de $2^m,50$ à 3 mètres de hauteur, posé, incliné en haut du mur, depuis le 20 février, époque où la végétation commence à se manifester, jusqu'au 20 mai, où l'on n'a plus rien à craindre des intempéries.

Un simple auvent ou chaperon suffit pour tous les arbres en espalier, excepté pour le pêcher et l'abricotier demandant des abris spéciaux.

Ce chaperon, en simples paillassons, doit être posé

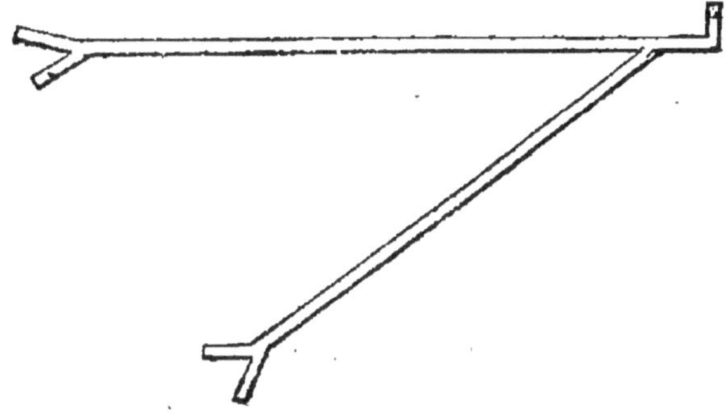

Fig. 27. — Console

incliné, pour faciliter l'écoulement des eaux (*a*, fig. 30) et placé sur des consoles en fer scellées dans le mur

Fig. 28. — Chaperon.

(*b*, même figure), ou sur des supports mobiles en bois ou en fer.

Les consoles en fer plat doivent être scellées dans le mur à une distance de 1^m,50 ou 2 mètres ; le modèle représenté par la figure 27 est le meilleur et le plus économique. (Se garder des consoles à mécanique ; elles ne sont bonnes qu'à remplir la bourse de l'industriel qui les débite.) Les chaperons les plus solides et les plus faciles à établir (fig. 28) se font avec quatre baguettes de châtaignier fendues en deux et de la paille de seigle ; on place la paille bien également sur deux baguettes fendues (*a*, fig. 28) ; on met deux autres baguettes, également fendues, *b*, par-dessus les premières, et on cloue le tout ensemble.

La paille a l'inconvénient d'être un peu lourde, surtout quand elle est mouillée, mais c'est encore ce qu'il y a de plus économique.

Dans les localités où la paille de seigle est rare et chère, on aura recours aux abris en carton bitumé, très solides et très économiques.

La paille de blé n'est pas solide ; celle d'avoine, trop courte, se brise en un instant. Il faut donc choisir la paille de seigle ou le carton bitumé.

Je dois la recette du carton bitumé à un officier supérieur de la marine, plus qu'expert en constructions, et lui envoie de tout cœur mes sincères remerciements pour le service qu'il rend à tous les amateurs d'arboriculture.

Je publie la note qu'il a eu l'obligeance de m'envoyer afin d'éviter d'en altérer la précision.

ABRIS MOBILES POUR ESPALIERS

COUVERTS EN CARTON BITUMÉ

« Le manque de paille convenable dans la région que j'habite m'a conduit à confectionner pour mes espaliers des abris en carton bitumé cloué sur châssis légers en bois.

« Je donne à chaque panneau composant ces abris 3 mètres de longueur et 50 centimètres de largeur.

« Les rouleaux de carton bitumé ont 12 mètres de longueur avec des largeurs variables; en choisissant celle de 1 mètre, je tire du rouleau 8 feuilles de 3 mètres sur 50 centimètres qui me permettent de confectionner 8 panneaux garnissant 24 mètres de muraille.

« Les châssis sont fermés au moyen de lattes en bois de sapin ayant 30 millimètres de hauteur et 24 millimètres environ de largeur.

Les angles A, B, C, D (fig. 29), sont assemblés à mi-bois et maintenus chacun par 2 pointes. Les deux traverses E, F (même figure) sont simplement introduites à frottement entre les tringles AC, BD, et fixées au moyen d'une pointe enfoncée par bout (même figure).

« Pour faire les tringles, on

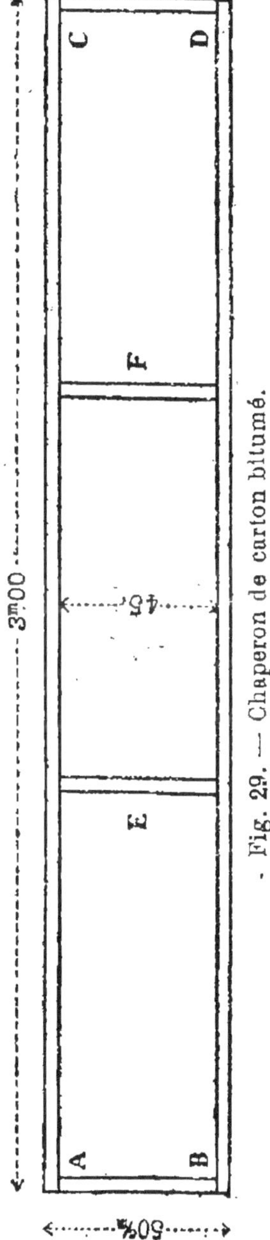

Fig. 29. — Chaperon de carton bitumé.

prend 3 planches de Norwège ayant 3 mètres de long, et on débite chacune en 7 tringles. Les planches du commerce ayant 20 centimètres de largeur et 3 centimètres d'épaisseur on obtient ainsi 21 lattes de 3 mètres de long, 3 centimètres de haut et 25 millimètres environ de large.

« 16 de ces lattes forment les tringles longitudinales sur 8 châssis. Les 5 autres lattes fournissent d'abord 16 bouts de 50 centimètres pour faire les tringles des extrémités des châssis, puis 14 bouts pour les entretoises intermédiaires. Il ne manque que 2 bouts de 45 centimètres, faciles à trouver dans quelques débris.

« Une fois les châssis assemblés, on cloue dessus la feuille de carton bitumé au moyen de clous de tapissier espacés d'environ 12 centimètres.

« Un panneau tout assemblé pèse 7 kilog. 700.

« La dépense occasionnée par la confection des 8 panneaux est la suivante :

1 rouleau carton bitumé, 12 $^m/^m$ 1 . . . . . 6 fr.
6^m planches de Norwège à 12 fr. 50 les cent pieds. 3 40
Pointes et clous 0 60
Main-d'œuvre de menuisier. 3

Total . . . . 13 fr.

« Le prix par mètre courant abrité est donc de 0 fr. 54.

« On relie les panneaux entre eux et aux supports avec du fil de fer n° 8, passé dans les trous percés dans les lattes. »

Les chaperons que je viens de désigner seraient à la rigueur les seuls abris nécessaires pour le pêcher : ce sont les seuls usités à Montreuil ; mais les murs assez rapprochés y forment déjà un abri naturel. Il

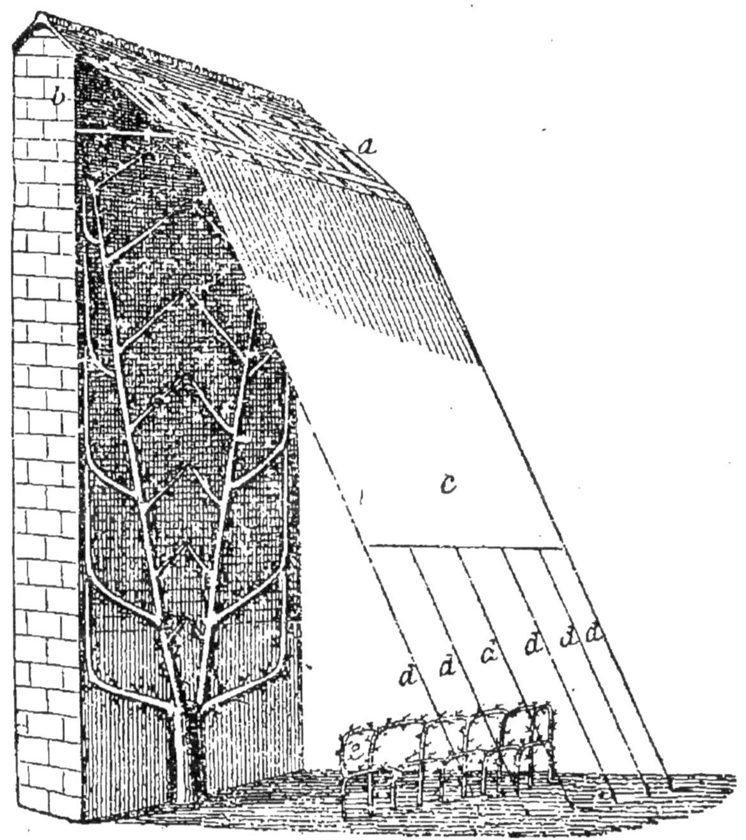

Fig. 30. — Abris pour le pêcher.

n'en est pas de même dans les jardins fruitiers des propriétaires, où il n'y a que les murs de clôture, par conséquent fort éloignés les uns des autres. Dans ce cas, le chaperon mobile n'est pas un abri suffisant pour

le pêcher et l'abricotier ; il est nécessaire d'y ajouter
une toile très claire. (On en fabrique exprès pour
cet usage chez M. Ridard, rue de Bailleul, n° 9, à
Paris ; demander des toiles de M. Gressent.) On attache
ces toiles d'un bord sur la tringle qui relie les consoles (*c*, fig. 30), et on les fixe de l'autre, avec une

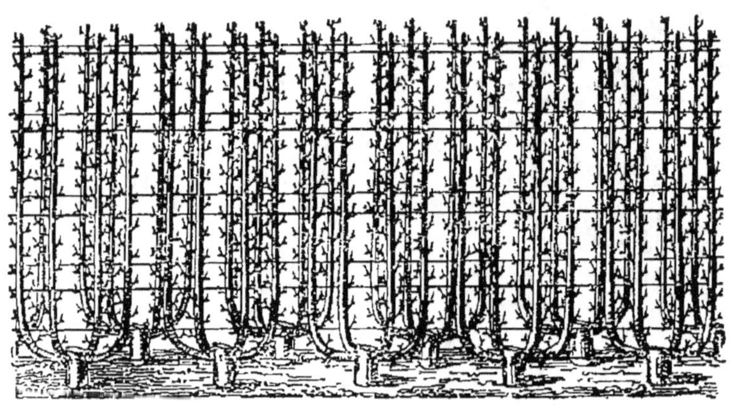

Fig. 31. — Contre-espalier de Versailles.

ficelle, à un fil de fer tendu sur des piquets placés au
milieu de l'allée (*d*, même figure).

Les pêchers enfermés dans une espèce de serre
peuvent braver toutes les intempéries et même des
gelées de 2 à 3 degrés ; presque toutes les fleurs
nouent par tous les temps. En outre, un abri ainsi
installé permet de placer au bord de la plate-bande
un double cordon de fruits hâtifs (*e*, même figure),
qui est abrité sans dépense aucune et donne des
fruits très précoces, grâce à cet abri. Une toile de
1 mètre de hauteur suffit pour un mur de 2^m,50.

On peut enlever les toiles dès les premiers jours

de mai, quand le temps est doux, mais en les tenant toujours à portée pour les replacer si le temps menaçait de gelée. Les chaperons ne sont retirés que vers le 20 mai, quand il n'y a plus de gelée à redouter.

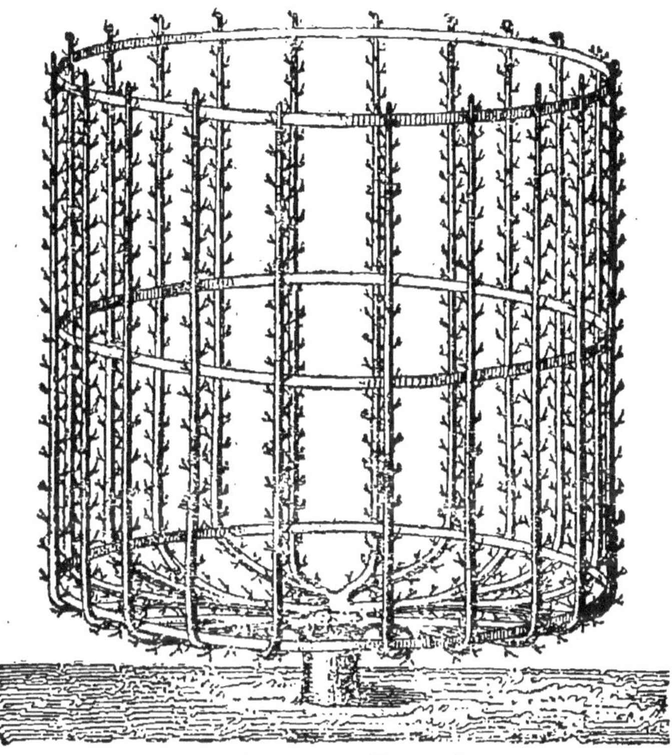

Fig. 32. — Vase.

Avec bien peu de chose, comme vous le voyez, cher lecteur, il est facile d'assurer sa récolte des fruits d'espalier par les saisons les plus inclémentes.

Les abris pour les formes en plein vent sont plus coûteux et aussi plus difficiles à établir. Ceux des contre-espaliers de Versailles, donnant les deux tiers de la récolte de poires du jardin (fig. 31), demandent des abris qu'il est prudent de ne pas leur refuser.

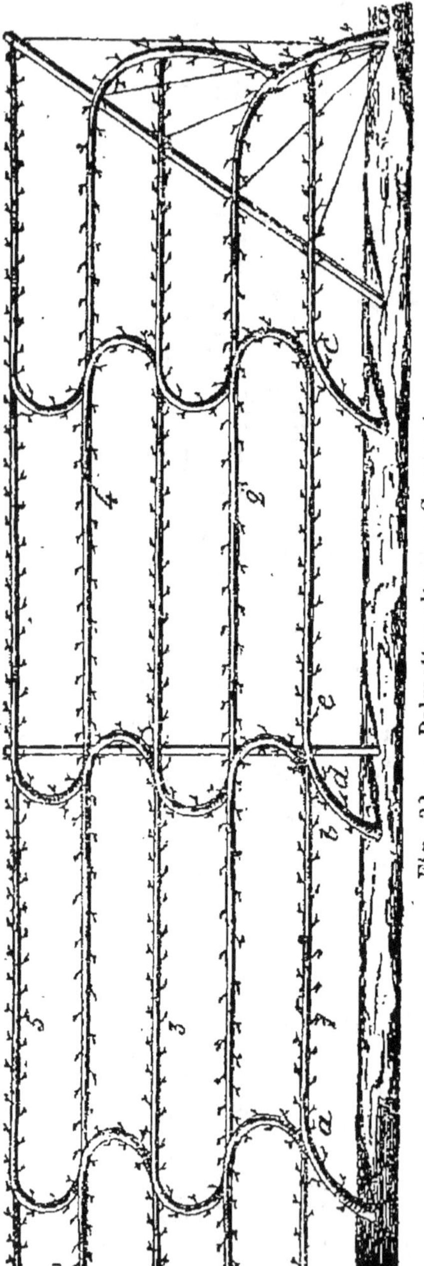

Fig. 33. — Palmettes alternes Gressent.

Les vases d'abricotiers (fig. 32) exigent l'abri pour donner une récolte assurée. Les pruniers et les cerisiers peuvent s'en passer à la rigueur.

Les palmettes alternes (fig. 33), presque toujours composées de cerisiers, peuvent se passer d'abris, à moins que le propriétaire ait réuni une collection de cerises de toutes saisons, à laquelle il tient beaucoup.

Les cordons peuvent tous se passer d'abris, dans mes jardins fruitiers en gradins (fig. 34), où ils sont abrités naturellement par les autres formes, beaucoup plus élevées.

Les contre-espaliers hauts de 3 mètres et les vases élevés de 2 abritent naturellement tout le centre du jardin (*a*, fig. 34), et les parties *b*, même figure, sont doublement abritées naturellement par les contre-espaliers et les murs qui terminent le jardin.

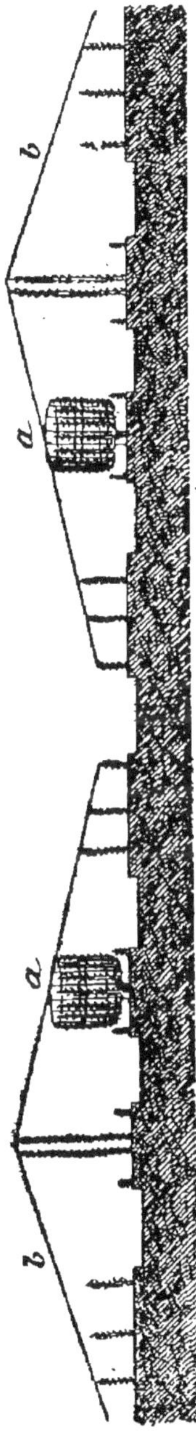

Les abris des contre-espaliers sont les plus indispensables pour assurer la récolte du jardin fruitier, mais ils sont aussi les plus dispendieux, en ce qu'ils exigent une addition de charpente en fer.

Depuis plusieurs années, j'abrite les contre-espaliers naturellement avec les bourgeons des arbres (en ne pratiquant les pincements qu'après le 20 mai). Ce mode m'a réussi parfaitement depuis plus de seize ans sous le climat du Centre, et sous ceux de Paris et du Nord, dans les années peu rigoureuses, mais il n'est pas aussi efficace et aussi certain, par les printemps rigoureux, que les abris artificiels : les toiles posées au-dessus des arbres.

Les toiles sont incontestablement le meilleur abri ; elles étaient préconisées avec raison par l'arboriculture moderne ; mais le plus difficile

Fig. 34. — Élévation du jardin fruitier en gradins.

était de maintenir une toile au sommet d'un contre-espalier de 3 mètres de hauteur sans que la toile fût déchirée ou emportée par le vent ; quelquefois le contre-espalier était renversé par les tempêtes et les arbres brisés.

J'ai essayé tous les modes de pose de toile indiqués par l'inventeur des contre-espaliers, et j'avoue à ma confusion que je n'ai jamais réussi.

Il n'est possible de maintenir les toiles et de les empêcher de faire voile sur les contre-espaliers qu'en les *collant*, pour ainsi dire, sur une charpente consolidant encore le contre-espalier et offrant l'aspect d'un toit pointu, afin de ne donner aucune prise au vent ni en dessus ni en dessous.

Fatigué des écoles buissonnières et après avoir longtemps cherché un moyen de maintenir les toiles voici à quoi je me suis arrêté :

Fig. 35. — Piquet pour les abris Gressent.

On enfonce de chaque côté du contre-espalier des montants et des supports intermédiaires, des piquets coudés en fer à T (fig. 35). Le piquet *a*, enfoncé verticalement dans la terre et coudé rez le sol, en *b*, a une grande force de résistance. Un boulon passé à l'extrémité, dans le trou *c*, fixe les deux piquets au montant.

Pour plus de solidité encore, une barre de fer à T,

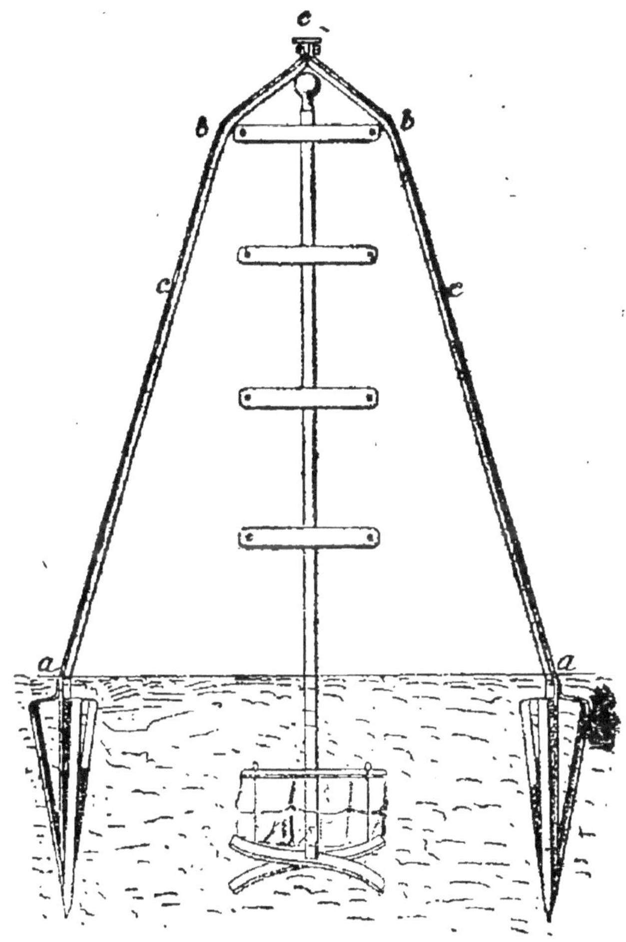

Fig. 36. — Piquets d'abri ajustés sur un montant.

reliant tous les supports ensemble et sur laquelle la toile sera placée à cheval, est boulonnée au sommet, avec les deux piquets *c* (fig. 36). Deux boulons seront également passés au bout de la première barre

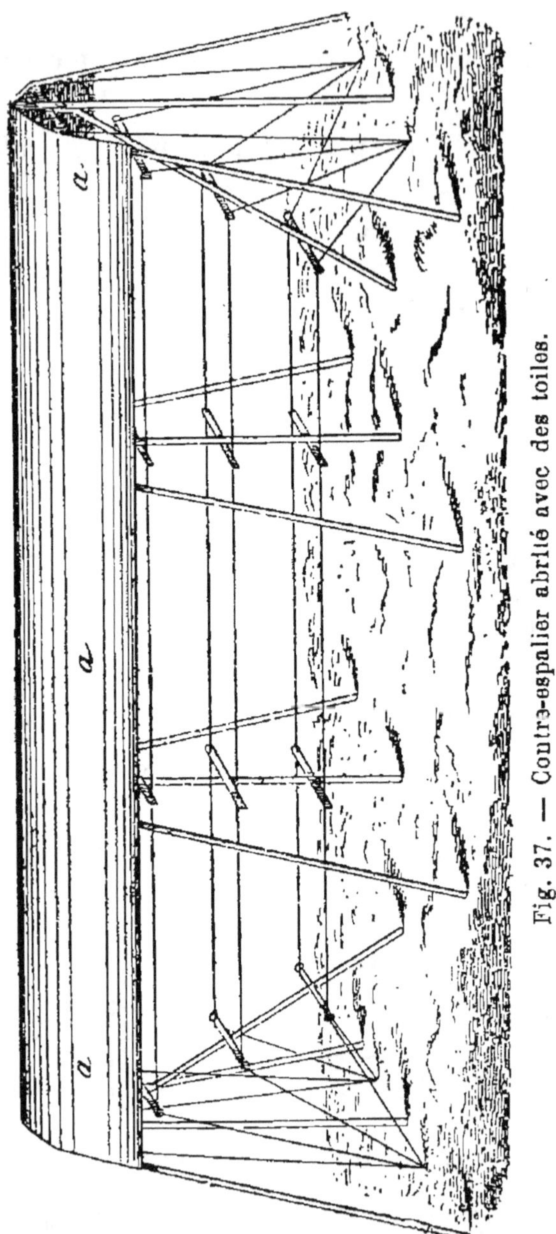

Fig. 37. — Contre-espalier abrité avec des toiles.

d'écartement (*b*, même figure). Avec la résistance
opposée par la courbure des piquets *a* (fig. 35), les

boulons aux endroits *b* et *e*, et la barre de fer prenant le tout dans l'entière longueur du contre-espa
lier, aucun mouvement d'oscillation n'est possible.
Trois fils de fer seront passés de *c* en *c*, sur tous les
supports intermédiaires de chaque côté (fig. 36), et
serviront à y attacher de mètre en mètre la toile
assez solidement pour qu'elle ne ballotte pas.

Lorsque la toile est posée, le contre-espalier présente l'aspect de la figure 37 ; la toile *a*, très solidement fixée et plaquée sur les fils de fer, ne peut laisser aucune prise au vent.

Je ne donne pas mon invention pour une merveille.
J'ai cru l'idée praticable : je l'ai essayée, et c'est la
seule qui ait réussi.

Je sais que cette addition de fer augmente le prix
des contre-espaliers ; mais il est matériellement
impossible de les abriter autrement avec des
toiles.

Les contre-espaliers avec abris pour porter des
toiles ne seront utiles que dans l'extrême nord, et
dans les maisons où, ne regardant pas à une dépense
additionnelle, on voudra avoir une sécurité entière
pour la récolte des fruits.

Les arbres en vases s'abritent également avec un
capuchon de toile taillé en rond, posé sur un cercle
mobile d'un diamètre excédant de 40 centimètres
celui du vase (*a*, fig. 38) et supporté par quatre
piquets *b*, dont la hauteur excède celle du vase de
40 centimètres. On laisse pendre tout autour une
largeur de toile de 80 centimètres environ *c*, que l'on

attache avec des ficelles *d* sur les piquets *e* (fig. 38)
enfoncés dans le sol.

Les capuchons de toile qui auront servi à abriter
les abricotiers en vase seront des plus utiles pour préserver les cerisiers en vase de la voracité des moineaux. Aussitôt que les cerises rougiront, on placera

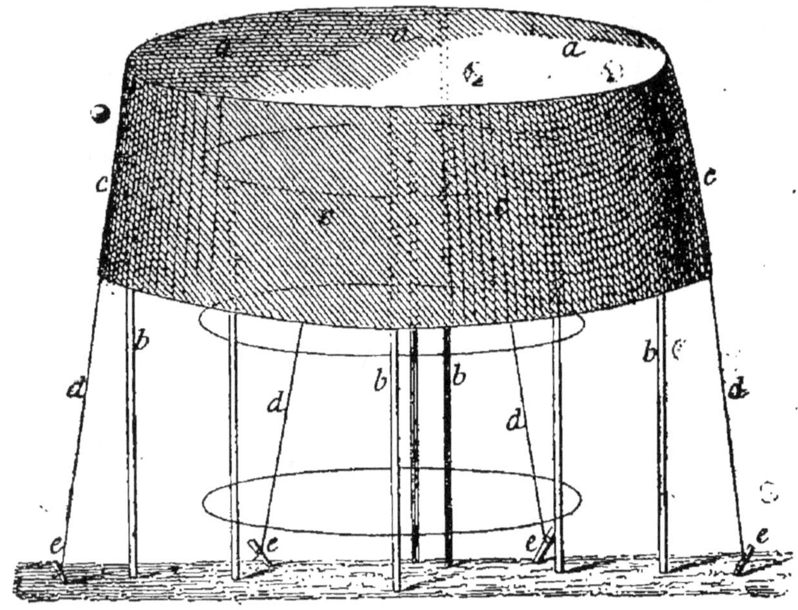

Fig. 38. — Vase abrité.

un capuchon sur les cerisiers en y ajoutant une longueur de toile descendant jusqu'au sol, et que l'on y
fixera avec des piquets. Les cerises mûrissent parfaitement sous la toile, et ne peuvent être mangées par
les oiseaux.

Rappelons encore que les toiles à abris sont fabri-
quées spécialement pour cet usage ; elles sont solides,
mais assez claires pour laisser pénétrer la lumière.

Quand on emploie des toiles trop épaisses, tous les fruits tombent, et l'arbre s'étiole faute de lumière.

Les arbres en palmettes alternes s'abritent avec une toile large de 1ᵐ,50 environ, mise à cheval au-dessus du palissage et supportée par des béquilles arrondies (fig. 39). Ces béquilles sont adhérentes et plus élevées que le dernier rang d'arbres, *a* ; on les relie ensemble par trois fils de fer ; on jette la toile dessus

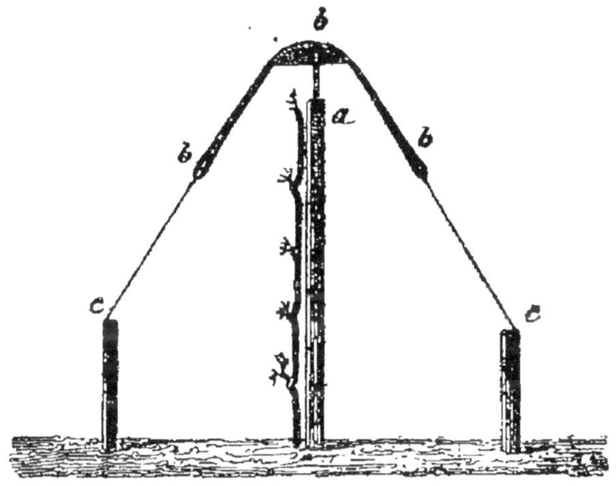

Fig. 39. — Palmette alterne, abritée avec des béquilles et des toiles,

b, et on l'attache avec des ficelles *c* aux fils de fer des cordons bordant la plate-bande.

Les palmettes alternes sont presque toujours consacrées au cerisier, dans les jardins fruitiers réguliers. Dans ce cas, les abris sont inutiles, les cerisiers supportent les intempéries sans grand dommage.

Si ces palmettes sont plantées avec des abricotiers, l'abri est indispensable ; il est facultatif pour les poiriers qui, à la rigueur, peuvent s'en passer.

Voilà, chers lecteurs, les moyens d'assurer votre récolte de fruits, par les plus mauvaises années, avec une dépense qui sera largement compensée par le produit, dans une année où personne n'aura de fruits. Tous ceux qui abriteront n'auront qu'à s'en féliciter, et me remercieront de leur avoir donné la possibilité de lutter contre une température qui chaque année ne fait que s'empirer.

Je termine ici les études préliminaires qui servent de base à toute culture raisonnée. Quelques propriétaires seront peut-être effrayés des soins qu'il faut apporter à la culture des arbres fruitiers ; certains praticiens diront : « Nous savons tout cela ; » d'autres penseront que l'étude est inutile.

Je répondrai aux premiers : « La terre est une emprunteuse généreuse ; donnez-lui une bonne culture et les engrais nécessaires, elle vous payera avec usure les intérêts du capital avancé, et vous récompensera largement des soins que vous lui aurez donnés. » Je dirai aux seconds : « Laissez de côté tout faux orgueil ; c'est toujours un mauvais conseiller. Méditez sur les causes ; cherchez à les approfondir ; c'est le seul moyen de produire facilement les effets ; étudiez ce grand livre de la nature, sans cesse ouvert devant vous, dès que vous commencerez à y épeler, vous remercierez cent fois la Providence de vous avoir donné, dans sa bonté infinie, tant de moyens d'action par l'étude et par le travail. »

Je dirai à tous : « La culture en général, et celle des arbres fruitiers en particulier, est plus difficile

qu'on ne le pense, en ce qu'elle demande la réunion
d'une foule de connaissances que beaucoup de praticiens ne possèdent pas, un tact et une sûreté d'appréciation que des études consciencieuses et une certaine pratique peuvent seules donner. » Loin de moi
la pensée de décourager mes lecteurs et mes adeptes ;
mais l'expérience de l'enseignement m'oblige à arrêter
l'élan de ceux qui veulent faire trop vite, et croient
savoir avant d'avoir étudié.

La science est généreuse ; elle donne beaucoup ;
mais il faut prendre le temps et la peine de l'acquérir
pour agir sûrement, ne rien abandonner au hasard,
et éviter les mécomptes, si fréquents dans la pratique,
quand elle n'est pas éclairée par une saine et prudente théorie.

TROISIÈME PARTIE

NOTIONS GÉNÉRALES

CHAPITRE PREMIER

DES GREFFES

Les greffes ont une immense importance en arboriculture ; elles permettent de multiplier les espèces très promptement, en grande quantité, et de reproduire le type greffé avec la plus grande exactitude ; grâce à elles, nous obtenons d'excellents résultats d'une espèce quelconque dans un sol où elle refuserait de végéter. Par la greffe, il est facile de placer sur un arbre vigoureux les boutons à fruits d'un arbre faible ; en outre, la greffe, tout en ayant pour effet d'avancer de beaucoup la production des fruits, en augmente notablement le volume et la qualité.

Il suffit de faire coïncider les vaisseaux séveux du sujet avec ceux de la greffe pour obtenir la reprise de celle-ci, quand il y a toutefois analogie suffisante entre eux. Voici comment la reprise s'opère :

Dès l'instant où les vaisseaux séveux du sujet sont mis en contact avec ceux de la greffe, la sève du

sujet passe dans la greffe et, par son mouvement
ascensionnel, fait pression sur l'axe des yeux de
celle-ci. Les yeux de la greffe s'allongent et déploient
bientôt leurs premières feuilles ; ces feuilles conver-

Fig. 40. — Greffoir.

tissent la sève du sujet en cambium, qui, à son tour,
soude les plaies de la greffe en les recouvrant, dans
son mouvement de descension, avec les filets ligneux
et corticaux qu'il dépose sur son passage. Alors la

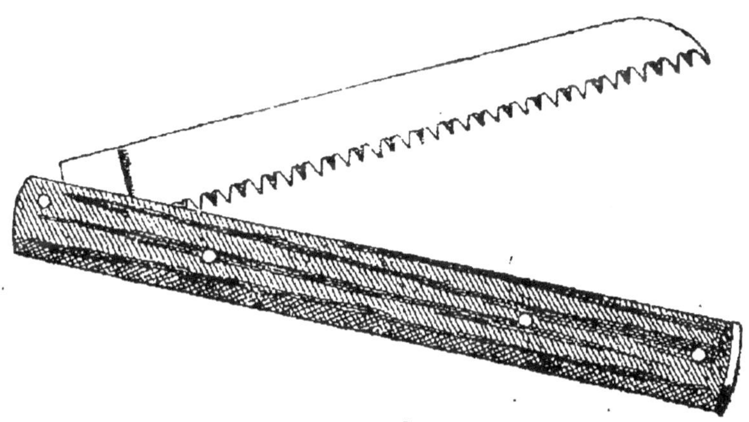

Fig. 41. — Égohine.

reprise est opérée : la greffe est soudée au sujet et y
croît comme sur le pied mère.

Les instruments indispensables pour greffer sont :

1° Un greffoir (fig. 40), destiné à tailler les greffes,
couper les écorces et faire les entailles. Le greffoir
doit être accompagné d'une spatule en os pour sou-

lever les écorces ; il est urgent que cet instrument soit bien fait et surtout très tranchant ;

2° Une égohine ou scie à dents de brochet (fig. 41), pour couper la tête des arbres ;

3° Une serpette (fig. 42), pour polir les plaies faites par la scie, et fendre les arbres ;

4° Un coin en ivoire, ou en bois dur, pour tenir la fente ouverte quand on place la greffe ;

5° Enfin un englument quelconque pour soustraire les plaies au contact de l'air. Il y en a de toutes sortes,

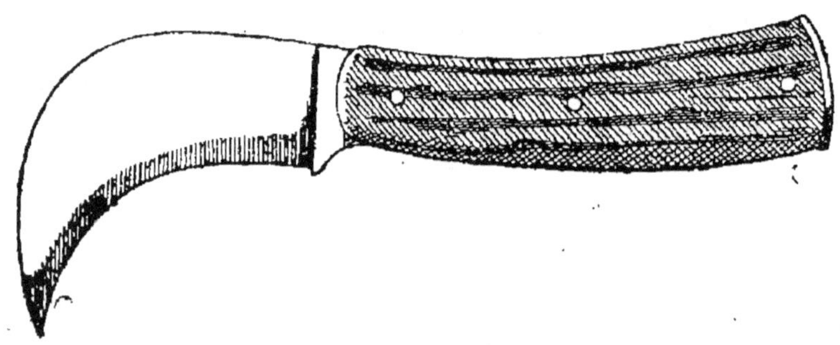

Fig. 42. — Serpette.

depuis l'onguent de Saint-Fiacre jusqu'aux mastics à froid. L'onguent de Saint-Fiacre, composé de terre argileuse et de bouse de vache, a l'inconvénient d'abriter les plaies imparfaitement et de servir de refuge aux insectes ; il ne peut guère être employé que dans les vergers, pour les pommiers à hautes tiges dont les greffes reprennent avec la plus grande facilité.

Les mastics valent mieux : ceux qu'on emploie chauds entraînent l'embarras de transporter un réchaud, et exposent les praticiens peu soigneux à brûler les arbres. Cependant ces mastics sont excellents pour le verger, quand on a beaucoup de gros arbres à greffer, et ne coûtent presque rien. Je donne plus loin, au chapitre : *Renseignements et Recettes*, la composition d'un mastic à greffer à employer à chaud.

Les mastics à froid sont préférables pour le jardin fruitier ; on les emploie souvent, mais toujours en petite quantité. Celui de *Lhomme-Lefort*, à base de résineux, est le premier, le plus connu et le meilleur ; il a l'inconvénient de couler un peu au soleil, et son adhérence n'a pas toujours la durée désirable. A côté de ces défauts, ce mastic a une qualité inappréciable : celle de pouvoir être employé en toute sécurité, sans danger aucun pour les greffes ni pour les arbres.

Plusieurs inventeurs ont voulu faire mieux que *Lhomme-Lefort*, et, dans le nombre, l'amour du progrès et l'ignorance de l'organisation des végétaux ont conduit ces inventeurs, remplis d'ailleurs de bon vouloir, à employer des substances vénéneuses, qui ont occasionné la perte des greffes, et quelquefois la mort des arbres.

Il suffit d'ajouter au mastic *Lhomme-Lefort* un peu de cendre ou de sable quand on l'emploie par les grandes chaleurs, pour lui donner la solidité qui lui manque, et, lorsque son application est ancienne, d'en ajouter une couche nouvelle sur la vieille pour garantir, sans aucun danger, les plaies des arbres.

Le mastic *Lhomme-Lefort* se vend rue de Bailleul, n° 9, à Paris, chez M. Ridard.

Nous diviserons les greffes en trois séries : les greffes par approche, par rameaux et par gemme ou œil.

GREFFES PAR APPROCHE

La *greffe Agricola* est employée avec succès pour mettre à un arbre une branche absente, lorsque les

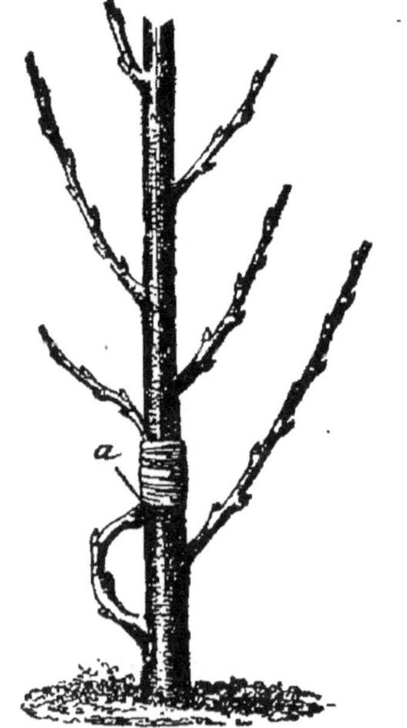
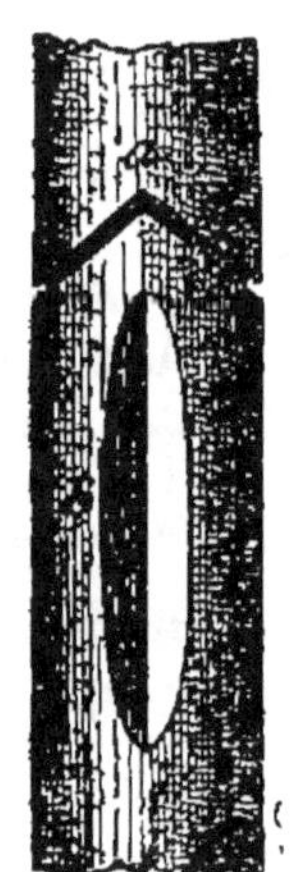
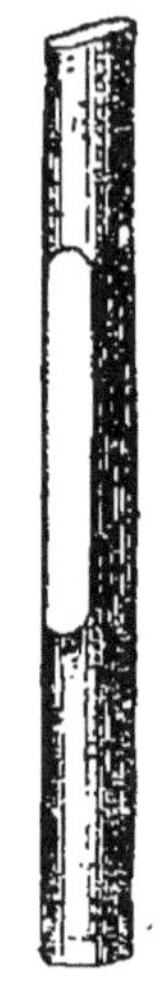

Fig. 43.
Greffe Agricola.

Fig. 44.
Entaille du sujet.

Fig. 45.
Incision de
la greffe.

écorces sont trop dures pour permettre l'insertion d'un rameau. On cherche dans le voisinage du vide un rameau qui puisse s'y appliquer (*a*, fig. 43); quand on l'a trouvé, on pratique d'abord avec la petite scie à main, à l'endroit où l'on veut placer la greffe, une entaille en forme de V renversé assez profonde pour atteindre le corps ligneux (*a*, fig. 44). Le but de cette entaille est de concentrer une partie de l'action de la sève sur la greffe. Voici comment :

Nous savons que les vaisseaux séveux communiquent tous entre eux par leurs ouvertures latérales. En conséquence, si nous pratiquons une incision en biais, la sève des vaisseaux coupés, placés à la partie la plus basse, ayant toujours tendance à monter, passera dans les vaisseaux de la partie la plus élevée, et ainsi de suite de chaque côté, pour aboutir au sommet de l'entaille. Donc, notre entaille ayant la forme du V renversé, la sève de tous les vaisseaux coupés, de chaque côté, sera concentrée à la pointe de l'entaille (*a*, fig. 44), où nous placerons notre greffe. Si l'entaille embrasse le tiers du périmètre de l'arbre, le tiers de la sève de l'arbre sera mis à la disposition de la greffe, qui, grâce à ce secours, ne tardera pas à rattraper en vigueur les autres branches. On fait l'entaille plus ou moins ouverte et plus ou moins profonde, suivant la quantité de sève nécessaire pour équilibrer la greffe avec les autres branches et suivant la grosseur de l'arbre.

Lorsque l'entaille est faite, on pratique avec le greffoir, au centre du V renversé, où affluera la sève, une entaille verticale de 4 à 5 centimètres de long, d'une largeur et d'une profondeur égales au diamètre du rameau que l'on veut y insérer (*b*, fig. 44); puis on incise le rameau de chaque côté pour mettre ses vaisseaux séveux à découvert, et de façon que la partie incisée s'ajuste dans l'entaille faite au corps de l'arbre (fig. 45). On lie avec du coton à greffer, et l'on recouvre le tout de mastic à greffer.

Pendant le cours de la végétation, le rameau greffé

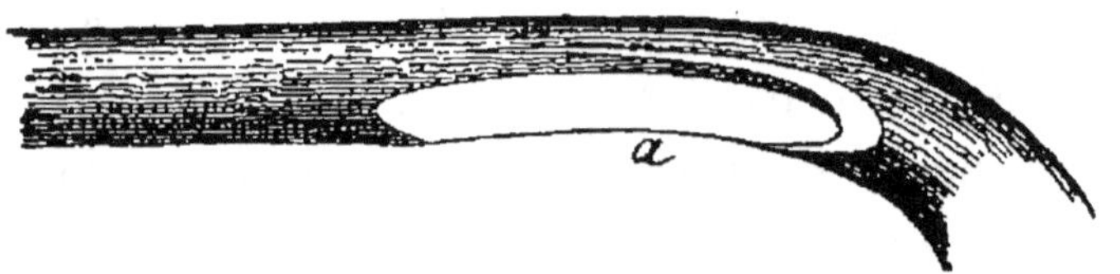

Fig. 46. — Greffe Aiton.

se soude au corps de l'arbre; quand la greffe a bien poussé, vers le milieu de l'été, on coupe la ligature

Fig. 47. — Greffe Aiton. Coude de l'arbre sur lequel on greffe.

de coton du côté opposé à la greffe, et au printemps suivant on la sèvre, c'est-à-dire qu'on la coupe à la base au point a (fig. 43), et l'on remet en place la branche qui l'a fournie.

L'époque la plus favorable pour opérer cette greffe est de février à mars, bien que, comme toutes les greffes par approche, elle puisse être faite en toutes saisons.

La *greffe anglaise Aiton* est la plus énergique et la plus solide pour souder ensemble les arbres en cordons, en palmettes alternes, et les branches des arbres soumis aux grandes formes (fig. 46). On pratique avec le greffoir, sur le coude de l'arbre en cordons (fig. 47) et sur le rameau que l'on veut y greffer (fig. 48), une entaille de même dimension, longue de 4 centimètres environ, et pénétrant jusqu'au tiers de l'épaisseur du bois. On pratique ensuite une esquille en sens inverse, vers le tiers de l'incision, sur le sujet et sur la greffe (*a*, fig. 47 et 48); on fait entrer ces deux

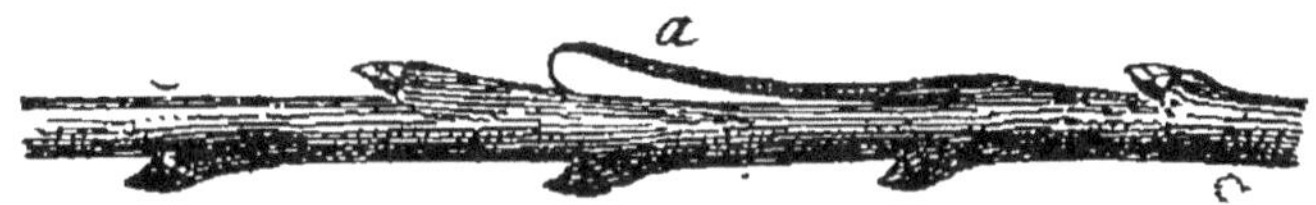

Fig. 48. — Greffe Aiton. — Prolongement à greffer.

esquilles l'une dans l'autre ; on lie fortement avec du coton à greffer, afin de bien faire adhérer les plaies, et huit jours après la greffe est soudée.

Quelques jours après on desserre un peu le coton, afin d'éviter un étranglement, puis quinze jours plus tard, lorsque la soudure est complètement opérée, on enlève la ligature.

Cette greffe doit toujours être faite sur le côté de l'arbre et jamais sur le dessus, où elle produirait une quantité de gourmands, tandis que, placée sur le côté, elle donne les meilleurs résultats.

La greffe *Aiton* peut être pratiquée en toutes saisons, même en pleine végétation, aussitôt que le prolongement à greffer a acquis assez de consistance ligneuse.

Lorsque le prolongement à greffer dépasse de 30 centimètres l'endroit où la greffe doit être faite, et que le bois est encore mou, on pince l'extrémité du pro-

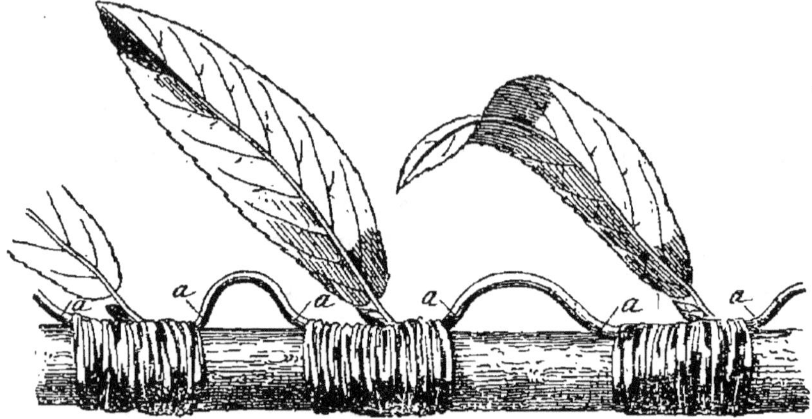

Fig. 49. — Greffe herbacée Jard.

longement ; quelques jours après, il a acquis assez de consistance pour être greffé.

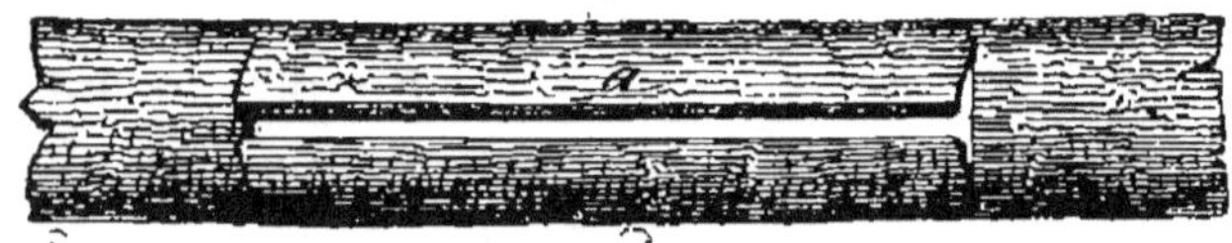

Fig. 50. — Greffe herbacée Jard. — Incision de la branche.

La *greffe herbacée de Jard* est l'une des plus utiles pour regarnir les branches dénudées du pêcher (fig. 49). Voici comment on opère :

Lorsqu'il y a un vide sur la branche, on choisit un bourgeon vigoureux dans le voisinage de ce vide, et l'on favorise son développement en le palissant verticalement, jusqu'à ce qu'il puisse le recouvrir entièrement. Alors on pratique de distance en distance sur

toute la partie dénudée des incisions longues de 3 à
4 centimètres, terminées à chaque bout par une incision transversale (fig. 50) ; on soulève l'écorce de
chaque côté avec la spatule du greffoir ; on fait ensuite
au bourgeon à greffer des entailles pénétrant jusqu'au
tiers de son épaisseur, au-dessous d'un œil, et de
manière à ce qu'elles s'appliquent juste sur les incisions
(fig. 51). On insère chaque partie entaillée du bourgeon

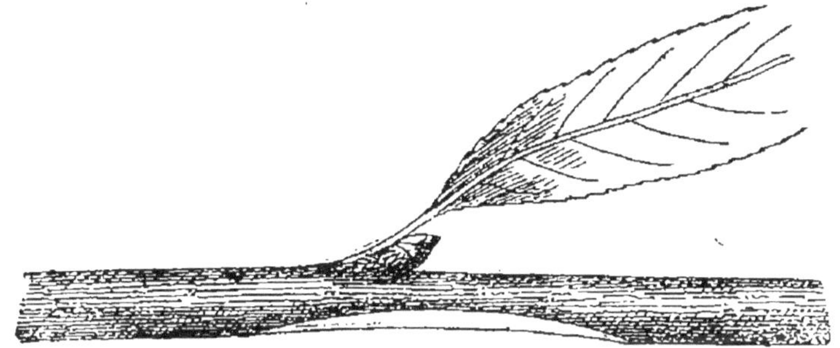

Fig. 51. — Greffe herbacée Jard. — Entaille de la greffe.

sur l'aubier, mis à nu, de la branche ; on lie et l'on
serre avec du coton à greffer, afin de bien appliquer
les plaies les unes sur les autres. Les soudures s'opèrent pendant le cours de la végétation ; on desserre
le coton dès que les greffes sont bien prises pour l'enlever entièrement à la fin de la saison, et l'année suivante on coupe le bourgeon à chaque extrémité de
l'incision (*a*, fig. 49) ; l'œil placé au milieu est soudé
à la branche opérée ; il en fait partie et s'y développe
comme s'il était né sur cette branche. Cette greffe est
applicable au pêcher, à la condition toutefois d'opérer sur des branches bien saines et exemptes de
gomme, mais non sur la vigne, comme cela a été

conseillé ; elle ne donne dans ce cas que de mauvais résultats ; elle se pratique de juin à septembre.

Les novateurs ont pensé au coin de leur feu que la greffe Jard, prenant bien sur le pêcher, pouvait être

Fig. 52. — Greffe Leberryais.

appliquée à toutes les espèces à noyaux ; ils se sont trompés ; elle ne donne que des résultats très douteux sur le prunier, et négatifs sur l'abricotier et le cerisier.

La greffe *herbacée Leberryais* (fig. 52) pour augmenter le volume des fruits. Cette greffe, bien que très énergique, se pratique rarement ; elle demande trop de temps, de soins et des doigts trop adroits pour être faite en grand ; elle ne peut servir qu'aux amateurs pour obtenir quelques fruits monstrueux.

Lorsqu'un fruit est bien sain et se développe rapidement, on laisse pousser sur l'un des rameaux situés au dessous un bourgeon vigoureux (*a*, fig. 52) ; dès que ce bourgeon peut couvrir le pédoncule du fruit, on pratique sur le pédoncule, ou queue du fruit, et sur le bourgeon deux entailles correspondantes ; on les applique l'une sur l'autre, et on lie avec du coton à greffer (*b*, fig. 52). Dès que la greffe est soudée, on pince le bourgeon, une feuille au-dessus de la greffe (même figure) pour arrêter son élongation, et le forcer à donner toute sa sève au fruit sur lequel il est greffé. Ce fruit, recevant la sève de deux côtés, atteint un volume énorme.

GREFFES PAR RAMEAUX

Avant de décrire les greffes par rameaux, je ne saurais trop recommander de les couper sur le pied mère pendant le repos absolu de la végétation; les mois de décembre et janvier sont les plus favorables; en février il est déjà trop tard. On réunit les rameaux destinés à être greffés par paquets, on y met des étiquettes qui ne pourrissent pas, en plomb ou en zinc, pour reconnaître les variétés, puis on les enterre horizontalement à 30 centimètres de profondeur, à l'endroit le plus froid du jardin. Il faut bien se garder de

placer les greffes debout, au pied des arbres, comme
on le fait trop souvent, parce qu'alors elles poussent
et ne reprennent pas ; elles doivent être couchées
horizontalement et complètement enterrées. Voici
pourquoi : il est urgent, pour assurer la reprise des
greffes par rameaux, que le sujet soit en sève, et la
greffe en état de repos absolu. De cette loi, la nécessité de retarder la végétation des greffes, chose facile
en se servant des moyens ci-dessus indiqués.

Toute greffe détachée du pied mère après le mois
de janvier n'a plus guère de chance de reprise chez
les variétés un peu délicates.

La plus ancienne et la plus usitée des greffes par
rameaux est la greffe *Atticus ;* c'est aussi la plus
dangereuse de toutes pour la santé et pour l'existence
des arbres. Elle consiste à décapiter horizontalement
le sujet, à le fendre au milieu avec une serpe ou un
coin, et à insérer un rameau dans la fente. Cette
greffe reprend incontestablement ; mais elle est toujours la cause d'une foule de maladies, quand elle
n'amène pas la mort de l'arbre. Lorsque le sujet est
très gros, la fente est longtemps à se reboucher ; l'eau
et l'air y pénètrent toujours, et il est rare qu'il ne s'y
déclare pas une nécrose, et quelquefois la carie. Chez
les arbres à fruits à noyaux, la gomme est la compagne inséparable de cette greffe ; elle détermine
infailliblement leur mort au bout de peu d'années.

Quelquefois on place deux greffes pour arriver plus
vite à boucher la fente faite par la serpe. Le remède
est pire que le mal : l'eau séjourne entre les deux

greffes comme dans une cuvette, pénètre dans l'ouverture, et y produit presque toujours la carie ou un ulcère. De plus, lorsque les deux greffes prennent, l'une est toujours plus vigoureuse que l'autre ; la tête de l'arbre n'est pas équilibrée, et lorsque, par hasard, elles acquièrent une vigueur égale, il est bien rare qu'un orage ne vienne pas fendre l'arbre jusqu'au sol, et cela lorsqu'il atteint le maximum de production.

Il faut proscrire la greffe en fente d'une manière presque absolue, c'est-à-dire n'y avoir recours que dans le cas où toute autre greffe est impraticable, et encore faut-il employer la greffe *Bertemboise.*

Greffe Bertemboise. — Au lieu de couper la tête de l'arbre horizontalement, on la coupe en biseau (fig. 54), afin de faire affluer la sève de tout le périmètre de l'arbre, à l'extrémité du biseau. On fend la partie la

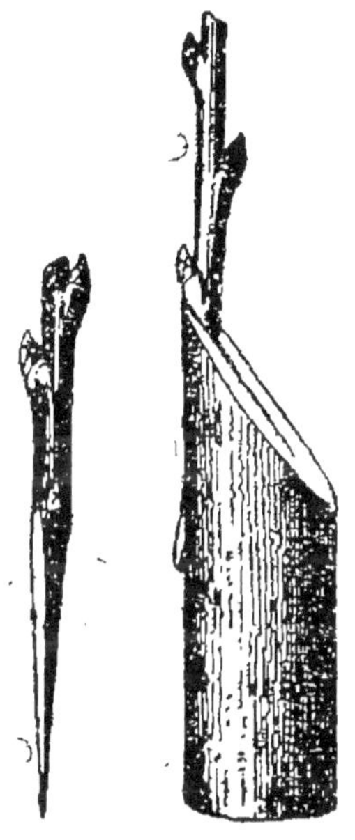

Fig. 53.   Fig. 54.
Greffe Bertemboise.

plus élevée avec la serpette, en ayant soin de couper l'écorce avant de fendre, pour éviter de la déchirer, ce qui pourrait compromettre le succès de la reprise.

On taille le rameau en biseau long de 3 à 4 centimètres et un peu en lame de couteau, de façon à ce que le côté intérieur soit moins large que celui qui s'ajuste sur l'écorce du sujet (fig. 53). Il faut, en outre, avoir le soin de commencer les entailles de la greffe de chaque côté d'un œil (fig. 53), et dans tous les cas ne jamais laisser que trois yeux au plus sur une greffe. On introduit ensuite un coin en ivoire ou en bois dur dans la fente, pour la maintenir ouverte; on y ajuste la greffe, de manière à mettre en contact ses vaisseaux séveux avec ceux du sujet, ce qui est infaillible en prenant la précaution d'ajuster la greffe par le haut, et de la faire ressortir d'un ou deux millimètres par le bas (fig. 54). On lie fortement, avec un osier, le haut de l'arbre, quand il est trop petit pour faire ressort et bien appliquer les plaies du sujet sur celles de la greffe, puis on couvre tout le biseau de mastic à greffer.

Lorsque l'arbre est assez gros pour faire naturellement pression sur la greffe, la ligature est inutile.

La greffe Bertemboise se pratique de la fin de janvier au 15 mars.

La coupe du sujet en biseau présente les avantages suivants :

1° De concentrer l'action de tous les vaisseaux séveux sur un seul point, celui où l'on pose la greffe ;

2° De pratiquer une fente plus petite et désorganisant moins l'arbre que sur les coupes horizontales ;

3° D'être plus facile à recouvrir, et de ne jamais laisser sur les arbres ces difformités que l'on remarque sur toutes les anciennes greffes, et qui sont autant d'obstacles à l'ascension de la sève et à la descension du cambium.

Donc, lorsque nous aurons un arbre à décapiter

pour y appliquer n'importe quelle greffe, il faudra
que la coupe soit toujours faite en biseau, et jamais
horizontalement; en opérant ainsi, la greffe poussera
toujours avec énergie et ne languira jamais.

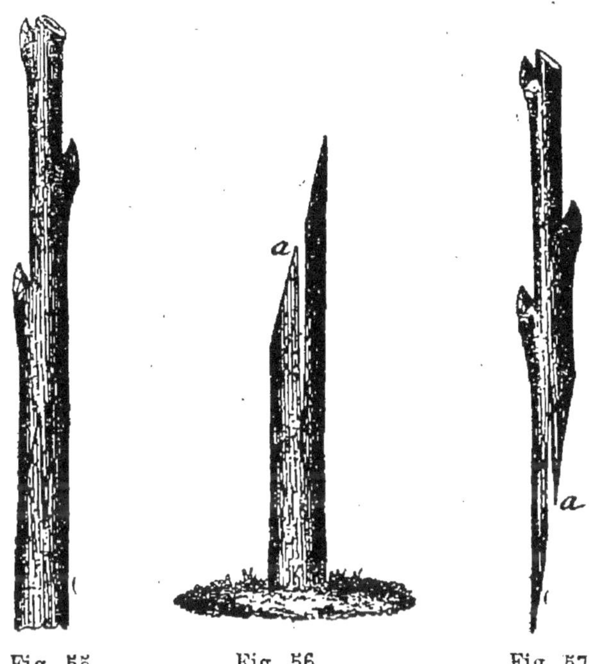

Fig. 55.   Fig. 56.   Fig. 57.
Greffes en fente anglaise.

Greffe en fente anglaise (fig. 55). — Cette greffe
reprend presque toujours; c'est la plus solide et la
plus facile à faire, comme la plus énergique; elle est
d'un grand secours dans la pépinière, lorsque les
écussons ont manqué, et inappréciable dans le jardin
fruitier pour greffer des prolongements et raccommoder les branches cassées. Il faut que le sujet et la
greffe aient à peu près la même grosseur.

On coupe le sujet en biseau très allongé, et l'on

pratique une fente vers le tiers supérieur de ce biseau (*a*, fig. 56).

La longueur du biseau doit être proportionnée à la grosseur de la branche ; plus elle est forte, plus il faut allonger le biseau.

On taille la greffe en biseau de même longueur, et l'on y pratique une fente en sens inverse (*a*, fig. 57). On fait chevaucher les esquilles résultant des fentes (*a*, fig. 56 et 57) l'une dans l'autre ; on lie avec du coton à greffer, et l'on recouvre ensuite le tout avec du mastic à greffer.

Dès que les yeux de la greffe ont produit des bourgeons, portant quatre ou cinq feuilles, on coupe la ligature de coton avec le greffoir. La greffe grossit très vite, et quelques jours après l'emplâtre tombe tout seul.

Cette greffe se pratique du commencement de février au 15 mars, et lorsqu'elle est bien faite, elle ne laisse pas de traces au mois de septembre suivant.

La greffe en fente anglaise est d'un grand secours pour réparer les désastres occasionnés par l'orage ou les tempêtes ; dans ce cas, on l'opère en toute saison, même en pleine végétation.

Supposons une branche cassée par un coup de vent à une quenouille, en plein été. Rien n'est plus facile que de greffer cette branche cassée ; cela demande un peu plus de soin, mais la greffe reprend parfaitement, toutes les fois que la branche n'est pas plus grosse que le goulot d'une bouteille.

Voici comment on opère. On détache complètement

la branche cassée, et on l'effeuille aussitôt pour empêcher l'évaporation. On coupe les feuilles en laissant le pétiole après la branche ; il faut bien se garder d'arracher les feuilles, ce serait compromettre le succès de la reprise.

Ensuite on taille le tronçon de la branche en biseau allongé, plus ou moins long, suivant sa grosseur ; on pratique un biseau de même longueur sur la branche effeuillée, et ensuite deux esquilles en sens inverse, l'une sur le tronçon, l'autre sur la branche ; on les fait entrer l'une dans l'autre ; on lie très fortement avec du coton à greffer double et même triple, afin de bien faire adhérer les plaies, et l'on recouvre le tout de mastic à greffer.

Aussitôt l'opération terminée, on couvre la branche greffée avec trois toiles à abris, superposées, afin de la soustraire à l'action des rayons solaires. Huit ou dix jours après, les pétioles des feuilles tombent naturellement, et les yeux placés à leur aisselle s'allongent. Quelques jours après, ces yeux deviennent des bourgeons : la greffe est reprise.

Dès que les premières feuilles se déploient, on enlève une toile pour leur donner un peu de lumière ; cinq ou six jours plus tard, on enlève la seconde pour fortifier les feuilles naissantes sans les fatiguer ; enfin, quelques jours après et par un temps couvert, on enlève la dernière toile pour habituer les jeunes feuilles à l'air et au soleil.

Alors la soudure est opérée : un mois plus tard, on coupe la ligature, et l'on enlève l'emplâtre ; la branche est aussi solide que si elle n'avait jamais été cassée.

Ne pas oublier de couper la ligature un mois après la pousse des feuilles ; si on la laissait plus long-

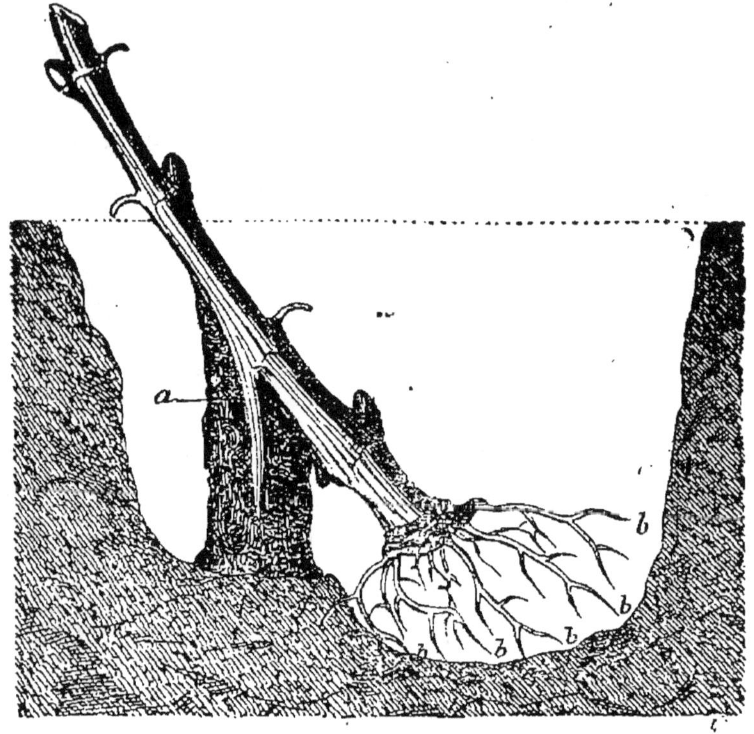

Fig. 58. — Greffe en fente-bouture.

temps, elle formerait étranglement, et la branche casserait au premier coup de vent.

Il est toujours prudent d'attacher à un tuteur la branche greffée, avant de couper la ligature, et de la laisser ainsi jusqu'à ce que les plaies de la greffe soient entièrement soudées.

La *greffe anglaise*, la plus facile à faire, peut être

appliquée à la vigne ; elle peut au besoin être faite avec des instruments imparfaits, et par des personnes peu expérimentées. Cette greffe reprend toujours, et peut rendre les plus grands services dans les vignobles, pour changer les cépages ou greffer des plants américains.

La *greffe en fente-bouture* (fig. 58), applicable à la vigne, permet de changer un cépage instantanément, et sans interruption de récolte ; elle est d'un grand secours, dans le jardin fruitier surtout, pour tirer parti des vieilles vignes épuisées et de celles qui portent de mauvais fruits.

Cette greffe se fait sous terre. On déchausse la vigne à greffer à 25 ou 30 centimètres de profondeur ; on la coupe en biseau très allongé, et l'on pratique une fente vers le milieu du biseau (*a*, fig. 58). On choisit pour greffe une bonne crossette longue de 35 à 40 centimètres ; on fait vers le milieu une entaille de la même dimension que le biseau du sujet, et une fente en sens inverse au milieu de cette entaille ; puis on insère l'esquille qui en résulte dans la fente du sujet, en ayant soin de bien ajuster les écorces d'un côté seulement. On lie avec du jonc ou de l'écorce d'osier, une ligature végétale quelconque pourrissant vite en terre ; on couvre le tout de mastic à greffer ; on rechausse ensuite à la hauteur du sol et l'on taille la greffe sur deux yeux hors de terre.

Cette greffe se pratique du 10 février au commencement de mars :

Voici ce qui a lieu dès que la végétation s'éveille :

La greffe reçoit la sève du sujet, les yeux s'allongent, les premières feuilles se déploient. Le cambium élaboré par les feuilles vient non seulement souder les plaies de la greffe, mais encore faire pression sur

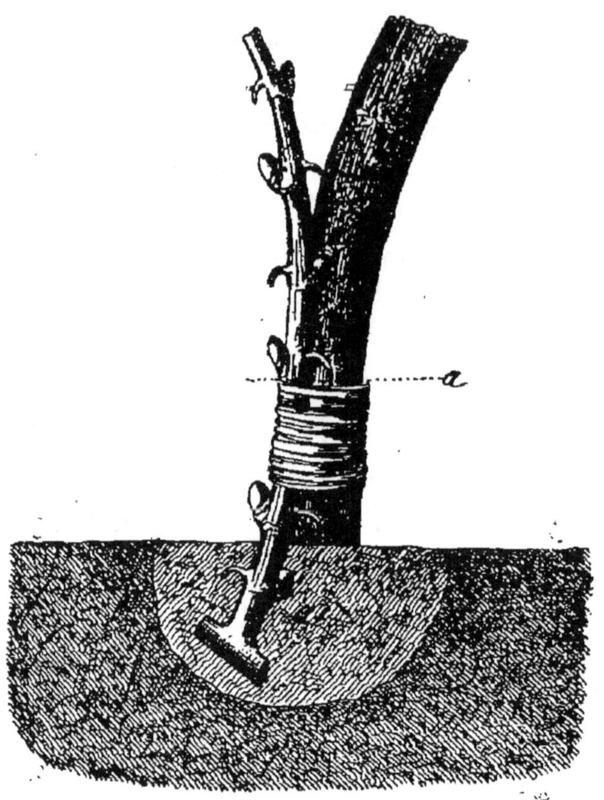

Fig. 59. — Greffe-bouture.

la crossette qui la termine, et y fait bientôt naître une abondante émission de racines (b, fig. 58). Deux mois · après l'application de la greffe, la vigne est pourvue d'un double appareil de racines : de celui du sujet et de celui formé à l'extrémité de la crossette. La végétation de la greffe est tellement vigoureuse qu'elle est en état de porter des fruits l'année même de son apposition.

Il est une greffe plus commode pour le vignoble, en ce qu'elle demande moins d'adresse et moins de temps : c'est la *greffe-bouture* (fig. 59).

On fait, à 15 centimètres environ au-dessus du sol, une entaille verticale longue de 5 à 6 centimètres sur le corps du sujet (*a*, fig. 61). On choisit pour greffe une crossette bien constituée ; on l'incise de chaque côté avec le greffoir, de manière à ce que les entailles remplissent l'ouverture faite au sujet (*a*, fig. 61) ; on lie et l'on recouvre avec du mastic à greffer.

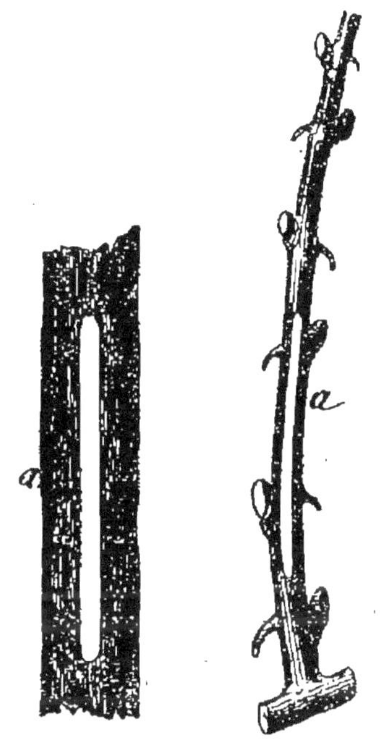

Fig. 60. — Sujet. Fig. 61. — Greffe.

Avant de poser la greffe, on creuse un trou au pied du sujet (fig. 59), pour y enterrer la crossette de la greffe, et obtenir un appareil de racines, comme dans la précédente. Il est utile de fumer après l'application de la greffe.

L'année suivante, lorsque la greffe est bien prise, on coupe le sujet en *a* (fig. 59), et la greffe seule végète.

Cette greffe est excellente pour le vignoble ; afin

d'en rendre l'exécution plus facile, on fait l'entaille du sujet avec une gouge. Pour le jardin fruitier, la greffe en *fente-bouture* est préférable, en ce qu'elle ne laisse pas de trace, produit moins de rejets du sujet, et fait gagner deux années au moins sur la végétation de la greffe.

A l'exception de la greffe en *fente anglaise* et de la greffe en *fente-bouture*, mettant une énorme surface de vaisseaux en contact, dont les soudures sont trop vite opérées pour nuire à l'arbre, il ne faudra pratiquer que la greffe en *fente Bertemboise*, et cela seulement quand il sera matériellement impossible de soulever les écorces ; dans le cas contraire, la greffe en *couronne* remplacera toutes les anciennes greffes en fente, avec d'immenses avantages.

La *greffe en couronne* (fig. 62), tout aussi solide que la greffe en fente, offre les avantages suivants :

De ne pas désorganiser l'arbre ;

De présenter double chance de reprise ;

De n'être pas beaucoup plus longue à faire que la greffe en fente, et, toutes choses égales d'ailleurs, de donner toujours lieu à une végétation plus prompte et plus vigoureuse que toutes les autres.

Je ne saurais trop recommander la greffe en *couronne* à l'exclusion de toutes les autres, chaque fois qu'il sera possible de soulever l'écorce avec la spatule. Voici comment elle s'opère :

On coupe le sujet en biseau comme pour la greffe en *fente Bertemboise* (*a*, fig. 62). On fend verticalement l'écorce au sommet du biseau et un peu de côté (fig. 63) ; on soulève l'écorce du sujet d'un côté, seulement du plus large. On taille la greffe en bec de flûte, en ayant soin de former à la naissance du bec de flûte un crochet formant un angle aigu (*a*, fig. 64), qui viendra s'adapter sur l'extrémité du biseau ; on

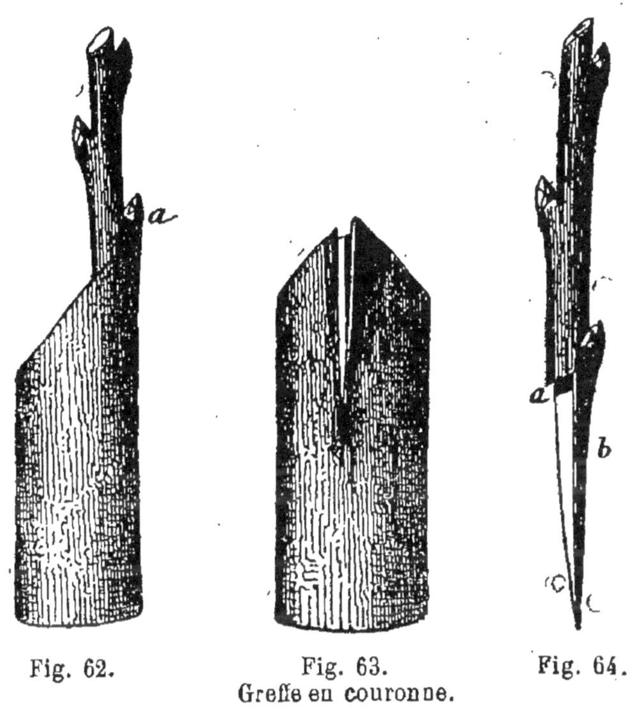

Fig. 62.   Fig. 63.   Fig. 64.
Greffe en couronne.

incise dans toute sa longueur le côté du bec de flûte destiné à s'ajuster sur l'écorce non soulevée (*b*, fig. 64), puis on insère la greffe sous l'écorce soulevée ; on lie, et l'on mastique ensuite. Quand le sujet est bien en sève, on ne soulève l'écorce qu'à l'extrémité, assez pour y faire pénétrer le bout de la greffe, que l'on entre de force sous l'écorce.

On pratique cette greffe vers le 15 avril.

La reprise de la greffe *en couronne* est plus assurée que celle de la *greffe en fente;* elle a deux chances de reprise contre une ; elle est applicable aux plus gros arbres comme aux espèces les plus délicates ; elle ne désorganise pas les sujets, n'engendre aucune maladie, et donne toujours lieu à une végétation luxuriante. Cette greffe est précieuse pour les arbres à fruits à noyau, toujours exposés à la gomme, surtout pour le pêcher, sur lequel elle donne d'excellents résultats, et qui n'a pu jusqu'ici supporter que la greffe en écusson.

Il est urgent, pour toutes les greffes par rameaux dont je viens de parler, de laisser pousser quelques bourgeons sur le sujet, afin d'attirer la sève dans la greffe, mais en surveillant la végétation de ces bourgeons, et en l'arrêtant par des pincements, pour qu'ils n'acquièrent pas plus de vigueur que la greffe elle-même. Dès que les bourgeons de la greffe ont atteint la longueur de 25 à 30 centimètres, on supprime entièrement les bourgeons nés sur le sujet afin de faire profiter la greffe de toute la sève du sujet.

La *greffe de côté Richard* (fig. 65) est fort utile dans la restauration des vieux arbres pour remplacer les branches absentes.

On commence par pratiquer sur le sujet, à l'endroit où l'on veut insérer une branche, une incision en V renversé, afin de concentrer l'action de la sève sur ce point (fig. 65 et 67). On choisit pour greffe un rameau cintré ; on le taille en biseau allongé (fig. 66) ; on pratique ensuite sur l'écorce du sujet une incision en T (fig. 67); on soulève l'écorce avec la spatule du greffoir, on insère la greffe, on lie et l'on recouvre le tout de mastic à greffer.

Cette greffe se fait du commencement de février au 15 mars.

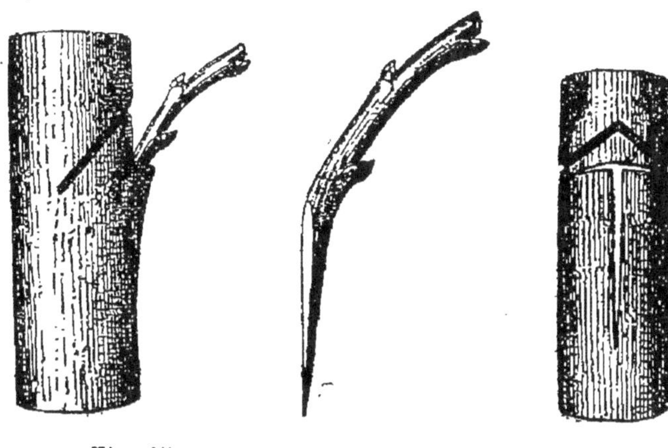

Fig. 65.   Fig. 66.   Fig. 67.
Greffe de côté Richard.

On coupe la ligature quand la greffe a produit des bourgeons afin d'éviter l'étranglement.

La *greffe Girardin* (fig. 68) rend d'immenses services dans le jardin fruitier ; elle permet de placer sur un arbre vigoureux les fruits des arbres assez faibles pour qu'on renonce à leur culture ; elle est d'un grand secours, en remplaçant, au bénéfice de l'arbre et du cultivateur, les mutilations réitérées auxquelles o an recours pour mettre à fruit les arbres rebelles, et pour arrêter la végétation excessive de quelques branches sur des arbres mal équilibrés.

Depuis le 15 août jusqu'au 10 ou 15 septembre, et quelquefois jusque dans les premiers jours d'octobre, on peut pratiquer cette greffe ; elle reprend tant qu'il reste des feuilles bien vertes sur l'arbre qui reçoit les greffes. On enlève sur les arbres du jardin fruitier les boutons à fruits destinés à tomber à la taille. Le premier soin, aussitôt les boutons à fruits détachés, est de couper toutes les feuilles qui les entourent, mais

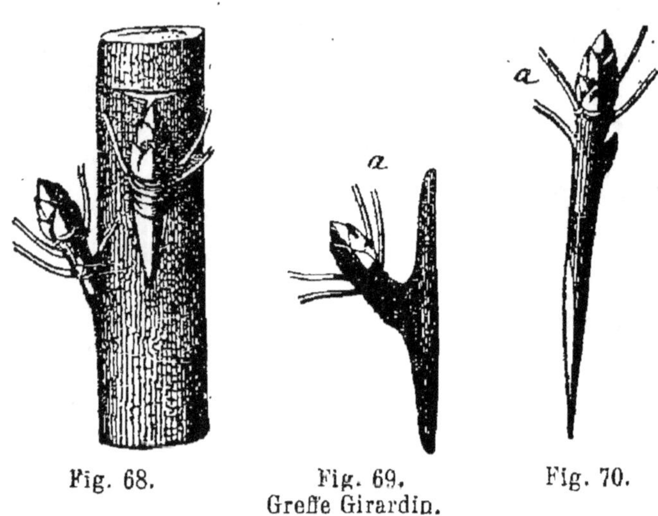

Fig. 68.   Fig. 69.   Fig. 70.
Greffe Girardin.

en laissant attachée à la greffe une partie du pétiole (*a*, fig. 69 et 70).

L'opération de la greffe est des plus faciles ; lorsque les rameaux à fruits sont latéraux, on les enlève comme un écusson, mais avec cette différence qu'il faut laisser plus de bois au centre, afin d'éviter de blesser le bouton à fruit (fig. 69) ; si le bouton à fruit est terminal, c'est-à-dire placé à l'extrémité du rameau on le coupe à une longueur de 4 ou 5 centimètres, et l'on taille l'extrémité en biseau (fig. 70). Dans l'un et l'autre cas, on pratique une incision en T sur l'écorce de l'arbre ; on la soulève avec la spatule, et l'on glisse le rameau à fruits, latéral ou terminal, sous l'écorce ; on lie avec du coton à greffer, et l'on mastique ensuite toutes les ouvertures avec le plus grand soin.

Les boutons à fruits, greffés en août, septembre et octobre, fleurissent au printemps suivant, et rapportent des fruits, comme s'ils étaient restés sur le pied mère, non seulement l'année suivante, mais encore pendant toute l'existence de l'arbre.

On coupe la ligature de coton, avec la lame du greffoir du côté opposé à la greffe, en pratiquant la taille d'hiver, en janvier ou février ; l'emplâtre tombe tout seul aussitôt que la végétation se manifeste.

Cette ingénieuse opération, applicable aux arbres à fruits à pépins seulement, offre d'immenses ressources dans le jardin fruitier. Ainsi, quand un arbre s'emporte et produit des gourmands, il est facile d'arrêter leur végétation en y greffant quelques boutons à fruits de grosses variétés. Le nombre des greffes est subordonné à la vigueur de la branche. L'année suivante, le gourmand, qu'on eût retranché au préjudice de l'arbre, cesse de s'emporter et produit des fruits monstrueux.

Certaines variétés d'excellentes poires, comme les *crassanes*, les *bons chrétiens d'hiver, etc.*, font attendre leurs fruits longtemps, surtout lorsqu'ils sont greffés sur franc. En voici la cause :

Ces arbres poussant très vigoureusement, la sève circule avec trop d'activité pour que la fructification puisse s'établir ; les boutons à fruits ne se forment que lorsque le développement de l'arbre permet à la sève de circuler lentement. Nous savons qu'en principe les fleurs n'apparaissent que sur les rameaux faibles, et par conséquent qu'un excédent de sève empêche toute fructification. Absorbons l'excédent de sève, l'arbre se mettra immédiatement à fruit.

Au lieu de mutiler l'arbre, mettez-lui des fruits ; greffez un nombre de boutons en rapport avec sa vigueur et son étendue ; les fruits greffés absorberont l'excédent de sève; l'année suivante vous récolterez les fruits greffés, qui seront splendides, et l'arbre se mettra à fruits.

Nous avons une foule d'excellentes poires telles que *van Mons Léon Leclérc*, *délices d'Hardempont*, *beurré Clairgeau*, *etc.*, à la culture desquelles on renonce, parce que la végétation de ces arbres est désespérante ; il faut plusieurs années pour obtenir un arbre rabougri et maladif, et encore meurt-il quand il a produit quelques fruits. La greffe des boutons à fruit nous offre les moyens de cultiver ces variétés avec succès. Voici comment :

On plante dans le jardin fruitier un poirier de *beurré d'Amanlis* sur franc pour les variétés de saison ; un poirier de *curé* ou de *catillac*, également sur franc, pour les variétés d'hiver ; on soumet ces arbres à une grande forme, et dès que les branches sont assez fortes, on les couvre de boutons à fruit de toutes les variétés faibles. On peut greffer vingt variétés de poires sur le même arbre ; il n'y a pas d'inconvénient dès l'instant où l'on ne greffe que des boutons à fruits. A mesure de la reprise des greffes, on détruit les rameaux à fruits de l'arbre ; il reste une charpente vigoureuse couverte de greffes étrangères et produisant chaque année une quantité de magnifiques et excellents fruits.

Rien n'est plus facile que de se procurer un bon nombre de boutons à fruit. Si les arbres du jardin fruitier sont bien soignés, ils en fourniront une grande quantité destinée à tomber à la taille. Les variétés trop faibles pour être plantées dans le jardin fruitier se cultivent ainsi :

On achète quatre ou cinq arbres de chaque variété, greffés sur cognassier. On les plante de 50 à 60 centimètres de distance, dans un coin perdu du jardin fruitier ou du potager ; on retranche environ le tiers de la tige à la plantation ; à la fin de l'année, presque tous les yeux se sont développés en boutons à fruit ; on enlève tous les boutons à fruit formés, pour les greffer, et, l'année suivante, l'arbre repousse pour fournir encore des boutons à fruit. Lorsqu'une branche présente une certaine vigueur, on attache son extrémité, la tête inclinée vers le sol, à un tuteur ou à un fil de fer, de manière à lui faire décrire un demi-cercle ; cette simple opération suffit pour convertir presque tous les yeux en boutons à fleurs.

Les greffes de boutons à fruit placées sur les arbres dont les branches sont palissées horizontalement, doivent toujours être posées en avant, et jamais dessus. Toutes les greffes de boutons à fruit placées en-dessus de la branche produisent des gourmands, qui empêchent la fructification pour les années suivantes.

La greffe *en écusson* (fig. 71) consiste à enlever, vers le mois d'août, un œil de la variété que l'on veut greffer, et à l'insérer sous l'écorce du sujet ; il faut prendre pour greffe des yeux bien formés ; ceux du milieu du bourgeon sont les meilleurs ; aussitôt le bourgeon enlevé, on coupe les feuilles en conservant une partie de la queue (fig. 72).

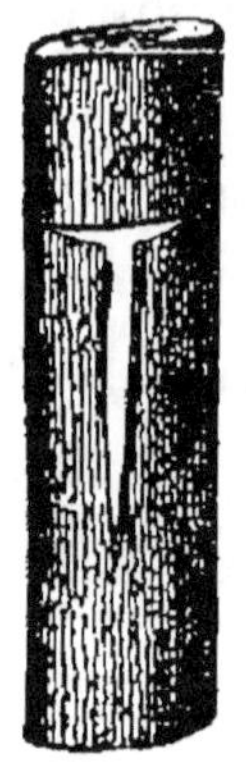

Fig. 71.
Greffe en écusson.

Fig. 72.
Écusson.

On s'est livré à de longues dissertations sur le mode d'enlever les écussons ; certains auteurs attachent une grande importance à ne pas laisser d'amande (un peu de bois au-dessous de l'œil) ; on a même été jusqu'à inventer des machines à greffer. Pour mon compte, je ne vois pas beaucoup d'inconvénients à laisser un peu de bois au centre de l'écusson, quand on n'en laisse pas trop, et le meilleur emploi que l'on puisse faire des machines à greffer est de les envoyer au Musée des antiques, pour empêcher nos suivants de renouveler la même bêtise. Il n'y a qu'une machine pour enlever les écussons : les doigts !

L'écusson enlevé, on fait une incision en T sur le sujet (*a*, fig. 71) ; on soulève les écorces, puis on glisse l'écusson dessous, en ayant surtout le soin de laisser dépasser un peu le haut, afin de pouvoir le couper de manière à ce qu'il vienne bien s'ajuster sur la coupe transversale de l'incision faite au sujet (*a*, fig. 71), on lie ensuite avec du coton, en prenant la précaution de serrer un peu autour de l'œil. Huit jours après, on desserre pour éviter l'étranglement, et trois semaines après on enlève la ligature. L'année suivante, vers le mois de février, avant que la végétation se soit manifestée, on coupe le sujet à 10 centimètres au-dessus de la greffe ; on laisse pousser quelques petits bourgeons sur le chicot pour appeler la sève dans la greffe. Dès que celle-ci a produit un bourgeon de 20 à 25 centimètres de longueur, on supprime tous ceux du sujet ; puis on attache la greffe avec un jonc sur le chicot, qui est coupé à son tour au ras de la greffe au mois d'août suivant.

Beaucoup de praticiens et même de pépiniéristes ne coupent les chicots qu'à la fin de l'année, au moment de l'arrachage. C'est une faute très grave, pouvant déterminer la mort des arbres, quand les hivers sont rigoureux ; la plaie toute vive est exposée aux intempéries ; la gelée l'atteint, décompose toute la surface de la plaie, et la greffe meurt presque toujours, quand l'arbre ne périt pas tout entier. Lorsque la section de la greffe est faite en août, elle n'a pas eu le temps de se recouvrir partiellement avant l'hiver, mais la plaie est bien cicatrisée, et l'arbre ne court aucun danger.

Avant de terminer la série des greffes, il nous en reste à signaler une des plus utiles et une des plus faciles à faire, dont je dois la connaissance à M. le comte des Cars. Elle ne s'applique pas aux arbres fruitiers, mais aux ramifications des haies, et sert à boucher instantanément toutes les brèches.

Cette greffe, infaillible, peut être pratiquée par le premier manœuvrier venu. Elle nous rendra de grands services pour les clôtures des vergers, qu'il sera facile de défendre contre les maraudeurs, grâce à l'ingénieuse invention de M. le comte des Cars, auquel

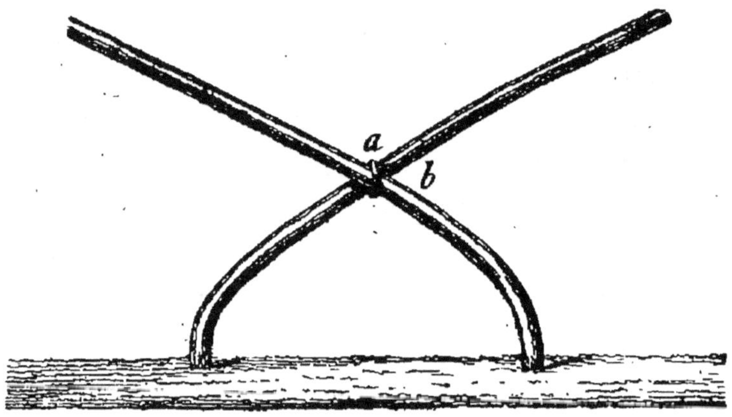

Fig. 73. — Greffe par maillon.

je suis heureux d'offrir ici mes bien sincères remerciements.

La *greffe en maillon* est une greffe par approche : les outils à employer sont : une pince, n'importe laquelle, au besoin une tenaille, et un bout de petit fil de fer : voilà tout.

Quand on veut souder deux branches ensemble pour boucher une brèche faite à une haie, on les incline l'une vers l'autre, comme l'indique la figure 73, et au point de jonction (*a*, même figure) on fait tout simplement un maillon de fil de fer, comme à un treillage ; la greffe est faite, elle ne manque jamais,

et il n'y a pas à y retoucher, la végétation fait tout.
Voici ce qui se produit.

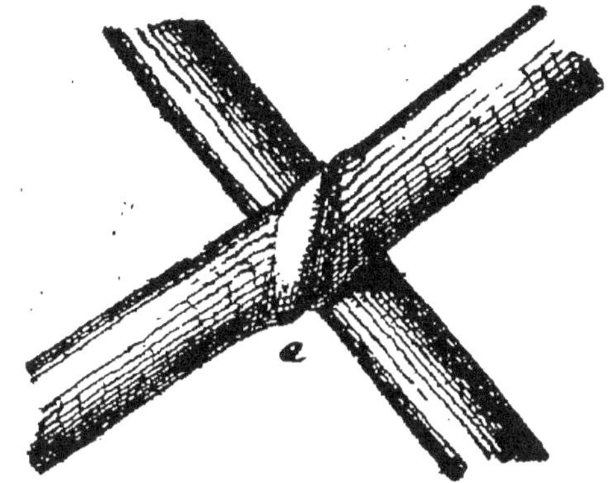

Fig. 74. — Greffe par maillon, première année.

Les branches grossissent en diamètre ; pendant

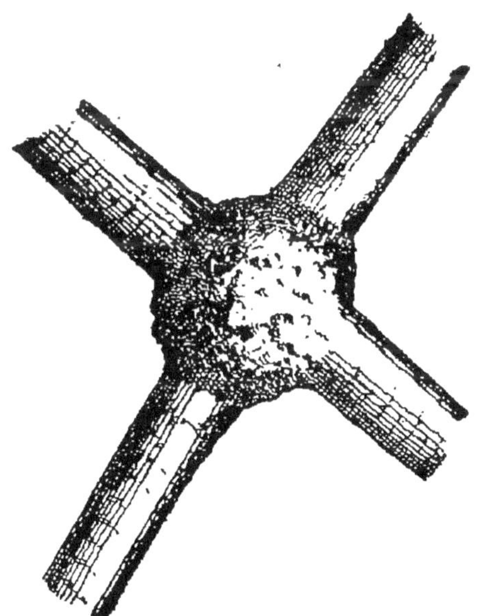

Fig. 75. — Greffe par maillon, troisième année.

l'été de la première année, le fil de fer a presque

disparu dans les écorces, et il s'est formé un bourrelet tout autour (*a*, fig. 74).

La seconde année, les filets ligneux et corticaux recouvrent entièrement le maillon de fil de fer, et les deux branches sont soudées ensemble. La troisième année, et souvent la seconde, quand la végétation est active, la greffe par maillon forme un nœud que rien ne peut rompre (fig. 75).

On ne voit plus rien qu'un nœud de bois soudant solidement ensemble les deux branches.

On emploie du fil de fer n° 5 pour les jeunes branches, celles ayant de 5 à 12 millimètres de diamètre ; du n° 7 pour les diamètres de 12 à 20 millimètres, et du n° 10 pour les diamètres de 20 à 30 millimètres. Il est inutile d'employer du fil de fer galvanisé, qui coûte plus cher ; le fil de fer brut est excellent.

Rien d'aussi simple, de plus facile à exécuter et d'aussi efficace pour boucher les brèches des haies. Il suffit de croiser cinq ou six branches de chaque côté et de les greffer en maillon, pour boucher la brèche instantanément et sans possibilité de la rouvrir.

CHAPITRE II

DU CHOIX DES ARBRES ET DES SOINS
A LEUR DONNER

Le choix des arbres à planter demande les plus grands soins, car on ne peut obtenir de bons résultats, et surtout les obtenir promptement, qu'en plantant des arbres d'élite. L'économie la plus ruineuse est celle que font les propriétaires sur l'achat des arbres ; dans ce cas, il y a toujours pour eux double perte : perte d'argent et perte de temps.

Dans une plantation de cent arbres bien faite et avec des sujets de choix, il y aura à peine trois ou quatre arbres à remplacer ; la plupart de ces arbres, s'ils sont bien dirigés, donneront des fruits la seconde ou la troisième année de la plantation : un minimum de deux fruits par arbre en moyenne.

De plus, le produit des bons arbres est certain ; celui des mauvais sera toujours inconstant et de qualité inférieure ; le propriétaire sera obligé chaque année à des dépenses de remplacement, et le jardin ne sera qu'une infirmerie végétale coûteuse et improductive.

En principe, il ne faut jamais planter que des greffes

d'un ou deux ans au plus, si l'on veut obtenir une bonne végétation, des arbres qui poussent et une prompte fructification : des greffes d'un an pour les cordons unilatéraux, et de deux ans pour les formes. Voici pourquoi : une greffe d'un ou deux ans peut être déplantée avec toutes ses racines ; l'arbre très jeune et pourvu de tout son appareil de racines pousse vigoureusement la seconde année. En outre, ce même arbre n'ayant jamais reçu de taille dans la pépinière, la plus désastreuse de toutes, en ce qu'elle est faite par des ouvriers qui n'y entendent rien, n'offre aucune difformité, et est exempt des nombreuses maladies causées par les mauvaises amputations.

On a généralement la déplorable habitude de planter des arbres très gros dans l'espoir d'obtenir des fruits plus vite : c'est la plus vicieuse de toutes les pratiques. Voici ce qui a lieu : l'arbre, déjà fort, est pourvu d'un volumineux appareil de racines ; la moitié et souvent les trois quarts des racines sont brisées par le fait de la déplantation. On plante un arbre mutilé ; il souffre pendant trois ou quatre ans, et meurt après avoir donné quelques fruits qui atteignent à peine la moitié de leur volume.

La plantation des arbres formés est la plus désastreuse de toutes ; indépendamment de leur mauvaise qualité, les 80 centièmes des arbres dits *formés* proviennent de vieux *chicots* qui n'ont jamais voulu pousser, et sont *formés* par des ouvriers. Ces arbres sont en outre soumis à des formes impossibles, que nous proscrivons de la manière la plus absolue. Que les propriétaires qui se sont laissés séduire par les promesses des arbres formés veuillent bien compter combien ils en ont plantés, ce qu'ils leur ont coûté, et combien il leur en reste au bout de sept à huit ans? à peine dix sur cent. S'ils avaient planté des greffes d'un an, ils auraient obtenu, en huit années et même moins, quatre-vingt-quinze arbres sur cent, mais des arbres vigoureux, couvrant tout le mur, et susceptibles de donner d'abondantes récoltes pendant de longues années, au lieu de dix arbres souffreteux et improductifs.

Dans tous les cas, nous planterons des greffes d'un an réunissant les conditions suivantes :

1° Une hauteur de $1^m,20$, au moins, de la greffe au sommet de la tige, et de la grosseur du doigt à la base ;

2° Des écorces vives, bien nourries, très lisses, et des yeux bien développés. Tous les arbres dont les yeux sont mal constitués ou qui ont langui dans la pépinière ne font jamais que de mauvais arbres, quand ils ne meurent pas la première année ;

3° Les racines doivent être aussi entières que possible ; l'arbre doit en avoir au moins les trois quarts en bon état ;

4° La section du chicot doit être faite rez de la greffe, être bien nette, opérée d'un seul coup de serpette, et assez ancienne pour être bien cicatrisée.

Les sections des greffes raboteuses se recouvrent très difficilement: l'arbre reste faible jusqu'à ce que la greffe soit recouverte. Quand la section est fraîche, l'arbre meurt souvent pendant l'année. La plaie toute fraîche gèle, et il se déclare une nécrose sur la section ; la carie la suit bientôt, et l'arbre périt.

Toutes les greffes d'un an qui ne seront pas dans les conditions que j'indique devront être rejetées comme de mauvais arbres.

Il ne suffit pas seulement de se procurer de bons arbres pour réussir, il faut encore que ces arbres aient été bien emballés et soient soignés convenablement à leur arrivée.

L'emballage est l'affaire du pépiniériste ; tous savent emballer quand on paye l'emballage, toujours assez dispendieux quand il est bien fait.

Les racines doivent être entourées de mousse un peu humide ; le ballot doit être assez garni de paille pour garantir les arbres de tout accident. Les ballots ne doivent pas être trop gros ; contenir plus de cinquante arbres environ, et être cerclés d'osiers assez rapprochés pour qu'ils ne se défassent pas en route.

Les arbres fraîchement arrachés ou déballés ne doivent jamais rester au soleil ni à la pluie. S'il n'est pas possible de les planter aussitôt, il faut les mettre en jauge.

Le soleil fait rider les écorces : dans ce cas, les arbres souffrent beaucoup et reviennent difficilement ; la pluie noircit les racines et les fait pourrir : c'est pis encore.

Aussitôt que les arbres arrivent, il faut les déballer. Quand le temps est doux, il n'y a qu'à les mettre en jauge ; s'il pleut, il faut bien se garder de laisser mouiller les racines; on les couvre avec un paillasson ; s'il gèle, il faut les mettre en jauge en pleine terre.

Quand on met des arbres en jauge, il faut ouvrir une tranchée continue de 40 centimètres de largeur et de profondeur, et y placer les arbres, très près les uns des autres, mais un à un, et non par paquet, afin que la terre adhère bien à toutes les racines. Lorsque la tranchée est remplie, il est urgent d'appuyer la terre sur les racines avec le pied, et de les rechausser ensuite. Les arbres doivent être enterrés droits et jusqu'à la greffe seulement. Faute de ces simples précautions, des milliers d'arbres ont été gelés en jauge.

Si les arbres arrivent pendant la gelée, et qu'elle ait apparence de durée, il faut placer les ballots à la cave, et les y laisser trois ou quatre jours sans les défaire. Au bout de ce temps, on déballe, et on enterre les arbres *un à un* dans le sable de la cave ; je dis *un à un* parce que, si les arbres étaient enterrés en paquets, il vaudrait mieux les garder emballés. Le sable doit être plutôt sec qu'humide ; il faut bien se garder de jamais l'arroser ; ce serait faire pourrir les racines infailliblement.

On a conseillé de mettre tremper les arbres dans l'eau pendant deux ou trois heures, lorsqu'ils arrivent fatigués, c'est-à-dire ridés. Il est regrettable de voir ce conseil, puisé dans Mathieu Laensberg, donné par des pépiniéristes ; en ce qu'il expose le propriétaire à perdre tous ses arbres, sans exception, par la pourriture des racines ; les arbres qui arrivent dans cet état sont perdus ; celui qui les reçoit n'a qu'une chose à faire : les retourner.

Je signale ces inconvénients, rares il est vrai, mais qui cependant se produisent quelquefois. Un pépiniériste sérieux n'expédie jamais d'arbres dans les conditions que je viens d'indiquer ; ces envois sortent de *maisons borgnes*, contre l'incurie ou la rapacité desquelles il faut savoir se prémunir.

Lorsque le propriétaire aura des arbres à acheter, il devra toujours s'adresser à une maison dont l'honorabilité est connue et surtout dont le chef ne fait pas de politique ; il ne payera pas un centime de plus, et il sera certain d'obtenir, non seulement ce qu'il demande, mais encore de l'obtenir de bonne qualité et inspecté par le maître de la maison.

La pépinière, quand on veut la bien faire, demande des connaissances exactes, beaucoup de soins, une surveillance incessante de la part du maître, et une main-d'œuvre considérable. Lorsque le propriétaire est servi par un pépiniériste capable et tout entier à ses affaires, il a un bénéfice énorme à payer un peu plus cher.

Quant aux personnes qui cherchent le bon marché quand même, elles sont certaines d'en avoir pour leur argent. Je range dans cette catégorie les gens plus qu'économes qui achètent leurs arbres sur le quai aux fleurs. (C'est bon marché, mais on ne trouve là que des rebuts que les maisons honnêtes n'ont pas voulu livrer à leurs clients.)

Ajoutons-y ceux qui cherchent de *tout petits* pépiniéristes, ayant de *tout petits* arbres qu'ils vendent, il est vrai, en échange d'une *toute petite* somme d'argent, mais qui ne poussent jamais. Ces *toutes petites* maisons, à la conscience souvent élastique comme un caoutchouc de qualité supérieure, sont le fléau de l'horticulture; elles font le plus grand tort aux maisons honnêtes, l'immense majorité, et au progrès.

Demandez-leur une chose qui n'existe pas : elles l'ont et vous la livreront... écrite sur l'étiquette! moyennant payement. Demandez un fruit nouveau : on vous livre le nom sur l'étiquette, et en nature un vieux fruit rebuté depuis vingt ans.

C'est bien un peu la faute des chercheurs de bon marché quand même : ils demandent l'impossible, on leur livre des choses sans nom.

A une de mes leçons pratiques, une victime du bon marché se plaignait amèrement d'avoir été trompée dans l'achat de ses arbres.

Un magistrat très haut placé, que j'ai eu l'honneur de compter parmi mes auditeurs, écoutait attentivement.

« C'est un vol, disait la victime ; toutes mes variétés sont tronquées ; j'ai cru planter celles que j'avais désignées ; l'étiquette porte le nom demandé, et l'arbre un tout autre fruit. Que faire ?

— C'est bien simple, répondit le magistrat: faites constater que les arbres portent un autre fruit que celui qui est écrit sur l'étiquette, et traduisez votre pépiniériste en police correctionnelle.

— C'est possible ?

— Rien de plus simple; la loi a prévu le cas de tromperie sur la nature de la chose vendue. Votre pépiniériste est, comme la laitière qui additionne son lait avec de l'eau et de l'amidon, passible d'une amende de 50 fr., de l'affichage du jugement à sa porte, et même de prison en cas de récidive.

— Oui, c'est quelque chose ; enfin cela ne me donnera pas les fruits que je voulais. Mon jardin est planté depuis quatre ans ; je croyais avoir les fruits que j'ai demandés, et, à mesure que mes arbres produisent, j'ai des fruits à cidre à la place d'excellents fruits de table que j'ai payés. Aujourd'hui il faut tout arracher ou regreffer.

— L'action correctionnelle n'entrave pas l'action civile. Demandez des dommages-intérêts à votre pépiniériste ; il sera condamné, soyez-en certain.

— Mais c'est un colporteur; où le prendre?

— Il fallait acheter à une maison connue, assise quelque part ; vous auriez fait exécuter la loi.

— Oui, mais c'était si bon marché ! »

(Explosion de rires parmi l'auditoire.)

CHAPITRE III

DES FORMES A DONNER AUX ARBRES ET DU CHOIX DE LEURS ESPÈCES

Les formes auxquelles les arbres doivent être soumis sont de la plus haute importance en arboriculture. Ces formes ont été considérées jusqu'à ce jour comme des objets de pure fantaisie ou de mode; on a cherché l'excentrique, l'impossible même, sans jamais se préoccuper de la fertilité ni de la longévité de l'arbre.

La durée et la fertilité d'un arbre soumis a la taille, ainsi que le volume et la qualité des fruits, sont subordonnés a l'égale et facile répartition de la sève dans toutes les parties de l'arbre.

Sans un équilibre parfait dans toutes les parties de l'arbre et sans une végétation régulière de toutes les branches, on ne peut espérer la fertilité. Devons-nous donc nous étonner de voir improductifs:

1° Les arbres soumis à des formes de pure fantaisie, dont les lignes ouvertes sur tous les angles paraissent avoir été créées pour faciliter la production des gourmands?

2° Les arbres à troncs verticaux, par lesquels la sève fait irruption, pour abandonner les parties du bas? (Depuis plus d'un siècle, il est prouvé que ces arbres s'emportent constamment par le haut, s'anéantissent très vite par le bas, et meurent en quelques années, surtout lorsque le sécateur est employé pour essayer de les équilibrer.)

3° Les arbres qui n'ont pas de formes régulières ? (Ceux-là produisent bien quelques fruits, mais ils n'en ont que par places. Il n'y a pas de régularité dans la végétation : la production des fruits n'est qu'accidentelle.)

4° Les arbres soumis à des formes régulières, mais qui ne sont pas en rapport avec les exigences de l'espèce ou de la variété?

Le pêcher s'emporte naturellement par le haut et se dégarnit facilement par le bas ; l'abricotier, au contraire, produit sans cesse des gourmands par le bas et s'éteint par le haut. Soumettez ces deux arbres à la même forme : avec une forme à lignes verticales, le pêcher ne donnera pas de fruits et sera vite ruiné ; l'abricotier, au contraire, sera d'une fertilité remarquable ; soumettez-les tous deux à une forme à branches horizontales : le pêcher produira d'abondantes récoltes, tandis que l'abricotier ne donnera que des gourmands à la base, pour s'éteindre bientôt par le sommet.

L'arbre soumis à une forme anormale éprouve un état de gêne constant ; lorsque cet état est produit dans une certaine mesure, et est en harmonie avec le degré de vigueur et de fertilité de l'arbre, il amène la fécondité ; si l'état de gêne imposé à l'arbre est insuffisant, c'est l'infertilité ; s'il est excessif, c'est la mort.

Autre exemple : La palmette à branches courbées et celle à branches croisées sont des formes par excellence pour le poirier ; mais en soumettant indistinctement toutes les variétés de poiriers à ces formes, plusieurs seront improductives, et les autres se ruineront assez promptement, si la forme a été donnée au hasard. En voici la preuve :

La palmette à branches courbées imprime à l'arbre un état de gêne très modéré ; elle convient aux variétés de poiriers de vigueur moyenne et très fertiles comme la *duchesse*, le *doyenné d'hiver*, etc. La palmette à branches croisées apporte une entrave sérieuse, à l'ascension de la sève ; le croisement des branches augmente sensiblement l'état de gêne ; cette forme convient aux variétés vigoureuses, se mettant plus difficilement à fruit, comme la *crassane*, la *bergamotte Espéren*, etc. Donnez au poirier de *duchesse* ou de *doyenné d'hiver* la palmette à branches courbées, au poirier de *crassane* ou de *bergamotte Espéren* la palmette à branches croisées, vous aurez une végétation excellente et une abondante production. Faites l'inverse : donnez la palmette à branches croisées à la *duchesse*, et la palmette à branches courbées à la *crassane*, le premier de ces arbres cessera de pousser et sera bientôt ruiné par une fructification exagérée, tandis que le second produira une forêt de bourgeons sans donner un fruit.

Je demande pardon au lecteur de ces longs détails, mais ils m'ont paru utiles pour le bien pénétrer de son sujet, et ne rien lui laisser abandonner au hasard. L'arboriculture n'est pas une science difficile; mais encore faut-il la savoir, se donner la peine de l'apprendre et de l'appliquer, si l'on veut sortir du dédale des déceptions.

On ne doit pas oublier que, malgré un choix judicieux de formes, les arbres soumis à la taille vivent moins longtemps que les autres; cela tient à trois causes:

1° Aux formes contre nature qu'on leur impose;

2° Aux amputations qu'ils subissent;

3° A la quantité de fruits qu'ils produisent.

Notre but est d'obtenir des arbres produisant beaucoup et vivant le plus longtemps possible. Tous nos efforts tendront donc, sinon à faire disparaître, du moins à atténuer les deux premières causes de mortalité, à l'aide des formes sérieusement étudiées, simples autant que possible, faciles à faire, en harmonie avec les lois végétales, et d'une taille raisonnée. Dans ces conditions, l'existence des arbres sera facilement doublée, en augmentant considérablement leur produit.

Il faut obtenir simultanément, dans la formation des arbres, deux effets : l'augmentation de la charpente et la mise à fruit de la partie formée, et cela presque sans mutilation à l'état ligneux, par l'effet des inclinaisons et de pincements très modérés.

Nous reviendrons aux inclinaisons et à leurs effets

en traitant de la formation de la charpente. Avant d'examiner les formes d'arbres que nous devons adopter, il est utile de poser quelques principes dont il ne faut pas se départir, pour donner aux arbres des formes offrant des garanties sérieuses de fertilité soutenue et de longévité.

1° DIVISER L'ACTION DE LA SÈVE A SON POINT DE DÉPART. — C'est-à-dire établir la charpente de l'arbre sur deux branches latérales, et non sur une tige verticale. La sève ayant toujours tendance à monter se précipite avec violence par le tronc ; le haut de l'arbre s'emporte, tandis que le bas meurt d'inanition.

Dans ce cas, le bas et le haut de l'arbre sont également infertiles. Il apparaît bien quelques fleurs sur les ramifications de la base en raison même de leur faiblesse ; mais l'insuffisance de la sève ne permet pas aux fruits d'atteindre plus de la moitié de leur développement, et encore cette production avortée achève-t-elle souvent d'épuiser les branches, déjà trop faibles, et détermine-t-elle leur mort, tandis que le haut pousse avec une vigueur extrême, ne produit que des gourmands, qui achèvent de ruiner l'arbre, et ne se mettent jamais à fruit. Nous voyons tous les jours cet exemple sur les palmettes à tiges droites et à branches obliques, adoptées presque partout, et que l'on vend à des prix extravagants sous le nom d'arbres formés.

2° ÉVITER AVEC LE PLUS GRAND SOIN LES LIGNES VERTICALES DANS TOUTES LES PARTIES DE LA CHARPENTE DES GRANDES FORMES. — Dès l'instant où une seule branche est placée verticalement, elle s'emporte, jette le trouble dans l'économie de l'arbre, paralyse sa production, et compromet l'existence des branches horizontales.

3° ESPACER SUFFISAMMENT LES BRANCHES POUR QU'ELLES SOIENT ENTIÈREMENT ÉCLAIRÉES. — Un intervalle de 30 à 35 centimètres suffit. Quand il est moindre, les branches se font ombre, et la fructification ne s'établit pas.

4° CHOISIR POUR CHAQUE ESPÈCE, ET MÊME POUR CHAQUE VARIÉTÉ, UNE FORME EN HARMONIE AVEC SA MANIÈRE DE VÉGÉTER. — C'est-à-dire une forme offrant des inclinaisons plus ou moins élevées, en raison de la vigueur de l'arbre, et lui imprimant un état de gêne plus ou moins grand, suivant sa fertilité.

Ceci posé, examinons les formes d'arbres placées dans les conditions que je viens d'indiquer, réunissant les avantages d'une prompte formation, d'une fertilité soutenue et d'une longue existence.

Toutes les anciennes formes, sans exception, demandaient un laps de temps variant entre quinze et dix-huit années, pour couvrir entièrement le mur et donner le maximum de leur produit. De plus, les arbres soumis à ces formes faisaient attendre leurs premiers fruits cinq ou six années. C'était quelque chose de désespérant pour les propriétaires qui voulaient planter, surtout lorsqu'ils avaient déjà vu mourir des générations entières d'arbres sans avoir rapporté un seul fruit.

Avec ma méthode de formation d'arbres, on gagne

au moins la moitié du temps : on obtient des arbres entièrement formés et très productifs en cinq ou six années ; mais ces formes, excepté mes *palmettes alternes* et les cordons, ne donnent des fruits que la troisième année. C'est long par le temps de vapeur et d'électricité dans lequel nous vivons, mais c'est certain et de longue durée.

Un homme de mérite, mon habile collègue *Du Breuil*, a voulu faire de l'arboriculture à la vapeur (c'est le mot) avec les plantations rapprochées : il y a réussi jusqu'à un certain point. Les cordons obliques et verticaux donnent des fruits la seconde année de la plantation et couvrent très vite un mur, quand la plantation est faite avec des variétés pouvant vivre sous une forme aussi restreinte et quand les arbres sont bien classés et convenablement soignés.

L'idée était ingénieuse, appelée à rendre des services, mais vierge d'applications quand elle a été lancée à toute vapeur au public. L'auteur lui-même n'avait pas expérimenté son invention : elle laissait à désirer, et c'est la chose la plus regrettable en enseignement, où il faudrait être certain de ce qu'on enseigne, et où il faut souvent mettre *trois points* sur un *i* pour éviter des déceptions à ses auditeurs.

J'ai accepté les plantations rapprochées avec empressement ; la promptitude des résultats me séduisait, et, sans m'arrêter aux doléances de ceux qui avaient échoué, je me suis mis à les expérimenter sur une grande échelle. Les déceptions ont été nombreuses en suivant à la lettre les indications de l'inventeur ;

avec plusieurs modifications importantes, dictées par la pratique, je suis arrivé à exécuter dans des conditions spéciales des plantations rapprochées avec certitude de succès, et même à les faire exécuter dans de bonnes conditions par mes auditeurs et mes lecteurs.

Mais, pour rendre hommage à la vérité, je dois dire, après plusieurs expériences positives, que les plantations rapprochées les mieux faites et les mieux soignées ne peuvent vivre en bon état plus de six ou sept années. Passé ce laps de temps, elles tombent dans la décrépitude.

Les plantations rapprochées rendront des services réels, en les faisant parfois entrer partiellement dans les jardins des propriétaires manquant de fruits, et plus souvent dans ceux des locataires ayant un bail de six ou neuf années, qu'ils ne veulent pas renouveler.

C'est précisément dans le jardin des locataires que les plantations rapprochées rendront de grands services. Quand elles seront faites avec des variétés spéciales, aux distances que j'indiquerai, et seront conduites par une main expérimentée, on obtiendra très vite de bons résultats : des fruits la seconde année et des récoltes sérieuses à partir de la troisième, jusqu'à la septième ou la huitième, et encore y aura-t-il des vides dans la plantation avant cette époque.

Mais qu'importe la durée? Huit années devant soi, c'est très long pour un locataire, et presque l'éternité pour un Parisien. Les plantations rapprochées, cordons obliques et verticaux, sont ce qu'il y a de plus parfait pour planter des poiriers dans les jardinets des environs de Paris. Je dis des poiriers, parce que les fruits à noyaux ne fructifient pas sous cette forme.

Un locataire prend une maison pour trois, six ou neuf années — *un commencement d'éternité.* — Il plante et obtient des fruits.; il quitte au bout de six ou neuf ans.; la plantation laisse déjà à désirer, elle est à sa fin; celui qui le remplace arrache et plante encore pour cinq, six ou huit ans, puis la même opération recommence à chaque nouveau locataire.

Rien ne peut remplacer les plantations rapprochées comme promptitude de rapport, dans les conditions que j'indique; mais là s'arrête toute leur utilité. Vouloir les conseiller au propriétaire serait l'entraîner dans des dépenses énormes de plantation, qu'il faudrait renouveler tous les sept ou huit ans. (Demandez à tous ceux qui en ont essayé.)

Chercher à introduire les plantations rapprochées dans la spéculation fruitière serait de la démence; on l'a bien conseillé, mais personne n'a osé entreprendre cette folie dont la ville de Paris a possédé un spécimen exécuté par l'inventeur, et pourrait seule aussi nous éclairer sur le prix de revient et sur le produit... en fagots. La ville de Paris est une grande et noble dame; la bienveillance lui est obligatoire; aussi restera-t-elle muette comme toutes les carpes de la création sur les résultats de son expérience.

Cela dit, j'engage tous les locataires de trois à neuf années à faire des plantations rapprochées, comme les plus promptes à donner des fruits. Dans ce cas, et pour leur éviter des déceptions, je leur indiquerai dans ce chapitre, comme dans celui de la formation des arbres, les modifications à apporter à ces plantations ; je leur indiquerai également, à la liste de poiriers à cultiver, ceux qui peuvent être soumis à la forme en cordons obliques ou verticaux.

Je commence donc la série des formes à adopter, la politesse l'exige ainsi, par :

Les CORDONS OBLIQUES en espalier, forme excellente pour le poirier, en choisissant des variétés de vigueur moyenne ; les faibles périssent, et les vigoureuses ne se mettent pas à fruits. Cette forme exige des murs de 2 mètres 50 à 3 mètres d'élévation. Les arbres sont plantés à 45 centimètres de distance et plantés inclinés sur l'angle de 60 degrés, sur lequel ils resteront pendant toute leur existence (fig. 76).

M. Du Breuil avait conseillé de planter les cordons obliques à 40 centimètres ; c'est trop près, surtout avec des pincements à huit feuilles, les seuls donnant de bons résultats. Cela suffirait avec le pincement du poirier à 10 centimètres ; mais ce pincement, trop court pour la majeure partie des variétés de poiriers, affaiblit promptement les arbres, et produit des fruits rachitiques. Avec des cordons obliques à 45 centimètres et des pincements à huit feuilles, j'obtiens des arbres vigoureux et des fruits superbes.

L'expérience m'a également prouvé que les obliques inclinés à 60 degrés à la plantation, puis abaissés à 45 la troisième année, comme l'indique l'inventeur, donnaient des résultats déplorables ; l'arbre, conser-

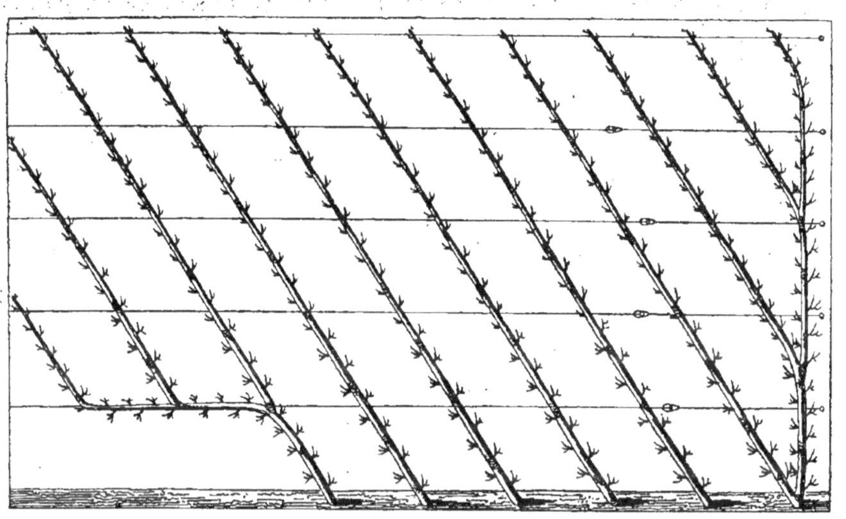

Fig. 76. — Cordons obliques possibles.

vant le plus souvent la forme de cerceau, après cette courbure tardive, émettait quantité de gourmands en dessus, et les rameaux du dessous périssaient.

Le même inconvénient subsiste, même quand on parvient à abaisser les arbres droits, sur l'angle de 45 degrés (fig. 77). Les gourmands envahissent le dessus; le dessous meurt, et les arbres restent infertiles. On a conseillé aussi de planter les arbres droits, et de les courber ensuite sur l'angle de 45 degrés. C'est le moyen le plus certain d'obtenir quantité de gourmands et jamais de fruits.

En plantant sur l'angle de 60 degrés, et en y laissant l'arbre (fig. 76), les rameaux à fruits du dessus et du dessous, faciles à équilibrer, sont des plus productifs, et l'inclinaison donnée à l'arbre est suffisante pour déterminer la fructification la plus abondante.

Le pêcher ne peut être soumis à cette forme. Cet arbre pousse très vite; les mutilations que l'on est forcé de lui appliquer pour le maintenir dans un espace trop restreint produisent la gomme, annulent la fructification, et font périr l'arbre en trois ou quatre ans.

L'abricotier, le prunier et le cerisier poussent trop vigoureusement pour la forme oblique. On les maintient bien pendant deux années; mais ensuite il est difficile d'éviter les gourmands, les nodosités et la gomme, qui les font bientôt périr, sans avoir donné une récolte sérieuse.

Les cordons verticaux (fig. 78) offrent une précieuse ressource pour couvrir promptement des murs très

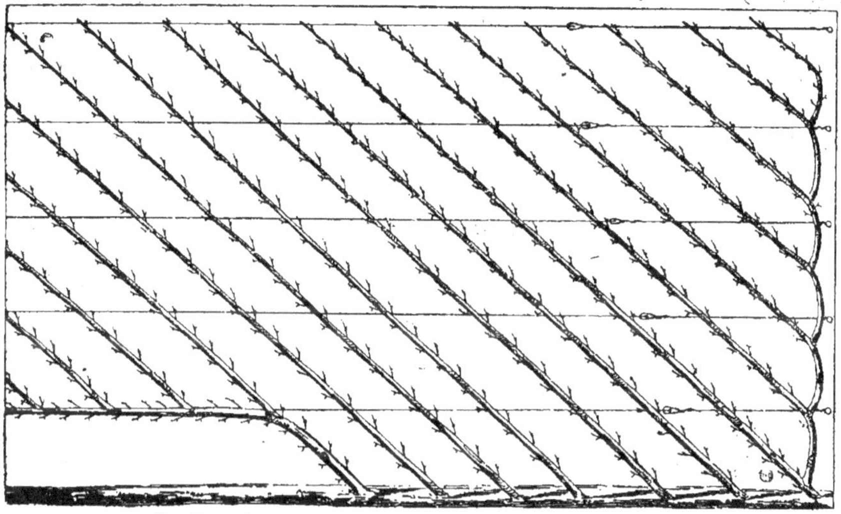

Fig. 77. — Cordons obliques inclinés, d'après le système Du Breuil.

élevés et surtout les pignons de maisons ; c'est là leur principal emploi. On plante les arbres à 40 centimètres de distance, et l'on choisit de préférence des variétés vigoureuses pour cacher plus vite un mur désagréable à la vue. La fructification n'est pas très abondante, mais le mur est caché.

Cette forme convient au poirier, à l'abricotier et au cerisier, pour les murs très élevés et les pignons, parce qu'alors la hauteur à couvrir permet à l'arbre de se développer suffisamment. Le mur est très vite garni, et les arbres peuvent devenir productifs, lorsqu'on a le soin d'éviter les dénudations, toujours assez fréquentes dans le bas, quand on laisse le haut s'emporter.

La distance indiquée pour les cordons verticaux est de 30 centimètres ; j'ai dû la porter à 40, distance nécessaire pour contenir les bourgeons pincés ; ensuite les arbres plantés à cette distance ont plus de vigueur et donnent des fruits mieux constitués.

A présent que j'ai donné la place d'honneur à mon collègue *Du Breuil*, au tour des novateurs qui l'ont suivi et même dépassé.

Un savant a doté le potager de Versailles de contre-espaliers d'une fertilité prodigieuse. Ces contre-espaliers sont formés avec des U doubles (fig. 79).

Cette forme, excellente pour le poirier, l'abricotier et le cerisier, fera bien vite oublier les plantations rapprochées.

La production est presque aussi prompte, une année de retard, rien de plus, que sur les cordons

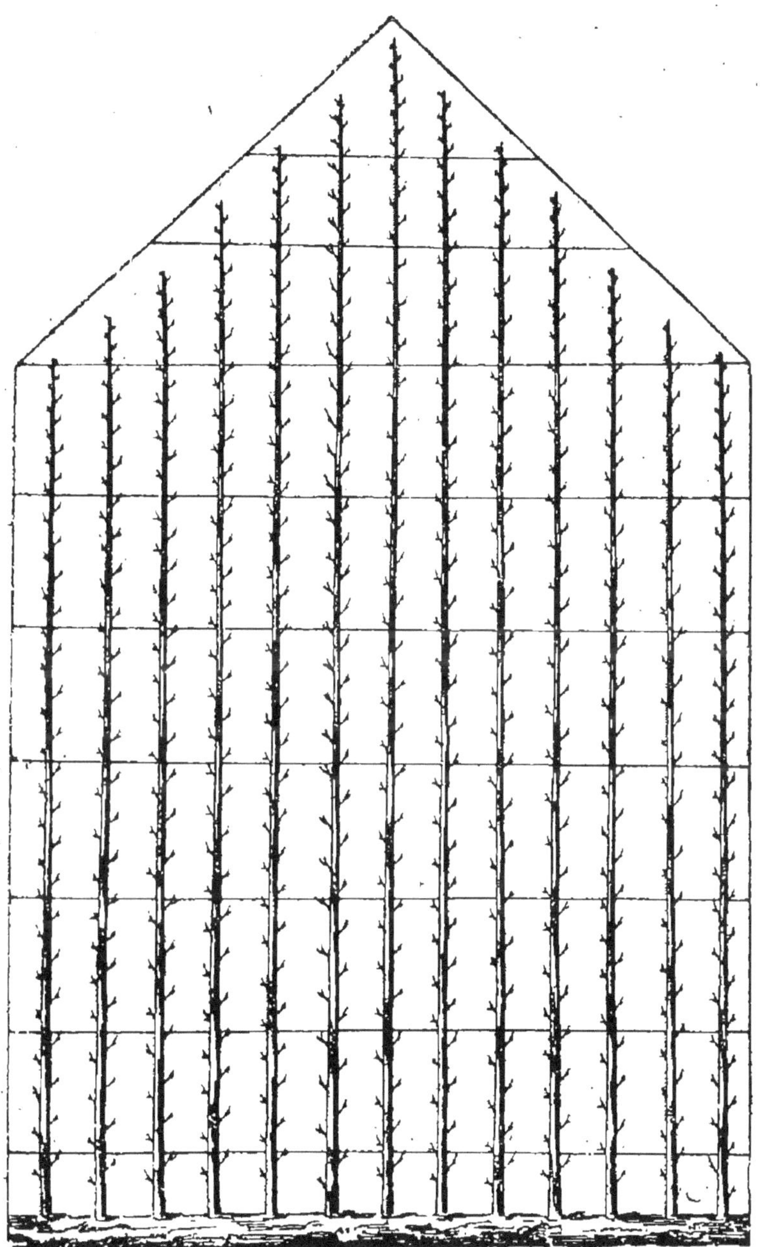

Fig. 78. — Cordons verticaux de poiriers plantés à 40 centimètres.

obliques ou verticaux, mais une production abondante, assurée et soutenue avec des arbres ayant une
longue durée.

Fig. 79. — U double.

Les U doubles offrent les avantages suivants :

1° De garnir un mur élevé en quatre ans ;

2° D'apporter une économie de 75 p. 100 dans la plantation ; il ne faut qu'un arbre où les plantations rapprochées en emploient quatre ;

3° De convenir indistinctement, grâce à son étendue, à toutes les variétés de poiriers ;

4° De faire très vite une plantation des plus productives et de longue durée, grâce à l'écartement des arbres plantés à 1ᵐ,40 de distance.

L'U double convient aussi bien à l'espalier, pour

garnir un mur qu'au plein vent pour couvrir la charpente d'un contre-espalier.

Cette forme, que j'expérimente depuis de longues années et dont j'ai obtenu les plus prompts et les meilleurs résultats, remplace aujourd'hui, avec un immense avantage, les cordons obliques et verticaux dont l'unique avenir est de couvrir les murs des jardinets des environs de Paris ; à moins, ce qui est assez probable, que les candélabres à quatre branches n'y prennent bientôt leur place, ce qui est déjà fait en partie.

Les CORDONS UNILATÉRAUX A UN RANG, plantés à 2 mètres de distance et courbés à 40 centimètres

Fig. 80. — Cordons unilatéraux à un rang.

d'élévation du sol (fig. 80). Cette forme, d'abord destinée exclusivement au pommier, peut être imposée aux variétés de poiriers faibles et de vigueur moyenne, mais pas aux fruits à noyau, comme l'avait conseillé l'arboriculture moderne. J'ai fait de nombreux essais, presque tous ont été infructueux. (Voir, à la liste des poiriers, les variétés susceptibles de réussir en cordons.)

Les CORDONS UNILATÉRAUX A DEUX RANGS (fig. 81) plantés à un mètre de distance.

Cette forme est précieuse pour le bord des plates-bandes d'espalier du jardin fruitier ; elle permet de cultiver certaines variétés de poiriers dans des conditions presque égales à l'espalier.

Fig. 81. — Cordons unilatéraux à deux rangs.

On forme le rang du dessus avec des poiriers, et celui du dessous avec des variétés de pommiers demandant de la chaleur. Cette combinaison permet d'obtenir le maximum du produit sur les poiriers et sur les pommiers, plantés tous deux dans le milieu qui leur convient le mieux.

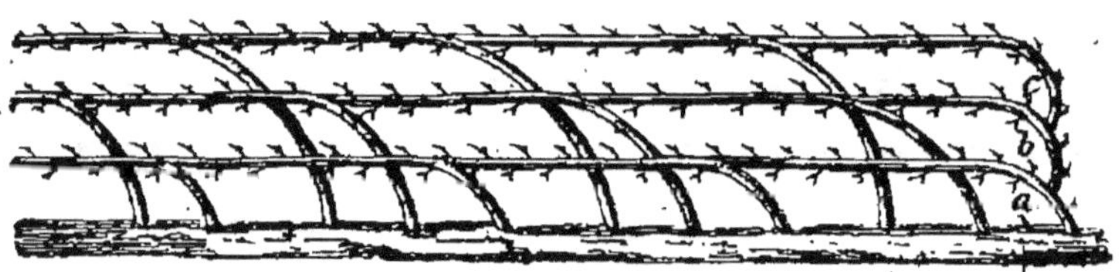

Fig. 82. — Cordons unilatéraux à trois rangs.

Les CORDONS UNILATÉRAUX A TROIS RANGS (fig. 82), plantés à 70 centimètres de distance.

Cette forme est des plus utiles pour la plantation des normandies. On établit des lignes parallèles distantes de 1^m,20 et l'on plante les pommiers à 70 centimètres.

Les CORDONS SANS FIN (fig. 83). Forme excellente pour figurer au bord d'une plate-bande de vases, en ce qu'elle forme une bordure sans solution de continuité. Tous les arbres sont couchés à la suite les uns des autres, et le dernier est soudé par une greffe par approche (*e*, fig. 83) sur le premier arbre ; les arbres *a*, *b*, *c* et *d* sont courbés pour former les angles.

Les ARCADES (fig. 84), forme très fertile, produisant bon effet et aidant beaucoup à la décoration des jardins fruitiers.

Presque toutes les allées des jardins fruitiers sont bordées de cordons à deux rangs. On place, à chaque extrémité des allées, aux entrées des plates-bandes d'espalier, et aux entre-deux des normandies Gressent un arceau en fer rond, de 2 mètres à $2^m,50$ d'élévation, suivant la grandeur du jardin et la largeur des allées. Les deux derniers arbres *a* (fig. 84) sont palissés sur l'arceau de fer, jusqu'au point *b*, et forment une arcade des plus productives et du plus joli effet.

La PALMETTE ALTERNE GRESSENT (fig. 85), forme excellente pour les murs très bas ayant moins de 2 mètres de hauteur, et contre lesquels il serait impossible de planter des candélabres à quatre branches et pour le plein vent.

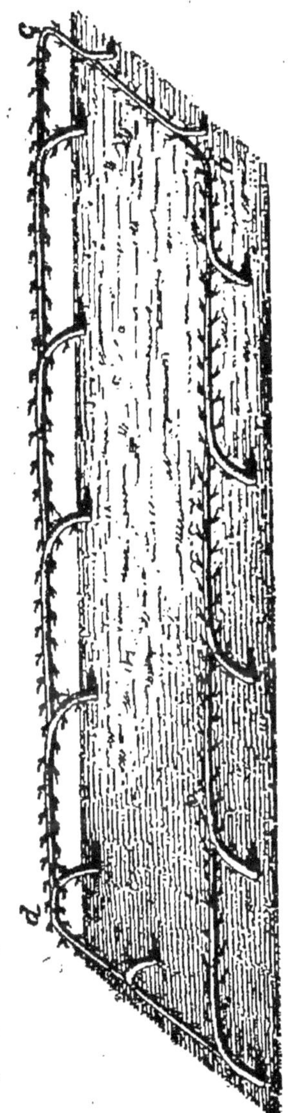

Fig. 83. — Cordons sans fin.

Pour le plein vent, j'ai limité la hauteur de mes palmettes alternes à 1^m,60, et la distance entre les arbres à 2 mètres, ce qui donne à chaque arbre un développement de 12 mètres environ. Pour les murs

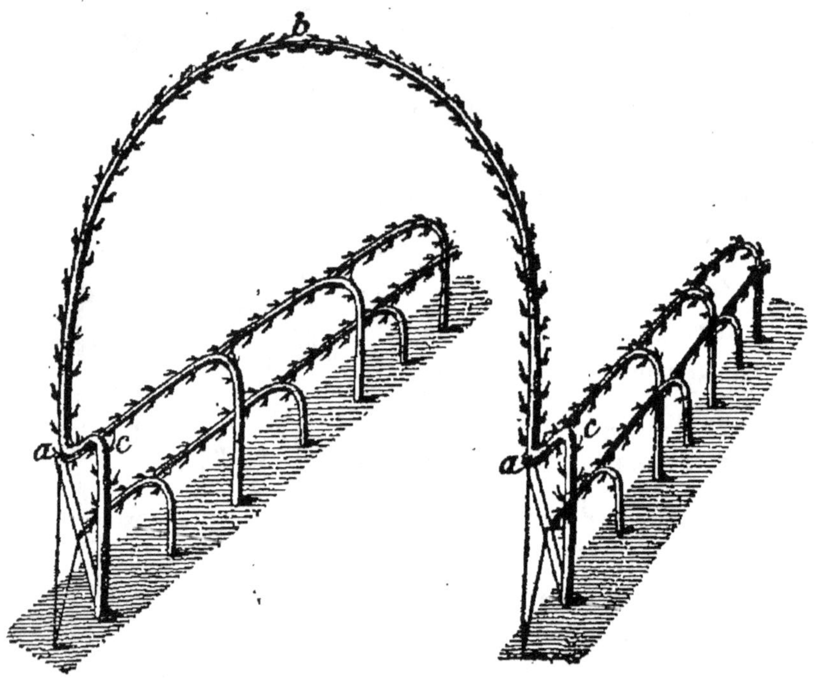

Fig. 84. — Arcade.

peu élevés, on plante les arbres plus éloignés, en calculant la distance suivant la hauteur du mur, de manière à donner à chaque arbre de 10 à 12 mètres de développement.

La palmette alterne offre les avantages suivants :

1° De donner des fruits la première année après la plantation ;

2° DE DONNER LE MAXIMUM DU PRODUIT LA CIN-
QUIÈME OU LA SIXIÈME ANNÉE APRÈS LA PLAN-
TATION ;

3° DE CONVENIR A TOUTES LES ESPÈCES SANS EXCEPTION ;

4° DE NE JAMAIS LAISSER DE VIDE DANS LES PLANTATIONS. — Tous les arbres étant greffés par approche pour tous les fruits à pépins (les arbres à fruits à noyaux ne se greffent pas par approche).

5° DE POUVOIR CUL-
TIVER LES VARIÉTÉS FAIBLES ET DE LEUR DONNER UNE VIGUEUR ÉGALE AUX AUTRES. — La greffe par approche rendant tous les arbres solidaires les uns des autres, l'excédent de sève des forts passe dans les faibles, et ils acquièrent, grâce à

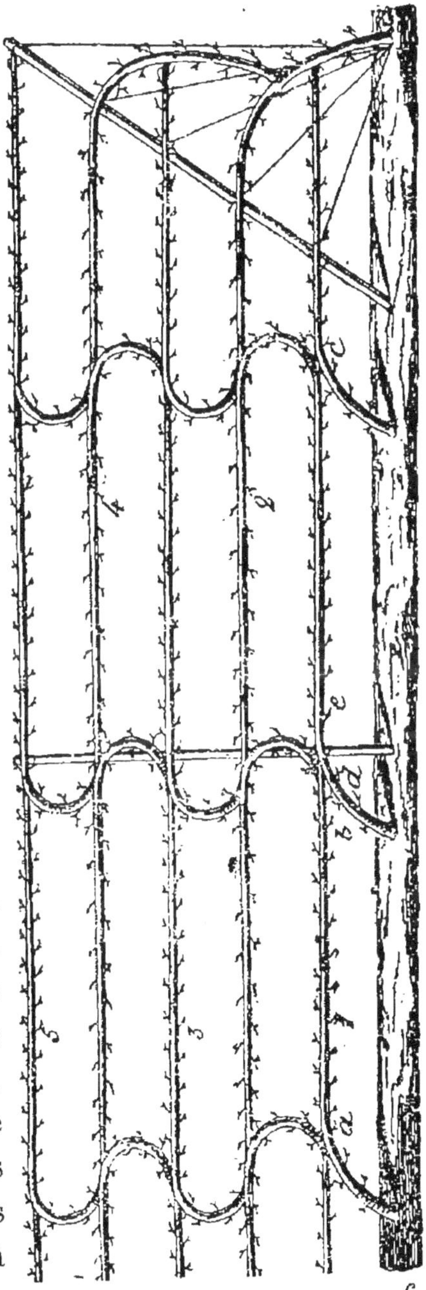

Fig. 85. — Palmettes alternes Gressent.

ce secours, une vigueur égale à celle de leurs voisins. On plante toujours un arbre faible entre deux forts.

6° DE PRÉSENTER UNE PLANTATION AVEC DES LIGNES SANS SOLUTION DE CONTINUITÉ. — Tous les arbres étant greffés les uns sur les autres, les lignes, eussent-elles 100 mètres de long, sont continues. La végétation est, en outre, égale sur toute la longueur de la ligne ;

7° D'ÊTRE UNE FORME SUSCEPTIBLE AU PREMIER CHEF DE FERTILITÉ ET DE LONGÉVITÉ. — Mes palmettes alternes sont formées presque sans amputations : elles ne peuvent ni s'emporter ni s'affaiblir. Elles s'équilibrent toutes seules, par le fait de la communication de la sève de tous les arbres entre eux, et la régularité due à cette organisation est le premier garant de fertilité.

Il nous reste à examiner maintenant les grandes formes d'espalier, celles plantées de 6 à 10 mètres d'intervalle, et destinées à occuper une surface de mur variant entre 18 et 30 mètres. Ces formes demandaient, d'après les anciennes méthodes, un laps de temps de quinze à vingt années pour donner le maximum de leur produit.

Les grandes formes ont un mérite que personne n'a cherché à contester : combinées avec les formes moyennes, candélabres à quatre branches, palmettes alternes Gressent, cordons unilatéraux, et même au besoin avec quelques cordons obliques et verticaux, quand on est très pressé de récolter les premiers fruits, elles constituent la majeure partie du jardin, et en sont le plus bel ornement.

La beauté de l'arbre, sa longévité comme sa fertilité méritent bien quelques années d'attente, et avec quelques modifications dans la formation de la charpente et un choix judicieux de formes il est facile de gagner plusieurs années.

J'ai éliminé impitoyablement toutes les formes vicieuses, modifié ensuite celles qui pouvaient être conservées, et enfin j'en ai ajouté quelques-unes, afin d'avoir une assez grande diversion pour orner le jardin fruitier. Les formes suivantes donnent toutes les garanties désirables :

1° Palmettes a branches courbées (fig. 86). — Cette forme convient spécialement aux poiriers de variétés fertiles ; elle est simple, facile à faire et ne demande presque pas d'amputations ; elle donne des arbres productifs et bien équilibrés, produisant leurs premiers fruits la troisième année de la plantation, et le maximum la septième ; elle peut être adoptée pour les murs de toutes hauteurs.

2° Palmettes a branches croisées (fig. 87). — Pour les murs de toutes les hauteurs. Excellente pour les poiriers difficiles à mettre à fruits et trop vigoureux ; bonne pour les cerisiers peu fertiles. Elle convient surtout aux poiriers sur franc, dont la mise à fruit est lente, et en général aux arbres peu fertiles et très vigoureux. Les premiers fruits apparaissent vers la quatrième année, et le maximum du produit est atteint vers la huitième.

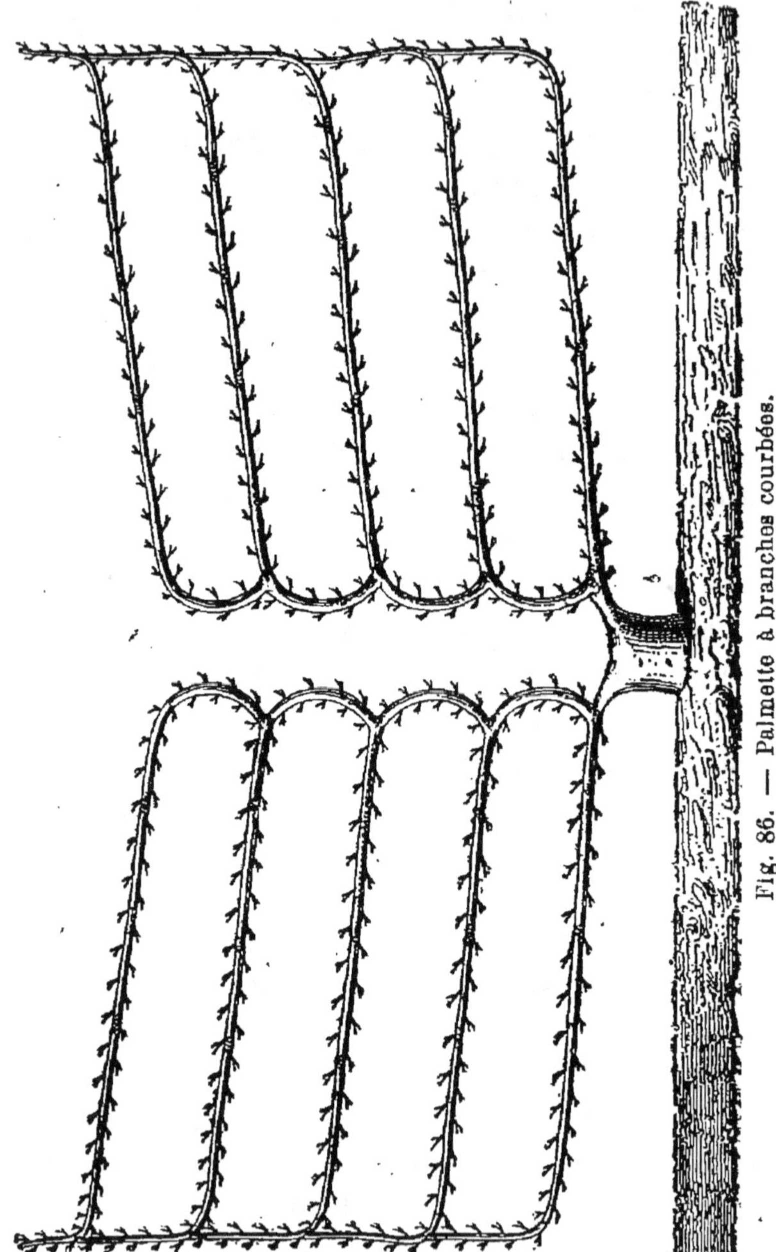

Fig. 86. — Palmette à branches courbées.

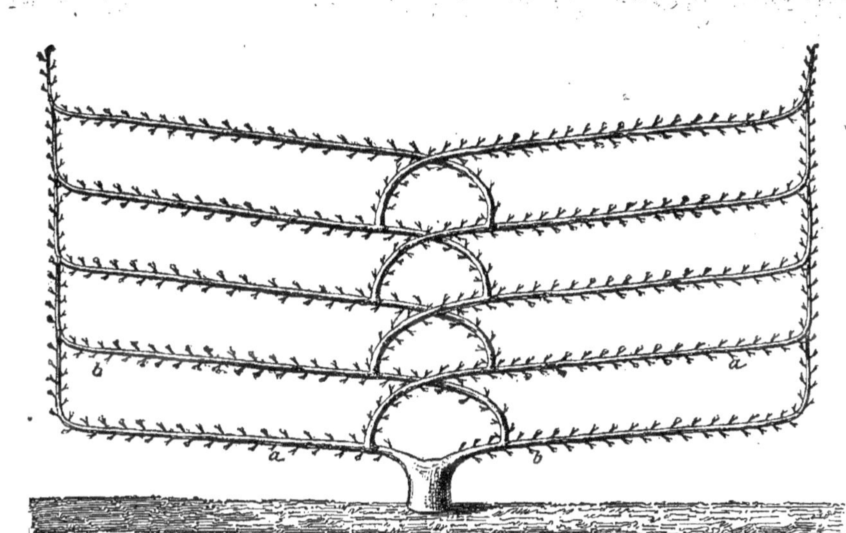

Fig. 87. — Palmette à branches croisées.

3° PALMETTE GRESSENT (fig. 88). — Bonne pour le pêcher et le cerisier, pouvant être appliquée aux poiriers vigoureux, montrant ses premiers fruits la troisième année et donnant le maximum du produit la sixième.

4° ÉVENTAIL MODIFIÉ (fig. 89). — Cette forme, excellente pour le pêcher, est applicable à la plupart des espèces.

C'est l'éventail de Montreuil, moins ses branches verticales, très sujettes à s'emporter ; elle donne ses premiers fruits la troisième année, et le maximum du produit vers la septième.

5° CANDÉLABRES A BRANCHES OBLIQUES (fig. 90). — C'est la reine des formes pour le pêcher, la plus fertile, celle qui s'équilibre le mieux, et aussi la plus facile à faire ; elle peut être appliquée aux variétés les plus vigoureuses. Elle donne ses premiers fruits la troisième année, et le maximum du produit vers la sixième.

Les formes que je viens d'indiquer sont suffisantes pour ôter au jardin fruitier le plus étendu toute monotonie. Ces formes, presque exclusivement consacrées à l'espalier, peuvent être aussi exécutées en contre-espalier.

Les distances à observer entre les arbres sont de 5 mètres pour les palmettes à branches courbées et croisées, pour des murs de 2 mètres 50 à 3 mètres d'élévation, et de 6 mètres pour les palmettes Gressent, éventails et candélabres, contre des murs de 2 mètres 50 à 3 mètres de hauteur. Quand les murs

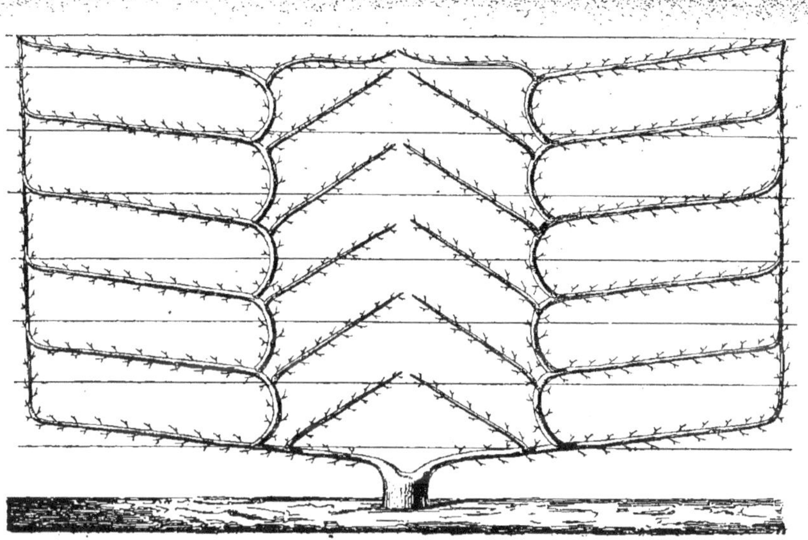

Fig. 88. -- Palmette Gressent.

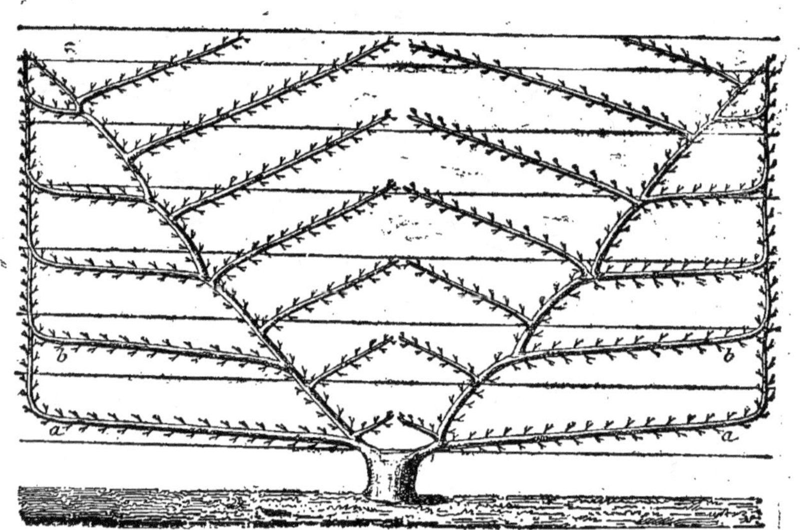

Fig. 89. — Éventail modifié.

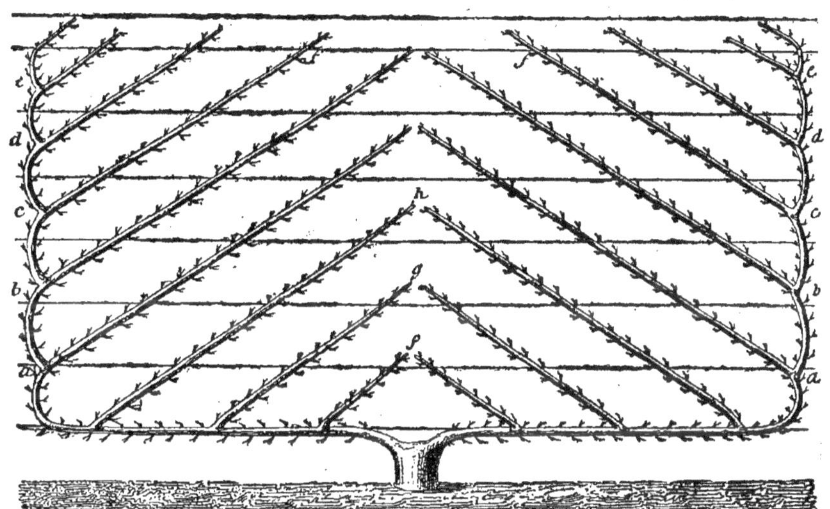

Fig. 90. — Candélabre à branches obliques.

ou les palissages auront moins de 2 mètres 50 d'élévation, on augmentera la distance entre les arbres de manière à gagner en largeur ce que l'on perdra en hauteur, et à donner aux arbres la même étendue sur le mur ou le palissage.

Si les amateurs d'architecture végétale ne trouvent pas ma collection de formes assez complète, libre à eux de l'augmenter: mais n'oublions pas que la fantaisie ne pourra être exécutée qu'au détriment de la fertilité. Quant à moi, fidèle à mon programme, j'abandonne le domaine de la fantaisie pour me renfermer dans celui de la sécurité, de la solidité et de la production.

Parmi les formes de plein vent, le contre-espalier a une importance capitale : c'est le fond de la plantation du jardin fruitier. Cette forme moderne est due à mon honorable collègue *Du Breuil :* elle a été la pierre fondamentale de son enseignement.

Ces contre-espaliers, dont le premier spécimen a été établi en 1855 ou 1856, dans le jardin de Mme Gaudry, rue de Grenelle, à Paris, avaient 3 mètres d'élévation, et se composaient de deux lignes d'arbres parallèles, distantes de 16 centimètres, et les arbres, soumis à la forme en cordons verticaux, étaient plantés, sur chaque ligne, à 30 centimètres de distance.

La charpente était faite avec de gros bois ronds, enterré à 50 centimètres dans le sol, et amarrés à tous les murs par une multitude de fils de fer.

Malgré tout l'avenir de cette excellente forme, la

confection était malheureuse : par le bas, la charpente avait l'aspect d'un échafaudage de maçon, et en regardant en l'air on se croyait enfermé dans une cage.

Le même genre de charpente a été établi au jardin de la ville de Paris, sans de grandes modifications : c'est lourd, massif, et pas beau du tout.

L'économie et la solidité ont été prétextées pour excuser cette monumentale charpente. Erreur profonde ; je le prouverai plus loin, au chapitre *Palissage*.

J'adopte avec reconnaissance la pensée du contre-espalier ; mais je répudie le *monument* qui lui sert de support. Je le remplacerai presque toujours par une armature en fer, élégante, légère, aussi solide, et coûtant moins cher que les énormes poutres Du Breuil. Dans un seul cas, celui où le propriétaire récolterait chez lui des bois se vendant mal et ne lui coûtant presque rien par conséquent, j'abandonnerai le fer pour le bois, en ayant soin d'établir une charpente solide et pas assez *monumentale* pour arrêter tous les badauds du département et leur faire demander ce que l'on va construire dans le jardin. (Voir au chapitre *Palissage.*)

Cela dit, commençons par :

Le CONTRE-ESPALIER VERTICAL (fig. 94). — Ce contre-espalier a 3 mètres d'élévation. Il est composé de deux lignes d'arbres parallèles, distantes de 40 centimètres, et les arbres, soumis à la forme de cordons verticaux, sont plantés en quinconce, à la distance

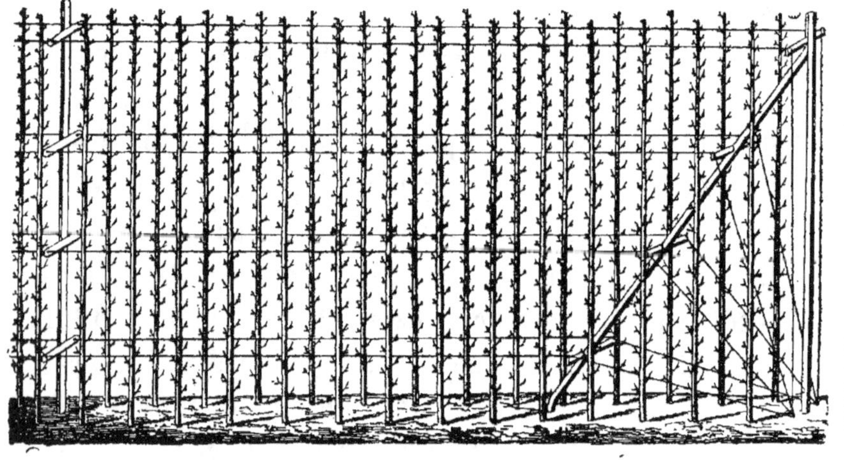

Fig. 91. — Contre-espalier vertical.

de 40 centimètres. La charpente est en fer. Avec cette augmentation de distance : écartement des lignes de 16 centimètres à 40, et distance entre les arbres de 30 à 40, et l'abandon du *monument forestier* en faveur de la charpente en fer, le propriétaire pourra planter des contre-espaliers verticaux très fertiles et susceptibles de durer de sept à huit ans, si les arbres ont été bien classés et bien soignés.

Rien n'est aussi productif que le contre-espalier vertical, pendant les premières années. L'idée première, dont l'honneur tout entier revient à mon honorable collègue *Du Breuil*, adoptée en principe par tous ceux qui voulaient sérieusement le progrès de l'arboriculture devait bientôt être modifiée pour en augmenter la durée, le rendre plus praticable et moins dispendieux dans l'exécution.

Pendant que je rendais le contre-espalier vertical possible avec une nouvelle charpente, des augmentations de distance et une classification de variétés par ordre de vigueur, il s'élevait dans le potager de Versailles une dizaine de contre-espaliers plantés avec des candélabres à quatre branches.

J'ai vu ces contre-espaliers pour la première fois, en août 1870, chargés de leurs fruits ; c'était quelque chose d'éblouissant (c'est le mot) comme végétation et comme production. Tous les arbres vigoureux et bien portants étaient littéralement couverts de fruits magnifiques.

J'allai immédiatement faire une visite au regretté M. Hardy, auteur de cette merveille, pour lui demander l'autorisation de m'en emparer et de la faire connaître, dans l'intérêt général, dans mes cours, mes livres et mes écrits.

L'autorisation me fut accordée avec toute la gracieuseté possible ; je plantai aussitôt des contre-espaliers de Versailles et en fit planter à mes adeptes, à leur grande satisfaction.

CONTRE-ESPALIER DE VERSAILLES (fig. 92). — Ce contre-espalier a une élévation de 3 mètres ; il est composé de deux lignes d'arbres parallèles, distantes de 60 centimètres.

Les arbres sont plantés à 1^m,40 de distance sur les lignes ; l'écartement des branches est de 35 centimètres.

Le contre-espalier de Versailles produit presque aussi vite que le vertical ; il apporte une économie des trois quarts dans l'achat des arbres, permet de planter indistinctement toutes les variétés de poiriers, et offre toutes les garanties les plus sérieuses de vigueur et de durée.

Nous placerons ce contre-espalier dans tous les jardins, comme bien préférable au contre-espalier vertical sous tous les rapports : de la durée, du produit, et aussi de l'économie dans la création.

Le contre-espalier vertical n'a plus raison d'être maintenant que dans les jardins entièrement neufs, chez les propriétaires n'ayant pas un fruit à récolter. Dans ce cas seulement, on en établit un seul, le moins long possible, pour récolter des fruits l'année suivante, et aussitôt que les vides se produisent, vers

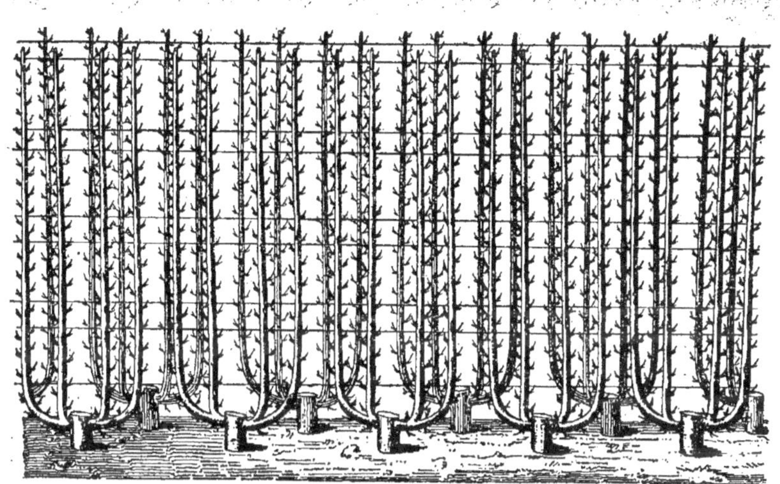

Fig. 92. — Contre-espalier de Versailles.

la sixième année, on replante à sa place un contre-espalier de Versailles, ou plutôt on arrache trois arbres sur quatre, et on recèpe les arbres conservés, pour en faire des U doubles; un contre-espalier de Versailles succède ainsi à un contre-espalier vertical; on a alors le temps d'attendre, puisque tout le jardin produit.

Il nous reste à examiner les autres formes de plein vent. Il n'est pas question ici des arbres à haute tige destinés au verger seulement, et des arbres en touffes, spécialement affectés au *verger Gressent* (j'en parlerai à la culture extensive), mais des formes préférables dans le jardin fruitier et susceptibles de donner une récolte égale chaque année.

Jusqu'à ce jour on a donné une préférence marquée à la forme en cône, appelée improprement *pyramide*, *quenouille* et *chandelle* dans le Nord. On en a planté partout, et dans tous les jardins. Malgré sa popularité, je n'hésite pas à proscrire cette forme d'une manière absolue du jardin fruitier. Elle serait peut-être possible dans la région tempérée et dans le Midi de la France ; mais elle produit si peu, tient tant de place, demande tant de travail et une main si habile pour la diriger, qu'il est préférable d'adopter d'autres formes.

Je sais que j'émets un avis contraire à ce qui s'est fait jusqu'à ce jour; mais, quand on veut la fin d'une chose vicieuse, il faut avoir l'énergie d'employer les moyens. Je supprime les quenouilles, parce que:

1° Les arbres en pyramide sont très longs à venir

et très difficiles à diriger. Je parle ici des arbres en pyramides bien élevées, ayant 6 mètres d'élévation et 2 mètres de diamètre à la base, dont les branches sont bien espacées, d'égale vigueur, et placées sur un angle de 15 degrés, et non des espèces de *peupliers* qu'on décore du nom de pyramides ;

2° C'est la forme la plus infertile, d'après sa disposition;

3° La pyramide, ne pouvant recevoir un abri momentané, ne saurait donner une récolte égale tous les ans; dès l'instant où elle rentre dans la condition des arbres abandonnés à toutes les intempéries, sa place n'est plus dans le jardin fruitier ;

4° Quand, par hasard, il y a une récolte sérieuse sur ces arbres, on n'est jamais sûr de la cueillir. Toutes les branches étant libres, le premier coup de vent fait tomber une grande partie des fruits, et ceux qui restent sur l'arbre se meurtrissent en se cognant les uns contre les autres ;

5° Enfin, c'est la forme qui, malgré tous ses désavantages, revient le plus cher, c'est-à-dire demande le plus de temps et de soins. Quand on a taillé une pyramide, il faut au moins passer quatre ou cinq heures à espacer les branches. S'il y en avait cent dans un jardin, un seul homme ne pourrait suffire à les soigner.

Quelques-uns de mes lecteurs seront surpris de me voir proscrire la forme généralement adoptée; j'ai dit pourquoi, et s'il restait un doute dans leur pensée, je les invite à prendre la première pyramide venue dans leur jardin, et à établir un compte comprenant : le prix du loyer de l'espace qu'elle occupe depuis sa plantation, celui des journées dépensées à la tailler, celui des engrais, etc. etc. ; à faire une addition de tout cela, et à diviser le total de l'addition par le nombre de fruits récoltés. C'est un calcul bien simple à faire. Plusieurs propriétaires l'ont fait sur mon invitation, et tous ont fait abattre leurs pyramides.

Un chaud partisan des pyramides m'accusait de malveillance envers ses arbres. — Ils m'ont donné une superbe récolte cette année, disait-il. — Passe pour cette année, mais l'an dernier ? — Rien ! — Et l'année précédente ? — Peu de chose ! — Et l'année d'avant ? —Rien du tout, mais aussi cette année, j'ai… — Combien de fruits ? — Je n'ai pas compté, mais il y en a une quantité. — Comptons. (Il en avait huit cents.) —Combien avez-vous d'arbres ? — Je ne sais pas ! — Comptons encore. (Il y en avait plus de deux cents, le plus jeune avait quinze ans.) Ceci se passait en 1860 ; en 1861, le propriétaire dont je parle a fait abattre cent pyramides, qu'il disait *épuisées*. Je citerais cent exemples et mille résultats semblables à celui-là.

Les inconvénients des pyramides sont tels que j'ai dû renoncer complètement à cette forme et convertir en cônes à cinq ailes celles qui ne devaient pas être supprimées tout de suite, quand toutefois elles n'étaient pas plantées à 50 centimètres du bord des allées.

Le CÔNE A CINQ AILES est une forme transitoire, une

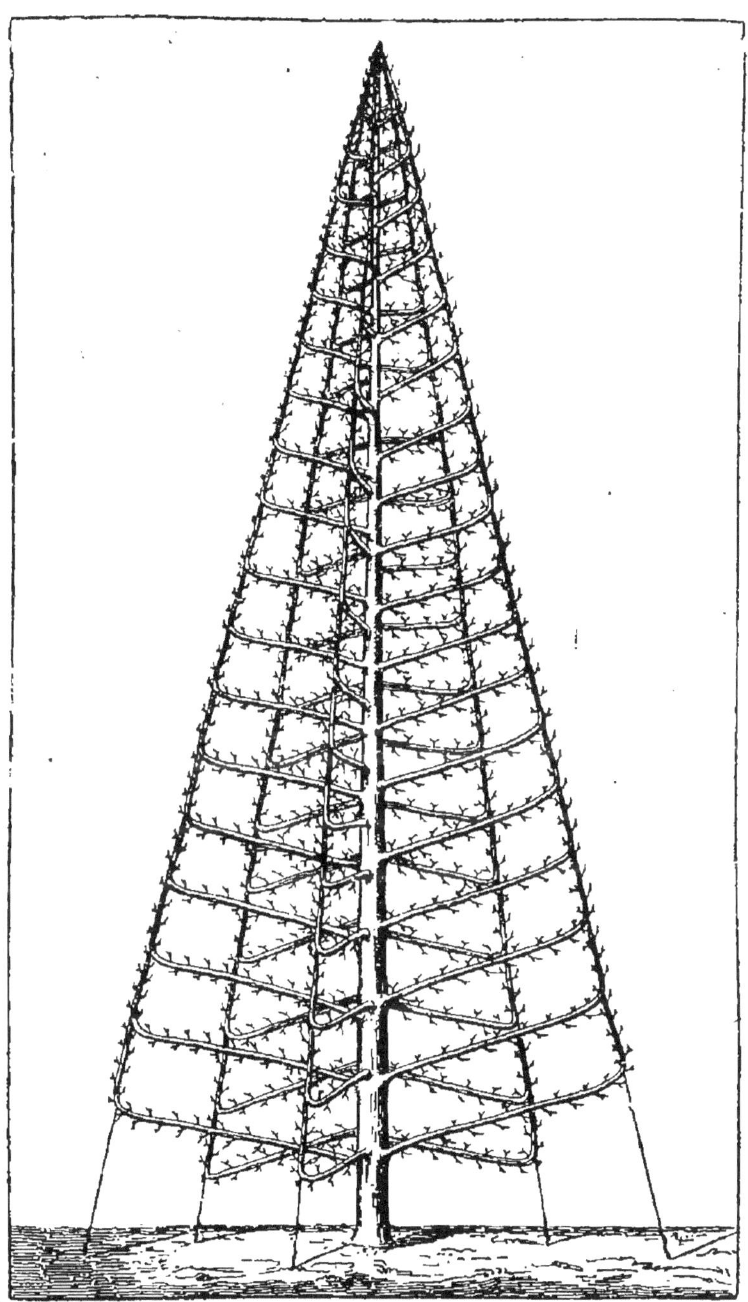

Fig. 93. — Cône à cinq ailes.

concession faite au passé, un moyen de ne pas perdre les pyramides plantées, rien de plus. Nous l'employons comme restauration; mais nous n'en plantons jamais, attendu qu'il tient beaucoup trop de place dans le jar-

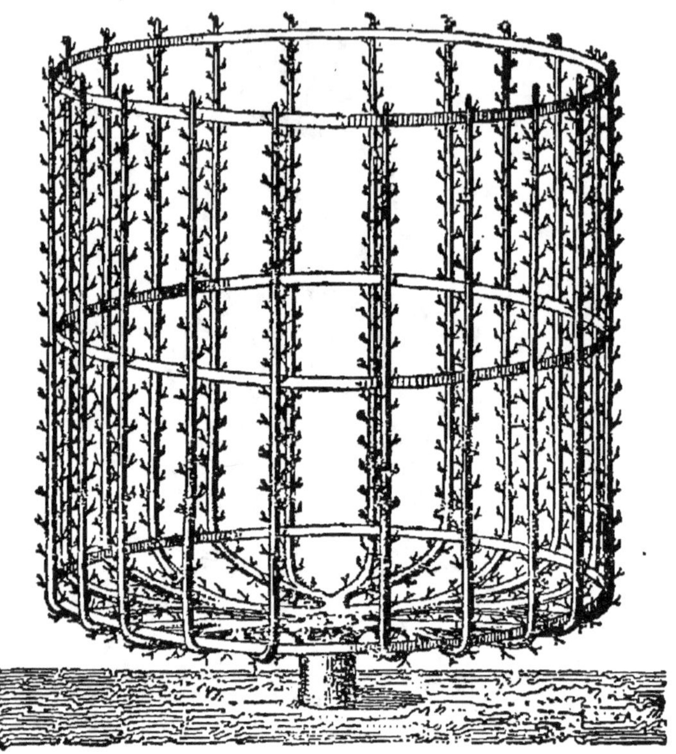

Fig. 94. — Vase.

din fruitier, et nécessite le transport d'une échelle de 6 mètres, pour la moindre opération.

Le CÔNE A CINQ AILES (fig. 93) a 6 mètres d'élévation et 2^m,50 de diamètre à la base.

Cette forme offre les avantages suivants :

1° D'être d'une fertilité remarquable. Les ailes étant très espacées, les branches sont parfaitement éclairées; les fruits mûrissent bien, et la fructification s'opère facilement;

2° De n'avoir pas besoin de nombreux liens. Toutes

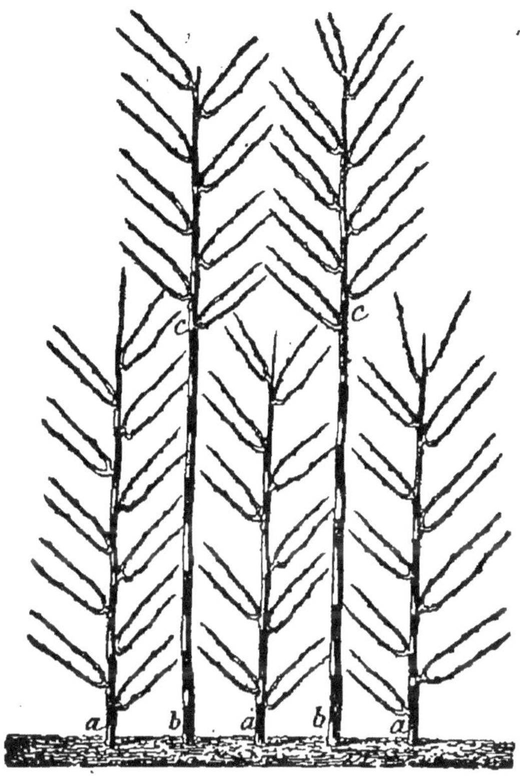

Fig. 95. — Cordons verticaux à coursons alternes sur des murs excédant trois mètres.

les branches étant greffées par approche ne peuvent se choquer les unes contre les autres;

3° De donner, par conséquent, une récolte égale chaque année.

Mais ces avantages, je le répète, ne peuvent être obtenus qu'en traînant constamment une longue et

lourde échelle derrière soi, chose impossible si l'on
veut opérer économiquement et ne pas dépenser tout

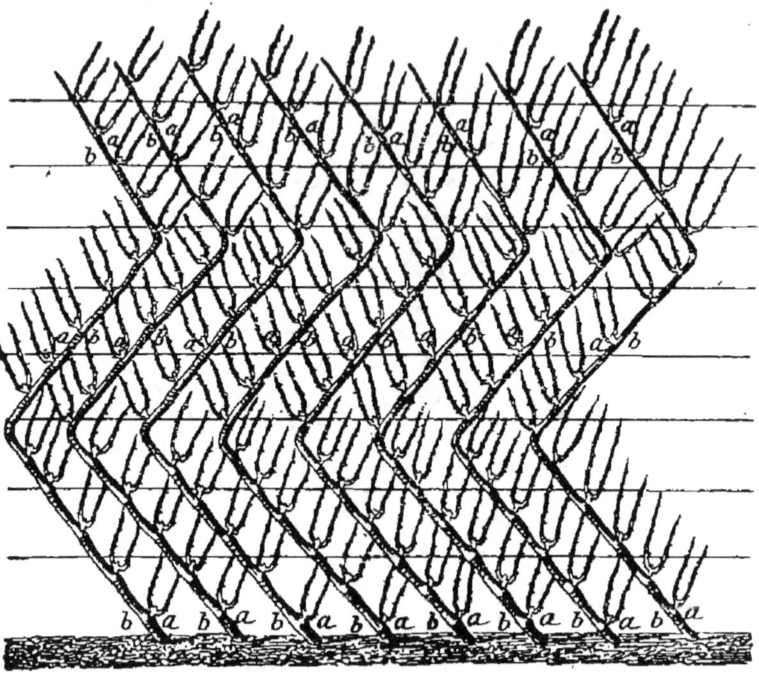

Fig. 96. — Cordons obliques brisés.

son temps ou tout celui d'un jardinier pour un arbre.
Le cône à cinq ailes n'est qu'une forme transitoire.

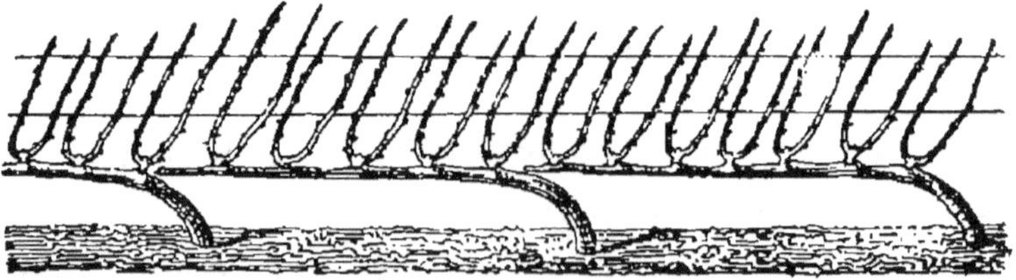

Fig. 97. — Cordons de vigne à un rang.

Prenons-en bonne note pour utiliser les vieilles pyramides, rien de plus.

Le VASE (fig. 94) est une des meilleures formes de plein vent, surtout pour les jardins exposés aux vents violents. C'est la forme par excellence pour les fruits à noyau : l'abricotier et le prunier ne donnent de produits sérieux qu'en vase; sa fertilité est prodigieuse. Mais, pour que le vase donne des résultats satisfaisants, il faut que le diamètre soit le même à la base et au sommet, et, de plus, égal à sa hauteur. Les vases doivent avoir 2 mètres de diamètre et être plantés à 5 mètres de distance. Ils donnent leurs premiers fruits la quatrième année de la plantation, et le maximum de produit, la sixième.

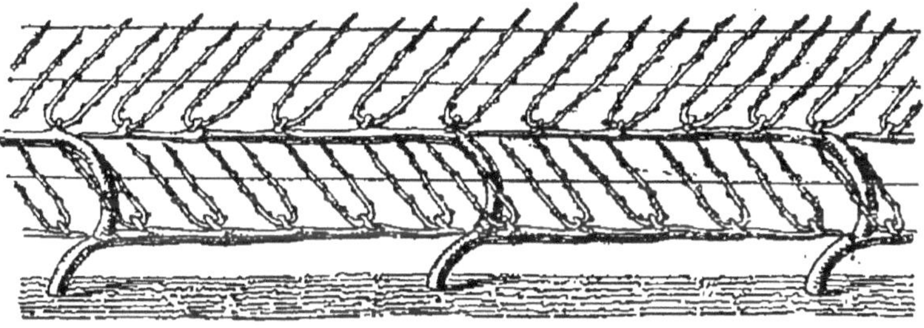

Fig. 98. — Cordons de vigne à deux rangs.

Les CORDONS DE VIGNE VERTICAUX (fig. 95), plantés à 60 et 40 centimètres pour les murs de toutes les hauteurs.

Les VIGNES EN CORDONS OBLIQUES BRISÉS (fig. 96), plantés à 80 centimètres pour les murs de toutes les hauteurs. C'est la forme par excellence pour la vigne autant pour la rapidité avec laquelle elle couvre les murs les plus élevés que pour l'abondance et la beauté de ses produits.

Les CORDONS DE VIGNE A UN RANG (fig. 97) plantés

à 1^m,50, au bord des plates-bandes d'espalier, ayant 1^m,50 de largeur.

Les CORDONS DE VIGNE A DEUX RANGS (fig. 98), plantés à 1 mètre de distance pour être placés au bord des plates-bandes d'espalier de 2 mètres de largeur, et en plein vent au centre du jardin fruitier.

A la culture de chacune des espèces, j'indiquerai la forme qui lui convient le mieux, et j'enseignerai, avec la taille de ces espèces, à faire toutes les formes que nous venons d'examiner.

CHAPITRE IV

DE LA TAILLE

La taille des arbres fruitiers a pour but :

1° De soumettre les arbres à des formes régulières, occupant peu d'espace, donnant des fruits plus vite et en plus grande quantité que les arbres abandonnés à eux-mêmes ;

2° D'obtenir dans un très court délai une grande quantité de fruits de premier choix et de première qualité ;

3° D'égaliser chaque année la production des fruits.

Un arbre fruitier, soumis à une des formes que je

viens d'indiquer, ne laisse jamais de vide sur le mur ou sur le palissage contre lequel il est planté. Lorsque la charpente est formée, l'arbre ne produit plus d'autres branches, et chaque branche est couverte de rameaux à fruits de la base au sommet. Les fruits sont également répartis dans toutes les parties de l'arbre ; ils sont tous d'égale grosseur, d'une qualité remarquable, et les rameaux à fruits en fournissent chaque année vingt fois plus qu'il n'est possible d'en conserver.

Ce résultat paraîtra peut-être surprenant aux personnes qui n'ont pas vu d'arbres bien tenus ; il est certes bien différent de ceux que nous voyons dans la plupart des vieux jardins.

Cela est tout simple : les anciennes tailles, ou plutôt celles que l'on pratique dans les localités où l'enseignement n'a pas pénétré, ne reposent sur aucun principe ; elles sont faites au hasard. On cherche un effet, sans connaître la cause qui le détermine. Il est plus prompt et plus facile d'obtenir des arbres vigoureux et fertiles en appliquant les principes exposés dans ce livre que de les rendre improductifs et même de les tuer en les mutilant au hasard. Je le prouverai surabondamment dans la suite.

INSTRUMENTS A EMPLOYER

Avant de traiter des opérations spéciales de taille applicables à chaque espèce, nous examinerons les instruments à employer, la manière de couper les rameaux, et les principes généraux qui régissent les tailles spéciales.

Le meilleur de tous les instruments, et le seul qui devrait être employé dans la taille des arbres, est le plus ancien de tous : la serpette.

La serpette offre les avantages suivants :

1° D'expédier beaucoup plus vite que les meilleurs sécateurs quand on sait s'en servir ;

2° De couper rez de l'œil sans laisser d'onglets, et, par conséquent, de permettre aux branches de pousser très droites ;

3° De produire des coupes nettes, très vite cicatrisées et n'exposant jamais l'arbre à des maladies.

En outre, les entailles pour équilibrer la charpente des arbres à noyau, les nombreux cassements à opérer pour obtenir des rameaux à fruits sur diverses espèces ne peuvent être faits qu'avec la serpette. Donc la serpette est indispensable, même pour ceux qui ne voudront pas se résigner à quitter le sécateur.

La serpette n'est pas aussi populaire qu'elle devrait l'être ; cela tient à deux causes : la mauvaise fabrication et les petits accidents arrivés aux personnes qui ne savent pas s'en servir. Le commerce veut faire quand même du bon marché ; il ne tient pas du tout à ce que l'objet vendu soit bon, mais à ce qu'il *en ait l'air*, afin de faire un plus gros bénéfice. De là les lames impossibles, avec des courbes se refusant à toute amputation, quand même la lame couperait à peu près.

La lame de la serpette doit avoir la courbe indiquée figure 99, être faite avec le meilleur acier, tranchante comme un rasoir, et toujours entretenue dans un état constant de propreté. (*On ne doit jamais couper de bois mort avec la serpette, et encore moins*

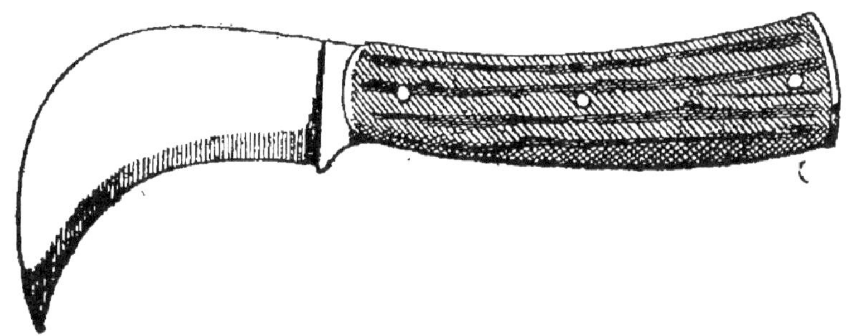

Fig. 99. — Serpette Gressent.

s'en servir comme d'une binette, pour alléger la terre.) Cette lame doit être solidement fixée dans une forte garniture de fer, afin de ne jamais jouer dans sa

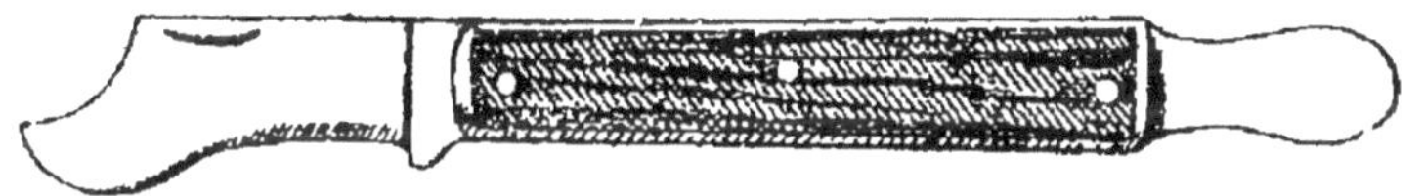

Fig. 100. — Greffoir.

monture, et la garniture doit être recouverte d'une corne de cerf, pour bien tenir dans la main.

Les instruments indispensables pour la taille sont :

1° Une grande serpette modèle Gressent (fig. 99), pour tailler et opérer les cassements ;

2° Une petite serpette, même modèle, mais plus petite, pour faire les tailles en vert et pénétrer dans les ramifications rapprochées (fig. 99) ;

3° Un greffoir, pour pratiquer les greffes et certaines opérations délicates (fig. 100);

4° Une égohine ou scie à dents de brochet (fig. 101),

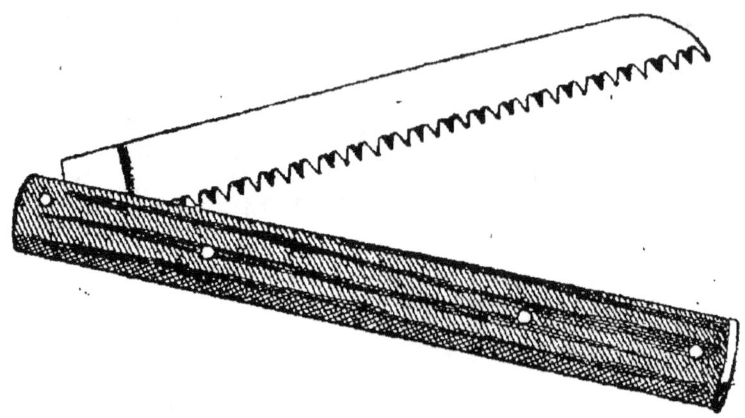

Fig. 101. — Égohine.

d'une certaine force, pour démonter les grosses branches;

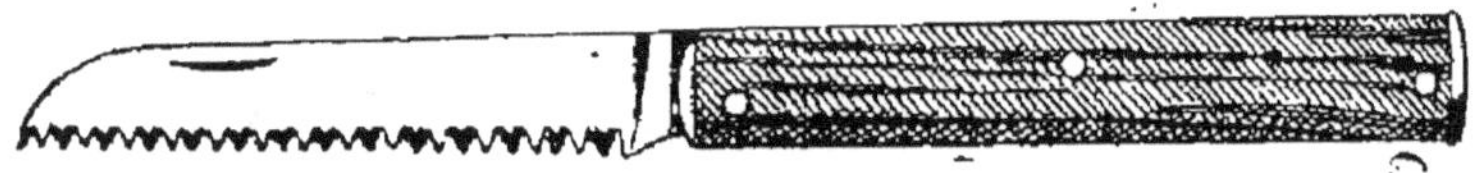

Fig. 102. — Scie à incisions.

5° Une petite scie à main (fig. 102) pour exécuter les incisions et les entailles sur les poiriers;

6° Un sécateur modèle Gressent (fig. 103), pour pénétrer dans les ramifications où la serpette ne peut atteindre, et tailler tard, lorsque les arbres commencent à fleurir. Ce sécateur est celui qui fait le moins de mal aux arbres; il n'est pas parfait, mais moins dangereux que les autres, rien de plus. Le sécateur Gressent a une grande puissance; il est des plus expéditifs pour enlever les têtes de saules sur les vieux arbres.

Mon modèle de sécateurs a été heureusement perfectionné par mon coutelier. Les lames, tranchantes

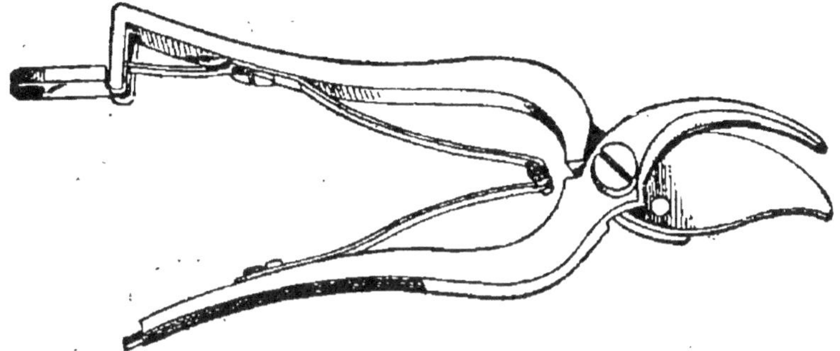

Fig. 103. — Sécateur Gressent.

toutes deux, sont réunies par une vis excentrique a (fig. 104), qui diminue encore l'écrasement du rameau et le rend presque nul.

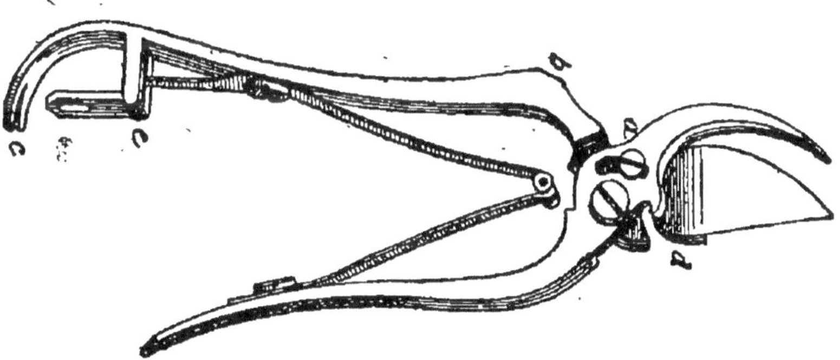

Fig. 104. — Sécateur Gressent perfectionné.

Quant au manche, il remplace tout un nécessaire : une encoche d (fig. 104) coupe le fil de fer avec la plus grande facilité ; la proéminence b sert de marteau, et l'extrémité est pourvue d'une ouverture c à l'aide de laquelle on arrache les clous.

Ce sécateur, d'une grande solidité, fait de l'acier le plus pur et tranchant comme un rasoir, pourrait, à la rigueur, remplacer la serpette, tant la coupe est nette, et de plus offre l'avantage de ne pouvoir se pincer la main avec la fermeture *e*.

Ce sécateur, petit chef-d'œuvre de bonne fabrication, sera d'un prix plus élevé que le précédent ; mais il rendra bien des services. Je ne le classe pas

Fig. 105. — Coupe-sève nouveau modèle.

parmi les instruments indispensables ; on pourra le trouver chez *M. Ridard*, rue de Bailleul, n° 9, à Paris ;

7° Un coupe-sève, nouveau modèle (fig. 105). C'est le plus commode et le plus expéditif pour pratiquer l'incision annulaire sur la vigne, afin d'empêcher la coulure, augmenter le volume du raisin et avancer sa maturité ;

8° Un émoussoir (fig. 106), pour enlever les mousses et les vieilles écorces sur les arbres en restauration, avant de les chauler. Cet instrument, tranchant d'un côté et armé de petites dents de l'autre, nettoie parfaitement les arbres en un instant ;

9° Un porte-jonc (fig. 107), pour mettre le jonc ou l'osier à palisser. L'instrument fait ressort ; le jonc

est toujours serré et ne se répand point à chaque pas
que l'opérateur fait dans le jardin. Le porte-jonc

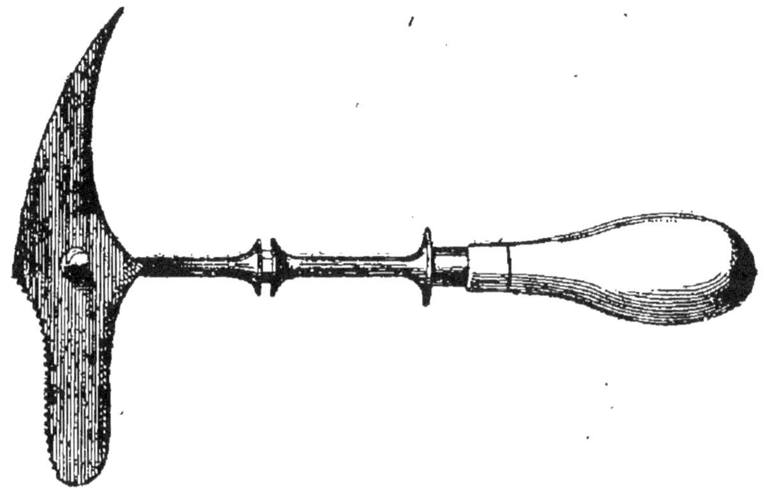

Fig. 106. — Émoussoir.

s'attache à la ceinture ; il est très commode, à l'échelle

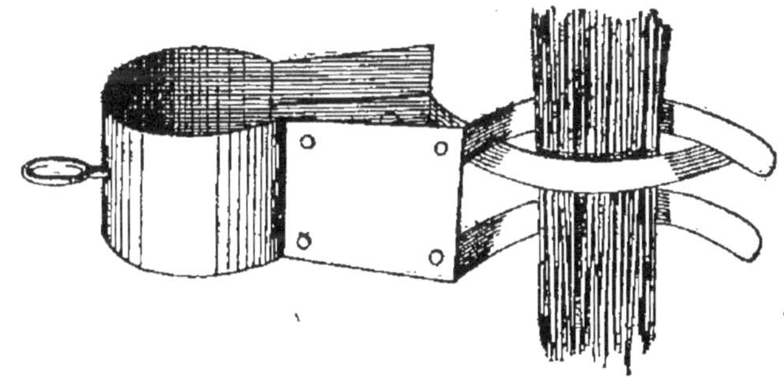

Fig. 107. — Porte-joncs.

surtout, et économise le temps employé à courir constamment après les liens.

Tous ces instruments doivent être de première qualité, faits exactement sur les modèles que j'ai donnés,

solidement montés et pourvus de lames tranchantes comme des rasoirs.

Dans le principe, j'ai dû faire fabriquer ces modèles par des couteliers. J'obtenais difficilement les formes que je voulais, et lorsque j'y parvenais, le produit diminuait de qualité aussitôt qu'il se débitait en grande quantité.

Pour éviter ces inconvénients, j'ai fait cadeau de tous mes modèles à M. *Basile Derouet, Ridard,* successeur, rue de Bailleul, n° 9, *à Paris :* il les fait fabriquer et les vend à garantie.

Ajoutez à cela une pierre à repasser, en composé cuit : vous serez parfaitement monté d'instruments excellents, de très longue durée et expédiant très vite le travail.

La dépense de bons instruments est un peu lourde pour les jardiniers ; aussi, souvent, vont-ils suivant leur bourse, et achètent-ils de mauvais instruments. C'est le propriétaire et ses arbres qui en souffrent ; c'est à lui de pourvoir son jardinier de bons instruments, de les lui donner en compte, et l'en rendre même responsable, et alors il aura le droit d'exiger des arbres bien taillés, et toutes les greffes indispensables dans le jardin fruitier.

En dehors des instruments indispensables, il en est de très commodes, rendant les plus grands services, et que les amateurs seront heureux de trouver, autant pour éviter à leurs doigts des colorations désagréables que pour accélérer les diverses opérations d'arboriculture faites par eux-mêmes.

En première ligne je placerai :

Le PETIT SÉCATEUR A ÉCLAIRCIR LES FRUITS (fig. 108), excellent petit instrument, expédiant très vite la suppression des fruits, et sans danger aucun ni pour les fruits restants ni pour l'arbre.

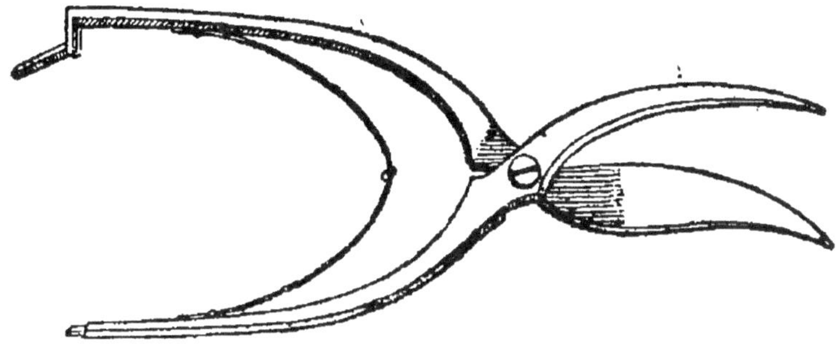

Fig. 108. — Petit sécateur à éclaircir les fruits.

En ajoutant trois ou quatre dents à la base des lames, on pourra faire des pincements avec cet instrument, sans s'exposer à se noircir les doigts avec la sève des bourgeons.

Les CISEAUX A RAISIN. On s'est servi jusqu'à présent, pour ciseler les raisins, de ciseaux pointus des deux côtés et terminés par deux anneaux, comme tous les ciseaux.

Les lames étaient parfaitement organisées pour pénétrer dans les grappes, enlever les grains trop serrés et ceux qui ne valent rien ; mais, quand on opérait pendant longtemps, les anneaux vous entraient dans les doigts, et il était impossible de continuer, à moins de résister à la douleur jusqu'à ce que les durillons fussent formés sur les doigts.

Le cisèlement des grappes étant une opération indispensable, sans laquelle on ne peut obtenir ni raisins bien mûrs, bien colorés, ni grappes susceptibles de se conserver longtemps, j'ai dû, pour rendre l'opération du cisèlement facile, remplacer les anciens ciseaux par :

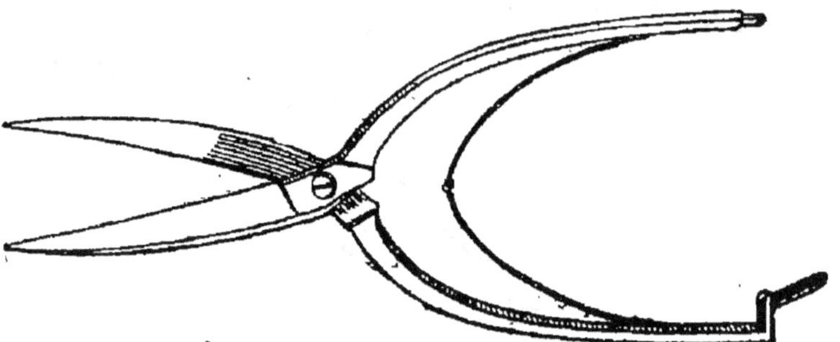

Fig. 109. — Nouveaux ciseaux à ciseler le raisin.

Les NOUVEAUX CISEAUX à raisin (fig. 109) obviant à cet immense inconvénient. J'ai conservé les lames, et les ai fait monter sur un manche de sécateur. Les lames s'ouvrent toutes seules : il n'y a qu'à presser pour couper, et on est à l'abri des engourdissements et des durillons.

COUPE DU BOIS

Toutes les personnes qui taillent avec les anciens sécateurs laissent des onglets (*a*, fig. 110) ; ces onglets forcent le bourgeon qui pousse à dévier de la ligne droite, immense inconvénient dont le résultat est de produire des gourmands, d'empêcher l'arbre de se mettre régulièrement à fruits, et de donner des fruits de grosseur égale. Ces résultats se produisent sur toutes les branches tortues ; la sève les détermine en affluant dans les coudes.

Quand on taille un arbre sur lequel on a laissé des onglets, le premier soin doit être de les enlever rez de la pousse afin de permettre à la branche de se redresser (*a*, fig. 110). Lorsque les onglets datent de plusieurs années, il faut apporter l'attention la plus minutieuse à enlever le bois pourri, afin d'empêcher la carie de détruire la branche, et recouvrir aussitôt la plaie avec du mastic à greffer. C'est une opération longue et ennuyeuse ; mais elle est indispensable à la santé de l'arbre comme à sa conservation et à sa production.

Quand on taille à la serpette, ce qui est préférable, il faut prendre l'habitude de faire de bonnes sections, un peu en biseau et rez de l'œil. Cela est facile en prenant le rameau à amputer entre le pouce et l'index de la main gauche, au-dessous de l'endroit où l'on veut le couper, en plaçant la lame de la serpette à la hauteur de l'œil, et en donnant un coup sec vers soi. La lame de

Fig. 110.
Taille au sécateur.

la serpette doit toujours agir au-dessus des doigts de la main gauche, et jamais au-dessous de cette main, ce qui exposerait l'opérateur à se blesser.

La coupe de la serpette, toujours nette, doit être faite rez de l'œil et sans onglet (fig. 111); il faut avoir soin d'éviter les coupes en sifflet (fig. 112), pernicieuses pour la végétation de l'œil que l'on veut faire développer, en ce que l'œil choisi pour fournir le pro-

Fig. 111.	Fig. 112.	Fig. 113.
Coupe de serpette.	Coupe en sifflet.	Suppression d'une branche.

longement périt ou se développe mal ; c'est l'œil placé au-dessous de celui qui a été choisi qui fournit le prolongement. On obtient du même coup deux choses déplorables : un onglet et une branche tortue.

Lorsqu'on aura une grosse branche à couper, on se servira de l'égohine ; mais il faudra toujours unir ensuite la plaie de la scie avec la serpette, afin d'enlever toutes les parties déchirées, et recouvrir de mastic à greffer. Toutes les branches supprimées doivent être coupées rez le tronc, et ne jamais présenter d'onglets ni d'aspérités (fig. 113), afin que les écorces puissent recouvrir la plaie sans obstacle et très promptement.

Une amputation bien nette, faite rez le tronc, et soustraite à l'influence de l'air par une couche de mastic à greffer, est entièrement recouverte par les écorces en moins de deux ans. Dans cet état, elle ne présente ni inconvénients ni danger pour l'arbre. Mais si cette même plaie, faite avec de mauvais instruments est déchirée, présente des aspérités ét est laissée exposée au contact de l'air, voici ce qui se produit : le bois mal coupé se décarbonise au contact destructif de l'oxygène de l'air ; les jeunes couches du liber, ne pouvant surmonter les aspérités de la plaie, ne la recouvrent pas ; le bois se décompose toujours, pourrit et tombe bientôt en poussière ; la carie atteint l'arbre jusqu'au cœur, et une fois parvenue au canal médullaire, elle ne tarde pas à descendre jusqu'au collet de la racine. Quand l'arbre ne sèche pas sur pied, le premier coup de vent le brise, si l'on n'y apporte remède.

Plusieurs orateurs de société ont dit, et même écrit probablement pour faire le contraire de ce que nous conseillons, que le mastic à greffer empêchait les écorces de recouvrir les plaies des arbres. C'est une erreur à laquelle la pratique donne le démenti le plus formel.

CHAPITRE V

PRINCIPES GÉNÉRAUX DE LA TAILLE

Lorsque l'opérateur se placera devant un arbre pour le tailler, il devra toujours se remémorer les principes suivants, donnant la clef de la végétation, de l'équilibre et de la fertilité des arbres, et celle du développement maximum des fruits.

Tout arbre en espalier ou attaché sur un palissage doit être entièrement dépalissé avant de le tailler.

Lorsque ce soin est négligé, comme cela arrive trop souvent, les vieux liens entrent dans les écorces, ou les serrent assez pour déterminer la gomme chez les arbres à fruits à noyau, des chancres ou des ulcères sur ceux à fruits à pépin. En outre, les insectes se réfugient derrière les branches quand elles ne sont pas dépalissées et nettoyées, et il devient impossible de les détruire.

On ne peut espérer de beaux fruits que sur des arbres vigoureux et bien portants. — Tous les fruits venant sur des arbres aux branches tortues, couvertes de nodosités, sont pierreux, tachés, sans saveur, restent toujours petits et rabougris, quand ils ne se fendent pas à moitié de leur grosseur pour tomber quelques jours après. Les arbres rachitiques, épuisés par des tailles courtes et des pincements trop intenses, ne donnent jamais de beaux fruits, et en produisent rarement de bons.

LES FLEURS N'APPARAISSENT JAMAIS QUE SUR DES RAMEAUX FAIBLES. — Il ne résulte pas de cette loi l'obligation d'affaiblir les arbres pour obtenir des fleurs. On obtiendrait bien des fleurs en affaiblissant les arbres, mais aussi des fruits sans valeur aucune. Il faut affaiblir seulement les rameaux sur lesquels on veut faire naître des fleurs, afin d'avoir un arbre vigoureux, couvert de fleurs, ayant la force, la santé et la sève indispensable pour produire des fruits très gros et très savoureux.

LA TAILLE DOIT DÉTERMINER DEUX EFFETS OPPOSÉS : UNE CHARPENTE TRÈS VIGOUREUSE ET DES RAMEAUX LATÉRAUX FAIBLES. — C'est la seule condition dans laquelle la production des beaux et bons fruits est possible. Ce résultat est facile à obtenir avec l'application des principes suivants.

FORMATION DE LA CHARPENTE ET ÉQUILIBRE
DES ARBRES

L'opérateur ne devra jamais oublier ceci :

L'ARBRE EST UN ÊTRE VIVANT ET ORGANISÉ COMME L'ANIMAL, MOINS COMPLÈTEMENT ORGANISÉ, IL EST VRAI, MAIS VIVANT ET ORGANISÉ COMME LUI ; IL SOUFFRE TOU-

JOURS DES AMPUTATIONS, QUELQUE BIEN FAITES QU'ELLES SOIENT.

Les amputations trop multipliées donnent naissance à toutes les maladies. Quand on taille très court et que l'on pince trop sévèrement toutes les parties d'un arbre, on l'affaiblit considérablement, et on arrête l'accroissement des racines ; si la taille a été faite au sécateur, chaque plaie présente une meurtrissure qui la convertira en nécrose ou en carie ; ajoutons à cela des onglets inévitables avec le sécateur, et nous aurons, au bout de deux ou trois ans, ce que nous voyons trop souvent, un arbre tortu, difforme, couvert de nécrose et de carie, incapable de développer sa charpente, ni de produire un fruit présentable. C'est la décrépitude et bientôt la mort !

LA LONGÉVITÉ D'UN ARBRE SOUMIS A LA TAILLE, COMME SA FERTILITÉ, LE VOLUME ET LA QUALITÉ DES FRUITS, SONT SUBORDONNÉS A L'ÉGALE ET FACILE RÉPARTITION DE LA SÈVE DANS TOUTES LES PARTIES DE L'ARBRE, C'EST-A-DIRE A L'ÉQUILIBRE. — Lorsqu'un arbre est mal équilibré, qu'une partie est forte et l'autre faible, le faible se couvre de fruits qui achèvent de l'épuiser, tandis que la forte reste infertile. Quand les branches de l'arbre ont été soumises à des tailles courtes, les cicatrices et les nécroses dont elles sont couvertes sont un obstacle infranchissable à l'ascension de la sève et à la descension du cambium. Les fruits, imparfaitement nourris, restent petits, deviennent pierreux ; l'accroissement des racines s'arrête, et l'arbre meurt bientôt.

Excepté pour la restauration des vieux arbres, et dans quelques cas exceptionnels, on doit éviter les grandes amputations dans la taille des arbres, et opérer presque toutes les mutilations sur les parties herbacées ou semi-ligneuses. — Je proscris d'une manière absolue les rognages annuels que l'on fait subir aux arbres, sous prétexte de les diriger et de les mettre à fruits. Le plus simple bon sens repousse cette pratique barbare ; l'expérience en a fait justice, en prouvant qu'elle ruinait les arbres en peu de temps et ne produisait pas de fruits.

Les tailles courtes sont non seulement la cause première de la plupart des maladies ou de la mort des arbres, mais encore elles rendent toute fructification impossible.

Tout arbre dont on supprime totalement les feuilles est en danger de mort ; lorsque la suppression des feuilles est considérable, elle détermine la faiblesse, l'infertilité et la langueur. — En conséquence, je ne saurais trop m'élever contre les pincements courts, ceux à deux ou trois feuilles, malheureusement pratiqués dans la plupart des anciens jardins. Ces mutilations exagérées suspendent la végétation ; l'arbre, privé d'une grande partie de ses feuilles, n'allonge pas ses racines, et ne crée pas de nouveaux vaisseaux séveux ; les racines ne fonctionnent plus, les vaisseaux séveux s'oblitèrent, et l'arbre périt bientôt de faiblesse et d'inanition.

L'excès des amputations, comme les pincements trop

COURTS, NUISANT A LA VIGUEUR, A LA SANTÉ ET A LA FERTILITÉ DES ARBRES, NOUS LES SUPPRIMERONS, EN GRANDE PARTIE, POUR LES FORMER ET LES ÉQUILIBRER. — L'ancienne école coupe, chaque printemps, les trois quarts des pousses de l'année, pour obtenir des ramifications ; elle taille très courtes les parties fortes, et très longues les parties faibles, pour équilibrer l'arbre. Nous conserverons presque tout le produit de la végétation,

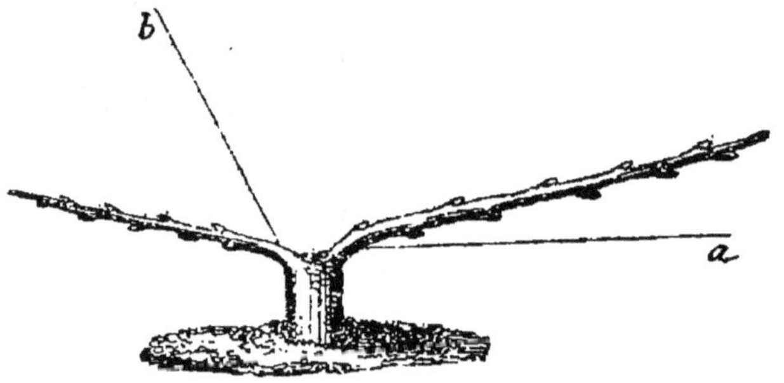

Fig. 114. — Branches équilibrées sans amputations.

ce qui nous permettra d'aller trois fois plus vite dans la confection de la charpente, tout en augmentant la vigueur et la fertilité de l'arbre, comme sa mise à fruit, et nous l'équilibrerons plus sûrement et plus facilement qu'avec de dangereuses amputations, en employant les moyens suivants :

1° LES INCLINAISONS. — Nous savons que la sève tend toujours à monter, et se précipite avec violence dans les parties verticales de l'arbre. Si deux branches, qui doivent être d'égale vigueur, présentent une grande différence (fig. 114), inclinons presque horizontalement, au printemps, la branche forte sur la ligne *a*, et plaçons la faible presque verticalement sur la ligne *b* ; avant le mois de juin, elles seront toutes deux d'égale vigueur.

On devra abaisser l'une et redresser l'autre, plus ou moins, suivant la disproportion qui existera entre les deux.

L'école ancienne taille courte la partie forte, et taille peu ou point la partie faible. Cette pratique n'amène jamais que des déceptions ; voici pourquoi : *chaque bourgeon qui se développe donne naissance à une racine d'une vigueur égale au bourgeon qui l'a produite.* En coupant la branche, on ne détruit pas la racine vigoureuse, armée de nombreuses spongioles, absorbant avec avidité les engrais, et envoyant une quantité de sève considérable au tronçon mutilé. Alors on obtient quatre ou cinq gourmands au lieu d'un, et la partie faible périt. En se servant de l'inclinaison, on conserve presque tout le produit de la végétation (la taille n'enlève que l'extrémité des branches) ; on ne fait pas de blessures sérieuses à l'arbre, et l'on gagne moitié sur l'accroissement de la charpente.

2° LES PALISSAGES. — Palisser sévèrement la branche forte, pour lui imprimer un état de gêne qui modère toujours son accroissement, et laisser en liberté la branche faible.

Le moyen le plus énergique d'arrêter l'accroissement d'une branche est de la garrotter avec de nombreux liens. (*Nous engageons l'école ancienne à en prendre bonne note.*) C'est un moyen très énergique ; la branche forte, abaissée sur la ligne *a* (fig. 114), sera chargée de cinq ou six liens et sévèrement palissée contre le mur, pour la priver d'une certaine quantité de lumière ; la faible sera fixée avec un seul lien sur la ligne *b* (fig. 114).

Si la disproportion entre ces deux branches était trop grande, on enfoncerait un échalas à un mètre en avant du mur, et l'on palisserait dessus, le plus verticalement possible, la branche faible ; elle recevra la lumière de toutes parts, et croîtra avec une grande vigueur.

3° LES PINCEMENTS. — Pincer de très bonne heure tous les bourgeons de la branche forte, à la longueur déterminée aux *Cultures spéciales* pour chaque espèce, et même l'extrémité du bourgeon de prolongement, si la disproportion est trop grande, et laisser intacts tous ceux de la branche faible. Les pincements faits sur la branche forte suspendront momentanément la végétation et l'accroissement de la tige comme celui des racines, en privant cette branche d'un certain nombre de feuilles. La branche faible, au contraire, pourvue d'une quantité considérable de feuilles, croîtra très rapidement, et avec une vigueur d'autant plus grande que les bourgeons laissés intacts produiront de nouvelles racines dont les spongioles absorberont avec avidité les engrais du sol, et fourniront une quantité considérable de sève à la branche faible.

Les arbres soignés dès leur plantation seront équilibrés avec la plus grande facilité à l'aide de ces moyens. Pour les arbres déjà formés, ayant un côté fort et un côté faible, nous userons de moyens plus énergiques, et obtiendrons le même résultat. Nous voulons rétablir l'équilibre sur l'arbre figure 115 ; cela est facile, en usant d'abord de l'inclinaison et du palissage.

Les branches de la partie *a* seront palissées sévèrement contre le mur ; celles de la partie *b*, très faibles, seront palissées avec le moins de liens possible sur les lignes *c*, afin de faciliter l'ascension de la sève. Pour augmenter l'action de ces moyens, nous appliquerons :

LE SULFATE DE FER. — Le sulfate de fer dissous dans l'eau (2 grammes dans un litre) a la propriété de stimuler la végétation. Asperger les feuilles de la partie faible avec cette dissolution, le soir après le coucher du soleil, et avec de l'eau à la température de l'atmosphère, et ne rien donner à la partie forte. Les feuilles de la partie faible fonctionnant avec énergie produiront de nouvelles racines, et les nouvelles spongioles fourniront une grande quantité de sève à la partie faible.

Pour augmenter encore l'énergie vitale, nous userons en même temps de :

L'ENGRAIS LIQUIDE. — Nous savons que l'engrais liquide est assimilable à l'instant même où on l'emploie ; nous savons, en outre, que chaque branche produit une racine correspondante. Arroser avec de l'engrais liquide le côté faible de l'arbre ; le pailler avec soin, afin de conserver la fraîcheur dans le sol ; faire un bassin, à l'aide d'un bourrelet de terre au-dessus des racines de la partie faible (*d*, fig. 115), et pailler aussitôt après l'infiltration (*e*, même figure).

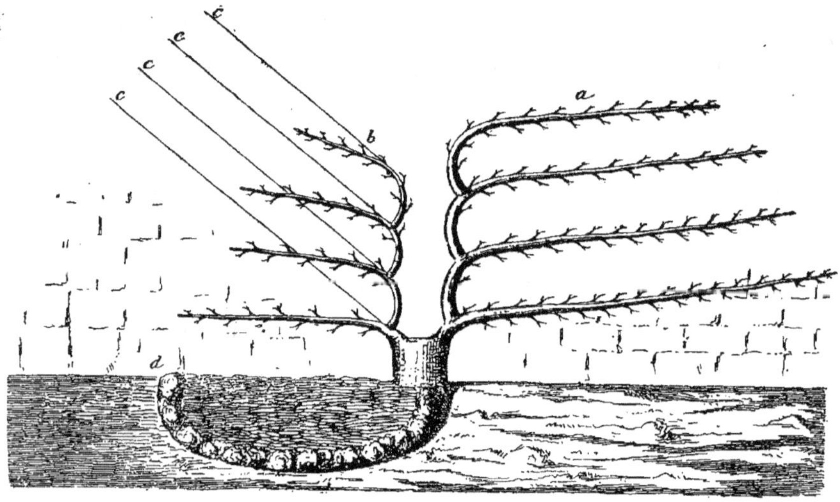

Fig. 115. — Arbre déjà vieux équilibré sans amputations.

Les entailles, faites avec la petite scie à main sur les arbres à fruits à pépin, et avec la lame de la serpette sur les arbres à fruits à noyau, sont des moyens très énergiques, surtout sur les arbres à tronc vertical, pour équilibrer les branches. La figure 116 présente une branche faible, un œil endormi et une branche forte.

Pour obtenir trois branches d'égale vigueur, il faut opérer ainsi : pratiquer une entaille en chevron au-dessus de la branche *a*. Nous savons que les vaisseaux séveux sont percés d'ouvertures latérales par lesquelles ils communiquent entre eux.

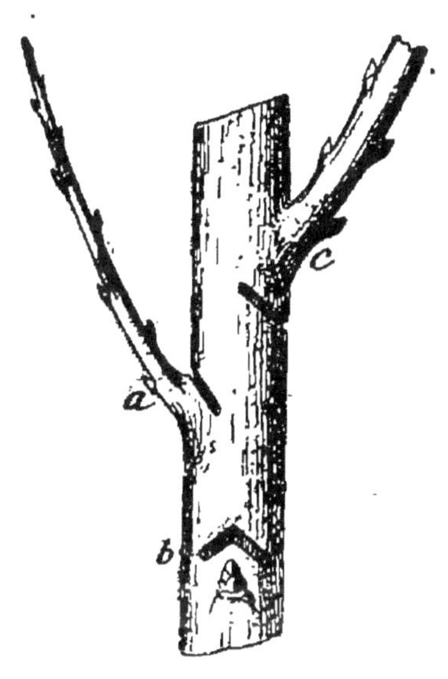

Fig 116.
Équilibre à l'aide des entailles.

La sève des vaisseaux coupés de chaque côté de la partie la plus basse passera dans les vaisseaux voisins pour aboutir à la partie supérieure de l'entaille, au point d'attache de la branche, et lui donnera toute la sève des vaisseaux amputés par l'entaille. On fera, au-dessus de l'œil *b*, une entaille un peu plus profonde, afin de mettre à sa disposition une quantité de sève plus considérable et de lui faire produire une branche d'une vigueur égale à la branche *a*. La branche *c*, trop vigoureuse, recevra, au-dessous de son point d'attache une entaille en sens inverse (*e*,

Fig. 117. — Suppression des gourmands.

fig. 116). Cette entaille la privera d'une grande quantité de sève ; son accroissement sera suspendu, et deux années après cette opération les trois branches seront d'égale vigueur.

On ne doit jamais se servir de la petite scie à main, pour faire des entailles aux arbres à fruits à noyau ; la gomme se produirait aussitôt. On emploie la serpette pour les arbres à fruits à noyau, la petite scie à main pour ceux à fruits à pépins.

L'ÉQUILIBRE EST LA LOI FONDAMENTALE DE LA VÉGÉTATION ET DE LA FRUCTIFICATION.—Pour obtenir des arbres vigoureux et productifs dans toutes leurs parties, et des fruits d'égal volume, il faut non seulement que les branches de la charpente soient de vigueur égale, mais encore que les rameaux à fruits de chaque branche soient dans les mêmes conditions d'équilibre.

Presque toujours les rameaux du dessus de la branche ont tendance à s'emporter (*a*, fig. 117). La branche est à fruit, dans toute son étendue, excepté sur les rameaux *a*, parce qu'ils sont trop vigoureux. Dans ce cas, on les supprime complètement en *b* (même figure), pour rétablir l'équilibre.

Il se développera, sur l'empattement du rameau coupé, des dards qui se mettront facilement à fruit. Quand rien ne pousse à la base, on greffe un bouton à fruit sur le côté de la branche, jamais sur le dessus.

SUPPRIMER LES FRUITS SUR LA PARTIE FAIBLE. — Les fruits absorbant une quantité considérable de sève, nous enlèverons non seulement tous ceux des branches faibles ; mais encore nous conserverons ceux des branches fortes, et en grefferons au besoin.

GREFFER DES BOUTONS A FRUITS SUR LES PARTIES FORTES. — Ce moyen est des plus énergiques pour équilibrer les arbres et arrêter l'accroissement démesuré des gourmands. On choisit de très grosses variétés, comme la *belle angevine*, la *duchesse*, le *triomphe de Jodoigne*, le *beurré Clairgeau*, etc., pour les poiriers ; des *royale d'Angleterre*, *belle Joséphine*, *belle Dubois*, *empereur Alexandre*, *reine de Bretagne*, etc., pour les pommiers ; et l'on greffe sur la branche trop forte un nombre plus ou moins grand de ces boutons à fruits, suivant sa vigueur. Ces fruits, très volumineux, absorbent une quantité de sève considérable ; l'accroissement disproportionné de la partie forte s'arrêtera ; la faible reprendra de la vigueur, et l'équilibre sera rétabli. Au lieu de mutiler l'arbre, on récoltera des fruits monstrueux, et de plus on conservera les branches tout entières, sans arrêter un seul instant l'accroissement de la charpente.

Les greffes de boutons à fruits reprennent moins bien sur le pommier que sur le poirier. Cependant, en les faisant avec soin, la majeure partie réussit.

Supprimer les feuilles. — Supprimer les plus grandes feuilles sur la partie forte et conserver toutes celles de la partie faible. On prive ainsi le côté fort d'un certain nombre d'*appareils à cambium* ; l'accroissement se ralentit, mais il ne faut employer ce moyen qu'avec une prudence extrême, sur des arbres très vigoureux, et encore ne faut-il supprimer que les plus grandes feuilles de la partie forte.

Priver de lumière le côté fort, pendant six ou huit jours, en le couvrant avec trois toiles superposées, et exposer le côté faible à la lumière la plus vive. Nous savons que la sève ne peut être convertie en cambium, et par conséquent concourir à l'accroissement, que sous l'influence des rayons solaires. L'accroissement des parties placées dans l'obscurité est momentanément suspendu, tandis que celui des parties faibles est augmenté. Ce moyen est très énergique ; il ne faut l'employer qu'à la dernière extrémité, sur des arbres d'une grande vigueur seulement ;

il faut que celui qui l'emploie ait une grande expérience de la végétation des arbres, pour ne pas s'exposer à des accidents graves.

En se servant d'un ou de plusieurs des moyens précédents, on rétablira facilement l'équilibre chez l'arbre le plus rebelle, sans avoir recours aux amputations. C'est à l'opérateur à se rendre compte de l'état de l'arbre et à choisir le ou les moyens qu'il devra employer. En cela, comme dans toutes les opérations de taille, il faut une juste appréciation de l'opérateur ; cette appréciation ne peut s'acquérir que par l'étude de l'organisation des arbres et une certaine pratique. Quiconque ignore les causes est incapable de produire les effets et opérera toujours dans le faux.

Pour faire, il faut savoir ; pour réussir, il faut savoir ce que l'on fait, et pourquoi l'on agit.

MISE A FRUIT

Les tailles courtes font développer les bourgeons vigoureux. Les tailles longues produisent des boutons a fruits. — Un des moyens les plus efficaces de mise à fruits est de tailler très long les prolongements de la charpente ; ils ne doivent être taillés courts que dans les cas suivants :

Lorsque la charpente de l'arbre a acquis tout son développement et que les branches sont entièrement couvertes de rameaux a fruits ;

Quand un arbre est fatigué par une trop abon-

DANTE PRODUCTION DE FRUITS, OU QU'IL A ÉTÉ RUINÉ PAR UNE SUCCESSION DE TAILLES COURTES AYANT COUVERT LES BRANCHES DE NODOSITÉS.

Dans ces deux cas, l'arbre n'ayant pu produire de nouveaux bourgeons, l'accroissement des racines a été nul. Il est urgent de faire naître des bourgeons vigoureux, pour obtenir un nouvel appareil de racines, et de nouveaux rameaux à fruits. On taille toutes les branches très courtes : la sève, circonscrite dans un espace restreint, agit avec force dans toutes les parties de l'arbre : des bourgeons vigoureux se développent de toutes parts ; la production des filets ligneux et corticaux donne naissance à de nouveaux vaisseaux séveux et à un nouvel appareil de racines, et l'arbre reprend toute sa vigueur. On le met à fruits l'année suivante, en lui appliquant une taille longue.

DANS TOUS LES AUTRES CAS, IL FAUT TAILLER LONGS LES PROLONGEMENTS DE LA CHARPENTE, AFIN D'Y FAIRE NAÎTRE DES RAMEAUX A FRUITS.

PLUS LA SÈVE CIRCULE AVEC LENTEUR, PLUS LE NOMBRE DES BOURGEONS DIMINUE, ET PLUS CELUI DES FLEURS AUGMENTE. — La circulation lente de la sève est la clef de la mise à fruits des arbres. On peut mettre à fruits les arbres les plus rebelles, à l'aide des moyens suivants :

1° TAILLER TRÈS LONGS LES PROLONGEMENTS DE LA CHARPENTE. — La sève ayant une grande étendue à parcourir, avant de faire pression sur l'œil de prolongement, se distribue également et en petite quantité entre tous les yeux : la majeure partie de ces yeux produisent des boutons à fruits, à la place des bourgeons vigoureux qui naissent toujours sur les tailles courtes. Je donne plus loin, à la taille du poirier, une règle pour la longueur à laquelle les prolongements de la charpente doivent être taillés.

2° Pincer les bourgeons latéraux. — Dès qu'un bourgeon a atteint la longueur que nous déterminons plus loin pour chaque espèce, il faut le soumettre au pincement, afin d'arrêter son élongation, qui jetterait de l'obscurité dans l'arbre, et le maintenir faible, cause première de mise à fruits.

3° Casser les rameaux au lieu de les couper. — Le cassement pratiqué sur les rameaux des arbres à fruits à pépins à une longueur qui sera déterminée pour chaque espèce donne les résultats suivants :

La déchirure de la cassure, se cicatrisant lentement, laisse évaporer la quantité surabondante de sève, et concourt puissamment à maintenir le rameau dans un état de faiblesse, en lui imprimant une souffrance qui, combinée avec la déperdition de sève, s'oppose à la naissance de bourgeons vigoureux. Le cassement du rameau fait toujours naître des boutons à fruits à la base, tandis que la coupe, très vite cicatrisée, produit des bourgeons pleins de vigueur qui augmentent considérablement celle du rameau, et s'opposent à sa mise à fruits.

Les cassements ne devront jamais être pratiqués sur les arbres à fruits à noyau ; ils y feraient naître la gomme, et en moins de trois années les arbres seraient complètement ruinés.

4° EXPOSER TOUTES LES RAMIFICATIONS DE L'ARBRE A LA LUMIÈRE. — Toute branche ou toute partie de branche soustraite à l'action des rayons solaires restera infertile, la conversion de la sève en cambium ne pouvant s'opérer que sous l'influence d'une lumière très vive. De là, la nécessité de soumettre les arbres à des formes régulières, et d'espacer suffisamment les branches (de 30 à 35 centimètres) pour les éclairer dans toutes leurs parties.

Il est urgent de supprimer des branches aux vieux arbres, lorsqu'ils n'ont pas de forme, et que ces branches sont trop rapprochées, pour laisser pénétrer la lumière, surtout sur les anciennes quenouilles ou pyramides, qui, la plupart du temps, ont plutôt l'aspect d'un peuplier que d'un arbre à fruit.

5° DONNER AUX VARIÉTÉS DE CHAQUE ESPÈCE DES FORMES QUI PARALYSENT PLUS OU MOINS L'ACTION DE LA SÈVE, SUIVANT LEUR DEGRÉ DE FERTILITÉ. (Voir aux formes à donner aux arbres, pages 159 et suivantes.)

6° GREFFER DES BOUTONS A FRUITS. — Sur les arbres rebelles, suivant leur vigueur ou leur infertilité, greffer une quantité plus ou moins grande de boutons à fruits. Les fruits greffés absorbent la quantité surabondante de sève empêchant la fructification : l'arbre se couvre naturellement de boutons à fleurs l'année suivante, et reste à fruits.

7° ARQUER LES BRANCHES. — Attacher toutes les branches de l'arbre de manière à leur faire décrire une courbe, et incliner l'extrémité vers le sol. On force ainsi la sève à circuler avec plus de lenteur; les boutons à fruits se forment pendant l'année, et l'on

Fig. 118. — Branche bien arquée.

remet les branches en place dès qu'ils sont constitués.

Il faut arquer la branche comme l'indique la

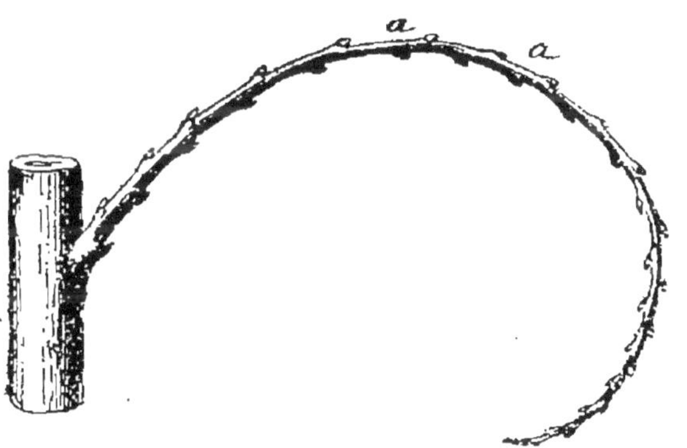

Fig. 119. — Branche mal arquée.

figure 118, c'est-à-dire la placer un peu au-dessous de la ligne horizontale, en inclinant légèrement l'extrémité vers le sol, et éviter de l'arquer comme la figure 119, ainsi que cela se fait trop souvent. La courbe est trop prononcée; on n'obtient d'autre résultat que de faire naître de nombreux gourmands à la partie *a*. Dans ce cas, le remède est pire que le mal ; on obtient toujours des gourmands sur le dessus et jamais de boutons à fruits.

8° TAILLER TARD. — Laisser pousser un peu l'arbre et le tailler en pleine sève, lorsque les premières feuilles sont déployées, et que les bourgeons ont une longueur de 2 ou 3 centimètres. Cette opération le fatigue et favorise la fructification ; mais elle ne doit être appliquée qu'à des arbres très vigoureux et déjà forts.

PRATIQUER UNE INCISION ANNULAIRE AU PIED DE L'ARBRE. — C'est le moyen le plus énergique ; il réussit toujours, mais il n'est applicable sans danger que dans les vergers, jamais dans le jardin fruitier aux arbres à haute tige, à fruits à pépins, et aux noyers déjà âgés et très vigoureux.

On fait, avec l'égohine, pendant le repos de la végétation, de janvier à mars, une incision circulaire d'une profondeur proportionnée à la grosseur de l'arbre, et de manière à couper tous les vaisseaux séveux de l'année précédente. La mesure de la profondeur de l'incision est en moyenne d'un centimètre pour un arbre de 20 centimètres de diamètre. L'arbre ne s'est pas mis à fruit, parce que, l'action de la sève étant trop énergique pour le développement de sa charpente, il n'a produit que des bourgeons vigoureux. Une partie des vaisseaux ne fonctionnant plus par suite de l'incision qui l'affaiblit momentanément, l'arbre se couvre de fleurs pendant l'été suivant. Deux années suffisent pour cicatriser la plaie, et l'arbre reste à fruit pendant toute son existence. Cette opération est surtout excellente pour les pommiers à cidre à haute tige, très vigoureux, faisant attendre leurs fruits trop longtemps ; elle peut être appliquée à toutes les espèces à pépins dans le verger, jamais dans le jardin fruitier, et jamais à celles à noyau, sur lesquelles elle déterminerait la gomme.

AUGMENTATION DU VOLUME DES FRUITS

LES FRUITS ABSORBANT UNE GRANDE QUANTITÉ DE SÈVE, ET CONVERTISSANT CETTE SÈVE EN CAMBIUM EMPLOYÉ A LEUR PROPRE ACCROISSEMENT, ILS ACQUERRONT UNE SAVEUR ET UN VOLUME PROPORTIONNÉS A LA QUANTITÉ DE SÈVE QUI LEUR SERA RÉPARTIE.

Les moyens suivants augmentent considérablement la qualité et le volume des fruits :

1° OBTENIR LES RAMEAUX A FRUITS SUR LA BRANCHE MÈRE OU SUR DES ONGLETS TRÈS COURTS. — Lorsque les fruits sont attachés sur ou très près de la branche mère, ils reçoivent directement l'action de la sève, deviennent très gros et très savoureux ;

2° RAPPROCHER CONSTAMMENT LES LAMBOURDES. — Lorsque les lambourdes sont maintenues très courtes, elles produisent toujours des boutons à fruits à la base, et ces boutons donnent de très beaux fruits. Quand, au contraire, on les laisse s'allonger et se ramifier à l'infini, il arrive ce que nous voyons sur tous les arbres mal taillés : des lambourdes longues de 20 à 50 centimètres, couvertes, il est vrai, de nombreux boutons à fruits ; mais l'arbre, épuisé par une floraison trop abondante, n'a plus assez de sève pour nourrir ses fruits. Ils tombent presque tous lorsqu'ils ont atteint la grosseur d'une noisette, et ceux qui restent deviennent difformes, pierreux, et se fendent avant d'avoir acquis la moitié de leur volume ; la sève, entravée dans sa marche par les nombreuses bifurcations qu'elle rencontre, ne peut arriver en assez grande quantité dans les fruits pour favoriser leur développement.

3° APPLIQUER UNE TAILLE RAISONNÉE, c'est-à-dire ne laisser sur l'arbre que le bois nécessaire à la confection de la charpente, à la circulation de la sève, lorsque la charpente est achevée, et les fragments de rameaux indispensables pour entretenir la production des rameaux à fruits.

4° PINCER TOUS LES BOURGEONS, EXCEPTÉ CEUX DES PROLONGEMENTS DE LA CHARPENTE. — Les pincements ont non seulement pour effet de préparer et d'assurer la fructification pour l'avenir, mais encore de concentrer l'action de la sève sur les fruits. Lorsqu'il y a beaucoup de bourgeons sur un arbre, ils absorbent une quantité de sève considérable au détriment des fruits et de la fructification pour l'année suivante. Quand, au contraire, les bourgeons sont affaiblis par les pincements, ils se mettent facilement à fruit, et la sève qui eût été employée à produire des bourgeons nuisibles est utilisée pour concourir au développement des fruits.

5° NE LAISSER SUR L'ARBRE QU'UNE QUANTITÉ DE FRUITS PROPORTIONNÉE A SA VIGUEUR. — La proportion des fruits à conserver est d'un par quatre rameaux à fruits, pour les espèces à pépins, et d'un fruit tous les 10 centimètres, pour les espèces à noyaux.

Fig. 120. — Suppression des fruits trop nombreux.

6° SUPPRIMER LA MAJEURE PARTIE DES FRUITS INUTILES, HUIT JOURS APRÈS LEUR FORMATION. — C'est le moyen le plus efficace pour obtenir des fruits très gros et de les empêcher de tomber. Chaque lambourde de poirier porte huit ou dix fruits quand la fécondation s'est bien faite. Si l'on supprime immédiatement tous

les fruits, excepté deux, comme l'indique la ligne *a*
(fig. 120), pour n'en conserver que deux (*b*, même
figure), la sève dépensée entre six fruits restant concentrée sur deux, ils grossissent en proportion. De
plus, nous avons choisi deux fruits *b*, très éloignés
l'un de l'autre, de manière à ce qu'ils ne puissent se
toucher; dans ce cas, les vers les attaquent rarement. On supprime le moins gros quinze jours après,
et celui qui est resté, absorbant toute la sève, devient
énorme. Si on laisse tous les fruits, ils se touchent;
un ver pénètre au centre, les enroule avec sa toile,
les pique l'un après l'autre, et bientôt ils tombent
tous.

7° Pratiquer une incision annulaire au-dessous de
la grappe, huit jours après la défloraison de la
vigne et lorsque les grains sont formés. — Cette
opération n'est applicable qu'à la vigne. L'incision
doit être faite avec le coupe-sève (p. 208, fig. 105).
Cette incision a pour résultat d'augmenter d'un
tiers le volume des raisins, et d'en hâter la maturité
de quinze jours à trois semaines. Voici comment :
les vaisseaux du liber étant coupés et enlevés sur une
hauteur de 5 millimètres environ au-dessous de la
grappe, le mouvement de descension du cambium
est momentanément suspendu ; il reste aggloméré
au-dessus de la section de l'écorce, et toute son
action est concentrée sur le fruit, qui, puissamment
organisé, surabondamment nourri, acquiert de
grandes proportions en quelques jours. Peu à peu
les vaisseaux du liber qui ont été coupés s'allongent;

la plaie se recouvre, et le cambium redescend jusqu'à l'extrémité des racines ; mais le fruit conserve toujours l'accroissement disproportionné qu'il avait acquis pendant la concentration du cambium.

8° IMBIBER LES FRUITS AVEC UNE DISSOLUTION DE SULFATE DE FER. — Cette opération n'est applicable qu'aux fruits à pépins. Nous savons que le sulfate de fer, dissous dans l'eau, dans la proportion de 2 grammes par litre, stimule la végétation. Mouiller les fruits avec cette dissolution une première fois lorsqu'ils ont atteint le quart de leur volume, une seconde fois à la moitié de leur grosseur, et enfin une troisième aux trois quarts de leur développement. L'expérience a prouvé que les fruits traités ainsi acquéraient un tiers de plus en grosseur.

Cette opération n'est ni longue ni difficile ; mais elle demande à être faite avec discernement pour être couronnée de succès. Il faut opérer le soir seulement, après le coucher du soleil ; quand il y a un peu de rosée, cela n'en vaut que mieux. On pulvérise le sulfate de fer, afin de le faire dissoudre instantanément. Il ne faut faire la dissolution qu'au moment de l'employer, et en très petite quantité (un demilitre), parce que le sulfate de fer se décompose dans l'eau et forme de l'oxyde de fer : dans cet état il n'agit plus. Il faut jeter le liquide dès qu'il prend une teinte de rouille. On doit en outre employer de l'eau dissolvante et très pure, sinon de l'eau distillée, au moins de l'eau de pluie.

On emplit à moitié une petite tasse ou un verre

sans pied avec la dissolution ; on passe le vase sous le fruit, et, en haussant un peu, le fruit est baigné tout entier : quatre ou cinq secondes suffisent. En une heure on peut tremper plusieurs centaines de fruits.

Il est urgent de peser le sulfate de fer avec des balances très sensibles, et il faut bien se garder de le mesurer *à peu près*, car le sulfate de fer appliqué en trop grande quantité agit comme *astringent et produit l'effet opposé à celui que l'on attend*.

Le traitement au sulfate de fer donne beaucoup de volume aux fruits, mais il accélère la maturation.

Les fruits d'hiver sulfatés se conservent moins longtemps. Le sulfatage des fruits n'est avantageux que pour les variétés d'été.

Ces principes généraux serviront de base à la plupart des opérations de taille ; l'opérateur devra toujours se les rappeler avant de tailler, afin d'éviter les amputations le plus possible, et de les remplacer par les moyens que je viens d'indiquer.

Il nous reste à diviser les opérations de taille en deux séries : la taille d'hiver, qui s'opère pendant le repos de la végétation, et la taille d'été, non moins importante, se pratiquant pendant tout le cours de la végétation.

La taille d'hiver comprend les opérations suivantes : le dépalissage, première et indispensable opération ; la coupe des rameaux, le cassement, l'éborgnage, le rapprochement, le recépage, les incisions, les entailles, l'arcûre, le chaulage et le palissage d'hiver.

Nous étudierons toutes ces opérations en traitant de la taille de chaque espèce. Voyons maintenant à quelle époque il est plus avantageux de pratiquer la taille d'hiver. En cela, comme en tout ce qui concerne la culture, il n'y a rien d'absolu. L'époque de la taille doit être choisie suivant la vigueur des arbres, avancée ou reculée suivant les années et l'état de la végétation. L'opérateur doit savoir choisir le moment favorable et éviter les lourdes fautes que l'ignorance fait commettre sans cesse, comme de tailler les pêchers et les abricotiers en pleines fleurs, et les poiriers quand il gèle.

Tout en laissant l'époque de la taille à l'appréciation de l'opérateur, suivant la température et l'état des arbres, nous poserons les principes suivants, qui l'aideront à déterminer le moment favorable :

1° TAILLER PAR ORDRE DE PRÉCOCITÉ, c'est-à-dire commencer par les espèces qui végètent les premières. D'après ce principe, nous taillerons les arbres dans l'ordre suivant : les abricotiers et les amandiers d'abord, les pêchers ensuite, les cerisiers et les pruniers après, enfin les poiriers et les pommiers en dernier lieu.

C'est le contraire de ce qui a lieu, je le sais, mais c'est logique. Notre enseignement, basé sur l'étude des lois fondamentales de la végétation, ne peut faire de concessions aux vieilles habitudes et aux *dictons*. Les vieux praticiens nous disent : *Le pêcher se taille en fleurs.* C'est stupide ! Vous choisissez un arbre sujet à la gomme, et ayant une tendance très prononcée à laisser éteindre les yeux de la base, pour le tailler en fleurs, c'est-à-dire en pleine végétation. Vous couvrez cet arbre d'amputations lorsqu'il a dépensé la moitié de ses forces à épanouir des fleurs que vous supprimez. Le pêcher traité ainsi souffre beaucoup ; fatigué déjà par une trop abondante floraison, les amputations faites en pleine sève apportent le trouble dans toute son économie, exposent l'arbre à de nombreuses maladies, nuisent considérablement au développement comme à la qualité des fruits, contribuent beaucoup à éteindre les yeux de la base des rameaux, et par conséquent à dénuder les branches.

2° S'ABSTENIR DE TOUTE OPÉRATION DE TAILLE QUAND IL GÈLE OU QUAND LA GELÉE EST IMMINENTE. — Lorsqu'on taille pendant la gelée ou quelques jours avant, et que les plaies n'ont pas eu le temps de se cicatriser, voici ce qui a lieu : les sections pratiquées mettent à découvert l'orifice des vaisseaux séveux et de ceux du liber ; alors les liquides qu'ils contiennent, la sève et le cambium de réserve, gèlent ; tout liquide se dilatant en gelant, les vaisseaux séveux et ceux du liber sont déchirés, brisés sur toute la partie gelée, qui périt toujours à la suite de cette désorganisation. Si la section est faite sur un œil, l'œil au-dessous pousse ; on en est quitte pour enlever le chicot, et obtenir une branche tortue. Mais quand la coupe a été faite sur un bouton à fruit, non seulement ce bouton est perdu, mais encore la lambourde périt souvent. Ce n'est pas toujours une perte irréparable, mais c'est une privation totale de fruits pendant trois années.

3° TAILLER DE TRÈS BONNE HEURE OU TRÈS TARD, c'est-à-dire assez longtemps avant l'apparition des gelées, pour que les plaies aient le temps de se cicatriser, ou quand les grandes gelées ne sont plus à craindre.

4° TAILLER AUSSITOT LA CHUTE DES FEUILLES LES ARBRES FAIBLES, CEUX QUI SONT FATIGUÉS PAR UNE TROP ABONDANTE FRUCTIFICATION, OU QUI ONT ÉTÉ AFFAIBLIS PAR DES TAILLES VICIEUSES.

Les arbres faibles sont, en général, couverts de boutons à fruits ; en les taillant dès la chute des feuilles, toute l'action de la sève se porte sur les parties conservées ; sa concentration concourt puissamment à la beauté des fruits, à leur précocité et au développement de bourgeons plus vigoureux ; par ce moyen, on rétablit facilement la vigueur chez les arbres épuisés, et il contribue puissamment à faire développer des bourgeons sur les parties dénudées des arbres qui ont été mutilés. Lorsqu'on abrite la vigne destinée à produire du raisin de table, on doit la tailler aussitôt la chute des feuilles. Cette taille précoce détermine toujours une avance sur la maturité et une augmentation notable du volume des fruits.

5° TAILLER APRÈS LES GELÉES LES ARBRES PLACÉS DANS DES CONDITIONS NORMALES, c'est-à-dire de la fin de janvier à la mi-février, les arbres vigoureux portant une quantité moyenne de boutons à fruits.

6° AVANCER L'ÉPOQUE DE LA TAILLE APRÈS UN ÉTÉ SEC, LA RETARDER APRÈS UNE SAISON PLUVIEUSE. — Un été sec favorise la fructification ; la végétation accomplie sous l'influence d'une grande somme de lumière est très prompte, et produit du bois bien constitué. Il est bon, dans ce cas, lorsque les arbres sont chargés de boutons à fruits, de tailler dès la chute des feuilles, afin de concentrer toute l'énergie vitale sur les boutons à fruits qui restent.

Une saison humide produit peu de fleurs et beaucoup de bois, mais du bois mou mal constitué et renfermant une grande quantité d'eau. Les arbres sont très exposés à la gelée après un été pluvieux, et dans ce cas il est toujours dangereux de tailler avant la disparition du froid.

En s'appuyant sur ces principes, et en observant les saisons, il sera facile à l'opérateur de déterminer le moment favorable pour tailler, non pas les arbres, mais chaque arbre de son jardin.

La taille d'été se compose : de l'ébourgeonnement, des pincements, des cassements en vert, de la suppression des fruits trop nombreux, des rapprochements et de l'effeuillement. Nous étudierons chacune de ces opérations dans leur application à chaque espèce. La taille d'été est la continuation de celle d'hiver ; elle en assure le succès et prépare la fructification pour l'année suivante ; elle se pratique pendant tout le cours de la végétation, et le moment de l'appliquer est déterminé par la végétation elle-même.

QUATRIÈME PARTIE

CULTURE INTENSIVE

CHAPITRE PREMIER

CRÉATION DU JARDIN FRUITIER DU PROPRIÉTAIRE

Avant de rechercher les conditions dans lesquelles nous devons placer le jardin fruitier du propriétaire, comme celui du spéculateur, disons tout d'abord que la culture des arbres est incompatible avec celle des fleurs et des légumes, et qu'il ne doit entrer dans le jardin fruitier que des arbres à fruits.

Il faut, chez le propriétaire, affecter un emplacement spécial au jardin fruitier, un autre au potager, et laisser aux fleurs et aux massifs le jardin paysager. Ces trois cultures faites ensemble se nuisent réciproquement et ne donnent jamais que de mauvais résultats. L'ombre des arbres nuit considérablement aux légumes : les arrosements donnés à ceux-ci font d'abord pousser les arbres assez vigoureusement, mais les empêchent de se mettre à fruit, et finissent souvent par faire pourrir les racines. Les fleurs viennent mal dans la terre abondamment fumée du potager; elles nuisent beaucoup aux arbres fruitiers en absor-

bant une grande partie des engrais qui leur sont destinés, et en projetant leur ombre sur toutes les ramifications de la base.

En outre, rien n'est plus hideux et plus discordant
qu'un mélange d'arbres à fruits, de légumes et de
fleurs ; tout cela jure ensemble. Je sais que tous les
vieux jardins ont été plantés ainsi ; mais je sais aussi,
et le propriétaire mieux que moi encore, quels résultats donnent les *jardins fouillis :* une dépense élevée,
un produit à peu près nul, ne couvrant pas souvent
le quart des déboursés. Le *Potager moderne* et *Parcs
et Jardins*, livres aussi pratiques que celui-ci, donnent
aux propriétaires les moyens les plus faciles de créer
des potagers dans les meilleures conditions, et d'obtenir des produits certains, en échange de dépenses
n'atteignant jamais la valeur réelle des produits, et
de créer de jolis jardins paysagers, comme de cultiver
les plus belles collections de fleurs, avec certitude de
succès et d'économie.

En suivant *à la lettre* les indications des *Classiques
du Jardin*, aujourd'hui au grand complet, on possède
et l'on peut pratiquer toute la science de l'horticulture. Les trois volumes sont : *Arboriculture fruitière*,
pour les arbres ; *Potager moderne*, pour les légumes,
et *Parcs et Jardins* pour la création des jardins
paysagers et la culture des fleurs. Chacun de ces
volumes traite à fond de son sujet, et d'une manière
assez pratique pour permettre aux personnes étrangères à la culture de l'entreprendre avec certitude de
succès.

Maintenant qu'il est bien convenu que le jardin fruitier du propriétaire ne doit renfermer que des arbres à fruits, cherchons les principales conditions de succès dans lesquelles il doit être créé ; je traiterai ensuite du jardin fruitier destiné à la spéculation.

Il faut autant que possible choisir un terrain plat. Les terrains en pente présentent une foule d'inconvénients : l'inclinaison au nord donne prise aux gelées; celle au midi est brûlante ; celle à l'ouest est trop humide ; l'inclinaison à l'est est moins mauvaise, mais, comme les autres, elle expose les arbres à être déchaussés par les pluies d'orage.

Le sol doit être de bonne qualité, de consistance moyenne, contenir autant que possible, en quantité égale, les trois principaux éléments : argile, silice et calcaire, et avoir environ 60 à 70 centimètres de profondeur.

Il faut éviter les endroits élevés ; les vents qui y règnent constamment tourmentent les arbres, déchirent les fleurs et font tomber les fruits. Les lieux humides, exposés aux brouillards, ne présentent pas moins d'inconvénients : la température y est toujours abaissée; les gelées y sont fréquentes ; les brouillards nuisent à la fécondation et tachent les fruits. On doit choisir un emplacement sain, exempt d'humidité, peu sujet aux brouillards, et autant que possible abrité naturellement des vents du nord et de l'ouest.

Le jardin fruitier doit être clos de murs, ou au moins clos en partie par des murs ou des palissages, autant pour cultiver les variétés de fruits exigeant impérieusement l'espalier, dans le nord et la région moyenne de la France, que pour le défendre des tentations trop souvent inspirées par les beaux fruits.

Si l'harmonie du parc s'oppose à la construction de quatre murs, il faudra en construire deux, l'un au nord-est et l'autre au nord-ouest, pour avoir les expositions du sud-est et du sud-ouest, quitte à cacher ces murs par des massifs d'arbres d'ornement, plantés à quelques mètres de distance des murs. *Parcs et Jardins* en donne tous les moyens. Les deux autres côtés peuvent être clos avec une haie de rosiers de Bengale, palissée sur fils de fer, formant à la fois une clôture excellente et un ornement qui n'est pas à dédaigner dans le parc.

Sous le climat du nord, quatre murs de clôture sont indispensables; sous ceux du centre, de l'est et de l'ouest, deux murs suffisent; sous le climat de l'olivier, les murs seront remplacés par des haies bien établies, et, le plus souvent, par de hautes haies de thuias, pour défendre les arbres fruitiers de la trop grande ardeur du soleil.

La hauteur des murs doit être proportionnée à l'étendue du jardin. Il ne faut pas oublier que les arbres demandent impérieusement de la lumière et de l'air pour vivre, croître et fructifier.

Les jardins fruitiers de propriétaires ne seront jamais grands; un jardin de 20 ares peut fournir des fruits en abondance à deux familles, s'il est bien organisé. La grandeur ordinaire est de 10 à 20 ares. Pour le premier, il faut des murs de clôture de

2 mètres à 2ᵐ,50 d'élévation, et pour le second des murs de 3 mètres environ.

Si les murs sont construits, il faudra en tirer le meilleur parti possible par un choix judicieux d'espèces et de variétés ; mais, s'ils sont à construire, on devra bien se garder de tomber dans cette lourde erreur du passé : de construire un mur en *plein midi*, la première chose que l'on faisait jadis, sans se préoccuper du reste. Le jardin est carré ou à peu près : si nous construisons un mur en *plein midi*, exposition trop brûlante, celui qui lui fera face sera forcément en *plein nord*, exposition trop froide, et les deux murs latéraux, en *plein est* et en *plein ouest*, offriront des expositions trop sèches et trop humides. Résumé : quatre mauvaises expositions.

En plaçant les quatre angles du jardin aux quatre points cardinaux, les murs nous donneront les expositions du sud-est et du sud-ouest, du nord-est et du nord-ouest, toutes excellentes. Cette orientation seule, toutes choses égales d'ailleurs, suffira pour doubler facilement la récolte de l'espalier.

Les murs doivent porter des chaperons de 10 *centimètres* de saillie, *pas plus*, pour appuyer les chaperons mobiles, mais jamais de ces toits à demeure que l'on voit trop souvent, et qui, en coûtant fort cher à établir, ne servent qu'à empêcher les arbres de pousser et de fructifier, en projetant une ombre continuelle sur le mur.

Même sous le climat du nord, il faudra bien se garder de construire des murs de refend très rapproch s les uns des autres, ainsi que l'ont conseillé plusieurs auteurs. J'ai vu des effets désastreux de l'application de cette théorie. L'air ne circule plus dans le jardin, et les arbres y brûlent comme dans un four pendant les mois de juillet et d'août.

Les chaleurs ne sont pas de très longue durée dans le nord de la France, mais elles sont d'autant plus élevées, et il n'existe pas d'arbres, excepté la vigne et peut-être le pêcher, qui puissent vivre entre deux murailles distantes de 6 à 8 mètres. Les murs de refend, si on tient à en construire, doivent être à 15 ou 20 mètres des murs de clôture, et séparés entre eux par un intervalle de 20 mètres au moins. Ils sont inutiles pour des jardins fruitiers de 10 à 20 ares, même dans l'extrême nord de la France, si l'on adopte la disposition en gradins, concentrant la chaleur et répercutant la lumière sans intercepter l'air.

Le but du propriétaire est d'avoir un jardin fruitier assez joli pour faire honneur à sa propriété, et donnant en abondance de tous les fruits pour toutes les saisons. J'entends par tous les fruits, toutes les espèces de fruits de première grosseur et de première qualité, et cela avec une dépense de création qui ne dépassera jamais le revenu annuel du jardin, après cinq ou six années de plantation.

Souvent il est impossible de choisir, chez le propriétaire, l'endroit le plus favorable pour le jardin fruitier, l'harmonie du parc s'y oppose. Alors il faut tirer le meilleur parti possible d'un sol et d'une exposition souvent défavorables ; c'est une affaire de savoir et d'expérience. Quelque grandes que soient les difficultés, on arrive toujours à les tourner, et à tirer un bon parti d'un sol médiocre et d'une exposition défectueuse. Je le prouverai plus loin.

L'emplacement du jardin fruitier choisi, il faut étudier soigneusement le sol, ou plutôt l'analyser, afin de savoir de la manière la plus exacte quelles sont, non seulement les *espèces*, mais encore les *variétés* de fruits qui peuvent y prospérer, afin de planter avec certitude de succès. Cela fait, on lève le plan du terrain pour l'étudier sur le papier, chercher dans le dessin toutes les expositions dont on a besoin, et placer ensuite chaque arbre à l'exposition qui lui est le plus favorable.

Il est assez difficile de donner un plan qui puisse s'adapter à tous les jardins, tant ils varient de forme, et le plus souvent ce sont les terrains les plus irréguliers sur lesquels j'ai dessiné mes plus jolis jardins. Cependant, je vais essayer, à l'aide de deux plans, de faire appliquer au lecteur les principes qui régissent la création du jardin fruitier. L'imagination et l'étude de l'arboriculture lui aideront à faire le reste.

Les premières conditions à remplir, quand on crée un jardin fruitier, sont :

1° D'avoir assez de murs aux expositions du sud, sud-est et sud-ouest, sous les climats du nord, de l'est, de l'ouest et du centre, pour cultiver : les pêchers, la vigne, les variétés de poiriers d'hiver demandant impérieusement l'espalier, telles que : *crassane, Saint-*

Germain, bon chrétien d'hiver, doyenné d'hiver, beurré d'Aremberg, etc. etc.;

2° De créer, sous l'abri des murs, des expositions de plein vent équivalant à l'espalier, pour les fruits très précoces et ceux demandant une chaleur élevée ;

3° De chercher, dans la configuration du jardin, dans la disposition des lignes, et dans le choix des formes d'arbres, à répercuter la lumière et à concentrer la chaleur, causes premières de fertilité et de précocité ;

4° D'établir les formes d'arbres de manière à ce qu'elles soient parfaitement éclairées et ne se fassent jamais d'ombre, ou du moins une ombre de quelques heures à peine. On atteint ce but en laissant, entre les formes d'arbres, une distance équivalant à une fois et demie leur hauteur ;

5° Quelle que soit l'orientation des murs, établir les lignes du milieu orientées du nord au sud, afin de leur donner une somme de lumière égale de chaque côté ;

6° Ouvrir une allée centrale orientée du nord au sud, et de chaque côté de cette allée établir des formes en gradins, c'est-à-dire les formes les plus basses au centre, et s'élevant progressivement de chaque côté jusqu'aux extrémités est et ouest.

Pour rendre l'application de ces principes possible aux personnes qui n'ont jamais dessiné de jardins fruitiers, je donne deux plans différents du même terrain, ou plutôt deux plans avec deux orientations différentes. Les plans figures 121 et 123 sont sur l'échelle de 2 millimètres par mètre. Les jardins ont 60 mètres de long et 40 de large, soit 2,400 mètres, ou 24 ares.

Le plan figure 121 représente un jardin dont les murs sont orientés aux expositions franches, les moins favorables. Dans ce cas, il faut tirer le meilleur parti possible des murs, et orienter les grandes lignes du centre dans la longueur du jardin.

On commencera par tracer contre les murs de clôture une plate-bande d'espalier large de 1^m,50 au nord (*a*, fig. 121), à l'est et à l'ouest (*a*, même figure) et de 2 mètres au sud (*b*, même figure).

Les murs seront plantés en candélabres à quatre branches ou en grandes formes, suivant les espèces que l'on y cultivera. A 25 centimètres du bord des plates-bandes, nord et ouest, on établira une ligne de cordons unilatéraux à deux rangs, hauts de 80 centimètres (*c*, même figure), qui, placés à la distance de 1^m,25 du mur, auront une chaleur et une exposition presque égales à celles de l'espalier; la plupart des variétés exigeant l'espalier prospèrent sur ces cordons. Au bord de la plate-bande sud ayant 2 mètres de large, on placera un cordon de vigne à deux rangs (*d*, même figure); hauteur, 1 mètre.

L'allée centrale et celle du tour auront une largeur de 2 mètres, afin de pouvoir circuler facilement autour du jardin avec des brouettes et même une voiture à bras, pour charrier les fruits, les engrais, etc., (*e*, même figure). Les autres allées (*f*, même figure) auront 1^m,50 de large.

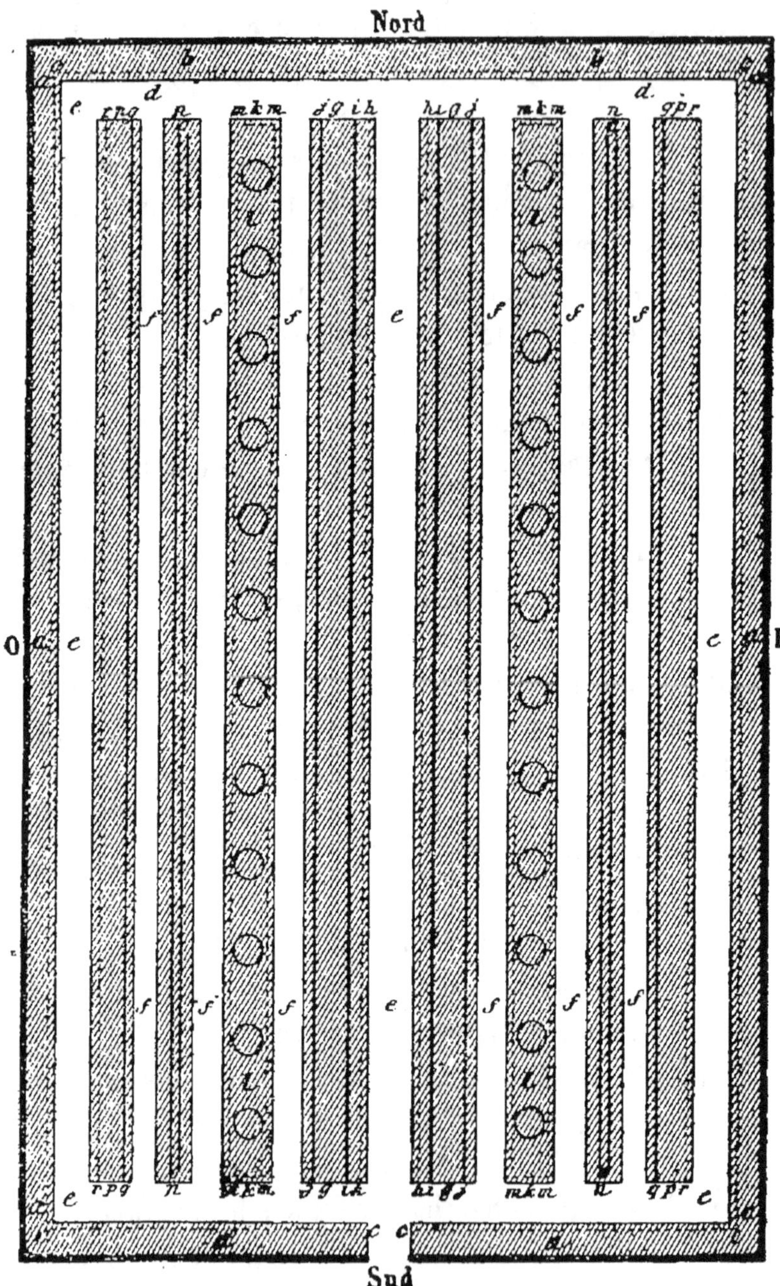

Fig. 121. — Plan de jardin fruitier orienté aux expositions franches.

Sur les plates-bandes (*g*, même figure), larges de 3^m,25, on établira :

1° A 25 centimètres des bords de l'allée centrale, et sur chacun d'eux, une ligne de cordons unilatéraux à deux rangs; hauteur, 80 centimètres (*h*, même figure) ;

2° A la distance de 1^m,20 de ce dernier cordon, une ligne de vignes soumises à la forme de cordons à deux rangs; hauteur, 1 mètre (*i*, même figure) ;

3° A 1^m,50 du cordon de vigne, et à 30 centimètres du bord, une ligne de palmettes alternes Gressent; hauteur, 1^m,60 (*j*, même figure).

Les plates-bandes *k* seront plantées avec des vases de 2 mètres de diamètres : hauteur, 2 mètres (*l*, même figure). En outre, à 25 centimètres du bord de cette même plate-bande, on établira une ligne de cordons sans fin à un rang; hauteur, 40 centimètres (*m*, même figure).

Les plates-bandes *n* porteront au milieu chacune un contre-espalier de Versailles; hauteur, 3 mètres (*o*, même figure); et, à 25 centimètres du bord de ces plates-bandes, on établira une ligne de cordons unilatéraux à un rang.

A partir de l'allée centrale (*a*, fig. 122) chaque côté du jardin formera un gradin, comme l'indiquent les lignes *b* (même figure). Le soleil levant éclairera l'un des gradins, et répercutera la lumière sur l'autre : à midi, le soleil pénétrera au milieu et concentrera une chaleur énorme entre les gradins; le soir, le soleil couchant éclairera l'autre gradin, augmentera encore la chaleur, et répercutera la lumière sur celui qui a été éclairé le matin.

Les plates-bandes (*p*, fig. 121) recevront une ligne de palmettes alternes Gressent ; hauteur, 1^m,60 (*q*, fig. 121) et sur l'autre bord une ligne de cordons unilatéraux à deux rangs : hauteur, 30 centimètres (*r*, même figure). Cette plate-bande, la plus rapprochée des murs, est plantée avec des formes plus basses, dans le but de laisser arriver les rayons solaires jusqu'au pied des arbres d'espalier plantés contre le mur comme l'indiquent les lignes *c* (fig. 122), et de concentrer la chaleur entre le mur et les lignes d'arbre de la plate-bande qui lui fait face.

Il y a autant de chaleur dans un jardin organisé que dans ceux ayant des murs de refend très rapprochés, mais avec cette différence que l'air circule facilement entre toutes les lignes d'arbres, tandis que les murs de refend l'interceptent.

En outre, les murs de refend exigent une dépense considérable, que jamais aucune récolte, si riche qu'elle soit, ne

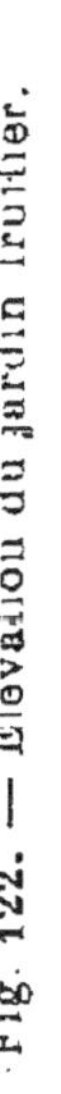

Fig. 122. — Élévation du jardin fruitier.

pourra couvrir, et leur action est mortelle pour les arbres pendant les mois de juin, juillet et août dans les années chaudes.

J'étais convaincu de ce que j'avance il y a plus de trente ans, et cette conviction est née d'une observation faite dans le jardin de la rue de Grenelle, créé par M. Gaudry, et où l'habile professeur Du Breuil donnait ses cours particuliers. M. Gaudry, amateur distingué d'arboriculture, avait élevé dans ce jardin de très beaux arbres ; il y avait entre autres des vases, des cônes à cinq ailes et des pyramides d'un grand développement. Ces arbres, plantés et formés par M. Gaudry, ont été, pendant de longues années, dans un état de prospérité remarquable ; ils ont fait les beaux jours du cours de la rue de Grenelle.

Dès l'instant où l'éminent professeur Du Breuil a fait établir une muraille en planches, coupant le jardin en deux, muraille artificielle destinée à expérimenter les pincements Grin, et qui ne nous a jamais montré que des pêchers morts ou mourants, l'air a cessé de circuler dans le jardin, et les arbres élevés et formés par M. Gaudry ont presque tous péri en quelques mois. Ce fait, alors connu de tout le monde, m'avait frappé, et c'est à l'impression qu'il m'a faite que je dois l'idée des jardins en gradins, pour éviter l'asphyxie des arbres entre des murs trop rapprochés.

Un second exemple est venu confirmer mon opinion, et l'a changée en conviction profonde : celui de la plantation du jardin-école de la ville de Paris, en 1868, où 90 arbres sur 100 ont été brûlés pendant le premier été. Et, depuis, il n'a été possible de faire vivre les arbres, replantés entre les murs très rapprochés, qu'en aspergeant les feuilles pendant l'été et en noyant sans cesse les racines.

La concentration de chaleur est telle au centre du *jardin Gressent* disposé en gradins, que fort souvent j'ai obtenu du *raisin muscat* très mûr, sous le climat de Paris, sur des vignes plantées sur les lignes *i* (fig. 121). Je ne conseillerai à personne de planter du muscat en plein vent sous le climat de Paris ; je constate seulement un essai qui a réussi, que j'ai renouvelé dans mon ancien jardin fruitier école de Sannois, et montré pendant de longues années au public.

Non seulement j'obtiens sous le climat de Paris des *beurré gris*, des *doyennés blancs* et *gris* sur les cordons qui bordent les plates-bandes d'espalier, au sud-est et au sud-ouest, et des raisins très mûrs en plein vent, mais encore, pendant de longues années, j'ai supprimé presque tous les abris, et ai obtenu chaque année de très belles récoltes de fruits.

La disposition en gradins dispense des murs de refend et de presque tous les abris.

Prenons maintenant le même terrain pour créer un jardin fruitier, mais avec les murs orientés aux expositions mixtes (fig. 123). On commencera par tracer tout autour du mur une plate-bande de 1ᵐ,50 de large (fig. 123). Ces plates-bandes seront bordées avec une ligne de cordons unilatéraux à deux rangs.

L'allée du tour (*b*, fig. 123) aura 2 mètres de large ; l'allée centrale *c*, partant de l'angle nord à l'angle sud, aura 2^m,50 de large, et les autres allées 2 mètres.

Toutes les lignes du centre du jardin seront orientées du nord au midi ; et, la disposition en biais donnant plus de largeur, nous en profiterons pour élargir l'allée centrale et celles qui lui seront parallèles, de 50 centimètres.

Les plates-bandes (*d*, fig. 123), plantées avec des contre-espaliers de Versailles, seront également élargis de 50 centimètres. C'est le seul changement dans le centre du jardin ; les plates-bandes *e* seront plantées avec des vases et un cordon unilatéral sans fin à un rang, et les plates-bandes *f* avec une ligne de palmettes alternes, une ligne de cordons de vigne à deux rangs, et des cordons unilatéraux à deux rangs, comme dans le jardin (fig. 121).

Les angles (*g*, fig. 123) seront consacrés à la plantation de deux *normandies Gressent*, c'est-à-dire qu'on y établira sur des lignes distantes de 1^m,20 des cordons unilatéraux de pommiers à trois rangs, ayant une hauteur de 1^m,20.

La disposition en biais permet de donner plus d'ampleur au jardin, d'y faire des allées et des plates-bandes un peu plus larges, tout en y concentrant la chaleur. L'élévation présentera l'aspect de la figure 124 ; les gradins du centre sont bien dessinés par les lignes *a* (fig. 124), et la disposition des lignes *b* (même figure) laisse aux murs toute la chaleur, la lumière et l'air désirables.

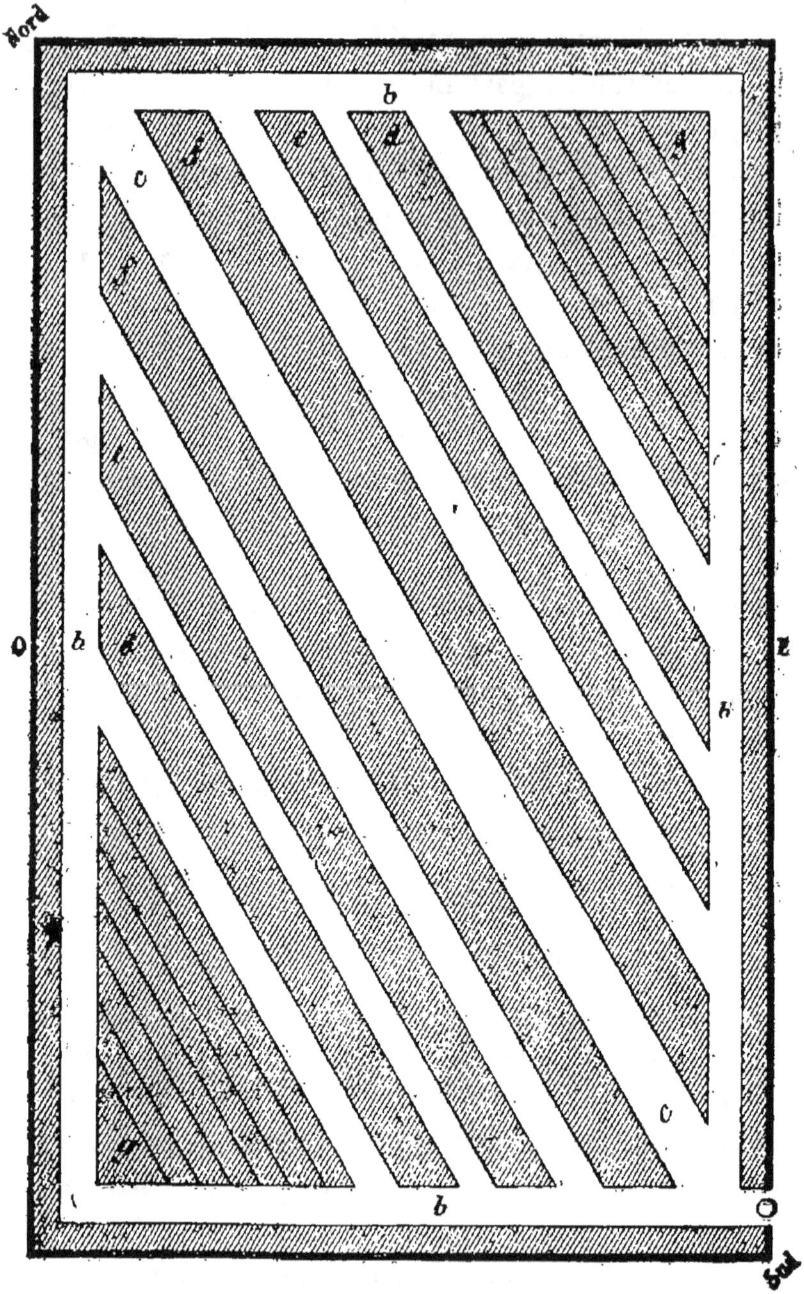

Fig. 123. — Plan de jardin fruitier orienté aux expositions mixtes.

J'aurais voulu rendre le travail de la création plus facile aux propriétaires, en leur donnant plus que des principes ; cela est très difficile, pour ne pas dire impossible. Un plan n'est jamais entièrement applicable tant les terrains varient de forme et d'orientation ; le dessin du jardin est aussi souvent modifié pour créer des expositions spéciales aux fruits à noyaux ou à pépins que l'on veut y faire dominer.

Les personnes qui dessinent des jardins fruitiers peuvent et doivent même rechercher la perspective, l'élégance, mais sans jamais sortir des principes que nous avons posés. Le premier mérite du jardin fruitier est la fertilité ; elle ne doit jamais être sacrifiée à la fantaisie.

Lorsque le plan a été bien étudié sur le papier, on en fait le tracé sur le terrain ; dès que ce tracé est fait au cordeau, il est bon de creuser tout de suite les allées de 5 ou 10 centimètres, pour que la pluie ne les efface pas, et pour exhausser un peu les plates-bandes ; ensuite on place à chaque angle de plate-bande de longs piquets, assez solidement enfoncés, pour que les terrassiers ne les déran-

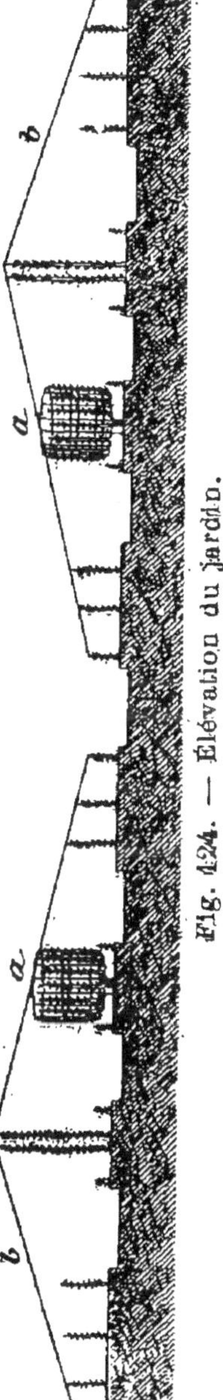

Fig. 424. — Élévation du jardin.

gent pas; ce sont les points de repère, et l'on procède au défoncement.

Avant de traiter de la préparation du sol, un mot encore sur l'étendue du jardin fruitier. Les propriétaires sont tellement habitués à manquer de fruits qu'ils sont toujours portés à faire des jardins trop grands; je ne saurais trop les mettre en garde contre cette tendance. Lorsqu'un jardin a été bien créé, que chaque espèce et chaque variété est à sa place, et que les arbres sont bien taillés et bien cultivés, on peut compter sur un produit de six à huit cents fruits par are, en moyenne, la sixième année après la plantation. Un jardin de 8 à 10 ares est suffisant pour une maison; quand on y consacre de 15 à 20 ares, il faut avoir une famille nombreuse ou vendre l'excédent des fruits. Je vois souvent des hectares entiers couverts d'arbres fruitiers qui ne fournissent pas la provision de la maison; les propriétaires auraient un bénéfice notable à créer un jardin fruitier, n'eût-il que 6 ares. Ce jardin leur donnerait chaque année quatre à cinq mille fruits environ; le bois de leurs vieux arbres, et surtout la suppression de la main-d'œuvre qu'ils exigent, les rembourserait bien vite de la création d'un petit jardin fruitier dont le produit serait assuré.

CHAPITRE II

JARDIN FRUITIER DESTINÉ
A LA SPÉCULATION

Le jardin fruitier destiné à la spéculation a sa raison d'être, mais dans des conditions toutes spéciales de sol, d'exposition, de création économique et surtout de débouchés assurés des fruits, et à des prix élevés.

La spéculation fruitière appartient plutôt à la culture extensive, au verger Gressent, qu'à la culture intensive, au jardin fruitier. Cependant, dans des conditions exceptionnelles, près de Paris, ou d'une grande ville, d'une station thermale, sur une ligne de chemin de fer, auprès d'un port d'embarquement pour l'Angleterre, ou même dans un centre visité par les acheteurs étrangers, comme les environs de Paris, l'Anjou, etc., il y a bénéfice à créer un jardin fruitier pour la production des fruits d'élite, et la culture bien entendue et bien conduite du jardin fruitier de spéculation peut donner lieu à des bénéfices élevés.

Mais, pour atteindre ce but, il faut d'abord savoir l'arboriculture, ou prendre la peine de l'étudier, opérer soi-même, veiller sans cesse à ses cultures, et

NE JAMAIS COMPTER QUE SUR SOI *pour les diriger*. Celui qui compte sur un serviteur pour conduire et diriger une culture de spéculation, EST COULÉ A L'AVANCE.

En outre, le jardin fruitier destiné à la spéculation ne doit être créé que dans un sol d'élite et à une exposition des plus favorables, pour diminuer le plus possible les chances d'insuccès et réduire la part de l'imprévu.

La création doit être faite avec la plus stricte économie, et dirigée par un homme expérimenté en arboriculture. Loin de ma pensée d'empêcher de créer des jardins fruitiers de spéculation ; je voudrais, au contraire, qu'il y en eût beaucoup ; mais je voudrais les voir créer avec certitude de succès. Je veux la fortune pour ceux qui entreprendront la spéculation fruitière, comme pour mon pays, et, pour atteindre ce but, je ne saurais trop engager à la prudence ceux qui entreprennent une affaire sans réflexion, vont de l'avant, sur les indications du premier marchand d'arbres venu, et usent une activité dévorante pour courir à une immense déception.

Tout doit être sérieux dans la création du jardin fruitier de spéculation ; tout doit y être prévu et calculé. C'est assez dire qu'il faut en éloigner même la pensée des plantations rapprochées, de cette *ingénieuse folie* de création aux prix de 40,483 fr. 50 l'hectare, pour espérer un revenu annuel de 36,000 fr. qui n'a jamais montré de résultat que sur le papier ou dans les livres de l'auteur, et n'a produit qu'une lourde dépense à la ville de Paris, qui en a tenté l'essai.

Lorsque nous aurons trouvé un terrain de bonne qualité, bien exposé, et que nous saurons assez d'arboriculture pour ne pas faire d'école, nous pourrons créer un jardin fruitier destiné à la spéculation dans les conditions suivantes :

1° Établir le jardin avec la plus grande économie, c'est-à-dire faire toutes les dépenses nécessaires pour mener la culture à bonne fin, et éloigner tout ce qui est inutile ;

2° Être très sobre de formes d'arbres ; n'adopter que celles faciles à diriger, vite faites, et produisant beaucoup ;

3° Ne cultiver que peu de variétés de fruits ; choisir celles réunissant la fertilité, la qualité et le volume.

Cela dit, procédons à la création du jardin fruitier de spéculation.

Supposons un carré long orienté du nord au midi (fig. 125). Le jardin sera clos de mur dont la hauteur variera de 2m,50 à 3 mètres, suivant son étendue. Gardons-nous bien de créer un jardin destiné à la production des fruits d'élite sans une parfaite clôture de murs ; ce serait attirer tous les maraudeurs de la contrée.

On tracera tout autour des murs une plate-bande d'une largeur de 1m,50 (b, fig. 125), puis une allée de tour de 2 mètres de large ; l'allée centrale aura également 2 mètres de large.

Les plates-bandes du milieu seront orientées du nord au midi ; leur largeur sera de 3 mètres (C, même

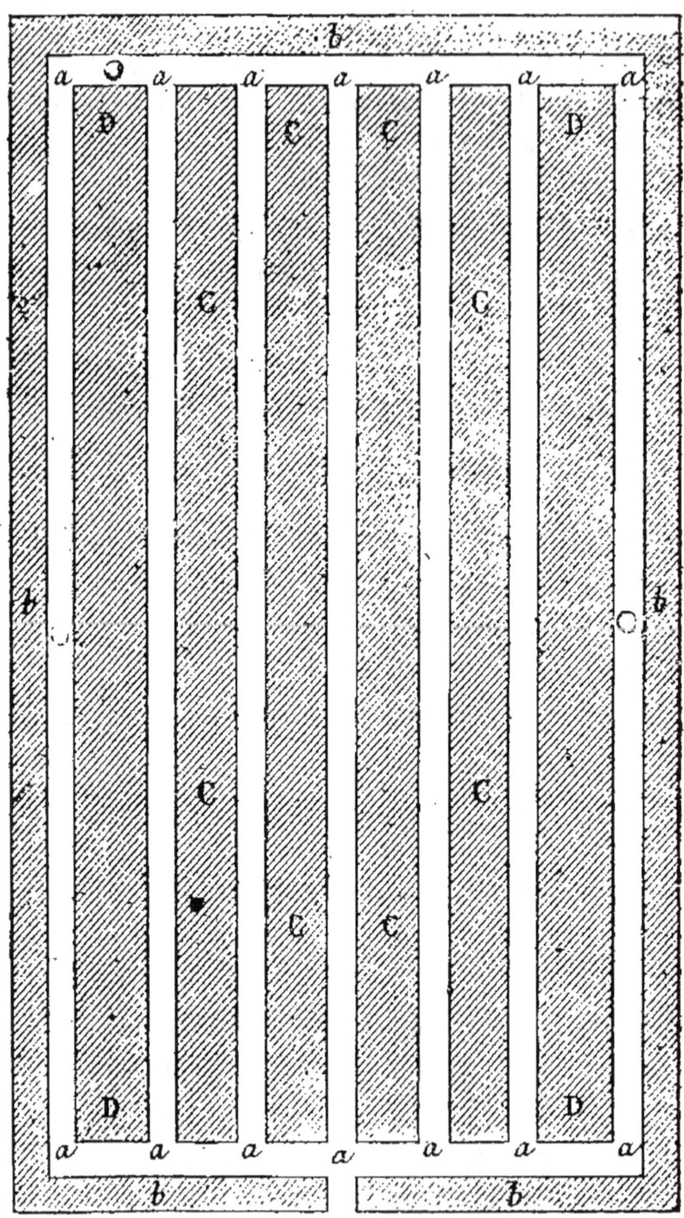

Fig. 125. — Nouveau jardin fruitier pour la spéculation.

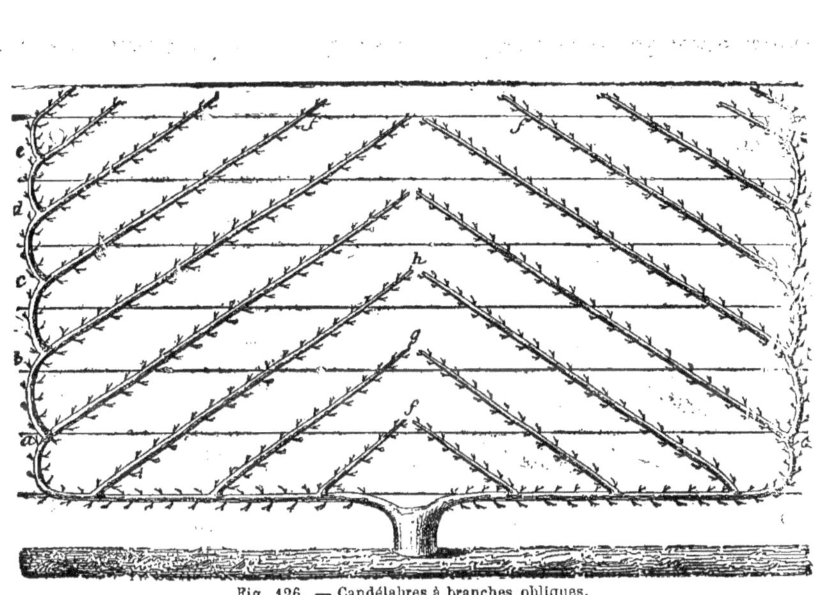

Fig. 126. — Candélabres à branches obliques.

figure), et elles seront séparées par des allées d'une largeur de 1ᵐ,80 (*a*, même figure).

Les plates-bandes D (même figure), en regard des murs latéraux, seront tantôt plus larges ou plus étroites que les autres, suivant l'étendue du jardin. Je donnerai la manière de les planter dans les deux cas.

Le mur au midi sera planté, suivant les débouchés du pays, partie en pêchers et partie en vigne. Les pêchers seront soumis à une seule forme : le candélabre à branches obliques (fig. 126). C'est la forme la plus productive, celle qui s'équilibre le mieux, comme la plus facile à faire.

La taille Gressent sera adoptée comme la plus prompte à exécuter et la plus productive, afin d'obtenir le maximum de produit des plus beaux fruits, et d'économiser plus des deux tiers de la main-d'œuvre.

On cultivera les variétés de pêchers hâtives ou tardives suivant les débouchés du pays.

La vigne sera également soumise à une seule forme, celle en obliques brisées : c'est la plus prompte à exécuter pour les murs de toutes les hauteurs, et, toutes choses égales d'ailleurs, donnant le produit le plus élevé en nombre, en qualité et en poids (fig. 127).

On cultivera les variétés suivantes, afin d'être sûr d'obtenir une récolte égale chaque année.

De l'extrême Nord à Paris : *précoce malingre, chasselas de Thomery ;* de Paris aux rives de la Loire : *précoce malingre, chasselas de Thomery, chasselas rose roya..*

A partir du climat de l'Anjou jusqu'à la Méditerranée, on pourra ajouter les deux variétés suivantes Franckenthal et muscat d'Alexandrie.

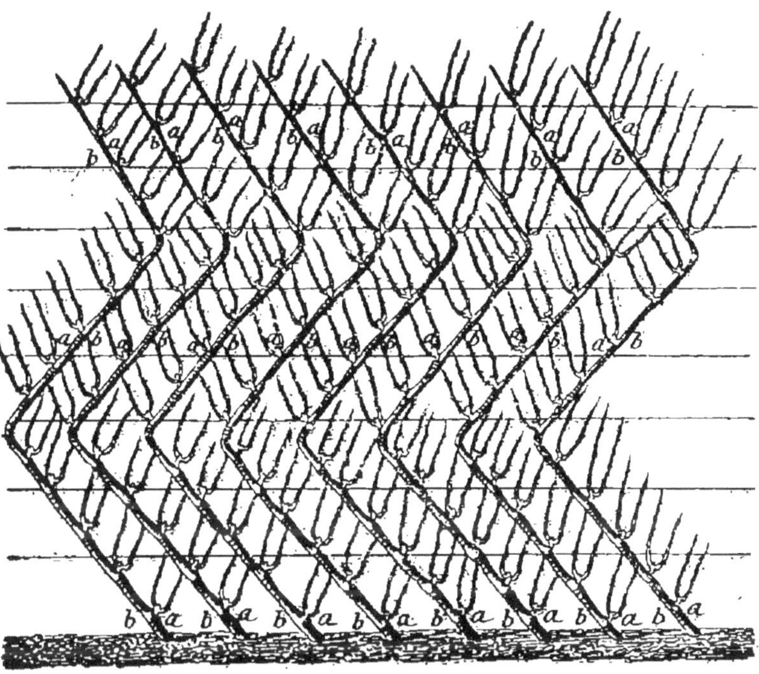

Fig. 127. — Vignes en obliques brisés.

Dans le cas où la vente des pêches et du raisin présenterait quelques difficultés, on les remplacerait, sur le mur, au midi, par des poiriers d'hiver. Les arbres seront tous soumis à la forme de candélabres à quatre branches (fig. 128).

Dans les deux cas précédents, on placera au bord de la plate-bande, au midi, un cordon à deux rangs (fig. 129). Le premier rang, le plus près du sol, sera planté en pommiers de *calville blanc ;* le second, celui du haut, en poiriers de *doyenné d'hiver*, ou *doyenné Boussoch.*

Le mur à l'est sera planté en poiriers, candélabres à quatre branches (fig. 128), des variétés mûrissant de novembre à janvier.

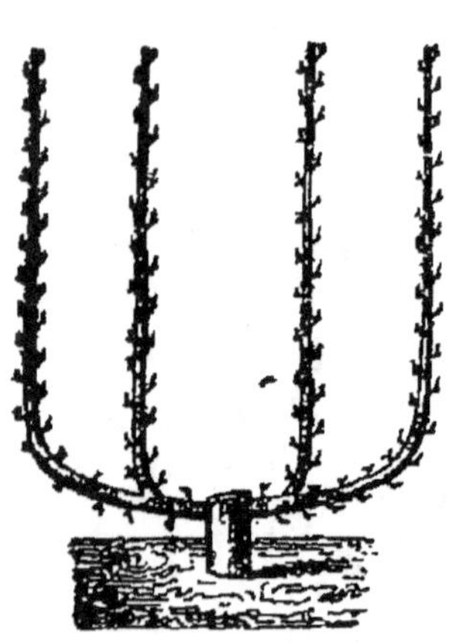

Fig. 128. — Candélabre à quatre branches.

Le cordon du bord de la plate-bande, comme le précédent, avec les variétés suivantes :

Pommiers de *Canada ;* poiriers *doyenné Boussoch, William, bonne d'Ézée.*

Le mur à l'est sera planté en poiriers candélabres à quatre branches (fig. 128), dont les fruits mûrissent de décembre à mars : *beurré d'Aremberg, beurré Diel, Clairgeau* sur franc, *Assomption, doyenné d'hiver ;* — les cordons du bord en pommiers de *Canada* et poiriers *beurré Giffart, William, bon chrétien, Napoléon.*

Fig. 129. — Cordons unilatéraux à deux rangs.

Le mur au nord sera planté en cerisiers soumis à la forme de palmettes à branches courbées (fig. 130), pour couvrir un mur en quatre ans ; on plantera les deux variétés suivantes : *anglaise*, hâtive ; belle *magnifique*, tardive.

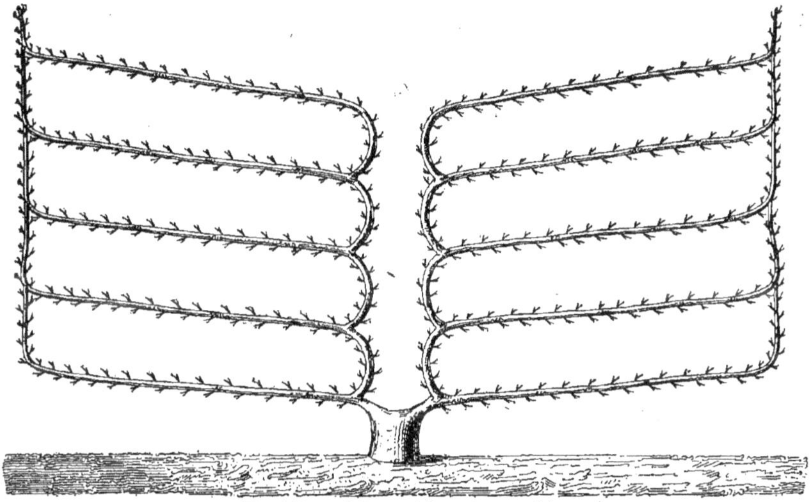

Fig. 130. — Palmette à branches courbées.

Les cordons du bord seront plantés, comme les précédents, avec les variétés suivantes : pommiers : *belle Dubois, calville Saint-Sauveur ;* — poiriers : *Louise bonne* et *épargne.*

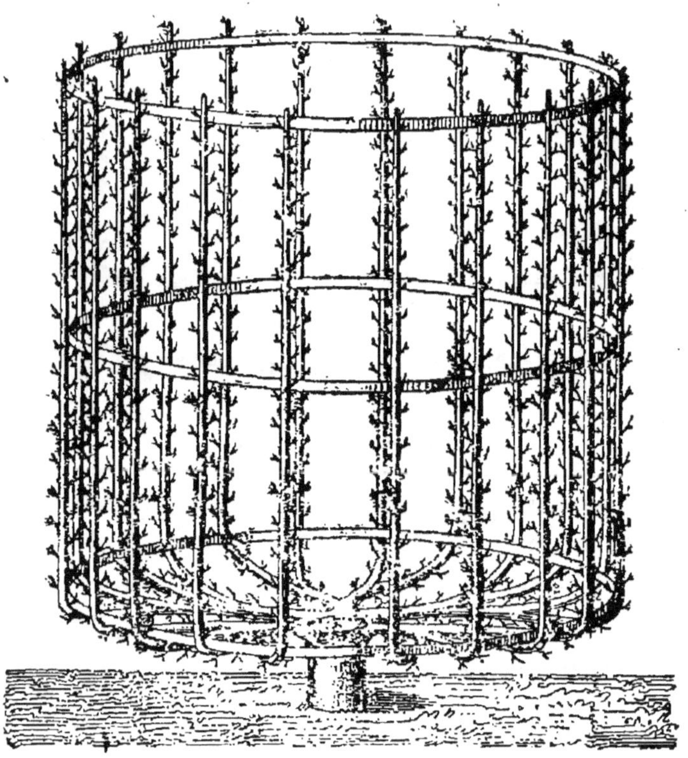

Fig. 131. — Vase.

Les plates-bandes G seront plantées ainsi : les deux bordant l'allée centrale en vases (fig. 131), distants de 5 mètres, ayant 2 mètres d'élévation et 2 mètres de diamètre. Le diamètre doit être égal à la hauteur.

Si le jardin est placé sous un climat un peu doux, au sud de Paris, on cultivera des fruits à noyau :

abricotiers, pruniers et cerisiers en vases, la forme la plus productive pour ces fruits.

Les variétés préférables sont : abricotiers : *gros rouge, pêche ;* — pruniers : *Monsieur, reine Claude, Coé Golden, bleue de Belgique ;* — cerisiers : *anglaise, hâtive, belle de Sceaux, belle magnifique, reine Hortense.*

Au besoin, on cultiverait l'abricotier en vase sous le climat de Paris, mais il faudrait l'abriter avec un capuchon en toile pour assurer la récolte.

Si on renonce à l'abricotier, on pourra, sans danger, cultiver le prunier et le cerisier en vases, et remplacer les abricotiers par des poiriers.

Les meilleures variétés pour vases sont : *Tongres, Robertine, Bergamote Esperen, beurrés Diel et d'Amanlis.*

Chaque plate-bande de vases sera bordée d'un cordon sans fin de pommiers à un rang (fig. 132)

Fig. 132. — Cordons sans fin.

de l'une des deux variétés suivantes : *calville blanc* ou *reinette du Canada.*

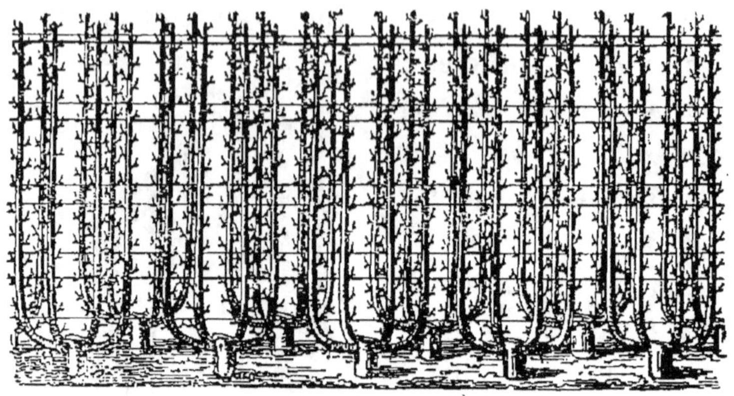

Fig. 133. — Contre-espalier de Versailles.

Entre chaque vase, on placera un pied de groseillier à grappes ou épineux, de belle variété de table, ou un pommier de calville rouge en buisson, suivant les débouchés du pays.

Fig. 134. — Cordons unilatéraux à un rang.

Les deux plates-bandes seront plantées en contre-espaliers de Versailles (fig. 133).

Cette forme, des plus productives, très promptement faite, et d'une longue durée, fructifie très vite et apporte une économie de 75 pour 100 sur les désastreuses plantations rapprochées, qui jamais ne doivent entrer dans le jardin du spéculateur.

Le candélabre à quatre branches est une excellente

forme pour le poirier ; mais elle ne convient, dans le jardin de spéculation, ni au pêcher, ni aux autres arbres à fruits à noyau, qui poussent trop vigoureusement pour fructifier abondamment sous une forme trop restreinte.

Les meilleures variétés de poiriers pour contre-espaliers de Versailles sont : *duchesse, duchesse d'hiver*, *beurré Diel*, *beurré Giffart*, *beurré Hardy*, *bergamote Herault*, *beurré Fouqueray*, *Épargne*, *bergamote Esperen*, *doyenné Boussoch*, *Assomp-*

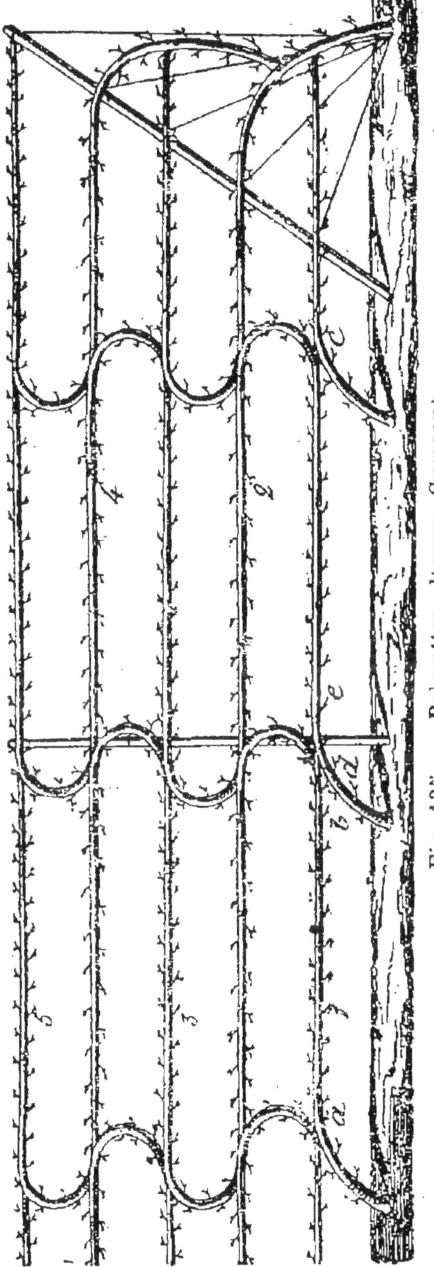

Fig. 135. — Palmettes alternes Gressent.

tion, triomphe de Jodoigne, passe-crassane, Tongres, etc.

On plante au bord des plates-bandes de contre-espaliers un cordon de poiriers à un rang (fig. 134) des variétés suivantes : *passe-Colmar, bonne de Malines, bonne d'Ézée.*

Si les deux plates-bandes D (fig. 125) ont plus de 2 mètres de large, on place une palmette alterne (fig. 135) de poiriers, de pommiers ou de cerisiers au milieu, et un cordon à deux rangs, plantés comme ceux du bord de la plate-bande de chaque côté.

Quand la plate-bande a moins de deux mètres, on plante le cordon à deux rangs au bord de l'allée de tour et la palmette alterne sur l'autre bord, afin d'éviter d'ombrager l'espalier.

J'indique plus loin, aux *Cultures spéciales*, les variétés les plus propres à la spéculation. Dans le jardin du propriétaire, on multiplie les variétés à l'infini ; il faut y obtenir des fruits pour toutes les saisons. La plantation du propriétaire diffère donc entièrement de celle du spéculateur, qui recherche seulement le produit le plus élevé, et il ne peut l'obtenir qu'avec peu de variétés, des fruits d'hiver surtout, se gardant longtemps et pouvant être vendus tous à la même époque.

La création d'un jardin comme celui que je viens d'indiquer peut revenir de 2,500 à 4,000 fr. l'hectare, suivant que les palissages seront en bois ou en fer, et produira de 10,000 à 12,000 fr. par an, s'il a été bien créé et bien conduit.

Les travaux de défoncement, pose des palissages, plantation, etc., seront les mêmes dans le jardin destiné à la spéculation que dans celui du propriétaire.

CHAPITRE III

CRÉATION DU JARDIN FRUITIER

PRÉPARATION DU SOL

Lorsqu'après s'être assuré de la valeur du sol on le rencontre de même qualité jusqu'à la profondeur de 80 centimètres, il n'y a qu'à défoncer les plates-bandes en plein ; mais, si on trouve de la mauvaise terre à une profondeur moindre, il faut retirer d'abord toute la bonne terre des allées, la jeter sur les plates-bandes, et mettre à sa place la mauvaise terre des plates-bandes en défonçant. Lorsqu'on a un amendement à introdúire dans le sol, il faut le répandre également sur les plates-bandes, avant de défoncer.

Les défoncements doivent être faits à une profondeur de 70 à 80 centimètres environ dans les sols argileux, de 90 centimètres à un mètre dans les sols de consistance moyenne, et d'un mètre dans les sols siliceux. Voici comment on procède aux défoncements : on ouvre sur un bout de la première plate-bande du jardin une tranchée de la profondeur voulue sur une longueur de 2 mètres, pour que deux hommes puissent travailler sans se gêner dans la tranchée. On porte cette terre avec la brouette à l'extrémité de la dernière plate-bande. Deux hommes descendent dans la tranchée, l'un armé d'une pioche, l'autre d'une pelle ; le premier coupe verticalement avec sa pioche une tranche de terre de 30 à 40 centimètres d'épaisseur, du niveau du sol au fond de la tranchée, en ayant soin de mélanger la terre du dessus, du milieu et du dessous, en la faisant tomber au fond de la tranchée ; le second ramasse cette terre avec la pelle et la jette derrière lui. Les hommes se relayent ; ils piochent et ramassent la terre alternativement et continuent ainsi jusqu'au bout de la plate-bande.

Les plates-bandes du jardin fruitier sont parallèles ; nous avons ouvert la tranchée sur la première et porté la terre à l'extrémité de la dernière. C'est le seul brouettement de terre à faire. Quand les terrassiers arrivent au bout de la première plate-bande il reste un vide égal à l'ouverture de la tranchée ; ce vide est bouché avec l'ouverture de la tranchée de la seconde plate-bande en jetant la terre à la pelle, par-dessus l'allée.

On opère ainsi pour chacune des plates-bandes,

jusqu'à la dernière, où l'on trouve la terre de l'ouverture de la première tranchée pour boucher le dernier vide.

Il est très urgent de bien mélanger ensemble toutes les couches de terre, et, dans tous les cas, les terrassiers ne doivent se servir que de deux outils: la pioche et la pelle. J'insiste sur ces deux points, parce que les personnes peu habituées à faire exécuter ces sortes de travaux se laissent souvent influencer par les ouvriers, et il en résulte toujours pour elles une dépense double au moins pour exécuter un mauvais travail.

Le mélange des diverses couches de terre est indispensable pour former le sol de la profondeur du défoncement, de même qualité, et surtout de même consistance. Les racines de la plupart des espèces n'atteindront jamais cette profondeur, mais la terre remuée profondément fournit toujours aux racines, par l'effet de la capillarité, l'humidité dont elles ont besoin. Lorsque le défoncement n'est pas assez profond, ou que le mélange des terres est mal fait, les arbres souffrent presque toujours de la sécheresse.

En outre, un défoncement fait comme je l'indique renouvelle entièrement le sol et permet de créer le jardin fruitier sur les terrains les plus boisés, avec certitude de succès. J'en donnerai pour exemple mon école d'Orléans, créée dans un jardin qui était couvert d'arbres à haute tige, d'énormes tilleuls, etc. etc. Mon école de Sannois était aussi couverte d'arbres.

J'ajouterai encore que j'ai créé plusieurs jardins fruitiers sur des défrichages de bois, et que ces jardins sont magnifiques. Il suffit de bien opérer les défoncements pour faire un sol neuf et de lui donner les engrais suffisants pour obtenir un résultat certain.

J'insiste sur l'emploi de la pioche et de la pelle, en proscrivant la bêche d'une manière absolue pour les défoncements, parce que les ouvriers qui n'en ont pas la pratique veulent toujours les faire à la bêche. Voici ce qui a lieu dans ce cas : ils enlèvent avec le premier fer de bêche la terre la meilleure et la jettent au fond de la tranchée ; le second fer de bêche vient recouvrir le premier ; le troisième recouvre le second, et enfin le quatrième, le fond de la tranchée, forme le dessus du sol. C'est un travail pitoyable : le sol retourné sens dessus dessous peut rester infertile pendant plusieurs années. Si la terre est un peu argileuse, chaque coup de bêche forme une brique ; la terre n'est pas aérée : les mottes ne sont pas brisées ; il eût mieux valu se tenir tranquille que de faire un pareil travail. Indépendamment de ces graves inconvénients, le défoncement à la bêche revient très cher, surtout quand il est fait à la journée.

Les défoncements doivent être exécutés par un temps sec : il faut veiller à ce qu'ils soient bien faits, et ne jamais les donner à faire qu'à la tâche. Dans tous les pays on peut faire les défoncements aux prix suivants du mètre courant : dans les sols argileux, de 35 à 40 centimes ; dans les sols de consistance moyenne, de 25 à 30 centimes, et dans les sables,

20 à 25 centimes. A ces prix, il y a avantage pour le propriétaire et bénéfice pour l'ouvrier laborieux.

Aux environs de Paris, où tout est plus cher qu'en province, il faut payer de 40 à 50 centimes pour les terres fortes, de 30 à 35 centimes pour les sols de consistance moyenne, et 25 centimes pour les sables.

Lorsque le défoncement est fait, on laisse la terre se tasser, reprendre ses aplombs pendant un mois ou six semaines, puis on pose les palissages. Les défoncements peuvent se faire en toute saison; cependant il est préférable de les exécuter pendant l'été, avant l'époque des pluies, qui souvent font perdre un temps précieux et obligent à suspendre le travail.

Lorsque le jardin a besoin d'être drainé, on peut procéder au défoncement sans se préoccuper du drainage: il peut se faire après coup, et même après la plantation, les drains étant toujours placés dans les allées ainsi que le collecteur.

CHAPITRE IV

CRÉATION DU JARDIN FRUITIER

PALISSAGES

Les palissages servant à attacher les arbres d'espalier et ceux destinés à soutenir les arbres de plein vent ont une grande importance dans l'arboriculture moderne.

Lorsque j'ai commencé à enseigner, rien de solide ni d'économique n'avait été fait. J'ai dû chercher, et je suis arrivé à faire confectionner des palissages des plus économiques pour les murs, et des armatures en fer, ne coûtant guère plus cher que le bois, pour les formes de plein vent.

Mes modèles trouvés et expérimentés, j'ai fait fonder une maison de quincaillerie horticole où mes nombreux adeptes pourraient trouver réuni tout ce qui leur serait nécessaire.

J'ai fait cadeau de tous mes modèles à *M. Basile Derouet*, et lui ai donné en même temps une clientèle des plus complètes: mes auditeurs et mes lecteurs. *M. Derouet* a vendu, pour se retirer des affaires, sa maison à M. Dusaillant, jeune négociant actif et intelligent, enlevé en quelques jours par une grave maladie; sa veuve a vendu sa maison à M. Ridard.

Pour toutes les demandes, comme pour les renseignements sur les prix, demander directement le catalogue à M. Ridard, successeur de M. Dusaillant, 9, *rue Bailleul*, a Paris.

Cela dit, passons en revue les modèles de palissages les plus solides, comme les plus économiques.

Tous les arbres du jardin fruitier sont soumis à des formes déterminées avant la plantation. Le but des formes qu'on impose aux arbres est d'augmenter leur produit, de hâter la fructification et de couvrir le plus vite possible tous les espaces qui leur sont affectés. De plus, les arbres du jardin fruitier, appelés à donner, chaque année, une récolte à peu près égale, doivent être solidement attachés à des palissages susceptibles de porter au besoin un abri momentané.

On ne palissait guère autrefois que les arbres en espalier; occupons-nous d'abord des murs. Le plus ancien des palissages est le palissage à la loque, encore employé à Paris et dans ses environs; mais il n'est possible que sur des murs crépis au plâtre, et encore les ruine-t-il assez vite et entraîne-t-il à des dépenses fréquentes de recrépissage. Il consiste à passer la branche dans un petit morceau de drap ou de toile, que l'on fixe sur le mur avec un clou. Ce mode de palissage est impraticable sur les murs crépis au mortier; alors il faut avoir recours au treillage ou au fil de fer.

On fait le treillage de deux manières : avec du bois fendu et attaché avec du fil de fer. Ce genre de treillage revient à 1 fr. le mètre ; il dure dix ans à peine, exige de fréquentes réparations, et offre deux immenses inconvénients : le premier est de servir de refuge à tous les insectes : le second est de ruiner les arbres, ou au moins de faire casser une grande partie des rameaux et des boutons à fruits en réparant le treillage et en l'enlevant pour en remettre un neuf.

Le treillage, scié, cloué et peint, dure plus longtemps, quinze ans environ ; il est moins dangereux pour les insectes, mais il coûte 1 fr. 50 à 2 fr. le mètre. Ce treillage nécessite, comme le précédent, l'emploi des baguettes ou des lattes, quand on veut soumettre un arbre à une forme régulière, et obtenir des branches droites.

Reste le fil de fer galvanisé, dont la durée est infinie ; il n'offre pas de refuge aux insectes et ne demande pas de réparations ; de plus, il coûte beaucoup meilleur marché que les plus mauvais treillages.

Lorsqu'on a commencé à se servir du fil de fer sur les murs, l'inventeur semblait avoir dépensé tout son génie à en employer vingt fois plus qu'il n'en fallait. J'ai dû réformer tous ces abus et chercher, dans la pratique, autant et peut-être plus de solidité, avec dix fois moins de dépense.

Voici le mode le plus simple et le plus économique de placer les fils sur les murs. On scelle solidement à chaque extrémité du mur des clous ronds

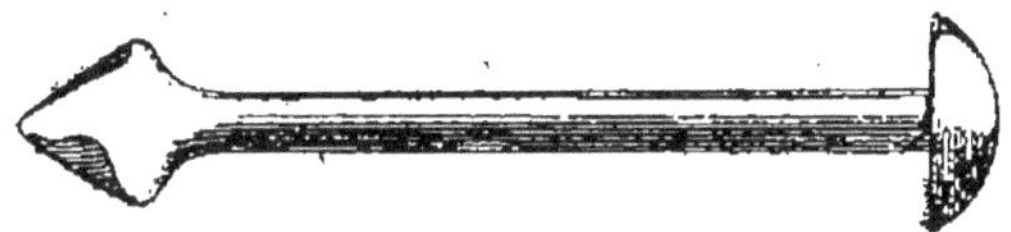

Fig. 136. — Clou rond galvanisé.

galvanisés (fig. 136), aux distances suivantes : le premier à 40 centimètres du sol, et les autres à 50 centimètres de distance (*a*, fig. 138), jusqu'au haut du mur, ce qui donne six lignes de fil de fer pour un mur de 3 mètres d'élévation. J'ai dit *sceller* et le répète, parce que c'est urgent. Les industriels, qui font bon marché des intérêts du propriétaire pour le leur, ont trouvé plus commode de faire un trou dans le mur avec un poinçon, d'y introduire un morceau de bois, et d'enfoncer ensuite dedans un clou à pointe, avec le marteau. C'est plus tôt fait et très solide, disent-ils. Plus tôt fait, oui ! Très solide, non ; ce ne l'est même pas du tout !

Au bout d'un certain temps, le bois pourrit, et le clou tombe infailliblement, quand toutefois on ne l'a pas arraché en serrant les fils de fer. Alors il faut finir par où l'on aurait dû commencer : par sceller les clous ronds des extrémités, et, malgré toutes les précautions possibles, les arbres sont toujours abîmés par la *repose* des fils de fer.

On trace ensuite au cordeau, dans toute la longueur du mur, les lignes du fil de fer, et l'on enfonce au marteau, tous les 5 mètres environ, sur ces lignes, des supports à pointes galvanisés, pour maintenir

Fig. 137. — Support à pointe galvanisé.

le fil de fer (fig. 137). Ces supports doivent être placés en échiquier, pour donner plus de solidité (*b*, fig. 138). Il n'y a aucun inconvénient à enfoncer les supports avec le marteau, parce qu'ils ne fatiguent pas ; ils ne font que soutenir le fil de fer ; mais les clous des extrémités, subissant la tension des raidisseurs, doivent être solidement scellés si l'on veut éviter l'inconvénient de les remplacer toutes les semaines, et de mutiler sans cesse les arbres, en faisant de continuelles réparations.

On fait passer un fil de fer n° 14 dans tous les supports ; on lui fait faire deux tours sur la tête du clou rond ; on boucle, puis on le tend à l'autre extrémité avec un raidisseur.

Ce palissage, aussi simple qu'économique, peut servir pour toutes les formes d'arbres. Si ce sont des cordons obliques, on place une latte de sciage (*c*, (fig. 138) à la place que doit occuper chaque arbre ;

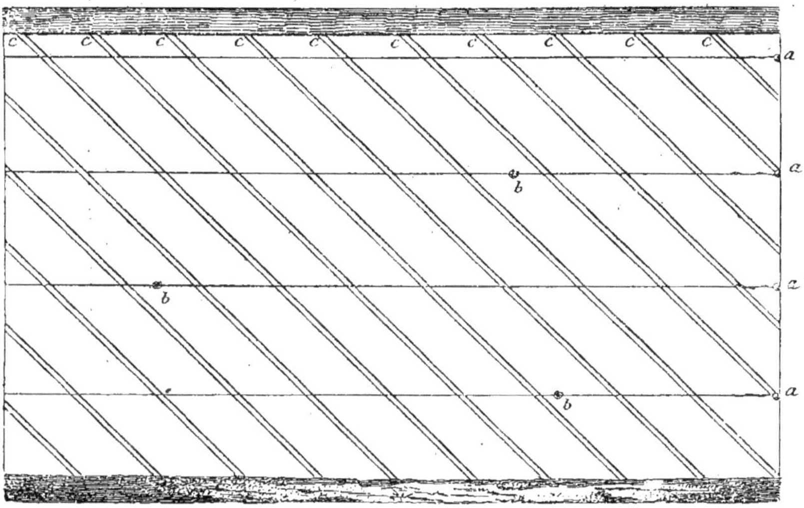

Fig. 138. — Palissage des murs pour cordons obliques.

on palisse l'arbre sur la latte pour le redresser, et l'on attache dessus les bourgeons de prolongement, pour qu'ils poussent aussi droit que la latte elle-même. Si l'on veut faire des candélabres à quatre branches ou des grandes formes, on les dessine avec les mêmes lattes, attachées sur les fils de fer, avec du fil de fer très fin ; le n° 5 est excellent pour cela.

Maintenant, calculons le prix de revient de chacun de ces palissages sur un mur de 100 mètres de long et 3 mètres de haut.

1° Treillage éclaté, 300 mètres à 1 fr.		300 f.	»
2° Treillage scié, cloué et peint, 300 mètres à 1 fr. 60, tout posé		480	»
3° Fil de fer galvanisé, 6 lignes, 12 clous ronds galvanisés à 6 cent.,	» f. 72		
360 supports galvanisés à 6 cent...	21 60		
20 kilogs de fil de fer galvanisé, 1re qualité, à 1 fr	20 »	66	32
Scellement, pose des supports, des fils de fer et raidisseurs	10 »		
200 lattes de sciage à 7 fr. le cent..	14 »		

Je compte 200 lattes pour toutes les formes, et à la rigueur je ne devrais pas les porter en compte puisqu'il faut en mettre par-dessus le treillage pour former les arbres. Je veux compter largement.

Dans une période de trente années, le treillage éclaté, renouvelé trois fois, coûtera	900	»
Le treillage scié, cloué et peint, renouvelé une fois coûtera	960	»
Le fil de fer	66	32

Si je portais en ligne de compte l'entretien du treillage, je prouverais facilement que cet entretien est plus dispendieux en trois années que l'achat et la pose des fils de fer qui durent aussi longtemps que le mur.

Pour la vigne seulement, les lignes de fils de fer seront placées à 25 centimètres au lieu de 50.

Disons, pour terminer ce qui est relatif aux treillages, que le treillage ne peut être employé pour les palissages de plein vent, à moins de vouloir faire un jardin ayant une parfaite similitude avec un parc à bestiaux.

L'organisation des palissages de plein vent, celle des contre-espaliers surtout, m'a préoccupé pendant longtemps.

Je voulais sortir à tout prix des organisations existantes, aussi laides que dispendieuses, et en outre je voulais encore supprimer presque complètement le bois au profit du fer, dans les palissages des jardins. L'expérience m'a prouvé que le bois, même lorsqu'il est sulfaté, pourrit assez vite et demande à être renouvelé au bout de quelques années, surtout dans les sols argileux.

Pour généraliser l'usage du fer, il fallait l'établir presque au même prix que le bois, avec une différence assez peu sensible pour y faire renoncer : il fallait encore faire du fer solide, facile à poser, ne demandant ni pierres de taille, ni scellements au soufre ou au plomb, toujours très dispendieux, et sans avoir recours à d'autres ouvriers que les jardiniers et leurs aides. Tel est le programme que j'avais résolu, lorsque j'ai fait cadeau de tous mes modèles à M. *Basile Derouet*, à la fondation de sa maison.

Il y avait d'autant plus à perfectionner qu'il n'existait rien de sérieux jusqu'alors ; l'industrie parisienne avait cherché l'économie en montant les barres de fer dans des morceaux de bois sulfatés ; c'était pitoyable. Au bout de quelques années, les bois pourrissaient, et les barres de fer tombaient à terre en brisant les arbres.

C'est alors que m'est venue l'idée des croix et des piquets en fer, ne demandant pas de scellements, excepté pour les contre-espaliers, et tranchant victorieusement les questions de solidité, d'élégance et de bon marché, tant dans l'achat que dans la pose.

Commençons par les contre-espaliers, pièces capitales du jardin fruitier.

Les contre-espaliers en fer se composent de deux choses :

1° Des arcs-boutants, pour les extrémités ;

2° Des supports intermédiaires pour le milieu.

Les arcs-boutants d'extrémités (fig. 139), en fer, se composent de deux pièces : du montant *a* et de la jambe de force *b*. Ces deux pièces sont réunies ensemble par des boulons serrés avec des écrous à l'endroit *c*. Quand on expédiait un peu loin des arcs-boutants de contre-espaliers soudés, on les recevait toujours cassés ou faussés ; envoyés en deux pièces, ils arrivent en parfait état.

Le montant *a* est terminé par une double S en fer plat *d*, et au-dessus il y a une barre de fer plate, ayant deux entailles *f* pour arrêter les fils de fer attachés aux colliers.

La jambe de force *b* porte des barres d'écartement *g*, de 40 centimètres de longueur pour les contre-espaliers verticaux et de 60 pour ceux de Versailles, avec des encoches, pour arrêter les fils de fer, et se termine par une croix en fer plat *h*.

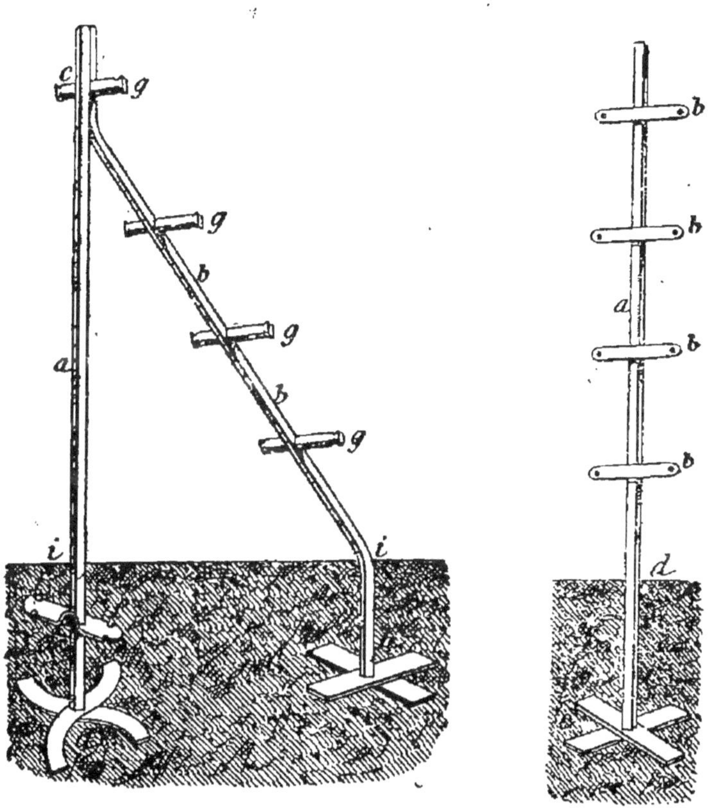

Fig. 139.
Arc-boutant de contre-espalier.

Fig. 140.
Supports intermédiaires
de contre-espalier.

Pour obtenir une grande solidité, l'écartement du montant et de la jambe de force doit être de : 1^m,50 au moins rez le sol ; lorsqu'il est moindre, l'arc-boutant perd beaucoup de sa solidité.

Les supports intermédiaires se composent d'une tige de fer à T (*a*, fig. 140), de barres d'écartement longues de 40 ou de 60 centimètres, suivant la destination du contre-espalier, percées de trous pour passer les fils de fer *b*, et se terminent par une croix en fer (*c*, même figure).

Rien n'est plus simple ni plus économique que la pose des contre-espaliers, et rien n'est plus solide en même temps ; le premier venu, jardinier ou journalier, peut mettre un contre-espalier en place, avec les marques qui y sont faites. Homme pratique, j'ai voulu éviter les complications et amener les choses à leur dernière expression de simplicité.

Les contre-espaliers ont 3 mètres d'élévation. La jambe de force est coudée juste en haut de la partie enterrée, et le montant porte une encoche sur la ligne *i*, indiquant le niveau du sol ; il en est de même pour les supports intermédiaires ; il n'y a besoin de rien mesurer ; il n'y a qu'à placer la marque rez le sol, et tout est posé juste. Tel est le modèle que j'ai donné et que l'on m'a promis de faire fabriquer avec exactitude.

On fait au bout de la plate-bande deux trous de 60 à 70 centimètres environ de profondeur, l'un pour le montant, l'autre pour la jambe de force. On pilonne bien la terre du fond pour l'unir et la tasser, puis on pose des briques à plat au fond du trou. On prend le montant, pour s'assurer de la profondeur ; la marque doit être rez le sol : on en fait autant avec la jambe de force dont le coude doit être aussi rez le sol.

Cela fait, on place les boulons qui relient les deux pièces, et on serre bien les écrous. On coupe quatre bouts de fils de fer n° 17 ; je dis n° 17, parce que le n° 14, adoré des poseurs de palissages pour faire des colliers, casse au bout de quelques années et oblige le propriétaire à arracher deux arbres pour mettre un autre collier. Le n° 17 ne casse jamais, le n° 14 casse toujours au bout de cinq ou six ans. On en tortille deux ensemble pour faire deux boucles de colliers. En ajustant les briques où le montant sera placé, on laisse deux petits écartements pour passer ces deux fils de fer ; cela fait, on coule un peu de ciment gâché clair, pour souder les briques ensemble. On opère de même pour le trou de la jambe de force, mais avec cette différence qu'il n'y a pas de fil de fer à mettre.

On place ensuite l'arc-boutant au milieu du trou, et l'on remplit le vide existant entre les deux S (*e*, fig. 139) jusqu'à la barre de fer plat (même figure) avec des briques ou des pierres liées ensemble avec un peu de ciment. On entoure la maçonnerie avec les deux fils de fer doubles ; on les tortille sur la barre *f* (même figure) ; on serre de façon à les faire entrer dans les coches *f* (même figure), et l'on termine l'opération en faisant une boucle solide. Tous les fils de fer du contre-espalier viendront s'attacher dans ces boucles.

On place ensuite quelques briques ou pierres sur la

croix de la jambe de force (h, fig. 139) ; on les lie avec un peu de ciment, qu'on laisse bien prendre avant de le recouvrir de terre.

Les deux arcs-boutants des extrémités sont montés de la même manière. On les pose en premier ; ensuite on place deux supports intermédiaires à 3 mètres des arcs-boutants, et les autres à 5 mètres de distance entre eux.

On fait pour les supports intermédiaires des trous que l'on garnit de briques au fond : une encoche indique la hauteur du sol. Le montant placé et aligné sur les deux arcs-boutants, on place quelques briques, ou des pierres à défaut de briques, sur les croix ; on y ajoute un peu de ciment ; lorsqu'il est bien pris, on rebouche le trou en tassant la terre avec les pieds.

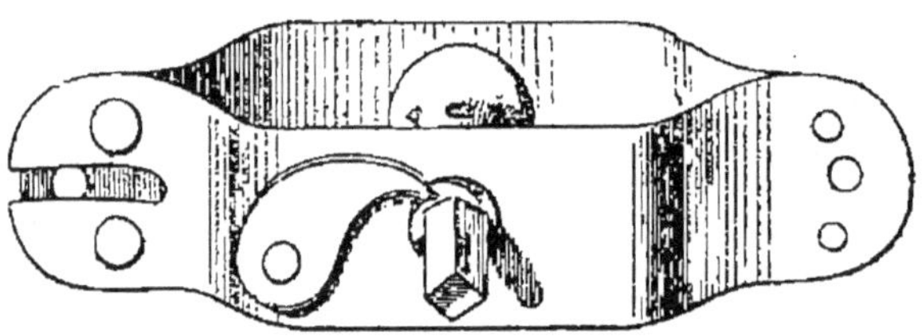

Fig. 141. — Raidisseur à double effet.

On monte ensuite les raidisseurs à double effet (fig. 141) sur les bouts de fil de fer mesurés de façon à s'agrafer dans la boucle du collier et à venir à 1^m,50 des barres d'écartement de la jambe de force, de manière à placer tous les raidisseurs en ligne.

J'avais adopté ce raidisseur pour sa solidité à toute épreuve ; il permet de tendre et de détendre les fils de

fer à volonté; mais le point d'arrêt est souvent difficile à faire mouvoir.

L'industrie parisienne nous a doté depuis peu d'un
raidisseur moins massif (fig. 142), pourvu d'un cran
double *à*, qui joue avec la plus grande facilité et
sans être sujet à réparations; je l'ai adopté avec empressement.

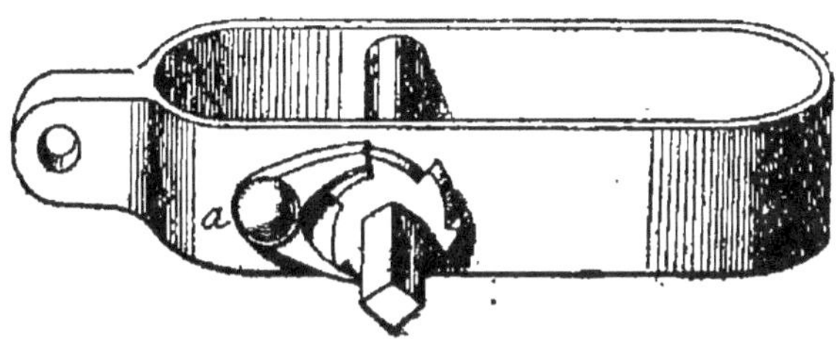

Fig. 142. — Nouveau raidisseur.

M. Basile Derouet a inventé aussi un raidisseur
très bon marché : 12 *francs le cent* (fig. 143).

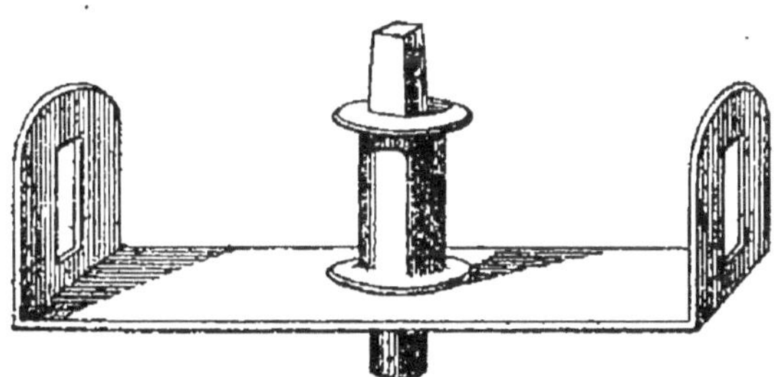

Fig. 143. — Raidisseur Derouet.

Il affirme que son raidisseur est parfait, mais, ne me
l'ayant pas donné à expérimenter, je ne puis confirmer son dire, car je crains fort que ce ne soit une
excellente machine à *casser* les fils de fer.

On boucle les huit fils de fer aux boucles du collier, quatre de chaque côté, en ayant le soin de tor-
tiller le fil de fer double à une hauteur de 40 centimètres environ au-dessous du sol ; cette précaution est
utile pour éviter les accidents ; un coup d'un outil quelconque coupe un fil de fer simple, jamais un double.
Ensuite on bouche le trou en tassant la terre.

Il n'y a plus qu'à passer les fils de fer dans les trous
des barres d'écartement, à les boucler à l'autre extrémité, et à donner un ou deux tours de clef seulement.
Quand tous les fils de fer sont placés, on bouche les
trous, et l'on serre à volonté.

Ces contre-espaliers sont très solides ; rien aussi
n'est plus léger ni plus gracieux.

Ce modèle, d'une solidité à toute épreuve, peut
servir pour les contre-espaliers verticaux aussi bien
que pour ceux de Versailles ; il n'y a, en les comman-
dant, qu'à demander des barres d'écartement de
60 centimètres au lieu de 40. Une augmentation de
50 centimes ou 1 franc en plus par jambe de force et
supports payera dix fois le fer employé en plus.

Mais, pour obtenir la solidité et éviter les réparations, il faut suivre *à la lettre* ce que je viens de dire
et surveiller la pose, afin de s'assurer si l'on opère
comme je l'indique et avec les numéros de fil de fer
que j'ai désignés.

Si j'ai mis un grand empressement à adopter le
contre-espalier de Versailles, comme une des plus
utiles innovations de l'époque, j'en ai mis un non
moins grand à rejeter la charpente qui le soutenait.

Lourde, massive et revenant à un prix plus qu'élevé, cette charpente était au fer ce que les poteaux Du Breuil sont au bois : un vrai monument.

Le contre-espalier étant plus large, j'ai voulu en augmenter la solidité, et la rendre assez grande pour braver même les vents de mer :

Voici à quoi je me suis arrêté :

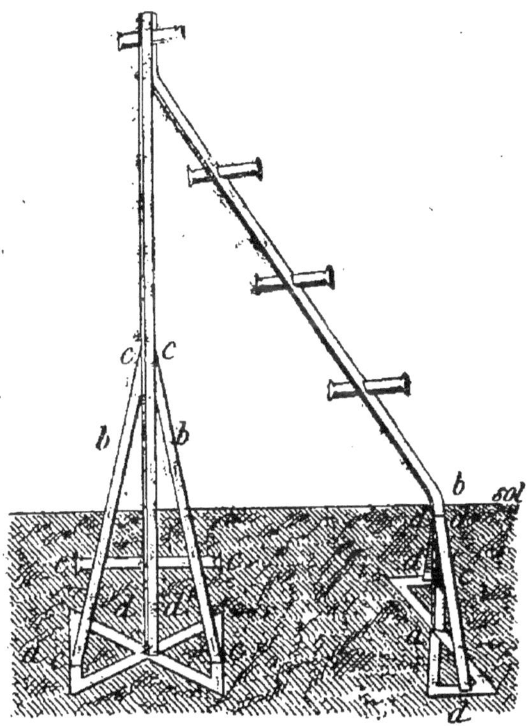

Fig. 144. — Nouvel arc-boutant Gressent, pour le contre-espalier.

Pour les arcs-boutants des extrémités, le montant est assis sur la monture (*a*, fig. 144) ; deux barres de fer plat font X, et les sommets de l'X sont reliés par une barre de fer plat. Cette monture est posée sur des briques placées à plat au fond du trou et bien de niveau pour éviter toute oscillation. Deux jambes de force *b*, rivées au point *c* au montant, rendent tout mouvement impossible. Le vide existant entre l'X et la barre de fer *c*, enterrée dans le sol, sera rempli par une maçonnerie de pierres et de ciment entourée par les boucles du collier pour attacher le fil de fer.

La jambe de force de l'arc-boutant se termine également par un X coudé *a*, et consolidé avec deux petites jambes de force *d*, complètement enterrées et rivées comme les précédentes (fig. 144).

Pour la pose des supports intermédiaires, même opération. Quelques briques ou pierres soudées sur l'X *a*, qui termine le pied, suffisent pour leur donner une solidité à toute épreuve (fig. 145). On remplit l'X avec quelques pierres ou des briques reliées ensemble par du ciment jusqu'à la ligne *d* (même figure).

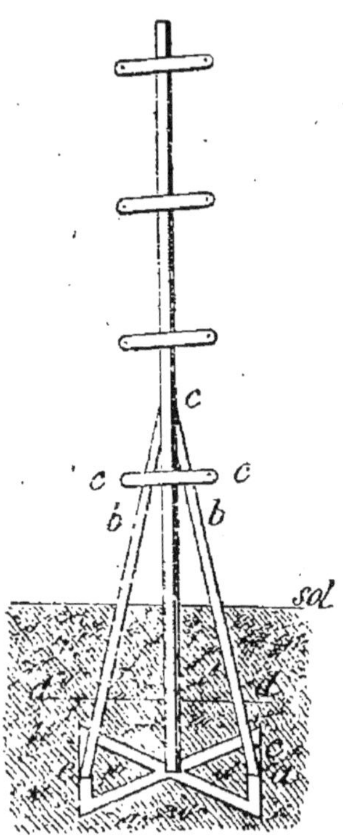

Fig. 145. — Nouveau support Gressent, pour contre-espalier.

J'ai fait fabriquer ce modèle, je l'ai posé et soumis à toutes les épreuves. Rien ne peut être plus solide et n'aurait pu être plus économique, si je n'avais eu à compter avec le commerce.

Pour une addition de fer dont la valeur est presque nulle et la main-d'œuvre peu de chose, les contre-espaliers de Versailles ont été cotés, par Derouet, à un prix qui a fait reculer beaucoup de personnes; j'espère que M. *Ridard* sera mieux avisé.

Je tenais à ce modèle de charpente pour son extrême solidité; mais devant une impossibilité, tenant plus encore au contre-espalier qu'à la charpente, j'ai fait servir celle du contre-espalier vertical pour le contre-espalier de Versailles, avec une simple addition de longueur des barres d'écartement, 60 centimètres au lieu de 40. Il n'y a que cette addition de fer; pas un rivet à faire, ni un trou à percer en plus. C'est donc pour quatre barres d'écartement, par jambe de force ou support intermédiaire, 80 centimètres linéaires de fer, valant 50 centimes. En payant 1 franc de plus par pièce, on témoignera du plus profond respect pour le bénéfice obligatoire du commerce. ,

Il suffira de faire tous les scellements au ciment, pour avoir toute la solidité désirable. Pour les contre-espaliers avec abris, voir au chapitre *Abris*, page 99.

Tels sont les modèles de contre-espaliers que j'ai fait fabriquer après expérimentation et que j'adopte à *l'exclusion de tous les autres.*

Ces modèles de charpente donnent une complète garantie de solidité, alliée au bon marché, et sont construits pour ne gêner en rien la végétation des arbres.

Disons en terminant que l'on devra s'assurer de

l'écartement de 1^m,50 du montant de l'arc-boutant à la jambe de force, rez le sol ; en outre, les barres d'écartement devront être *solidement rivées* sur les jambes de force et sur les supports intermédiaires, et non *maintenues avec des agrafes* (invention de M. Derouet).

La tension continue des raidisseurs dérange les agrafes ; l'aplomb étant détruit, il en résulte des lignes torſues et des bris continuels de fils de fer. Alors, il faut tout démonter après la plantation, pour rétablir la charpente dans des conditions normales, ce qui est désastreux pour les arbres.

Le manque d'observation de ces deux conditions peut amener des désagréments de toute nature, et des réparations aussi coûteuses que nuisibles aux arbres, et à un objet neuf n'en demandant jamais, même après un long service, quand il est fabriqué comme je l'ai indiqué.

J'ai dû décrire mes modèles de contre-espaliers pour édifier mes lecteurs sur ce que j'adopte et leur éviter de faire d'onéreuses écoles en employant les modèles inventés par le commerce.

Mes contre-espaliers ont mis en émoi toute la gente de la ferraille ; chacun a voulu avoir aussi son modèle, et de cette ambition sont nées des conceptions plus saugrenues les unes que les autres.

D'abord le contre-espalier simple *pour clôture !* Notez, chers lecteurs, que le contre-espalier simple, à un rang d'arbres, et *pour clôture*, coûte à peu de chose près le même prix que mes contre-espaliers, ayant deux rangs d'arbres. Et de plus, en l'employant *pour clôture* (c'est une idée fixe du citoyen ferrailleur), on le placera, quatre-vingt-dix-neuf fois sur cent, à une exposition contraire à sa fructification.

Mais en échange, s'il lui arrivait par hasard de donner des fruits, toujours en servant de clôture, les maraudeurs rééditeraient l'ancienne politesse française à l'endroit du contre-espalier, par les fréquentes visites qu'ils feraient à ses fruits. Cadet Roussel eût difficilement trouvé mieux !

Au fait, j'y pense ; c'est peut-être dans un sentiment de philanthropie exagérée que l'inventeur a édité son contre-espalier, toujours pour clôture, dans l'unique but de rendre le vol des fruits facile sans

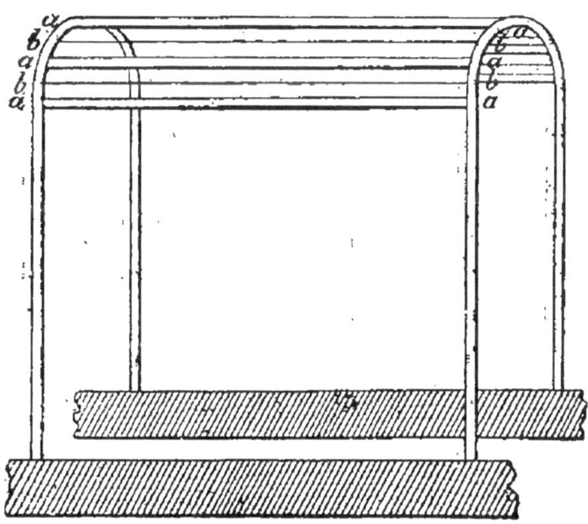

Fig. 146. — Simulacre des arceaux de contre-espalier à guilloline.

escalade et sans effraction, complications causant toujours des désagréments aux filous.

Cette élucubration n'a pas suffi aux princes de la ferraille ; voulant, comme chez feu Nicolet, faire de plus fort en plus fort, ils ont inventé le contre-espalier à *guillotine!*

Figurez-vous, chers lecteurs, une série d'arceaux dans le genre de la figure 146.

Quand sept ou huit de ces arceaux sont alignés à la suite les uns des autres, on jurerait être en présence d'une exposition de guillotines perfectionnées!

Je sais bien que cela peut avoir du succès auprès d'un certain public ; mais, ce public ne voulant rien créer, au contraire, je me demande ce que *cette ombre* de nos plus mauvais jours peut avoir à faire en arboriculture.

Je passerais sous silence cette insanité enfantée par un cerveau malade, si elle n'était mortelle pour les arbres : je vais le prouver, ne voulant m'en occuper qu'au point de vue de l'arboriculture.

J'ai placé le pied de mes charpentes de contre-espaliers maintenus par de la maçonnerie, au milieu de la plate-bande, afin que les pierres ne gênent en rien la racine des arbres. Pour réussir les arbres veulent un sol défoncé à un mètre de profondeur, très perméable par conséquent et bien purgé de pierres.

Ensuite, sachant par expérience que des gens, incapables de soustraire un centime, ne se font aucun scrupule de chiper une centaine de fruits, ma constante préoccupation a été, dans le jardin fruitier, de rendre l'accès des arbres difficile aux chipeurs. Mes contre-espaliers, obstrués au milieu et aux extrémités, en sont une preuve. Les chipeurs ne peuvent en approcher sans être vus!

L'inventeur des contre-espaliers à *guillotine* place sa maçonnerie de chaque côté à la place des arbres : on plante les arbres sur une espèce de mur! Gribouille n'aurait rien inventé de mieux, s'il eût fait de l'arboriculture!

Le même inventeur crée une allée au centre de son contre-espalier, immédiatement sur les racines des arbres!!! Pour végéter convenablement, les arbres demandent une terre toujours ameublie et très perméable. Jocrisse renaît de ses cendres dans cet inventeur.

Ce n'est pas tout, cher lecteur. Cette allée, mortelle pour les arbres, aura le plus grand succès auprès des paresseux et des *chipeurs;* elle sera l'asile de la paresse et le refuge du vol!

Si vous envoyez un ouvrier mou travailler au jardin fruitier, il rentrera dans cet Eden de la ferraille et y dormira tout à son aise, à l'ombre protectrice de votre contre-espalier. Les chipeurs de fruits n'auront qu'à attendre le moment favorable pour entrer dans la bienheureuse allée ; une fois qu'ils y auront pénétré, ne pouvant être aperçus de nulle part, ils choisiront à leur aise les fruits à leur convenance et en empliront leurs poches dans la quiétude la plus parfaite. Pends-toi, Jocrisse, tu es incapable d'inventer cette allée-là !

Je m'arrête, car si je voulais citer toutes les stupidités inventées par des cerveaux infirmes, ce volume n'y suffirait pas. Mon but est de garer mes lecteurs de pareilles insanités que les boniments des marchands parviennent souvent à faire accepter.

La question des contre-espaliers en fer réglée, occupons-nous de ceux en bois. Ils sont incontestablement plus lourds, plus massifs et de moins longue durée que ceux en fer, mais ils ont souvent leur raison d'être :

1° Chez les personnes obligées de compter leurs dépenses et auxquelles leur budget ne permet pas le fer ;

2° Chez les propriétaires récoltant du bois qui ne leur coûte rien ou se vend mal.

Dans ces deux cas, le bois a son utilité.

Il faut prendre du cœur de chêne ou de l'acacia scié de long ; les montants, comme les supports intermédiaires, doivent avoir 3^m,50 de longueur et 10 centimètres d'épaisseur en tous sens. C'est gros, mais pas trop massif, et très solide. On fixera sur chacune de ces charpentes, avec deux vis, quatre barres d'écartement de 42 ou 62 centimètres de longueur suivant que l'on fera un contre-espalier vertical ou de Versailles, et l'on percera un trou à 1 centimètre de chaque extrémité pour passer les fils de fer. La première barre devra être à 40 centimètres du sol, la dernière en haut et les deux autres à distance égale entre la première et la dernière.

Cela fait, on procède ainsi à la pose :

On commence par mettre un jalon à chaque bout de la plate-bande et au milieu de celle-ci, où doit être posé le contre-espalier. On place aussi deux autres jalons à 2 mètres de distance des premiers, puis on mesure la distance qui reste entre ces deux derniers jalons ; on la divise par fractions de 5 à 6 mètres, et l'on pose un jalon à chaque intervalle. La place de chacun de ces derniers jalons sera occupée par un poteau appelé support intermédiaire (A, fig. 148) ; celle des deux jalons placés à 2 mètres de chaque extrémité, par une charpente appelée montant (B, même figure), et celle des deux premiers jalons par une pierre enterrée, à laquelle on attachera tous les fils de fer (C, même figure).

On fait ensuite des trous de 60 à 70 centimètres de profondeur à la place de chaque jalon. On choisit deux fortes pierres ayant une longueur de 50 centimètres au moins, pour les placer à chaque extrémité de la plate-bande (fig. 147). On fait à ces pierres deux colliers bien solides en fil de fer n° 17 ; après les avoir cerclées avec le fil de fer double, on laisse 40 ou 60 centimètres d'écartement

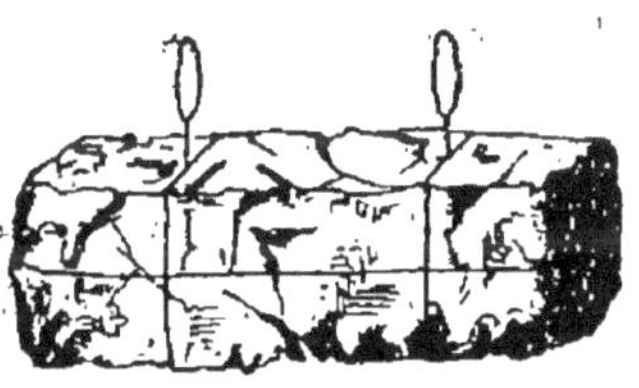

Fig. 147.
Collier de contre-espalier.

entre ces deux colliers, distance voulue pour placer les lignes d'arbres, et l'on pratique à chacun de ces colliers deux boucles solides en fil de fer double, dans lesquelles tous les fils de fer viendront s'agrafer (fig. 147).

On place d'abord ces deux pierres munies de leurs colliers dans les deux trous qui bordent la plate-bande :

on les ajuste, de manière que le milieu de l'écartement des deux colliers corresponde au centre de la plate-bande et que chacune des boucles des colliers soit placée rez de l'allée. Ensuite on comble le trou en partie, de façon à laisser à découvert les deux boucles de collier, afin de pouvoir y passer les fils de fer. Ces deux pierres, étant le premier point de ré-sistance, demandent à être enterrées profondément, à 70 centimètres au moins, et avec soin ; il faut jeter très peu de terre à la fois et la bien tasser avec les pieds au fur et à mesure.

Immédiatement après les pierres qui portent les colliers, on pose les deux montants, pour lesquels on a choisi les charpentes les plus fortes. Nous avons dit que ces charpentes devaient avoir 3 mètres de hauteur hors de terre, hauteur du contre-espalier. Les mon-tants, étant le second point de résistance, doivent être très solides ; ils ne seront pas posés verticalement, mais inclinés sur un angle de 60 degrés environ, pour leur donner plus de force (B, fig. 148).

Le pied des montants sera placé au second jalon, à 2 mètres du bord de la plate-bande ; la tête sera in-clinée sur les colliers, de manière à former une ligne verticale de la tête du montant à la boucle des colliers. On met d'abord une pierre plate au fond du trou, afin d'empêcher le montant de s'enfoncer en terre ; ensuite on l'ajuste de telle sorte que le pied soit bien au milieu de la plate-bande et que la tête forme une ligne ver-ticale avec la boucle des colliers, en ayant une hau-teur de 3 mètres au-dessus du sol. Lorsque les mon-

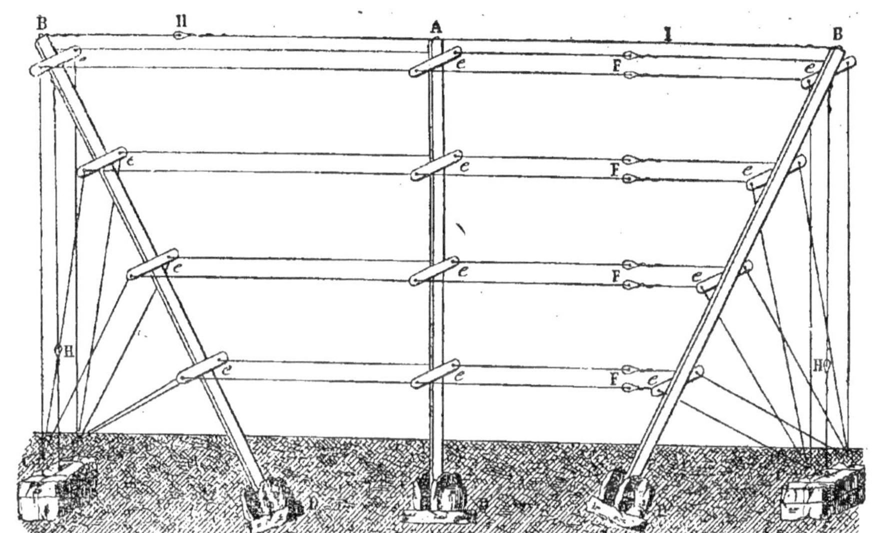

Fig. 148. — Contre-espalier en bois.

tants sont bien ajustés, on les cale avec quatre ou cinq pierres ; on soude le tout avec du ciment ou du plâtre, et, dès qu'il est bien pris, on bouche le trou complètement en tassant la terre avec les pieds (D, même fig.).

La pose des montants exécutée, on procède à celle des supports intermédiaires ; ils sont placés verticalement et enterrés de 50 centimètres. On met une pierre plate au fond du trou ; on cale le pied de la charpente avec trois ou quatre pierres liées avec un peu de ciment ou de plâtre, et l'on rebouche le trou, comme nous l'avons dit plus haut, en ayant soin d'aligner les supports sur les montants et de les placer bien droits.

Dès que les montants et les supports intermédiaires sont placés, on pose les fils de fer. On monte d'abord huit raidisseurs, quatre de chaque côté, sur des bouts de fils de fer de différentes longueurs, pour qu'ils se trouvent sur la même ligne ; c'est plus commode pour serrer (fig. 148). On les boucle au collier ; on rebouche le trou, et ensuite un homme placé sous les raidisseurs tient un rouleau de fil de fer n° 14 et le déroule au fur et à mesure, pendant qu'un autre tient le bout, le fait passer dans les trous des supports intermédiaires, et va le boucler au collier placé à l'autre extrémité. La boucle faite, l'homme qui tient le rouleau coupe le fil de fer à la longueur voulue, pour le faire entrer dans le raidisseur, et serre un peu. Lorsque les huit lignes sont placées, on bouche le trou de l'autre collier, en ayant soin de bien tasser la terre, puis on serre jusqu'à ce que les fils de fer ne ballottent plus. On place les fils de fer n° 17 (fig. 148) à la tête des montants, un autre fil de fer n° 17 (même figure) sur les montants et les supports, puis on les serre avec les raidisseurs (H, même figure).

Il ne reste plus ensuite qu'à dessiner la forme des arbres avec des lattes de sciage, à les attacher sur les fils de fer avec du fil de fer n° 5 et à labourer légèrement avant de planter.

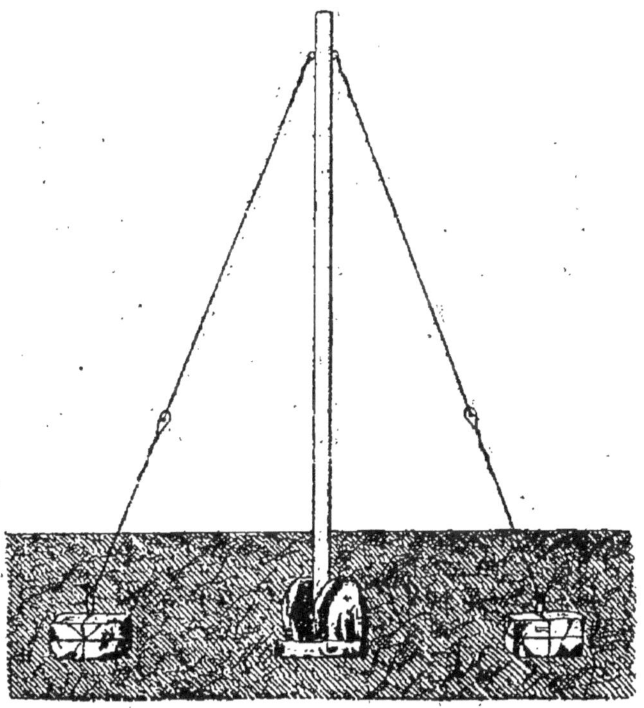

Fig. 149. — Montants en bois, fixés par des colliers latéraux.

Pour consolider cette charpente et éviter les fils de fer transversaux scellés aux murs, on place deux haubans à chaque charpente : un fil de fer n° 17 bouclé

à un fort piton à vis placé au sommet de la charpente
et fixé en terre avec un collier, et tendu avec un
raidisseur (fig. 149). La charpente, ainsi amarrée
de toutes parts, peut braver impunément toutes les
tempêtes.

Les contre-espaliers en bois comme en fer sont les
seuls palissages qui nécessitent un peu de maçonnerie,
pouvant être faite par le premier ouvrier venu,
et encore la dépense de ce travail est-elle nulle quand
on la compare à celle du percement des pierres et des
scellements au soufre ou au plomb sans compter
l'inconvénient d'enterrer de volumineuses pierres
rendant la végétation des arbres impossible.

Pour toutes les autres formes : palmettes alternes,
cordons de vignes, cordons unilatéraux, etc., avec
charpente en fer, il n'y a aucun scellement à faire.
J'ai remplacé les antiques arcs-boutants avec scellement dans deux pierres de taille, revenant très cher
et gênant beaucoup les arbres, par une simple barre
inclinée, plus solide et coûtant le tiers du prix des
arcs-boutants. Les barres des extrémités sont inclinées
pour briser la force de résistance (fig. 150); des trous
sont percés pour passer les fils de fer aux inclinés et
aux supports intermédiaires (fig. 151). Bien observer
l'inclinaison de la figure 150 et l'exiger. Le commerce
a trouvé commode de diminuer l'inclinaison, pour gagner quelques centimes de fer; il a détruit la solidité.
Exiger pour les montants l'inclinaison de la figure 150.
Si les extrémités sont plus droites, il ne sera pas possible
de tendre les fils de fer; à chaque tour de clef, les in-

clinés se redresseront pour former une ligne tortue avec des fils de fer lâches, sur lesquels il sera impossible de palisser une branche.

Les supports intermédiaires sont terminés par un piquet tout en fer, que l'on enfonce dans le sol avec

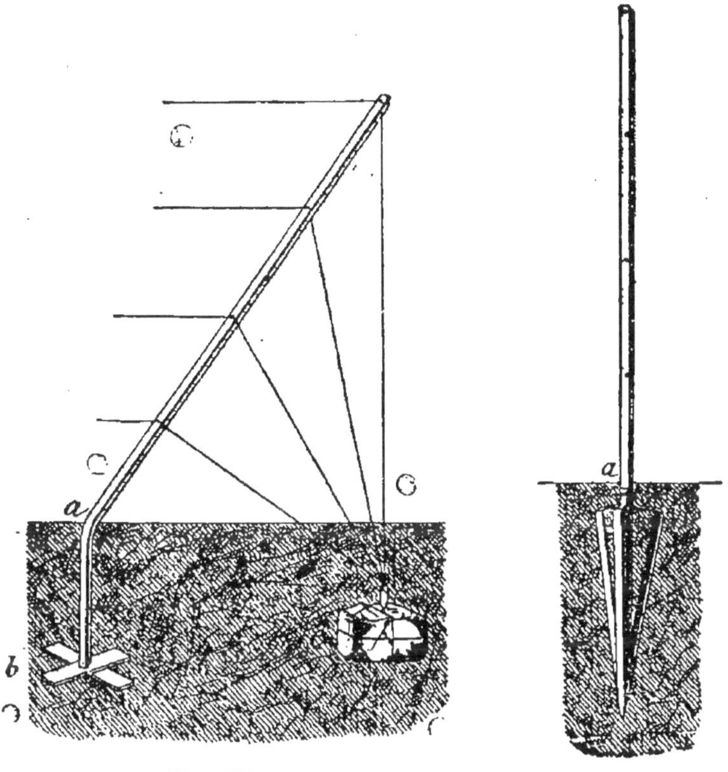

Fig. 150.
Inclinés d'extrémités.

Fig. 151.
Support intermédiaire
à piquet.

le pied et un ou deux coups de maillet. Ce piquet a une grande solidité (fig. 151).

La pose de ces palissages est des plus simples : les inclinés (*a*, fig. 152) sont coudés rez le sol (même figure). Il suffit de poser une pierre plate ou deux

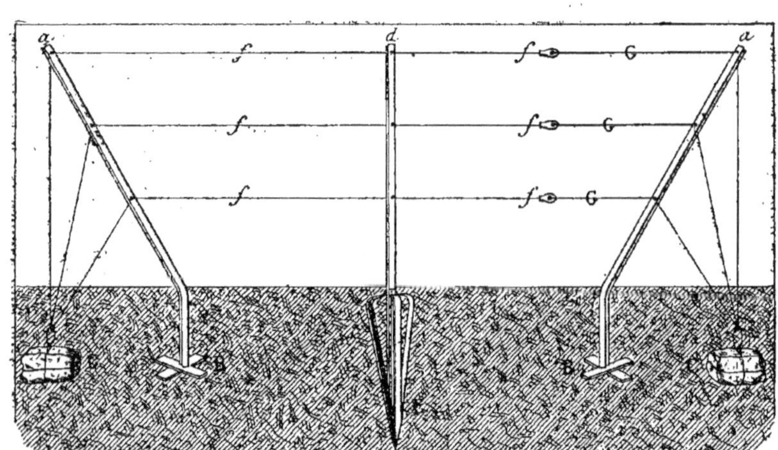

Fig. 152. — Palissages en fer posés.

briques sous la croix en fer, et deux pierres par dessus (*b*, même figure), d'enterrer le tout et de bien fouler la terre avec les pieds, pour obtenir la plus grande solidité. Les fils de fer sont attachés, à chaque extrémité, à un collier (*c*, même figure).

Les supports *d* (fig. 152) sont enfoncés jusqu'à ce que le piquet soit entré rez le sol ; c'est la mesure. On pose les raidisseurs à une extrémité, jamais au milieu (les fils de fer seraient mal tendus). On passe les fils de fer ; on bouche les trous ; on serre en commençant par la ligne la plus rapprochée du sol, jusqu'à celle du haut, et l'opération est terminée.

Ces palissages, très légers et d'une solidité à toute épreuve, exempts de maçonnerie et de frais de pose, ne coûtent guère plus cher que le bois.

Il est bien entendu que les extrémités des palmettes alternes, cordons de vigne, et à trois, deux ou un rang, sont faits avec des inclinés, et non avec des arcs-boutants, résistant moins à l'action des raidisseurs que les inclinés, coûtant le triple, sans compter une pose dispendieuse, et de plus l'inconvénient de planter le premier et le dernier arbre entre deux pierres de taille.

Suivre à la lettre les indications précédentes pour obtenir à la fois solidité à toute épreuve et grande économie.

Demander directement le tarif des palissages à M. *Ridard*, rue de Bailleul, n° 9, à Paris.

Les palissages en bois des palmettes alternes, élevées de 1^{m},60 et portant cinq lignes de fil de fer, se montent comme les contre-espaliers, mais avec cette différence qu'une charpente de 5 centimètres d'équarrissage suffit, et qu'au lieu de maçonner les montants et les supports on se contente de caler les premiers avec des pierres (fig. 153) et d'appointir les seconds que l'on enfonce en terre avec le maillet (fig. 154).

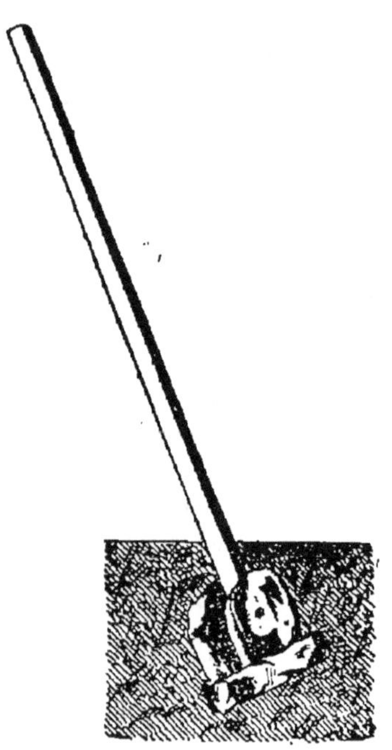

Fig. 153.
Montant en bois.

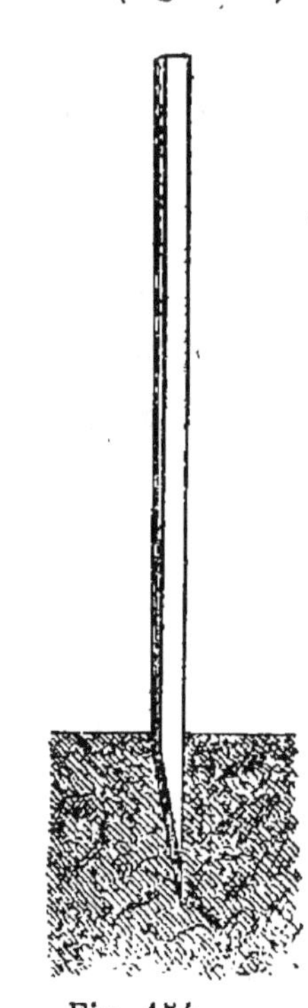

Fig. 154.
Support intermédiaire.

Les cordons unilatéraux à un, deux et trois rangs se posent comme les palmettes alternes ; on emploie des pitons à vis pour les montants et pour les supports.

Pour la charpente des vases, voir plus loin à la formation des vases.

Immédiatement après la pose des palissages, on donne un léger labour à la fourche partout où l'on a marché, on redresse et nivelle les plates-bandes, et l'on se dispose à planter.

CHAPITRE V

CRÉATION DU JARDIN FRUITIER

PLANTATION

La plantation est une opération très importante dans la création du jardin fruitier du propriétaire ; elle demande une étude sérieuse des fruits et une certaine connaissance de la culture des arbres.

Le choix des variétés de fruits donne lieu à de nombreuses déceptions à qui n'est pas guidé par des conseils entièrement désintéressés.

La plantation a une grande importance, en ce qu'elle est un des premiers éléments de succès ; autant les résultats sont prompts et satisfaisants quand elle a été bien faite, autant ils sont ruineux, longs et difficiles à obtenir quand elle a été mal exécutée. Elle est l'opération demandant une étude sérieuse parce qu'après avoir exclu certaines variétés de fruits que l'on n'aime pas, il faut non seulement en réunir un assez grand nombre pour en avoir presque en quantité suffisante *pour chaque mois de l'année*, mais encore donner à chacune des variétés choisies la forme, l'exposition et les engrais qui lui conviennent et varient souvent, suivant la composition des sols et aussi suivant le climat.

Presque toutes les fois que le propriétaire regarde ce livre trop superficiellement lorsqu'il dirige la plantation, ou qu'il s'en rapporte au pépiniériste, il en advient ce que nous voyons sans cesse dans la plupart des jardins : une masse de fruits d'automne et pas un d'hiver ; les arbres bien portants et très vigoureux ne donnant pas de fruits ou produisant des fruits pierreux comme les quatre-vingt-dix centièmes des *Saint-Germain*, *beurré gris*, *doyenné d'hiver*, *bon chrétien d'hiver*, *etc.*, que nous voyons en pyramide, tandis que les variétés préférant le plein vent grillent contre un mur au midi, et donnent des résultats à peu près négatifs.

Le propriétaire ne récolte que des fruits impossibles et il lui répugne de faire abattre des arbres tout élevés pour en planter d'autres. On peut, il est vrai, changer le fruit de ces arbres ; mais c'est une opération laborieuse et assez longue ; il y aurait eu beaucoup plus d'économie à bien planter tout de suite : je vais lui en donner les moyens.

Avant de demander les arbres nécessaires pour planter le jardin fruitier, il faut examiner avec soin la liste des variétés de chaque espèce, pour se rendre compte de leur époque de maturité, exclure les variétés que l'on n'aime pas, et celles qui sont trop faibles pour donner lieu à une végétation satisfaisante. On commence par les poires et par les pommes, les deux espèces de plus longue durée et de plus longue garde. On calcule le nombre d'arbres qu'il faut planter de chaque variété, suivant leur époque de maturité, de manière à avoir à consommer un nombre à peu près égal de pommes et de poires depuis le mois de juillet jusqu'au mois de juin l'année suivante, en étant très sobre toutefois des variétés d'été et d'automne mûrissant à la même époque que les abricots, les prunes et les pêches.

Je ne saurais trop insister sur l'urgence de ce classement des variétés et sur le soin qu'on doit y apporter pour éviter d'avoir, comme nous le voyons si souvent, des quantités de fruits qui se perdent dans les mois de septembre, octobre et novembre, et d'en manquer totalement pendant tout l'hiver et le printemps, époque où ils font le plus de plaisir.

Les fruits d'hiver, poires et pommes de longue garde, doivent entrer pour moitié au moins dans la plantation du jardin fruitier, pour avoir des fruits pendant tout l'hiver et le printemps. C'est le contraire de ce qui s'est fait jusqu'à présent, mais je ne trouve pas de raison plausible pour perpétuer une bêtise ayant des siècles d'existence.

Quand on a fait le classement des variétés de poiriers et de pommiers, on procède à celui des pêchers, des cerisiers, des pruniers, des abricotiers et de la vigne, de manière à en prolonger la récolte le plus longtemps possible.

Ce choix d'espèces doit être fait pendant l'été, au mois de septembre au plus tard, et dès le 15 septembre il faut envoyer la commande au pépiniériste, pour qu'il puisse expédier en octobre ou en novembre afin de planter dans de bonnes conditions.

L'ÉPOQUE LA PLUS FAVORABLE POUR PLANTER EST DU VINGT OCTOBRE A LA FIN DE DÉCEMBRE. Mais il faut compter avec les gelées qui peuvent vous surprendre, et être en mesure de PLANTER EN NOVEMBRE, où il n'y a pas de grands froids à redouter.

En outre, les premières commandes d'arbres, celles arrivées avant l'arrachage, sont toujours bien expédiées, avec des arbres de choix et les variétés demandées. Quand on attend au printemps, les pépinières sont vides, on reçoit des arbres douteux et la variété demandée n'existe souvent que sur... l'étiquette.

On peut à la rigueur planter encore du quinze décembre à la fin de janvier, quand les gelées vous en laissent le temps ; mais c'est déjà trop tard, voici pourquoi :

Les arbres arrachés à la chute des feuilles et replantés aussitôt, c'est-à-dire de la fin d'octobre à la fin de novembre, reçoivent les pluies d'hiver et le produit de la fonte des neiges, qui attachent les racines au sol.

Dans ce cas, les racines ayant pris possession du sol, la première végétation qui se manifeste sur les racines, vers le mois de janvier, a lieu sans trouble, et l'arbre pousse comme s'il n'avait pas été déplanté.

Quand au contraire on plante après le mois de décembre, la première évolution des racines s'est faite en jauge ; on arrache et elles sèchent aussitôt à l'air. On replante un arbre dont la première végétation, la plus active, est détruite, et on le met dans l'obligation d'en produire une seconde dans une terre dont il n'a pas pris possession.

Dans ces conditions, on perd une partie des arbres, surtout lorsque le printemps est sec ; ce qui reste végète mal, languit et ne reprend réellement que l'année suivante, quand le soleil de juillet et d'août n'en a pas brûlé la moitié.

Alors le praticien qui vous a fait faire cette opération se croise les bras et vous dit, devant un désastre à peu près complet : « Dame ! Monsieur, les arbres ne valaient rien ! » ou : « La terre n'est pas bonne ! » ou bien encore : « L'année n'est pas aux arbres ! »

On évite tous ces inconvénients quand on agit sans précipitation, c'est-à-dire quand on a fait son choix et demandé les arbres en septembre, et planté en novembre.

Dans ces conditions, on a toujours de bons arbres, les variétés demandées ; tout reprend, et l'on GAGNE UNE ANNÉE AU MOINS SUR LA VÉGÉTATION.

Quand on achète les arbres dans le pays où l'on crée le jardin, il faut avoir le soin de les faire transporter immédiatement après la déplantation, et de les mettre en jauge aussitôt arrivés, variété par variété, et un à un, dans un coin, près du jardin où ils doivent être plantés, afin de les avoir sous la main et de laisser les racines à l'air le moins longtemps possible. Si les arbres viennent de loin, il faut les déballer et les mettre en jauge aussitôt reçus. (Voir pages 153 et suivantes.)

La plantation demande à être faite très soigneusement, mais aussi très vivement ; pour atteindre ce double résultat, on opère ainsi :

On commence par faire tous les trous et les tranchées ; des trous carrés de 50 centimètres de côté et de profondeur pour les poiriers, les cerisiers, les abricotiers, les pruniers et les pêchers, et de 30 centimètres cubes pour les pommiers. Pour les cordons obliques et verticaux, plantés à 45 et à 40 centimètres de distance, on fait une tranchée continue de la largeur et de la profondeur de 40 centimètres.

On apporte ensuite les engrais, des déchets de laine de préférence. Cet engrais, très puissant pour les arbres, possède la faculté de détruire à coup sûr le ver blanc ; j'en ai la preuve depuis quarante ans. On en garnit le fond des trous et des tranchées, puis on en dépose un tas en réserve au bord de chaque trou et tout le long des tranchées. Cela fait, on se prépare à planter.

Il faut être trois et même cinq pour planter très bien et très vite un grand nombre d'arbres. Avec deux hommes, le chef habille et taille, pendant que l'un des hommes ajuste l'arbre et place les racines, et que l'autre lui sert de la terre ; avec cinq, le quatrième chaule dès que le chef a taillé, et le cinquième palisse aussitôt que le chaulage est sec.

L'opération est faite au grand complet en quelques minutes.

La plantation du jardin fruitier comprend cinq opérations principales : l'*habillage*, la *mise en terre*, la *taille*, le *chaulage* et le *palissage*.

L'HABILLAGE consiste à couper seulement l'extrémité des racines desséchées ou brisées à l'arrachage ; la

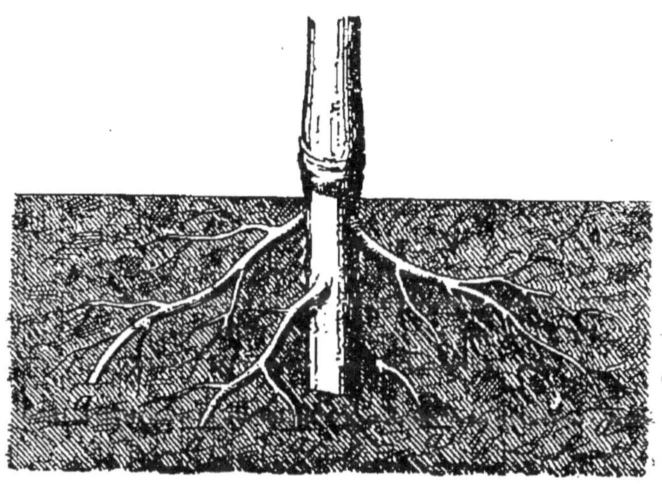

Fig. 155. — Habillage des racines.

section doit être faite *avec une serpette* bien tranchante, un peu en biseau, et de façon à ce que la coupe du biseau repose à plat sur le sol (*a*, fig. 155).

Ceci est très important, voici pourquoi : lorsque la coupe du biseau repose sur le sol, le cambium descend également tout autour de la plaie, y forme un bourrelet qui la recouvre très promptement, et bien-

tôt ce bourrelet donne naissance à des racines (fig. 156);
lorsque la section a été faite en sens inverse, c'est-à-
dire si la pointe du biseau est piquée dans la terre
et la plaie faite en hauteur, le cambium descend à
l'extrémité du biseau, où il ne peut former de bourrelet, et la plaie reste à découvert. Alors la cicatrisa-

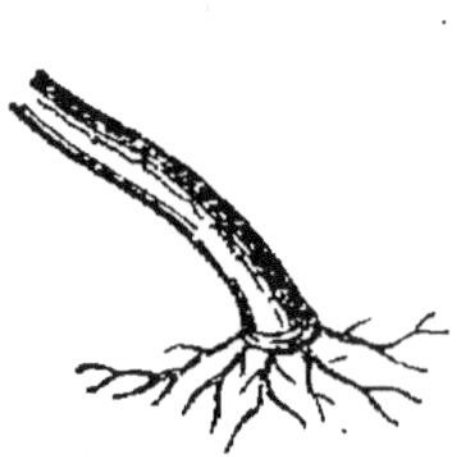

Fig. 156.
Racine bien coupée.

Fig. 157.
Racine mal coupée.

tion est impossible; l'émission des racines n'a pas
lieu, et souvent la plaie, longtemps découverte, est
atteinte par les chancres ou la carie, qui font périr la
racine et quelquefois l'arbre lui-même (fig. 157).

L'habillage ne doit être appliqué qu'aux racines
mutilées ou desséchées ; celles qui sont restées intactes doivent être conservées avec le plus grand soin,
car elles sont toutes terminées par des spongioles, et
nous savons que les spongioles sont les seuls organes
ayant la faculté de puiser dans le sol l'eau et les substances nutritives qu'elle tient en dissolution, de les
introduire dans l'arbre, où, sous le nom de sève, elles
viennent concourir à la formation du cambium, sans

lequel l'accroissement de la tige et des racines ne peut avoir lieu.

Lorsqu'on plante un arbre avec toutes ses racines, il ne souffre de la déplantation que pendant la première année ; la seconde, il pousse avec une vigueur extrême. Si l'on a coupé à ce même arbre la moitié ou les trois quarts de ses racines en le plantant, ce que l'on appelle, dans certaines localités, *rafraîchir les racines*, la reprise, si l'arbre ne meurt pas, ce qui aura lieu six fois sur dix, sera très longue et très difficile. Voici pourquoi : presque toutes les spongioles étant supprimées, la tige recevra une quantité de sève insuffisante pour développer des bourgeons. Il poussera quelques feuilles seulement qui n'élaboreront pas assez de cambium pour former de nouvelles racines. L'arbre produira des bourgeons maigres et chétifs pendant deux ou trois ans, et, alors seulement qu'il sera pourvu de nouvelles racines, il commencera à pousser, si toutefois les écorces n'ont pas trop durci.

Lorsque les écorces sont devenues trop dures pour se fendre naturellement, l'arbre meurt asphyxié.

Immédiatement après l'habillage, on procède à la MISE EN TERRE. Voici comment on opère pour les arbres d'espalier : si ce sont des cordons obliques ou verticaux, on fait une tranchée continue ; une latte de sciage a été fixée sur le mur, à la place qui doit être occupée par chaque arbre. Le premier homme place son arbre en face de la latte, en laissant une distance de 15 à 18 centimètres entre l'arbre et le mur, et en ayant soin de placer la greffe en avant. Cette distance doit être observée pour tous les arbres d'espalier ; pour les grandes formes, on plante à 20 centimètres du mur.

Cette distance entre l'arbre et le mur est nécessaire pour éviter de coller la moitié des racines [contre la maçonnerie, et pour permettre à l'arbre de grossir sans être écrasé par les pierres ; ce qui arrive toujours quand on l'appuie contre le mur. La pierre ne cède pas, et l'arbre, grossissant en diamètre, subit un écrasement des plus dangereux.

Les greffes doivent toujours être placées en avant du mur : d'abord parce qu'étant plus exposées à la lumière, les arbres végètent mieux, se redressent plus facilement, et que le mur offre à la section de la greffe un abri naturel contre les intempéries, la pluie et le soleil, qui souvent font carier la plaie du sujet, quand on la place en avant ; ensuite parce que la plantation, faite ainsi, est plus régulière et d'un meilleur effet.

Lorsque l'arbre est bien appuyé sur la terre du fond du trou, à la hauteur voulue, le premier homme le tient d'une main, et étale bien les racines de l'autre tout autour.

Les racines des arbres sont toujours placées par étages superposés (fig. 155). Si l'on remplit la tranchée tout d'un coup, en jetant la terre brusquement, elle réunit, en tombant, l'extrémité des racines des différents étages par paquets, au fond de la tranchée (fig. 158). Il en résulte, indépendamment d'une gêne excessive pour les racines, que les spongioles, agglomérées sur le même point, ne profitent que des engrais placés sur ce point ; en outre, les racines enterrées trop profondément et privées de l'influence de l'air, indispensable à leur développement, fonctionnent mal, quand toutefois elles ne pourrissent pas, et ne donnent

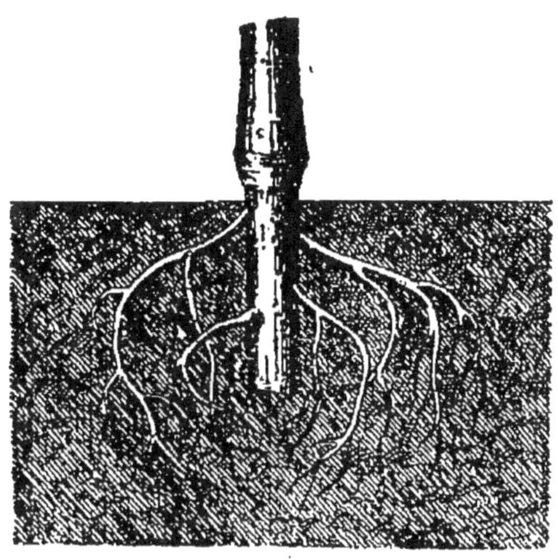

Fig. 158. — Racines sur lesquelles la terre a été jetée brusquement.

lieu qu'à une végétation malingre et chétive, pendant deux années au moins.

Pendant qu'un homme recouvre de terre le premier étage de racines, celui qui tient l'arbre relève avec une main les étages supérieurs et couvre avec l'autre chaque racine au fur et à mesure que la terre arrive au niveau de son point d'attache. Aussitôt les racines placées et recouvertes de 3 à 4 centimètres de terre, le même homme prend un peu d'engrais avec la main; il le répand à l'extrémité et au-dessus des racines (fig. 159), puis son aide recouvre le tout de terre pendant qu'il ajuste l'arbre suivant.

Un arbre ainsi planté pousse toujours bien; ses racines, placées comme avant la déplantation, étendues tout autour et séparées par des lits de terre, profitent abondamment des engrais et fonctionnent avec la plus grande énergie (fig. 159).

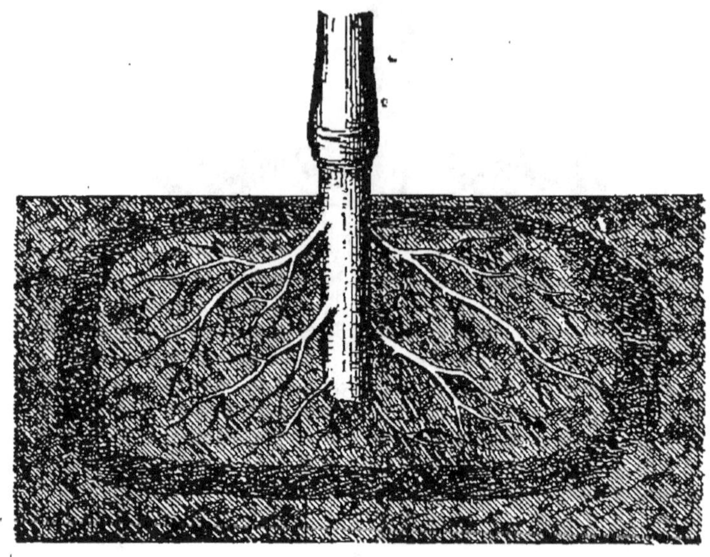

Fig. 159. — Arbre bien planté et bien fumé.

Il est urgent de planter tous les arbres de la même espèce à la même profondeur, afin d'obtenir une végétation égale, et surtout de les planter à la profondeur voulue. On peut établir une moyenne de profondeur, suivant la nature du sol, entre ces deux extrèmes.

Dans les sols argileux, peu perméables à l'air, les premières racines ne devront être enterrées qu'à 3 ou 4 centimètres de profondeur, et à 10 ou 12 dans les sols siliceux très exposés à la sécheresse.

Je ne saurais trop insister sur la profondeur à laquelle on doit placer les racines des arbres ; on a généralement l'habitude de les enterrer trop profondément ; il est même bon nombre de praticiens qui enterrent complètement la greffe.

Nous savons que les racines ne peuvent vivre sans le concours de l'oxygène, et qu'elles pourrissent dès qu'on les soustrait à l'influence de l'air. Que se passe-t-il quand un arbre est planté trop profondément ?

Les racines, privées d'air, fonctionnent mal ; l'arbre reste chétif et souffrant pendant deux ou trois ans : quelquefois un nouvel appareil de racines se forme au-dessus de l'ancien ; alors l'arbre part tout d'un coup et pousse très vigoureusement ; on rabat l'ancienne tige sur les nouveaux bourgeons, et l'on a après trois années d'attente, et quelquefois quatre, un arbre qui pousse comme il eût dû le faire la première année s'il avait été convenablement planté. Dans la plupart des cas, lorsque les racines sont soustraites à l'influence de l'air, elles pourrissent et l'arbre meurt.

Lorsque la greffe est enterrée, comme on le fait généralement dans certains pays, sous prétexte de donner de la vigueur aux arbres, voici ce qui a lieu : les racines enterrées beaucoup trop profondément ne fontionnent pas, les écorces durcissent ; mais le bourrelet de la greffe, contenant un amas de tissu cellulaire, émet assez facilement des racines : c'est ce qui a lieu la seconde ou la troisième année, quand toutefois l'arbre n'est pas mort avant. Il pousse alors, mais on a un arbre affranchi (*a*, fig. 160), c'est-à-dire pourvu d'un appareil de racines nées sur la greffe. Ainsi, si

vous avez planté un poirier greffé sur cognassier ou
un pommier greffé sur paradis, sujets faibles employés
pour les arbres destinés à des petites formes, et à produire très promptement de gros fruits, en raison de la
faiblesse du sujet, vous obtenez le résultat contraire ;
le nouvel appareil de racines anéantit l'ancien ; l'arbre

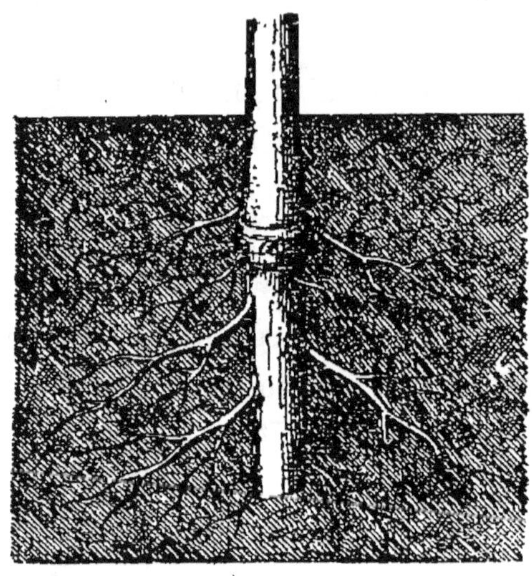

Fig. 160. — Arbre planté trop profondément.

devient d'autant plus vigoureux que ses nouvelles
racines sont superficielles et, par conséquent, exposées
au contact de l'air. Alors le sujet n'existe plus ; l'arbre
s'est bouturé sur place ; vous avez un poirier ou un
pommier franc, qui pousse une forêt de bourgeons
impossibles à maîtriser, ne peut se mettre à fruit que
lorsqu'il a acquis un grand développement, et qui,
toutes choses égales d'ailleurs, donnera toujours des
fruits plus petits et moins savoureux que s'il eût vécu
avec les racines du sujet : en outre, les fruits d'un

arbre placé dans ces conditions se font attendre plusieurs années.

On procède à la mise en terre des arbres isolés et de plein vent comme pour ceux d'espalier. Les racines doivent être étalées de la même manière et séparées par des lits de terre. Il est urgent de repiquer le trou ou de l'élargir, si les racines n'y entrent pas aisément, afin de pouvoir les étendre, au lieu de couper les plus grandes, comme on le fait souvent pour s'éviter la peine d'agrandir le trou. On met, comme je l'ai déjà dit, un peu d'engrais au fond du trou, et l'on en met un peu en réserve à côté, pour en répandre à l'extrémité des racines, lorsqu'elles sont étendues et recouvertes de quelques centimètres de terre.

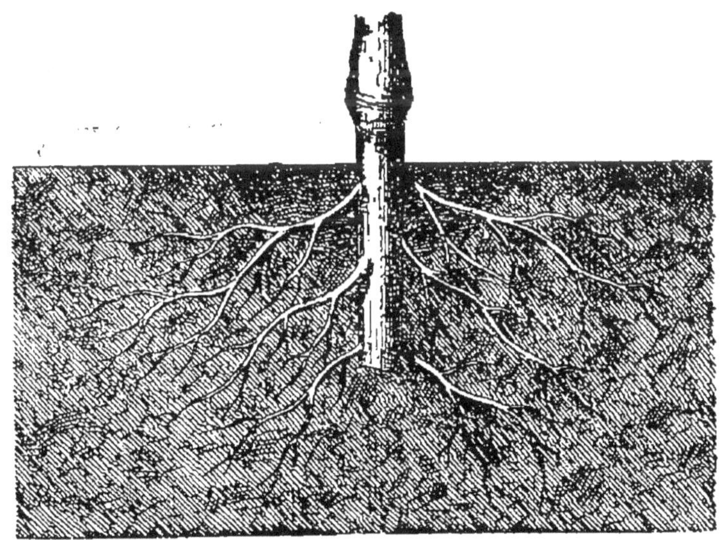

Fig. 161. — Arbre mal fumé.

Cette dernière fumure est d'un grand secours pour la reprise de l'arbre, quand elle est bien appliquée.

J'insiste sur ce point, parce que généralement on agglomère les engrais au collet de la racine (*a*, fig. 161). Une fumure ainsi placée est de nul effet ; l'arbre ne peut jamais en profiter parce qu'elle est hors de la portée des spongioles, les seuls organes absorbants des racines. C'est toujours à l'extrémité des racines, et jamais au collet, que les engrais doivent être placés.

Il faut bien se garder de fumer en défonçant, comme certains praticiens le font souvent à tort ; on dépense, en opérant ainsi, une quantité considérable d'engrais en pure perte. Ces engrais, enfouis trop profondément hors de la portée des racines, sont de nul effet sur la végétation. La fumure partielle est la seule efficace, comme la plus économique.

La fumure placée à l'extrémité et au-dessus des racines, lorsqu'elles ont été recouvertes de quelques centimètres de terre, produit des résultats immédiats et certains, en ce que les parties dissoutes, entraînées par les pluies, viennent saturer la couche de terre occupée par les spongioles et fournir une abondante nourriture à l'arbre (*a*, fig. 159).

On doit bien se garder, quand on plante, de mettre les racines en contact avec les engrais, quels qu'ils soient. Il faut toujours couvrir les racines de 1 ou 2 centimètres de terre, et mettre l'engrais par dessus. Il faut surtout se garder de jamais placer du fumier frais au collet de la racine ; lorsque la fermentation commence, le blanc des racines apparaît, et l'arbre meurt en quelques heures.

Les engrais préférables pour les arbres sont ceux à décomposition lente : les déchets de laine et de soie, les déchets de laine, surtout, qui détruisent le ver blanc.

Les meilleurs déchets de laine sont ceux provenant des fabriques de couvertures ; ils sont bien divisés et exempts de teinture renfermant souvent des substances nuisibles à la végétation.

A défaut d'engrais à décomposition lente, on peut employer des fumiers, mais seulement quand ils sont assez vieux ou assez décomposés pour ne plus fermenter ; les vieux terreaux sont préférables.

Lorsque l'arbre est planté, il faut bien se garder de piétiner au pied, sous prétexte d'attacher les racines au sol. Il est utile d'appuyer légèrement la terre avec le pied pour y faire adhérer les racines ; mais, dans aucun cas, on ne doit fouler le sol outre mesure, c'est apporter un des obstacles les plus sérieux à la végétation de l'arbre.

Pour les plantations de plein vent, palmettes alternes, grandes formes et cordons, on place la greffe en avant du côté de l'allée : pour les contre-espaliers à deux rangs, en avant sur chaque face ; pour les pyramides, cônes à cinq ailes, vases, etc., la greffe doit être orientée au midi.

TAILLE DE PLANTATION. — Il faut toujours opérer, sinon une taille, mais au moins des suppressions sur la tige des arbres qui viennent d'être plantés ; la mesure de la taille est subordonnée à l'état de leurs racines et à la forme à laquelle on les destine. Dans quelques localités, on les recèpe (on les coupe au pied); c'est la plus déplorable de toutes les pratiques sur un arbre que l'on vient de planter. En supprimant la tige on prive non seulement l'arbre du cambium de réserve dont l'action détermine la formation de nouvelles radicelles, mais encore on met des racines mutilées, et faibles par conséquent, dans l'obligation de produire des bourgeons assez vigoureux pour percer des écorces déjà dures ; sinon l'arbre meurt. Quand il ne meurt pas, il languit pendant plusieurs années, et il faut toujours supprimer la production de deux ou trois années, quand il a formé un appareil de racines lui permettant de végéter.

Cet abus a été reconnu, et l'on est tombé dans l'excès contraire ; on a planté sans tailler, cela ne vaut pas mieux. Il y a toujours perte de racines par le fait de la déplantation, et cette perte est le plus souvent de moitié, quelquefois des trois quarts sur les arbres de deux à quatre ans. Les racines, en admettant qu'elles aient été bien placées en terre, ne peuvent fournir assez de sève à la tige intacte, pour déterminer la formation de bourgeons. Quelques rosettes de feuilles seulement se déploient ; les écorces durcissent, et, l'année suivante, l'arbre pourvu d'une mauvaise tige n'est pas enraciné.

Si l'arbre a été déplanté avec toutes ses racines et bien replanté, on peut le soumettre immédiatement, à la taille réglementaire ; c'est une année de gagnée ; mais *il faut pour cela qu'il ait été déplanté avec presque toutes ses racines*. Lorsque l'arbre, comme cela arrive quatre-vingt-dix fois sur cent, a perdu un tiers ou la moitié de ses racines, il faut faire sur la tige une suppression égale à la perte des racines, afin que toutes deux soient en équilibre, condition indispensable pour déterminer une végétation satisfaisante. Si l'arbre a perdu le tiers ou la moitié de ses racines, il faut supprimer le tiers ou la moitié de la tige.

En opérant ainsi, on obtient toujours des bourgeons, donnant lieu à l'émission de nouvelles racines; l'année suivante, l'arbre, pourvu de bonnes racines, pourra être taillé et poussera toujours vigoureusement.

Les mutilations des racines, mortelles chez les vieux arbres, sont presque nulles sur les greffes d'un an; elles reprennent toujours bien, poussent avec énergie dès la seconde année, et produisent un arbre vigoureux avant la reprise des vieux arbres, parce qu'elles ont conservé presque toutes leurs racines à la déplantation.

Le chaulage, opération trop négligée dans la pratique, contribue puissamment à la reprise des arbres. On fait une bouillie, épaisse comme de la pâte à beignets, composée de deux tiers de chaux éteinte et d'un tiers d'argile, pour la rendre adhérente. On pétrit bien l'argile avec la chaux, afin de la dissoudre, et ensuite, à l'aide d'un pinceau, on barbouille avec cette bouillie l'arbre tout entier, immédiatement après l'avoir taillé.

Nous savons que la tige des arbres renferme dans les mailles du tissu vasculaire, remplies de tissu cellulaire, une certaine quantité de cambium de réserve qui, au réveil de la végétation, concourt à la formation première des radicelles et des bourgeons.

Lorsque l'arbre est replanté, les racines ne fonctionnent pas immédiatement; la tige ne reçoit donc pas de sève pour alimenter l'humidité qui lui est nécessaire, jusqu'à ce que les racines aient pris possession du sol. S'il survient quelques coups de soleil, ou, comme presque toujours au printemps, des vents du nord-est très persistants et très desséchants (les hâles de mars), le cambium de réserve s'évapore et l'arbre souffre beaucoup. Le chaulage, par sa teinte blanche, neutralise l'action des rayons solaires et s'oppose à l'évaporation en formant croûte sur l'écorce; en outre, la chaux a la propriété de stimuler la végétation. On applique le chaulage avec un pinceau, en ayant soin de barbouiller de bas en haut, pour éviter de blesser les yeux.

Dès que le chaulage est bien sec, on attache l'arbre au palissage, pour qu'il ne soit pas tourmenté par les vents. A l'espalier on le fixe sur la latte avec deux ou trois liens au plus; car rien n'empêche autant les arbres de pousser que de les garrotter comme le font en général les praticiens, sous prétexte de les former. Immédiatement après, on donne un bon labour à la fourche, pour rendre perméable la terre qui a été foulée; puis on ajuste le cordeau sur les piquets placés pendant le tracé; on redresse et on égalise bien les plates-bandes, on retaille les allées; on enlève les piquets, et l'on paille en entier la plate-bande pour conserver à la fois aux jeunes arbres la fraîcheur du sol, et leur fournir une abondante nourriture.

Lorsque le jardin est terminé, il est bon de piquer autour de toutes les plates-bandes une bordure de fraisiers, moins dans le but de récolter des fraises que pour attirer les vers blancs et les empêcher d'attaquer les racines des arbres. Les vers blancs mangent rarement les autres racines lorsqu'ils trouvent une certaine quantité de fraisiers ou de salades, dont ils sont très friands. Si on a le soin de visiter souvent les fraisiers du jardin fruitier et de fouiller immédiatement au pied de ceux qui fanent, on y trouvera presque toujours les vers, et avec un peu de persévérance on parviendra, sinon à les détruire, tout au moins à en diminuer considérablement la quantité. Il ne faut planter en bordure que de grosses fraises, elles y donnent de bonnes récoltes ; les petites ne produisent qu'en planches, quand elles sont bien paillées et suffisamment arrosées.

Il est prudent, l'année qui suit une abondante éclosion de hannetons, de piquer des laitues dans les plates-bandes du jardin fruitier, mais des laitues seulement, parce qu'elles restent basses et ne nuisent pas aux arbres. C'est une excellente amorce pour le ver blanc ; mais il faut les visiter plusieurs fois par jour, car, aussitôt la salade coupée, le ver blanc part, et on ne le trouve plus. Surtout ne jamais laisser monter les laitues plantées dans ces conditions : leur ombre ferait plus de mal aux arbres que les vers blancs.

Les soins de plantation seront exactement les mêmes dans le jardin fruitier destiné à la spéculation.

Je termine ici ce qui est relatif à la création du jardin fruitier du propriétaire ; j'ai dit tout ce qu'il était possible de dire dans un livre. Les personnes qui ont suivi mon cours se les remémoreront en grande partie en lisant les pages précédentes ; celles qui n'y ont pas assisté, qui ont été privées de leçons pratiques et n'ont pas vu de jardins fruitiers bien installés peuvent créer un jardin en suivant exactement les indications que j'ai données, et surtout en ne négligeant aucun des soins que j'indique. J'affirme qu'une personne entièrement étrangère à la culture des arbres fruitiers fera en suivant mes indications une plantation bien meilleure que les ouvriers qui n'ont que la pratique.

On acquiert beaucoup par la pratique ; c'est le complément de l'étude : elle donne l'expérience et souvent elle apprend une foule de moyens que la théorie laisse ignorer ; mais, je ne saurais trop le répéter, la pratique, sans une saine et prudente théorie, ne donne lieu qu'à une série de tâtonnements dangereux, et devient souvent funeste, en perpétuant l'ignorance la plus absolue des choses de la végétation. Dans les localités éloignées des grandes villes, et par conséquent privées d'enseignement, les praticiens croient n'avoir plus rien à apprendre, parce qu'ils travaillent la terre depuis longtemps. Les détails pratiques leur sont connus, mais le fond leur manque : le savoir ne peut s'acquérir que par un enseignement sage et basé sur la pratique. Sans le savoir, il est impossible de créer un jardin fruitier, de trouver toutes les expositions nécessaires, de calculer les angles solaires de manière à répartir à chaque arbre la lumière qui lui est indispensable, et de peupler ce jardin de variétés de fruits que l'on ne connaît pas, et dont on ignore les besoins.

Il est facile, avec les connaissances nécessaires et un peu de travail, d'entretenir dans un état de fertilité constant un jardin fruitier bien créé ; mais il est plus difficile, pour ne pas dire impossible, de le créer sans la réunion de connaissances indispensables et sans une étude des variétés fruitières consignées dans ce livre.

Ces connaissances, les jardiniers ne les possèdent pas ; ils peuvent les acquérir par l'étude de ce livre, s'ils le veulent, et s'ils sont assez instruits pour en comprendre toute la portée. C'est dans ce but que je l'ai écrit.

Mais, quelque bon vouloir qu'ait le jardinier, la direction du maître, plus apte à saisir mes enseignements, est indispensable pour aider son jardinier et lui élucider ce qu'il aura mal compris. Avec le concours du propriétaire possédant ce livre, et surveillant sans cesse l'exécution, tout devient facile.

CINQUIÈME PARTIE

CULTURES SPÉCIALES

CHAPITRE PREMIER

POIRIER

VARIÉTÉS A CULTIVER

Avant de traiter de la culture spéciale du poirier, il est urgent d'édifier mes lecteurs sur le nombre des variétés à cultiver, sur leur valeur réelle, leur qualité, comme sur le degré de vigueur des arbres, les formes à leur imposer suivant leur manière de végéter et l'exposition à laquelle ils doivent être plantés, toutes choses indispensables, si l'on veut obtenir des résultats certains.

Les personnes qui ont pris la peine de lire les pompeuses descriptions de certains catalogues, comme celles qui ont suivi avec plus ou moins d'intérêt les comptes rendus des travaux du *Congrès pomologique*, s'attendront à trouver dans ce livre la description de quelques centaines de variétés de poiriers..... J'en recommande soixante environ ; c'est peu, j'en conviens, assez cependant pour avoir des poires excellentes, en quantité et à coup sûr, pendant les douze mois de l'année, et j'affirmerai même que ce n'est qu'avec cette sévérité d'exclusion qu'il est possible d'obtenir des résultats assurés, de bons arbres, de bons fruits et une récolte abondante.

Les catalogues de pépiniéristes sont faits exactement comme les cartes des restaurateurs : le même imprimé sert au restaurateur de premier ordre comme à l'empoisonneur à dix-huit sous. Le premier donne ce qui est écrit sur la carte ; le second y supplée par des choses sans nom.

Le *Congrès pomologique* a été fondé par des hommes d'un mérite réel, animés d'un bon vouloir des plus louables, et a voulu mettre à exécution une bonne et utile pensée : celle de faire cesser, en donnant un seul nom à chaque fruit, les erreurs quelquefois volontaires, dont les propriétaires sont si souvent dupes. Mais le *Congrès pomologique*, forcé par son nom de faire appel à tous et d'accueillir tous ceux qui se présentaient, a été bientôt débordé par les petits pépiniéristes, trop intéressés dans la question, et par une nuée de nullités qui, à défaut d'autres titres, ont accepté avec orgueil celui de membre du *Congrès pomologique*. Ces nullités sont assurément animées des meilleures intentions ; mais la plupart ne sauraient distinguer un pommier d'un cerisier ; et cependant tout cela a voté et formé une majorité devant laquelle le savoir doit baisser pavillon.

Les gens sérieux, les piocheurs, se sont retirés et ont laissé faire la majorité. C'est ce qui arrive souvent dans les sociétés dites de progrès : il s'y forme une majorité telle que tout ce qui a une valeur réelle se retire, et presque toujours la société, gérée par une coterie, devient... un immense éteignoir.

L'expérience des réunions m'a fait prendre deux partis : celui de ne pas remettre les pieds au Congrès pomologique, de donner ma démission de membre des sociétés d'horticulture dont je faisais partie et de chercher moi-même la lumière dans les questions obscures. J'ai donc laissé faire et dire tout le monde et ai pris la peine d'expérimenter les fruits formant mes listes de variétés. Cela a été un peu plus long, mais c'est indéfiniment plus sûr.

Beaucoup de propriétaires ont la manie de collectionner, de planter un arbre de chaque variété. C'est un moyen infaillible d'avoir de nombreux mécomptes dans les plantations, de manquer de fruits et d'avoir souvent de mauvais fruits.

Il n'en est pas des fruits comme des modes ; ce ne sont pas des objets de fantaisie dont on varie la forme ou le goût à son gré ; il y a fort peu de bonnes variétés, et, chaque fois qu'on s'éloigne d'un choix sévère pour entrer dans le domaine de la fantaisie, on s'expose au manque de végétation, à l'infertilité et à récolter des fruits impossibles.

Toutes les variétés de poiriers que j'indique sont fertiles et donnent d'excellents fruits. Ce sont les seules que je plante dans mes jardins fruitiers.

C'est la liste de l'expérience que je publie ; je la donne pour les personnes qui veulent avoir de bons fruits, à coup sûr, et je laisse le champ libre aux collectionneurs.

En dehors de cette liste, il paraît de temps à autre des nouveautés ; on fait toujours bien de les essayer, mais en très petites quantités, jusqu'à ce que leur mérite ait été reconnu. L'*Almanach Gressent* indique, chaque année, les nouveautés méritantes.

En principe, les variétés de vigueur moyenne doivent être soumises aux petites formes ; j'entends par petites formes les candélabres à quatre branches, les obliques, les palmettes alternes, etc. etc.

Les variétés vigoureuses sont destinées aux plus grandes formes d'espalier et de plein vent, telles que palmettes à branches courbées et croisées, Verrier, vases, etc.

Les variétés faibles ne sont cultivées qu'en candélabres à quatre branches ou en cordons unilatéraux, celles très faibles par greffes de boutons à fruits posées sur des arbres vigoureux.

Pour rendre le choix des variétés plus facile à mes lecteurs, je fais deux classements de fruits pour toutes les espèces.

Le premier est par ordre de qualité et divisé comme suit :

1° Fruits de qualité hors ligne ;

2° Fruits excellents ;

3° Fruits de bonne qualité.

Le second classement est par ordre de maturité,

avec indication de formes et d'exposition pour chaque variété :

POIRES DE QUALITÉ HORS LIGNE

Beurré Giffart, mûrissant en août.

Beurré superfin, mûrissant en septembre.

Louise bonne, mûrissant en octobre.

Doyenné Boussoch, mûrissant en septembre et octobre.

Beurré Fouqueray, mûrissant en octobre et novembre.

Conseiller de la cour, mûrissant en novembre.

Olivier de Serres, mûrissant en février et mars.

Baronne de Mello, mûrissant en novembre.

Doyenné du comice, mûrissant en novembre et décembre.

Beurré d'Aremberg, mûrissant en décembre et janvier.

Passe-Crassanne, mûrissant de décembre à janvier.

Bergamote Fouqueray, mûrissant de décembre à mars.

Robertine, mûrissant de janvier à mars.

Joséphine de Malines, mûrissant de décembre à mars.

Passe-Colmar, mûrissant de janvier à avril.

Bergamote Esperen, mûrissant de décembre à avril.

Bon chrétien d'hiver, pour compotes, mûrissant de janvier à avril.

POIRES EXCELLENTES

Assomption, *William*, *Angleterre* et *beurré d'É-tampes*, mûrissant en septembre.

Seigneur, *Esperen*, *beurré gris*, *beurré Davy*, mûrissant en octobre.

Doyenné blanc, *doyenné gris*, mûrissant en octobre et novembre.

Beurré Hardy, mûrissant en novembre.

Tongres, mûrissant en septembre.

Van Mons, mûrissant en décembre.

Beurré d'Anjou, *triomphe de Jodoigne*, mûrissant en décembre.

Saint-Germain, mûrissant de décembre à avril.

Bon chrétien de Rance, mûrissant de janvier à mars.

Doyenné d'hiver, mûrissant de janvier à avril.

POIRES DE BONNE QUALITÉ

Doyenné de juillet, mûrissant en juin et juillet.

Épargne, mûrissant en août.

Beurré d'Amanlis, mûrissant en septembre.

Jalousie de Fontenay, *bonne d'Ézée*, mûrissant en septembre et octobre.

Beurré Piquery, *beurré d'Apremont*, mûrissant en novembre.

Bon chrétien Napoléon, mûrissant en octobre et novembre.

Nouveau Poiteau, mûrissant en octobre.

Duchesse, mûrissant d'octobre à janvier.

Général Tottleben, mûrissant en décembre.

Messire Jean, Crassane, mûrissant en novembre et décembre.

Figue, mûrissant en décembre.

Beurré Clairgeau, mûrissant d'octobre à décembre.

Beurré Diel, mûrissant en novembre et décembre.

Duchesse d'hiver, Kessoy, doyenné d'Alençon, mûrissant de janvier à mars.

SECONDE CLASSIFICATION

Je donne dans cette classification le véritable nom des fruits et tous leurs pseudonymes, afin d'éviter à mes lecteurs le désagrément d'acheter la même variété sous plusieurs noms.

Variété de poires mûrissant en :

Juillet

DOYENNÉ DE JUILLET. *Roi Jolimont, sept-en-bouche, mille-en-gueule.* Fruit très petit, arrondi, à peau jaune fortement colorée de rouge, excellent, et ayant le mérite d'être le premier de l'espèce. L'arbre peu vigoureux est d'une fertilité remarquable ; il donne d'excellents résultats en cordons unilatéraux seulement greffé sur cognassier, à toutes les expositions de plein vent. Il faut être sobre de cette variété dans le jardin fruitier ; son principal mérite est de mûrir du 20 juin au 15 juillet.

On peut cultiver le doyenné de juillet en touffes, dans le verger Gressent, et même à haute tige greffé sur franc dans le verger; sa précocité est un garant du débouché sur tous les marchés.

MADELEINE. *Citron des Carmes, poire de Saint-Jean.* Fruit arrondi, moyen, passable, ayant surtout le mérite de la précocité; il vient après le *doyenné de juillet.* L'arbre, de vigueur moyenne, est très fertile et se contente du plein vent; on peut le placer en espalier à l'est, pour avoir des fruits très précoces. Candélabres à quatre branches en espalier, cordons unilatéraux en plein vent greffé sur cognassier. On peut obtenir des arbres plus vigoureux en greffant sur franc, mais on perd beaucoup du volume des fruits. Planter en très petite quantité et en cordons unilatéraux, pour obtenir des fruits plus gros. Bon fruit précoce à cultiver en touffes dans le verger Gressent.

BEURRÉ GIFFARD. Fruit pyriforme, un peu ventru, à peau jaune fortement colorée de rouge, une des premières et la meilleure de nos poires d'été, vient immédiatement après la *Madeleine.* Arbre fertile, assez vigoureux, excellent pour les formes moyennes d'espalier et de plein vent, à l'est et à l'ouest, greffé sur cognassier. Le beurré Giffard devient superbe en cordons unilatéraux et en palmettes alternes.

Cette variété donne un fruit remarquable de qualité et d'une grande précocité. Il faut toujours la placer à une exposition chaude, au sud-est ou au sud-ouest, en plein vent, pour en avoir de bonne heure, et à une exposition froide, pour en prolonger la récolte.

Peut être cultivé en touffes dans le verger Gressent et même à haute tige dans les vergers.

Août

ÉPARGNE. *Beau présent, cuisse-madame, Saint-Samson, cueillette, grosse Madeleine, beurré de Paris, chopine, de la table des princes.* Bon fruit, pyriforme, allongé, à peau verte tachée de fauve. Arbre très fertile et très vigoureux, redoutant l'humidité et la grande chaleur. Il peut être soumis à toutes les formes d'espalier ou de plein vent, greffé sur franc ou affranchi; en candélabres à quatre branches et cordons unilatéraux, seulement greffé sur cognassier. Exposition de l'est pour le plein vent, et du nord-est pour l'espalier. A planter en petite quantité, le fruit blettit très vite.

A cultiver en touffes dans le verger Gressent, et à haute tige dans les vergers.

POIRE DE L'ASSOMPTION. Nouveauté que j'accueille avec empressement. Beau et bon fruit, très gros, ne blettissant pas trop vite, se gardant quelques jours, et mûrissant vers la fin d'août. Arbre de vigueur moyenne, assez fertile, à greffer sur franc de préférence au cognassier. Espalier au sud-est et au sud-ouest, formes moyennes. On peut planter en plus grande quantité de cette variété, magnifique et excellente.

Septembre

ROUSSELET DE REIMS. Joli et bon fruit, petit, un peu musqué, pyriforme, à peau verte colorée de rouge du côté du soleil. Arbre faible, peu fertile ; la seule forme à lui donner est le cordon unilatéral. Il vaut mieux cultiver cette variété par greffes de boutons à fruits posées sur des arbres d'espalier vigoureux. On obtient des fruits remarquables par leur forme et leur coloris, ils sont fort appréciés pour les desserts, mais il ne faut pas oublier que le *rousselet de Reims* ne sera jamais qu'une poire de fantaisie, à cultiver en très petite quantité.

BEURRÉ D'AMANLIS. *Wilhelmine, Hubard, Kessoise, d'Albert, duchesse de Brabant, beurré monstrueux.* Fruit gros, ventru, à peau verte, colorée de rouge brun ; passable, bonne dans les sols secs. Arbre très vigoureux et très fertile, précieux pour les plus grandes formes de plein vent, tant il pousse avec rapidité, et pour placer en palmettes alternes entre deux arbres faibles. Plein vent seulement, à toutes les expositions, et toujours greffé sur cognassier ; c'est un excellent porte-greffe pour les boutons à fruits de variétés d'été. Planter en petite quantité ; le fruit ne se conserve pas. A cultiver partout en touffes et à haute tige.

BEURRÉ NANTAIS. Joli et bon fruit, de grosseur moyenne, à peau jaune. Arbre assez fertile et peu vigoureux, excellent pour cordons unilatéraux seulement en plein vent. En petite quantité.

BON-CHRÉTIEN WILLIAM, *Bartlets de Boston, de Lavault, beurré William.* Fruit gros, oblong, obtus, à peau jaune lavée de rouge, excellent, mais très musqué. Arbre très fertile, faible, sur cognassier ; il demande à être greffé sur franc ou affranchi. Excellent pour candélabres à quatre branches et cordons. unilatéraux greffé sur cognassier, et pour grandes formes de plein vent greffé sur franc ou affranchi à toutes les expositions, même au nord. En quantité moyenne : le fruit ne se conserve pas plus de quinze à vingt jours. Donne de bons résultats en touffes dans le verger Gressent.

BEURRÉ SUPERFIN. Beau fruit oblong, un peu ventru, à peau jaune ; c'est peut-être la meilleure poire que nous possédions, mais elle ne se conserve pas.

L'arbre est très faible ; la forme en cordons unilatéraux est la seule qui lui convienne, et encore vaut-il mieux ne la cultiver que par greffes de boutons à fruits. Greffés sur franc, les fruits perdent de leur volume et de leur qualité ; planter en petite quantité, ou mieux cultiver par greffes et boutons à fruit.

ANGLETERRE. *Bec-d'oiseau, Anglaise, Saint-François, d'amande, de Finnois.* Petite poire longue, ventrue, à peau olivâtre, tachée de brun, excellente, et toujours reléguée dans les vergers. Lorsqu'on lui fait les honneurs du jardin fruitier, elle devient plus grosse, mais perd de sa qualité. Trois ou quatre poiriers d'Angleterre en candélabres à quatre branches en plein vent rendent de grands services dans le jardin fruitier. Cet arbre vient bien en plein vent, à toutes les expositions ; l'espalier lui est nuisible. Il faut le prendre greffé sur franc ou l'affranchir pour les grandes formes, et greffé sur cognassier pour candélabres à quatre branches. Quand on a beaucoup de poires d'Angleterre, on en fait d'excellentes compotes se conservant très longtemps. A cultiver surtout à haute tige dans tous les vergers.

JALOUSIE DE FONTENAY. *Belle d'Esquermes.* Fruit moyen, de bonne qualité. Arbre de vigueur moyenne, demandant à être greffé sur franc ou affranchi, très fertile, bon pour espalier et candélabres à quatre branches, en plein vent, aux expositions de l'est et de l'ouest. En quantité moyenne.

BONNE D'ÉZÉE. Très beau fruit, oblong, à peau jaune, marbrée de rouge, de bonne qualité. Arbre de vigueur moyenne, très fertile pour petites formes d'espalier et de plein vent. Exposition de l'ouest. La *bonne d'Ézée* donne des fruits monstrueux en cordons unilatéraux. Les fruits se conservant quelque temps, on peut planter cette belle et bonne variété en plus grande quantité.

Toutes les variétés ci-dessus doivent être plantées plutôt en candélabres à quatre branches et cordons unilatéraux qu'en toutes autres formes. Ces fruits sont excellents, mais ils ne se conservent pas long-temps et viennent à la même époque que les fruits à noyaux.

Octobre

LOUISE BONNE D'AVRANCHES. *Louise de Jersey, beurré d'Avranches, bonne de Longueval, bergamote d'A-vranches.* Fruit moyen, pyriforme, obtus, à peau jaune, lavée de rouge, excellente et se conservant jusqu'en novembre dans un bon fruitier. Arbre peu vigoureux, d'une fertilité remarquable, propre à toutes les formes et venant à toutes les expositions, même à celle du nord, en espalier. Il donne des fruits hors ligne en cordons unilatéraux. Planter quelques arbres aux expositions froides pour prolonger la récolte de cet excellent fruit. Réussit bien en touffes dans le verger Gressent.

SEIGNEUR ESPEREN. *Beurré lucratif, bergamote d'été, Brésilière, bergamote lucrative, excellentissime, bergamote Fiévée, fondante d'Automne.* Beau et bon fruit, forme de doyenné à peau jaune tachée de fauve. Arbre de vigueur moyenne, très fertile; il est nécessaire de l'affranchir dans les sols qui ne sont pas substantiels. Petites formes à l'espalier et en plein vent. Exposition de l'est à l'espalier, du sud-est en plein vent. Donne de bons résultats en cordons unilatéraux. En moyenne quantité.

BEURRÉ GRIS. *Beurré doré, d'Amboise, roux, d'Isambard, galeux, du roi, de Tawern, Isambard le Bon.* Beau et excellent fruit, arrondi, à peau olivâtre marbrée de fauve. Arbre peu vigoureux, très fertile, mais ne donnant de bons résultats qu'à l'espalier au sud-est et au sud-ouest, et en cordons unilatéraux au bord d'une plate-bande d'espalier au midi. Greffé sur franc, il peut être soumis aux grandes formes; le cognassier suffit pour candélabres à quatre branches et cordons unilatéraux. Se garde peu, éviter les trop grandes quantités.

BEURRÉ DAVY. *Beurré Spence, de Saint-Amour,*

de Bourgogne, fondante des bois, beurré Davis, de Flandre, d'Elbert, nouvelle gagnée à Heuzé. Très beau fruit, obtus aux deux extrémités, à peau grise tachée de brun, parfait, de qualité hors ligne. Arbre très fertile, mais très faible. Il veut être greffé sur franc pour les formes moyennes d'espalier et de plein vent. Exposition de l'est ou de l'ouest. Se garde quelques semaines dans un bon fruitier; planter en quantité moyenne.

Doyenné Boussoch. *Beurré de Mérode, double Philippe, nouvelle Boussoch.* Fruit superbe et de qualité hors ligne, à forme de doyenné, à peau jaune lavée de rouge. Arbre assez vigoureux et fertile, bon pour les formes moyennes d'espalier et de plein vent.

C'est une espèce précieuse pour le jardin fruitier; elle n'a que le défaut de n'être pas assez connue. Le *doyenné Boussoch* vient bien en plein vent, à l'est et à l'ouest, et donne de superbes fruits en cordons unilatéraux. En quantité moyenne, donne de bons résultats en touffes dans le verger Gressent.

Doyenné blanc. *Saint-Michel, bonne ente, neige, doyenné piété, du Seigneur, citron de septembre.* Fruit délicieux, arrondi, à peau jaune lavée de rouge. Arbre faible, très fertile, ne donnant de bons résultats qu'à l'espalier, mais y venant à toutes les expositions, même à celle du nord. L'arbre affranchi ne doit être soumis qu'aux petites formes; il donne de beaux et bons fruits en cordons unilatéraux au bord d'une plate-bande d'espalier, au midi. C'est un ancien fruit que l'on dédaigne à tort; il est parfait et se garde six semaines environ. Planter en quantité moyenne.

Beurré Fouqueray. Fruit énorme, oblong, obtus et ventru, une des plus grosses poires connues. Chair blanche, très fine, fondante, juteuse, rarement pierreuse. Eau abondante et sucrée, très agréablement parfumée. Qualité hors ligne.

Arbre vigoureux et fertile, propre à toutes les formes de plein vent, greffé sur cognassier. A cultiver en touffes, dans le verger Gressent, où il sera une des meilleures acquisitions pour la spéculation fruitière.

Beurré d'Étampes. Fruit énorme, excellent, à peau jaune, mûrissant en octobre et novembre. Arbre vigoureux et fertile, propre aux formes moyennes d'espalier et de plein vent. A planter en plus grande quantité que les précédents.

J'ai trouvé ce splendide fruit chez mon excellent ami, M. Allien; un pépiniériste l'y a planté pour un autre fruit; ne sachant ce qu'il est, et ne trouvant pas d'indication, je l'ai nommé beurré d'Étampes.

J'ai donné les greffes de ce magnifique fruit à M. Cottin, qui a dû le laisser perdre comme toutes les variétés méritantes et inconnues que j'ai trouvées dans mes nombreux voyages.

Beurré Hardy. Beau et bon fruit, à peau jaune marbrée de rouge. Arbre vigoureux, assez productif, propre à toutes les grandes formes d'espalier et de plein vent, à l'est et à l'ouest. Planter en quantité moyenne.

Général Tottleben. Superbe fruit, d'assez bonne

qualité. Arbre vigoureux, excellent pour grandes formes d'espalier et de plein vent, à l'est et à l'ouest. Se garde plus longtemps ; augmenter la quantité.

Tongres. *Durandeau.* Beau et excellent fruit, Arbre de vigueur plus que moyenne, excellent pour candélabres à quatre branches, grandes formes d'espalier et de plein vent, à l'est et à l'ouest. Planter en quantité moyenne, se garde assez longtemps. Peut être cultivé en touffes dans le verger Gressent.

Novembre

Conseiller de la cour. *Maréchal de la cour.* Fruit gros. Arbre fertile et vigoureux, venant à toutes les expositions. Grandes formes d'espalier et de plein vent. Fruit d'assez longue garde, toujours très bon, planter en abondance.

Olivier de Serres, fruit roussâtre, oblong, à forme de Bergamote de qualité supérieure, mûrissant en février et mars. Arbre vigoureux et fertile propre à toutes les formes de plein vent.

Beurré Piquery. *Louis Dupont, urbaniste, Louis d'Orléans, beurré serrurier, d'automne, Drapier, Vergaline musquée.* Beau fruit obtus à peau jaune orange, très bon. Arbre vigoureux et fertile, excellent pour toutes les grandes formes d'espalier et de plein vent, à l'est et à l'ouest. La palmette à branches croisées lui convient particulièrement, surtout lorsqu'il est greffé sur franc. Planter en quantité moyenne.

Beurré d'Apremont. Bon fruit, pyriforme, très allongé, assez original par sa teinte fauve. Arbre très faible, mais très fertile; il doit être greffé sur franc dans tous les sols. Petites formes d'espaliers et de plein vent, à l'est et à l'ouest; vient au nord en espalier. Planter en quantité moyenne.

BON-CHRÉTIEN NAPOLÉON. *Médaille, Liard, Charles X, captif de Sainte-Hélène, Mabille, Charles d'Autriche, Bonaparte, Napoléon, gloire de l'empereur.* Bon fruit, gros, ventru, allongé, à peau jaune. Arbre de vigueur moyenne et peu fertile. On le greffe sur franc, afin d'obtenir plus de vigueur; mais les fruits se font attendre longtemps. Il est préférable de l'affranchir; les fruits viennent plutôt, sont plus gros et meilleurs. Bon pour les petites formes seulement. Il donne les meilleurs résultats en cordons unilatéraux, en plein vent à l'est et à l'ouest. Planter en petite quantité, pour avoir quelques fruits faisant bon effet dans les desserts.

DUCHESSE. *D'Angoulême, de Pézenas, des Esparonnais.* Gros fruit ventru, à peau vert jaunâtre, excellent dans les terrains secs. Arbre vigoureux et très fertile, s'arrangeant de toutes les formes et de toutes les expositions en plein vent, même de celle du nord à l'espalier. Les plus belles poires de duchesse se récoltent sur les cordons unilatéraux. A planter en quantité plus que moyenne; la *duchesse* se conserve jusqu'en janvier dans un bon fruitier. Donne les meilleurs résultats en touffes dans le verger Gressent.

DOYENNÉ GRIS. *Saint-Michel gris, doyenné galeux, crotté, rouge, jaune, neige grise.* Délicieuse poire, arrondie, à peau brune, ayant l'inconvénient d'être pierreuse en plein vent et sur les arbres mutilés. Cet inconvénient disparaît à l'espalier, lorsque les arbres ne subissent pas de grandes amputations à la taille ni de pincements courts. Le doyenné gris vient bien à toutes les expositions à l'espalier, même à celle du nord, et il donne de bons résultats en cordons unilatéraux au bord d'une plate-bande d'espaliers au midi.

L'arbre, très fertile, mais faible, demande à être affranchi.

Le doyenné gris peut être cultivé en plein vent, à toutes les expositions dans le midi. Planter en petite quantité.

Van Mons de Léon Leclerc. Superbe et excellent fruit, pyriforme, allongé, à peau vert jaunâtre. Arbre d'une faiblesse désespérante, fertile, mais pouvant à peine être cultivé en cordons unilatéraux, car il meurt souvent après avoir produit quelques fruits. Je ne cultive plus cette excellente variété que par greffes de boutons à fruits.

On peut le greffer sur franc, mais le fruit perd de sa qualité et de son volume. En greffant sur cognassier, on peut obtenir des arbres pour cordons unilatéraux; mais je préfère la greffe de boutons à fruits.

Baronne de Mello. *Adèle de Saint-Céras.* Fruit petit, pyriforme, ventru, à peau couleur fauve, d'une finesse remarquable. Arbre de vigueur moyenne, très fertile, bon pour les petites formes d'espalier et de plein vent, à l'est et à l'ouest. Excellent pour cultiver en cordons unilatéraux. Planter en petite quantité.

DOYENNÉ DU COMICE. Fruit gros, carminé du côté du soleil, aussi joli que volumineux, chair fine, fondante et d'une délicatesse extrême; c'est une des meilleures poires que nous possédions (quand les pépiniéristes veulent bien nous en donner). Arbre vigoureux, très fertile, bon pour les formes grandes et moyennes, d'espalier et de plein vent, à l'est et à l'ouest. D'assez longue garde ; en planter en bonne quantité.

BEURRÉ D'ANJOU. *Nec plus Meuris*. Excellent fruit, très gros, à peau jaune verdâtre. Arbre vigoureux et fertile, bon pour les grandes formes d'espalier et de plein vent, greffé sur franc, et pour candélabres à quatre branches greffé sur cognassier, aux expositions du sud-ouest pour l'espalier, et du sud pour le plein vent. Planter en moyenne quantité.

MESSIRE-JEAN. *Gris, doré, poire de Chagrillé*. Fruit croquant, arrondi, à peau fauve, bon cru, de qualité hors ligne lorsqu'il est cuit. Arbre de vigueur moyenne, assez fertile, bon pour toutes les formes moyennes de plein vent, à toutes les expositions. Planter en petite quantité.

NOUVEAU POITEAU. Superbe fruit, oblong, à peau verte tachée de brun, très bon, mais ayant l'inconvénient de blettir très facilement, et souvent avant maturité. Arbre très vigoureux, propre aux plus grandes formes d'espalier et de plein vent, aux expositions de l'est pour l'espalier, et du sud-ouest pour le plein vent. Planter en très petite quantité.

SOLDAT-LABOUREUR. Fruit gros, pyriforme, ventru, à peau jaune, assez bon. Arbre vigoureux et fertile, propre aux grandes formes d'espalier et de plein vent, à l'est et à l'ouest. Son principal mérite est le volume et la garde ; planter en moyenne quantité.

Décembre

CRASSANE. *Doré d'automne, d'hiver, beurré plat.* Bon fruit arrondi, à peau verte, tachée de fauve, toujours trop rare dans le jardin fruitier. Arbre très vigoureux, mais très infertile dans sa jeunesse. On plantait autrefois les poiriers de crassane sur franc. Avec l'ancienne taille, ces arbres faisaient attendre leurs fruits dix ans, et ne donnaient de produits réguliers qu'à l'âge de quinze ou seize ans, quand ils en donnaient.

La crassane ne dure pas longtemps sur cognassier ; elle pousse d'abord très vigoureusement, puis ensuite elle se couvre de mousse, et meurt après avoir produit quelques fruits. Ces inconvénients réunis, l'infertilité sur franc et le peu de durée sur cognassier ont fait renoncer à la culture de cet excellent fruit.

J'ai appliqué à la crassane l'affranchissement, qui m'a donné de si bons résultats pour les variétés faibles, et j'ai obtenu des arbres vigoureux et d'une fertilité soutenue. Avec une taille rationnelle, on obtiendra des fruits la quatrième année sur des arbres sur franc, en les soumettant à la forme de palmettes à branches croisées, et la troisième sur des arbres affranchis en candélabres à quatre branches, palmettes alternes, etc.

La crassane demande impérieusement l'espalier au sud-est et au sud-ouest dans tous les sols, et au midi dans les terres argileuses, excepté cependant dans le Midi de la France seulement, où elle peut être cultivée en plein vent. La crassane est un fruit de fond, dans le fruitier; il faut en avoir tous les ans une certaine quantité.

Figue. *Figue d'Alençon, d'hiver, bonissime de la Sarthe.* Joli fruit en forme de figue, de bonne qualité. Arbre vigoureux et fertile, venant bien en plein vent. Bon pour toutes les grandes formes d'espalier et de plein vent, à l'est et à l'ouest. Planter en quantité moyenne.

Délices d'Ardempont. *Beurré d'Hardempont, poire, pomme, de Racqueingen.* Beau et bon fruit; arbre très fertile, mais d'une faiblesse désespérante. Cette variété est précieuse en ce qu'elle donne d'excellents fruits en espalier au nord; elle ne peut être cultivée que sur franc ou par greffe de boutons à fruits. Petite quantité.

Beurré Clairgeau. Superbe fruit, d'excellente qualité, le plus gros après la *belle Angevine,* formant le principal ornement des desserts, aussi curieux par son volume que par son coloris. Poire énorme, pyriforme, ventrue, bossuée, à peau jaune clair lavée de carmin. Arbre très faible sur cognassier; il produit des fruits moins gros sur franc; il y aurait bénéfice à l'affranchir, mais il est préférable de greffer les boutons à fruits sur des arbres vigoureux : *crassane, beurré Diel, curé Catillac, etc.* Le *beurré Clairgeau* demande l'espalier au sud-est et au sud-ouest au nord de Paris ; à partir du climat de Paris, on peut le cultiver en plein vent à toutes les expositions. Je ne cultive plus le *beurré Clairgeau* que par greffes de boutons à fruits, et j'obtiens des poires monstrueuses et excellentes en plein vent. Il faut toujours avoir une certaine quantité de *beurré Clairgeau*, c'est le plus bel ornement des desserts.

BEURRÉ DIEL. *Beurré magnifique, royal, incomparable, des trois tours, Dorothée, Fourcroy, gratiole d'hiver, melon de Knosp, poire melon.* Beau et bon fruit arrondi, à peau jaune. Arbre vigoureux et fertile propre à toutes les grandes formes d'espalier et de plein vent ; venant à toutes les expositions, même à celle du nord en espalier. Le *beurré Diel* donne de superbes fruits en cordons unilatéraux ; il est très précieux dans ces plantations et dans celle de palmettes alternes, à côté des arbres faibles pour leur donner sa surabondance de sève. Planter en quantité plus que moyenne.

TRIOMPHE DE JODOIGNE. Fruit magnifique et de bonne qualité, pyriforme, ventru, à peau jaune lavée de rouge. Arbre vigoureux et fertile, mais délicat pendant sa jeunesse. Cette variété pousse mal sur franc et ne dure pas sur cognassier. L'arbre affranchi donne d'excellents résultats.

Le *triomphe de Jodoigne* peut être soumis à toutes les grandes formes d'espalier et de plein vent ; quand on a réussi à obtenir un bon arbre, il vient à toutes les expositions, même à celle du nord en espalier. Planter en bonne quantité ; le fruit se garde assez long-temps.

PASSE-CRASSANE. Fruit énorme, de qualité hors ligne et se gardant jusqu'en mars, obtenu par M. Boisbunel. Espalier au sud-est et au sud-ouest ; plein vent dans le Midi de la France et même sous le climat de Paris, où il m'a donné de superbes fruits en contre-espaliers de Versailles. Arbre vigoureux et fertile, propre à toutes les formes. La *passe-crassane* est une conquête des plus sérieuses ; la place de cette délicieuse poire d'hiver est marquée dans tous les jardins. Planter en grande quantité.

BERGAMOTE HÉRAULT. Fruit moyen, à chair fine et fondante, de première qualité, mûrissant de décembre à avril. Arbre vigoureux et fertile propre à toutes les grandes formes d'espalier et de plein vent.

La *bergamote Hérault* est une précieuse acquisition pour le jardin fruitier du propriétaire, pour celui du spéculateur et aussi pour le verger Gressent, où elle donnera d'excellents résultats, soumise à la forme en touffes.

De janvier à mars

ROBERTINE. Fruit gros, de bonne qualité et de très longue garde. Arbre fertile et vigoureux, venant à toutes les expositions. J'ai trouvé ce fruit dans le nord et l'ai adopté avec le plus grand empressement. Je le dois à l'obligeance de M. Robert Leroy ; de là, le nom de *Robertine*. C'est un fruit précieux dans le jardin fruitier et que l'on ne saurait assez planter dans tous les jardins. Réussit bien en touffes dans le verger Gressent.

Ce fruit des plus précieux a été cultivé par M. Cottin, pépiniériste à Sannois, auquel j'en avais donné de nombreuses greffes.

DUCHESSE D'HIVER. *Tardive de Toulouse*. Nouveauté dont on a dit trop de bien et trop de mal.

Le fruit est beau, croquant, passable quand il est très mûr, mais toujours excellent cuit. L'arbre, assez vigoureux et fertile, vient bien en plein vent. Formes moyennes et cordons unilatéraux. Planter en petite quantité.

KESSOY. *Rousselte d'Anjou*. Fruit arrondi, assez gros, couleur fauve, excellent de qualité. Arbre très fertile, de vigueur moyenne, propre aux formes moyennes ; espalier et plein vent, exposition de l'est et de l'ouest, greffé sur franc en petite quantité ; bon pour le verger Gressent, en touffes et à haute tige dans les vergers.

JOSÉPHINE DE MALINES. *Bonne de Malines, beurré de Malines*. Fruit petit, mais excellent et de très longue garde, turbiné, obtus, à peau olivâtre tachée de fauve. Arbre de vigueur moyenne, fertile, propre aux formes moyennes d'espalier et de plein vent ; donne de très beaux fruits en cordons unilatéraux. Exposition du sud-est et du sud-ouest à l'espalier ; au midi, en plein vent. Cette excellente variété a résisté à l'hiver de 1879-1880. Planter en assez grande quantité.

Saint-Germain. *Saint-Germain gris, doré, d'hiver, vert, inconnue de La Fare.* Excellent fruit, toujours trop rare dans le jardin fruitier, oblong, allongé, à peau verte tachée de brun. Arbre très fertile, assez vigoureux, mais quelquefois délicat : il ne vient bien qu'à l'espalier au sud-est, et craint par-dessus tout les mutilations. Le *Saint-Germain* peut être soumis aux grandes formes d'espalier. Il demande impérieusement l'espalier depuis le nord de Paris jusqu'à la limite de la région de la vigne. On peut le cultiver en plein vent, seulement sous le climat de l'olivier. Planter en assez grande quantité.

Beurré d'Aremberg. *Orpheline d'Enghien, délice des orphelins, Colmar Deschamps, beurré Deschamps des Orphelines.*

Baptisée d'abord par le Congrès pomologique, débaptisée, puis rebaptisée par le même, nous ne savons plus au juste comment cette poire peut s'appeler. Il en est du *beurré d'Aremberg* comme des rues de Paris, je lui trouve assez de noms sans les nouveaux, et lui garde celui de *beurré d'Aremberg*, sous lequel tout le monde le connaît. Beau fruit, ventru, obtus, quelquefois bossué, à peau jaune, chair fine et fondante, de qualité hors ligne. Arbre vigoureux et fertile, bon pour toutes les formes d'espalier jusqu'aux rives de la Loire, et de plein vent dans le Centre de la France, mais à la condition d'être fixé sur un palissage. Cette variété n'aime pas à être tourmentée par le vent. Elle donne des résultats négatifs en pyramide : toujours des fleurs, rarement des fruits. Le *beurré d'Aremberg* préfère l'exposition de l'ouest à l'espalier ; il donne de bons résultats en palmettes alternes, où il devient une précieuse ressource pour stimuler la végétation des arbres faibles. Planter en grande quantité.

PASSE-COLMAR. *Nouveau, doré.* Fruit moyen, arrondi, à peau jaune, de qualité hors ligne et se gardant jusqu'en avril. Arbre faible, très fertile, propre aux petites formes d'espalier et de plein vent et fructifiant à toutes les expositions, même à celle du nord à l'espalier. Cette variété donne des fruits plus gros en cordons unilatéraux, greffés sur cognassier. Prendre des sujets greffés sur franc pour les grandes formes. Planter en assez grande quantité.

BON CHRÉTIEN DE RANCE. *Beurré de Rance, Noirchain, de Flandres, de Pentecôte, Hardempont de printemps.* Fruit très gros, obtus aux deux extrémités, à peau verte lavée de rouge. Cette variété, malgré ses mérites, est très rare dans le jardin fruitier. L'arbre est très fertile, vigoureux, quand il a bien pris, mais d'une délicatesse extrême pendant sa jeunesse. Les pépiniéristes ont presque renoncé à la multiplication de cette excellente variété. Elle vient difficilement sur franc, et pas du tout sur cognassier.

On obtient de bons résultats d'une double greffe sur cognassier, mais le franc est encore préférable.

Le *bon chrétien de Rance* demande l'espalier au sud-est, en grandes formes ; on peut le cultiver en plein vent en petite forme et au midi, à partir des rives de la Loire et dans le Midi de la France. Planter en moyenne quantité.

DOYENNÉ D'ALENÇON. *Doyenné d'hiver nouveau, Saint-Michel d'hiver, doyenné gris d'hiver, nouveau marbré.* Excellent fruit, assez gros, forme de doyenné, à peau jaune olivâtre marquée de taches grises. Sa qualité supérieure et sa longue garde le dispensaient de tous les sobriquets qui lui ont été donnés, car c'est une des meilleures variétés à cultiver dans le jardin fruitier. Arbre vigoureux et fertile, propre aux grandes formes d'espalier et aux formes moyennes de plein vent. Les palmettes à branches croisées le font fructifier plus vite. Exposition du sud-est et du sud-ouest pour l'espalier et pour le plein vent.

Le *doyenné d'Alençon* se garde jusqu'en avril ; on ne saurait trop en planter dans le jardin fruitier.

Peut se cultiver en touffe dans le verger Gressent.

De janvier à mai

DOYENNÉ D'HIVER. *Bergamote de Pentecôte, poire du pâtre, Seigneur d'hiver, doyenné du printemps, merveille de la nature, pastorale d'hiver, Dorothée, royale, poire Fourcroy, Canning, d'hiver.* Superbe et excellent fruit à la forme de doyenné, à peau jaune, parsemée de taches fauves. Arbre de vigueur moyenne, très fertile, faible sur cognassier, donnant les meilleurs résultats affranchi et sur franc.

Le doyenné d'hiver est une poire des plus précieuses ; il n'y en a jamais assez dans le jardin fruitier. Cette excellente variété, destinée aux petites formes d'espalier et de plein vent, fructifie à toutes les expositions, et s'accommode de toutes les formes. Elle donne de superbes fruits en cordons unilatéraux.

Au nord de Paris et sous le climat de Paris, le doyenné d'hiver demande l'espalier, ou au moins une place abritée dans le jardin fruitier. Il réussit bien en cordons bordant les plates-bandes d'espalier, et au centre des gradins du jardin fruitier; mais, en plein vent, il ne donne que des pierres. Planter en grande quantité.

De février à juin

BERGAMOTE ESPÉREN. Fruit moyen, mais délicieux, à forme de *bergamote*, à peau jaune, le dernier qui reste au fruitier; il se conserve quelquefois jusqu'en juin. Arbre vigoureux, fertile, mais difficile à mettre à fruit, surtout si on le pince et le taille court; propre aux grandes formes d'espalier et de plein vent; réussit bien en contre-espalier, en candélabre à quatre branches. Les fruits deviennent plus gros à l'espalier à l'est ou au sud-est; mais cependant ils sont très bons en plein vent aux expositions chaudes.

La bergamote Espéren a résisté aux gelées de 1879-1880.

Réussit bien en touffes dans le verger Gressent.

Planter en très grande quantité; il n'y en aura jamais assez au fruitier.

FRUITS A CUIRE

Contrairement aux usages des praticiens, qui abusent des poires à compotes, je n'en introduis que cinq variétés dans le jardin fruitier. Trois de ces variétés viennent sans culture à haute tige ; je ne les admets dans le jardin fruitier que parce qu'elles sont utiles à la culture des autres variétés.

1° CURÉ. *Belle de Berry, belle Andreine, poire de Clion, de Monsieur, Pater noster, belle Héloïse, bon papa, Comice de Toulon.* Fruit pyriforme, allongé, à peau jaune verdâtre, mûrissant de décembre à janvier. Arbre fertile et vigoureux, adoré des pépiniéristes, qui le mettent à toutes les sauces et le baptisent de tous les noms ; excellent pour toutes les grandes formes de plein vent, précieux pour faire des *porte-greffes*. C'est particulièrement pour cet usage que nous l'introduisons dans le jardin fruitier.

Les fruits sont médiocres, crus, assez bons cuits et se vendent assez bien à la halle. Planter en quantité très modérée.

Donne de beaux résultats en touffes dans le verger Gressent et à haute tige dans les vergers.

MARTIN-SEC. *Rousselet d'hiver.* Fruit petit, pyriforme, ventru, à peau fauve, de qualité hors ligne cuit. Arbre de vigueur moyenne, propre aux petites formes de plein vent, à toutes les expositions. Planter en petite quantité.

Peut se cultiver en touffes dans le verger Gressent.

CATILLAC. *Quénillac, téton de Vénus, râteau, grand monarque, gros Gillot, abbé Mongein, bon chrétien d'Amiens, Chartreuse, monstrueuse des Landes.* Fruit très gros, arrondi, à peau verte, se conservant longtemps et faisant de bonnes compotes. Arbre vigoureux et fertile, venant à toutes les expositions de plein vent.

La *Catillac* a la seule destination, dans le jardin fruitier, de servir de porte-greffe ; on le plante greffé sur franc afin d'obtenir très vite une charpente d'un grand développement. Planter en petite quantité.

A cultiver en touffes dans le verger Gressent, et à haute tige dans tous les vergers.

BELLE ANGEVINE. *Angora, Bolivard, duchesse de Berry d'hiver, royale d'Angleterre, abbé Mongein, Uvedale, monstrueuse de Bruxelles, comtesse de Terweren.* La plus grosse de toutes les poires, fruit énorme, pyriforme, ventru, à peau verte lavée de rouge, mauvais cru, pas bon cuit. Cependant il est très recherché à cause de son volume et de son coloris pour faire l'ornement des desserts. Arbre très vigoureux, peu fertile ; il fleurit beaucoup et garde peu de fruits, demandant impérieusement l'espalier au midi ; bon pour les plus grandes formes.

La *belle angevine* n'ayant d'autre mérite que sa grosseur, on ne doit laisser que très peu de fruits sur les arbres, et en planter juste assez pour avoir quelques fruits d'opéra-comique.

BON CHRÉTIEN D'HIVER. *Bon chrétien de Tours, poire d'angoisse, de Saint-Martin.* Fruit gros, obtus, à peau jaune pâle, se conservant indéfiniment, le meilleur de tous les fruits à compotes.

Le *bon chrétien d'hiver* reste toujours croquant, mais il acquiert une qualité telle en mars et avril qu'il peut être mangé cru. Arbre vigoureux et fertile, bon pour les grandes formes d'espalier à l'exposition du midi, en plein vent dans le Midi de la France.

Planter en bonne quantité, car il donne les meilleures compotes.

J'ai indiqué les meilleurs fruits à cuire, et ma liste très courte est plus que suffisante pour alimenter la cuisine.

Les autres fruits, appelés à cuire, par les pépiniéristes, ne méritent pas l'honneur de la culture ; ils ne sont qu'un prétexte pour introduire dans les jardins des arbres dont ils ne savent comment se défaire.

Les fruits de table font les meilleures compotes ; il y en a toujours une certaine quantité de défectueux dans le jardin fruitier. Ces fruits donneront des compotes bien supérieures aux fruits dits *à cuire*, et le propriétaire devra les utiliser avant tous les fruits à cuire, excepté le *bon chrétien d'hiver*, que rien ne peut remplacer pour la qualité.

CHAPITRE II

POIRIER

CULTURE ET TAILLE

Le poirier aime les terres substantielles, sans être cependant trop argileuses. Ce sont celles que l'on doit choisir pour la culture extensive, les plantations de spéculation, où la main-d'œuvre doit être autant économisée que le capital. Pour la culture intensive, le jardin du propriétaire, où nous avons à dépenser de l'argent et du travail, et où nous opérerons sur de très petits espaces, tous les sols seront bons. C'est une question de culture, de préparation de sol et de choix de sujets, rien de plus.

Le poirier se greffe sur quatre sujets différents : sur cognassier, sur poirier franc, sur cormier et sur épine blanche.

Le cognassier est toujours préférable lorsqu'on veut former des arbres de moyenne grandeur : il fructifie plus vite que le poirier franc et donne, toutes choses égales d'ailleurs, des fruits plus gros et plus savoureux ; mais le cognassier exige une terre substantielle et de bonne qualité, ou au moins abondamment pourvue d'humus, si elle est de qualité inférieure.

Le poirier franc produit des arbres plus grands, plus vigoureux et de plus longue durée que le cognassier, mais il fait attendre ses fruits plus longtemps, et ils ne sont jamais aussi gros ni aussi savoureux que sur cognassier, il donne de bons résultats dans les sols médiocres, mais profonds, où le cognassier ne pourrait vivre.

Le cormier est un excellent sujet pour le poirier ; il tient le milieu, comme vigueur, entre le cognassier et le poirier franc ; il a le désagrément d'être très long à venir et d'exiger une certaine somme de chaleur, mais aussi l'avantage de former d'excellents arbres dans les sols de qualité plus que médiocre, où le poirier franc refuserait toute végétation. Le cormier ne vient pas au nord de Paris ; il ne peut être cultivé avec succès qu'à partir des rives de la Loire jusqu'à la Méditerranée.

L'épine blanche est la dernière ressource pour les sols très argileux ou calcaires à l'excès, où toutes les espèces à pépins viennent mal ou périssent. Elle demande un certain temps pour acquérir le développement nécessaire ; mais c'est un sujet excellent, de très longue durée, et permettant la culture du poirier dans les sols où il refuse toute végétation.

Il n'existe pas de terrain, quelque ingrat qu'il paraisse, où l'on ne puisse obtenir facilement d'abondantes récoltes d'excellentes poires, en ayant recours aux sujets que je viens d'indiquer. Le cormier et l'épine blanche seront rarement employés ; il suffira, la plupart du temps, de bien préparer le sol (voir *Préparation du sol*, pages 279 et suivantes), de planter sur poirier franc ou même d'affranchir le cognassier pour obtenir le résultat désiré.

Le manque absolu de connaissances exactes en culture, d'un côté, et la tendance des propriétaires à consulter les pépiniéristes, de l'autre, ont amené presque tous les échecs si fréquents dans la culture du poirier. L'arboriculture est une science ; la pépinière est un métier. L'homme d'étude est sans cesse à la recherche de la vérité ; tous ses efforts tendent à la faire triompher. Le marchand est à la recherche du bénéfice ; ses efforts n'ont qu'un but : la vente donnant le bénéfice.

La Bretagne, la Sologne et d'autres contrées ont été longtemps privées d'arbres fruitiers, parce que les pépiniéristes qui les faisaient planter ne savaient ni choisir les sujets, ni faire préparer le sol convenablement.

Sur le conseil des pépiniéristes on plantait des poiriers sur franc dans ces sols n'ayant pas de profondeur. Les arbres poussaient bien les deux ou trois premières années, et périssaient aussitôt que les racines pivotantes du poirier franc atteignaient le soussol.

Toutes les fois qu'il sera possible d'amender et de fumer convenablement une couche de terre de 50 à 60 centimètres de profondeur, il y aura toujours bénéfice à planter du cognassier ; moins le sol sera profond, plus il faudra avoir recours aux petites formes, qui n'ont pas de racines pivotantes, mais un chevelu abondant, prospérant toujours dans une épaisseur de 50 à 60 centimètres de bonne terre. Tous les échecs, dans les sols peu profonds, viennent d'abord du manque de préparation du sol, ensuite des plantations de poirier sur franc, et du choix de formes trop grandes pour un mauvais sol. Un arbre à grand développement possède un appareil de racines très étendu et très profond. Il est impossible dans un sol manquant de qualité et de profondeur, aussi impossible que le poirier sur franc, se contentant d'un sol médiocre, mais l'exigeant très profond, à cause de ses racines pivotantes.

Le cormier et l'épine blanche sont la ressource

suprême, la consolation du propriétaire qui voit sa propriété veuve de toute production fruitière et qui entend répéter chaque jour : « Le terrain ne vaut rien, » ou : « Les fruits ne peuvent pas venir ici. » Le cormier et l'épine blanche rayent le mot *impossible* dans la culture du poirier.

On trouve dans toutes les pépinières des poiriers greffés sur cognassier, et quelquefois des poiriers sur franc, mais jamais de poiriers greffés sur cormiers et sur épine blanche. Lorsqu'un propriétaire a besoin de ces arbres, il doit les commander à l'avance à un pépiniériste, s'il veut s'en charger, ou les faire lui-même, si le pépiniériste dit que c'est impossible ; rien de plus facile en achetant de très beau plant de cormier ou épine blanche, et en les cultivant comme le cognassier. (Voir plus loin au chapitre *Pépinière*.)

J'ai souvent parlé de l'affranchissement du cognassier, c'est une précieuse ressource pour les variétés faibles que l'on est dans l'usage de greffer sur franc, et pour les sols médiocres, où le cognassier ne peut vivre que deux ou trois ans. Dans le premier cas, on plante sur cognassier, au lieu d'employer le poirier franc, dont les racines trop pivotantes ne peuvent vivre que dans les sols très profonds ; la fructification s'établit pendant l'été suivant, et l'année d'après on affranchit l'arbre, opération qui lui donne presque autant de vigueur que s'il était greffé sur franc ; mais avec cette différence que la fructification est immédiate, tandis qu'on l'eût attendue longtemps sur poirier franc.

Voici comment on opère :

Pour les variétés faibles, on plante un peu plus profondément que d'habitude, et de manière à ce que la greffe soit placée rez le sol ; lorsque l'arbre est bien repris, l'année d'après, au printemps, on pratique sur

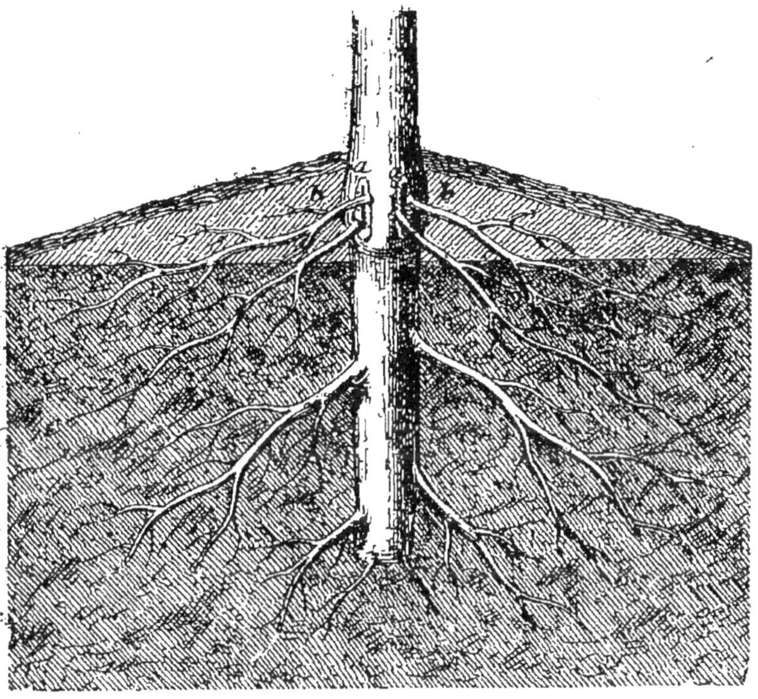

Fig. 162. — Arbre soumis à l'affranchissement.

le bourrelet de la greffe quatre incisions longues de 2 à 3 centimètres (*a*, fig. 162), puis on recouvre ces incisions avec de la terre mélangée de terreau, et l'on paille ensuite soigneusement pour maintenir l'humidité (*b*, même figure).

Le cambium, élaboré par les premières feuilles, forme bourrelet autour des incisions, et quelque temps après il donne naissance à des racines sur toutes les parties qui ont été entaillées (*c*, même figure). L'arbre est alors bouturé sur place ; ses nouvelles racines, nées sur la greffe et non sur le sujet, racines de poirier par conséquent, acquièrent une vigueur d'autant plus grande qu'elles sont superficielles ; celles du cognassier s'anéantissent au bout de deux ou trois ans ; il ne reste plus alors qu'un arbre mixte, ayant le bénéfice d'une vigueur presque égale au poirier franc, et celui de la fructification prompte et abondante du cognassier.

L'affranchissement m'a rendu d'immenses services dans mes nombreuses plantations : il offre de grands avantages, et je ne saurais trop le recommander, de préférence à la plantation sur poirier franc, toutes les fois que le sol permettra au cognassier de vivre trois ans.

Lorsque les poiriers ont été choisis et convenablement plantés, il faut leur donner une forme et obtenir le plus vite possible une bonne charpente, et en même temps des rameaux à fruits, produisant des fruits d'élite.

Avant d'aborder la formation des rameaux à fruits du poirier et les diverses formes auxquelles on peut le soumettre, traitons tout d'abord de la taille des prolongements de la charpente, taille des plus importantes et de laquelle dépend presque toujours une prompte fructification.

Les branches de la charpente des arbres soumis à n'importe quelle forme se terminent par un bourgeon de prolongement. Ce bourgeon devient rameau à la chute des feuilles, et de sa taille d'hiver dépend en grande partie la mise à fruit de l'arbre.

Les prolongements de la charpente se taillent plus ou moins longs, suivant leur inclinaison. Le but de cette taille est de faire développer tous les yeux, de la base au sommet. Si le prolongement est taillé trop court, les yeux latéraux se développent en bourgeons vigoureux très difficiles à mettre à fruit; s'il est taillé trop long, les yeux de la base s'éteignent et laissent des vides sur la branche. Il est très important de les tailler juste; rien de plus facile en prenant pour base la règle suivante, applicable à toutes les espèces comme à toutes les formes.

L'expérience a démontré qu'un prolongement placé horizontalement développait tous ses yeux, de la base au sommet, sans suppression aucune, et qu'un prolongement placé verticalement ne développait les yeux de la base qu'avec une suppression des deux tiers de la longueur totale.

Prenons pour exemple un quart de cercle (fig. 163). Le premier prolongement, *a*, horizontal, peut à la rigueur ne pas être taillé; tous les yeux se développeront, mais il est préférable de supprimer un peu de l'extrémité, pour tailler sur un œil bien constitué, susceptible de produire un prolongement vigoureux; le dernier, *b*, vertical, sera coupé aux deux tiers. Ce sont les deux extrêmes; ils nous serviront de point de départ et de guide pour tailler tous les autres plus ou moins longs, suivant leur inclinaison (*c*, même figure).

Il résulte de cette règle, applicable aux prolongements de toutes les formes et de toutes les espèces, que plus une branche est inclinée, moins on supprime de bois pour obtenir le développement de tous les yeux ; plus vite l'arbre est formé, et plus vite aussi il se met à fruit. De là, la nécessité d'éviter les lignes verticales dans la charpente des arbres, attendu que la sève, se précipitant dans ces lignes, y fait développer des bourgeons vigoureux qui ne se mettent pas à fruit ; que les lignes verticales, dérangeant toujours l'équilibre de l'arbre, nécessitent de grandes amputations, aussi nuisibles à la formation de la charpente et à la fructification qu'à la santé de l'arbre.

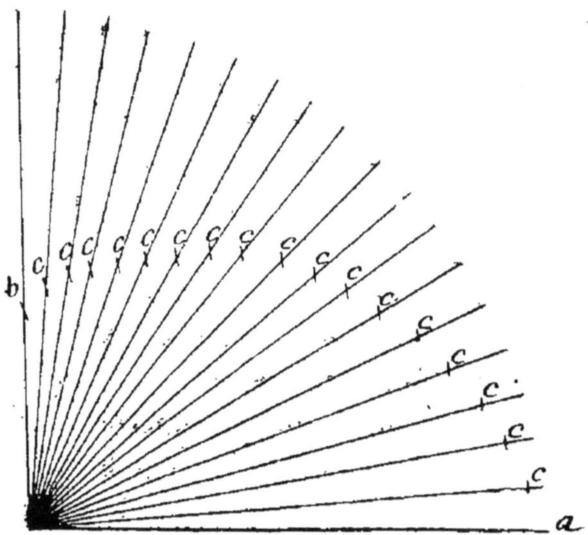

Fig. 163. — Longueur de la taille des prolongements suivant leur inclinaison.

Il y a donc bénéfice à choisir, pour les grandes formes, celles à branches horizontales, les prolongements étant taillés suivant leur inclinaison en *c* (fig. 163), et à éviter les formes à branches verticales obligeant à de nombreuses amputations et retardant toujours la fructification.

Toutes les branches de la charpente du poirier, comme de toutes les espèces, doivent être garnies de rameaux à fruits dans toute leur étendue. Il faut donc, en formant la charpente de l'arbre, nous occuper de la couvrir de rameaux à fruits.

La formation des rameaux à fruits étant la même sur les branches de la charpente de toutes les formes, recherchons d'abord les moyens de créer des rameaux à fruits, afin d'en couvrir les branches de la charpente, de la base au sommet, et cela au fur et à mesure de leur formation.

Les rameaux à fruits du poirier, comme ceux de la plupart des espèces de fruits à pépins, demandent trois années pour se constituer : ils ne fleurissent que le troisième printemps ; mais, une fois formés, ils produisent des fruits pendant toute la durée de l'existence de l'arbre, quand on les soigne convenablement.

Les opérations à appliquer pour obtenir des rameaux à fruits sur le poirier sont : la taille du prolongement, l'éborgnage, l'ébourgeonnement, les pincements, les cassements en vert, les cassements simples, doubles et triples, la taille des rameaux à fruits, et enfin celle des lambourdes, pour conserver et renouveler les rameaux à fruits.

La taille des prolongements de la charpente, que nous venons de traiter, s'opère au printemps ; les pincements, l'éborgnage, l'ébourgeonnement et les cassements en vert, pendant tout le cours de la végétation ; les cassements simples, doubles et triples, au printemps de la seconde année, à la taille d'hiver; et la taille des rameaux à fruits, au printemps de la troisième année, lorsque les arbres sont chargés de boutons à fruits.

Avant de commencer, je crois utile de détruire un préjugé trop enraciné, celui de penser qu'il *suffit de tailler les arbres une fois par an*, à la fin de l'hiver ou au printemps, pour les former et obtenir des fruits. La taille d'hiver produit d'excellents résultats, elle est indispensable après les opérations d'été, mais plus nuisible qu'utile, quand les pincements n'ont pas été faits pendant l'été. Dans ce cas, elle oblige à des suppressions énormes, aussi dangereuses pour les arbres que nuisibles à la fructification. Il vaudrait mieux se dispenser de tailler les arbres que d'agir ainsi. Dans le premier cas, on aurait des fruits médiocres, il est vrai, mais on en aurait, tandis que dans le second on tue les arbres en leur ôtant la possibilité de fructifier.

Pour éviter les erreurs, examinons, par année et par saison, les opérations à appliquer pour obtenir des rameaux à fruits sur toutes les branches.

CHAPITRE III

FORMATION DES RAMEAUX A FRUITS
DU POIRIER

Première année

TAILLE D'HIVER

Supposons un prolongement de charpente né pendant l'été précédent, dépourvu de ramification et palissé horizontalement (fig. 164). Ce prolongement pourrait à la rigueur se passer de taille ; tous les yeux se développeraient jusqu'à la base ; mais les derniers yeux, ceux de l'extrémité, étant rarement bien formés, sont impropres à fournir un prolongement vigoureux pour l'année suivante.

De la fin de janvier au 15 février, nous supprimerons l'extrémité du prolongement (fig. 164), c'est-à-dire que nous le taillerons en *a* (même figure), sur l'œil *b*, le premier bien développé, placé de côté et en avant, afin d'obtenir une branche bien droite, condition première de fertilité.

Si l'on taille un œil en dessous, on obtient un prolongement faible et tortu (fig. 165). Si l'on taille sur un œil en dessus, le prolongement est plus vigoureux, mais plus tortu encore (fig. 166). Dans ces deux cas, la sève afflue dans les coudes et y fait développer des gourmands qui entravent la fructification.

Fig. 165. — Taille sur un œil en dessous.

La taille du prolongement a pour but de faire développer tous les yeux pour les convertir en rameaux à fruits, et d'obtenir un nouveau prolongement très droit, pour

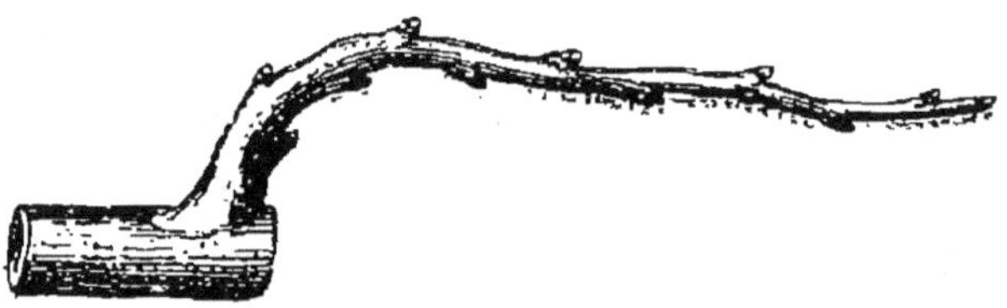

Fig. 166. — Taille sur un œil en dessus.

que la sève y circule régulièrement et augmente en même temps la charpente. Il faut avoir le soin de tailler sur un œil bien constitué, afin d'obtenir un bourgeon vigoureux. Si l'œil sur lequel on veut tailler est faible, mal formé, il est préférable de tailler un peu plus court sur un œil robuste, bien constitué, et toujours placé en avant.

Lorsque les prolongements de la charpente seront ramifiés comme dans certaines variétés de poirier, telles que : *beurré d'Aremberg*, *bergamote Esperen*, *Joséphine de Malines*, etc. etc., les rameaux latéraux seront soumis au cassement sur six yeux. Les rameaux trop vigoureux, ceux qui prennent la proportion d'un gourmand, seront supprimés afin d'obtenir un équilibre parfait sur la branche (*a*, fig. 167).

Lorsque les ramifications seront trop rapprochées, il sera indispensable d'en supprimer une partie (*b*, fig. 167). Si on laissait tout, la majeure partie de la sève serait absorbée par les ramifications ; le prolongement ne pousserait pas et l'ombre projetée par les ramifications trop rapprochées empêcherait la fructification. Il est bon aussi de supprimer les rameaux voisins de l'œil de taille pour favoriser le développement du nouveau prolongement (*c*, fig. 167).

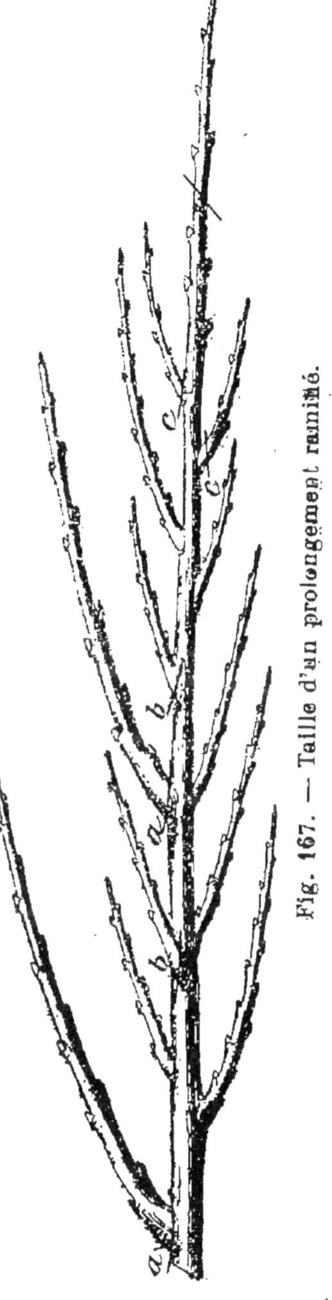

Fig. 167. — Taille d'un prolongement ramifié.

Première année

OPÉRATIONS D'ÉTÉ

Voyons maintenant comment notre prolongement va végéter sous l'influence de la taille que nous venons de lui appliquer. Les yeux du tiers inférieur développeront seulement une rosette de feuilles (*a*, (fig. 168) ; ceux du second tiers, des petits dards longs de 1 à 3 centimètres, *b* ; enfin, ceux du troisième tiers, où la sève afflue avec abondance, produiront des bourgeons presque aussi vigoureux que celui de prolongement *c*. Si nous laissons ces bourgeons croître librement, ils absorberont non seulement la sève destinée au bourgeon de prolongement et nuiront à son élongation, mais encore la vigueur de ces bourgeons sera un obstacle insurmontable à leur mise à fruit. Il faut donc modérer leur végétation par le pincement.

Le pincement est la clef de la fructification et de l'équilibre des arbres. Il faut le pratiquer avec beaucoup de discernement pour réussir, et non l'appliquer mécaniquement, comme cela se fait trop souvent. Je vais m'efforcer d'être aussi compréhensible que faire se pourra pour faire obtenir les meilleurs résultats à mes lecteurs.

Jusqu'à présent, on avait indiqué les pincements, et moi le premier, à l'imitation de l'école moderne, par la longueur du bourgeon. La pratique et l'expé-

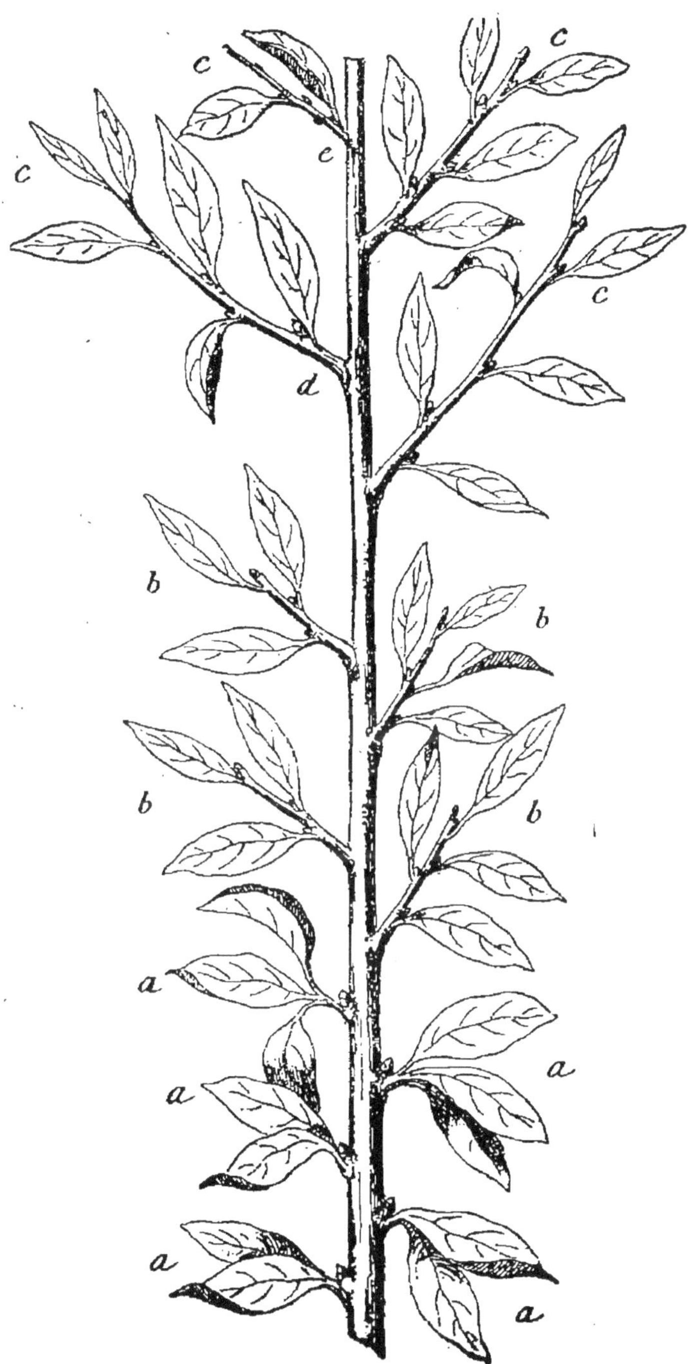

Fig. 168. — Prolongement de poirier, été de la première année.

rience de l'enseignement m'ont révélé combien ce mode d'enseigner était vicieux. Dix centimètres étaient la longueur déterminée pour le poirier.

Cela avait l'inconvénient de faire exécuter les pincements trop tôt, alors que les bourgeons étaient à l'état herbacé ; cette opération avait pour résultat d'affaiblir considérablement les arbres. Indépendamment de cet inconvénient, le pincement à 10 centimètres, que l'on pourrait appeler *pincement à la mécanique*, est appliqué à faux neuf fois sur dix.

Voici pourquoi :

L'écartement des feuilles varie, surtout chez le poirier, presque à chaque variété. Il faut, nous le savons, une quantité de feuilles suffisante au-dessus du bourgeon pincé, pour élaborer le cambium indispensable à la formation du bouton à fruit. *Huit feuilles* sont suffisantes, mais il faut sept à huit feuilles, ou pas de formation fruitière.

Le *pincement à la mécanique*, c'est-à-dire 10 centimètres de longueur, donne : sur le *doyenné d'hiver*, la *duchesse*, le *beurré d'Aremberg*, sept feuilles. La fructification peut s'établir dans ces conditions. Sur la *crassane*, le *bon chrétien*, la *bergamote*, *Espéren*, etc., il donne de trois à quatre feuilles. Dans ce dernier cas, on n'obtient que des têtes de saule, la décrépitude des arbres et l'infertilité.

Quand un bourgeon de poirier a développé de dix à quinze feuilles (*je dis dix à quinze feuilles*), quelle que soit la longueur du bourgeon, on le pince sur *huit feuilles*, c'est-à-dire que l'on enlève complètement l'extrémité du bourgeon, et qu'on laisse huit feuilles sur le bourgeon pincé (fig. 169).

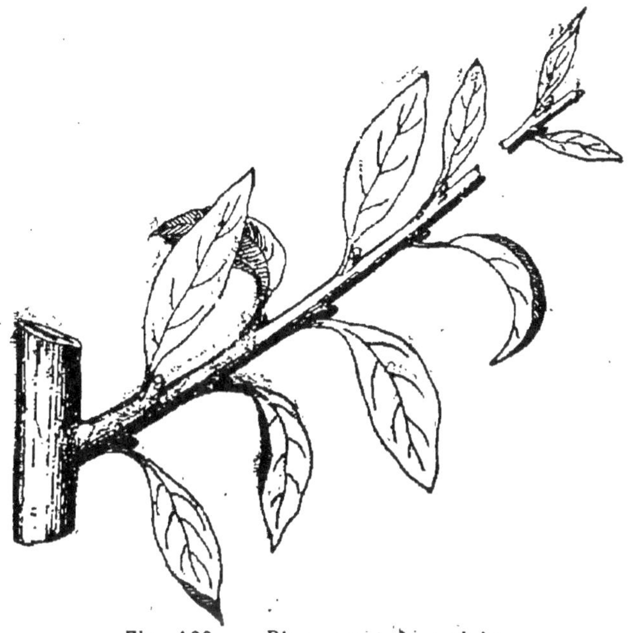

Fig. 169. — Pincement du poirier.

Pincer n'est pas couper, mais rompre avec les doigts l'extrémité du bourgeon, de façon à produire une plaie déchirée, contuse, qui se cicatrise lentement. Il résulte de cette opération, quand elle est bien faite, une suspension d'accroissement dans le bourgeon pincé ; la sève s'évapore par la plaie ; il ne grossit plus, reste faible par conséquent. Les huit feuilles conservées sur le bourgeon élaboreront assez de cambium pour tuméfier les yeux de la base, destinés à former des boutons à fruit, et les faire entrer en vóie de construction fruitière.

Chez certaines variétés vigoureuses, il pousse un et quelquefois plusieurs bourgeons à l'extrémité du

bourgeon pincé (*a*, fig. 170). On soumet ce nouveau
bourgeon au pincement à six ou sept feuilles. Ces
deux pincements seront suffisants sur des poiriers
bien équilibrés; souvent on ne pincera qu'une fois.

Fig. 170. — Second cassement et pincement en vert.

Si l'équilibre n'est pas bien établi entre les rameaux
ou que la variété soit très vigoureuse, il y aura des
bourgeons qui pousseront avec assez de vigueur pour
résister au pincement ; il se produira plusieurs générations de bourgeons anticipés qui jetteront l'obscurité
dans l'arbre et empêcheront le bourgeon primitif de
se mettre à fruit. Les vieux arbres en restauration
ayant des branches tortues, végètent très irrégulièrement et ne peuvent pas être équilibrés tout d'abord.

La sève arrêtée dans les coudes y fait développer des bourgeons très vigoureux. Dix pincements successifs n'arrêteraient pas leur végétation et auraient l'inconvénient de fournir assez de feuilles pour faire grossir considérablement la base du bourgeon primitif, qui, en raison même de sa vigueur, ne se mettrait pas à fruit. Alors il faut pincer deux fois seulement et, dès qu'il pousse un troisième bourgeon, casser le premier en vert un peu au-dessous du premier pincement (*b*, fig. 170).

J'ai dit *casser*, et non couper ; cela est très important ; voici pourquoi : le cassement produit une plaie déchirée, qui ne se cicatrise pas. La surabondance de sève s'évapore par la cassure, et cette même cassure imprime au bourgeon un état de souffrance d'assez longue durée pour empêcher la naissance de nouveaux bourgeons. Cette opération produit le même effet que le pincement : le bourgeon, ne pouvant plus s'allonger, ne grossit pas, et le cambium élaboré par les feuilles qui restent agit sur les yeux de la base. Si, au lieu de casser le bourgeon, on le coupait, le remède serait pire que le mal : la plaie de la coupure, très vite cicatrisée, faciliterait le développement de bourgeons vigoureux, qu'il serait impossible de mettre à fruit.

Beaucoup de personnes ont bien opéré les cassements en vert, mais se sont contentées de rompre le bourgeon et de le laisser pendre après l'arbre. Cette pratique est des plus vicieuses : lorsque les feuilles de l'extrémité de la partie cassée sèchent sur l'arbre, c'est hideux comme aspect ; quand le bourgeon n'est pas assez cassé pour que l'extrémité meure, l'opération est manquée. Dans les deux cas, les bouts de bourgeons qui pendent après les arbres font un fouillis s'opposant à toute fructification.

Quand on casse en vert, il faut opérer avec la base de la lame de la serpette, opérer vivement le cassement, détacher complètement le bout et l'enlever.

Le cassement en vert, qu'il ne faut pas confondre avec le cassement en sec, dont je parlerai à la taille d'hiver, est une opération des plus énergiques ; il détermine la fructification d'une manière certaine et fait gagner un temps précieux à l'opérateur, en maintenant les arbres dans un état de santé et de vigueur ne laissant rien à désirer.

Quelque fort que l'on soit en théorie, il est impossible d'éviter les erreurs, si l'on ne pratique pas. L'application révèle toujours une foule de cas imprévus que la théorie ne peut indiquer, et auxquels l'expérience seule peut apporter un remède. Rien n'est plus énergique que les pincements et les cassements pour déterminer la mise à fruit, et cependant, au début, j'ai échoué cent fois en appliquant les *pincements à la mécanique*. Voici ce que produit l'application exacte :

Le pincement à 10 centimètres, fait à l'état herbacé, arrête brusquement la végétation de l'arbre. S'il est faible, il se couvre bien de boutons à fleurs, mais donne des fruits pierreux, de mauvaise qualité et sans valeur aucune ; si l'arbre est fort, il reprend bientôt le dessus et produit plusieurs générations de bourgeons anticipés qui, *repincés à la mécanique*, toujours à

10 centimètres, donnent une espèce de branche tortue, longue de 30 à 40 centimètres, et terminée par
un petit balai. L'arbre forme un fouillis incroyable,
l'obscurité y règne en souveraine ; la fructification y
est impossible.

Indépendamment de l'infertilité, les arbres vigoureux traités ainsi avaient l'inconvénient de produire
une forêt de bourgeons, et lorsqu'ils se trouvaient à
côté d'un arbre faible, dans les plantations rapprochées, ils le tuaient en une saison. De ces essais, résultant de l'application d'une théorie exempte de pratique,
les innombrables déceptions que nous avons constatées,
partout où l'enseignement des plantations rapprochées
a pénétré.

Il faut forger pour devenir forgeron, a dit un vieux
proverbe : j'étais profondément convaincu de cette
vérité. En présence de cent méthodes et d'autant de systèmes contradictoires, il n'y avait qu'une chose à faire :
EXPÉRIMENTER, pour connaître la valeur exacte de
chaque enseignement ; chercher la lumière et trouver
la vérité, pour les placer enfin au milieu des ténèbres
et arrêter le public sur la pente des déceptions.

Je ne saurais trop appeler l'attention des propriétaires, et surtout des jardiniers, sur les lignes qui
précèdent ; elles sont le fruit de longues années d'expérimentation. Les propriétaires qui viennent à nos
leçons, sans rien connaître à l'arboriculture, ap-
prennent vite et fort bien, parce qu'ils n'ont pas à lutter contre la force de l'habitude et des principes faux ;
mais, malheureusement, la plupart des jardiniers,

qui ont reçu, dès leurs débuts, des principes de taille
déplorables et les appliquent depuis longues années,
ont beaucoup plus de peine, malgré tout le bon vouloir
qu'ils peuvent y mettre. C'est surtout dans les pincements qu'ils échouent ; voici pourquoi :

L'arboriculture ancienne leur a enseigné à pincer
le poirier à trois feuilles et même à deux, et voici ce
qui a lieu dans ce cas : la sève, circonscrite dans un
espace trop restreint, fait pression sur les deux ou
trois yeux qui restent sur le tronçon du bourgeon, et

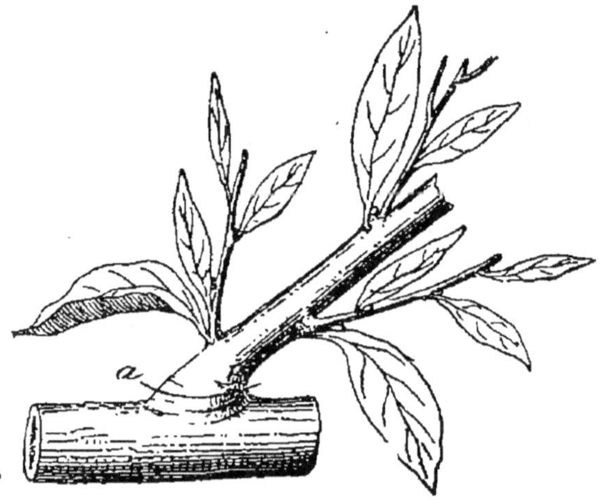

Fig. 171. — Pincement de l'école ancienne.

les fait développer en bourgeons vigoureux (fig. 171).
L'année suivante, au printemps, le rameau étant d'une
vigueur excessive, on le coupe *à l'épaisseur d'un écu*
(*a*, fig. 172), comme disait La Quintinie, et comme l'enseignent encore beaucoup de jardiniers s'intitulant
professeurs. Pendant l'été suivant, la sève, circonscrite
dans l'empattement d'un rameau très vigoureux, pro-

duit l'un des deux résultats suivants. Si la variété est dépourvue d'yeux à la base, la coupe à l'épaisseur d'un écu fait périr l'empattement du rameau : il se produit un vide et une nécrose. Si la variété est pourvue d'yeux à la base, il se développe une quantité de bourgeons tout autour du couronnement de l'amputation (fig. 172). On pince encore

Fig. 172. — Taille à l'épaisseur d'un écu, première année.

ces bourgeons à deux ou trois feuilles, et on les recoupe à l'épaisseur d'un écu (*a*, même figure).

La troisième année, on obtient un fouillis sans nom (fig. 173), qui, retaillé encore à l'épaisseur d'un écu,

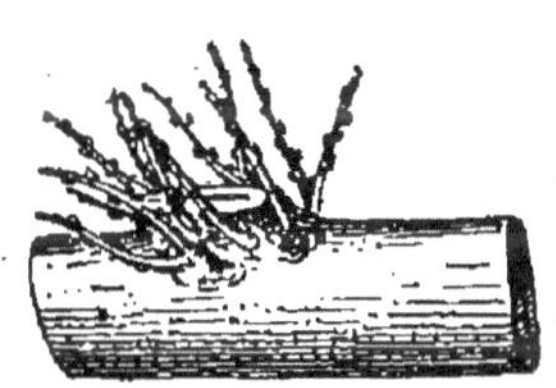

Fig. 173.
Taille à l'écu, deuxième année.

Fig. 174.
Taille à l'écu, résultat final.

forme en quatre ans une tête de saule énorme (fig. 174), sur laquelle on ne voit jamais un bouton à fruit, mais qui, étant un obstacle à l'ascension de la sève et à la descension du cambium, amène très promptement la décrépitude et la mort de l'arbre.

Je cite ces faits, parce que la majeure partie des propriétaires est à même d'en reconnaître l'exactitude, en jetant un coup d'œil sur ses poiriers. Nous n'avons pas la pensée de faire un reproche à ceux qui sont involontairement tombés dans l'erreur en cherchant la lumière, mais nous ne saurions trop les engager à se livrer à des études sérieuses, et à se défier des anciennes habitudes.

Parmi les yeux qui avoisinent l'extrémité du prolongement taillé, il y en a presque toujours un qui, par sa position, reçoit une quantité de sève égale au prolongement (*e*, fig. 168). Le bourgeon produit par cet œil aura une vigueur égale à celle du bourgeon de prolongement, si elle ne la dépasse pas ; les pincements seront impuissants pour le mettre à fruit. Pour ce bourgeon seulement, il faut employer un moyen empirique, qui réussit assez bien.

Ce moyen consiste à couper à 2 millimètres de sa base le bourgeon en question, et ce dès qu'il a atteint la longueur de 6 à 7 centimètres. Les yeux stipulaires qui existent à la base des bourgeons, produisent, dans le courant de l'été, deux bourgeons faibles (fig. 175).

Fig. 175. — Bourgeon amputé.

On supprime le plus vigoureux en le coupant à la base (*a*, même figure), et le plus faible, soumis au pincement, se met facilement à fruit.

Malgré tous les soins que l'on pourra prendre, il arrivera souvent, surtout sur les vieux arbres, d'oublier de pincer quelques bourgeons. S'ils ont atteint une longueur de 30 à 40 centimètres, il est trop tard pour les pincer; alors on les cassera en vert sur la huitième feuille. Si le bourgeon oublié avait atteint la longueur de 50 à 60 centimètres, il faudrait le casser en vert sur dix à douze feuilles, afin de laisser aux yeux de la base le temps de se constituer, et lui appliquer un second cassement en vert au-dessous du premier bourgeon qui se développera sur le bourgeon opéré, et ce dès que ce bourgeon aura produit six ou sept feuilles.

Le temps manque quelquefois pour opérer le second pincement; si l'on a attendu trop longtemps, on trouve au sommet du bourgeon pincé un bourgeon anticipé, souvent très long. Dans ce cas, les yeux de la base sont très rapprochés; ils se mettront facilement à fruit, et les fleurs seront bien placées. Il suffit de casser en vert le bourgeon anticipé immédiatement au-dessous de son point d'attache (*b*, fig. 170) pour obtenir les meilleurs résultats.

Si le premier pincement a été fait trop long, que les yeux de la base, destinés à être convertis en boutons à fleurs, restent endormis, il faut casser en vert deux yeux au-dessous du pincement, pour concentrer l'action de la sève sur les yeux qui menacent de s'éteindre, et les contraindre à végéter.

Dans le cas où les arbres n'auraient pas été pincés du tout, il est encore temps, jusqu'au mois de juillet, de remédier à cet oubli, en cassant en vert tous les bourgeons latéraux, depuis douze jusqu'à quatorze feuilles, suivant leur vigueur et l'état des yeux de la base. Moins les yeux de la base sont développés, plus on doit casser court, mais en gardant toujours huit feuilles au moins pour ceux qui sont dans les plus mauvaises conditions. En cassant plus court, on ferait développer les yeux de la base en bourgeons anticipés et la fructification serait détruite.

Les règles que je viens de poser sont générales : elles devront être appliquées dans la majorité des cas ; mais, comme rien n'est absolu en culture, et qu'il faut modifier dans les circonstances exceptionnelles, je résume ainsi les opérations du pincement sur le poirier.

Pincer généralement sur huit feuilles, pour toutes les variétés, quel que soit l'écartement des feuilles ; si les arbres sont bien équilibrés et portent des fruits, un seul pincement suffira.

Pincer une fois seulement sur huit feuilles. Ce pincement long arrête l'émission des bourgeons trop vigoureux, en laissant à la sève un espace suffisant à parcourir, et permet d'opérer le cassement en vert aussitôt que les bourgeons anticipés menacent de devenir trop vigoureux.

Avec les cassements en vert opérés juste, on a toujours des arbres bien éclairés, très fertiles par conséquent et ne portant jamais de *balais* au bout des parties pincées ce qui est inévitable avec LE PINCE-MENT A LA MÉCANIQUE.

Il faut toujours détruire les bifurcations quand on opère le cassement en vert, afin de laisser la lumière pénétrer dans l'arbre. Si le bourgeon pincé a produit deux bourgeons anticipés faisant la fourche, il faut casser en vert au-dessus du plus rapproché de la base, et enlever complètement le plus éloigné ; puis on pince le bourgeon anticipé conservé sur six ou huit feuilles, suivant la vigueur et l'état des yeux de la base.

Traiter de même les vieux arbres dont les branches sont tortues; ils produisent toujours des gourmands sur les coudes, et il n'est possible de les mettre à fruit qu'à l'aide des cassements en vert. Lorsque le gourmand est placé sur le dessus de la branche, il faut le supprimer; lorsqu'il est placé de côté, qu'il est très vigoureux et très gros à la base, il faut le laisser pousser à une longueur de 40 centimètres environ, pincer l'extrémité et greffer un bouton à fruits à sa naissance.

Lorsqu'un vieil arbre languit, on doit s'abstenir de le pincer. Il se met naturellement à fruit; les bourgeons qu'on laisse intacts sont nécessaires pour former de nouvelles racines et lui donner un peu de vigueur. On casse simplement ces bourgeons en vert, sur dix feuilles au mois de juillet.

On doit également s'abstenir de pincer les arbres nouvellement plantés à moins qu'ils ne produisent des bourgeons très vigoureux. Les bourgeons laissés intacts donnent naissance à de nouvelles racines, et l'année suivante l'arbre pousse avec vigueur. On casse en vert, sur dix feuilles, les bourgeons latéraux les plus vigoureux, au mois de juillet ou d'août; cela suffit pour la première année, où la déplantation produit toujours plus de boutons à fruits qu'il n'en faut.

La fructification étant surabondante, il y a bénéfice à laisser pousser l'arbre, pour fortifier à la fois et la racine et la tige.

Le pincement, je ne saurais trop le répéter, est une opération majeure, demandant beaucoup de sagacité de la part de celui qui l'applique. Il a pour but d'affaiblir les bourgeons pour leur faire produire des fleurs ; mais il ne faut pas oublier qu'il faut laisser sur l'arbre assez de feuilles, non seulement pour constituer des boutons à fruits, mais encore pour obtenir, chaque année, de nouvelles racines et de nouveaux vaisseaux séveux, indispensables à l'existence de l'arbre et au développement des fruits. Cela n'a rien de mécanique et demande une appréciation qui ne s'acquiert qu'à l'aide d'une théorie raisonnée et d'un peu de pratique.

Les pincements courts, ne l'oublions pas, sont la pire de toutes les opérations sur toutes les espèces d'arbres. On en a fait des systèmes ; on a même voulu les ériger en doctrines : c'est fatal ! Ils produisent bien quelques fruits la première et la seconde année, mais aussi, et *infailliblement*, la décrépitude des arbres, dès la troisième année, et la mort presque aussitôt. Si l'opérateur doit tomber dans un excès, qu'il pince *trop long*, mais JAMAIS TROP COURT.

En pinçant trop long, on obtiendra des arbres vigoureux et de beaux fruits ; en pinçant trop court, on diminuera les récoltes des trois quarts ; les fruits seront petits, pierreux et fendus, et l'on ruinera les arbres en très peu de temps.

Avant, et en même temps que le pincement, il est utile de pratiquer un ébourgeonnement, pour obtenir un équilibre parfait dans tous les bourgeons latéraux destinés à former des rameaux à fruits. Avant le pincement, on supprime, aussitôt qu'ils ont 1 centimètre, et même plus tôt, les bourgeons qui accompagnent celui de prolongement (*b*, fig. 176), et même les yeux arrondis qui naissent à la base du prolongement (*a*, même figure) et deviennent des boutons à fruits. Le bourgeon qui accompagne le prolongement nuit à son élongation, et les fruits laissés à la base sont un obstacle à son développement.

Les rameaux latéraux demandent aussi la suppression de quelques bourgeons, pour obtenir un équilibre parfait : ceux qui naissent en dessus et prennent dès leur naissance la proportion d'un gourmand (*a*, fig. 177), et ceux produits par un œil double (*b*, même figure). Si nous laissions pousser les bourgeons *a* et *b* de la figure 177, nous aurions deux gourmands qui ne se mettraient pas à fruits, tandis qu'en les supprimant l'œil (*c*, même figure) produira un bourgeon de vigueur moyenne, et la fruc-

Fig. 176. — Ébourgeonnement du prolongement.

tification s'établira avec la plus grande facilité parce que l'équilibre sera établi sur le rameau.

PINCEMENT TARDIF. — SUPPRESSION DES ABRIS

Depuis vingt ans, je n'abrite plus mes poiriers, et obtiens la même quantité de fruits, à l'aide d'une modification de pincements. En les simplifiant beaucoup j'ai obtenu les mêmes résultats comme formation de boutons à fruits, et j'ai garanti mes fruits de la gelée sans autre abri que les feuilles des arbres.

Voici comment j'opère : au lieu de pincer à huit feuilles, dans le courant de mai, au fur et à mesure

Fig. 177. — Ébourgeonnement des rameaux.

que les bourgeons ont développé douze ou quatorze feuilles, j'attends ; je les laisse allonger et, s'il se produit des gelées dans le courant de mai, je conserve tous les bourgeons intacts.

C'est une suppression presque totale du pincement,

mais elle ne dispense pas de l'ébourgeonnage et de l'*éclaircissage* des fruits, qui doit toujours être fait huit jours après la défloraison. (Voir page 239).

Les bourgeons portent alors de douze à dix-huit feuilles, et ces feuilles sont suffisantes pour protéger la majeure partie des fruits contre les gelées de mai. C'est ce que l'expérience m'a prouvé surabondamment pendant les printemps de température normale.

Du 20 au 25 mai, dès que les gelées ne sont plus

Fig. 178. — Cassement en vert sur huit feuilles.

à craindre, j'opère en une seule fois tous les bourgeons.

Ceux portant de douze à quatorze feuilles sont pincés sur huit feuilles ; les plus longs sont cassés en vert sur huit feuilles (*a*, fig. 178).

Chez les arbres de vigueur moyenne, il repousse

Fig. 179. — Second cassement en vert.

un bourgeon à l'extrémité du rameau (*a*, fig. 179). Ce bourgeon est pincé sur sept feuilles.

Le plus souvent, c'est la seule opération que l'on ait à lui appliquer pendant la saison. Quelquefois il se produit un second bourgeon ; alors le premier bourgeon pincé deviendrait trop vigoureux pour se mettre à fruit ; on le casse en vert en *b* (fig. 179).

Il repousse un petit bourgeon faible sur le tronçon

du bourgeon opéré, et il ne demande aucun soin jusqu'à la fin de l'année.

Chez les variétés vigoureuses comme chez celles qui ramifient beaucoup, il se produit souvent deux, trois et quelquefois quatre bourgeons, après le cassement en vert, sur le bourgeon opéré (fig. 180).

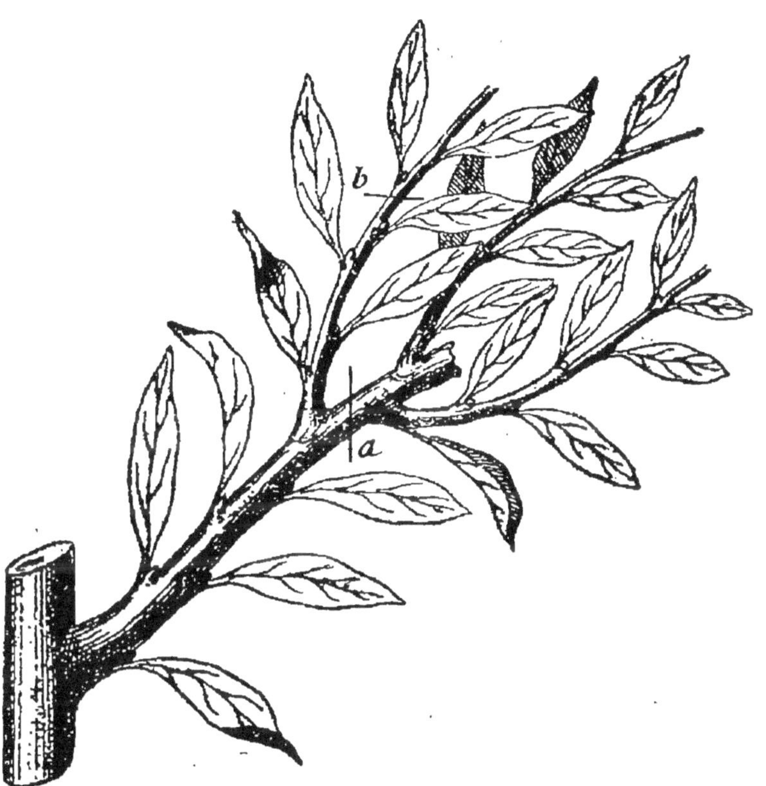

Fig. 180. — Double cassement en vert et destruction des bifurcations.

Dans ce cas, on opère un second cassement en vert, ou plutôt deux : le premier en *a* (fig. 180), pour détruire les bifurcations qui empêcheraient la lumière de pénétrer dans l'arbre ; le second en *b* (même figure) sur cinq ou six feuilles, de manière à conserver sur le bourgeon opéré les huit feuilles indispensables à la formation des boutons à fruits à la base.

Ce mode d'opérer a parfaitement remplacé les pincements pendant de longues années, et a toujours suffisamment protégé mes fruits contre la gelée.

Je n'ose encore conseiller de supprimer entièrement les pincements et les abris à son profit, surtout sous les climats de Paris et du nord ; mais j'engage mes nombreux lecteurs à continuer mes expériences ou plutôt à les faire avec moi.

Vingt années de succès complet m'autorisent à leur faire essayer ce nouveau mode de procéder ; j'ai la conviction que sous peu il remplacera les pincements, dont l'abus a été si fatal à l'école moderne, et sera appliqué avec le plus grand succès à partir des bords de la Loire.

Si, comme je n'en doute pas, mes nouvelles expériences me donnent les mêmes résultats dans l'avenir et sans variation aucune, nous retirerons de la suppression des pincements les avantages suivants:

1° Diminution de plus de moitié de la main-d'œuvre ;

2° Augmentation de vigueur des arbres, qui poussent avec plus d'énergie ;

3° Augmentation du volume des fruits par la suppression instantanée d'une végétation active, qui se dépense tout entière au profit des fruits, aussitôt les bourgeons opérés.

Si, fidèle à mon programme de longue expérimentation, j'ajourne encore la suppression totale des pincements au profit des cassements en vert dans le jardin du propriétaire, je n'hésite pas à la conseiller d'une manière absolue dans celui du spéculateur, où le produit, et le produit le plus élevé, doit être obtenu au meilleur marché possible, sans tenir compte de la symétrie.

Après avoir appliqué, pendant le premier été, les opérations de pincement et d'ébourgeonnement que nous venons d'indiquer, ou les cassements en vert remplaçant les pincements (les résultats sont identiques), nous trouverons notre prolongement dans l'état suivant à l'automne :

Le tiers inférieur, qui a développé seulement une

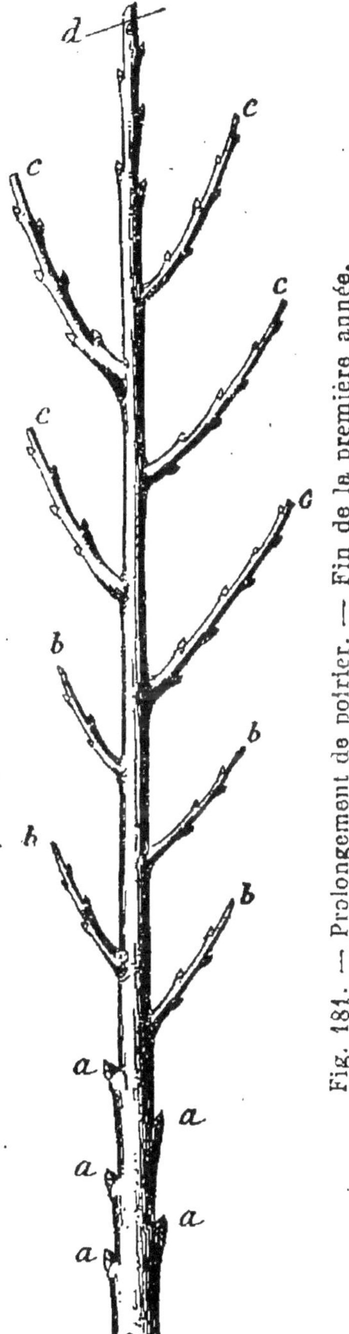

Fig. 181. — Prolongement de poirier. — Fin de la première année.

rosette de feuilles, portera des boutons assez gros tuméfiés et un peu allongés, qui se mettront à fruits d'eux-mêmes et sans aucune opération (*a*, fig. 181); le second tiers portera des petits dards longs de 3 à 6 centimètres, qui se mettront également à fruit sans le secours de la taille (*b*, même figure); le troisième tiers (*c*, même figure) a produit des bourgeons qui, soumis au pincement ou au cassement en vert pendant l'été, présentent des tronçons de rameaux plus ou moins vigoureux.

Seconde année

TAILLE D'HIVER

De la fin de janvier au 15 mars, on effectuera la taille d'hiver, comprenant les opérations suivantes, qui achèveront de constituer les boutons à fruits:

Les rameaux faibles et de vigueur moyenne seront cassés complètement sur cinq ou six yeux, suivant leur vigueur, sur cinq lorsqu'ils seront très faibles ou que les yeux de la base seront peu apparents, sur six lorsque le rameau sera plus vigoureux et aura des yeux bien saillants (fig. 182). Les rameaux plus vigoureux seront d'abord cassés complètement sur le sixième œil, et recassés ensuite à moitié, à 2 centimètres au-dessous du premier cassement, en laissant le bout recassé attaché après le rameau (fig. 183). Les rameaux oubliés au pincement, qui ont été soumis au cassement en vert, subiront les mêmes opérations, suivant leur degré de vigueur. Les cassements se font avec la lame de la serpette. On applique le bas de la lame sur le rameau, à l'endroit où on veut le casser, et on donne un coup sec ; cette opération se fait très vite. Pour les rameaux vigoureux que l'on casse deux fois, on fait le cassement complet, comme je viens de l'indiquer ; et pour le cassement partiel,

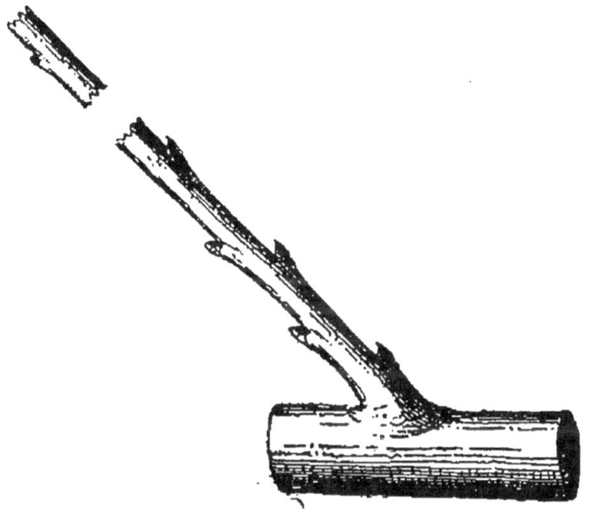

Fig. 182. — Cassement simple.

on coupe seulement l'écorce à l'endroit où on veut l'opérer, puis l'on casse avec précaution pour éviter de détacher le bout du rameau.

Le cassement est une opération donnant des résultats analogues à ceux du pincement, mais dont l'action est plus prolongée ; comme lui, il demande un examen sérieux des variétés, afin de le pratiquer plus ou moins long, suivant leur manière de végéter, suivant le nombre des yeux et l'état de ceux de la base.

Il ne faut pas confondre le cassement en sec, fait à la taille d'hiver, avec le cassement en vert, opéré pendant l'été. Ce sont deux opérations distinctes. J'ai dit, pour les cassements doubles (fig. 183), de laisser le bout cassé attaché après le rameau. Cette opération a pour but de l'affaiblir considérablement, tout en

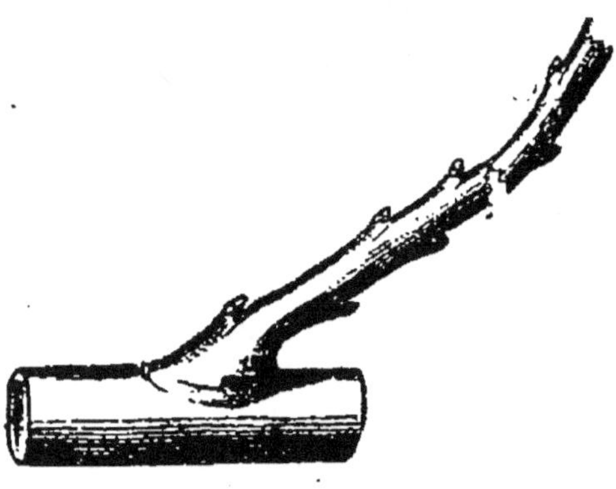

Fig. 183. — Cassement double.

conservant assez de feuilles pour déterminer la mise à fruit. C'est le seul cas dans lequel on doive laisser un bout cassé attaché après le rameau. Je crois utile d'insister sur ce fait, parce que beaucoup de personnes ont confondu et laissé pendre les bouts de bourgeons cassés en vert, tandis qu'il faut les enlever complètement.

Le but du cassement est de renouveler une plaie déchirée, contuse, ne se cicatrisant pas, et permettant, par conséquent, à l'excédent de sève de s'évaporer ; imprimant au rameau un état de souffrance assez grand et d'assez longue durée pour l'empêcher de produire des bourgeons vigoureux, tout en lui laissant assez de feuilles pour nourrir convenablement les yeux de la base et les convertir en boutons à fruits.

Lorsque les rameaux latéraux ont été cassés, on taille le nouveau prolongement de l'arbre en *d* (fig. 181), et on le repalisse. Pendant l'été suivant, on ébourgeonne, et on soumet au pincement les bourgeons qui naissent sur les rameaux cassés et ceux du nouveau prolongement, comme je l'ai indiqué. A la chute des feuilles, la portion d'arbre que nous traitons depuis deux ans présentera l'aspect suivant :

Les yeux du tiers inférieur (*a*, fig. 184) seront convertis en boutons à fruits ; les dards du second tiers (*b*, même figure) porteront tous plusieurs boutons à fruits ;

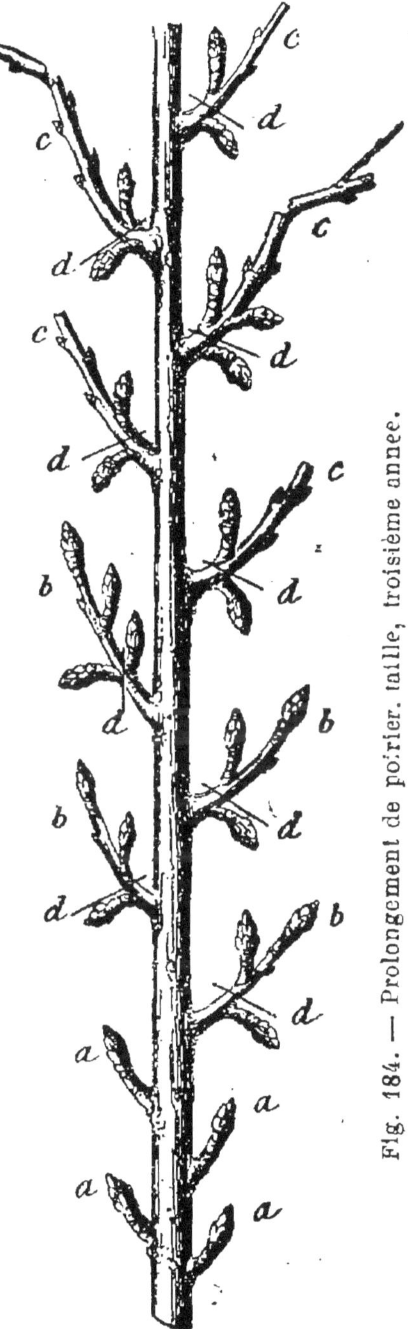

Fig. 184. — Prolongement de poirier taillé, troisième année.

enfin, les rameaux du troisième tiers, qui ont été pincés ou cassés en vert la première année, cassés en sec la seconde (*c*, même figure), montreront tous un ou plusieurs boutons à fruits à la base. Tous ces boutons fleuriront au printemps et donneront des fruits pendant l'été.

Troisième année

TAILLE D'HIVER

De la fin de janvier à la fin de février, on taillera les rameaux à fruits sur le bouton à fleur le plus rapproché de la base, c'est-à-dire qu'avec une serpette bien tranchante on fera tomber tous les tronçons de rameaux qui ont servi à former les boutons à fleurs, pour n'en conserver qu'un seul. C'est un moyen infaillible d'obtenir toujours de très beaux fruits. On taillera en *d* (fig. 184).

Quand on conserve plusieurs boutons à fruits sur le même rameau, une floraison trop abondante épuise l'arbre et ne lui laisse plus de force pour nourrir suffisamment ses fruits. On ne gagne rien sur la quantité, au contraire, et l'on perd beaucoup sur le volume et sur la qualité.

En opérant ainsi, il ne se produira jamais une tête de saule sur les arbres, et l'on y récoltera toujours une quantité de fruits superbes, attachés sinon sur la branche mère elle-même, mais sur un onglet très court, qui permettra à la sève d'arriver abondamment et sans entrave dans les fruits.

Dans tous les cas, on ne doit jamais laisser aucune production au-dessus des boutons a fruits.

L'arboriculture ancienne laisse un œil au-dessus du bouton à fruits, pour avoir, dit-elle, un bourgeon qui attire la sève dans le fruit. Je signale cette erreur, parce qu'elle est générale, et des plus nuisibles au développement du fruit comme à la fertilité de l'arbre. Le fruit, remplissant les mêmes fonctions que la feuille et attirant la sève plus énergiquement qu'elle, n'a pas besoin d'un tire-sève, qui vit aux dépens du fruit, concourt à allonger indéfiniment le rameau à fruit et à éteindre les yeux de la base, que l'on doit faire développer en boutons à fruits pour les années suivantes.

Le bouton à fruit, complètement constitué, prend le nom de *lambourde;* lorsque la lambourde a fleuri et fructifié, elle porte à l'extrémité un renflement spongieux sur lequel les fruits étaient attachés; ce renflement s'appelle bourse (fig. 185). La bourse porte toujours à la base plusieurs yeux (*a*, même figure); la

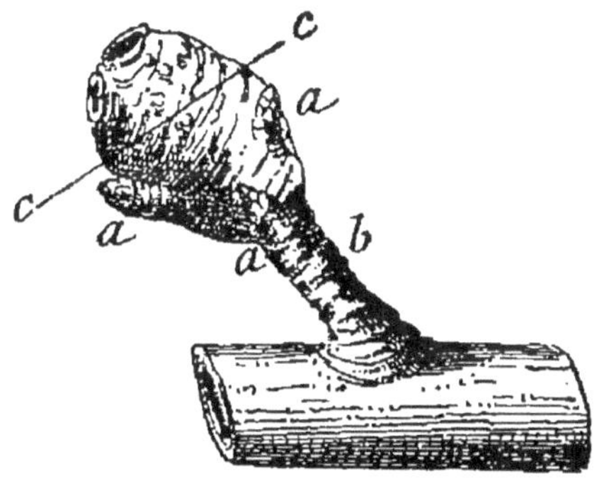

Fig. 185. — Bourse de poirier.

majeure partie de ces yeux produira naturellement des boutons à fruits l'année suivante. Quelques-uns donnent naissance à des bourgeons faibles, que l'on soumet au pincement (*a*, fig. 186) et au cassement, s'il y a lieu ; puis, dès qu'il y a un nouveau bouton à fruits de formé au-dessous de la bourse, on taille en *b* (fig. 186), afin de rapprocher le plus possible les boutons à fruits de la branche mère.

Nous remarquerons que chaque lambourde est supportée par un pédoncule couvert de rides (*b* et *c*, fig. 185 et 186). Chacune de ces rides contient le rudiment de plusieurs boutons à fruits. Il y en a, dans

Fig. 186. — Bourse portant un nouveau bouton à fruit.

le pédoncule de chaque lambourde, une quantité plus que suffisante pour fournir des boutons à fruits pendant toute l'existence de l'arbre, mais à la condition de rapprocher sans cesse la lambourde, et de ne jamais la laisser s'allonger par la production de bourgeons ou de brindilles.

Dans tous les cas, on doit toujours couper, à la taille d'hiver, l'extrémité des bourses, qui se décompose naturellement et offre une partie sèche et spongieuse dans laquelle les insectes viennent déposer leurs œufs; on coupe l'extrémité en *c* (fig. 185).

Plusieurs auteurs ont conseillé de tailler les lambourdes plus court, sur le pédoncule *ou bois ridé* (*c*, fig. 186), pour forcer les rudiments d'yeux renfermés dans les rides à se développer. J'ai expérimenté ce mode de taille, et y ai renoncé, parce que le plus souvent le pédoncule amputé mourait, laissait un vide sur la branche et faisait perdre une lambourde bien placée. Un œil au moins, bien développé, produisant un bourgeon et le plus souvent un bouton à fruits, est indispensable pour entretenir la végétation et déterminer l'évolution des rudiments d'yeux renfermés dans les rides, quitte à supprimer entièrement le bourgeon, lorsque les rudiments des boutons à fruits sont bien formés.

Dans la majeure partie des variétés de poiriers, il se développe au printemps un bourgeon sur la bourse, au centre des fleurs (fig. 187); ce bourgeon doit être pincé sur quatre feuilles, afin de concentrer l'action de la sève sur les fruits, et sur les rudiments de boutons qui existent sur la bourse et dans les rides du pédoncule. Quand on laisse allonger le bourgeon qui naît sur la bourse, les rudiments des boutons à fruits contenus dans les rides s'éteignent, et la lambourde forme bientôt une branche tortue, incapable de produire un fruit passable.

Il est bien entendu que le pincement à quatre feuilles n'est applicable qu'aux bourgeons nés sur les bourses et accompagnant les fruits (fig. 187). Tous les autres doivent être pincés ou cassés en vert, sur huit feuilles.

Les lambourdes ont toujours tendance à s'allonger par la production de bourgeons ou de nouvelles bourses, ainsi qu'on peut le voir sur la majeure partie des vieux arbres : il y en a de longues comme le bras. Il faut veiller sans cesse pour empêcher ces

Fig. 187. — Bourgeon né sur la bourse et pincé à quatre feuilles.

développements intempestifs, et rapprocher constamment, seul et unique moyen d'obtenir *toujours, et en grande quantité*, des fruits superbes.

Il est urgent de supprimer à temps les fruits très nombreux, comme je l'ai dit aux *Principes généraux de la taille*, page 239 : il y en a toujours beaucoup trop sur les poiriers traités comme je l'indique. Il est facile de choisir alors les mieux développés, ceux qui sont bien sains et bien attachés. On ne doit laisser qu'une poire sur une bourse, et non trois ou quatre, comme on le fait souvent, et ne jamais conserver plus d'un fruit par quatre rameaux à fruits.

Il sera plus difficile, et un peu plus long, d'obtenir des rameaux à fruits, comme je l'indique, sur les vieux

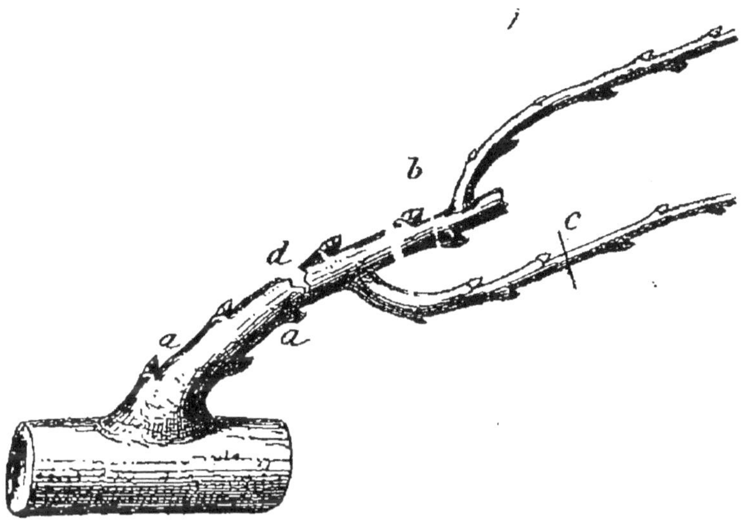

Fig. 188. — Cassements opérés sur des arbres mal équilibrés.

arbres mal équilibrés. Cependant, avec un peu de patience et de travail, on y parviendra encore assez facilement, bien que la végétation ne soit pas égale comme chez les arbres que nous élèverons. Il se produit souvent ceci chez les vieux arbres et sur quelques variétés très vigoureuses : après les premiers cassements, surtout lorsque les arbres n'ont pas été pincés l'été précédent, à la place de boutons à fruits à la base du rameau, on trouve des yeux en voie de constitution fruitière (*a*, fig. 188), ou de très petits dards (*a*, fig. 189); c'est un retard d'une année, mais ces productions se mettront infailliblement à fruit l'année suivante, en les traitant ainsi :

Si les cassements en vert ont été négligés et qu'il se soit développé plusieurs bourgeons vigoureux à

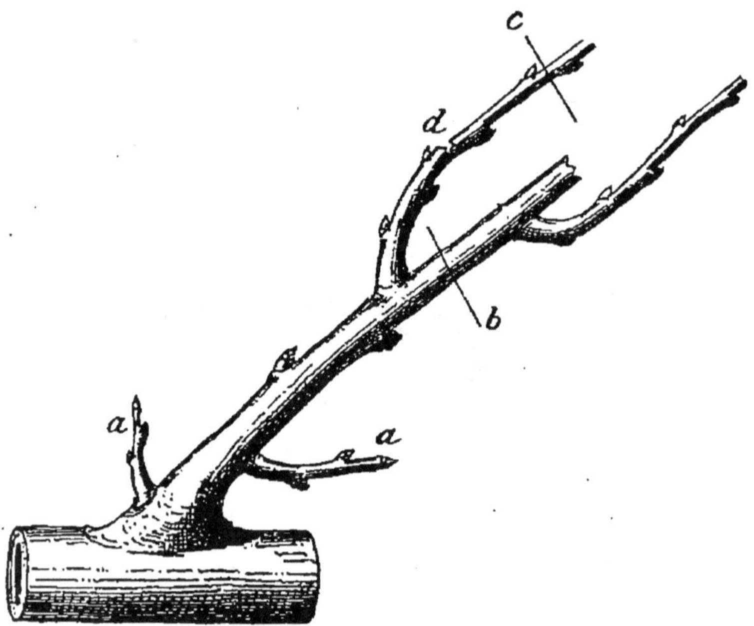

Fig. 189. — Cassements opérés sur des arbres mal équilibrés.

l'extrémité du rameau cassé, il faut, avant tout, détruire les bifurcations, qui fourniraient trop de feuilles, jetteraient l'obscurité dans l'arbre et empêcheraient la formation des fruits. Il faut d'abord, à la taille d'hiver, opérer un premier cassement en *b* (fig. 188), pour détruire la bifurcation ; un second sur le rameau *c* (même figure) et un cassement partiel en *d*. Si le ra-

meau cassé a produit des dards à la base (*a*, fig. 189)
et des bourgeons très vigoureux au-dessus de ces dards;
il faudra opérer un premier cassement en *b* (fig. 189),
un second en *c* et un cassement partiel en *d* (même
figure).

Les bourgeons qui naîtront sur ces rameaux mutilés seront pincés pendant l'été suivant, à huit feuilles,
cassés en vert au besoin, et à la fin de la saison les
yeux *a* (fig. 188) et ceux des dards *a* (fig. 189) seront
convertis en boutons à fruits. A la taille d'hiver, on
taillera sur celui qui sera le plus rapproché de la
base.

Si les deux dards *a* de la figure 189 portent tous deux
des boutons à fruits, on taillera sur le plus rapproché
de la base, en supprimant le plus éloigné, et si l'u-
nique dard conservé porte plusieurs boutons à fruits,
on n'en conservera qu'un seul, le plus près de la base ;
en opérant ainsi, les fruits seront monstrueux.

Presque toutes les variétés de poiriers se mettront
facilement à fruits à l'aide des opérations que je viens
d'indiquer. Il en est quelques-unes cependant, telles
que les *bon chrétien d'hiver, bergamote Espéren,
passe-Colmar, beurré Giffard*, etc., émettant beaucoup
de bourgeons fructifiant plus difficilement à la base
des rameaux, et produisant souvent des dards placés
un peu haut sur le rameau cassé à la taille d'hiver.

Ces variétés sont très fertiles, mais il faut savoir les
mettre à fruits : voici comment on opère :

Après le cassement en sec, à la taille d'hiver, cassement fait un peu court, sur cinq yeux, six au plus,

afin de forcer les yeux de la base à produire des boutons à fruits ou à développer des dards, la végétation du bourgeon qui pousse à l'extrémité est très
active.

Lorsque ce bourgeon a produit douze à quatorze

Fig. 190. — Cassements en sec et en vert sur un poirier de
fructification difficile.

feuilles, on le casse **en vert**, sur quatre feuilles
(fig. 190), afin de concentrer l'action de la sève sur
les yeux de la base, et de les forcer à se développer
en boutons à fruits ou en dards. Il repousse un bour-

geon sur le dernier œil du cassement en vert (*a*, fig. 190.)

Lorsque ce dernier bourgeon ne produit pas plus de douze feuilles, on le laisse intact ; dans le cas contraire, on le pince sur dix feuilles.

Sur la plupart des variétés que j'ai indiquées le

Fig. 191. — Résultat obtenu.

résultat sera complet à la fin de la saison, c'est-à-dire que le rameau, traité comme je viens de l'indiquer, aura produit un ou plusieurs boutons à fruits, à la base, comme l'indique la figure 191.

Alors il n'y aura plus qu'à tailler en *c* (fig. 191) sur le bouton à fruits le plus rapproché de la base et soigner la lambourde qui en résultera, comme je l'ai indiqué.

La *bergamote Espéren*, malgré sa fertilité, fructifie le plus souvent sur des dards qui ne sont pas toujours bien placés, surtout chez les jeunes arbres donnant leurs premiers fruits.

Dans ce cas, il faut savoir faire une concession à la nature active de l'arbre, accepter ce qu'il nous donne *a priori*, pour obtenir mieux les années suivantes.

Quand, au réveil de la végétation, après avoir opéré,

Fig. 192. — Taille des variétés fructifiant par dards.

à la taille d'hiver, le cassement sur cinq yeux, pour forcer les dards à se développer, le bourgeon (*a*, fig. 192) pousse avec trop d'énergie, on le casse en vert en *b* (même figure). Le dard *c* se développe et produit trois boutons à fruits (même figure). Les yeux (*d*, fig. 192) sont tuméfiés, en voie de constitution fruitière.

Dans ce cas, le dard *c*, placé trop haut, sera conservé temporairement ; il déterminera la conversion des yeux *d* en boutons à fruits, l'année suivante, par le seul fait de la présence des fruits.

On coupera le rameau en *e* (fig. 192), sur le dard *c*, qui sera taillé en *f* (même figure), pour ne lui conserver qu'un seul bouton à fruits.

L'année suivante, le fruit porté par le dard *c* (fig. 192) absorbera la surabondance de sève ; il deviendra énorme et fera développer les yeux *d* (même figure) en boutons à fruits.

A la taille d'hiver, on taillera en *g* (fig. 192), sur le bouton à fruits le plus rapproché de la base, et le résultat le plus complet sera obtenu.

On aura dépensé une saison de plus, rien autre chose ; dans tous les cas, sur les arbres difficiles à mettre à fruit, il ne faut jamais négliger le secours d'un bouton à fruits, même quand il est placé un peu trop haut. La présence d'un fruit vaut dix pincements ou cassements en vert.

Telles sont les principales opérations à l'aide desquelles on obtient une fructification certaine, même sur les variétés de poiriers les plus rebelles.

Je ne saurais trop appeler l'attention du lecteur sur les pages qui précèdent, l'engager à s'en bien pénétrer, comme des principes généraux de la taille, et à les relire avant d'opérer.

Le mode de formation des rameaux à fruits que je viens d'indiquer est aussi simple que fécond en résultat ; il offre les avantages suivants :

1° D'être le plus prompt : les rameaux à fruits sont infailliblement constitués la troisième année sur les quatre-vingt-dix centièmes des variétés ; la quatrième, sur les plus rebelles ;

2° D'avoir tous les ans plus de boutons à fruits qu'il n'est possible d'en conserver, précieuse ressource pour greffer les vieux arbres dénudés ou dont les fruits sont de mauvaise qualité ;

3° D'obtenir des rameaux à fruits attachés sur la branche mère, droite comme une barre de fer, à la place de ces nodosités ignobles à voir, portées par des branches tortues, mortelles pour les arbres et nuisibles aux fruits ;

4° De récolter toujours des fruits de premier choix ; les rameaux à fruits étant obtenus directement sur la branche mère sans nodosité et sans bifurcation, la sève abonde sans entraves dans le fruit et lui fait acquérir un énorme développement ;

5° D'offrir des garanties sérieuses de santé et de longévité pour l'arbre. Il suffit du plus simple bon sens et d'un seul coup d'œil pour être convaincu que des arbres à branches droites, à écorce lisse et à feuilles presque noires, tant ils sont pleins de vie et de santé, ne peuvent pas plus entrer en ligne de comparaison avec les arbres tortus et infirmes, qui étalent leur misère dans la plupart des vieux jardins, qu'un étalon arabe de cinq ans ne peut être comparé au roussin de trente ans que l'on conduit chez l'équarrisseur.

Notre enseignement n'est pas des plus difficiles à appliquer ; mais, tout simple qu'il paraît, il demande encore une certaine étude, une connaissance exacte des lois de la végétation, un peu de pratique et surtout l'*abandon absolu* des vieilles opérations, ne reposant sur rien de rationnel.

Il y a dans les pincements et dans les cassements des nuances presque insaisissables. Pour les appliquer avec fruit il faut encore, en dehors de la théorie, posséder un tact et une sûreté d'appréciation qu'il n'est pas donné à tout le monde d'avoir, et qui viennent autant, si ce n'est plus, de l'intelligence que de la pratique.

L'opérateur ne doit jamais oublier, dans la formation des rameaux à fruits, qu'il doit obtenir simultanément deux résultats opposés : faire pousser très vigoureusement la charpente de l'arbre, et ne conserver sur cette même charpente que des rameaux latéraux faibles, pour les couvrir de fleurs à son gré, tout en réservant une large issue qui sera ouverte à la sève, lorsque ces mêmes rameaux seront constitués.

En outre, il ne faut jamais oublier qu'en pratiquant les pincements régulièrement, afin d'assurer la mise à fruits pour l'année suivante et de concentrer l'action de la sève sur les fruits formés, il est indispensable de laisser pousser sur l'arbre assez de bourgeons pour faire naître une nouvelle couche de vaisseaux séveux, sans nuire aux fructifications présentes et à venir. Tout cela est facile à comprendre assurément ; mais l'exécution demande un tact et une sûreté d'appréciation qu'il n'est pas donné à tous les esprits d'acquérir ; c'est ce qui rend, sinon le concours, mais au moins la surveillance du maître indispensable.

CHAPITRE IV

POIRIER

FORMATION DE LA CHARPENTE

Recherchons maintenant les formes qui conviennent le mieux aux poiriers, et les moyens de les obtenir dans le plus bref délai possible.

Je commence par les cordons obliques de mon collègue Du Breuil. Cette forme, destinée spécialement aux jardins des locataires pressés de jouir, ne tenant pas à la durée de la plantation, et parfois à entrer partiellement dans la création de quelques jardins de propriétaires manquant totalement de fruits, a été présentée comme si facile à faire que beaucoup de personnes ont négligé les soins indispensables et ont échoué. Les cordons obliques présentent des difficultés comme, et peut-être plus que les autres formes, difficultés faciles à vaincre avec les modifications que j'y ai apportées.

Les CORDONS OBLIQUES en espalier (fig. 193) conviennent seulement aux poiriers de moyenne vigueur; les arbres vigoureux, circonscrits dans un espace trop restreint, ne se mettent pas à fruit et les faibles, trop serrés entre les autres, périssent. A la rigueur, et dans les très petits jardins, où l'espace manque complètement, on pourrait soumettre quelques arbres à fruits à noyau à la forme oblique, en ne plantant que les variétés les plus faibles ; mais le résultat sera toujours peu satisfaisant, et encore moins durable.

Les arbres à fruits à noyau, poussant avec énergie, sont impropres à la forme oblique. Ils meurent au bout de quatre ou cinq ans, sans avoir donné une récolte passable.

Les cordons obliques en espalier doivent être plantés à la distance de 45 *centimètres* et doivent être inclinés sur l'angle de 60 *degrés*, en les plantant ; cette inclinaison est suffisante pour favoriser à la fois la végétation de l'arbre, sa fructification, et éviter les gourmands par-dessus tout en empêchant les rameaux du dessous de s'éteindre.

Quand les murs sont orientés du nord au midi, on incline les arbres au midi, et à l'est quand ils sont orientés de l'est à l'ouest. Il n'y a d'infraction à cette règle que pour les terrains en pente assez prononcée, où il faut incliner les arbres dans le sens de la pente, sans se préoccuper de l'orientation des murs.

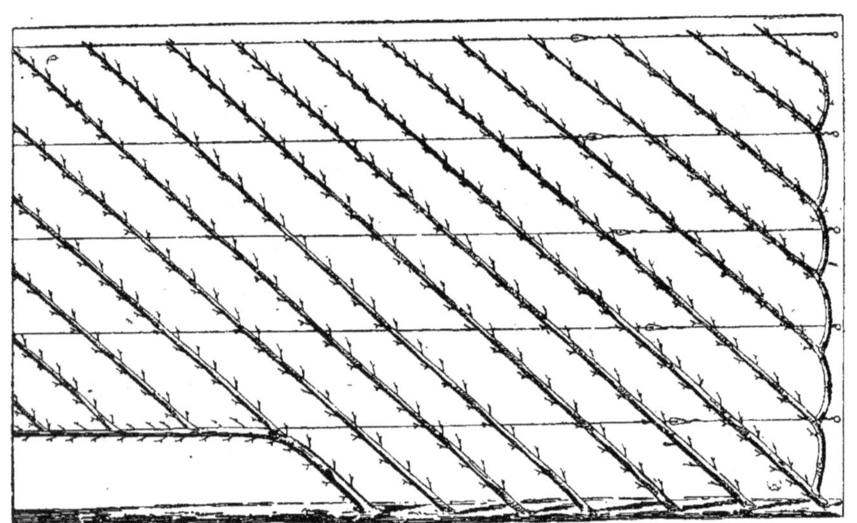

Fig. 193. — Cordons obliques en espalier.

Les arbres destinés à former des cordons obliques doivent être plantés inclinés, jamais droits, pour les ployer ensuite, comme cela a été conseillé ; c'est un moyen infaillible d'obtenir une forêt de gourmands qui ruinent l'arbre et s'opposent à sa fructification. On plante les arbres inclinés sur un angle de 60 *degrés* (fig. 193), angle sur lequel ils doivent rester si l'on veut récolter une certaine quantité de fruits et prolonger l'existence des arbres pendant quelques années.

Les plantations de cordons obliques en espalier

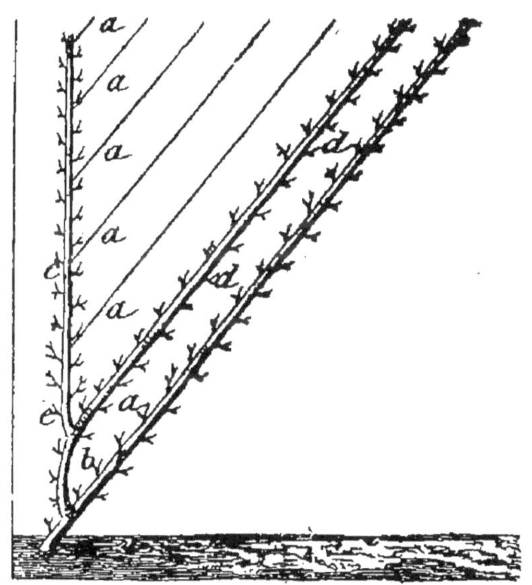

Fig. 194. — Commencement des obliques.

doivent commencer et finir carrément, comme toutes les autres formes, afin d'éviter les lacunes sur le mur.

Le premier et le dernier arbre doivent combler les vides des extrémités (fig. 194). Il faut donc soumettre l'arbre qui commence et celui qui finit la plantation à deux formes différentes. Voici comment on opère :

La seconde année, lorsque l'arbre qui commence la plantation est bien enraciné et a fourni un bon prolongement, on laisse pousser à 30 centimètres du sol un bourgeon ; si le bourgeon ne se produisait pas naturellement, on ferait une entaille en V renversé, avec la petite scie à main, au-dessus d'un bon œil, et il naîtrait aussitôt. Alors, pour garnir les vides (*a*, fig. 194), on taille à moitié de sa longueur le bourgeon afin d'obtenir un prolongement vigoureux (*b*, même figure). On laisse pousser ce bourgeon verticalement, pour lui faire acquérir à la fois le plus de développement et de vigueur possible (*c*, même figure) ; puis, au printemps suivant, on le courbe et on le palisse sur la latte parallèle au corps de l'arbre (*d*, même figure). Par le seul fait de la courbure, il se développe deux ou trois gourmands sur le coude. On choisit le plus vigoureux, on supprime les autres, et l'on traite ce bourgeon comme celui qui lui a donné naissance, et ainsi de suite, jusqu'à ce qu'on ait couvert les dernières lattes (*a*, même figure).

Le dernier arbre est soumis à un traitement différent. On le couche la seconde année comme un arbre en cordon (fig. 195), à 40 centimètres de hauteur du sol ; puis, pendant l'été, on laisse pousser sur le dessus autant de bourgeons (*a*, fig. 195) qu'il y a de lattes à couvrir (*b*, même figure). En opérant ainsi, la plantation oblique forme un carré parfait à chaque extrémité.

Enfin, lorsque les cordons obliques ont atteint le

haut du mur, on les arrête, comme toutes les autres
formes, c'est-à-dire que l'on taille les prolongements
à 20 centimètres environ au-dessous du haut du mur
afin d'obtenir, sans allonger l'arbre, un nouveau prolongement, indispensable à la circulation de là sève
dans toute la longueur. du corps de l'arbre. On pince

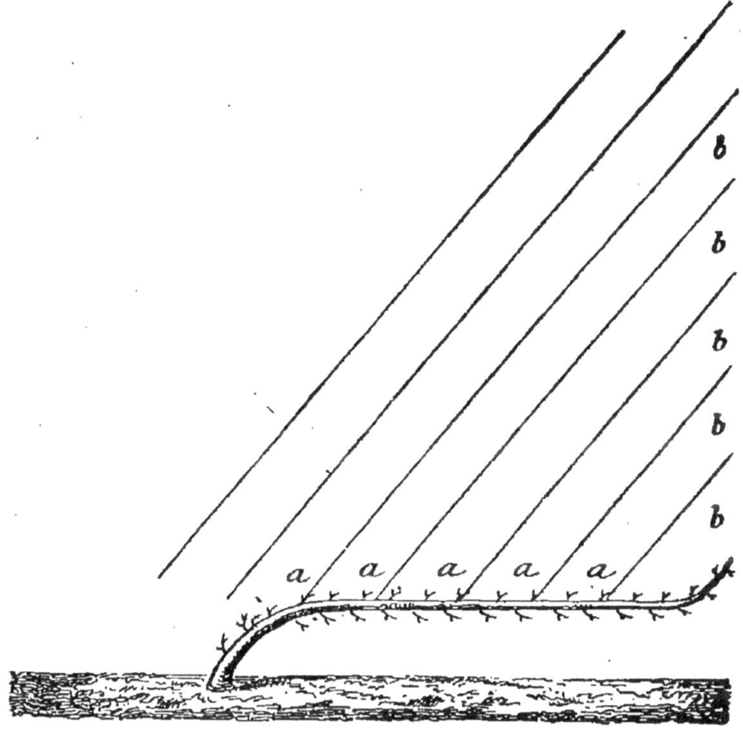

Fig. 195. — Fin des obliques.

plusieurs fois ce bourgeon pendant l'été, s'il s'allonge
trop ; puis, les années suivantes, on taille le prolongement, tantôt à 10, 20 ou 25 centimètres du haut
du mur, de manière à toujours conserver un prolongement qui ne sert plus à l'augmentation de la
charpente, puisqu'elle est achevée, mais à entretenir

la circulation de la sève dans le corps de l'arbre.

On taille tantôt un peu plus haut ou plus bas, pour éviter de faire naître une tête de saule, ce qui arriverait infailliblement si l'on taillait toujours à la même place.

Quand on plante des cordons obliques ou verticaux et que les arbres sont pourvus de rameaux à la base, ce qui a toujours lieu chez certaines variétés, telles que les *doyennés d'hiver, beurrés d'Arenberg, bergamote Esperen, Joséphine de Malines*, etc., etc., on supprime d'abord complètement les rameaux placés contre le mur, puis on soumet les autres au cassement simple ou double, suivant leur vigueur, pour les mettre à fruit.

Quand les rameaux sont trop rapprochés, on en supprime quelques-uns pour qu'ils soient tous placés à égale distance et également éclairés par conséquent.

L'année suivante, ces rameaux portent des boutons à fruits. On supprime ensuite environ le tiers de la tige ; si on la taillait trop court, les rameaux cassés produiraient des bourgeons vigoureux, et la mise à fruit en souffrirait. Là, comme dans tout, l'opérateur doit observer et apprécier.

Lorsque les arbres poussent, on palisse avec du jonc, les bourgeons de prolongement sur les lattes de sciage, posées avant la plantation, afin de les obtenir aussi droits que la latte elle-même ; mais on ne place le premier lien que lorsque le bourgeon atteint une longueur de 25 centimètres au moins, et on laisse toujours l'extrémité libre sur une longueur de 15 à

20 centimètres, pour favoriser son accroissement.

Chaque année, on applique aux bourgeons latéraux les opérations que j'ai indiquées pour la formation des rameaux à fruits, afin d'obtenir en même temps la formation de la charpente et la mise à fruits de l'arbre.

Il faut être très sobre de pincements pendant l'été qui suit la plantation. Il n'y a aucun inconvénient, pendant cet été seulement, à s'abstenir de pincements ; il suffit d'empêcher le développement des gourmands, rien de plus. Il y a toujours trop de boutons à fruits sur les arbres en obliques la première année ; il est donc nuisible de les tourmenter et de les affaiblir pour en produire davantage, puisque les bourgeons laissés intacts aident à la formation d'un nouvel appareil de racines et contribuent puissamment à fortifier l'arbre.

Je ne saurais trop recommander de ne laisser, la première année, c'est-à-dire celle après la plantation, que DEUX FRUITS par arbre ; c'est le seul moyen d'avoir des arbres vigoureux, bien portants, dont la production augmente chaque année. J'insiste parce que je sais la répugnance que l'on éprouve généralement à supprimer des fruits. C'est regrettable en ce que, pour avoir quelques mauvais fruits, on ruine les arbres et on les condamne à l'infertilité pour l'avenir.

Il ne faut jamais laisser de fruits l'année de la plantation. Quelques variétés très fertiles portent quelquefois des fleurs sur le bois d'un an. Quand on conserve un fruit, l'arbre est sinon perdu, mais au moins retardé, dans sa production, de trois ou quatre ans.

La seconde année après la plantation on peut laisser quatre à cinq fruits par arbre, et ensuite un fruit par quatre rameaux à fruits ; alors les arbres, bien enracinés, ont acquis une certaine vigueur.

Quand on plante des cordons obliques ou verticaux, il est utile de classer les variétés par ordre de vigueur. Il faut bien se garder de les planter pêle-mêle, comme l'ont fait beaucoup de personnes, qui ont voulu planter trop vite, elles-mêmes, sans avoir suffisamment étudié. Des arbres très vigoureux ont été placés à côté d'arbres trop faibles ; ils les ont absorbés. J'ai vu dans des contre-espaliers une rangée plantée avec des variétés très vigoureuses, et l'autre avec des variétés très faibles. Tous les faibles ont péri ; les forts se sont emportés, n'ont rien produit, et cela uniquement parce que les variétés n'étaient pas à leur place.

Lorsqu'on plante un espalier de cordons obliques, il faut d'abord compter le nombre d'arbres nécessaire, faire des paquets de chaque variété et les classer par ordre de vigueur. On place les variétés les plus vigoureuses à chaque extrémité, ensuite progressivement et, en allant des deux extrémités au centre, les variétés moins vigoureuses, pour mettre les plus faibles au milieu.

Je ne saurais trop insister sur ces détails : ils concourent plus qu'on ne le pense au succès des plantations rapprochées ; les insuccès qui se sont produits presque partout viennent en grande partie du manque d'expérience de ceux qui ont planté et du défaut de classement des arbres par vigueur.

Les CORDONS VERTICAUX (fig. 196) se plantent à 40 centimètres de distance pour l'espalier et le plein vent. L'inventeur des plantations rapprochées indique, pour les cordons verticaux, la distance de 30 centimètres. C'est trop près ; il n'y a pas assez d'espace pour les rameaux latéraux : l'expérience m'a prouvé que les arbres placés dans ces conditions s'affaiblissent très vite et ne fructifient pas, faute de lumière. A 40 centimètres de distance, les cordons verticaux peuvent vivre et fructifier quelques années.

Le principal emploi des cordons verticaux est de cacher très vite un mur élevé, ces hideux pignons que l'on rencontre dans tant de jardins.

On plante des poiriers ou des cerisiers de variétés vigoureuses ; ils ne produisent pas beaucoup de fruits, mais le mur est assez vite couvert.

Les cordons verticaux s'élèvent de la même manière que les cordons obliques, avec cette seule différence que les prolongements sont taillés un peu plus courts, et que l'on n'a pas deux arbres à former, le premier et le dernier, pour terminer la plantation carrément. Les rameaux à fruits sont traités de même, et formés au fur et à mesure de l'élongation de la charpente, comme pour toutes les formes sans exception.

Les variétés doivent être classées par ordre de vigueur, comme pour les cordons obliques, dans les plantations en espalier et, en contre-espalier; mais au

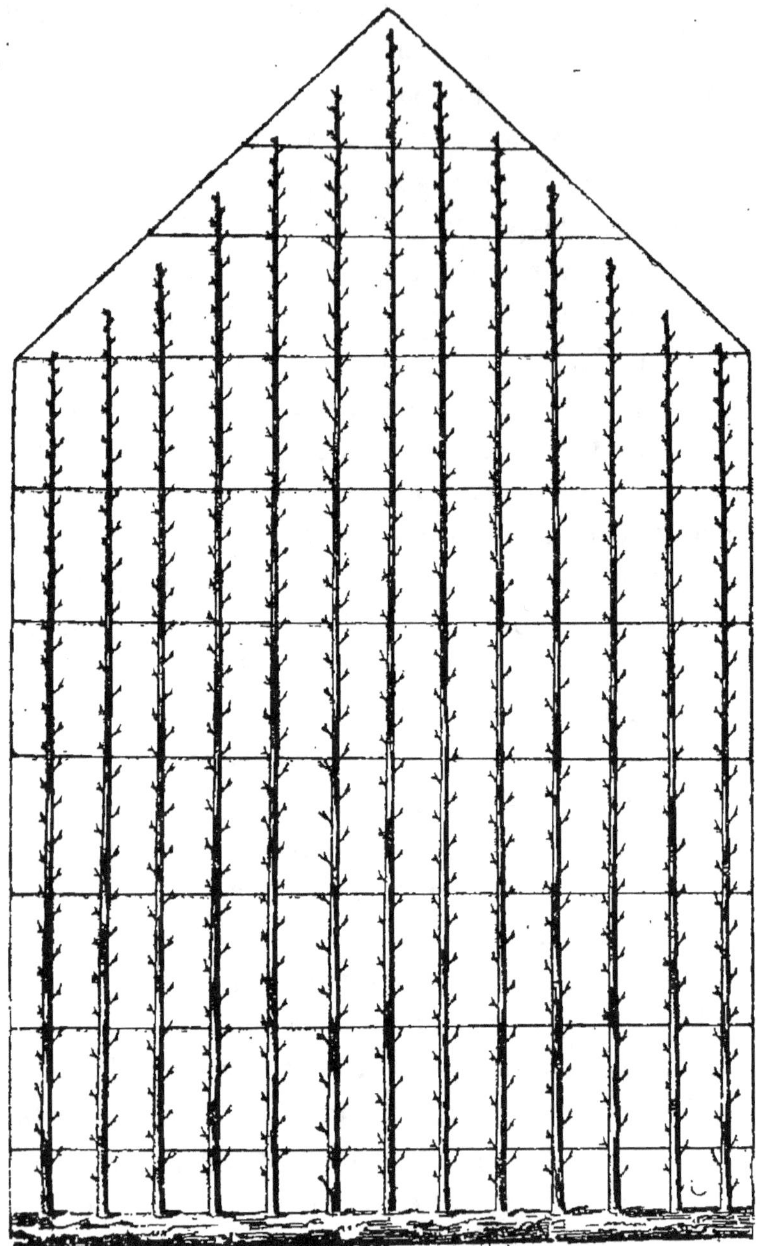

Fig. 196. — Cordons verticaux de poiriers.

lieu de planter les fortes aux extrémités et les faibles par gradation au milieu, on fait l'inverse quand on plante un pignon. La plus grande hauteur est au milieu ; on y place les variétés les plus vigoureuses, et les plus faibles par gradation, du milieu aux extrémités.

N'oublions pas que la durée des plantations rapprochées (cordons obliques et verticaux) ne peut excéder sept années, quand elles sont bien faites et judicieusement soignées ; la huitième, la décrépitude commence. Alors il faut arracher ou restaurer en supprimant trois arbres sur quatre, pour faire des candélabres à quatre branches.

Les CORDONS UNILATÉRAUX à un, deux ou trois rangs sont d'excellentes formes pour le pommier surtout, et pour les variétés de poiriers faibles et de vigueur moyenne. (Voir celles que j'ai indiquées pour cette forme.) Ils ont l'avantage de tenir très peu de place, chose fort précieuse dans les petits jardins, de produire dès la seconde année de la plantation, de donner toujours des fruits magnifiques, et en outre d'atteindre le maximum du produit la quatrième année, quand ils ont été bien conduits.

On ne doit employer que des poiriers greffés sur cognassier pour cordons unilatéraux ; affranchir, si le sol ne peut nourrir le cognassier, mais éviter d'employer le poirier franc, beaucoup trop vigoureux pour cette forme.

Pour les cordons à un rang, on plante les poiriers à 2 mètres de distance dans les sols de bonne qualité, et à 1^m,50 dans les sols médiocres ; cependant, si l'on affranchit les arbres, il est urgent de conserver la distance de 2 mètres.

On plante les arbres à 1 mètre de distance pour les cordons à deux rangs.

Lorsque les arbres sont plantés avec tous les soins que j'ai indiqués, on les taille pour obtenir des rameaux à fruits le plus vite possible. Les ramifications, s'il y en a, sont équilibrées et soumises aux cassements, puis on retranche environ le quart et quelquefois le cinquième seulement de la longueur totale de la tige. J'admets toujours que nous opérons sur des arbres d'un an replantés avec toutes leurs racines.

On taille la tige un peu plus long pour les cordons, d'abord parce que cette opération hâte la mise à fruits; ensuite, ces arbres étant destinés à fournir une tige de 2 mètres seulement, il n'est pas nécessaire d'obtenir des prolongements aussi vigoureux que pour les autres formes, et, en outre, il suffit de faire développer les yeux de la base seulement à la hauteur de 35 à 40 centimètres du sol.

Les cordons unilatéraux à un rang seront couchés à 40 centimètres de hauteur du sol. On les place généralement beaucoup plus bas; en cela, comme en beaucoup de choses, on a voulu faire de la fantaisie au détriment du produit. La plupart du temps, les cordons de pommiers sont couchés à 20 ou 25 centimètres du sol. Cela a d'abord l'inconvénient de soumettre l'arbre à une courbe trop courte, qui oblige à briser et à désorganiser une grande partie des filets ligneux pour

le coucher. L'humidité du sol nuit beaucoup à la fécondation ; ensuite les rameaux et les fruits de dessous
touchent la terre. Les fruits placés ainsi, quand il y
en a, outre l'inconvénient d'offrir un marche-pied très
commode aux limaces et aux limaçons, mûrissent mal
et n'acquièrent jamais de qualité.

La hauteur de 40 centimètres est suffisante pour
donner une courbe assez longue, permettant à l'arbre
de végéter comme s'il n'était pas couché ; les limaçons
ne laissent pas leurs traces ignobles sur tous les fruits,
et ceux-ci, exposés aux influences de la chaleur et de
la lumière, atteignent toujours le maximum du volume
et de la qualité qu'ils sont susceptibles d'acquérir.

Les cordons unilatéraux étant destinés à être greffés
par approche dès qu'ils se joignent, on doit avoir le
soin, quand les variétés sont multipliées, de les classer
par ordre de vigueur avant de planter, de manière à
placer toujours un arbre faible après un vigoureux.

En plaçant un arbre fort devant un faible, le fort a
bientôt rejoint le faible ; dès qu'il est greffé dessus, la
surabondance de la sève de l'arbre fort passe dans le
faible et égalise en peu de temps la végétation des
deux arbres. En outre, l'arbre fort, dépensant la
surabondance de sève, se met à fruits avec la plus
grande facilité, et cette même sève, qui eût paralysé la
fructification de l'arbre qui l'a produite, est d'un
grand secours pour l'arbre faible, non seulement
pour augmenter sa charpente, mais encore pour l'aider à nourrir les fruits trop nombreux dont tous les
arbres faibles sont toujours couverts.

Si, au lieu de placer les arbres comme je l'indique, on plante les forts ensemble et les faibles ensemble, il arrive ce que l'on voit bien souvent : les arbres forts poussent avec une vigueur extrême et ne se mettent pas à fruits ; les faibles se couvrent d'une quantité de fruits qui les épuisent ; au bout de trois ou quatre ans les arbres faibles sont morts, et les forts, qu'on a tenté de mettre à fruits à grands coups de sécateur, n'en valent guère mieux. Alors on dit, ce qui a été répété trop souvent, quand on ne sait pas faire une chose : *Le système ne vaut rien.*

Tout système est impossible en culture, et en arboriculture surtout, où chaque variété des espèces a son mode particulier de végéter. Il est évident que, si l'on veut appliquer les mêmes formes et les mêmes tailles, c'est-à-dire traiter *mécaniquement*, non seulement toutes les espèces, mais encore toutes les variétés, on échouera quatre-vingt fois sur cent, et les masses auront mille fois raison de s'écrier : LE SYSTÈME NE VAUT RIEN !

Il ne faut pas être sorcier pour élever des cordons unilatéraux ; c'est très facile quand on sait s'y prendre ; mais encore faut-il le savoir, pour éviter les échecs que nous constatons quatre-vingt-dix fois sur cent.

La majeure partie des cordons unilatéraux périt ou reste infertile pour l'une des trois causes suivantes qu'il est bien facile d'éviter :

1° Le couchage des arbres immédiatement après la plantation ;

2° La fracture de la tige, et quelquefois le déchirement des racines en couchant les arbres;

3° La mauvaise direction de la charpente.

Évitons donc ces écueils bien connus en opérant ainsi :

Lorsque les arbres destinés à faire des cordons unilatéraux ont été convenablement classés, plantés, taillés et chaulés, on les attache avec un osier sur le fil de fer, mais de manière qu'ils restent droits (fig. 197). Il faut bien se garder de les coucher en les plantant ainsi qu'on le fait à peu près partout ; ils doivent rester droits l'année de la plantation, voici pourquoi :

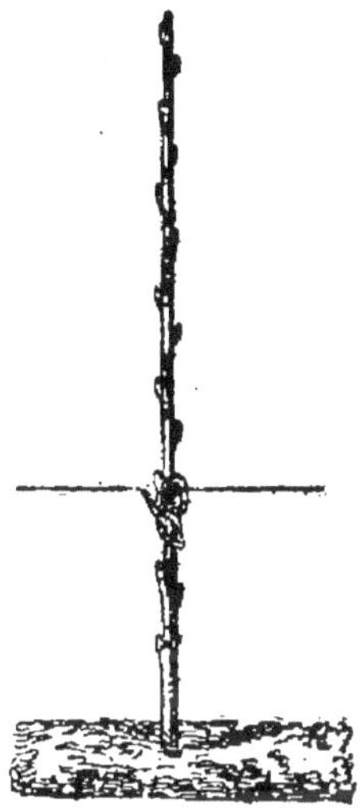

La taille appliquée à l'arbre a pour but de faire développer la majeure partie des yeux en boutons à fruits. La fructification, nous le savons, ne peut s'accomplir sans le concours de la lumière. Si on couche

Fig. 197. — Cordon, première année.

l'arbre immédiatement après l'avoir planté, les yeux du dessous, placés dans l'obscurité, s'éteindront, ou se développeront mal, et ceux du dessus, vivement éclairés, et sur lesquels la sève agira avec violence, produiront des bourgeons trop vigoureux pour se mettre à fruits; la vigueur de ces bourgeons amènera forcément l'anéantissement des côtés et du dessous. A la fin de la première année, il ne reste que les gourmands du dessus, qui ne se mettront jamais à fruits. A mon tour, je dis : LE SYSTÈME EST LAMENTABLE !

Ensuite, l'arbre qui vient d'être planté doit produire un nouvel appareil de racines, si nous voulons qu'il puisse croître et nourrir ses fruits. La courbure immédiate est encore un obstacle à l'émission de nouvelles racines, en ce qu'elle entrave l'ascension de la sève et paralyse la descension du cambium. Voilà les causes de l'infertilité, de la végétation piteuse et des énormes têtes de saules, de tous les cordons mal dirigés !

Lorsque l'arbre reste dans la position verticale pendant le premier été, il est également éclairé de tous les côtés ; presque tous les yeux se convertissent en boutons à fruits. La position verticale, en permettant à la sève de monter sans entraves, détermine la formation d'un prolongement vigoureux, et la descension du cambium, accomplie sans difficultés, produit facilement de nouvelles racines. Vers la fin de l'été, on a un arbre bien enraciné, pourvu d'un bon prolongement et couvert de boutons à fruits de la base au sommet. On peut en toute assurance coucher un tel arbre ; il ne s'emportera jamais, épanouira ses fleurs et nourrira facilement ses fruits à l'aide de son appareil de racines bien établi et bien constitué.

On peut indifféremment coucher les arbres en cordons unilatéraux au mois d'octobre ou au printemps de la seconde année de la plantation. Au mois d'octobre les boutons à fruits sont bien formés, et il reste assez de sève pour coucher les arbres sans danger ; si l'on attend au printemps, il ne faut coucher les arbres que lorsqu'ils sont en sève, c'est-à-dire de la fin de mars au 15 avril, et non pendant l'hiver, parce qu'alors on les casse très facilement. Je n'attache aucune importance à l'une de ces deux époques ; l'opérateur choisira celle qui lui conviendra le mieux, suivant le travail qu'il aura à faire.

Presque tous les arbres en cordons unilatéraux que nous voyons dans la majeure partie des jardins sont cassés au coude. Cela porte un préjudice énorme aux arbres, en les affaiblissant considérablement. La cassure se ressoude et se rebouche bien au bout d'un certain temps ; mais la tige faible ne produit que des fruits très médiocres, et les gourmands qui poussent au-dessous de la cassure achèvent de l'épuiser. Alors il faut avoir recours aux grands moyens : couper la tige et recommencer l'arbre avec un gourmand.

Si l'on ne s'entêtait pas à vouloir coucher les arbres d'équerre, ce qui est à peu près impossible sans les casser, tout irait pour le mieux. Je voudrais être assez éloquent pour faire remplacer l'équerre par la courbe ; si j'y parviens, tout le monde aura des cordons magnifiques et des plus fertiles.

Le plus simple bon sens nous dit qu'en mettant

Fig. 198. — Cordon couché d'équerre.

un lien à la place *a* (fig. 198) et en ployant l'arbre d'équerre sur le fil de fer on le cassera en *b* quatre-

vingt-dix-neuf fois sur cent. Gribouille, Jocrisse et
Cadet-Roussel seraient convaincus de cette vérité !
Et bien ! cher lecteur, regardez les arbres en cordons
unilatéraux : tous sont couchés ainsi.

Quelquefois, pour éviter de casser les arbres, on les
arrache à moitié pour les coucher (fig. 199); cela ne
vaut pas mieux, en ce que la mutilation, au lieu de
porter sur la tige, désorganise les racines, et en outre,

Fig. 199. — Cordon couché sans courbe.

quand deux arbres couchés d'après ces deux modes
sont l'un près de l'autre, c'est affreux. On a beau nous
dire avec un aplomb superbe : « Tout cela se regreffe ; »
il n'en est pas moins vrai que la tige de l'un est en
deux, et que la racine de l'autre est en morceaux. Il
faut des arbres plus que robustes pour supporter de
semblables traitements.

Il faut coucher les arbres, non pas de 20 à 25 centimètres du sol, mais à 40 de hauteur, pour éviter
l'humidité et les limaces, et leur faire décrire la courbe
de la figure 200. On ne *casse jamais les arbres* en leur
donnant cette courbe ; en outre, elle n'entrave ni l'ascension de la sève, ni la descension du cambium ; tous
les arbres ont la même courbure, ce qui égalise la
végétation et fait, en même temps, une plantation
des plus régulières.

On prend l'arbre par le bout, au lieu de l'attacher au-dessous du coude; on lui fait décrire un cercle de manière à le courber bien également, et on l'attache avec un osier en *a* (fig. 200); un second lien (*b*, même figure) termine l'opération.

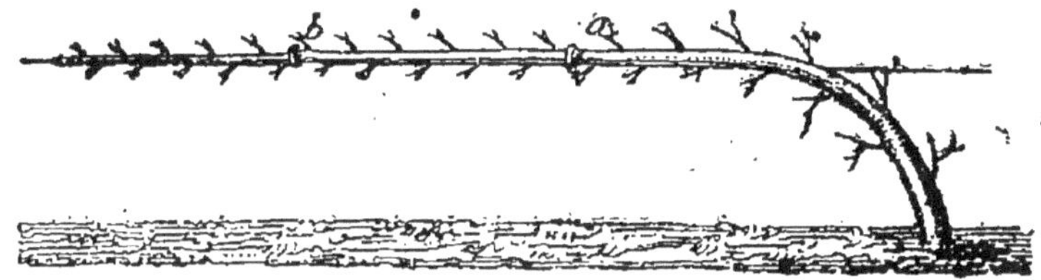

Fig. 200. — Cordon bien couché.

Deux liens sont assez pour un arbre; un seul suffit souvent; moins on en met, mieux l'arbre pousse. Dans tous les cas, il ne faut jamais attacher l'extrémité du prolongement; elle doit rester libre pour que l'arbre puisse s'allonger.

Quand on n'a pas l'habitude de coucher les arbres, on peut le faire sans danger, et avec la plus grande facilité, à l'aide du moule à courber (fig. 201).

Ce moule peut être fait par le premier menuisier ou charron venu, et même par le jardinier. Il se compose d'une première planche, assez épaisse, dont l'unique fonction est d'empêcher le moule d'entrer dans la terre quand

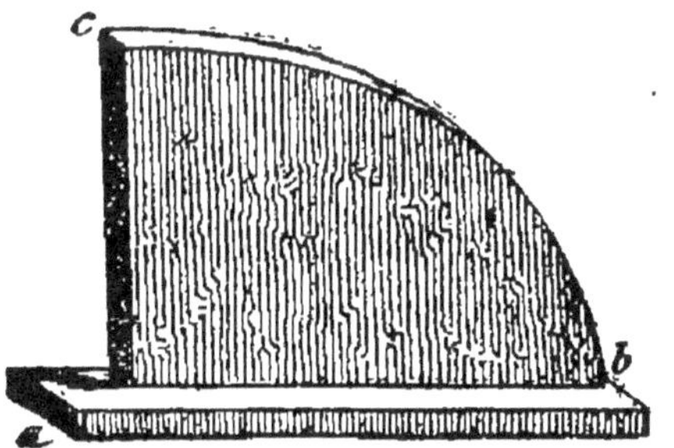

Fig. 201. — Moule à courber.

on appuie dessus (*a*, fig. 201), puis d'une seconde

planche de sapin ou de bois blanc fixée dans la première avec une mortaise ou des pointes tout simplement, et sur laquelle la courbe à donner à l'arbre est dessinée de *b* en *c* (même figure). Le haut de la planche *c* vient au niveau du fil de fer sur lequel l'arbre doit être couché.

On applique tout simplement le moule à courber au pied de l'arbre, à l'endroit *b*, et on le couche dessus jusqu'en *c*; on l'attache avec un ou deux osiers au fil de fer; on retire le moule, et l'arbre conserve la courbe qui lui a été donnée. Quand les arbres sont très gros, on les entortille avec de la filasse mouillée sur toute la longueur de la courbure. En employant ce procédé, on peut coucher sans accident des arbres gros comme le bras. Il faut les amener sur le moule très doucement, progressivement et sans jamais donner de secousse; en opérant ainsi, on peut répondre de coucher tous les arbres possibles, *sans jamais en casser.*

Quand on couche des cordons à deux rangs, on place le premier arbre sur le premier fil de fer, le second sur le second fil de fer, le troisième sur le premier fil de fer, le quatrième sur le second fil de fer, et ainsi de suite, et l'on greffe chaque ligne par approche quand les arbres se joignent.

En procédant ainsi, chaque arbre a 2 mètres à parcourir, et, si l'on a planté suivant ma méthode des poiriers pour le rang de dessus, et des pommiers pour celui de dessous, chaque espèce viendra se greffer l'une sur l'autre, sans erreur possible.

Pour les cordons à trois rangs, on couche le premier arbre sur le premier fil de fer, le second sur le deuxième fil de fer, le troisième sur le troisième fil de fer, le quatrième sur le premier fil de fer, le cinquième sur le second fil de fer, le sixième sur le troisième fil de fer, ainsi de suite jusqu'au bout de la ligne. Quand on couche les arbres des cordons à plusieurs rangs, il faut toujours commencer par le rang le plus élevé.

Il faut avoir le soin de placer un arbre vigoureux en premier dans les plantations de cordons à plusieurs étages. On laisse pousser un gourmand sur la courbure de cet arbre (*a*, fig. 202); puis, lorsque ce gourmand est bien

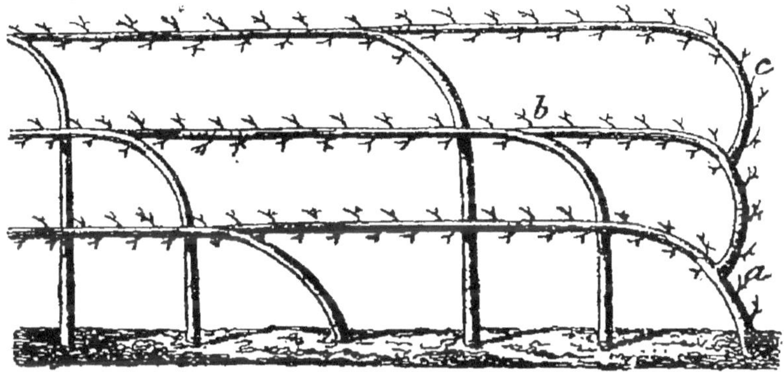

Fig. 202. — Cordons à trois rangs.

développé, on le couche sur le fil de fer de l'étage su-périeur, et on le greffe sur l'arbre suivant (*b*, même figure). Pour les cordons à trois rangs, on laisse pous-ser un second gourmand, que l'on traite comme le premier (*c*, même figure).

Les cordons à un et deux rangs sont fréquemment employés dans le jardin fruitier ; ceux à trois rangs sont spécialement consacrés aux normandies. Je plante toujours deux espèces d'arbres pour les cordons à deux rangs. Chaque étage est composé d'une espèce de fruit différente. Ce n'est pas seulement une question de fantaisie, mais aussi un calcul de culture. Ainsi, le pommier aime l'humidité et redoute la trop grande ardeur du soleil ; certaines variétés de pommes : les *calvilles*, les *canadas*, les *apis* demandent beaucoup de chaleur combinée avec une certaine humidité, et une lumière un peu diffuse. On ne saurait mieux placer ces variétés qu'à une exposition chaude, au-dessous d'un rang de poiriers demandant beaucoup de chaleur et de lumière. En cela comme en tout, il faut chercher les meilleures conditions pour les espèces, et même pour les variétés, et savoir tirer un parti avantageux des formes.

Quand on plante un cordon à deux rangs avec deux espèces différentes, soit une ligne de poiriers et une

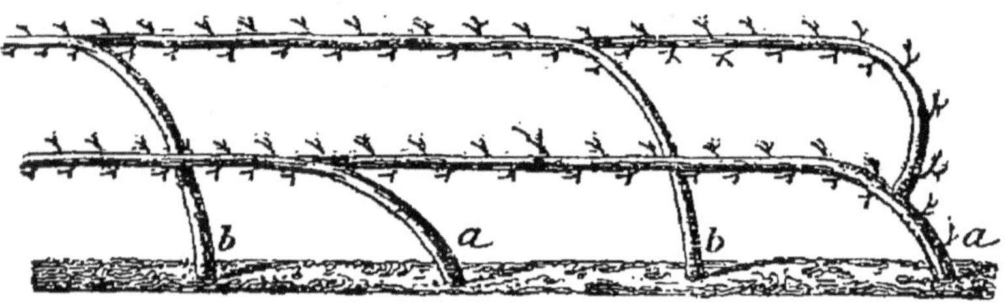

Fig. 203. — Cordons de poiriers et pommiers.

de pommiers, il faut les classer de manière que tous les arbres de la même espèce forment une seule ligne.

Ainsi les feuilles *a* seront des pommiers, et les arbres *b* des poiriers (fig. 203).

J'ai dit que la mauvaise direction de la charpente des cordons unilatéraux était la seule cause des insuccès sur cette forme. Je vais le prouver :

Lorsque les cordons ont été couchés, on taille sur les boutons à fruits tous les rameaux qui ont été soumis au cassement l'année précédente, et comme le cordon est placé sur une ligne horizontale, on n'a rien à supprimer du prolongement pour faire développer tous les yeux ; on se contente de le tailler sur le premier œil, bien constitué, placé de côté et en avant, ce qui n'entraîne qu'à une suppression de quelques centimètres seulement. On supprime complètement tous les rameaux vigoureux placés *en dessus* ; ils ne produiront *jamais que des gourmands*.

Quand on laisse pousser les rameaux du dessus sur les cordons, ils ne se mettent jamais a fruits.

Pendant l'été suivant, on détruit, au fur et à mesure qu'ils se produisent, *les bourgeons du dessus*, et l'on soumet les latéraux et ceux du dessous, qui se développent, au pincement, pour les convertir en rameaux à fruits. Il est urgent de laisser libre l'extrémité du

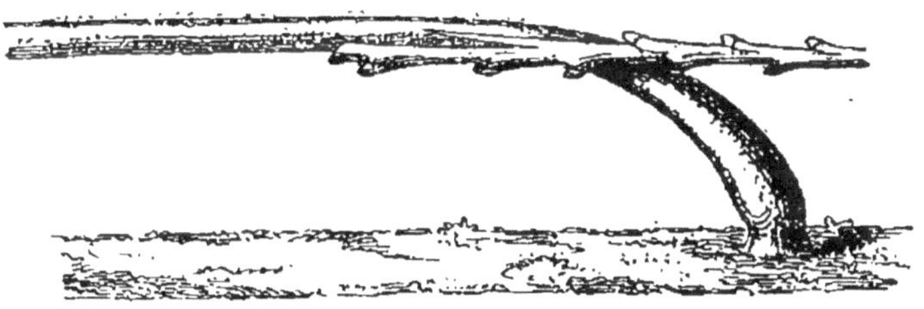

Fig. 204. — Greffe Aïton.

bourgeon du prolongement, afin de lui faire acquérir plus de vigueur ; on y met un lien de jonc lorsqu'il a atteint une longueur de 30 centimètres au moins, mais en laissant toujours l'extrémité libre. Lorsque le prolongement dépasse le coude de l'arbre voisin, on le greffe dessus, l'année suivante. La greffe Aiton (fig. 204) est la meilleure pour cet objet.

Le point capital, dans la formation des cordons unilatéraux, est d'éviter la production des gourmands en dessus, et celle des ramifications trop vigoureuses à la base. Les gourmands qui naissent en dessus ne produisent jamais que des têtes de saule, vivant au détriment du prolongement et de la fructification (fig. 205). Ces gourmands doivent être enlevés ou détruits complètement à la base, en *b* (même figure), aussitôt qu'ils apparaissent.

Si les opérations d'été : ébourgeonnement, pincement, etc., ont été négligées, il poussera quelques bourgeons verticaux, et, à la taille d'hiver, l'arbre en cordons présentera l'aspect de la figure 206. Le prolongement *a*, épuisé par deux bourgeons vigoureux en dessus, n'a pas poussé, malgré deux liens seulement (*b*) qui n'entravaient pas sa végétation. Le rameau *c* a acquis une grande vigueur ; celui qui l'accompagne sur le dessus a produit un bouton à fruits *d*. Il ne faut jamais se laisser tenter par ces productions, donnant, il est vrai, quelques beaux fruits, mais prodiguant aussi des gourmands impossibles à maîtriser.

Dans ce cas, il est urgent d'opérer radicalement pour rétablir l'équilibre, et de supprimer complètement les deux rameaux du dessus en *e* (fig. 206). Avec la suppression de ces deux rameaux, l'équilibre est parfait; si on hésite à le faire et que l'on conserve un de ces rameaux, même en le pinçant à outrance, on obtiendra une forêt de bourgeons qui ne se mettront

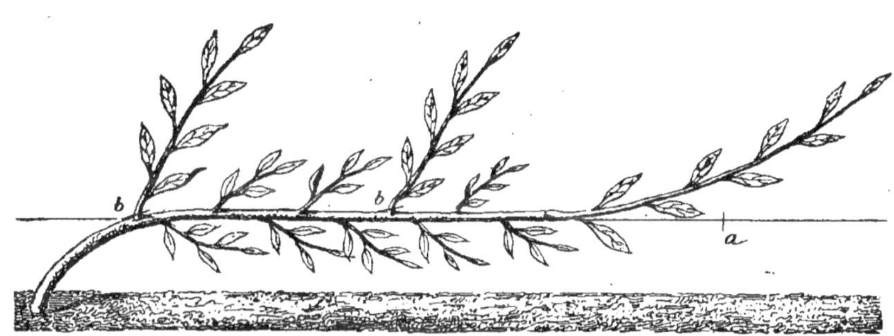

Fig. 205. — Ébourgeonnement et direction de prolongement.

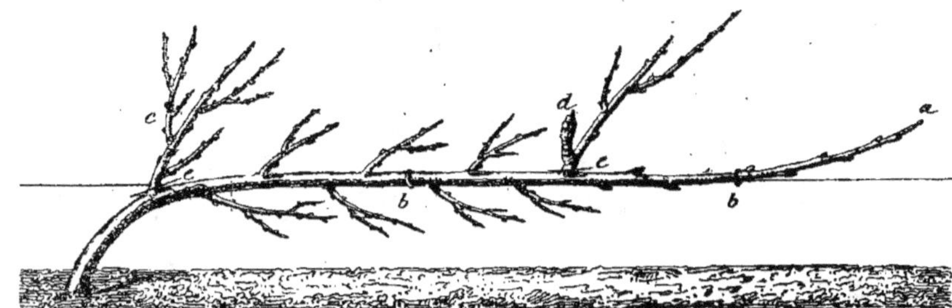

Fig. 206. — Taille des rameaux gourmands.

jamais à fruits, absorberont une énorme quantité de sève, arrêteront l'élongation du prolongement et empêcheront la fructification.

Ceux qui ont suivi à la lettre le *pincement à la mécanique*, à 10 centimètres de longueur, ont presque tous échoué dans la formation des cordons unilatéraux. Voici comment :

Aussitôt l'arbre enraciné, il est né une quantité de bourgeons vigoureux depuis la hauteur de 5 à 8 centimètres du sol jusqu'au coude de la courbure, et une foule de bourgeons verticaux sur le dessus. L'application du système de pincement à la mécanique disait : *Pincez tous les bourgeons à* 10 *centimètres de longueur ; s'il pousse un bourgeon anticipé, repincez à* 10 *centimètres, et ainsi de suite tant qu'il poussera des bourgeons.* Des gens consciencieux ont pincé et repincé jusqu'à dix fois. Ils ont obtenu une branche tortue d'un mètre de long, et sont venus me demander ensuite ce qu'il fallait en faire.

D'autres, suivant aussi à la lettre et pinçant *à mort* (c'est le plus grand nombre), ont obtenu des petites pattes d'araignée, menaçant fort de tourner à la tête de saule (*a*, fig. 207), et sont aussi venus me demander ce qu'il fallait faire du produit du *pincement mécanique* qui n'avait donné aucun bouton à fruit, mais des rameaux à base énorme et des prolongements presque nuls (*b*, même figure).

J'ai répondu aux uns comme aux autres : « Équilibrez, et, pour équilibrer, il faut finir par où vous auriez dû commencer : par détruire des productions

Fig. 207. — Cordons à un rang, équilibrés à la taille d'hiver.

qui ruinent l'arbre et empêchent sa fructification. Coupez en *c* (fig. 207) toutes vos pattes d'araignée ; supprimez, pendant l'été, les bourgeons qui naîtront sur le dessus et sur les coudes ; votre prolongement poussera, et vos arbres, équilibrés, se mettront aussitôt à fruits. »

Quand les applications mécaniques étaient suivies à la lettre sur des cordons à deux rangs, c'était bien autre chose. Toutes les ramifications *mécanisées* à 10 centimètres produisaient des fouillis impossibles (*a*, fig. 208). Le prolongement se refusait à toute végétation. Reconsultation : « Coupez tout ce fouillis en *b* (fig. 208) ; votre arbre poussera et se mettra à fruits ; il ne lui faut qu'un bon prolongement et des rameaux équilibrés ; vous les obtiendrez en opérant ainsi. »

Il m'était d'autant plus possible de convaincre ceux qui venaient me consulter que je les conduisais dans mon ancien jardin fruitier école, et leur montrais des arbres plus jeunes que les leurs équilibrés à la Gressent (fig. 209), comme disent les jardiniers de province, et couverts de fruits superbes.

J'ai le regret de ne pouvoir donner ici qu'une copie, mais les originaux existent dans tous les jardins des personnes ayant étudié mes livres.

Le grand secret de la fertilité des cordons est d'abord le couchage bien fait et opéré en temps opportun, c'est-à-dire la seconde année de la plantation ; ensuite la suppression complète des bourgeons qui naissent sur le dessus ; il faut les détruire pour obte-

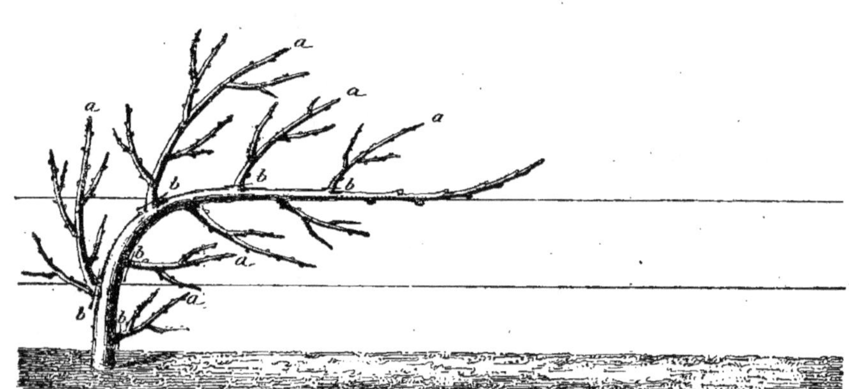

Fig. 208. — Cordons à deux rangs pincés à la mécanique.

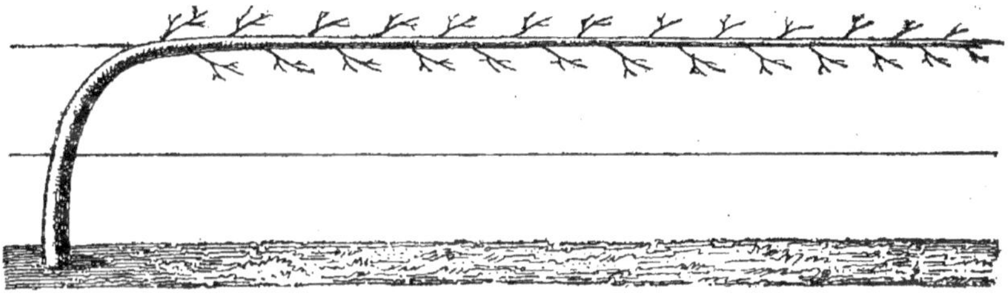

Fig. 209. — Cordons à deux rangs, équilibrés, méthode Gressent.

nir une végétation et une fructification égales, sur les ramifications des côtés et du dessous. Supprimez les bourgeons du dessus, vous aurez une fructification splendide. Laissez deux ou trois de ces bourgeons, les côtés et le dessous s'éteindront.

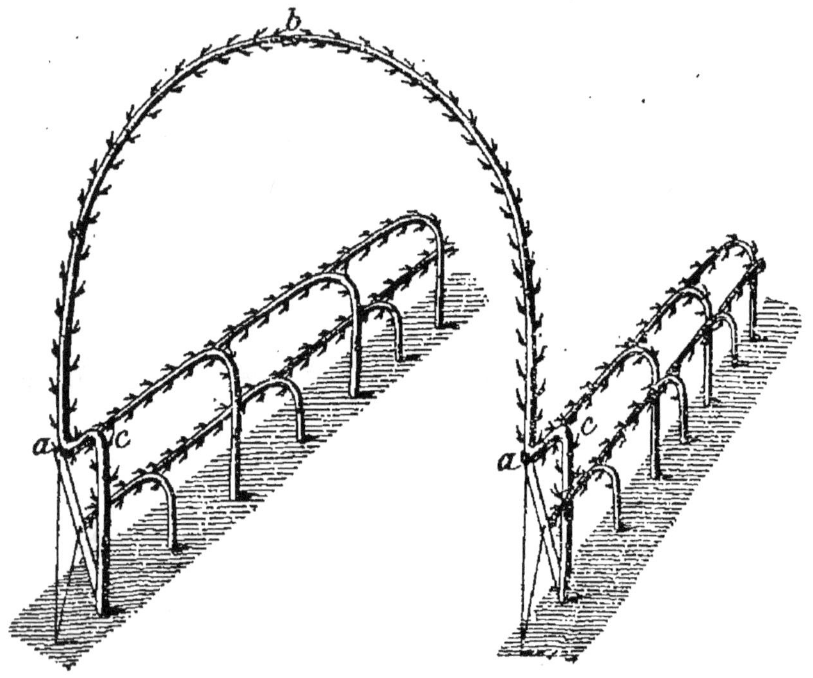

Fig. 210. — Arcade.

Pas de dessus ou pas de fruits ; j'ai dit et écrit cela depuis bien des années. L'école de la ville de Paris a voulu faire mieux : elle a fait greffer des boutons à fruits à la base des rameaux du dessus. C'était très habile. En apparence, mais pas pratique du tout. La moitié des greffes n'ont pas pris, et celles qui ont pris, noyées dans la sève, n'ont pas produit un seul fruit, mais quantité de gourmands. Le remède a été pire que le mal.

Il est bon d'être habile, mais avant tout il faut rester logicien et praticien.

Les ARCADES (fig. 210) contribuent à augmenter la récolte en servant d'ornement dans le jardin fruitier sans nuire aux autres formes. Elles terminent toutes les lignes des cordons à deux et à trois rangs.

La charpente est des plus faciles à établir, en fer

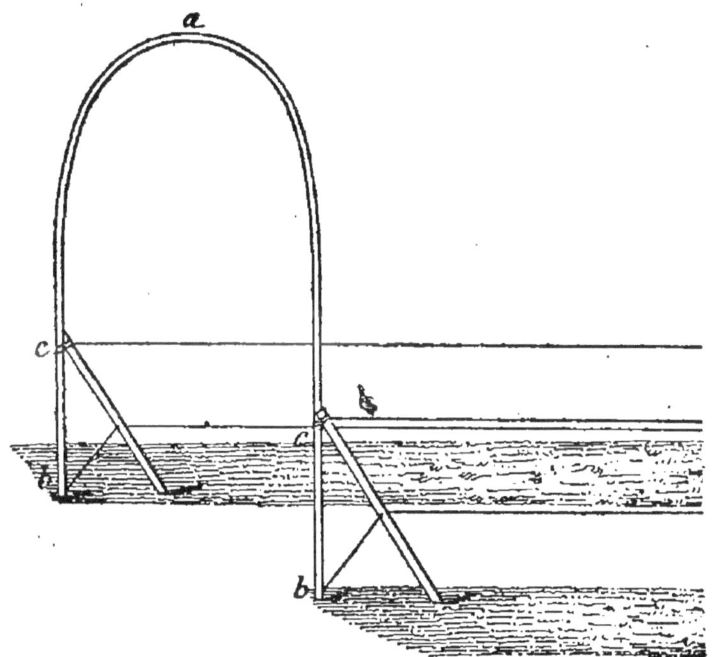

Fig. 211. — Charpente des arcades.

ou en bois. Il suffit d'un fer rond, du diamètre de 8 à 10 millimètres, cintré, enfoncé en terre aux points b (fig. 211) et attaché avec un fil de fer à la tête des montants, en c (même figure). Le milieu du cercle (a, même figure) doit avoir une élévation de $2^m,50$ au-dessus du sol.

Quand on emploiera du bois, on enfoncera en terre deux brins de châtaignier aux points *b* ; on les maillonnera en *c*, sur le haut des inclinés, et l'on formera le cintre en *a* (fig. 211).

Les deux derniers arbres des cordons *c* (fig. 210) sont relevés en *a* et palissés sur l'arcade, jusqu'à ce qu'ils atteignent le point *b* (même figure), où on les arrête, comme je l'ai dit précédemment.

Au fur et à mesure de l'élongation des branches, on les couvre de rameaux à fruits, comme pour les autres formes.

Les arcades produisent beaucoup et rompent la monotonie du jardin fruitier. Quand on sait choisir, pour les former, des fruits très volumineux et très colorés, elles produisent un effet splendide.

PALMETTES ALTERNES GRESSENT (fig. 212). Toutes les variétés de poiriers sur cognassier, ayant une certaine vigueur, peuvent être soumises à cette forme, une des plus faciles à faire. Les palmettes alternes peuvent être plantées contre les murs peu élevés ; c'est leur principal emploi à l'espalier, pour les murs de $1^m,10$ à $1^m,50$ de hauteur. Dans ce cas, on fait trois ou quatre étages de branches seulement et on plante les arbres à 3 mètres de distance. Les branches doivent toujours avoir un écartement de 30 centimètres au moins.

Pour le plein vent, je les limite à cinq étages de branches : le premier à 40 centimètres du sol et les quatre autres à 30 centimètres d'intervalle, ce qui donne une hauteur totale de 1ᵐ,60. On plante les arbres à deux mètres de distance.

La palmette alterne, en plein vent, convient particulièrement aux poiriers : *beurré Diel*, *beurré Giffart*, *doyenné Boussoch*, *doyenné d'Alençon*, *passe-Colmar*, *etc.*, aux variétés de pommiers vigoureux, au *Canada* surtout, donnant les fruits les plus beaux et les plus abondants sous cette forme, et aux cerisiers de toutes les variétés. C'est la forme sur laquelle j'ai récolté les plus belles cerises depuis de longues années.

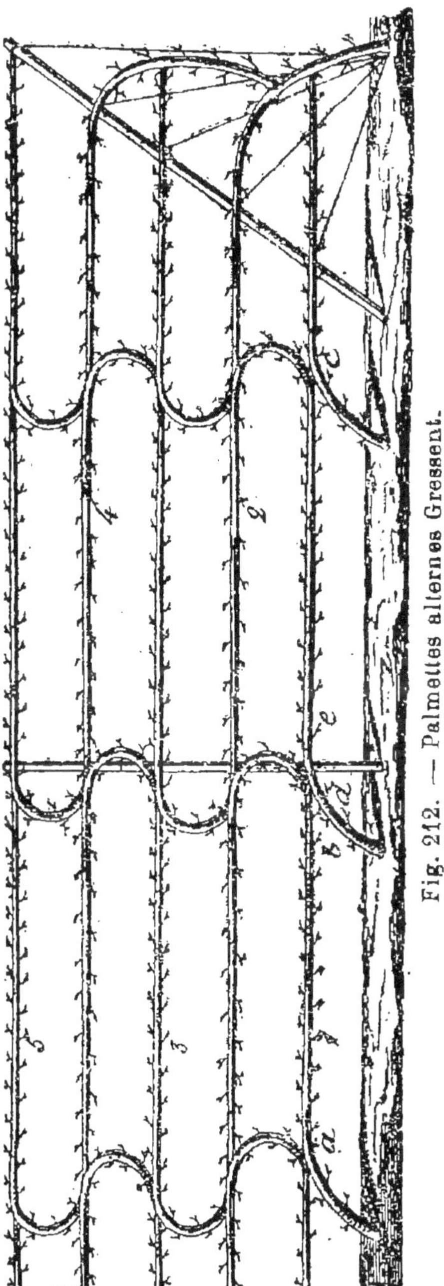

Fig. 212. — Palmettes alternes Gressent.

Les *anglaises* hâtives, les *royale, impératrice, reine Hortense, belle magnifique* et *Morello de Charmeux* y donnent des fruits monstrueux. Quand on a un jardin fruitier dépourvu de murs, la palmette alterne, plantée avec des poiriers ou des pommiers vigoureux, forme très vite un excellent entourage que l'on clôt ensuite avec un treillage pour le garantir des chipeurs de fruits.

On plante les arbres à 2 mètres de distance, en ayant soin de les classer de manière que les faibles soient placés entre deux forts. On taille immédiatement après la plantation, comme pour les cordons ; on palisse l'arbre tout droit sur les fils de fer, et, soit au mois d'octobre ou au printemps de l'année suivante, on les couche comme des cordons unilatéraux (*a*, fig. 213). On laisse les prolongements libres jusqu'à ce qu'ils dépassent un peu les arbres suivants, et on les greffe par approche aux points *b* (même figure), comme ceux des cordons unilatéraux.

Par le fait de la courbure, il se développe toujours deux ou trois gourmands sur le coude de chaque arbre. On choisit le plus vigoureux, et l'on favorise son développement en le palissant verticalement sur la ligne *c* (même figure), puis on supprime les autres. Ce gourmand destiné à former le second étage de branches absorbe la surabondance de sève de la partie couchée, et détermine sa mise à fruit de la manière la plus complète.

Pendant tout l'été, on doit veiller à maintenir l'équilibre entre le prolongement de la partie couchée et

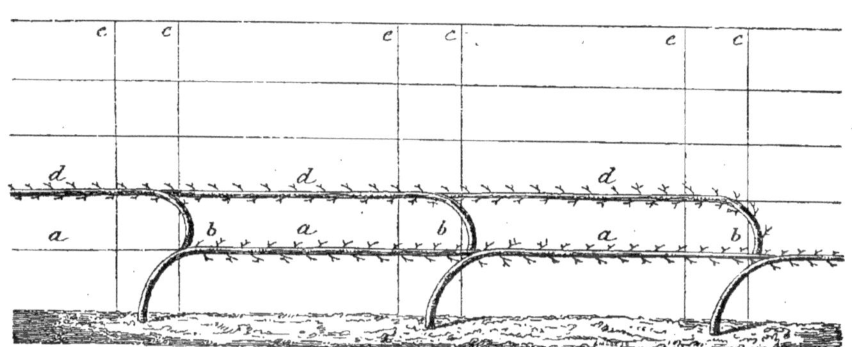

Fig. 213. — Formations des palmettes alternes Gressent.

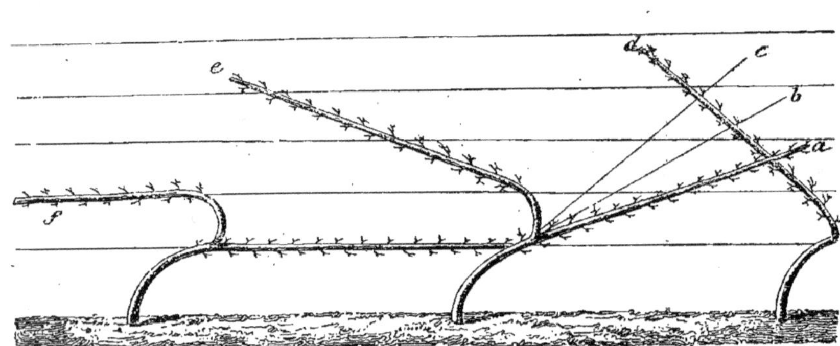

Fig. 214. — Équilibre des palmettes alternes.

le bourgeon destiné à former le second étage de branches, et ce, jusqu'à ce que le premier étage soit greffé par approche. Une fois greffé, on n'a plus à s'en occuper que pour soigner les rameaux à fruits.

Dans le cas où le prolongement de la partie couchée cesserait de pousser (*a*, fig. 214), et où le bourgeon destiné à former le second étage s'emporterait, il faudrait d'abord relever la branche du bas sur la ligne *ab*, et même sur la ligne *c ;* puis, suivant la disproportion, incliner le bourgeon destiné à former une nouvelle branche en *d*, en *e* et même en *f* (même figure), si la disproportion était trop grande. Cette simple opération d'inclinaison suffit pour rétablir l'équilibre sans rien couper.

Au printemps suivant, on couche les nouvelles pousses sur le second fil de fer (*d*, fig. 213), mais en sens inverse du premier étage ; on choisit, comme pour les cordons, un bon œil placé de côté et en avant, et l'on taille dessus pour former le prolongement. Au troisième printemps, on choisit un bourgeon vigoureux sur les coudes des nouvelles branches pour former un troisième étage de branches et on palisse ce bourgeon verticalement, sur la ligne *e* (fig. 213). Pendant l'été, on soumet la ligne *d* au pincement, afin de la couvrir de rameaux à fruits ; on veille à l'équilibre du second et du troisième étage, que l'on couche, à son tour, au printemps suivant, en sens inverse du précédent, et ainsi de suite, jusqu'à ce que l'on ait obtenu les cinq étages. On greffe successivement chaque étage par approche (poiriers ou pommiers) au fur et à mesure, dès que les arbres se joignent. La cinquième année au plus tard, car on fait ordinairement les deux derniers étages en un an, alors le palissage présente l'aspect de la figure 212.

De quelque longueur que soit le palissage, il présente cinq lignes sans solution de continuité et d'une fertilité remarquable, parce que ces lignes sont d'égale vigueur dans toute leur étendue. Tous les arbres communiquent entre eux ; chaque ligne est par le fait un canal ouvert à la sève, et dans le parcours duquel elle se dépense suivant les besoins des sujets.

J'ai dit que les arbres faibles devaient être placés entre deux forts. Supposons que l'arbre *b* (fig. 212) soit faible, et les arbres *a* et *c* vigoureux ; la branche 1 de l'arbre *b*, faible, recevra l'excédent de sève de la branche 1 de l'arbre *a*, vigoureux ; la branche 2 de l'arbre *b*, faible, recevra l'excédent de sève de la branche 2 de l'arbre *c*, et ainsi de suite jusqu'en haut.

J'ai dit que mes palmettes alternes ne présentaient jamais de vides. Admettons que ce même arbre *b* (fig. 212) reçoive un coup au pied ou éprouve un accident qui fasse périr la racine. Les cinq branches de cet arbre, alimentées par l'excédent de sève des arbres *a* et *c*, ne mourront pas ; elles continueront à végéter et à fructifier comme si elles avaient encore leurs racines. On en est quitte pour couper l'arbre au point *d*, enlever le tronc et la racine, faire un bon trou, changer la terre et planter un sauvageon que l'on greffe par approche, l'année suivante, au point *e* (même figure). L'arbre dont la racine a péri, mais qui n'a pas cessé un instant de donner des fruits, pourvu d'une racine et d'un tronc neufs, rend à son tour à ses voisins la sève qu'ils lui avaient prêtée, et est en état de leur communiquer une partie de son existence, si pareil accident leur arrivait.

Les palmettes alternes doivent commencer et finir carrément, comme toutes les autres formes, afin de ne laisser aucun vide sur le mur ou sur le palissage ; le premier arbre fournit trois branches, et le dernier deux seulement. On choisit deux arbres de vigueur moyenne pour les deux extrémités ; le premier (*a*,

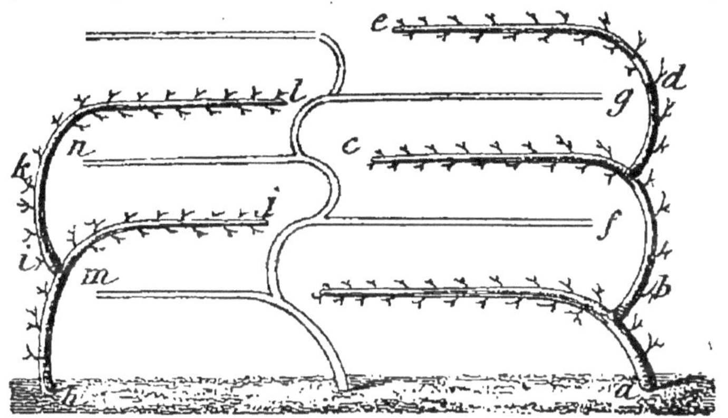

Fig. 215. — Premier et dernier arbre des palmettes alternes.

fig. 215) est couché comme les autres sur le premier fil de fer ; la seconde branche *b* est couchée dans le même sens sur le troisième fil de fer *c*, et la branche *d* est encore couchée dans le même sens sur le cinquième fil de fer, en *e*, où elle vient se greffer sur l'arbre suivant comme les précédentes. Les branches *f* et *g* de l'arbre voisin se greffent au milieu des courbes en *f* et *g*, pour donner un peu de vigueur à l'arbre et former un tout sans solution de continuité.

Le dernier arbre *h* fournit seulement deux branches qui viennent se greffer naturellement sur l'arbre voisin. On couche la tige *i* sur le second fil de fer, en *j* ; la seconde branche *h* se couche sur le troisième fil de fer, en *l*, et les deux branches de l'arbre précédent se greffent au milieu des courbes, aux points *m* et *n*.

Lorsqu'on palisse les branches ou les bourgeons d'un arbre sur un fil de fer, avec de l'osier ou du jonc, il faut avoir le soin de faire un tour avec la ligature sur le fil de fer, avant d'y appliquer la branche, afin qu'il n'y ait pas de contact entre elle et le fil de fer, qui la couperait infailliblement, surtout quand il fait du vent (fig. 216).

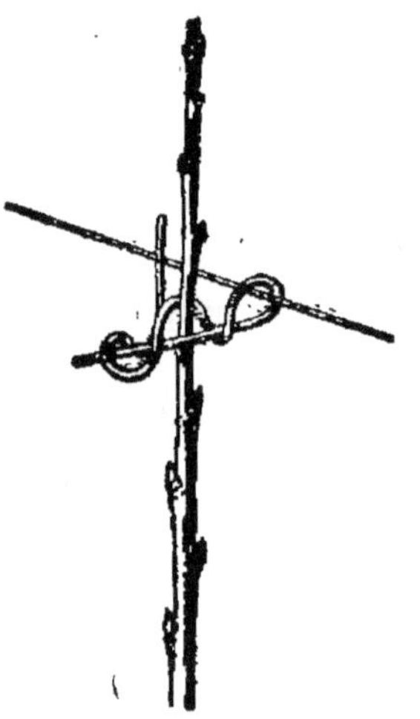

Fig. 216. — Attache d'osier sur le fil de fer.

Les palmettes alternes terminent la série des formes donnant des fruits la seconde année de la plantation. Nous avons à examiner maintenant celles qui exigent le recépage. Je place en première ligne :

LES CANDÉLABRES A QUATRE BRANCHES (fig. 217), forme par excellence pour les poiriers de toutes les variétés, tenant le milieu entre les grandes formes et les plantations rapprochées, convenant à l'espalier pour les murs de 2 à 3 mètres de hauteur, et au plein vent pour les contre-espaliers.

Cette excellente forme, très vite faite et des plus faciles à exécuter, susceptible de durer de longues années, et d'une fertilité sans égale, convient également à l'abricotier et au cerisier ; en outre, elle offre les avantages suivants :

Économie des trois quarts dans la dépense de plantations sur les plantations rapprochées ; elle n'emploie qu'un arbre où il en faut quatre ; formation prompte et facile ; fertilité et durée.

La forme est des plus faciles à faire et très promptement exécutée, presque aussi vite que les cordons

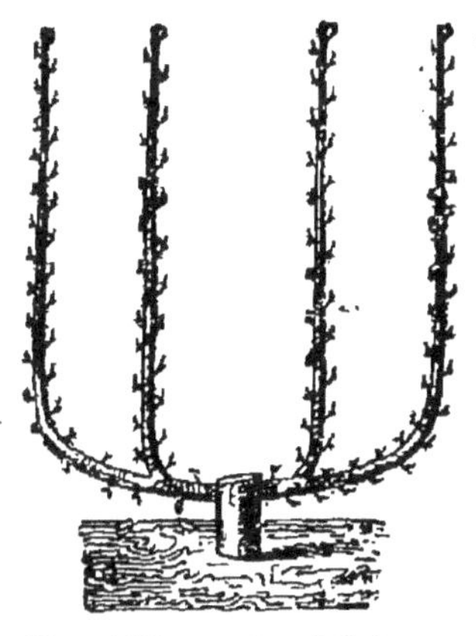

Fig. 217. — Candélabre à quatre branches.

Fig. 218. — Taille de plantation.

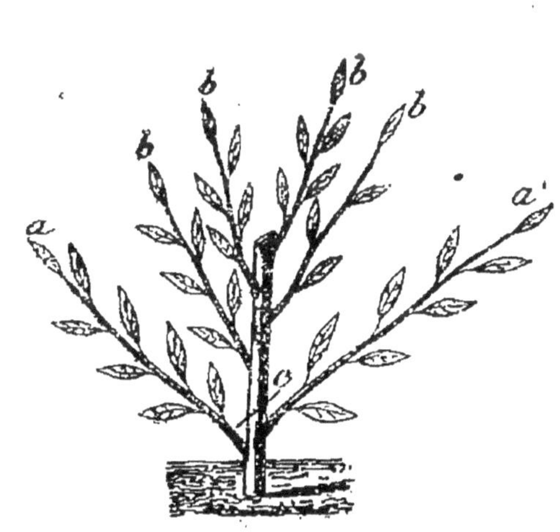

Fig. 219. — Taille d'été.

obliques et verticaux. On plante, comme toujours quand on veut aller vite, une greffe d'un an dont on supprime, à la plantation, la moitié de la longueur totale (*a*, fig. 218).

On laisse pousser pendant l'été, sur les variétés faibles, tous les bourgeons qui se produisent, afin de créer à l'arbre un bon appareil de racines, puis on recèpe l'année suivante à 25 ou 30 centimètres du sol, pour obtenir deux branches, une de chaque côté.

Avec les variétés vigoureuses et de vigueur moyenne on gagne une année; il se développe toujours, dès l'année de la plantation, deux bourgeons bien placés pour faire les deux branches (*a*, fig. 219). Dans ce cas, on favorise la végétation de ces deux branches en pinçant les bourgeons *b* (même figure); on équilibre les branches *a* à l'aide des inclinaisons; on recèpe au dessus, en *c*, l'année suivante, et l'on taille les branches *a* un peu court.

On taille un peu court les deux branches pour les faire pousser vigoureusement l'année suivante; on les palisse le plus verticalement possible pour accélérer encore l'ascension de la sève, et on les met en place vers le mois de juin. Quand les deux branches *a* (fig. 220) auront bien poussé à cette époque, on les laissera se développer deux bourgeons aux points *b* (même figure),

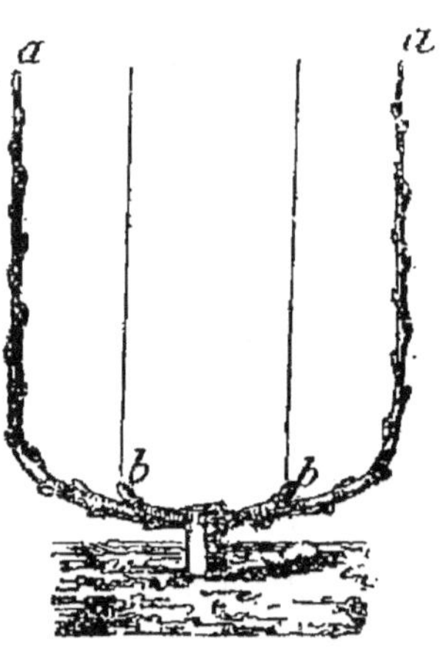

Fig. 220.
Formation de la charpente.

pour former les deux branches intérieures. Dans

le cas où la végétation des deux branches *a* ne serait pas assez avancée, on les laisserait s'allonger pendant toute l'année, et l'on établirait les branches *b* l'année suivante.

Il faut d'abord obtenir les branches *a*, et bien assurer leur végétation pour être certain d'un équilibre parfait. Si par hasard on ne trouvait pas deux yeux bien placés pour faire les branches *b*, on poserait deux écussons.

Cette forme, comme toutes les autres, doit être dessinée sur le mur, avant la plantation de l'arbre, avec des lattes de sciage ou des baguettes bien droites. On plante les arbres, pour l'espalier comme pour le contre-espalier, à la distance de 1ᵐ,40, afin de laisser 35 centimètres d'écartement entre les branches.

Les cordons en U double (fig. 221). C'est le candélabre à quatre branches perfectionné, avec un peu plus de régularité et de sûreté d'équilibre.

La seconde année, lorsque l'arbre, bien enraciné, a été recépé en *a* (fig. 222), on laisse développer les deux bourgeons *b*, que l'on palisse sur les lignes *c*, afin de leur faire acquérir le plus de vigueur possible.

Vers le milieu de l'été, on abaisse les deux branches obtenues sur les lignes *d* (même figure), pour les tailler en *e*, le printemps suivant. On laisse développer deux bourgeons d'égale vigueur sur les tailles en *e*. pour former du même coup les branches *f* et *g* que l'on palisse sur les lattes au fur et à mesure de leur élongation.

Lorsque les arbres poussent avec énergie, on peut gagner une année sur la formation ; mais, pour cela,

Fig. 221. — Cordon en U double.

il faut qu'ils poussent énergiquement. Dans ce cas, on pince les deux bourgeons b au point e, et on les met en place, pour obtenir les quatre branches simultanément la même année.

Cette dernière forme, très-productive, d'une fertilité soutenue et de très longue durée, convient

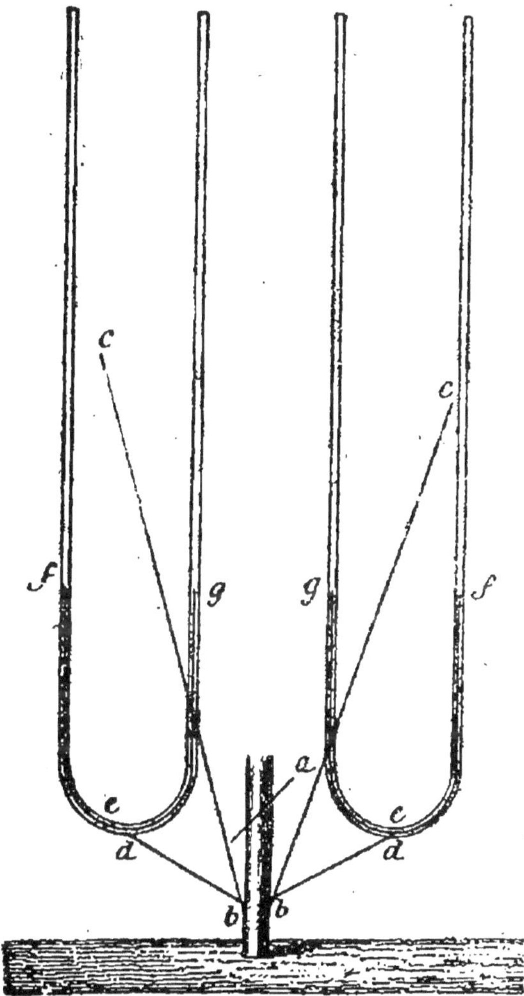

Fig. 222. — Formation de l'U double.

comme la précédente, à toutes les variétés de poiriers,
à l'abricotier et au cerisier.

Les arbres sont également plantés à la distance de
1^m,40, et les branches distantes de 35 centimètres.

PALMETTES A BRANCHES COURBÉES (fig. 223). Pour cette forme, comme pour toutes celles qui suivent, il est urgent de dessiner la forme de l'arbre sur le mur ou sur le palissage avec des lattes de sciage, et ce avant de planter l'arbre, ou au plus tard en le recépant. On plante toujours des greffes d'un an avec le plus de racines possible. On supprime, en plantant, environ la moitié de la tige, et pendant tout l'été on laisse pousser l'arbre comme il le veut.

Les arbres destinés à être recépés l'année suivante doivent être taillés plus court que ceux en cordons ou en palmettes alternes.

Le but de la taille que l'on applique aux arbres après la plantation est de les faire bien enraciner. Pour obtenir ce résultat, il faut tailler plus court, afin de leur faire produire des bourgeons vigoureux, et par conséquent un nouvel appareil de racines bien développé.

La suppression à faire aux arbres qui doivent être recépés l'année suivante variera entre la moitié et les deux tiers de la longueur totale de la tige, suivant la vigueur de l'arbre et la perte des racines.

La seconde année, lorsque l'arbre est bien enraciné, on coupe la tige à 25 ou 30 centimètres de hauteur du sol, pour commencer la charpente. On laisse pousser plusieurs bourgeons, puis on en choisit deux d'égale vigueur, un de chaque côté, et, lorsqu'ils ont atteint une longueur de 30 centimètres environ, on supprime tous les autres.

On laisse pousser ces deux premiers bourgeons

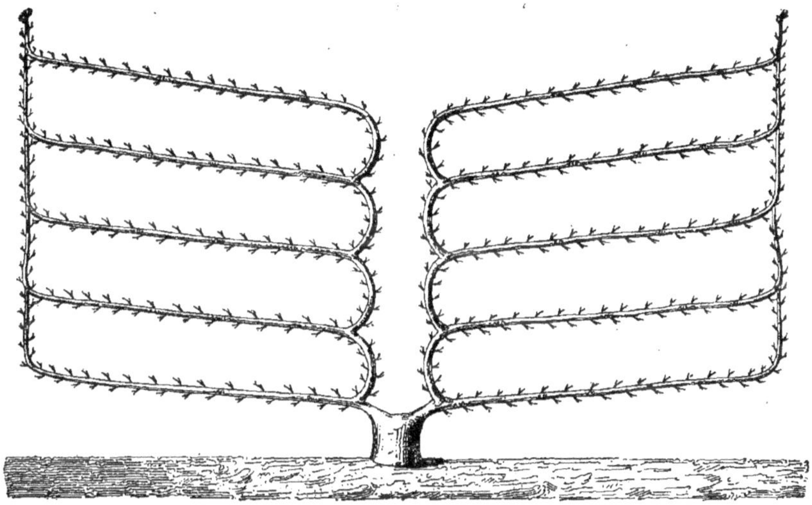

Fig. 223. — Palmette à branches courbées.

presque verticalement pendant tout l'été sur la ligne
a (fig. 224), et l'on maintient entre eux une vigueur
égale, chose facile à l'aide des inclinaisons. Si l'un est
plus fort que l'autre, on abaisse le fort et l'on redresse
le faible. Au printemps suivant, on place ces bour-
gons devenus rameaux sur les lignes *b*. Il se développe plusieurs bourgeons sur les courbures ; on en
choisit un bien vigoureux de chaque côté aux points *c*,
et on les palisse, comme les premiers, sur la ligne *d*,
en ayant soin de maintenir l'équilibre entre eux.

Les deux premières branches obtenues l'année précédente ont été mises en place sur un angle de 5 degrés
environ, presque horizontalement ; en conséquence
on n'a presque rien retranché de la tige pour obtenir
le développement de tous les yeux. Ces yeux se convertiront d'autant plus facilement en boutons à fruits
que les bourgeons *c* absorberont la surabondance de
la sève. Donc, par une seule et même opération, nous
augmenterons la charpente de l'arbre d'un étage, et
cette augmentation de charpente sera un puissant
auxiliaire pour la mise à fruits. En outre, il n'y a
jamais de sève perdue par ce mode de formation ; elle
est conservée en entier pour concourir à l'accroissement de la charpente, tout en assurant la mise à fruits
immédiate.

Le troisième printemps, on place les pousses *c* sur
la ligne *e* et l'on continue de la même manière la formation de la charpente jusqu'à parfait achèvement.

Toutes les fois que l'on met une branche en place,
lorsqu'on forme la charpente d'un arbre, il est urgent

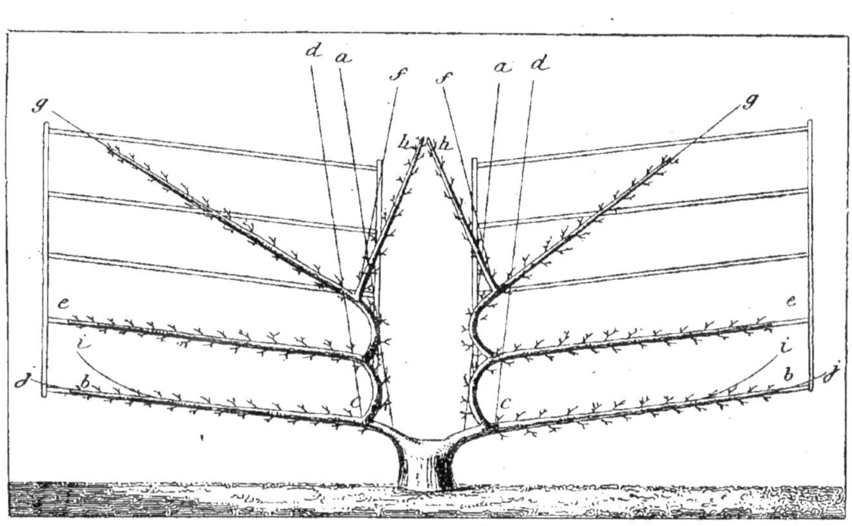

Fig. 224. — Formation de la palmette à branches courbées.

de relever un peu l'extrémité et de la laisser libre, afin d'obtenir un prolongement vigoureux. Ainsi les premières branches *b* de la figure 224 auront l'extrémité relevée sur les lignes *i* pour être abaissées ensuite sur la ligne *j*, lorsque le prolongement sera bien développé ou que la branche sera assez forte pour rester à demeure.

Lorsque les trois premiers étages sont formés, ce qui demande trois années, l'arbre est très vigoureux ; la base solidement établie et les deux premières branches sont à fruits. Alors on peut gagner du temps en obtenant deux, trois, et quelquefois quatre étages dans une année, suivant la vigueur des arbres.

On laisse d'abord pousser les bourgeons presque droits sur les lignes *f* ; ils acquièrent très promptement une grande vigueur. Vers le mois de juin, on les incline sur les lignes *g*. Cette courbure est suffisante pour faire développer les bourgeons *h* sur les coudes ; on favorise l'accroissement de ces nouveaux bourgeons à l'aide de la ligne verticale ; on veille à maintenir l'équilibre entre les quatre ; et au printemps suivant on met le tout en place.

Lorsque chaque branche a atteint la limite qui lui est assignée, on relève le prolongement, et on le greffe par approche sur la branche qui est au dessus, au point *a* (fig. 225), et ainsi de suite jusqu'au haut de l'arbre, où le seul tire-sève *b* est suffisant pour entretenir l'ascension de la sève dans la moitié de l'arbre. Il résulte de ce mode de formation des arbres une économie de temps très grande, une augmentation des produits notable, et une amélioration dans les produits. On forme ainsi un grand arbre, sans presque lui avoir coupé de bois ; les pincements ou les cassements en vert sont moins fréquents ; un seul suffit souvent, tant l'arbre végète avec régularité. Grâce aussi à cette égalité de végétation, les fruits sont d'égale grosseur et deviennent très volumineux. Lorsque la charpente est entièrement formée, les branches, sans nœuds, comme sans cicatrices, ne présentent au-

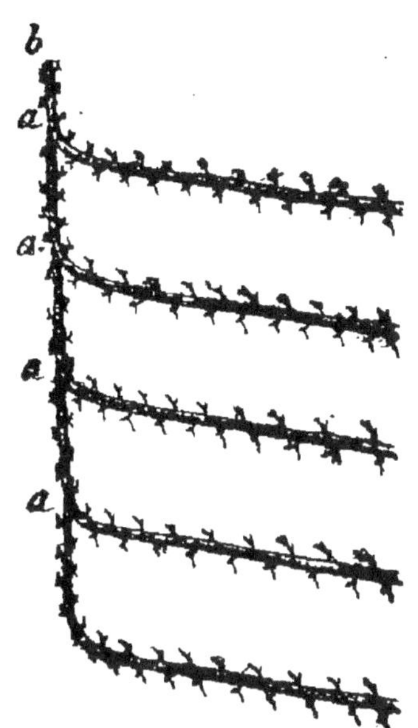

Fig. 225. — Greffe des prolongements de la charpente.

cun obstacle à la circulation de la sève, qui abonde dans les fruits.

La greffe par approche des prolongements de la charpente a une grande influence sur le volume des fruits.

Toutes mes opérations de taille et de formation des arbres sont basées sur ce principe :

NE JAMAIS DÉPENSER DE SÈVE INUTILEMENT AFIN D'EN GARDER UNE PLUS GRANDE QUANTITÉ POUR LES FRUITS. Un arbre produit une quantité de sève donnée ; c'est à celui qui dirige les arbres à savoir l'employer utilement. Si un tiers ou la moitié de cette somme de sève est dépensée à produire du bois inutile, et que l'on coupe chaque année, c'est toujours au détriment des fruits.

On plante les palmettes à branches courbées à la distance de 5 à 6 mètres suivant la hauteur des murs ; 5 mètres pour les murs de 2 à 3 mètres et 6 mètres pour ceux de 1^m,50 centimètres à 2 mètres. L'écartement des branches est de 30 à 35 centimètres.

Palmettes a branches croisées (fig. 226). Cette forme est excellente pour les variétés très vigoureuses, difficiles à mettre à fruit, et pour les poiriers sur franc. Le croisement des branches est un obstacle suffisant à l'ascension de la sève pour déterminer la fructification. On forme le premier étage de la même manière que celui de la palmette à branches courbées.

On choisit deux bourgeons d'égale vigueur aux points *a* (fig. 227) ; on les palisse sur les lignes *b*, pour les mettre en place le printemps suivant en *c* ; on obtient successivement tous les étages de branches, comme dans la forme précédente, mais avec cette différence que la branche née à droite forme celle de gauche, et celle née à gauche la branche de droite.

La distance à observer entre les arbres et celle entre les branches sont les mêmes que pour la palmette à branches courbées.

Palmette Gressent (fig. 228). Cette forme convient surtout aux murs peu élevés ; elle demande au moins 6 mètres de développement. On partage l'étendue que l'arbre doit occuper en trois parties égales, *a*, *b* et *c* (fig. 229), puis, comme pour toutes les autres formes, on commence par dessiner l'arbre sur le mur avec des petites baguettes bien droites, ou, ce qui est préférable, avec les lattes de sciage, en bois blanc, ayant

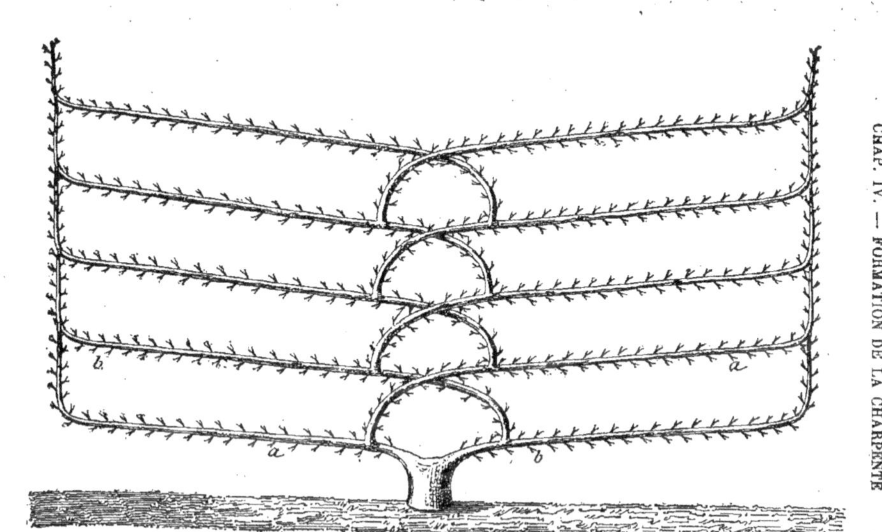

Fig. 226. — Palmette à branches croisées.

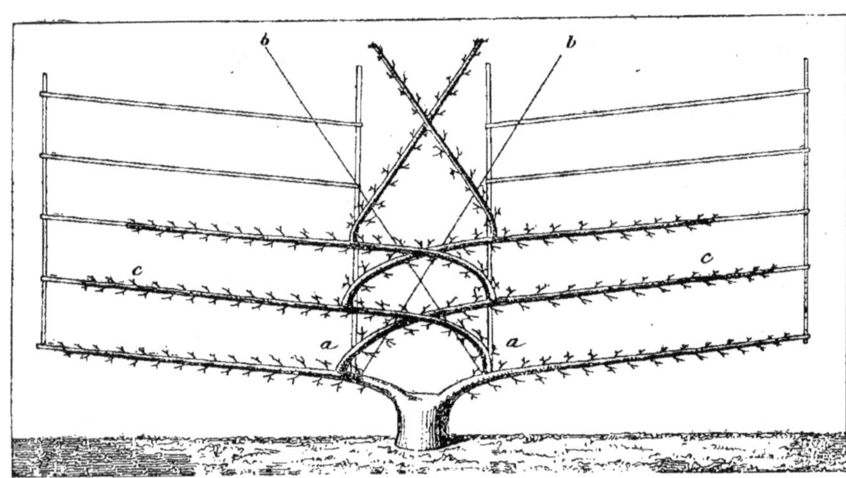

Fig. 227. — Formation de la palmette à branches croisées.

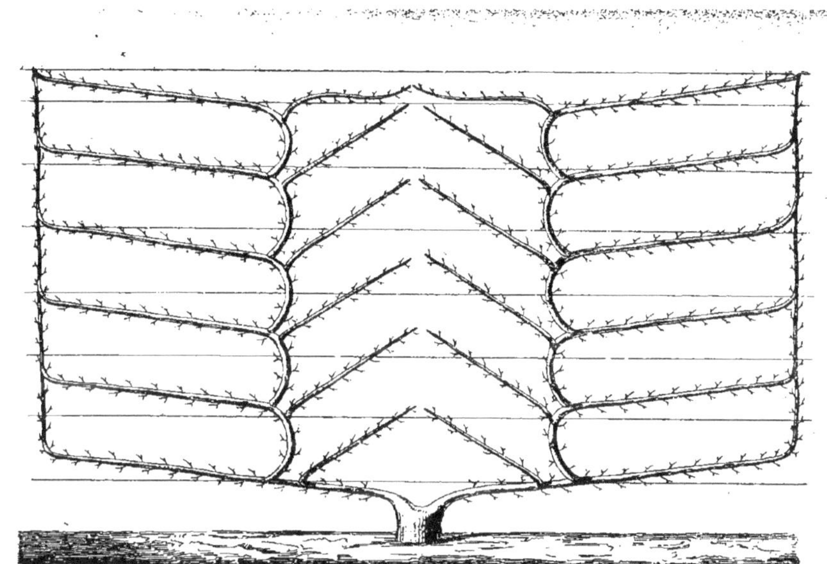

Fig. 228. — Palmette Gressent.

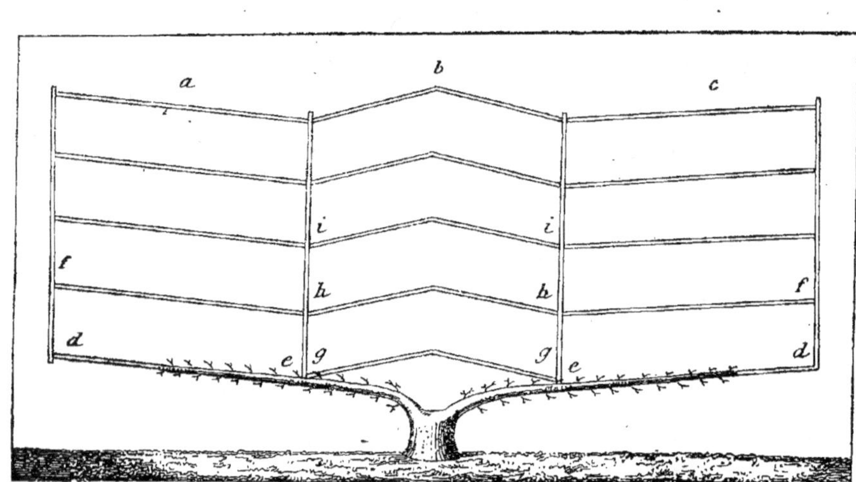

Fig. 229. — Formation de la palmette Gressent.

seulement 10 à 12 millimètres. Ces lattes sont d'un prix modique et durent assez longtemps pour élever l'arbre. Il faut toujours les commander en sapin, jamais en chêne. Le chêne se tord à la pluie et au soleil; le sapin reste droit.

On plante une greffe d'un an, qui est recépée la seconde année. On choisit deux bons bourgeons, un de chaque côté, pour établir la charpente. On élève ces bourgeons avec les soins que j'ai indiqués pour les formes précédentes ; puis, au printemps suivant, on les couche sur les lignes *d* (fig. 229). L'année d'après, on favorise le développement de deux bourgeons aux points *e* pour les coucher l'année suivante sur les lignes *f* et ainsi de suite jusqu'en haut. Les quatre premiers étages des côtés formés, on taille six rameaux de chaque côté sur un bon œil à bois, aux trois points *g*, *h*, *i*, pour former à la fois les six branches de l'intérieur, et, l'année suivante, on termine le dedans en formant encore cinq ou six autres branches, en même temps que le dernier étage des côtés *a* et *c*. Comme pour toutes les formes, on relève les prolongements de chaque extrémité, et on les greffe par approche afin d'avoir le moins de tire-sève possible.

Cette forme est très productive, et elle a en outre l'avantage d'être très vite faite; elle convient au poirier, au pêcher et au cerisier.

L'espace à réserver entre les branches est toujours de 30 à 35 centimètres.

Palmette Verrier (fig. 230). Bien que je n'aie pas

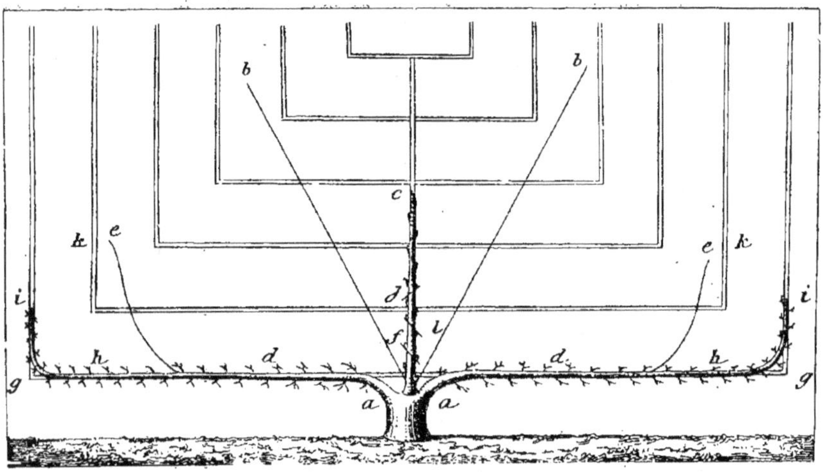

Fig. 230. — Formation de la palmette Verrier.

classé la palmette Verrier dans les formes à donner aux arbres, elle peut rendre des services, et à ce titre je vais donner la manière de la faire.

Cette forme convient spécialement au poirier, elle est excellente, fort belle, reste bien équilibrée, mais elle est beaucoup plus longue à obtenir que toutes les précédentes. Le tronc vertical nous met dans l'obligation d'avoir recours aux amputations, et cela fait perdre un temps énorme. La palmette Verrier est une forme de première grandeur ; elle ne peut être exécutée qu'avec le poirier sur franc, jamais avec le pêcher, auquel elle est contraire, et doit avoir un développement de 3 mètres environ de chaque côté. Elle convient principalement dans les grands clos, où l'on a d'immenses étendues de murs à couvrir et où l'on peut attendre longtemps la récolte. La palmette Verrier offre dans ce cas une précieuse ressource ; mais, dans un jardin fruitier ordinaire, elle occupe trop de place, la laisse trop longtemps vide, et est impossible sur des murs ayant plus de 3 mètres d'élévation.

On plante un arbre d'un an ; lorsqu'il est bien enraciné, on le recèpe au printemps de la seconde année, et on choisit trois bourgeons, un de chaque côté pour le premier étage de branches, et le troisième pour former le tronc ; on palisse les deux bourgeons *a* (fig. 230) sur la ligne *b*, pour leur faire acquérir le plus de vigueur possible. Le bourgeon *c*, qui doit former le tronc, est soumis à plusieurs pincements pendant le cours de l'été, pour l'empêcher de trop s'emporter.

La troisième année, on supprime environ le tiers des deux premières branches, et on les palisse sur les lignes *d*, en relevant les extrémités en *e*, pour favoriser leur élongation. On taille le tronc en *f*, un peu au-dessus de la place du second étage de branches, qui ne peut être commencé que lorsque le premier aura dépassé les points *g*.

La quatrième année, on supprime environ le tiers de la longueur des prolongements des branches et on les palisse sur les lignes *h*. Si les deux branches atteignent le point *i*, on taille le tronc en *j*, pour commencer le second étage de branches, que l'on élève comme le premier, et on ne commence le troisième étage que lorsque le second a atteint le point *k*, cela demande encore deux années. Les autres étages exigent moins de temps ; l'arbre pousse avec une grande vigueur, et leur étendue est moins grande. Dans le cas où le premier étage de branches n'atteindrait pas les points *i* la quatrième année, il faudrait tailler le tronc en *l*, et attendre un an pour commencer le second, sous peine de voir le premier anéanti.

Les deux premiers étages obtenus, on continue les suivants par les mêmes procédés, jusqu'à l'achèvement de l'arbre (fig. 230).

Comme pour toutes les formes qui précèdent, l'écartement des branches de la charpente doit être de 30 à 35 centimètres, ponr permettre à la lumière de les éclairer complètement. Sans lumière, je ne saurais trop le répéter, il n'y a pas de fructification à espérer. On plante les palmettes Verrier à six mètres de distance.

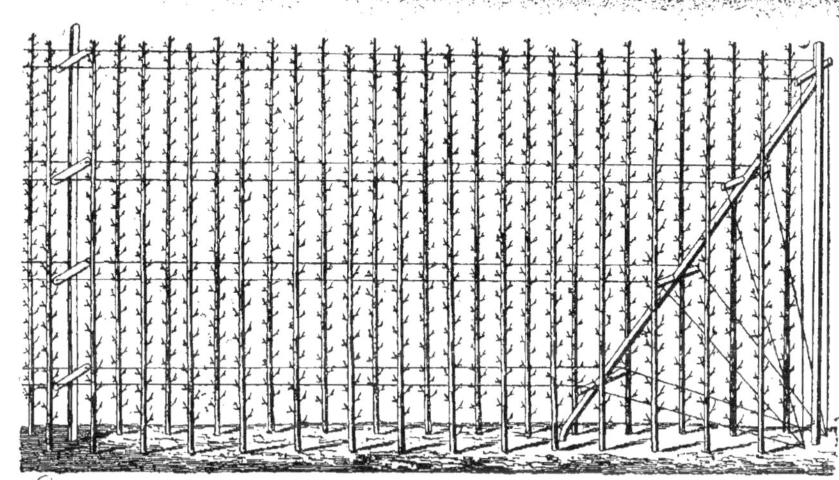

Fig. 231. — Contre-espalier vertical.

LE CONTRE-ESPALIER VERTICAL (fig. 231) donne des fruits très promptement, la seconde année de la plantation. A ce titre, malgré son peu de durée, les difficultés qu'il présente et la dépense qu'il occasionne, nous l'admettons temporairement dans le jardin du propriétaire, lorsqu'il n'aura pas un fruit à récolter dans sa propriété, pour le convertir la sixième année en contre-espalier de Versailles.

Dans ce but, on commandera la charpente en fer du contre-espalier vertical, telle que je l'ai désignée page 292, avec des barres d'écartement de 60 centimètres au lieu de 40. Cet écartement ne nuira pas à la plantation verticale, au contraire, et nous n'aurons rien à modifier quand il faudra convertir le contre-espalier. On donnera une largeur de 3 mètres à la plate-bande du contre-espalier, et on plantera un cordon à un rang sur chaque bord.

Les contre-espaliers verticaux ont 3 mètres d'élévation. Ils se composent de deux lignes d'arbres parallèles distants de 60 centimètres, et les arbres sont plantés en quinconce sur ces lignes à 40 centimètres d'écartement.

La taille est la même que pour les cordons obliques, avec cette seule différence que l'on coupe les prolongements un peu plus courts, afin de faire développer tous les yeux de la base. La végétation des arbres verticaux est active, surtout plantés à 40 centimètres, avec écartement des lignes à 60 centimètres, comme je l'indique. En quatre ou cinq ans, les arbres atteignent le haut du contre-espalier et sont parfaitement à fruits.

Il y a deux écueils sérieux à éviter dans les contre-espaliers verticaux : la dénudation du bas de l'arbre et les vides occasionnés par la mort des arbres.

On remédie à la dénudation du bas de l'arbre par l'apposition de greffes de boutons à fruits sur tous les vides. Mais, lorsque la plantation n'a pas été bien faite, les arbres bien classés par ordre de vigueur, il est très difficile d'éviter *les trous* dans le contre-espalier.

Avant de planter on classe les arbres par vigueur pour placer les plus vigoureux aux extrémités, et les plus faibles au milieu, progressivement, des extrémités au centre.

On trouve assez facilement à la base des arbres vigoureux un bourgeon susceptible de remplacer le voisin défunt. Mais, sur les arbres faibles, on n'a pas cette ressource ; il faut replanter de jeunes arbres entre les vieux, on ne réussit jamais et le vide reste. Dans ce cas, c'est le commencement de la fin du contre-espalier, de nouveaux vides se produiront chaque année ; il n'y a pas à hésiter, il faut convertir le contre-espalier vertical en contre-espalier de Versailles ; si on attend, on s'expose à tout perdre et à être obligé de tout arracher pour replanter à nouveau.

(Voir pour cette opération à la restauration du *poirier*.)

LE CONTRE-ESPALIER DE VERSAILLES (fig. 232) est composé de deux lignes d'arbres parallèles, distantes de 60 centimètres. Les arbres sont plantés à 1^{m},40, afin d'avoir 35 centimètres d'écartement entre les branches. La hauteur est limitée à 3 mètres.

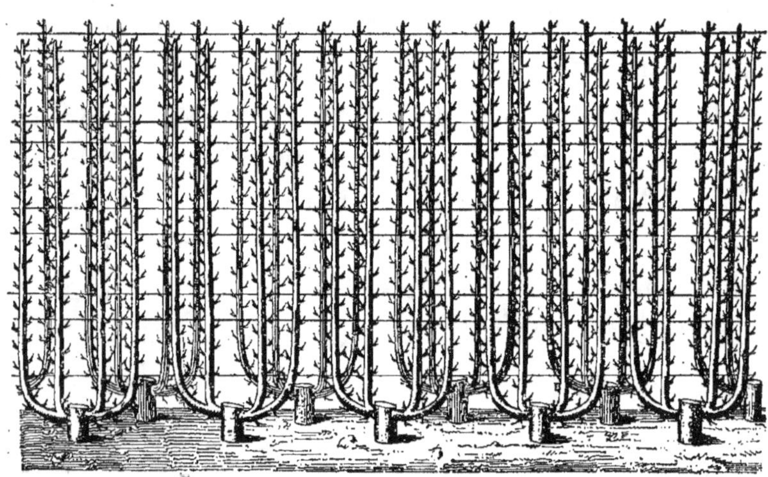

Fig. 232. — Contre-espalier de Versailles.

Le contre-espalier de Versailles peut être planté indistinctement avec des candélabres à quatre branches ou des U doubles. Ces deux formes, convenant également à toutes les variétés de *poiriers*, sont d'une fertilité égale et de même dimension.

La formation des candélabres à quatre branches, ou des U doubles, pour le contre-espalier, est la même que pour l'espalier.

Cependant je préfère les U doubles, comme plus faciles à équilibrer que les candélabres à quatre branches. Chez les premiers les quatre branches sont toujours de vigueur égale, tandis que chez les seconds celles de l'intérieur ont souvent tendance à devenir plus fortes.

Le classement des arbres par ordre de vigueur est utile pour la régularité des premières années, dans le contre-espalier, rien de plus ; mais il n'y a pas l'urgence exigée par les contre-espaliers verticaux, où ce classement est une question de vie ou de mort.

LE CONE A CINQ AILES (fig. 233), je l'ai déjà dit, est une forme transitoire, excellente pour utiliser les quenouilles ou pyramides que le propriétaire ne peut se résigner à abattre. C'est une fiche de consolation pour ceux qui ont suivi la vieille école, rien de plus. Cette forme tient une place énorme ; elle exige sans cesse l'emploi d'une échelle de 6 mètres et, bien que très fertile, elle coûterait, en temps dépensé en main-d'œuvre, plus qu'elle ne pourrait rapporter si on la cultivait en grand.

Si nous avions dit, il y a quarante ans, aux pro-

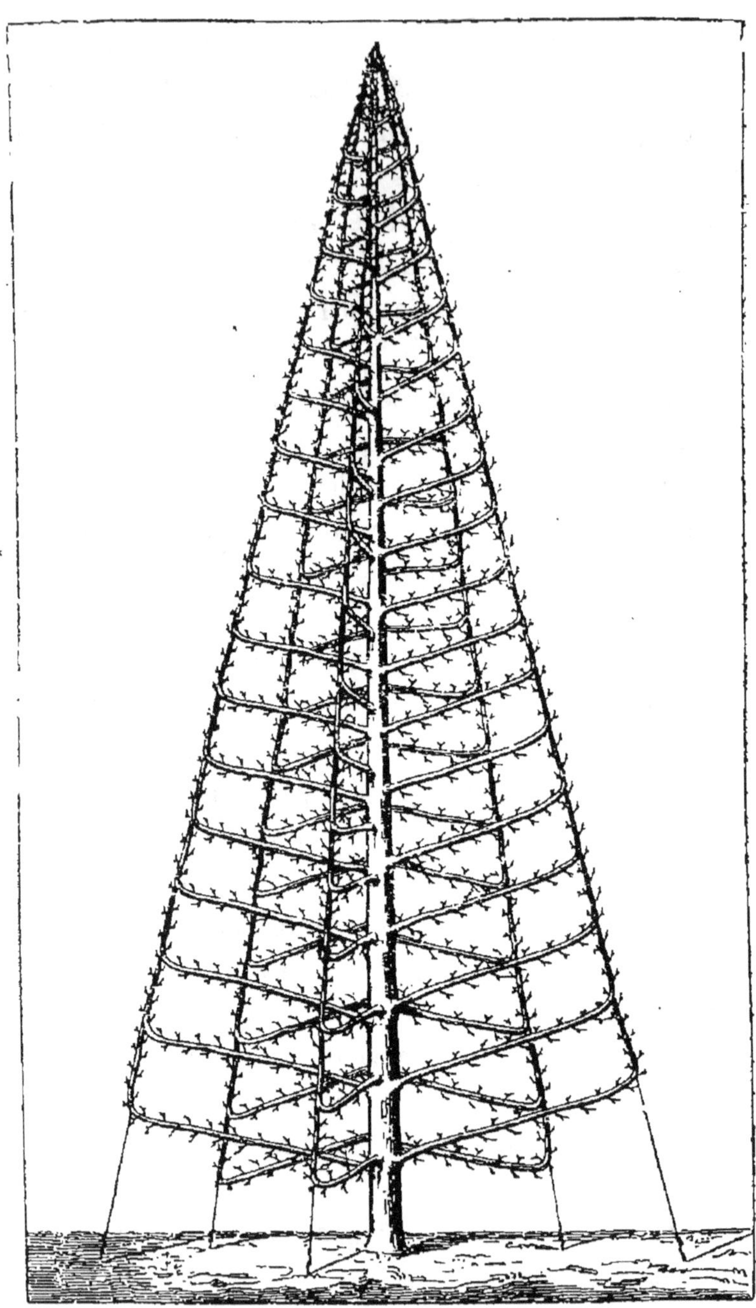

Fig. 233. — Cône à cinq ailes.

priétaires : « Abattez vos quenouilles, » ils nous eussent considéré comme des révolutionnaires de la pire espèce, ils auraient conservé leurs chères quenouilles, et l'arboriculture en serait restée où elle était ; ils ont consenti à en faire des cônes ; elle a progressé, grâce à cette transformation. Aujourd'hui les quenouilles et les cônes alimentent le foyer, et les jardins modernes se plantent partout. La lumière s'est faite ; mais elle ne pouvait se faire qu'à l'aide d'une transition : c'est le plus grand service que le cône ait rendu, car tous ceux qui en ont fait, las de grimper sans cesse à l'échelle pour la moindre opération, y ont renoncé, malgré leur fertilité. Cela dit, ne fût-ce que par reconnaissance pour les services rendus par cette forme, je donne la manière de former les cônes pour ceux qui auront des espaces énormes à garnir et voudront faire quand même un arbre de fantaisie.

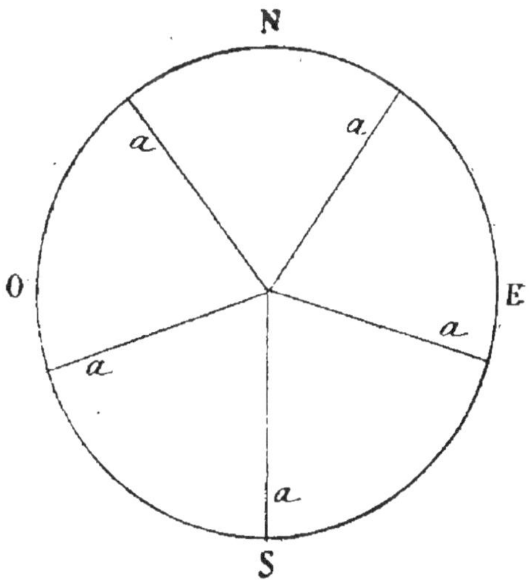

Fig. 234. — Cône, plan.

On ne doit choisir pour cette forme que des espèces très vigoureuses, greffées sur franc, telles que les *beurré d'Amanlis, Angleterre, Catillac, curé, beurré Diel, etc.* On place au pied de l'arbre une barre de fer à T emmanchée dans un *piquet*, de 6ᵐ,50 d'élévation et on l'enfonce en terre de 50 centimètres pour lui donner de la solidité. On trace ensuite un cercle de 2 mètres de diamètre; on divise ce cercle en cinq parties égales, en ayant soin de placer une des divisions au midi, et l'on enfouit une pierre pourvue d'un collier à chacune des cinq divisions (*a*, fig. 234). On attache cinq fils de fer, d'un bout au sommet de la barre de fer, percée à cet effet, et de l'autre à chacun des colliers enterrés dans le sol, puis on les tend à l'aide de raidisseurs. Chaque fil de fer servira de support à une aile de l'arbre (fig. 235). Il est urgent de placer une aile au midi, pour donner aux autres les expositions du sud-est, sud-ouest, nord-est et nord-ouest. Chacune des ailes, ayant au bord un écartement de 1 mètre 20, est parfaitement éclairée. On plante, comme toujours,

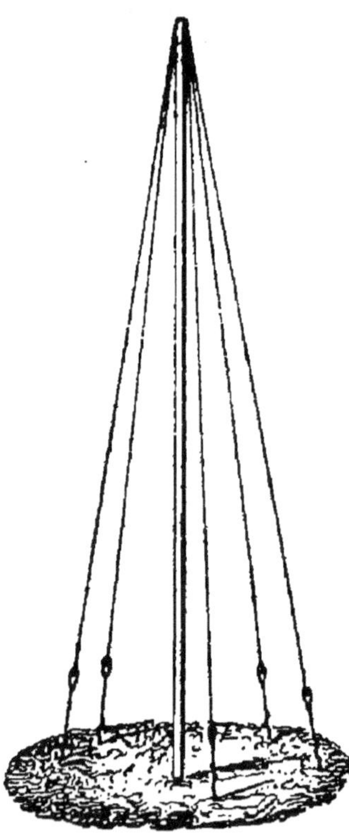

Fig. 235. — Cône, élévation.

une greffe d'un an, qu'on laisse bien enraciner la première année ; puis au printemps suivant, on la recèpe à 40 centimètres du sol. On laisse pousser une dizaine de bourgeons et, lorsqu'ils ont atteint environ 30 centimètres de longueur, on choisit les six plus vigoureux : cinq pour former les cinq

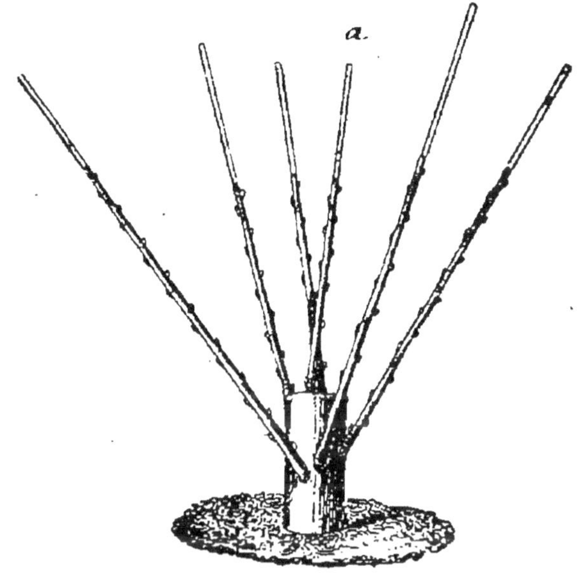

Fig. 236. — Cône, deuxième année.

ailes, et un pour le prolongement ; puis on supprime les autres. Pendant tout l'été, on palisse ces bourgeons sur une latte placée dans un angle de 60 degrés afin de leur faciliter toute la végétation possible (fig. 236), et l'on soumet le bourgeon a, qui doit servir de prolongement, à des pincements successifs pour favoriser le développement des cinq autres. Si, à la fin de l'année, les cinq bourgeons sont vigoureux et ont au moins 1 mètre de longueur, on les met en place sur la ligne *a* (fig. 237), en ayant soin de laisser le prolongement libre, pour lui faire acquérir plus de vigueur. (Je ne dessine qu'une aile dans cette figure, pour la rendre plus intelligible.) Les cinq branches étant placées sur un angle de 5 degrés, il n'y a pas de suppression à faire pour obtenir le développement des yeux de la base ; il suffit de choisir le premier œil bien constitué, placé de côté, et de tailler alternativement une année sur un œil de droite, l'année suivante sur un œil de gauche, et ainsi de suite, afin d'obtenir une branche très droite. Lorsque les cinq branches formant le premier étage sont mises en place, on taille le prolongement à 30 centimètres environ du premier étage, pour obtenir un second étage de branches à 40 centimètres environ du premier et un nouveau prolongement.

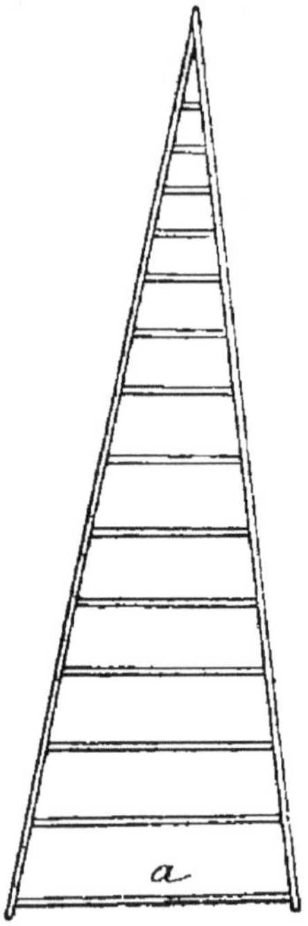

Fig. 237.— Aile de cône.

On élève le second étage comme le premier ; on le met en place au printemps suivant, et ainsi de suite jusqu'à ce qu'on en ait obtenu dix-huit ou vingt. On dépense trois années à former les trois premiers étages de branches, et à partir de la quatrième année on forme de trois à cinq étages par an, suivant la vigueur de l'arbre. On taille le prolongement dans l'été ; chaque taille fait développer des bourgeons latéraux, et l'on obtient autant d'étages qu'on le veut.

Au fur et à mesure de la mise en place des branches, on traite, pour cette forme comme pour toutes, les bourgeons qu'elles produisent par les moyens que j'ai indiqués pour les convertir en rameaux à fruits. Lorsque les prolongements de chaque étage de branches dépassent de 40 centimètres environ la limite qui leur est assignée, on les relève, et on les greffe par approche les uns sur les autres jusqu'en haut de l'arbre (fig. 233); puis, enfin, lorsque l'arbre est achevé, on greffe les cinq derniers bourgeons ensemble, afin de ne conserver qu'un seul tire-sève pour les cinq ailes (fig. 238). Lorsque l'arbre est entièrement formé, on enlève les lattes ; on conserve seulement la perche et les fils de fer. Cette forme est d'une solidité à toute épreuve.

Vase (fig. 239). C'est une forme très jolie, très fertile, bonne pour les poiriers vigoureux, excellente surtout pour les fruits à noyau et pour les pommiers vigoureux. Sa place est dans tous les jardins, et elle des plus précieuses dans ceux exposés aux vents, auxquels

Fig. 238. — Greffe du sommet du cône.

son peu d'élévation ne donne pas de prise. Les vases doivent réunir les conditions suivantes pour donner des résultats certains :

Avoir un diamètre égal à la hauteur, pour permettre aux rayons solaires, venant dans un angle de

45 degrés, de pénétrer jusqu'à la base et avoir un *diamètre égal à la base et au sommet.*

La hauteur du vase est de 2 mètres, et son diamètre est également de 2 mètres à la base comme au sommet.

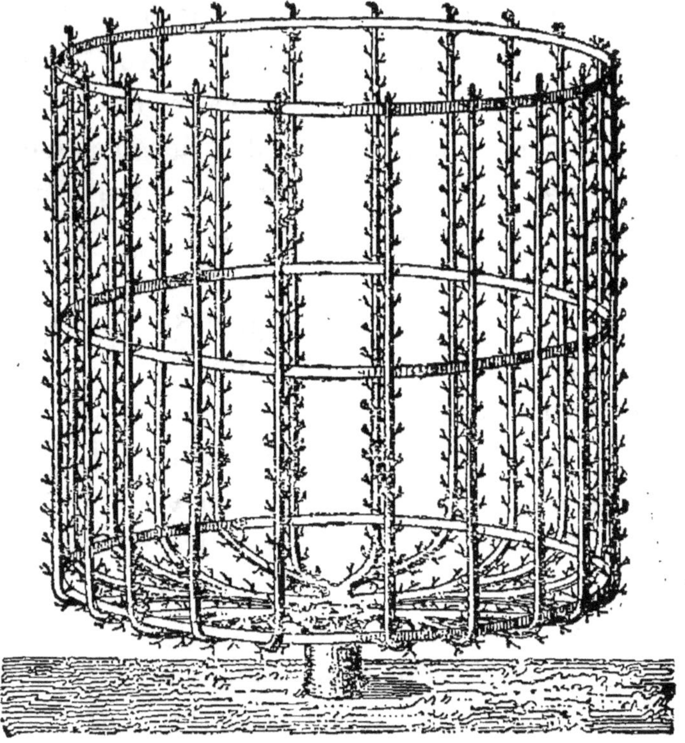

Fig. 239. — Vase.

Deux mètres de diamètre donnent six mètres de tour qui, divisés par 30 centimètres, écartement voulu pour les branches, donnent vingt branches. C'est donc vingt branches qu'il faudra faire naître sur notre arbre.

Le meilleur palissage à employer pour les vases est

le fer : trois montants en fer à T avec croix en fer pour que ce soit solide, et *non des piquets b*, et trois

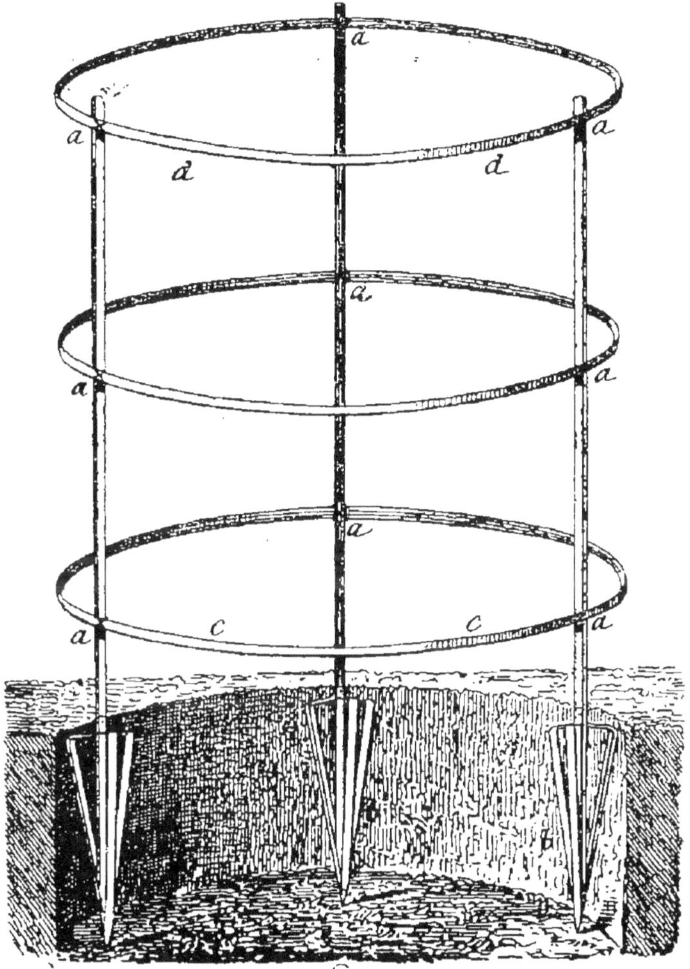

Fig. 240. — Charpente des vases.

cercles en fer plat fixés sur des montants avec des boulons, forment toute sa charpente (fig. 240).

Avant de poser le vase, vérifier le diamètre des cercles avec le plus grand soin, voici pourquoi :

La mesure de 2 mètres de diamètre est bien donnée aux ouvriers; ils coupent le fer à 6 mètres de longueur, et le coupent ensuite en deux pour faire le cercle en deux morceaux, à l'aide de quatre rivets, prenant chacun 10 centimètres de fer; le cercle achevé a 20 centimètres de tour en moins.

Quand tout a été bien posé deux ans avant, et que vous venez pour placer les lattes, vous trouvez pour la dernière 10 centimètres au lieu de 30. Alors, de deux choses l'une: il faut supprimer une branche à l'arbre, ce qui en rompt tout l'équilibre; ou défaire la charpente pour ragrandir les cercles, et la reposer ensuite. C'est le parti le plus sage, mais cela donne un embarras énorme.

Il est bien plus simple de vérifier les cercles à l'arrivée. S'il leur manque 20 centimètres, on fait sauter les rivets; puis on ajoute un morceau de fer, percé à l'avance, on rive et tout est réparé. La pose est faite pour un temps indéfini et tout est pour le mieux.

Dans le principe, M. *Derouet*, auquel j'ai fait cadeau de tous mes modèles de palissage, a voulu, contre mon avis, faire des piquets aux montants des vases. Les piquets ne sont pas assez solides; ils ne résistent pas aux tempêtes et se soulèvent sous la tension continue des branches quand on les abaisse. J'ai dû les remplacer par des croix en fer, dont la solidité est à toute épreuve, lorsqu'elles sont fixées avec quelques pierres, reliées avec du ciment ou du plâtre.

Le boulon a été remplacé aussi par l'agrafe; en fermant l'agrafe à coups de marteau, on dérange les cercles et on ébranle les montants; les uns sont gauches et les autres n'offrent aucune solidité.

Les cercles sont faits en fer plat et percés de trois trous; les montants sont également percés de trois trous aux endroits où les cercles doivent être posés: un à 40 centimètres du sol, un en haut du montant, et le dernier au milieu. Il n'y a qu'à faire entrer les boulons dans les trous et à serrer les écrous pour avoir une charpente d'aplomb et d'une solidité à toute épreuve.

On plante une greffe d'un an, taillée à la moitié ou aux deux tiers de sa longueur à la plantation, suivant sa vigueur, et recépée l'année suivante. Lorsque les

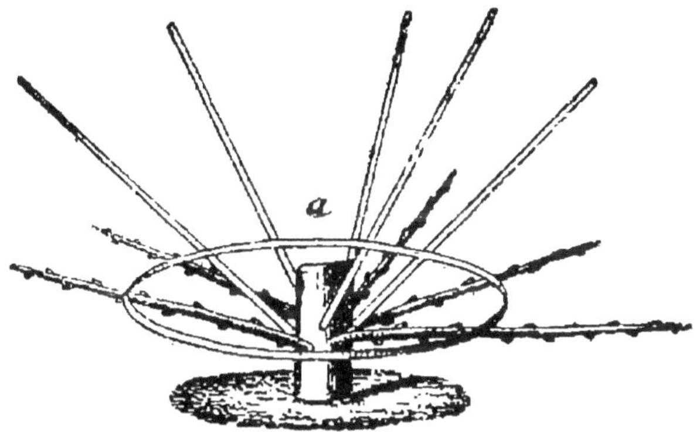

Fig. 241. — Formation du vase, deuxième année.

bourgeons sont bien développés, après le recépage, on en choisit cinq de vigueur égale et placés à égale distance sur le périmètre de l'arbre. On laisse pousser ces bourgeons, attachés sur des lattes, dont l'extrémité est relevée pour faciliter leur végétation; puis, vers le mois de juin, lorsqu'ils ont atteint une longueur de 60 à 80 centimètres environ et sont encore tendres, on les abaisse et on les palisse horizontalement, sur un petit cercle provisoire fixé sur trois piquets enfoncés en terre *a*, comme l'iudique la figure 241.

Au printemps suivant, on taille aux points *a* (fig. 242) à 40 centimètres environ du tronc, pour obtenir une

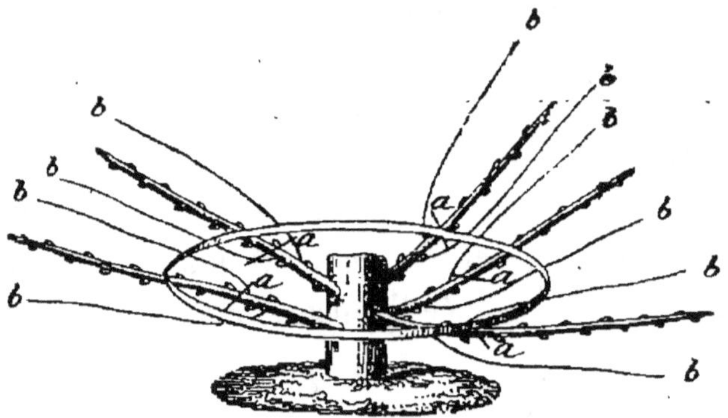

Fig. 242. — Formation du vase, troisième année.

bifurcation *b* à chaque branche, on choisit les deux bourgeons les plus vigoureux à l'extrémité de chaque branche et on supprime les autres.

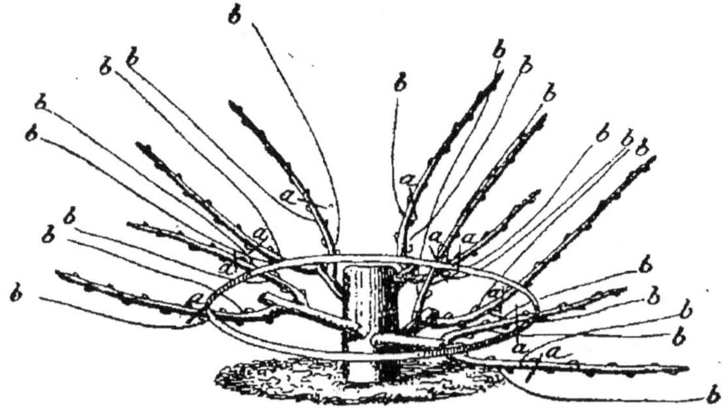

Fig. 243. — Vase, quatrième année.

La troisième année, on taille les nouvelles pousses aux points *a* (fig. 243), à une longueur de 30 centi-

mètres, pour obtenir encore une nouvelle bifurcation
b, qui donnera vingt branches, nombre nécessaire pour
garnir le périmètre du vase. On enlève le cercle provisoire pour abaisser les branches à la hauteur du
premier cercle de la charpente en fer *c* (fig. 240).
Dès que les bourgeons dépassent le cercle *c* (même
figure), on les attache dessus ; on les relève presque
verticalement pendant qu'ils sont à l'état semi-ligneux,
et on les conduit ainsi, en formant des rameaux à
fruits au fur et à mesure de leur élongation, jusqu'à
ce qu'ils aient atteint le troisième cercle *d*, qui termine la forme.

Le point capital, dans la formation des vases, est de
bien établir le dessous. Cela est facile en abaissant les
bourgeons qui doivent former les branches du dessous
à l'état herbacé, pendant qu'ils sont tendres et peuvent
se ployer. On leur donne toute la vigueur désirable en
relevant l'extrémité. Aussitôt la longueur nécessaire
obtenue, on les met en place sur le cercle *a* (fig. 240),
en relevant l'extrémité du bourgeon. Quand on attend
trop longtemps pour abaisser les branches, l'opération est très difficile, et l'on court grand risque de les
casser.

Pour les débutants il y a un moyen très simple de bien
former le dessous des vases, c'est de placer deux cercles
provisoires intermédiaires : le premier ayant de 50 à
60 centimètres de diamètre, le second de 1^m,20 à
1^m,50. On attache d'abord cinq lattes à égale distance,
sur ces cercles pour palisser dessus les cinq premiers
bourgeons. On les abaisse pendant qu'ils sont encore

tendres, en laissant l'extrémité libre, pour qu'ils acquièrent plus de vigueur.

Au fur et à mesure de leur élongation, on les attache avec du jonc sur la latte et sur une longueur totale de 50 centimètres environ ; c'est plus que la longueur de la taille ; on laisse le bout se redresser et pousser à volonté pour donner plus de force à la branche.

Le printemps suivant, on attache deux lattes à chacune des cinq premières, partant de la naissance de la première bifurcation et aboutissant au premier cercle de la charpente (fig. 240.) Au fur et à mesure que les bourgeons s'allongent, on les palisse avec des joncs, comme les cinq premiers, afin d'obtenir une longueur de 50 centimètres environ aussi droite que la latte elle-même ; ensuite on laisse pousser à volonté.

La troisième année, on place deux autres lattes pour établir la seconde et dernière bifurcation. Nous avons nos vingt branches. On pose vingt lattes à la distance de 30 centimètres sur tout le tour du vase pour palisser les pousses aussitôt qu'elles dépasseront le cercle C (figure 240).

Les bourgeons de la dernière bifurcation poussent ; on les palisse sur les dernières lattes, au fur et à mesure de leur élongation, et quand ils ont dépassé de 15 à 20 centimètres, le cercle C (fig. 240), on les relève verticalement pour les palisser sur les lattes garnissant le périmètre de la charpente.

Alors le vase est fait ; les vingt branches n'ont plus

qu'à atteindre la longueur de 2 mètres, ce qui a lieu l'année suivante, pour couvrir entièrement la charpente.

On enlève les deux cercles, et les lattes ayant servi à former le dessous avec la plus grande régularité. Le dessous ne se déformera pas ; il suffira d'un lien placé à la base de chaque branche, la fixant sur le cercle C (fig. 240), pour que l'arbre conserve sa forme.

Quand on palisse les bourgeons sur les lattes du fond, pour former le dessous, il faut avoir le soin de détruire, au fur et à mesure qu'ils se produisent, les bourgeons qui se développent sur le dessus. Il en naît toujours, et, si on les laissait pousser, ils absorberaient le bourgeon destiné à former la branche.

Après chaque taille faite pour obtenir une bifurcation, il faut détruire tous les yeux existant sur la branche, moins les cinq ou six placés à l'extrémité. On laissera ces yeux se développer en bourgeons et, quand ils auront atteint la longueur de 20 centimètres environ, on choisira les deux bourgeons les plus vigoureux, l'un à droite, l'autre à gauche, pour former la bifurcation, et on supprimera les autres, afin de concentrer toute l'action de la sève sur les bifurcations. Les bourgeons qui naîtront sur les branches pendant le cours de la végétation seront aussitôt complètement supprimés.

Les branches de dessous ne doivent porter que la bifurcation, et elles doivent être entièrement dénudées jusqu'au cercle C (fig. 240). Ce n'est qu'à partir de ce cercle que l'on fait naître des rameaux à fruits sur les vingt branches.

Quelques personnes, malgré mes conseils, ont voulu conserver des ramifications sur les branches du dessous pour récolter quatre ou cinq fruits; ces ramifications ont absorbé une partie de la sève destinée aux branches, et on a dépensé le double de temps pour faire un mauvais arbre.

Aussitôt que la bifurcation pousse, TOUT DÉTRUIRE AU DESSOUS, afin d'avoir toutes les branches de dessous dénudées et de concentrer l'action de la sève sur les branches à obtenir. En opérant ainsi on va très vite et l'on marche à coup sûr.

Une fois les vingt branches obtenues, on les couvre de rameaux à fruits, du cercle C (fig. 240) jusqu'en haut, et l'on détruit les bourgeons qui naissent encore pendant les premières années, sur les branches du dessous.

La troisième année, pour les poiriers, le dessous du vase est terminé, et les vingt branches sont en place; la quatrième, elles couvrent toute la charpente, et la cinquième l'arbre est à fruits de la base au sommet.

Mais, pour obtenir ce résultat, il faut supprimer tout ce qui pousse sur les branches du dessous, et surtout ne jamais se laisser aller à la tentation d'y conserver un bouton à fruit: ce serait perdre l'arbre, ou au moins retarder sa formation de plusieurs années.

La plupart du temps, et je dirai même presque toujours, on gagne une grande année quand on fait des vases avec des arbres à fruits à noyaux, poussant plus vite que les poiriers.

On laisse bien enraciner l'arbre l'année de la plantation, et on le recèpe au printemps suivant.

Vers la fin de mai, lorsque les bourgeons choisis sont bien vigoureux, on les taille en vert au point a (fig. 242) et l'on obtient la bifurcation b (même figure) pendant l'été.

L'année suivante, la troisième, on obtient les vingt

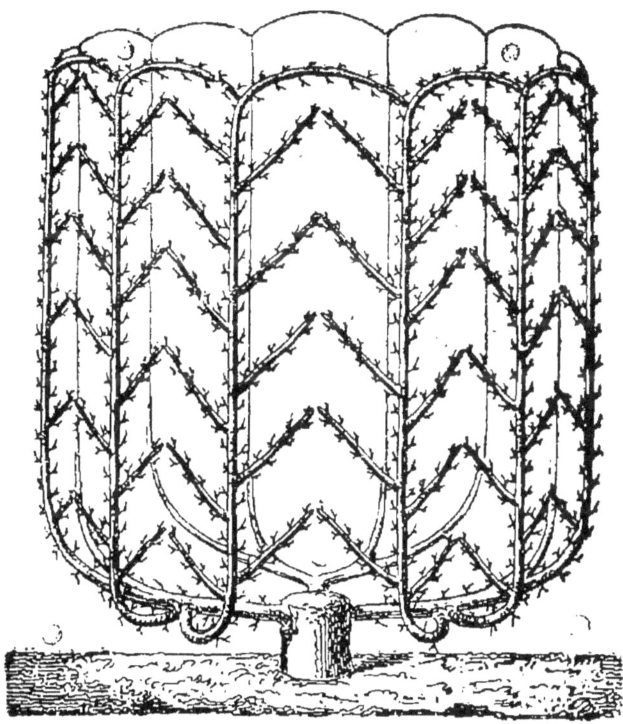

Fig. 244. — Vase ramifié.

branches nécessaires ; on les met en place, et elles atteignent presque le haut du vase.

A ce moment, le vase est entièrement formé et donne d'abondants produits.

Lorsqu'on a planté des variétés qui ne poussent pas très vigoureusement, on forme le vase avec douze branches au lieu de vingt ; on l'établit sur trois branches que l'on fait bifurquer deux fois, pour en obtenir douze ; elles sont plus espacées, et on remplit les vides avec des ramifications qui forment dessin, et sont très fertiles chez les variétés faibles (fig. 244).

Quand on veut aller très vite, et que l'on forme un vase avec des espèces très vigoureuses, on l'établit sur trois branches. On recèpe la première année, et la

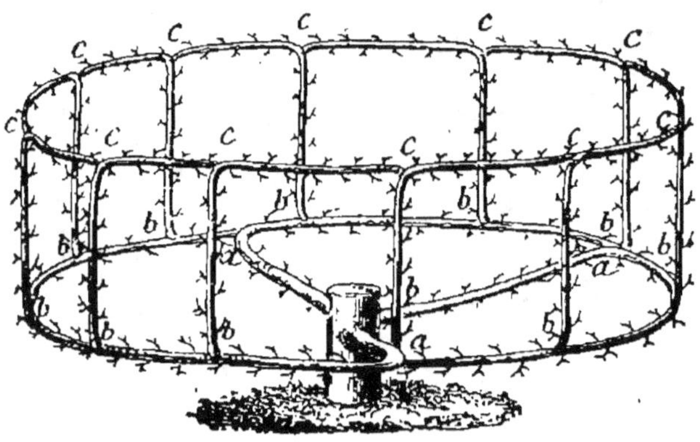

Fig. 245. — Formation du vase sur trois branches.

seconde on couche les trois branches obtenues horizontalement à 40 centimètres du sol, sur le premier cercle de la cage de fer ; on laisse pousser les prolongements jusqu'à ce qu'ils se rejoignent, et on les greffe par approche aux points *a* (fig. 245).

On laisse pousser sur le dessus de ces branches des bourgeons tous les 50 centimètres, aux points *b*. Vers la fin de l'année, ces bourgeons ont atteint une longueur d'un mètre environ; on les couche horizontalement à 50 centimètres de leur base, pour former un second cercle que l'on greffe également par approche

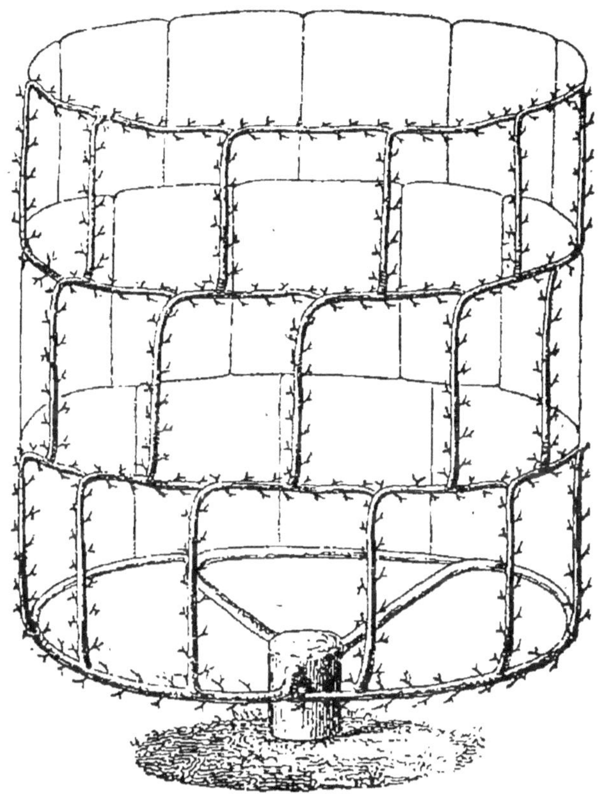

Fig. 246. — Vase sur trois branches.

en *c* (même figure), et ainsi de suite jusqu'à ce que l'arbre présente l'aspect de la figure 246.

Il est urgent, lorsqu'on taille les prolongements des branches, de faire chaque année la section des prolongements du côté opposé, afin d'obtenir une branche bien droite, comme le montre la figure 247. Si l'on taillait toujours du même côté, la branche serait toute de travers, tandis qu'avec les sections opposées elle se redresse naturellement. Pour les arbres à tige, pyramides, etc., on doit faire la première taille du côté opposé à la greffe.

LES CORDONS SANS FIN (fig. 248). Cette nouvelle forme, convenant également aux variétés de poiriers indiqués pour cordons unilatéraux et au pommier, est le complément des vases ; elle entoure les plates-bandes sans solution de continuité.

La plantation se fait à 2 mètres de distance ; les arbres sont couchés à 40 centimètres du sol, et les soins à leur donner sont les mêmes que pour les cordons unilatéraux.

L'arbre *a* (fig. 248) se couche sur le suivant, et ainsi de suite jusqu'à l'angle *b*, où l'on contourne l'arbre pour former l'angle. On continue de coucher les arbres dans le même sens, et l'on

Fig. 247. — Taille des prolongements.

courbe ceux des coins *c* et *d* jusqu'à l'angle *e*, que l'on forme en courbant le prolongement du dernier arbre, qui vient se greffer sur l'arbre *a* (même figure).

Je termine ici la série des formes à imposer au *poirier*. Je donnerai successivement celles qui conviennent le mieux aux autres espèces dans les chapitres consacrés à la culture de chacune d'elles.

On peut établir beaucoup d'autres formes ; j'en donne assez pour éviter la monotonie dans le jardin fruitier ; mais celles que j'indique donneront des résultats certains. L'expérience m'autorise à éviter la fantaisie ; je sais combien chacun est porté à la rechercher, et je sais aussi les déceptions qu'elle a occasionnées.

Les personnes qui ont suivi le cours de l'école ancienne seront étonnées de voir les quenouilles ou pyramides bannies de ce livre. Ces arbres, je le sais, ont eu une grande popularité ; mais presque partout ils donnent des résultats à peu près négatifs. Les pyramides coûtent plus cher de soins, de taille et d'entretien que toutes les autres formes ; elles ombragent le

Fig. 248. — Cordons sans fin.

sol et forment un fouillis impossible dans le jardin.

Tout le monde sait cela et en convient, et tout le monde plante des pyramides, uniquement parce qu'on en plante depuis longtemps, et beaucoup aussi parce qu'ils ne savent pas. Le propriétaire qui veut planter ne pense pas à se pénétrer d'un bon livre, qui lui éviterait bien des écoles, et souvent des dépenses élevées faites en pure perte; il consulte des ignorants, et s'adresse à nous lorsque le revers est venu. C'est regrettable, mais trop réel.

A ceux qui regrettent la quenouille je dirai : « Sa place n'est pas dans le jardin fruitier; elle tient la place d'arbres productifs, et ne donne pas le quart de leur récolte. »

La pyramide serait possible dans le centre et dans le midi de la France pour les cultures de spéculation, mais son volume lui interdit l'entrée du jardin fruitier. Elle ne peut faire partie de la culture extensive dans le verger Gressent; mais elle peut, sous le climat du centre et du midi, trouver sa place dans le verger d'arbres à haute tige, entre les grands arbres; et encore, demandant trop de savoir et de travail, son produit sera incertain; elle ne pourrait lutter avec les *arbres en touffes* soumis à la *taille simplifiée*, pouvant être exécutée par des femmes et des enfants.

CHAPITRE V

POIRIER

RESTAURATION

Rien n'est plus simple et plus facile que d'élever des *poiriers* et de soigner leurs rameaux à fruits comme je viens de l'indiquer. On obtiendra toujours, à l'aide de ces soins, des arbres vigoureux et d'abondantes récoltes de beaux et bons fruits ; cependant les arbres traités ainsi sont rares, et nous compterions à peine un jardin sur cent où les arbres sont soignés d'une manière rationnelle.

La restauration des vieux arbres a été très négligée par l'école ancienne : elle se contentait de les *rajeunir*, c'est-à-dire de couper toutes les branches presque rez le tronc, pour refaire une autre charpente. L'école moderne ne s'est pas mise en frais d'imagination : elle s'est contentée de suivre l'étroit sentier de l'école ancienne.

La restauration des vieux arbres est difficile ; elle demande plus de savoir, d'expérience, de temps et de travail que l'élevage des jeunes arbres ; mais elle rend de grands services, et souvent il y a bénéfice à l'entreprendre.

Posons d'abord en principe qu'il est beaucoup plus difficile de restaurer un arbre mal conduit et mal taillé que d'en former un jeune. La restauration est possible sur tous les poiriers, dès l'instant où ils sont pourvus de bonnes racines et d'un tronc sain, exempts de chancres et de carie ; mais, je ne saurais trop le répéter, ces restaurations demandent une profonde connaissance de l'organisation des arbres, et une certaine expérience de leur culture et de leur taille.

Afin de rendre mon enseignement plus clair pour mes lecteurs et de faciliter leurs opérations, nous diviserons la restauration des poiriers en plusieurs séries :

1° La restauration des plantations rapprochées : cordons obliques et verticaux, à l'espalier et en plein vent, ou plutôt leur conversion en une autre forme, afin d'obtenir, sans dépense, des débris de ces plantations, des arbres susceptibles de vivre et de fructifier encore pendant longtemps ;

2° Des arbres ayant une forme à peu près régulière, de bonnes racines, des branches saines, mais offrant des vides, couvertes de têtes de saules, donnant peu ou point de fruits, de mauvais fruits ou des fruits placés à une exposition qui ne leur convient pas ;

3° Des arbres d'espalier n'ayant aucune forme, pourvus de bonnes racines et de mauvaises branches, rendus improductifs par les mutilations ;

4° Des arbres de plein vent : quenouilles ou pyramides, pourvus d'une bonne racine et d'une mauvaise tige, ne produisant pas de fruits ou donnant des fruits qui ne viennent pas en plein vent.

Mon but est non seulement de conserver ces arbres et de les restaurer, mais encore de leur faire produire des fruits immédiatement. Nous opérerons contraire‑ment aux principes de restauration enseignés et con‑signés dans tous les ouvrages sur l'arboriculture. Mes restaurations se feront *sans interruption* de récolte, sur tous les vieux arbres soumis à une forme quelcon‑que ; pour la conversion des plantations rapprochées on attendra les fruits deux ans ; mais d'une mauvaise plantation nous en ferons une bonne sans dépense additionnelle, et cela quand elle nous aura donné des fruits pendant six années.

Il existe partout un si grand nombre de plantations rapprochées, improductives, et dont les propriétaires ne savent que faire, qu'il est urgent de venir à leur secours pour en tirer parti.

Les unes, mal plantées et mal taillées, ont donné des résultats complètement négatifs ; les autres, mieux faites et mieux soignées, ont donné des fruits pendant quelques années et dépérissent.

Il est facile de tirer parti des unes et des autres, et d'en faire une plantation productive et de longue durée, sans dépense aucune, en suivant à la lettre les indications suivantes, sur le poirier du moins, car pour les fruits à noyaux ce sera plus difficile. J'en parlerai plus loin, à la culture de chacun d'eux.

Commençons par les poiriers en cordons obliques à l'espalier ; ce sont les plus difficiles à restaurer.

Si la plantation a été mal faite et surtout mal taillée, les arbres auront poussé assez vigoureusement, mais sans donner de fruits. Dans ce cas, les têtes de saules existant partout, la restauration serait aussi longue que la durée des arbres en oblique ; il n'y a pas à hésiter, il faut convertir les obliques en U doubles.

Voici comment on opère :

Les arbres sont plantés à 40 centimètres de distance. On arrache d'abord les deux premiers arbres, ce qui donne une distance de 80 centimètres du coin du mur au premier arbre conservé : le troisième. On arrachera ensuite le quatrième, le cinquième et le sixième arbre, pour conserver le septième. Les huitième, neuvième et dixième arbres seront arrachés pour conserver le onzième, et ainsi de suite, jusqu'au bout de la plantation.

Si les arbres arrachés portent de bons fruits et sont pourvus de bonnes racines, on pourra les replanter ailleurs. Dans ce cas, on devra les arracher avec précaution, afin de conserver toutes leurs racines ; on les replantera aussitôt arrachés et on coupera la tige à la longueur de 50 centimètres environ. Parmi les bourgeons qui pousseront, on en choisira deux des plus vigoureux, l'un à droite, l'autre à gauche, pour établir les deux branches obligées pour toutes les formes d'arbres, on supprimera les autres bourgeons et l'année suivante on recèpera la tige sur les deux branches obtenues.

Ces arbres feront de bonnes formes, mais ils seront impropres aux cordons.

Aussitôt l'arrachage fait, et il est urgent de le faire de bonne heure, du 15 octobre à la première quinzaine de novembre, on redressera les arbres conservés; ils ont été plantés inclinés, il faut les replacer droits, sans les arracher. Cela est facile avec un peu de précaution et en opérant de bonne heure, pas plus tard que du 15 octobre au 15 novembre.

On découvre avec la plus grande précaution les premières racines de l'arbre, pour éviter de les endommager. On creuse ainsi à une profondeur de 20 centimètres environ tout autour de l'arbre, puis on le redresse et on l'attache droit contre le mur.

Cela fait, on abaisse les racines; on les sépare par des lits de terre comme pour la plantation (voir page 322); on donne à chaque arbre un peu de terreau de couche pour aider à la reprise et activer la végétation, puis on bouche le trou.

On n'arrache pas l'arbre, il faut bien s'en garder. On découvre seulement les premières racines, les plus superficielles; les autres, plus profondes, restent en terre sans les déplacer. Lorsque l'arbre est redressé, on replace les racines découvertes. C'est à peine une demi-déplantation.

Le redressement des arbres fait, on replace les lattes pour élever les branches. Nous avons supprimé trois arbres entre deux, nous donnant une distance de $1^m,60$ entre chaque arbre; la division par quatre nous donne 40 centimètres d'écartement entre les branches. On placera les lattes à 40 centimètres de distance.

Dans le courant de janvier, les racines remises en place, en redressant l'arbre, auront pris possession du sol. On le détachera, et on coupera la tige à 30 centimètres de hauteur du sol ; cette opération ne doit pas être faite plus tard que la fin de janvier, pour être couronnée de succès.

Ensuite on répandra un peu de fumier bien consommé sur l'espace occupé par les racines, et on l'enfouira par un labour à la fourche. Immédiatement après, on étendra un épais paillis sur toute la plate-bande.

Au printemps, plusieurs bourgeons naîtront sur le tronc de l'arbre ; on en choisira deux des plus vigoureux, un de chaque côté, et on en formera un U double, par les procédés indiqués page 469.

Trois années après, on aura un excellent espalier, très fertile et susceptible de produire abondamment pendant de longues années.

Les cordons verticaux nous éviteront le redressement des arbres. Ils sont plantés à 30 centimètres de distance. Nous procéderons à l'arrachage comme pour les obliques, et replacerons les lattes aussitôt après, mais à la distance de 30 centimètres, au lieu de 40. On pourra recéper à 30 centimètres du sol, aussitôt après l'arrachage des arbres inutiles, les bourgeons ne s'en développeront que mieux. On fumera, on labourera et l'on paillera comme pour les obliques, et on élèvera des U doubles comme je l'ai indiqué page 469.

Restent les plantations présentant de nombreux

vides, après plusieurs années de produit. Les arbres faibles ont péri ; les vigoureux seuls ont résisté.

Aussitôt que les vides se produisent, il faut convertir en U doubles. Quand on veut attendre pour récolter quelques fruits sur les arbres qui restent, on perd tout.

Les vides se produisant mettent à la disposition des arbres qui restent un cube de terre considérable ; leurs racines s'allongent, ils poussent avec une vigueur extrême, et la fructification disparaît. On ne récolte plus rien, et les arbres vigoureux tuent infailliblement les faibles.

Souvent il y aura des vides à la place où l'on a besoin d'un arbre. Dans ce cas, on compte d'abord les arbres à conserver ; on s'assure de leur vigueur et de leur bon état de santé. S'il existe des arbres faibles ou maladifs aux places où il en faut, on les arrache pour les remplacer.

On fait d'abord des trous de 50 centimètres à la place des mauvais arbres et des vides ; on apporte un peu de terreau de couche, pour la plantation, et ensuite on déplante, avec la plus grande précaution, les arbres qui doivent être arrachés, pour les replanter aussitôt dans ces trous, avec les soins indiqués pages 322 et suivantes.

Quand on veut prendre la peine d'arracher les arbres un à un, et de les replanter de même, sans laisser les racines à l'air, et que l'opération est faite en novembre, les effets de la déplantation sont nuls au printemps. L'arbre ainsi traité végète aussi bien que s'il était resté en place.

J'ai conseillé aux propriétaires manquant complètement de fruits de planter un contre-espalier vertical, pour le convertir en contre-espalier de Versailles aussitôt que la décrépitude se manifestera.

Pour cet objet, j'ai indiqué la charpente du contre-espalier vertical avec barres d'écartement de 60 centimètres. Cet écartement prolongera de deux ans l'existence des cordons verticaux, et nous évitera beaucoup de travail à l'époque de la conversion.

Il n'y aura alors qu'à arracher les arbres en trop, comme je l'ai indiqué pour les obliques, page 516 ; remplacer les lattes, à 40 centimètres d'écartement pour les branches ; recéper les arbres conservés ; fumer, labourer et pailler, pour élever ensuite des U doubles sur les deux faces du contre-espalier.

Cette opération est des plus simples. Le contre-espalier sera deux années sans donner de fruits, mais il y en aura alors sur les autres arbres du jardin, plantés en même temps, et quatre années après le contre-espalier usé, ayant donné tout de suite des fruits, sera refait à neuf, et dans les meilleures conditions de fertilité et de longévité.

Viennent ensuite les arbres soumis à des formes plus ou moins grandes, et que nous restaurerons sans interruption de récolte.

Commençons par les arbres ayant une forme à peu près régulière, de bonnes racines, des branches saines, mais dénudées et couvertes de têtes de saules

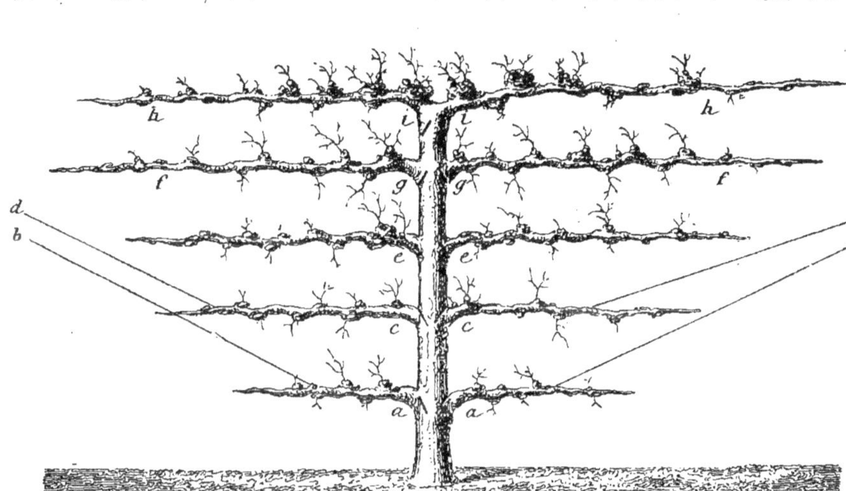

Fig. 249. — Poirier à restaurer.

(fig. 249). Je choisis la palmette à tige droite et à branches horizontales, parce que c'est la forme que l'on rencontre le plus souvent dans les anciens jardins.

Comme dans tous les arbres à tronc vertical, le haut a poussé avec beaucoup de vigueur, tandis que le bas s'est affaibli et a tendance à s'éteindre. Il faut commencer par distribuer également la sève dans toutes les branches à l'aide des entailles faites avec la petite scie à main (voir page 227). On fera deux entailles en chevron, très profondes, au-dessus des deux branches *a*, les plus faibles, afin de leur répartir une plus grande quantité de sève et de les faire pousser vigoureusement. Il sera utile de relever l'extrémité de ces deux branches en *b*, pour faciliter l'ascension de la sève; si ces branches offrent une trop grande disproportion avec les autres, il faudra les dépalisser et les attacher le plus verticalement possible à un échalas piqué en terre à 1 mètre en avant du mur.

Les branches *c*, un peu moins faibles, seront entaillées moins profondément; les extrémités seront également relevées, mais en *d*, un peu moins haut que celles de dessous.

Les branches *e*, de vigueur moyenne, resteront en place et ne recevront pas d'entailles.

Les branches *f*, trop vigoureuses, recevront à la base une entaille en sens inverse en dessous, *g*, pour détourner la sève et arrêter leur accroissement.

Les branches *h*, plus vigoureuses que toutes les

autres, seront profondément entaillées en *i*, pour détourner la sève et suspendre leur accroissement disproportionné. De plus, ces deux derniers étages de branches, les plus hautes, et par conséquent les plus vigoureuses, seront sévèrement palissées contre le mur.

En moins de deux ans, l'équilibre se rétablira dans un arbre ainsi traité.

Lorsqu'on a pratiqué les entailles pour rétablir

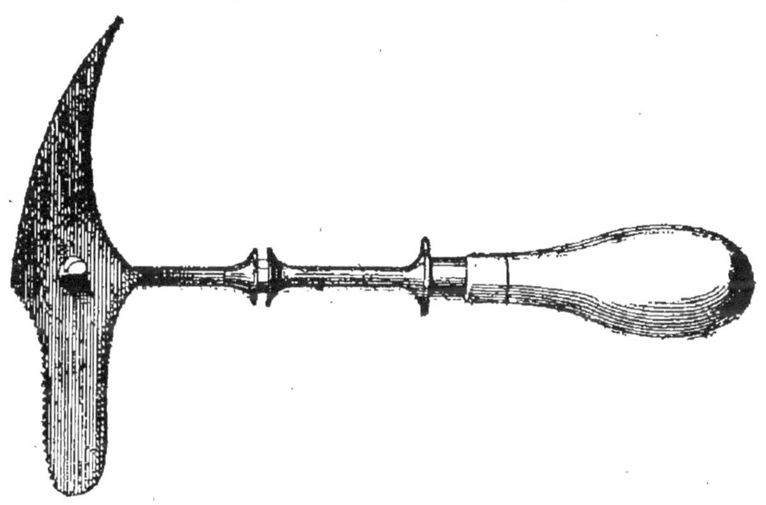

Fig. 250. — Émoussoir.

l'équilibre entre les branches, le premier soin est de les nettoyer complètement, c'est-à-dire d'enlever avec l'émoussoir (fig. 250) toutes les mousses et toutes les écorces desséchées, qui nuisent à l'accroissement de l'arbre, et servent de refuge à des milliers d'insectes se logeant plus tard dans les fruits. Tout ce qui existe d'écorces inertes doit être enlevé. Il faut ensuite ramasser avec soin toutes les parcelles d'écorce et la mousse, et les brûler immédiatement, pour détruire les œufs et les larves qu'elles contiennent.

On procède ensuite à l'examen des branches : si elles sont pourvues de bons prolongements, on taille ces prolongements très longs, au point *a* (fig. 251); si la branche se termine, comme souvent, par une tête de saule, il faut l'enlever tout entière, couper la branche en biseau, à une place bien saine *a* (fig. 251), et poser une greffe en couronne à l'extrémité du biseau, au point *b*, pour fournir un prolongement vigoureux.

Le prolongement sain et vigoureux est indispensable dans la restauration, autant pour distribuer également la sève dans toutes les branches que pour créer une nouvelle partie de charpente très productive. Le prolongement est le premier élément de succès.

On s'occupe après de faire disparaître les têtes de saules et de combler les vides. Lorsque les têtes de saules sont mortes, il faut les enlever complètement. On les scie d'abord de *c* en *d* (fig. 252); on unit ensuite la plaie avec la lame de la serpette, de façon à faire disparaître complètement la protubérance, et l'on recouvre avec du mastic à greffer. Lorsque les têtes de saules sont encore vivantes et qu'elles portent plusieurs bourgeons (fig. 253), on choisit le bourgeon

Fig. 251. — Restauration, taille des prolongements.

le plus faible et le plus rapproché de la base, pour le
convertir en rameau à fruit ; ce sera le bourgeon *a* ;

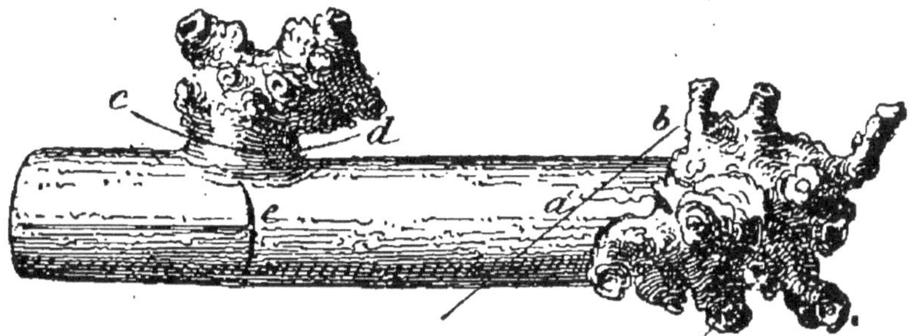

Fig. 252. — Restauration. Greffe des prolongements.

puis on enlève complètement la nodosité et les autres
bourgeons comme l'indique la ligne *b* (fig. 253), avec

Fig. 253. — Restauration. Extraction des têtes de saule.

la scie ; on polit la plaie avec la serpette et l'on
recouvre de mastic. Le bourgeon conservé est soumis
au cassement simple ou double, suivant sa vigueur.

Dans tous les cas, il faut toujours enlever la tête de
saule complètement, et couper jusqu'à ce que la
branche soit bien unie, autant pour la redresser et lui
faire acquérir une nouvelle vigueur que pour éviter
la production de nouveaux bourgeons qui dérange-

raient l'équilibre de l'arbre (*a*, fig. 254). Les filets ligneux ne tardent pas à recouvrir la plaie, et la cicatrice disparaît en quelques années.

Fig. 254. — Restauration. Extraction complète.

Lorsque les écorces de la branche peuvent être soulevées, ce qui sera possible quatre-vingt-dix fois sur cent, quand cette branche aura été bien nettoyée et chaulée, on comblera les vides, près des têtes de saule mortes, et sur toutes les parties dénudées avec des greffes de boutons à fruits (*e*, fig. 252). (Voir, pour faire ces greffes, page 143). Si le fruit de l'arbre doit être changé, on enlèvera les têtes de saule et tous les bourgeons et l'on posera les greffes sur toute la longueur de la branche, de manière à la garnir complètement (*e*, fig. 253).

Lorsque le fruit de l'arbre ne vaut pas la peine d'être conservé, la branche doit être complètement couverte de boutons à fruits ; dans ce cas, on fait la restauration en deux années ; on commence du 15 août au 10 septembre, par la greffe de la moitié des boutons à fruits qu'elle doit porter ; puis on enlève la moitié des têtes de saule à la fin de l'hiver. On pose le reste des greffes de boutons à fruits aux mois d'août et septembre suivants, et on enlève les dernières têtes de saule au printemps d'après, afin d'éviter un trop grand nombre d'amputations à la fois. Il faut toujours maintenir les prolongements longs, jusqu'à ce que la branche soit complètement restaurée et qu'elle ait atteint la longueur qui lui est assignée. Si le fruit de l'arbre peut être conservé, cette taille longue accélère la mise à fruits.

Chez certaines variétés très vigoureuses comme les *crassanes*, les *bon chrétien d'hiver*, etc., les mutilations réitérées produisent d'énormes têtes de saule et une quantité de bourgeons vigoureux tout autour ;

Fig. 255. — Restauration.

il y en a quelquefois huit ou dix (fig. 255). Il serait inutile de traiter ces productions comme je viens de l'indiquer ; la sève affluant en abondance dans ces endroits, le bourgeon conservé serait toujours trop vigoureux pour se mettre à fruits. Dans ce cas, on tire parti de la vigueur des bourgeons en posant, aux mois d'août et de septembre, à la base de chacun d'eux, au point *a*, une greffe de boutons à fruits ; puis on taille en *b* le printemps suivant sur les boutons à fruits, après avoir enlevé, avec un ciseau de menuisier très tranchant, toute la nodosité dans la ligne *c*, même figure, puis on recouvre la plaie avec du mastic à greffer. Les greffes fleurissent au printemps suivant, et donnent des fruits d'autant plus beaux qu'ils ont une grande quantité de sève pour les nourrir.

Je crois devoir rappeler au lecteur qu'il peut greffer les boutons à fruits d'autant de variétés qu'il le jugera à propos sur le même arbre ; il n'y a aucun inconvénient quand on ne greffe que des boutons à fruits, destinés à rester rameaux à fruits, et que l'on a greffé des boutons à fruits de variétés mûrissant à peu près à la même époque que les fruits de l'arbre sur lequel on les greffe.

Il ne faut jamais greffer des fruits d'hiver sur un poirier d'été, ni des fruits d'été sur un poirier d'hiver.

Toutes les variétés d'été et d'automne peuvent être greffées sur le *beurré d'Amanlis*, etc., et toutes celles d'hiver sur *curé, crassane, etc. etc.* Les lambourdes des boutons à fruits greffées seront traitées comme celles nées sur l'arbre et donneront des fruits pendant toute son existence ; la greffe de boutons à fruits, une fois prise, fait partie de l'arbre et fructifie, chaque année, tant qu'il existe.

Lorsque les arbres sont complètement restaurés, que l'équilibre est rétabli dans toute leur charpente, que les têtes de saule ont été enlevées et les vides bouchés avec des greffes de boutons à fruits, ils ne demandent plus que les soins indiqués pour les rameaux à fruits, et peuvent vivre et fructifier encore pendant de longues années, en leur donnant les soins de culture et les engrais nécessaires.

Vient ensuite la série des arbres d'espalier, pourvus de bonnes racines, de mauvaises branches, et n'ayant aucune forme. On peut également restaurer ces arbres et leur donner une forme, sans cesser un instant de récolter des fruits, quand toutefois les racines sont bonnes et que le tronc est sain jusqu'aux parties a (fig. 256).

Dans cet état de délabrement, il faut refaire l'arbre en entier, que le fruit soit bon ou non. Voici comment on opère :

Pendant le repos de la végétation, de novembre à janvier, il faut d'abord découvrir les racines dans toute la partie b, enlever la terre, la remplacer par de la terre prise dans le milieu d'un carré de potager, et la fumer abondamment avec des engrais très consommés. Lorsqu'on est arrivé à l'extrémité des racines, on ouvre une tranchée circulaire, c, de 1 mètre de profondeur et de 80 centimètres de largeur. On choisit pour cette opération un temps doux, un ciel couvert, et un jour où il n'y ait ni vent, ni pluie, ni gelée à redouter ; on enlève la terre de la tranchée et on la remplace par de la neuve, bien fumée, et prise dans un carré de potager. Cette préparation du sol achevée, on procède ainsi à la formation d'un nouvel arbre.

Admettons que nous voulions faire une palmette à branches courbées de ce vieil arbre informe et ruiné. Nous commençons par dessiner sur le mur, avec des

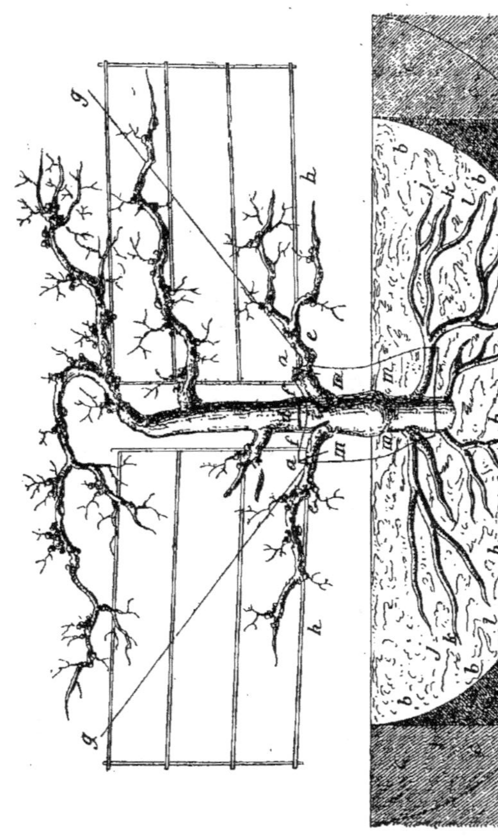

Fig. 256. — Restauration sans interruption de récolte.

lattes de sciage, la forme que nous voulons faire, une palmette à branches courbées (fig. 256). Nous pratiquerons avec l'égohine, sur le tronc de l'arbre, et au-dessus de deux branches latérales, au point *d*, une incision circulaire assez profonde, pour couper tous les vaisseaux séveux formés l'année précédente, afin de concentrer une grande partie de l'action de la sève sur les deux branches *e*. Nous couperons ces deux branches en biseau à 15 centimètres du tronc et nous poserons sur chacune une greffe en couronne, d'une variété très vigoureuse *f*; nous laisserons pousser ces greffes presque verticalement pour leur faire acquérir le plus de vigueur possible, sur les lignes *g*. A la fin de la saison ou au printemps suivant, nous placerons ces deux pousses sur les lattes *h*; nous taillerons comme il est indiqué pour les palmettes à branches courbées pages 472 et suivantes. Nous élèverons ensuite un second étage de branches sur les premières, et ainsi de suite pendant trois ans.

Le quatrième printemps, notre palmette à branches courbées, formée sur le pied du vieil arbre, se composera de trois étages de branches : le premier sera à fruits et en donnera dans l'été. Pendant trois saisons, nous avons récolté des fruits sur le vieil arbre, et des fruits en quantité d'autant plus grande que l'incision faite sur le tronc, pour favoriser le développement des greffes, a eu pour effet, en diminuant l'action de la sève sur le vieil arbre, d'augmenter le nombre des fleurs. Notre nouvel arbre va produire des fruits sur quatre branches neuves; nous coupons notre vieux tronc dans la ligne i ; nous l'enlevons et nous avons un arbre régulier, bien portant, formé sur l'ancien, sans avoir cessé une seule année de récolter des fruits.

Nous savons comment s'est formée la tige ; examinons maintenant ce qui se passe en terre pendant la formation de la charpente de notre nouvel arbre. Les premières pousses des greffes ont produit deux nouvelles racines aux points j ; le second étage de branches a produit de nouvelles racines aux points k ; le troisième, deux nouvelles racines encore au point l. Les nouveaux étages qui seront obtenus ramifieront encore ces nouvelles racines, qui ont fonctionné avec d'autant plus d'énergie qu'elles sont placées dans une terre neuve et abondamment fumée. La quatrième année, le vieil arbre est non seulement pourvu d'une tige neuve, mais aussi de racines neuves : il n'en reste que la partie comprise dans la ligne m. Un arbre ainsi restauré peut vivre et fructifier pendant cinquante ans.

Si on ne trouvait pas à la base de l'arbre les deux branches indispensables pour établir la charpente, il faudrait les y mettre à l'aide de la greffe Agricola ou de la greffe Richard ; cela serait un peu plus long, mais le résultat serait le même.

Restent les quenouilles ou pyramides, dont on a tant abusé dans tous les jardins. Elles peuvent être restaurées et laissées en pyramides ; la place qu'elles occupent empêchent quelquefois de leur donner une autre forme.

Dans ce cas, la restauration est une affaire d'élagage et de restauration de rameaux à fruits. On rétablit les rameaux à fruits comme je l'ai indiqué précédemment, et on peut changer le fruit à l'aide de greffes de boutons à fruits, comme je l'ai également indiqué ; mais le premier acte de restauration doit être de supprimer impitoyablement les branches trop rapprochées, de manière à ce que la lumière puisse pénétrer jusqu'à la naissance de chacune d'elles, et de les équilibrer à l'aide des entailles. Lorsque ces arbres ont été mal conduits, ils sont presque toujours trop fourrés : l'opérateur ne doit pas oublier que *toute branche, ou toute partie de branche, soustraite à l'action des rayons solaires, restera toujours infertile.*

Il faut donc, sans hésitation aucune, supprimer, c'est-à-dire couper rez du tronc, toutes les branches trop rapprochées pour laisser pénétrer la lumière. C'est une opération énergique, devant laquelle les personnes peu expérimentées en arboriculture reculent ; mais c'est le seul moyen d'obtenir très promptement des fruits.

Un espace de 35 à 40 centimètres est indispensable entre toutes les branches des pyramides, pour déterminer la fructification.

Les branches trop nombreuses supprimées, il faut aussitôt abaisser dans un angle de 40 à 45 degrés celles qui ont été conservées, afin de favoriser la fructification, en les éclairant et en paralysant l'ascension trop brusque de la sève.

Lorsque l'emplacement le permet, c'est-à-dire quand les quenouilles n'ont pas été plantées à 50 centimètres des allées, le meilleur parti qu'on puisse en tirer est d'en faire des vases, dans les endroits exposés aux vents, et des cônes à cinq ailes dans les endroits abrités. Cette restauration peut se faire sans interruption de récolte.

Voici comment on procède pour les vases : on change la terre, comme je l'ai indiqué pour les arbres d'espalier ; ensuite on pratique une incision annulaire avec

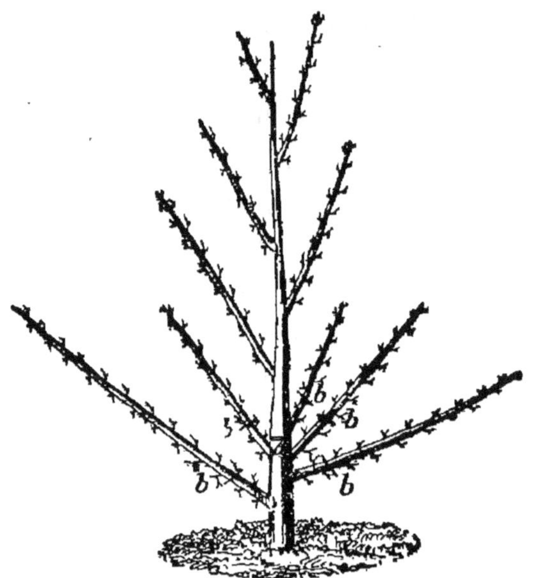

Fig. 257. — Pyramide convertie en vase.

l'égohine, à 40 centimètres environ au-dessus du sol et au-dessus de quatre ou cinq branches également espacées sur le périmètre de l'arbre (*a*, fig. 257), quand il est à fruits ; dans le cas contraire, on le recèpe tout de suite. On coupe ces branches en biseau, et l'on applique une greffe en couronne sur chacune d'elles, aux points *b*. On donne aux produits de ces greffes les mêmes soins qu'aux branches de la charpente des

vases (voir pages 501 et suivantes), et la quatrième année, lorsque le dessous du vase est entièrement formé,
on scie le tronc au-dessus des quatre ou cinq branches
qui ont fourni la charpente du nouvel arbre; on
enlève l'ancien, et il reste un vase en parfait état, susceptible de vivre et de fructifier pendant de longues
années, à la place d'un arbre improductif.

Il est facile de former des arbres à quatre ou cinq
ailes avec les pyramides; elles ont toujours plus de
branches qu'il n'en faut pour cela. On choisit quatre
ou cinq lignes de branches superposées et espacées de
35 centimètres au moins, et l'on sacrifie impitoyablement toutes les autres. S'il manque quelques branches,
rien n'est plus facile que de les mettre avec les greffes
Agricola ou Richard; puis on équilibre bien l'arbre
avec les entailles. Cette opération demande du soin,
car presque toujours les branches du bas sont faibles
et celles du haut trop vigoureuses. Il est urgent de
tailler toutes les branches du bas sur de bons yeux,
susceptibles de fournir des prolongements vigoureux.
Si ces branches sont terminées par des têtes de saule,
il faut les enlever, couper à une place bien lisse et
bien saine, et poser une greffe, puis élever les branches trop faibles, pour leur faire acquérir de la
vigueur.

Les têtes de saule doivent être enlevées complètement, afin de permettre aux branches de se redresser,
ce qui a lieu en trois ou quatre ans, quand l'arbre est
habilement dirigé. Les bourgeons conservés seront
convertis en rameaux à fruits, si le fruit de l'arbre

peut être conservé, ou coupés et remplacés par des greffes de boutons à fruits, si le fruit de l'arbre est mauvais.

Lorsque toutes les branches seront à peu près d'égale vigueur et pourvues de bons prolongements, on les remettra en place, et l'on procédera à la confection des ailes en relevant les prolongements et en les greffant par approche, comme je l'ai indiqué à la formation des cônes à ailes (page 491).

Lorsque les pyramides sont plantées trop près des allées et ne peuvent être converties en vases ou en cônes, faute de place, on supprime toutes les branches du devant et du derrière, et l'on en choisit un nombre égal, à peu près de la même vigueur et espacées de 30 centimètres au moins de chaque côté, pour former une palmette à branches horizontales, et même une palmette Verrier, si l'arbre est vigoureux.

Cette restauration donne de bons résultats, est très promptement faite et permet de tirer un parti avantageux d'arbres improductifs.

Dans ce cas, on établit un palissage en fer de 1 mètre 80 centimètres à deux mètres de hauteur, avec des fils de fer placés à 30 centimètres de distance, et le premier à 40 centimètres du sol.

Lorsqu'on conservera le fruit des arbres, et toutes les fois qu'on restaurera de vieux arbres, il faudra apporter le plus grand soin à rapprocher les lambourdes, qui, la plupart du temps, ont atteint des proportions énormes sur les arbres mal soignés ; il n'est pas rare d'en trouver de 50 centimètres de longueur et plus (fig. 258). Ces productions, n'ayant pas été soignées, se sont allongées et ramifiées à l'infini ; la première fructification a eu lieu au point *a* ; deux boutons à fruits se sont ensuite formés aux points *b*, puis aux points *c* ; les bourses formées sur ces points s'allongeraient indéfiniment si l'on n'y apportait remède.

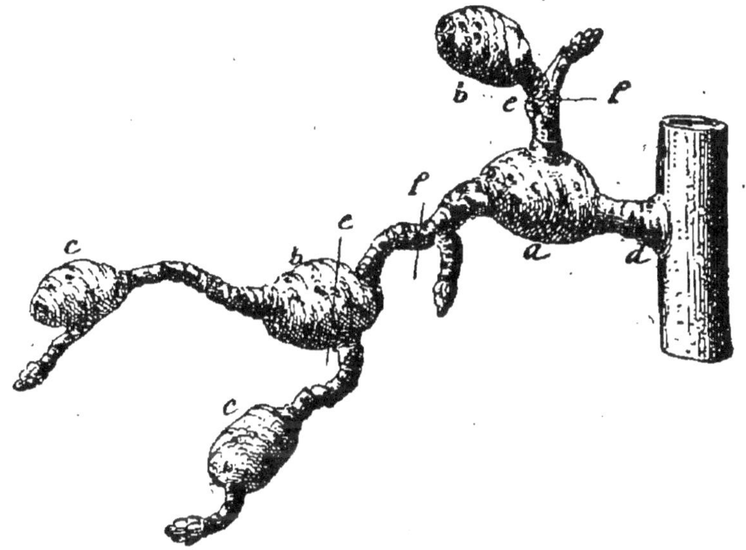

Fig. 258. — Lambourde de poirier négligée.

De semblables lambourdes offrent d'immenses inconvénients ; elles jettent d'abord de la confusion et de l'obscurité dans l'arbre ; ensuite elles produisent bien une grande quantité de fleurs, mais rarement des fruits ; voici pourquoi : l'arbre déjà épuisé par une floraison trop abondante, n'a plus de force pour nourrir ses fruits. Joignez à cela la difficulté que la sève éprouve à passer au travers de ces nombreuses bifurcations pour arriver jusqu'au fruit, et vous ne serez pas surpris de ne voir sur ces lambourdes que des fruits imparfaitement formés, qui tombent, se fendent ou deviennent pierreux, lorsqu'ils ont atteint à peine le tiers de leur volume. De plus, les rudiments de boutons à fruits contenus dans les rides de la première bourse *d* n'ont pas pu se développer.

Dans cet état de choses, état qui se rencontre sur tous les arbres mal taillés, il n'y a pas à hésiter : il faut rabattre les lambourdes, non pas tout de suite et du premier coup, mais progressivement, d'année en année, pour éviter le développement de bourgeons vigoureux, et obtenir petit à petit des boutons à fruits à la base. Ainsi, la première année on taillera la lambourde de la figure 258 en *e*, sur deux boutons à fruits ; l'année suivante en *f*, et ainsi de suite jusqu'à ce qu'on ait obtenu des boutons à fruits tout à fait à la base, au point *d*.

Indépendamment des soins que j'ai indiqués, il ne faut jamais négliger d'enlever les onglets laissés sur les branches, comme toutes les parties d'écorces inertes et desséchées, qui ne font qu'entraver la végétation et paralyser l'accroissement. Il faut en outre chauler les arbres restaurés pendant deux années au moins, autant pour détruire les insectes que pour stimuler les forces végétatives.

Toutes les restaurations que je viens d'indiquer réussissent toujours quand elles sont bien faites ; mais c'est de la chirurgie végétale ; et il faut une certaine expérience, jointe à des connaissances exactes en anatomie et en physiologie végétales, pour les tenter et opérer avec succès.

Il ne faut pas oublier non plus que les arbres restaurés ont besoin d'autant d'engrais et de culture que ceux que l'on élève dans le jardin fruitier. Plus les arbres produisent, plus il faut restituer au sol en engrais. Je me suis assez étendu sur les engrais et sur leur emploi pour n'y pas revenir. (Voir au chapitre *Engrais*, pages 75 et suivantes.)

CHAPITRE VI

POIRIER

MALADIES

Les arbres, comme tous les êtres vivants et organisés, sont sujets à des maladies; mais, comme, jusqu'à présent, on n'a guère considéré un poirier comme un être vivant et organisé, on s'est, la plupart du temps, contenté de dire : « Ce poirier est malade, » et on l'a laissé mourir, sans plus chercher la cause de la maladie que le remède.

Constatons tout d'abord, avant d'examiner les maladies du poirier et les remèdes à y apporter, que les six dixièmes de leurs maladies sont causées par les tailles vicieuses et par les amputations mal faites, un dixième par l'appauvrissement du sol, un dixième par les excès de la température, et les deux derniers dixièmes par les insectes qui vivent à leurs dépens.

D'après ce calcul, basé sur l'expérience, l'homme est le plus dangereux ennemi de l'arbre quand il ne se donne pas la peine d'apprendre à le soigner: il en tue plus à lui seul, avec des tailles vicieuses et de mauvais instruments, que le mauvais sol, la gelée, la chaleur, toutes les maladies et les insectes réunis. J'appelle, très sérieusement, sur ce calcul l'attention de ceux qui taillent avec de mauvais sécateurs, et celle de ceux, qui, voulant trop bien faire, tourmentent sans cesse leurs arbres sans nécessité.

Les maladies causées par les amputations mal faites et le manque de soins sont: la nécrose, les bourrelets, les ulcères, la carie et les chancres.

La nécrose est une des maladies les plus fréquentes chez les arbres fruitiers ; chaque coup de mauvais sécateur la produit avec l'onglet qu'il laisse. Elle consiste dans une portion de bois mort, plus ou moins étendue, qui se trouve enchâssée dans les parties vivantes, ainsi qu'on le voit figure 259, sur une portion de branche fendue en long. La pression et la déchirure du sécateur ont commencé par entraîner la mort de l'onglet a, puis la nécrose est descendue du point a au point b. Si on laissait subsister cet état de choses, elle pourrait descendre jusqu'en bas de la branche et la faire périr.

Admettons, ce qui arrive quelquefois, que la mor-

talité s'arrête au point b, et qu'on enlève l'onglet en
e. Les couches du liber recouvriront la nécrose, et
l'enfermeront au centre de la branche. Cette branche
n'aura aucune solidité, et le
premier coup de vent la bri-
sera lorsqu'elle sera chargée
de fruits. Dans ce cas, il n'y
a pas à hésiter : il faut enlever tout le bois mort et rabattre sur un rameau vigoureux placé au dessous. Si on
ne trouve pas un rameau
propre à former un nouveau
prolongement, il faut couper
au-dessous de la nécrose, à
une place bien saine, de c en
d, et poser une greffe en d,
au sommet du biseau.

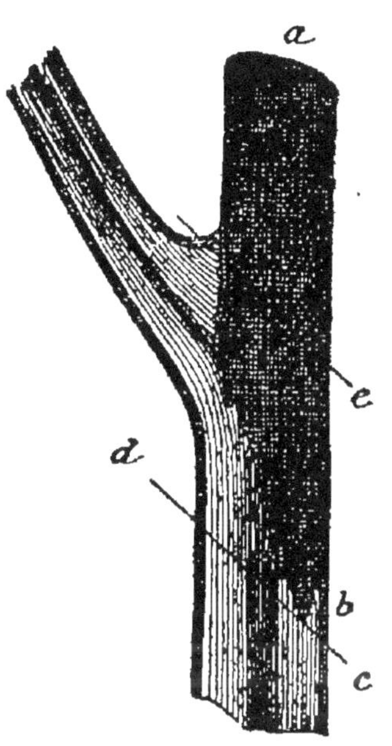

Fig. 259. — Nécrose produite
par le sécateur.

La nécrose, je ne saurais
trop le répéter, se produit au moins quatre-vingt-
dix fois sur cent, sur tous les onglets laissés par le
sécateur. Il est assurément regrettable de perdre la
pousse de l'année pour enlever le bois mort ; il faut
choisir entre la perte d'un rameau et celle d'une
branche, et quelquefois aussi celle de l'arbre, car
souvent cette maladie détermine la carie, et l'arbre
tout entier, rongé jusqu'au collet de la racine, périt.

L'emploi de mauvais instruments et les onglets
sont la seule cause de la nécrose, dont tous les arbres
mal taillés sont atteints. Cette maladie donne nais-

sance à plusieurs autres : carie, chancres, ulcères, etc., et alors l'arbre périt infailliblement.

Les BOURRELETS sont toujours causés par la négligence et par la paresse. Lorsqu'on ne prend pas la peine de dépalisser les arbres avant de les tailler, ou qu'on néglige de visiter les branches pendant l'été, quand elles grossissent rapidement, alors les liens entrent bientôt dans le corps ligneux. Il se forme pendant le cours de la végétation un bourrelet tout autour du lien (*a*, figure 260). Dans ce cas, la formation des filets ligneux et corticaux est entravée ; le cambium, amassé sur ce point, ne peut plus descendre. L'accroissement des racines correspondantes cesse et le lien, emprisonné dans les nouvelles écorces, y fermente, y pourrit et y décompose la branche, qui casse infailliblement dès qu'on la dépalisse.

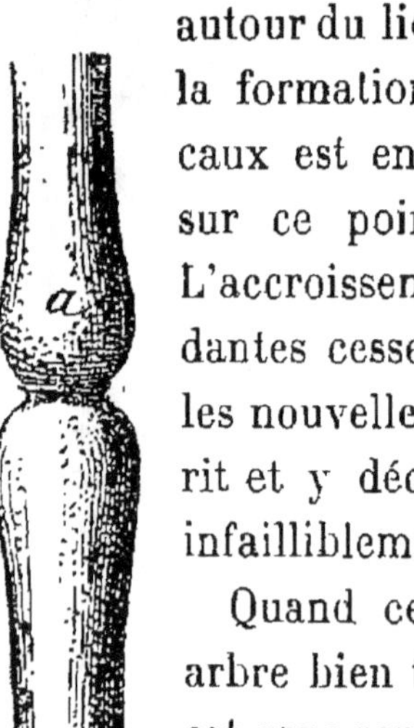

Fig. 260.
Bourrelet.

Quand cet accident se produit sur un arbre bien formé et bien équilibré, le mal est sans remède, surtout pour les branches du bas ; on parvient à refaire celles du haut, mais rarement celles du bas, alors l'arbre est à peu près perdu.

Il est urgent de surveiller tous les liens d'osier pendant l'été, afin de les remplacer par un nouveau lien placé à côté dès qu'ils marquent sur l'écorce, et plus urgent encore de dépalisser entièrement les arbres avant de les tailler. J'appelle l'attention de tous sur cette opération, négligée le plus souvent, car une quantité de branches ont péri uniquement parce qu'elles étaient étranglées par les liens. Ces étranglements apportent la perturbation dans la végétation de la branche, produisent des gourmands, souvent des chancres et des ulcères : la fructification ne s'établit plus et l'équilibre de l'arbre est rompu.

Les ULCÈRES sont le fléau des arbres fruitiers ; les poiriers en sont quelquefois atteints, mais moins souvent que les arbres à fruits à noyau, le pêcher surtout. Les ulcères sont presque toujours produits, sur la tige, par les amputations mal faites ou des contusions, et sur les racines par les coups de bêche.

L'ulcère est d'autant plus dangereux que, loin de se cicatriser, il s'étend en largeur et en profondeur, amollit les tissus, les décompose et détermine un écoulement liquide. Dès que la surface blessée commence à couler et que le tissu ligneux est ramolli, le mal va toujours en augmentant, entretenu par les insectes et par le développement des champignons qui hâtent la décomposition totale de la partie malade.

Quelquefois les ulcères ne causent pas la mort immédiate de l'arbre ; les liquides s'évaporent au contact de l'air, et le bois, pénétré de mycélium de champignon, passe à l'état d'amadou blanc ou fauve ; dans ce cas, c'est une maladie qui succède à l'ulcère et tue l'arbre un peu plus lentement.

Le traitement de l'ulcère présente de grandes difficultés ; cependant on le guérit encore quand on le prend au début ; quand on attend, il devient incurable. Il faut alors le convertir en plaie; dès que l'écoulement se manifeste, il faut aviver toute la partie malade avec un instrument bien tranchant. L'ulcère n'est alors que superficiel; il s'étend seulement en largeur : on cautérise la partie avivée en la frottant avec une poignée d'oseille, dont on exprime le jus sur la plaie; on laisse sécher pendant quelques jours, et l'on recouvre avec du mastic à greffer, si l'écoulement n'a pas reparu. S'il reparaît, il faut aviver encore la plaie et cautériser de nouveau jusqu'à ce qu'il cesse.

Lorsque l'ulcère s'étend en profondeur, il faut enlever tout le bois attaqué et cautériser avec un fer rouge, puis boucher la cavité avec du plâtre fin, gâché très clair, jusqu'à l'orifice de l'excavation, ensuite on avive les écorces, de façon à ce qu'elles puissent recouvrir la plaie et l'on recouvre le tout avec du mastic à greffer : il ne faut jamais laisser le plâtre seul, les écorces se formeraient mal sur les aspérités qu'il comporte et elles recouvrent très vite le mastic à greffer toujours uni. Quelques mois après il s'est formé des couches ligneuses sous les écorces, l'arbre reprend toute sa vigueur et pousse avec autant d'énergie que s'il n'eût jamais été malade.

Le traitement de l'ulcère sur les racines est plus simple, mais le mal est plus difficile à découvrir. Lorsqu'un ulcère se produit sur une racine, par suite d'un coup de bêche ou de pioche, il apparaît sur la branche correspondante à cette racine des symptômes de souffrance et de maladie, qui révèlent toujours la présence du mal. Les feuilles sont pâles, petites, souvent toutes jaunes, et tombent avant les autres. Alors il faut chercher la racine malade et la découvrir pendant le repos de la végétation, par un temps doux et couvert, et la couper au-dessus de l'ulcère, à une place bien saine, avec un instrument très tranchant, et de manière que la sec-

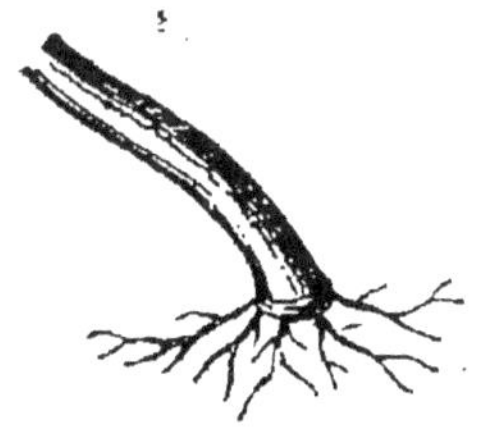

Fig. 261. — Émission de racines sur une section reposant à plat sur le sol.

tion du biseau repose à plat sur le sol, afin d'obtenir très promptement l'émission de nouvelles racines, qui renaissent aussitôt sur le bourrelet (fig. 261). Ensuite on enlève avec soin toute la terre qui environnait l'ul-cère ; on la remplace par de la terre neuve et bien fumée avec des engrais très con-sommés.

Les ulcères sur les racines se produisent le plus souvent quand on laboure avec la bêche les carrés ou les plates-bandes occupés par les ar-bres fruitiers ; la bêche et la pioche sont les seules causes

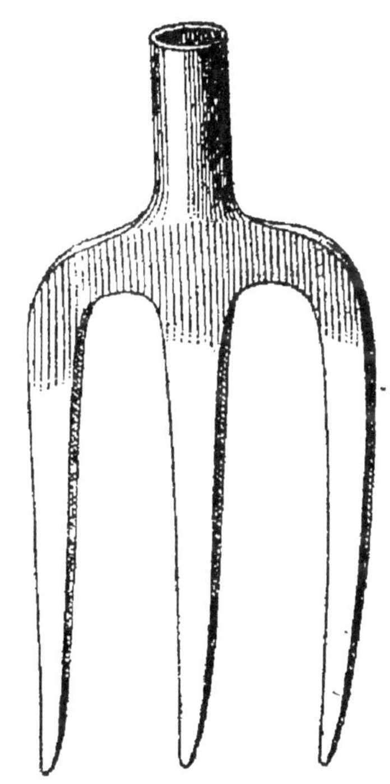

Fig. 262. — Fourche à dents plates.

de l'ulcère sur les racines ; elles les blessent profondé-ment et la maladie apparaît quelques semaines après.

On ne doit employer pour ces labours que la fourche
à dents plates, modèle que j'ai donné dans le principe
(fig. 262) ; elle ne coupe pas les racines ; si elle déplace
quelques radicelles, elles sont recouvertes aussitôt, et
il ne se produit jamais d'accident.

A défaut du modèle que j'ai fabriqué, on peut
employer sans inconvénient la fourche américaine à
dents plates (fig. 263) ; cette fourche très bien faite et

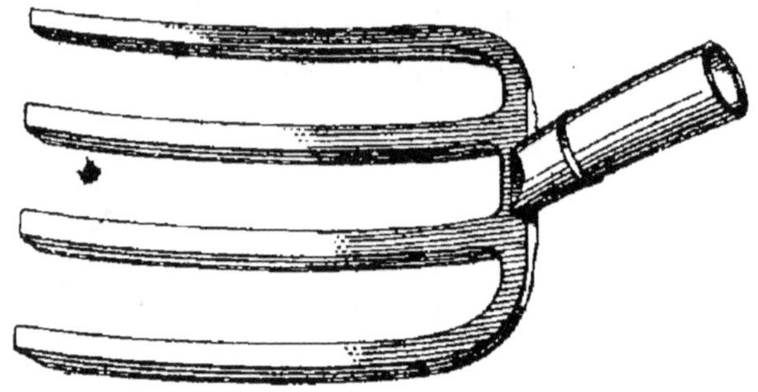

Fig. 263. — Fourche américaine à dents plates.

excellente est de fabrication française et on la trouve
partout. Il n'y a donc plus d'excuse pour continuer à
tuer les arbres à coups de bêche.

La CARIE vient toujours à la suite de l'ulcère ; elle
commence quand il se dessèche naturellement ; le
bois se décarbonise, pourrit et tombe en poussière.
La décomposition marche à grands pas ; elle envahit
bientôt tout le cœur de la branche malade, pénètre
jusqu'au tronc et quelquefois jusqu'au collet de la
racine, alors l'arbre meurt. La carie peut se guérir
quand on s'y prend au début, et même lorsqu'elle est
ancienne, pourvu qu'elle n'ait pas encore atteint le
collet de la racine. Il faut enlever toutes les parties

décomposées jusqu'au vif, avec des instruments très tranchants, et remplir la cavité jusqu'à l'orifice avec du plâtre gâché assez clair pour qu'il descende jusqu'au fond de la cavité et la bouche complètement. Ensuite on avive les écorces, et l'on couvre de mastic à greffer. Lorsque le trou est trop grand, on le remplit avec du mortier de chaux et des petits cailloux ; on avive les écorces et l'on recouvre le tout avec du mastic à greffer. J'en reparlerai en traitant des arbres à haute tige.

Les CHANCRES apparaissent le plus souvent à la suite de coups et de contusions ; on les reconnaît aux caractères suivants : la surface contuse prend d'abord une teinte brune ; l'écorce, bientôt désorganisée, se déchire et découvre un renflement spongieux de couleur foncée, puis un liquide brun d'une odeur fétide s'échappe de la plaie. Le corps ligneux est souvent attaqué jusqu'à la moelle. Il faut traiter les chancres comme l'ulcère ; quand on opère au début de la maladie, on les guérit souvent.

Les maladies causées par la mauvaise qualité du sol sont : la chlorose, la brûlure et la langueur.

La CHLOROSE se manifeste par la décoloration des feuilles, qui deviennent jaune soufre. Cette maladie a trois causes : l'insuffisance des engrais, qui produit une espèce d'atonie du tissu cellulaire des feuilles ; la mauvaise qualité du sous-sol, et les ravages causés par les vers blancs.

Quand la chlorose est déterminée par le manque d'engrais, il est facile de la guérir radicalement en quelques semaines. On asperge deux ou trois fois les feuilles, à huit jours d'intervalle, avec une dissolution de sulfate de fer (2 grammes par litre d'eau), on fume abondamment avec des engrais consommés, auxquels on ajoute de quatre à cinq cents grammes de sulfate de fer, par arbre. On écrase le sulfate de fer pour le bien mélanger aux engrais et on donne ensuite trois ou quatre arrosements à l'engrais liquide à huit ou dix jours d'intervalle.

Lorsque cette maladie est produite par la mauvaise qualité du sous-sol, où les racines ne peuvent trouver leur nourriture, il ne faut entreprendre de la guérir que lorsque les arbres en valent la peine. On commence d'abord par les traiter au sulfate de fer; on asperge deux ou trois fois les feuilles avec la dissolution que je viens d'indiquer et, lorsqu'elles commencent à reverdir, on donne alternativement, tous les quinze jours, sur les racines, un arrosement au sulfate de fer dissous dans l'eau, et dans la proportion de 3 à 4 grammes par litre d'eau, et un à l'engrais liquide, afin de conserver la santé de l'arbre jusqu'à la fin de la saison, à l'aide d'un stimulant et d'un tonique administrés à tour de rôle.

Pendant le repos de la végétation, par un temps doux et couvert, on découvre toutes les racines, comme l'indique la ligne *a* (fig. 264); on enlève la terre et on la remplace par de bonne terre neuve, bien fumée; ensuite on ouvre une tranchée circulaire de 1 mètre de profondeur et 1 mètre au moins de largeur, à l'extrémité des racines, de manière à isoler complètement la motte qui les renferme (*b*, même figure). On apporte de la bonne terre auprès de la tranchée, puis on foule la motte partiellement avec un déplantoir, en prenant garde d'endommager les racines; on retire la mauvaise terre pour la remplacer par de la bonne. On entame d'abord la ligne *c*; quand la mauvaise terre est

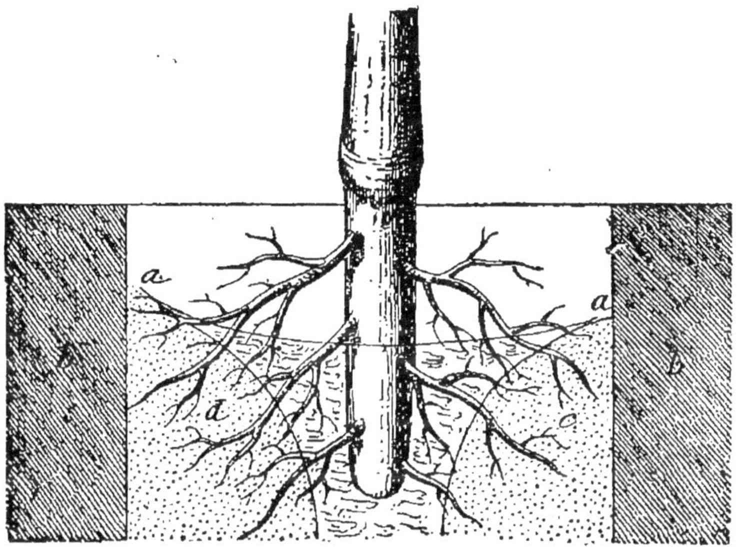

Fig. 264. — Enlèvement du sous-sol.

extraite et remplacée par de la bonne, on enlève la ligne *d*, et ainsi de suite tout autour, jusqu'à ce que toute la mauvaise terre ait été enlevée et remplacée par de la bonne, et l'on termine en remplissant la tranchée avec de la bonne terre.

Il sera toujours bon d'ajouter aux engrais 500 grammes de sulfate de fer bien écrasé, pour donner de la vigueur à l'arbre, et déterminer une végétation active.

Le même moyen peut être employé avec succès pour tous les arbres languissants; l'action du sulfate de fer se fait sentir pendant deux années au moins, et l'arbre reprend toute sa vigueur.

Une semblable opération est longue, demande beaucoup de soin et de temps : c'est par le fait une déplantation sur place; elle réussit toujours quand elle a été bien faite ; mais, pour l'entreprendre, il faut que les arbres en vaillent la peine. Dans le cas contraire, on a plus de bénéfice à les arracher, à bien préparer le sol et à replanter.

La chlorose se déclare quelquefois lorsque les vers blancs mangent les spongioles, et souvent lorsque les arbres ont été plantés trop profondément. Dans le premier cas, il est bon de découvrir les racines partiellement et avec précaution ; on prend toujours une certaine quantité de vers en fouillant, et on éloigne les autres en plaçant, au-dessus et à l'extrémité des racines, une abondante fumure de déchets de laine. Le contact des déchets de laine fait périr les vers blancs.

J'ai dit des déchets de laine et non des chiffons de laine. Les premiers, non filés et exempts de teinture, détruisent les vers blancs; les seconds ne servent que d'engrais, leur action est nulle sur les vers blancs.

Dans le second cas, on pratique deux incisions en long, avec le greffoir, sur le tronc de l'arbre, à cinq centimètres de profondeur dans le sol; on remplit le trou avec de la terre mélangée d'un peu de terreau de couche et on recouvre le tout d'un épais paillis. Quelques jours après, il se forme sur les plaies des bourrelets qui émettent bientôt des racines ; quand les écorces sont très dures, on les incise en long, sur toute la hauteur de l'arbre, avec la pointe de la serpette, et quelques semaines après l'arbre pousse vigoureusement.

En faisant mes expériences de culture de légumes, pour le *Potager moderne*, j'ai remarqué que dans les jardins les plus maltraités par le ver blanc, le carré *c*, cendré énergiquement au printemps, était toujours épargné. La causticité de la cendre éloigne le ver blanc, c'est incontestable ; on pourrait en mettre dans les plates-bandes plantées de poiriers, mais en petite quantité, mélangée avec des engrais, car son action en trop grande quantité serait nuisible au poirier. Les déchets de laine sont préférables, en ce qu'ils fournissent le meilleur engrais aux arbres et tuent infailliblement les vers blancs. Trente-cinq années d'expérience m'autorisent à affirmer que partout, où l'on en enfouira, *on ne verra jamais de vers blancs.*

Les bons effets de la fumure des arbres avec les déchets de laine et la certitude de les garantir en même temps des atteintes si redoutables des vers blancs me font recommander l'emploi des déchets de laine, partout où il sera possible de s'en procurer, pour les plantations d'arbres à fruits.

Les cas de chlorose, si fréquents dans les vieux jardins, sont très rares dans ceux que nous créons.

Cette maladie disparaîtrait entièrement si l'on appliquait à tous les jardins les soins de défoncement et les fumures de déchets de laine.

Mais, pour obtenir ces résultats, il faut employer des *déchets de laine* et non des *chiffons de laine*, ce que plusieurs personnes ont confondu.

Les chiffons de laine n'ont d'autre action que celle d'une fumure à décomposition lente et souvent l'action de cette fumure est paralysée par la teinture, contenant parfois des substances nuisibles à la végétation.

Les déchets de laine que je recommande proviennent des fabriques de couvertures, ils ne sont ni teints ni filés; on les divise avant de les enfouir, et dans cet état ils garnissent le sol de longs poils qui tuent les vers blancs, lorsqu'ils pénètrent dans leurs stomates.

Cette hypothèse est des plus probables, à moins cependant que le *suint* dont les déchets de laine sont imprégnés ne produise sur les vers blancs l'effet du contact de l'huile sur tous les insectes: la mort immédiate.

Ce qui est certain, et ce que l'expérience m'a prouvé depuis trente-cinq ans, c'est que partout où l'on a enfoui des déchets de laine, même dans les sols les plus infestés de vers blancs, ils ont complètement disparu en quelques jours, et il n'en est pas revenu pendant plusieurs années. Que leur destruction soit due à l'effet des poils sur les stomates ou à l'empoisonnement par le *suint*, la destruction de ces redoutables insectes est certaine après l'enfouissement des déchets de laine. C'est le fait accompli dans toute sa brutalité.

La BRULURE est la compagne inséparable de la chlorose; elle apparaît presque toujours lorsque celle-ci est à son apogée, et se manifeste par la dessiccation complète de la majeure partie des bourgeons de prolongement. C'est le commencement de l'agonie. Il faut qu'un arbre soit bien précieux pour tenter de le sauver quand il a atteint ce degré de décrépitude. Le traitement, si l'on veut en essayer, sera 500 grammes de sulfate de fer écrasé, mêlés à une abondante fumure, avec aspersion au sulfate de fer sur les feuilles et arrosement à l'engrais liquide, après avoir rapproché tous les prolongements sur deux ou trois yeux.

La LANGUEUR se traduit par un dépérissement progressif et continu ; elle se manifeste souvent sur les poiriers greffés sur cognassier, dans les sols qui ne sont pas assez substantiels. Dans ce cas, on obtient les meilleurs résultats en affranchissant ces arbres, comme je l'ai indiqué page 374; mais si cette maladie est causée par la mauvaise qualité du sol, il faut l'amender, y introduire les éléments qui lui manquent, le pourvoir abondamment d'humus et le couvrir d'un épais paillis ; même traitement que la brûlure.

Ces maladies, trop fréquentes dans les jardins mal tenus, n'ont d'autre cause que le manque de savoir ou la négligence : on les éviterait avec la plus grande facilité si l'on prenait la peine de regarder les arbres, et de les soigner comme je viens de l'indiquer aussitôt que la souffrance ou le mal apparaissent.

Les maladies causées par les intempéries sont : la gélivure et les coups de soleil.

On appelle GÉLIVURE les fentes produites sur le tronc des arbres par un froid très intense. La gélivure est simple ou compliquée.

Dans la gélivure simple, l'écorce seule est fendue verticalement en plusieurs endroits ; il y a désorganisation partielle des couches du liber ; mais elles se reforment si promptement qu'il suffit d'aviver les écorces, de chaque côté de la fente, avec un instrument bien tranchant, et de couvrir de mastic à greffer pour réparer le dommage en quelques mois.

La gélivure compliquée est plus dangereuse, en ce que l'aubier est également fendu à une certaine profondeur, et que les vaisseaux séveux sont en partie désorganisés. Alors il faut entailler le bois mort et l'écorce inerte jusqu'aux parties vivantes et recouvrir les plaies avec du mastic à greffer.

Les COUPS DE SOLEIL sont à redouter, surtout sur le tronc des arbres placés en espalier au midi ; la chaleur y est tellement élevée qu'elle dessèche complètement, par place, les couches du liber. Dans ce cas, il faut enlever l'écorce desséchée et recouvrir la plaie avec du mastic à greffer. Il est prudent d'abriter, pendant les grandes chaleurs, le tronc des arbres en espalier au midi avec une planche ou une tuile.

Les fruits sont souvent brûlés par les coups de soleil lorsqu'une chaleur étouffante succède, sans transition, à des nuits froides et à un temps couvert. Dans ce cas, le premier coup de soleil grille tous les fruits. Rien n'est plus facile que de les préserver de ces accidents, en les abritant, trois ou quatre jours au plus, avec une toile à abri. C'est suffisant pour durcir les tissus, et ils n'ont plus rien à redouter ensuite.

Les hivers très longs et très rigoureux, comme celui de 1879-1880, causent de véritables désastres dans les vergers et les jardins; la grêle ne fait pas moins de ravages, elle brise tout. J'ai consacré plus loin, sous le titre DÉSASTRES, quatre chapitres à la restauration de tous les arbres gelés et grêlés.

Avant d'aborder les maladies occasionnées par les insectes, disons aussi que les arbres, comme tous les êtres organisés, subissent l'influence des poisons qu'ils absorbent à l'état gazeux par les feuilles, et à l'état de dissolution dans l'eau par les racines. Dans ces deux cas, l'absorption des poisons cause toujours la mort des arbres; elle est plus ou moins prompte, mais elle a lieu infailliblement.

Les substances suivantes sont reconnues délétères : les sels d'arsenic, de mercure, de baryte; l'acétate de cuivre, les prussiates de soude et de potasse, les sels ammoniacaux, le sulfate de quinine, les oxydes d'étain et de cuivre, l'ammoniaque, la chaux vive, la potasse caustique; les acides sulfurique, nitrique, muriatique, oxalique, prussique; les éthers, les huiles, les vins, l'essence de térébenthine et les liqueurs alcooliques. D'après des expériences positives, on a reconnu que l'opium, la coque du Levant, l'extrait de morelle, de ciguë, de digitale, de belladone, de stramoine, de jusquiame noire et de concombre sauvage, étaient des poisons pour les arbres.

Le voisinage des fabriques de soude, de produits chimiques, où l'air se trouve mélangé à de l'acide nitreux, sulfureux, à de l'ammoniaque ou à des sels ammoniacaux, est dangereux pour les arbres. On ne devra jamais faire de grandes plantations dans le voisinage de ces fabriques. En outre, lorsqu'on achètera des engrais provenant de fabrique, on devra s'assurer s'ils ne contiennent aucune des substances que je viens d'indiquer.

L'emploi des bois traités au sulfate de cuivre a produit plusieurs empoisonnements d'arbres.

Les toiles à abri traitées au sulfate de cuivre peuvent aussi occasionner des accidents, non sur les arbres, mais sur les personnes. L'eau imprégnée de sulfate de cuivre tombe sur les fruits et peut produire, sinon un empoisonnement, tout au moins des coliques persistantes.

De nombreux exemples d'empoisonnement sur les végétaux m'ont rendu très prudent sur l'emploi des mastics à greffer et des insecticides. Je ne demande qu'à soigner l'arbre, mais je m'oppose énergiquement à ce qu'on le tue avec des drogues. J'engage donc mes adeptes à n'employer que les produits désignés par moi ; ceux-là sont sans dangers.

Les maladies causées par les insectes sont : la rouille et la brûlure des feuilles.

La ROUILLE DES FEUILLES apparaît sur le poirier sous

la forme de taches couleur rouille ; ces taches grandissent et produisent bientôt de petites exostoses à la face inférieure des feuilles, qui jaunissent et tombent bien avant la saison. Cette maladie est produite par la piqûre d'un insecte presque imperceptible qui pénètre dans le parenchyme de la feuille et la fait périr, au grand détriment de l'arbre.

On peut détruire ces redoutables insectes, dès que les taches apparaissent, en trempant toutes les feuilles dans une dissolution de savon noir, et plus sûrement avec une ou deux aspersions sur les feuilles, avec de l'eau contenant en dissolution le liquide concentré Rozeau. Aucun insecte ne survit à son action.

La BRULURE DES FEUILLES est produite par une très petite teigne qui pénètre dans les tissus de la feuille, dont elle ronge le parenchyme entre les deux épidermes. Les feuilles attaquées se couvrent de taches brunes et tombent bien avant leur époque. Cette maladie est plus difficile à guérir que la précédente ; on obtient de bons résultats en la traitant de la même manière.

Le savon noir, dissous dans la proportion de 30 à 40 grammes par litre d'eau, est très efficace et très économique. On peut sans inconvénient élever la dose jusqu'à 50 grammes par litre ; mais pour que l'eau de savon agisse efficacement, il faut qu'elle atteigne toutes les parties des feuilles, et soit projetée avec force. Quand on se contente de mouiller les feuilles, les insectes sont épargnés.

L'instrument le plus expéditif est la petite *pompe à*

main Dudon (fig. 265); en mettant le doigt sur le bout de la lance on divise l'eau à l'infini et on l'envoie

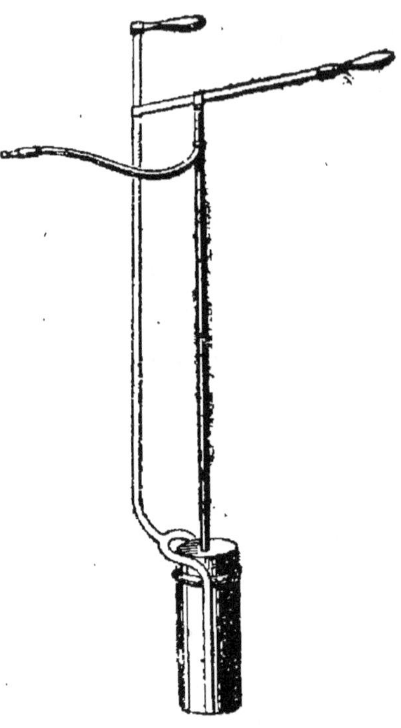

Fig. 265. — Petite pompe Dudon.

avec assez de force pour bien mouiller les deux faces des feuilles.

Vient ensuite la *seringue Raveneau* (fig. 266), pourvue de trois brise - jet différents. Avec le premier, on lance l'eau à une grande distance ; avec le second, on badigeonne en un instant un mur avec de l'eau de chaux ou de savon, suivant les besoins ; et avec le troisième on fait tournoyer l'eau avec une telle rapidité qu'il est impossible à la plus petite parcelle des feuilles d'échapper à son action.

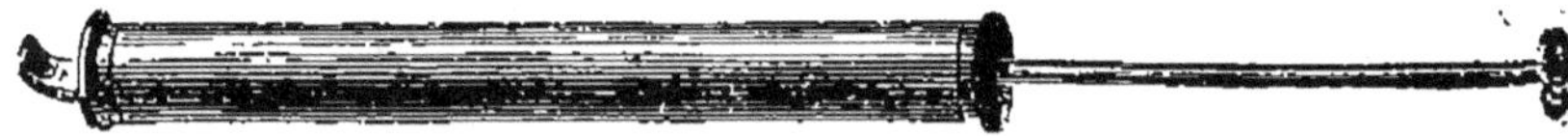

Fig. 266. — Seringue Raveneau.

Les fumigations de tabac ont aussi une action puissante sur les insectes qui ravagent les feuilles. Le plus difficile est de pouvoir les atteindre à toutes les hauteurs et dans les ramifications des arbres.

M. Cuvilier a inventé un fourneau des plus commodes à cet effet. Ce fourneau (fig. 267) s'emmanche à un bâton aussi long qu'on le veut ; il est muni en *a* d'un contre-poids, le maintenant toujours droit, quelle que soit la position du manche.

Fig. 267. — Fourneau Cuvilier, pour fumigations.

Depuis quelques années, les poiriers et les cerisiers sont envahis par une petite limace noire qui apparaît pendant les chaleurs, et réduit en quelques jours les feuilles à l'état de dentelle. Les ravages de ce nouvel insecte sont aussi rapides que désastreux ; heureusement, on le détruit très facilement, quand on s'y prend au début.

Aussitôt que l'on s'aperçoit de la présence de ces insectes, il faut prendre immédiatement de la poudre foudroyante, et en saupoudrer les feuilles à l'aide d'un soufflet ou tout autre appareil à soufrer la vigne.

Le lendemain, on donne une bonne aspersion avec du savon noir ; les limaces sont détruites et les feuilles sauvées.

Lorsque le savon noir n'a pas réussi, on peut essayer des insecticides, mais il faut être très prudent dans leur choix, tant l'industrie a abusé de l'invention des insecticides et de la bourse des acheteurs.

J'en ai expérimenté beaucoup, et deux seulement m'ont donné des résultats satisfaisants.

La *poudre foudroyante* de Rozeau et Cie m'a donné les meilleurs résultats, et je n'hésite pas à en recommander l'emploi pour tous les insectes sans exception. Elle n'offre aucun inconvénient pour l'opérateur ni aucun danger pour les plantes.

On projette cette poudre avec un petit soufflet à soufrer, le matin à la rosée, pour qu'elle s'attache quelques instants aux feuilles. Elle détruit parfaitement les pucerons, et elle m'a rendu de grands services pour mes semis sous châssis et en pleine terre, où elle détruit radicalement tous les insectes en un instant.

Cette poudre est d'un prix des plus modérés ; de plus, *M. Rozeau* a inventé un excellent soufflet qui en diminue encore l'emploi. Deux ou trois soufflages à deux ou trois jours d'intervalle suffisent pour débarrasser le jardin de tous les insectes, et même des escargots et des limaces, qui meurent aussitôt qu'ils en sont atteints.

Depuis, M. Rozeau a inventé un liquide concentré des plus énergiques détruisant infailliblement les insectes ayant résisté à tous les insecticides. Ce liquide, presque à l'état de pâte, se délaye dans de l'eau, que l'on projette avec la pompe à main ou la seringue Raveneau. Son action est plus énergique encore que celle de la poudre foudroyante; rien n'y résiste.

Quand on aura échoué avec le savon noir, on emploiera la pâte Rozeau avec le plus grand succès, pour le tigre, la rouille, la brûlure et même le puceron lanigère. Le prix de la poudre foudroyante Rozeau, comme celui du liquide concentré, est des plus modiques. J'ai essayé à peu près tous les insecticides et m'arrête à ces deux-là, comme les meilleurs, les plus efficaces, les meilleur marché et sans danger aucun pour les plantes. On les vend, avec une manière de s'en servir, chez *M. Ridard*, 9, *rue Bailleul, à Paris.*

Vient ensuite une série d'insectes non moins redoutables pour le poirier :

Le TIGRE, presque imperceptible, vivant sur la face inférieure des feuilles, ronge l'épiderme, et bientôt la feuille meurt. Les œufs de cet insecte sont déposés sur les branches de l'arbre; on les détruit en grande partie en aspergeant d'abord violemment les feuilles avec une dissolution de savon noir ou de liquide Rozeau pendant l'été, et d'une manière complète en délayant de la chaux éteinte avec de l'eau, à laquelle on mêle environ 500 grammes de fleur de soufre et en barbouillant complètement l'arbre à la chute des feuilles.

Il faut toujours ajouter un tiers d'argile bien mêlée avec le tout pour rendre le chaulage adhérent.

Les PETITS KERMÈS, qui se collent contre la tige et les branches des arbres, ressemblent à des lentilles ovales, de couleur grise ; ils sont si nombreux qu'ils forment une espèce de croûte sur les branches. Ces insectes se nourrissent des fluides contenus dans les tissus ; quand on ne les détruit pas, ils épuisent totalement les arbres et les font périr.

Pour détruire ces insectes, il faut d'abord gratter les branches avec l'émoussoir (fig. 268), pour enlever

Fig. 268. — Émoussoir.

tous les insectes qui y sont attachés, et frotter ensuite les branches avec une brosse dure, afin de faire tomber toutes les larves, puis ensuite appliquer un chaulage avec 100 grammes de fleur de soufre, par litre d'eau. Il faut balayer soigneusement la place où ils sont tombés, et y brûler de la paille, pour être sûr de tout détruire.

Les CHARANÇONS GRIS et VERTS apparaissent au printemps et coupent les jeunes bourgeons, accident des plus fâcheux lorsqu'il se produit sur les bourgeons de prolongement. On peut en détruire quelques-uns en les cherchant, en visitant soigneusement chaque matin, au printemps, les nouvelles feuilles des arbres et plus sûrement en soufflant de la poudre foudroyante Rozeau sur les bourgeons tendres.

Les CHENILLES de diverses espèces qui dévorent les feuilles se détruisent avec le savon noir et les insecticides Rozeau, poudre foudroyante et liquide au besoin ; ils rendent de grands services pour cet emploi.

La poudre foudroyante suffit dans la majorité des cas ; cependant, quand les chenilles sont trop nombreuses, une ou deux aspersions avec le liquide Rozeau les détruisent complètement.

Les PUCERONS, qui attaquent les feuilles et les bourgeons et dont les ravages suspendent souvent la végétation. On détruit souvent le puceron vert avec le savon noir, mais plus sûrement avec la poudre foudroyante Rozeau.

Le puceron noir est plus difficile à détruire ; on y arrive avec la poudre foudroyante Rozeau, quand on s'y prend dès son apparition ; mais ce puceron se multiplie avec une telle rapidité qu'il résiste à la poudre foudroyante ; alors il faut employer le liquide concentré Rozeau. Deux ou trois aspersions suffisent pour le détruire.

Les FOURMIS, qui viennent toujours après les puce-rons, sont facilement chassées et en partie détruites avec la poudre foudroyante.

Les fourmis causent toujours de grands dégâts dans le jardin fruitier ; elles attaquent les feuilles et les fruits. On doit toujours chercher à les détruire par tous les moyens possibles. On en prend une assez grande quantité en suspendant des fioles remplies d'eau miellée aux branches des arbres ; attirées par l'odeur du miel, elles viennent se noyer dans la fiole ; mais ce moyen assez imparfait a l'inconvénient de laisser suspendues aux arbres une foule de fioles remplies de cadavres de fourmis, et d'un aspect peu gra-cieux.

Quand on s'aperçoit de la présence d'une assez grande quantité de fourmis sur une plate-bande, on les détruit facilement en y créant des fourmilières artificielles. On choisit une place éloignée des racines, on la laboure profondément et on l'humecte bien avec l'arrosoir, puis on la recouvre avec un grand pot à fleurs, dont on a soin de boucher le trou, afin d'empêcher la lumière de pénétrer. Huit jours après, il y a une fourmilière sous le pot : on l'enlève, et on jette une marmite d'eau bouillante sur la four-milière, ou mieux un arrosoir d'eau avec 100 gram-mes de liquide concentré Rozeau ; en répétant cette opération et en établissant un certain nombre de four-milières artificielles, on détruit des quantités consi-dérables de fourmis.

M. *Cuvilier*, dont j'ai parlé, est aussi l'inventeur

d'un godet destiné à empêcher les fourmis de monter dans les arbres de plein vent.

Ce godet (fig. 269) est formé de deux pièces *a*; au centre est un trou de la grandeur du diamètre de l'arbre; on réunit les deux parties au pied de l'arbre, avec le cercle de fer *c*; on bouche avec un peu de mastic l'ouverture *b*,

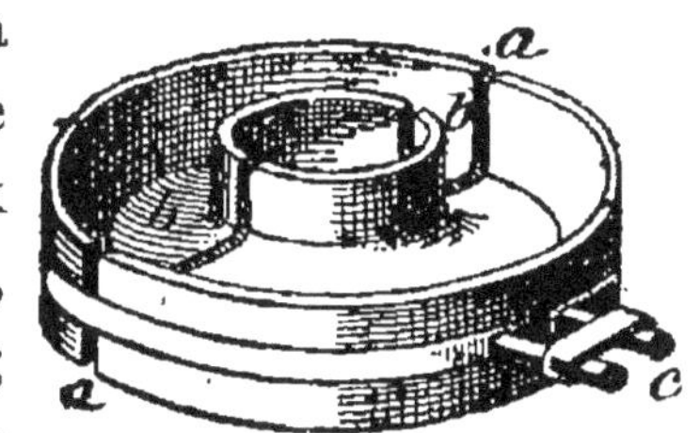

Fig. 269. — Godet pour les fourmis

et on emplit le godet avec de l'eau. Toutes les fourmis qui veulent monter à l'arbre se noient.

Après la série des insectes vient celle des animaux rongeurs, dont il faut défendre les arbres et les fruits : les lapins, les loirs et les mulots.

Dans les parcs où il y a des lapins, les arbres sont très exposés à leurs ravages, surtout en temps de neige. Lorsqu'ils ne trouvent plus d'herbe à manger, ils dévorent les écorces des arbres fruitiers et les font quelquefois périr. Lorsqu'ils peuvent pénétrer dans le jardin fruitier, il suffit de chauler les arbres tous les ans au mois de novembre, jusqu'à la hauteur d'un mètre; ce simple enduit de chaux les préserve de la dent des lapins.

Les loirs sont des animaux redoutables dans le jardin fruitier. Ils y apparaissent quand les fruits commencent à mûrir, et en entament vingt à la fois. Quand il y en a une certaine quantité, ils attaquent tous les fruits en quelques jours. On prend bien quelques loirs avec des pièges pendant l'été, mais on ne les détruit pas; le meilleur moyen est de les guetter le soir, au crépuscule, moment où ils sortent, et de les fusiller sur le haut des murs. Avec un peu de persévérance, on les détruit au bout d'une semaine.

Le loir n'est pas fuyard, on l'approche à dix pas. La chasse qu'il est possible de leur faire dure vingt minutes environ : du commencement du crépuscule à la nuit. Ils arrivent tous, sur la crête des murs. Il n'y a qu'à les guetter en ce moment, armé d'une carabine Flobert 9 millimètres, chargée avec des cartouches de plomb n° 10, pour les détruire en peu de jours.

La carabine que j'indique ne détone pas plus qu'un coup de fouet et porte à 30 mètres, et le plomb n° 10 projeté en petite quantité ne dégrade ni les arbres ni les murs, ce qui a toujours lieu avec un fusil.

Lorsqu'il y a des loirs dans un jardin, il faut non seulement boucher avec le plus grand soin tous les trous des murs qui peuvent leur donner asile, mais encore visiter les bâtiments voisins, les plus vieux surtout, où ils se retirent pendant l'hiver, et boucher tous les trous. Indépendamment de cette précaution, il est bon de tendre, pendant tout l'hiver, dans ces bâtiments, des ratières amorcées avec du lard grillé ou des figues sèches ; ce sont des appâts dont le loir est très friand, et on en prend souvent de grandes quantités, pendant l'hiver, à l'aide de ce moyen.

Les rats et les mulots causent aussi des dégâts dans le jardin fruitier, surtout dans l'hiver où, ne trouvant plus de nourriture, ils attaquent les racines des arbres et les coupent souvent en entier. Le moyen le plus prompt est de les empoisonner, soit avec du tord-boyaux, soit avec de la pâte phosphorée.

CHAPITRE VII

POMMIER

Tout ce que j'ai dit de la taille du poirier peut s'appliquer au pommier pour la formation des rameaux à fruits, avec cette seule différence que le pommier fructifie plus vite et plus facilement. Cela permet de pincer le pommier un peu plus sévèrement et de faire des cassements moins compliqués que sur le poirier.

Les bourgeons assez nombreux, qui naissent sur les bourses du pommier, doivent également être pincés un peu plus court que sur le poirier : à deux feuilles. Quand il y a deux bourgeons sur la même bourse, ce qui arrive assez souvent, on supprime le plus fort, et le plus faible est soumis au pincement à deux feuilles ou au cassement en vert sur trois feuilles.

En outre, les yeux de la base des prolongements du pommier ont plus de tendance à s'éteindre que ceux du poirier. Les prolongements devront être taillés un peu plus court pour faire développer tous les yeux : quand on les taille aussi long que le poirier, ceux de la base ne se développent pas. Il faut supprimer le tiers environ des prolongements des arbres à formes horizontales : cordons, palmettes alternes, etc., et la moitié de ceux soumis à des formes plus verticales ; sans cela, les yeux de la base s'éteignent. C'est un inconvénient auquel il faut faire attention, parce qu'il est souvent difficile d'y remédier : la greffe de boutons à fruits, qui réussit si bien sur le poirier, reprend difficilement sur le pommier. Donc, il faut tailler les prolongements justes pour éviter les échecs, et tenir compte de la recommandation ci-dessus.

Le pommier peut, comme le poirier, être soumis à toutes les formes ; mais cet arbre, étant moins difficile sur la qualité du sol et sur l'exposition, doit céder le pas au poirier, le roi du jardin fruitier.

Fig. 270. — Cordons unilatéraux à un rang.

En outre, le pommier, ayant tendance à laisser ses prolongements se dénuder par la base, doit être de préférence soumis aux formes horizontales, qui favorisent le développement de tous les yeux ; ce sont celles sous lesquelles il est le plus productif.

Les meilleures formes pour pommier sont :

Les cordons unilatéraux a un rang (fig. 270), plantés

à 2 mètres de distance et élevés à 40 centimètres au-dessus du sol.

Les CORDONS SANS FIN (fig. 271), plantés à 2 mètres de distance et élevés de 40 centimètres au-dessus du sol. Cette forme est précieuse pour border les plates-bandes de vases, etc. etc.

Les CORDONS UNILATÉRAUX A DEUX RANGS (fig. 272). Les pommiers n'entrent que pour moitié dans ces cordons; ils forment le rang du bas. Ce sont les arbres *a* de la figure 272; les arbres *b* sont des poiriers, formant le rang du dessus.

Cette combinaison de poiriers et de pommiers rend les plus grands services dans le jardin fruitier, surtout pour border les plates-bandes d'espalier. Les cordons, placés à 1^m,25 du mur, ont une exposition presque égale à celle de l'espalier.

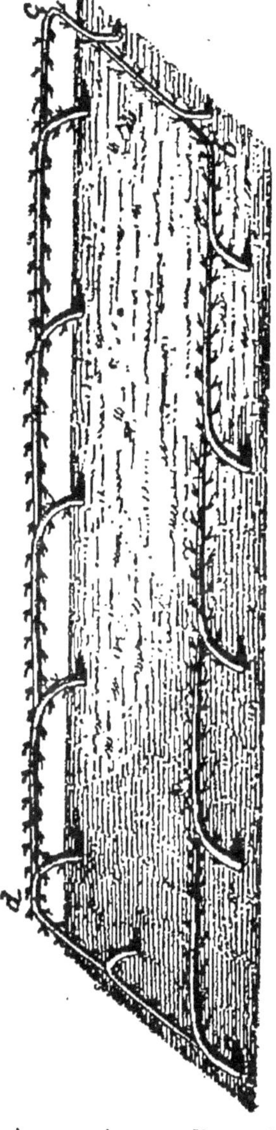

Fig. 271. — Cordons sans fin.

Beaucoup de variétés de poiriers exigeant l'espalier : *doyenné d'hiver*, *blanc et gris*, *beurré gris*, etc., mûrissent parfaitement sur le rang supérieur des cordons à deux rangs, bordant une plate-bande d'espalier, et le rang du bas offre une exposition spécialement favorable aux variétés de pommiers, telles que : les *calvilles*, les **apis** et les *canadas*, demandant une somme élevée de chaleur, combinée avec une lumière un peu diffuse.

Les arbres sont plantés à 1 mètre de distance, en alternant un poirier avec un pommier, comme l'indiquent les lettres *a* et *b* de la figure 272, pour donner

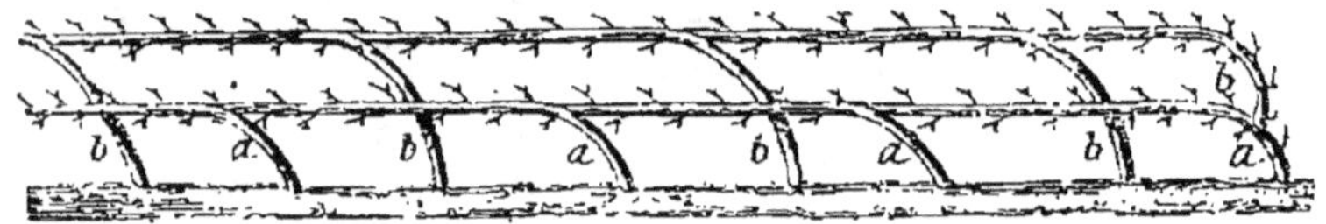

Fig. 272. — Cordons unilatéraux à deux rangs.

à chacun deux mètres de parcours. Le premier rang est élevé de 40 centimètres du sol et le second de 80, afin de laisser une distance de 40 centimètres entre les deux rangs, distance indispensable pour obtenir une abondante fructification ; quand on veut la réduire, l'ombre apparaît et l'on trouve une diminution sensible dans le produit.

Quand il y a dans le jardin fruitier un endroit bas, humide et peu visité par le soleil, ou un coin irrégulier dont il est difficile de tirer parti, il est profitable d'en faire une normandie produisant des pommes, et non un repaire pour les insectes, comme la réunion de petits buissons improductifs décorés du nom de normandie. Voici, dans ce cas, comment on opère : on établit, après avoir défoncé, des lignes droites, orientées du nord au midi, et séparées par un intervalle de 1^m,20. On pose sur chacuné de ces lignes un palissage de 1^m,20 de hauteur, portant trois rangs superposés de fil de fer, distants de 40 centimètres, pour faire des cordons à trois rangs (fig. 273); puis on

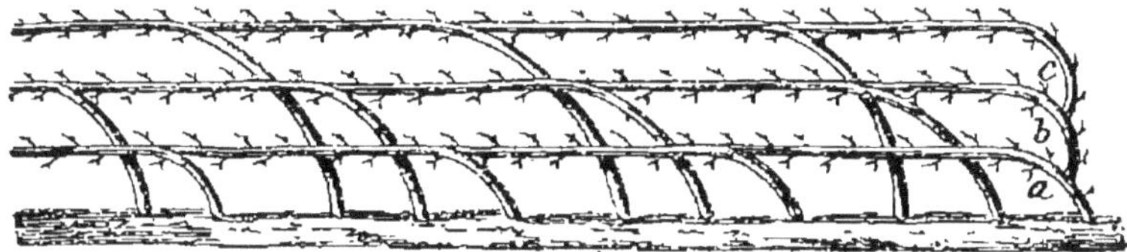

Fig. 273. — Cordons unilatéraux à trois rangs pour former une normandie Gressent.

plante des pommiers sur chaque ligne, tous les 70 centimètres, et on leur donne tous les soins indiqués pour la formation des cordons unilatéraux, pages 435 et suivantes.

Si l'on veut bien suivre à la lettre toutes les indications que j'ai données pour la formation des cordons unilatéraux, on obtiendra en trois années des arbres très fertiles et portant les plus beaux fruits.

Les cordons ont été réputés comme infertiles ; cela est vrai quand on les casse en les couchant, et que l'on conserve les gourmands du dessus. Dans ce cas, les arbres sont très vite ruinés sans avoir rien produit ; mais, formés et taillés comme je l'ai indiqué, les cordons unilatéraux produisent en quantité les plus beaux fruits du jardin.

Les PALMETTES ALTERNES (fig. 274) sont excellentes pour le pommier, elles donnent les plus brillants résultats, particulièrement pour les variétés vigoureuses telles que les *Canada, belle Joséphine*, etc., pour lesquelles cette forme convient le mieux.

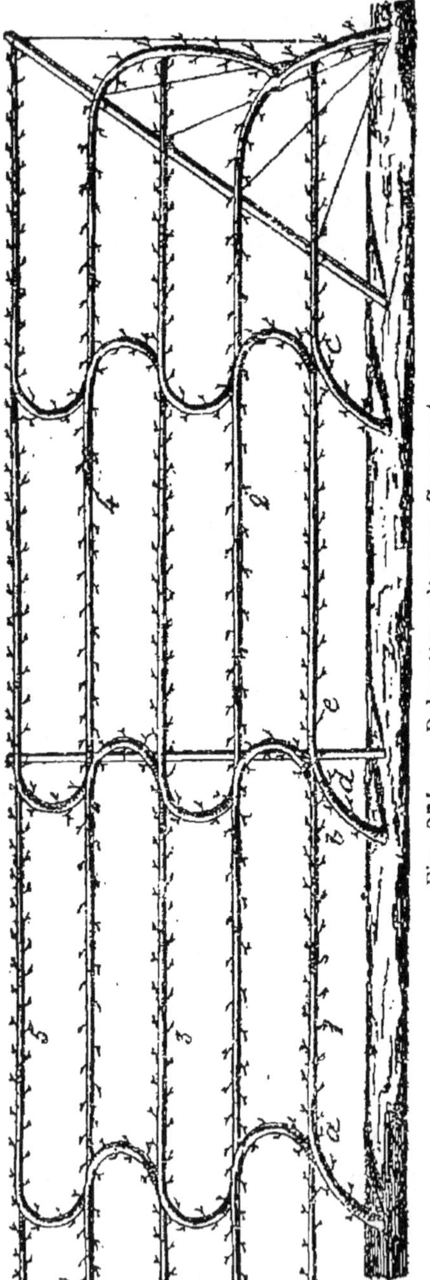

Fig. 274. — Palmettes alternes Gressent.

Dans ce cas, on plante des pommiers à 2ᵐ,50 de distance et on leur donne tous les soins indiqués pour la formation des palmettes alternes, pages 458 et suivantes.

La distance est augmentée de 50 centimètres pour les pommiers très vigoureux en raison de leur vigueur ; pour les autres variétés, on plantera à 2 mètres.

Les palmettes alternes élevées de 1ᵐ,60 se composent de cinq rangs de fil de fer, le premier à 40 centimètres du sol, et les autres distants de 30 centimètres entre eux.

Le pommier peut être aussi avantageusement utilisé à l'espalier contre les murs au nord, aux expositions froides et humides, mais à la condition de le soumettre à des formes horizontales et de bien choisir les variétés. La palmette à branches courbées est excellente et très productive pour cet usage.

Le pommier se greffe sur trois sujets : sur pommier franc, sur doucin et sur paradis.

Le pommier franc doit être banni du jardin fruitier ; il n'est propre qu'à produire des arbres à haute tige pour les vergers. Les pommiers greffés sur doucin et sur paradis sont les seuls qui doivent être cultivés dans le jardin fruitier, soit pour cordons unilatéraux, palmettes alternes ou formes moyennes.

Le pommier greffé sur paradis est celui qui donne les fruits les plus gros, mais les récoltes ne sont pas toujours assurées. Le pommier paradis, sujet très faible, ne peut servir qu'à former des cordons unilatéraux à un rang. Le peu de vigueur de cette espèce oblige à planter les arbres 1^m,50 de distance seulement, et encore faut-il au moins trois ans pour qu'ils puissent se rejoindre et être greffés par approche. En outre, le pommier paradis est très délicat ; il lui faut un sol de première qualité, très substantiel et surtout très plat.

Il donne les plus mauvais résultats sur les terrains inclinés, où les pluies un peu abondantes déchaussent ses racines, toujours placées à fleur de terre.

Le pommier doucin donne des fruits aussi beaux que le paradis quand il est bien soigné ; il est beaucoup plus vigoureux et moins difficile sur la qualité du sol. Le pommier greffé sur doucin produit des arbres excellents dans presque tous les sols, même dans les sols calcaires, où il prospère lorsque le paradis y meurt. Le pommier doucin est le sujet que l'on doit toujours préférer pour greffer le pommier dans le jardin fruitier. Avec lui on est toujours assuré de réussir.

Le pommier demande un sol frais et même humide et un peu calcaire. Presque toutes les variétés donnent les meilleurs résultats aux expositions du nord, nord-est, nord-ouest, excepté : *les calvilles*, les *canada* et les *apis*, ne donnant des produits certains qu'aux expositions chaudes, mais un peu ombragées. Toutes les variétés de pommiers greffés sur doucin se défendent même dans les sols siliceux.

Il résulte de ce que je viens de dire que la plupart des variétés de pommiers peuvent être placées dans le jardin fruitier aux expositions les moins favorables ; les *calvilles*, les *canada* et les *apis*, à des expositions plus chaudes, mais un peu ombragées, en premier rang de cordons unilatéraux, au-dessous d'un rang de poiriers, comme je l'ai indiqué.

Comme pour les poiriers, j'indiquerai peu de variétés de pommiers, mais les plus méritantes et les meilleures, donnant des résultats certains. Libre aux collectionneurs de choisir parmi les autres, où l'on rencontre peut-être de bons fruits, mais donnant des résultats moins positifs.

Je supprime du jardin fruitier presque toutes les pommes hâtives ; il y en a de passables assurément, mais elles viennent en temps inopportun. Les pommes hâtives sont meilleures cuites que crues ; on mange peu de pommes cuites, et pas du tout de crues, quand on a des pêches, des abricots, des prunes, des cerises et de bonnes poires d'été. Le sort des pommes hâtives est de pourrir au fruitier ; les domestiques refusent même de les manger : ils préfèrent les autres fruits, naturellement.

VARIÉTÉS DE POMMES MURISSANT DANS LES MOIS DE :

Août

JÉRUSALEM. *Pigeon d'été, cœur de pigeon.* Fruit moyen, conique, de couleur rose, excellent et se conservant jusqu'en janvier. L'arbre est très fertile et de vigueur moyenne.

Septembre

RAMBOURG D'ÉTÉ. *Rambourg rayé.* Fruit très gros, aplati, à côtes jaunes, rayé de rouge, un peu acide, excellent cuit, mais ne se conservant pas ; son unique emploi est de couronner les corbeilles de fruits, au sommet desquelles il est resplendissant aux yeux ! Arbre vigoureux.

Octobre

BELLE DU BOIS. *Louis XVIII, Rhode Island's, Pater noster.* Fruit monstrueux, à peau jaune verdâtre, l'une des plus grosses pommes que nous possédions. D'assez bonne qualité. Arbre de vigueur moyenne. La *belle du Bois* est aux pommes ce que la *belle Angevine* est aux poires ; il faut en avoir quelques-unes ; elles ornent les desserts d'une manière splendide.

ROYALE D'ANGLETERRE (grosse reine d'Angleterre). Fruit très gros, à peau jaune, rayée de rouge, remarquable par son volume et son coloris. C'est une des plus belles variétés connues. Arbre fertile et vigoureux.

Novembre

REINETTE D'ESPAGNE. *Reinette blanche, reinette tendre.* Fruit gros, allongé, à côtes, d'excellente qualité et se conservant bien. C'est une précieuse variété, trop rare dans le commerce, et qui manque souvent dans le jardin fruitier.

CALVILLE SAINT-SAUVEUR. Fruit très gros, à côtes jaune pâle, lavé de rouge, mais ayant l'inconvénient d'être souvent mousseux au nord de Paris. Arbre vigoureux et fertile.

BELLE FILLE DE BOUTERVILLIERS. Arbre vigoureux et fertile. Fruit très gros, jaune clair, un peu oblong, acide, bon à cuire. Cette pomme, d'un volume remarquable, devient énorme en cordons. Elle a été trouvée à Boutervilliers et baptisée par les habitants du pays. J'ai adopté cette belle pomme avec son nom, et je l'ai donnée au commerce, parce qu'elle est digne de figurer dans le jardin, et ce sans le moindre vote des gens soi-disant compétents. La vie humaine est trop courte, et les majorités sont trop longues à se décider pour attendre leur sanction pour un beau fruit.

BELLE JOSÉPHINE. *Ménagère.* Fruit très gros, jaune clair, un peu acidulé, l'une des plus grosses pommes connues. Arbre très vigoureux et très fertile.

EMPEREUR ALEXANDRE. Fruit énorme et excellent, mais ne se conservant pas, peau jaune, rayée de rouge, faisant très bon effet dans les desserts. Arbre vigoureux.

REINETTE D'ANGLETERRE. *Pomme d'or.* Fruit jaune rayé de rouge, d'excellente qualité, surtout pour faire cuire, et se conservant jusqu'en mars. Arbre vigoureux et fertile, excellent pour les vergers Gressent et à haute tige.

Décembre

REINETTE DORÉE. *Roussette jaune, tardive.* Fruit moyen, à peau jaune tachée de gris, à chair ferme, mais d'excellente qualité et de très longue garde. Arbre très fertile et de vigueur moyenne. Fruit précieux pour les vergers.

BEDFORSHIRE FOUNDLING. Fruit très gros, jaune verdâtre, de bonne qualité. Arbre vigoureux et très fertile.

REINE DES REINETTES. *Queen of pippin.* Fruit gros, jaune taché de gris et coloré de rouge. L'une de nos meilleures pommes, se conservant jusqu'en avril. Arbre de vigueur moyenne.

FENOUILLET ANISÉ. Fruit moyen, couleur fauve,

très bon fruit, ayant un parfum particulier. Arbre très fertile et de vigueur moyenne.

REINETTE DU CANADA. Superbe et excellent fruit, peau jaune colorée de rouge, et se conservant jusqu'en mars. Cette variété est précieuse en ce que les fruits sont excellents crus et cuits. Il n'y en a jamais assez dans le jardin fruitier et dans les vergers. Arbre vigoureux et fertile.

La REINETTE DU CANADA donne les meilleurs résultats en touffes dans le verger Gressent ; et même des fruits de bonne grosseur à haute tige, dans les vergers, où elle devrait être plantée à la place des pommes impossibles. Par ce fait, le revenu des cultivateurs serait doublé.

RAMBOURG D'HIVER. Semblable à celui d'été, moins gros et plus acide, excellent cuit. Il se conserve jusqu'en mars. Arbre vigoureux et fertile.

BELLE DE PONTOISE. Fruit énorme, jaune fortement panaché de rouge, bonne qualité ; arbre fertile et vigoureux. C'est une nouveauté d'un grand mérite comme volume et coloris.

REINETTE DE BRETAGNE. Beau et excellent fruit, jaune et rouge, pas assez connu et trop rare dans le jardin fruitier. Arbre d'une vigueur moyenne et très fertile.

De janvier à mars

CALVILLE BLANC. *Calville d'hiver, doré, bonnet carré.* Fruit excellent, côtelé, à peau jaune verdâtre, très estimé et très recherché. Il n'y en a jamais assez dans le jardin fruitier du propriétaire, ni dans celui du spéculateur. Arbre de vigueur moyenne et très fertile.

CALVILLE ROUGE D'ANJOU. *Calville rouge d'hiver, Calville musqué.* Fruit superbe et délicieux, peu connu, et trop rare dans les jardins. Fruit très gros à forme de calville, d'un rouge brun, à chair rosée. Arbre faible et très fertile.

REINETTE DE CHINE. Superbe variété et fruit passable, très gros, à peau jaune lavée de rouge. Arbre très faible et très fertile.

REINETTE GRISE D'HENNEBONT. Fruit énorme d'excellente qualité, de très longue garde, et la plus grosse des reinettes grises. Arbre fertile et vigoureux. Je dois ce magnifique et excellent fruit à l'obligeance d'un de mes fervents adeptes, M. Brault.

API ROSE. Charmant petit fruit jaune, pâle fortement coloré de rouge, de bonne qualité et de longue garde. Arbre très fertile.

API NOIR. Fruit pareil au précédent, mais brun très foncé ; il est très recherché pour son coloris, sa longue garde et la diversité qu'il apporte dans les desserts. Arbre de vigueur moyenne et très fertile.

DOUX D'ARGENT. Joli et excellent fruit, de grosseur moyenne, à peau blanche, colorée de rose, chair très fine et très blanche. Arbre fertile, de vigueur moyenne.

GROS PAPA. Fruit très gros, à chair tendre, excellent cuit. Arbre fertile, mais peu vigoureux.

REINETTE THOUIN. Fruit moyen, mais d'une qualité

remarquable. L'une de nos meilleures pommes pour manger crue. Arbre faible et très fertile.

De février à mai

REINETTE DE CAUX. Fruit très gros, à forme irrégulière, d'un vert jaune jaspé de rouge, et de très longue garde. C'est une variété précieuse dans les vergers. Les fruits sont très beaux ; mais ils laissent à désirer pour la qualité. La reinette de Caux se vend très bien sur les marchés, mais elle doit être bannie du jardin fruitier. Arbre de vigueur moyenne, d'une fertilité remarquable.

REINETTE GRISE DE GRANVILLE. Fruit moyen, excellent et de très longue garde. Arbre très fertile et de vigueur moyenne. Excellente variété pour cultiver à haute tige dans les vergers.

REINETTE FRANCHE. Fruit moyen, jaune taché de gris, d'une qualité remarquable et se conservant un *an*. Excellente variété pour les vergers : la reinette franche est un des derniers fruits qui apparaissent sur les marchés. Arbre très fertile et de vigueur moyenne.

REINETTE GRISE HAUTE BONTÉ. *Reinette de Rouen*. Fruit gros, aplati, gris, marbré de jaune orange, d'une qualité remarquable et se conservant un an. Arbre vigoureux et fertile, auquel on doit faire une large place dans le jardin fruitier.

CANADA GRIS. Superbe et excellent fruit, de longue garde, aussi gros et aussi bon que le *Canada*, mais plus gris. Cette excellente pomme n'a que le défaut de n'être pas assez connue. Arbre de vigueur moyenne et très fertile.

REINE DE BRETAGNE. Arbre vigoureux et fertile. Fruit énorme, de première grosseur, jaune bien coloré de rouge, bon de qualité et se conservant indéfiniment, Je ne saurais trop recommander ce splendide fruit, appelé par son volume, son riche coloris et sa longue garde à faire l'ornement des desserts. Je dois encore ce fruit à l'obligeance de M. Brault, et ne saurais trop le remercier d'avoir enrichi nos jardins fruitiers de deux magnifiques pommes.

POMME DE ROIRIE. Bon fruit, gris orangé, de grosseur moyenne et se gardant indéfiniment. Je dois la connaissance de cet excellent fruit à M. de la Péraudière, d'Angers. La pomme de *Roirie* a sa place marquée dans les jardins fruitiers. Merci à M. de la Péraudière pour son excellente pomme.

REINETTE DU MANS. Fruit jaune clair, moyen, excellent de qualité et se gardant un an. J'ai mangé des *reinettes du Mans* en parfait état de conservation à la fin de juillet 1874, chez mon excellent ami le docteur Maupoint, à Trèves (Maine-et-Loire). Ces pommes étaient encore excellentes à cette époque, et je me suis empressé d'en enrichir ma collection.

POMME-POIRE, appelée *pomme de fer* dans certaines localités. Fruit petit, gris foncé, excellent de qualité et de très longue garde. Arbre vigoureux et fertile propre aux vergers seulement.

Je termine ici ma liste de variétés de pommes; il en est beaucoup d'autres dont je suis loin de déprécier les mérites, mais que je place après celles-ci. Le point capital, pour moi, est de donner des résultats certains et surtout des récoltes assurées dans le jardin fruitier comme dans le verger. On peut choisir des variétés en dehors de celles que j'indique ; mais elles ne donneront pas toutes des résultats aussi satisfaisants, comme volume, comme qualité, surtout comme fertilité et comme produit argent.

J'ai indiqué la vigueur de chaque variété, afin de faciliter la plantation aux personnes qui ne les connaissent pas. Lorsqu'on plante des cordons de pommiers, destinés à être greffés par approche, il faut toujours avoir le soin de placer les arbres faibles devant les forts, afin qu'une fois la greffe par approche opérée l'excédent de sève de l'arbre fort puisse passer dans le faible, et lui faire acquérir une vigueur égale.

Il faut, par conséquent, toujours planter des cordons unilatéraux, et jamais de cordons à deux bras, chez lesquels la transmission de sève ne peut avoir lieu par la greffe. En outre, les cordons à deux bras ne sont jamais équilibrés ; un côté est plus faible que l'autre ; la fructification en souffre beaucoup.

Tout cela demande du soin, de l'attention et de l'étude ; mais, lorsqu'un propriétaire aura pris la peine d'exécuter une plantation et de la soigner comme je l'indique, il sera bien récompensé de ses peines par une végétation luxuriante, une fertilité soutenue, et d'abondantes récoltes de fruits hors ligne.

La végétation des jardins créés d'après ma méthode

n'est aussi belle, et leurs produits ne sont aussi prompts et aussi abondants, que parce que rien n'est abandonné au hasard. Tout est compté, calculé et prévu à l'avance ; chaque arbre est placé dans les conditions spéciales qui doivent infailliblement produire les résultats attendus. Tous ceux qui voudront bien se donner la peine de me suivre pas à pas, et d'appliquer à la lettre les procédés que j'enseigne obtiendront les mêmes résultats ; mais je ne saurais trop le répéter, à la condition de ne rien changer, de ne rien modifier. Il faut faire complètement ou rester inactif, pas de demi-mesure : tout ou rien.

Les maladies du pommier sont à peu près les mêmes que celles du poirier; il est attaqué par les mêmes insectes, mais avec plus d'acharnement que le poirier.

En outre, les pucerons verts et noirs, et surtout le puceron lanigère, sont les plus redoutables ennemis de cet arbre.

Les maladies se traitent comme celles du poirier et par les mêmes moyens. Les insectes, les pucerons noirs et verts qui s'attachent aux feuilles se détruisent avec des aspersions de savon noir et de liquide concentré Rozeau quand ce premier moyen n'a pas réussi ; les charançons gris et verts peuvent être détruits avec les mêmes procédés. Les pommiers sont assaillis par les chenilles ; il faut les rechercher avec le plus grand soin, surtout lorsque les premières feuilles se déploient. Avec un peu de surveillance et d'activité, on en peut détruire une grande quantité, c'est long et ennuyeux, il est plus simple de donner aux pommiers deux ou trois aspersions avec le liquide concentré Rozeau. Tout est détruit en quelques jours.

Le puceron lanigère, vulgairement appelé *blanc*, est le plus cruel ennemi du pommier. Il est presque impossible de le faire complètement disparaître dans les plantations à cidre et dans les pépinières, où il fait des ravages considérables. Des plantations entières ont été détruites par lui. Dans le jardin fruitier, on réussit à en diminuer le nombre avec beaucoup de soin, en opérant ainsi :

Dès qu'on s'aperçoit de la présence du puceron lanigère, qui se révèle par un duvet blanc sur les rameaux et par les exostoses que leurs piqûres y produisent il faut frotter toutes les parties attaquées avec une brosse un peu dure, trempée dans de l'huile ou une dissolution de liquide concentré Rozeau, et à la chute des feuilles appliquer sur toutes les parties de l'arbre un chaulage général préparé avec la même dissolution, et cela, même quand le puceron semblera être détruit.

L'année suivante, le puceron lanigère aura disparu en grande partie; mais il faudra encore surveiller les pommiers avec le plus grand soin, et opérer dès que l'on en verra la moindre trace. Dans ces conditions, on peut espérer s'en débarrasser en deux ans dans le jardin fruitier, mais ce n'est qu'avec un soin extrême, une surveillance des plus actives et en opérant aussitôt que le puceron (le blanc) apparaît. Quand il a envahi tous les arbres, il est trop tard pour opérer avec succès.

On pourrait sinon détruire, mais au moins diminuer les ravages du puceron lanigère, dans les pépinières, en seringuant vigoureusement les arbres, dès son apparition, avec de l'eau tenant en dissolution du liquide concentré Rozeau (10 gr. par litre d'eau). Le prix, des plus modiques, en permet l'emploi en grande culture.

Le même moyen pourrait être employé pour les plantations d'arbres à haute tige (de fruits à cidre), mais il faudrait opérer dès le début, et non quand tout est à peu près perdu.

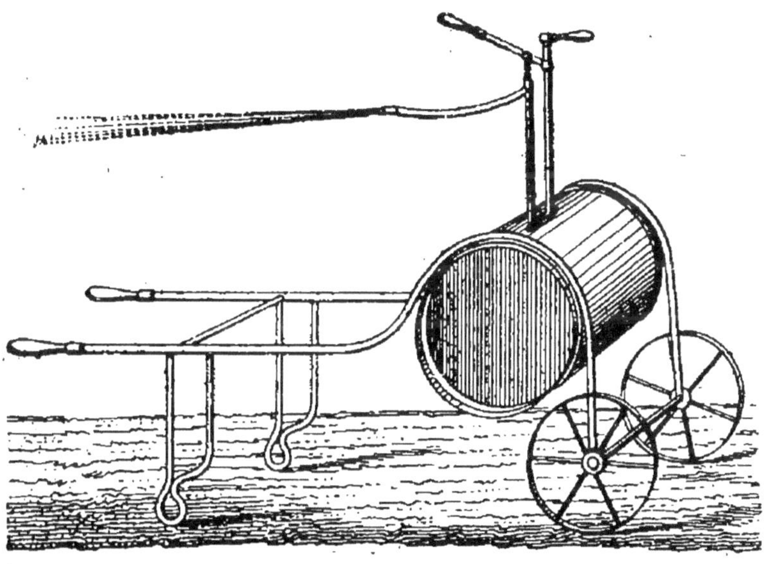

Fig. 275. — Tonneau arroseur.

Pour la pépinière, comme pour les arbres à haute tige, il faudrait employer la pompe à main Dudon, avec le tonneau arroseur, contenant 60 litres d'eau, et pouvant se rouler partout avec facilité (fig. 275).

Ce moyen serait très efficace ; je l'indique avec l'espérance qu'il sera employé par quelques propriétaires, et peut-être par quelques pépiniéristes intelligents, car la majeure partie dira : *J' savons mieux not' métier qu' les professeurs*, et ils laisseront périr toutes les plantations de pommiers sous l'envahissement du puceron lanigère en se contentant de dire : *Hé ben quoi ! nos pommiers ont l' blanc, ça s' guérit pas. Qué qu' c'est qu' l' puceron lanigère? J' ne connais pas ça moi !*

Le puceron lanigère n'est pas une maladie, mais un insecte couvert d'un duvet blanc. Il se multiplie tellement rapidement qu'en quelques semaines il envahit des plantations entières. Si on prenait la peine de s'y prendre au début, on le détruirait comme tous les autres insectes.

L'ignorance des choses les plus élémentaires en horticulture est telle, même chez les hommes se disant DU MÉTIER, que c'est à désespérer de jamais les sortir de l'épaisse couche sous laquelle ils végètent.

Plus de douze cents personnes, dont beaucoup DU MÉTIER, m'ont écrit, cette année, ceci en substance :

« Monsieur,

« Nos pommiers ont *le blanc ;* quelle peut être l'origine de cette maladie? et quel moyen de médication y apporter? »

Des centaines de lettres du même genre m'ont été

écrites pour la teigne, les kermès, la rouille, la gomme,
la cloque, etc. etc.

Espérons qu'avec ces nouvelles indications nous
arriverons à sauver bien des arbres, qu'on laisse périr
faute de soin, et parce que l'on ignore le plus souvent
de quoi ils sont atteints.

CHAPITRE VIII

PÊCHER

VARIÉTÉS, CULTURE, FORME, TAILLES ANCIENN ET MODERNES

Je pourrais appeler le pêcher l'arbre de la discorde
tant il a donné lieu, depuis trente-cinq années, à des
discussions animées, à des colères, même à des haines,
éveillé et déçu une foule d'ambitions plus ou moins
fondées. Mes expériences ont commencé en pleine discorde ; mes efforts, comme toujours, ont tendu à
l'éteindre. Le plus sage était de ne dire d'injures à
personne, et d'expérimenter toutes les méthodes afin
d'en connaître la valeur ; c'est ce que j'ai fait et je
poursuis encore mon chemin, mais sans toutefois avoir
la prétention de dire, comme mon éminent collègue

Du Breuil, le DERNIER MOT DE LA TAILLE DU PÊCHER, mais avec l'espérance d'ajouter quelques mots utiles à ce qui a été dit sans réflexion, et écrit trop légèrement, sur la taille de ce précieux arbre.

Avant de passer en revue les principales tailles qu'on a appliquées au pêcher, et d'en enseigner une qui m'appartient exclusivement, faisons un choix des variétés à cultiver parmi les plus rustiques, les plus belles, les meilleures, celles qui sont le moins exposées aux maladies et peuvent fournir une récolte assurée du 15 juillet à la fin d'octobre.

VARIÉTÉS DE PÊCHES MURISSANT DANS LES MOIS DE :

Juillet

DESSE HATIVE. La première de toutes les pêches, mûrissant vers la fin de juillet, sous le climat de Paris. Fruit moyen, rond, un peu aplati en dessous, marqué d'un large sillon. Chair blanc verdâtre, très fondante et d'une qualité supérieure. Cet excellent fruit très précieux dans le jardin fruitier, autant pour sa bonté que pour sa précocité, a été obtenu par M. Desse, horticulteur distingué des environs de Paris. L'arbre, de vigueur moyenne, est assez fertile et peut être soumis aux formes moyennes à l'exposition de l'est et du sud-est.

Août

GROSSE MIGNONNE HATIVE. Fruit gros, arrondi, un peu aplati, creusé par un large sillon ; peau forte-

ment colorée de rouge du côté du soleil ; chair délicieuse. Cette variété est la plus précieuse que nous
possédions. L'arbre, assez vigoureux et d'une fertilité
remarquable, vient à toutes les expositions et y donne
les meilleurs résultats.

GROSSE MIGNONNE TARDIVE. Fruit magnifique et excellent, un peu plus coloré que le précédent, et mûrissant vers la fin d'août. Cette variété a été obtenue par
M. Alexis Lepère, une des sommités de la culture du
pêcher. L'arbre, assez vigoureux et d'une grande
fertilité, peut être soumis aux grandes formes d'espalier, à l'exposition de l'est, du sud-est, du sud-ouest
et même de l'ouest.

Les *mignonnes* sont les variétés les plus rustiques
et les plus fertiles ; elles doivent former le fond des
plantations de pêchers, car, indépendamment de ces
qualités, leur fruit est un des meilleurs.

NOIRE DE MONTREUIL. Fruit gros, très coloré, parfait
de qualité, mûrissant vers la fin d'août ; arbre fertile
et de vigueur moyenne.

GALANDE. Arbre assez vigoureux et très fertile,
donnant les meilleurs résultats aux expositions de
l'est, sud et sud-est. Fruit parfait et magnifique, gros,
très coloré, de qualité remarquable.

BELLE BEAUCE. Fruit superbe et excellent, ayant
beaucoup d'analogie avec la *Grosse mignonne* tardive,
mais mûrissant quinze jours plus tard, vers la fin
d'août, et dans la première quinzaine de septembre.
Arbre vigoureux et fertile, propre aux plus grandes
formes.

Septembre

ADMIRABLE JAUNE. Fruit gros, à chair jaune colorée de rouge, excellent quand il mûrit bien, mais cotonneux dans les années froides. Arbre de vigueur moyenne, à l'exposition du midi seulement.

BELLE DE VITRY. *Admirable*. Fruit très gros, rond, jaune clair coloré de rouge, chair excellente. Arbre vigoureux et très fertile, propre aux grandes formes d'espalier. Cette variété, remarquable autant par la qualité et le volume de ses fruits que par la rusticité de l'arbre, vient à toutes les expositions, excepté au nord ; elle doit former le fond des plantations de pêchers tardifs.

REINE DES VERGERS. Fruit aussi remarquable par son coloris que par sa qualité, vert jaune fortement coloré de rouge ; chair excellente, mais à la condition de cueillir le fruit et de le laisser mûrir pendant trois ou quatre jours au fruitier. Arbre de vigueur moyenne, pouvant être soumis aux grandes formes d'espalier, à l'exposition du sud-est.

BRUGNON STANWICK. Très beau et excellent, mais ayant l'inconvénient de se fendre ; mûrissant vers le 15 septembre. Arbre très fertile, de vigueur moyenne, bon pour les grandes formes d'espalier, à l'exposition du sud-est et du sud-ouest.

BRUGNON VIOLET. Fruit gros, très coloré, parfait de qualité, mûrissant en septembre : arbre vigoureux et très fertile. Exposition du sud-est et du sud-ouest.

BRUGNON ORANGE. Fruit moyen, à chair jaune, très coloré et de qualité hors ligne. Arbre de vigueur moyenne, mais très fertile. La place de cet excellent fruit est marquée dans tous les jardins.

Tous les brugnons demandent à être cueillis trois ou quatre jours à l'avance et conservés dans un endroit frais, pour acquérir toute leur qualité.

PÊCHE ALEXIS LEPÈRE. Fruit hors ligne, obtenu par *M. Alexis Lepère fils*. Fruit rouge vif, gros, de qualité remarquable, mûrissant vers le 15 septembre. Arbre très vigoureux et très fertile, propre aux plus grandes formes, expositions du sud-est et du sud-ouest. La *pêche Alexis Lepère*, digne du nom qu'elle porte, est une précieuse acquisition pour le jardin fruitier.

PÊCHE SUPERBE DE CHOISY. Fruit de première grosseur, excellent et d'un beau coloris, mûrissant vers la fin de septembre. Arbre très vigoureux, propre aux grandes formes. Cette magnifique variété a été obtenue par *M. Gravier de Choisy-le-Roi*.

Octobre

CHEVREUSE TARDIVE. *Bon ouvrier.* Fruit moyen, d'excellente qualité. Arbre très fertile, mais peu vigoureux, bon pour les petites formes d'espalier, à l'exposition du midi.

TETON DE VÉNUS. Fruit gros, d'excellente qualité dans les sols légers, mauvais, et mûrissant mal dans les sols argileux. Arbre très vigoureux, fertile, propre aux plus grandes formes, à l'exposition du midi seulement.

Pourprée tardive. Fruit moyen très coloré, de seconde qualité, mais mûrissant fin d'octobre et premiers jours de novembre, et se conservant longtemps au fruitier; sa longue garde est son principal mérite. Arbre vigoureux, fertile, propre aux grandes formes d'espalier, à l'exposition du midi.

En général, le pêcher doit toujours être cultivé à l'espalier, aux expositions que j'ai indiquées, jusqu'à la région du Centre, où, grâce au climat, il se contente d'un peu moins de chaleur. A partir du climat de l'olivier, où on peut le mettre en plein vent, il peut être soumis à toutes les formes, car c'est l'arbre le plus complaisant et le plus docile quand on sait le conduire. Mais il ne faut jamais oublier que cet arbre pousse vite, acquiert promptement un grand développement et est, entre tous, celui qui a le plus de tendance à s'emporter par le haut. Il faut donc choisir pour le pêcher des formes d'une certaine étendue, facilitant le développement de la base, paralysant celui du sommet, et surtout éviter, plus que dans toute autre espèce, les lignes verticales: elles sont mortelles pour le pêcher.

La forme oblique est incompatible avec la végétation du pêcher. Planter des pêchers obliques est courir a un échec certain. L'expérience m'oblige à dire que plus de vingt ans d'expérimentation m'ont indubitablement prouvé que le pêcher en oblique ne pouvait réussir nulle part. Partout, dans toutes les contrées de la France, les plantations de pêchers obliques ont péri en moins de cinq années, sans avoir donné une récolte passable.

Cela se comprend facilement : le pêcher poussant très énergiquement, il est impossible de le maintenir dans un cadre des plus restreints. On ne peut le contraindre à y rester qu'avec force mutilations empêchant l'arbre de fructifier et produisant toujours la gomme qui le fait bientôt périr.

La forme oblique serait complètement abandonnée pour le pêcher, s'il n'existait pas de jardins trop petits pour contenir trois ou quatre pêchers à grandes formes. Je ne l'admets que dans ce cas, pour multiplier les variétés, et encore ne faudra-t-il ne planter en oblique que des pêchers très faibles, et greffés sur épine noire seulement, sujet des plus faibles.

Les pêchers soumis à la forme de cordons verticaux réussissent moins bien encore. Ils ont, il est vrai, de la hauteur pour s'étendre, mais cette disposition, tellement contraire à la manière de végéter du pêcher, fait qu'il se ruine très vite. Il pousse avec vigueur, mais le bas se dégarnit avec la plus grande rapidité, et la fructification est à peu près nulle.

Dans le principe, j'ai adopté avec empressement l'enseignement du Conservatoire des Arts et Métiers, professé, je m'empresse de le reconnaître. avec un rare talent. La parole m'avait séduit, entraîné ; j'avais confiance dans le professeur et foi dans les résultats, qu'il disait certains, sans les avoir vus. Cette école n'avait alors pas d'application pratique ou n'en avait d'autre que celle du jardin de la rue de Grenelle.

Lorsque j'ai mis cet enseignement en pratique, non seulement dans mon jardin d'expériences d'Orléans, mais encore dans une foule de jardins que je créais dans toutes les contrées de la France, et à mes jardins-écoles de Sannois, j'ai dû modifier l'application et chercher les moyens de la rendre possible. Les modifications introduites dans mes éditions successives, comme dans mon enseignement sont le fruit de l'expérience pratique. J'essaye tout ce qui me paraît rationnel, et je l'enseigne quand j'ai obtenu la sanction de la pratique. Partant de ce principe, je n'hésite pas, je dirai plus, je considère comme un devoir d'informer mes auditeurs et mes lecteurs du résultat de mes travaux, afin de leur éviter les écoles que j'ai faites moi-même.

La meilleure de toutes les formes pour le pêcher, celle qui s'équilibre le mieux, la plus vite faite et produisant le plus, est le candélabre à branches obliques (fig. 276). C'est peut-être la seule forme à laquelle on devrait soumettre le pêcher, tant elle est productive, facile à faire et vite faite.

Après vient l'ancien éventail de Montreuil modifié (fig. 277). L'éventail est une excellente forme, mais elle n'est faite ni aussi vite ni aussi facilement que le candélabre, et ne produit jamais autant.

Pour le plein vent, dans le Midi de la France, là où le pêcher est cultivé en grand, l'école moderne con-

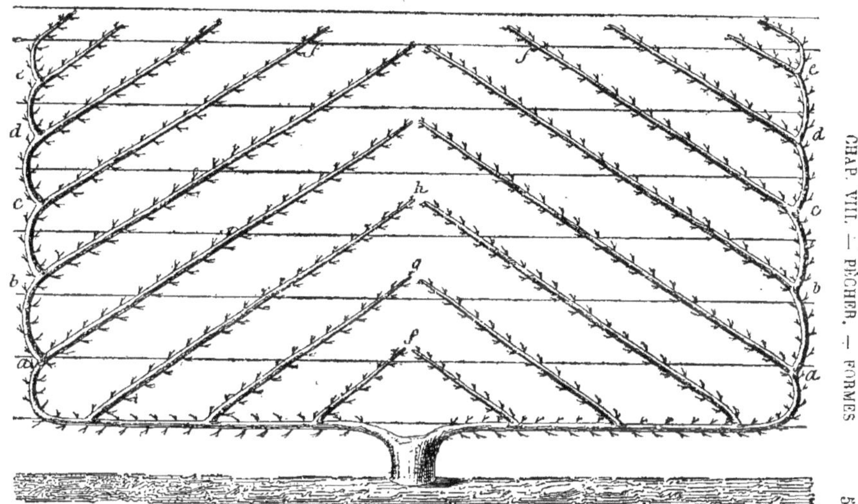

Fig. 276. — Candélabres à branches obliques.

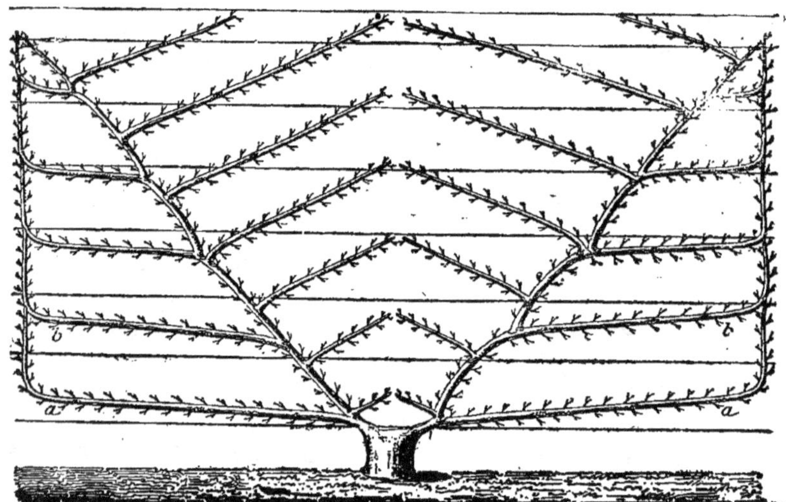

Fig. 277. — Éventail.

seille la seule forme en vase : le vase (fig. 278) ayant 2 mètres d'élévation et 2 mètres de diamètre à la base et au sommet.

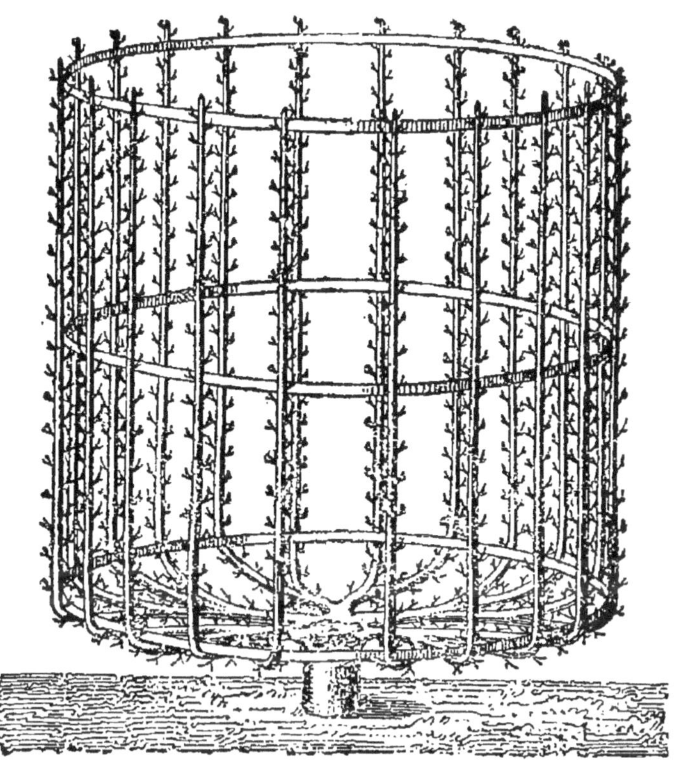

Fig. 278. — Vase.

Le pêcher en vase avec des branches verticales donne des résultats lamentables. L'arbre, ayant toujours tendance à s'emporter par le haut, se dégarnit du bas, et ne forme, au bout de deux ou trois années que des petits balais improductifs au bout de grands bâtons dénudés. Toutes les formes verticales sont mortelles pour le pêcher.

Pour le midi, en plein vent, il n'y a qu'une forme à adopter : l'arbre en touffe (fig. 279).

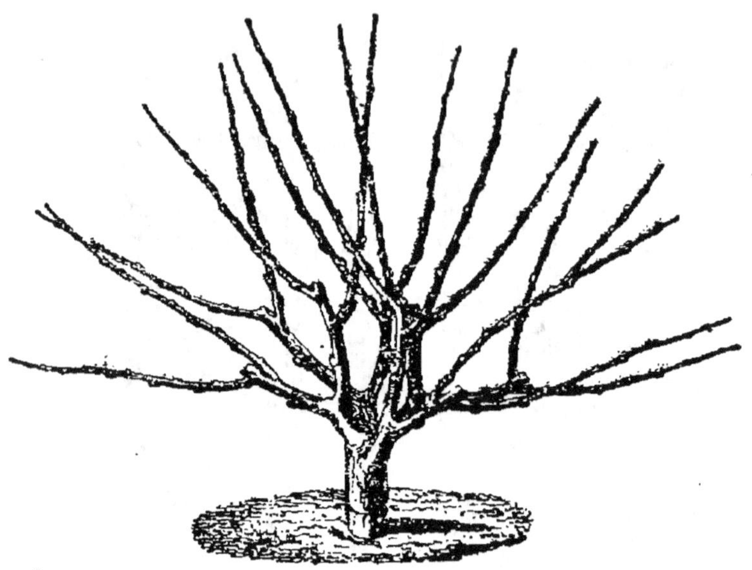

Fig. 279. — Arbre en touffe.

Cette forme n'a pas de lignes verticales; elle ne demande pas de supports et est des plus faciles à faire. Les pêchers en touffes ont donné les plus brillants résultats dans le Midi.

Ces trois formes : candélabre, éventail et arbre en touffe, sont celles convenant le mieux à la végétation du pêcher, les deux premières pour les jardins, sous tous les climats, et celle en touffe pour le plein vent, dans le Midi seulement.

Cependant, si l'on avait une grande quantité de pêchers à planter, on pourrait les soumettre encore aux formes suivantes :

Palmette Gressent, page 187, fig. 88 ;

Palmettes à branches croisées, page 185, fig. 87, pour les variétés les moins fertiles;

Palmettes à branches courbées, page 184, fig. 86.

Mais ces formes devront être choisies après les deux premières, les plus faciles à faire et les meilleures, comme les plus fertiles, et seulement pour apporter de la diversité dans le jardin.

Toutes ces formes d'arbres seront exécutées pour le pêcher comme je l'ai indiqué à chacune pour le poirier. (Voir p. 472 et suivantes.) La taille et la formation des rameaux à fruits seront seules différentes et, contrairement aux autres espèces, le pêcher devra être recépé (coupé en pied) en le plantant, et cela pour toutes les formes sans exception. Voici pourquoi :

Lorsque les yeux qui existent à la base des rameaux du pêcher ne se sont pas développés la seconde année, ils s'éteignent. De cette loi la nécessité de rabattre sur les yeux de la base pour les faire développer.

La qualité des pêchers à planter gît dans le nombre d'yeux latents qui existent à la base. Lorsqu'on destine un pêcher à une forme demandant, comme toutes, deux branches latérales, on le coupe à 30 centimètres environ du sol, pour obtenir deux bons bourgeons. On laisse pousser cinq ou six bourgeons; et, quand ils ont atteint la longueur de 15 à 20 centimètres, on en choisit deux de vigueur égale, l'un à droite, l'autre à gauche.

Ce sont les deux branches. On pince tous les autres bourgeons sur cinq ou six feuilles, et, dès que les deux bourgeons destinés à former les deux premières branches ont atteint la longueur de 35 à 40 centimètres, on supprime entièrement tous les autres, afin de donner toute la sève de l'arbre à ses deux premières branches.

Les meilleurs pêchers à planter sont ceux de deux ans, élevés sur deux bras. Le pêcher ne reprend pas toujours facilement; ceux de deux ans reprennent bien et sont déjà pourvus de deux branches équilibrées : ils vont plus vite que ceux d'un an, surtout quand ils ont été bien déplantés, avec toutes leurs racines.

Le pêcher se greffe sur quatre sujets différents: sur amandier, sur pêcher franc, sur prunier et sur épine noire.

L'amandier est le sujet le plus communément employé; il donne lieu à des arbres plus vigoureux que les trois autres. On emploie, pour greffer le pêcher, l'amandier doux à coque dure (c'est le moins sujet à la gomme); mais l'amandier demande un sol très profond, pas trop compact et exempt d'humidité : il donne également de bons résultats dans les sols caillouteux, de qualité médiocre, mais lorsqu'ils sont assez profonds pour que ses racines pivotantes puissent y pénétrer.

Dans les sols humides ou peu profonds, l'amandier pousse d'abord très vigoureusement, mais il est toujours ruiné par la gomme, la troisième ou la quatrième année, et périt au moment où l'arbre prend du développement.

Le pêcher franc est peut-être le meilleur sujet pour greffer le pêcher ; il produit des arbres un peu moins vigoureux que l'amandier, il demande un sol de consistance moyenne, perméable, et exempt d'humidité surabondante. Les racines étant moins pivotantes que celles de l'amandier, il réussit bien dans les sols moins profonds et plus compacts, où l'amandier donnerait de mauvais résultats.

Le pêcher franc, malgré tous ses avantages, n'est pas répandu dans le commerce ; la difficulté que les pépiniéristes éprouvent à se procurer des noyaux en assez grande quantité les empêche de le cultiver. Le propriétaire seul peut en élever dans son jardin ou sa pépinière, en choisissant, pour les semis, les noyaux des espèces les plus vigoureuses, telles que : *belle Beauce, mignonne hâtive, teton de Vénus, etc.*

Le prunier est employé pour greffer les pêchers destinés à être plantés dans les sols peu profonds ou très compacts, où l'amandier et le pêcher franc ne pourraient prospérer. On emploie communément pour cela le *Damas* ou le *Saint-Julien*, dont les racines traçantes peuvent vivre dans les sols argileux, peu profonds ou plus humides.

Lorsque le plant de prunier provient de drageons, les arbres produisent constamment au pied des drageons qui les épuisent. Le prunier de semis n'a pas cet inconvénient. Tous les pépiniéristes qui se respectent font leurs arbres avec des pruniers de semis et livrent d'excellents arbres ; mais le respect de soi-même n'étant pas la qualité du jour, le propriétaire devra veiller avec soin aux livraisons qui lui sont faites.

L'épine noire, qui pousse toute seule dans les fossés, est au pêcher ce que l'épine blanche est au poirier. C'est la ressource suprême dans les sols où rien ne veut pousser ; grâce à l'épine noire, on peut récolter d'excellentes pêches, indistinctement dans la craie ou dans la glaise. L'épine noire produit des arbres peu vigoureux, mais dont les fruits sont magnifiques en raison de la faiblesse du sujet. On en est quitte pour planter les arbres plus près. Le candélabre et l'éventail, demandant une distance de 5 à 6 mètres sur amandier ou prunier, seront plantés à 3ᵐ,50 sur épine noire.

C'est le seul sujet permettant de planter des pêchers en cordons obliques, pouvant fructifier et vivre de six à sept années au plus.

La culture du pêcher, du prunier et de l'abricotier est possible dans les plus mauvais sols, en les greffant sur épine noire, comme celle du poirier greffé sur épine blanche dans les sols réputés impossibles.

Suivant la nature du sol, on choisira les pêchers greffés sur amandier, sur pêcher franc, sur prunier ou sur épine noire. C'est une question d'appréciation de la part de la personne qui veut planter. L'opérateur choisira également les formes suivant son goût, la hauteur de ses murs et les variétés qu'il plantera. Ceci posé, et, avant d'enseigner à faire des formes, occupons-nous de la formation des rameaux à fruits sur le pêcher, rameaux de discorde s'il en fut jamais. Examinons tout d'abord froidement, et sans esprit de parti, les conceptions de chacun, et surtout les résultats pratiques qu'elles ont donnés.

TAILLE DE MONTREUIL. Disons tout d'abord que le berceau de la culture du pêcher est Montreuil ; disons aussi que les cultures de Montreuil sont les plus parfaites et donnent des produits magnifiques, lorsqu'elles sont dirigées par des hommes de la valeur de M. Alexis Lepère. Montreuil doit sa richesse à la culture du pêcher, il n'y a qu'une profession pour les habitants de ce village : cultivateur de pêchers. Ils vivent avec leurs arbres, s'identifient avec eux, les aiment et les soignent comme des enfants, et ils ont raison, car ce ne sont pas des enfants ingrats. Je connais plusieurs cultivateurs de pêchers qui étaient loin d'être riches il y a vingt ans, et qui aujourd'hui ont acquis des fortunes très respectables, sans avoir fait autre chose que de tailler leurs pêchers, les soigner et vendre leurs pêches.

J'ai dit à tous mes élèves, et je répétais à mes lecteurs lorsque M. Lepère vivait : « Si vous voulez voir la culture du pêcher à son apogée, une fructification et une production féeriques, allez visiter les cultures de M. Alexis Lepère. Mais n'oubliez pas ceci : cet artiste est un grand maître ; il est cultivateur de pêchers, comme Horace Vernet et Gudin étaient peintres. L'un et l'autre produisaient des effets magiques avec un seul coup de brosse : vingt mille individus gâchent des couleurs et barbouillent des toiles depuis trente ans, sans avoir encore soupçonné le coup de brosse des grands maîtres.

Un bourgeon de pêcher est-il rebelle et menace-t-il de rester stérile, le maître le palisse aussitôt, et en quelques semaines il se couvre de fleurs. Le commun des martyrs et *les esprits forts*, qui ont assisté à cette opération, trouvent que rien n'est plus facile que de fixer un bourgeon sur le mur, avec un chiffon et un clou. Ils s'en vont disant : *C'est ça la taille du pêcher ! c'est pas malin !* Pauvres aveugles, qui regardez tout sans rien voir ! Là où vous n'avez vu qu'un clou, un chiffon et un marteau, il s'est dépensé en quatre secondes plus de science que vous n'en acquerrez dans toute votre existence. Le bourgeon que vous avez vu attacher sur le mur a été plié de manière que l'action de la sève se concentre en partie sur les yeux de la base, et que la surabondance se dépense par l'extrémité. Dans le palissage de ce bourgeon, il y avait toute la physiologie du pêcher, et vous n'avez vu que le clou et le marteau !

Si ce que je dis ici du palissage d'un bourgeon semblait exagéré aux propriétaires, qu'ils examinent scrupuleusement les pêchers qu'ils trouveront dans les vingt premiers jardins venus. J'entends ici des pêchers soignés par des jardiniers qui ont pris quelques leçons à Montreuil, se croient très forts et ont la prétention de savoir, et non des arbres abandonnés à des vignerons ou à des terrassiers. Qu'ils me disent de bonne foi ce qu'ils ont vu. Ils avoueront que, dans dix-neuf de ces jardins, ils n'ont trouvé autre chose que des têtes de saule, des coursons avec des talons de vieux bois de 25 à 50 centimètres de longueur, partout une grande quantité de bourgeons ficelés comme des carottes de tabac, mais dépourvus de fleurs, ou, s'ils portent quelques rares fleurs, c'est à l'extrémité des rameaux.

Je passe sous silence les pêchers complètement dénudés par la base, ceux qui n'étalent sur le mur qu'une charpente totalement dégarnie, et ne possèdent, en fait de parties vivantes, que deux ou trois branches passant par-dessus le mur, dont la fonction n'est pas de produire des pêches, mais uniquement d'attester que l'arbre n'est pas encore mort, et ceux-là composent la majorité.

Si vous dites à l'un des hommes qui soignent ces arbres que ses pêchers ne sont pas beaux, il vous répondra que le terrain ne vaut rien. Ce terrain est souvent meilleur que celui de Montreuil, et, si on le donnait à planter à M. Alexis Lepère, il couvrirait en peu de temps ces mêmes murs de pêches d'une végétation luxuriante et de pêches magnifiques. La culture du pêcher, comme on la fait à Montreuil, demande un savoir profond, une intelligence élevée, beaucoup d'expérience et des soins incessants.

Tout cela ne peut s'acquérir en quelques leçons, mais seulement avec des années de travail consciencieux et l'expérience. Aussi, le plus souvent, les excellentes leçons de Montreuil, rarement comprises, et appliquées d'une manière dérisoire, ne donnent pas les résultats que l'on était en droit d'en attendre. Disons plus : lorsqu'elles sont bien comprises et bien appliquées, il faut encore que toutes les opérations soient faites en temps opportun, ou les résultats sont négatifs. Quelquefois le jardinier sait, et sait faire; mais, avec ses pêchers, il a d'autres arbres, des serres qui ne sont pas moins exigeantes, sans compter toutes les autres cultures. Il sait, mais il faut qu'il fasse tout; il va au plus pressé et ajourne les pêchers, qui veulent être opérés à la minute dite.

Je rends à la taille de Montreuil la justice qui lui appartient, comme fertilité et comme régularité, et dis avec la meilleure foi du monde que, si la mienne produit des arbres aussi fertiles et des fruits aussi beaux, elle ne présentera jamais la régularité du palissage de Montreuil. Je ne reproche que deux choses à la taille de Montreuil: le savoir et le temps qu'elle exige. C'est un obstacle pour la province, qui n'acquiert pas assez de savoir et ne veut donner, le plus souvent, que très peu de temps à la culture des arbres. Cette seule considération m'a fait rechercher autre chose de moins parfait peut-être, mais donnant de bons résultats entre les mains de tous.

Le pêcher ne fructifie que sur le bois formé l'année précédente, et tout rameau qui a fructifié ne porte jamais d'autres fruits. La fructification de l'année suivante doit être établie sur des bourgeons nouveaux. La grande difficulté est d'obtenir des bourgeons nouveaux à la base du rameau qui porte des fruits, et d'obtenir non seulement des fleurs à la base de ces nouvelles productions, mais encore des bouquets de mai.

Voici comment s'obtiennent les rameaux à fruits à Montreuil:

Le rameau figure 280 est né l'année précédente ; il a été convenablement palissé pendant l'été, porte des fleurs a et a été taillé sur celles qui étaient situées le

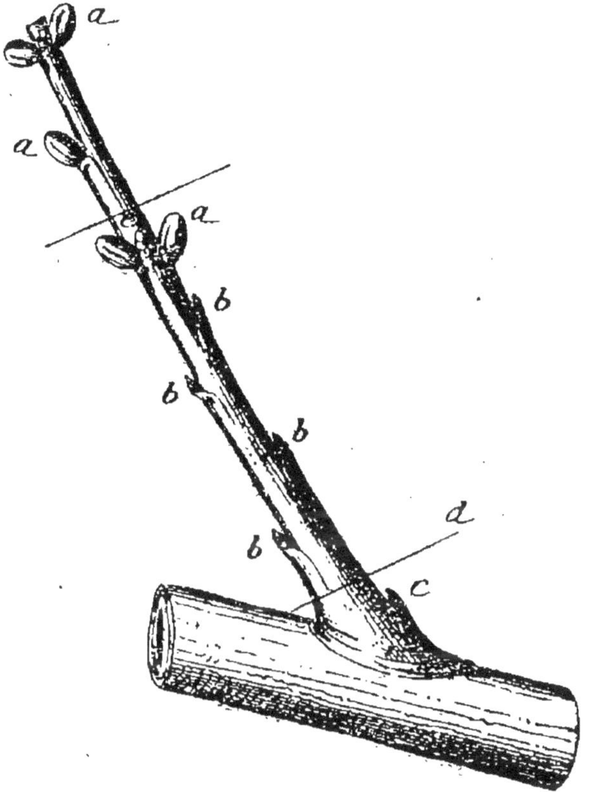

Fig. 280. — Rameau de pêcher, taille d'hiver.

plus près de la base. Les yeux b sont destinés à fournir le rameau qui devra fructifier l'année suivante. Si le rameau est bien palissé, si les bourgeons fournis par les yeux d ont été pincés et supprimés à temps, l'œil c fournira le bourgeon de remplacement, et la branche qui aura produit des fruits sera coupée le printemps suivant en *d*. Dans ce cas, un nouveau rameau remplacera l'ancien, et tout sera pour le mieux.

Si l'opération a été mal conduite, que les yeux *b* et *c* soient éteints et que l'œil *e* fournisse le bourgeon de remplacement, il faudra forcément tailler le rameau très long au printemps suivant, et conserver à la base un talon de vieux bois, long de 10 centimètres, dont tous les yeux seront détruits. C'est en opérant ainsi que l'on crée ces énormes talons que l'on voit sur la plupart des pêchers, talons noueux, mutilés, qui offrent autant d'obstacles au passage de la sève et empêchent les fruits de se développer.

Là n'est pas encore toute la difficulté ; il faut que le nouveau bourgeon ait des fleurs le plus près possible de la base. Pour obtenir ce résultat, il faut que le bourgeon *a* (fig. 281) soit pincé à une longueur de 35 à 40 centimètres, suivant l'état de ses yeux, et ce au moment opportun, ou l'opération est manquée (*b*, même figure). Il faut en outre qu'à ce moment donné, sous peine de voir le succès compromis, le même bourgeon soit palissé plus ou moins horizontalement suivant sa vigueur et l'état des yeux de sa base, de manière à concentrer assez de sève sur eux pour leur faire produire des fleurs. Quand le palissage est mal fait, les yeux se développent en bourgeons anticipés. Dans ce cas, il n'y a pas de fleurs ; on coupe tout, et l'on recommence l'année suivante. On obtient rarement des fruits, mais toujours de la gomme.

Le plus souvent les fleurs sont placées à l'extrémité des rameaux ; alors on taille très long pour avoir

Fig. 281. — Bourgeon de remplacement du pêcher.

quelques fruits, et l'effet de ces tailles longues est toujours d'anéantir les yeux de la base et d'allonger démesurément les talons des coursons. Je me dispense de faire une figure; les personnes qui voudront contrôler ce que j'avance n'ont qu'à regarder leurs arbres, elles ne manqueront pas d'exemples.

Indépendamment de tous ces inconvénients, cette taille demande énormément de temps et exige des opérations continuelles :

1° Taille et palissage d'hiver ;

2° Taille après la floraison, pour rabattre les rameaux dont les fruits n'ont pas noué ;

3° Taille en vert, pour supprimer les bourgeons trop nombreux et régler le nombre des bourgeons de remplacement ;

4° Pincement des bourgeons de remplacement ;

5° Deuxième et troisième taille en vert ;

6° Palissage des bourgeons de remplacement fait en quatre ou cinq fois.

Toutes ces opérations sont difficiles ; elles demandent une justesse d'appréciation qu'il n'est pas donné à tout le monde d'avoir, un savoir et une expérience qui ne s'acquièrent pas en un instant et sans une longue pratique.

Je ne saurais mieux faire que d'engager les personnes qui veulent palisser leurs pêchers à étudier le savant livre de M. A. Lepère, et d'aller prendre ensuite des leçons à Montreuil.

Taille Grin. Devant les nombreux inconvénients inséparables des opérations délicates de la taille de

Montreuil, un amateur d'arboriculture distingué, aussi laborieux que persévérant, M. Grin aîné, de Chartres, a eu la pensée de chercher un autre mode de taille pour les rameaux à fruits du pêcher.

Le but de M. Grin était d'obtenir une grande quantité de fruits par des moyens plus simples et surtout plus à la portée de tous. L'honorable amateur, dont l'unique ambition était d'être utile à son pays, s'est mis au travail avec une persévérance des plus louables. Il a commencé par supprimer les palissages d'hiver et d'été et toutes les tailles d'été, qu'il a remplacées par des pincements.

M. Grin était l'homme du pincement; il en a fait une école, et surtout l'a pratiqué avec excès pendant de longues années.

La méthode de M. Grin présentait de prime abord les avantages suivants : la suppression des palissages d'hiver et d'été et des tailles en vert. Ensuite, au lieu de conserver un intervalle de 70 centimètres entre les branches de la charpente, comme à Montreuil, une distance de 30 à 35 centimètres suffisait pour les rameaux à fruits. Cela permettait de doubler le nombre des branches de la charpente, et par conséquent celui des fruits.

Il y avait là une école nouvelle qui s'élevait à côté de celle de Montreuil, école dont M. Grin était le fondateur et le promoteur, et qui, dès son début, promettait de simplifier beaucoup les opérations les plus difficiles, en augmentant le produit. Les résultats obtenus, au début, par M. Grin, étaient incontestables : M. Grin avait opéré sur de vieux arbres bien enracinés, et les branches étaient couvertes de fruits.

Les choses en étaient là, lorsque je suis allé voir pour la première fois les pêchers de M. Grin ; c'était dans le mois de juillet. Toutes les branches de ses arbres portaient de véritables guirlandes de pêches, et je suis heureux ici de rendre hommage à la vérité en ajoutant que les pêches de M. Grin étaient magnifiques. Les branches étaient palissées à 30 centimètres d'intervalle, et le mur littéralement couvert de pêches. Il y avait là, je le répète, une école créée par M. Grin, et qui, dès le début, montrait les plus brillants résultats.

Cela était tentant ; je me promettais d'expérimenter, comme toujours, et, voyant mon honorable collègue, Du Breuil, dans l'expérience duquel j'avais la foi la plus profonde, accepter la taille Grin sans l'expérimenter et l'enseigner dans ses cours et dans ses écrits, à *l'exclusion de toute autre*, je me mis à l'œuvre avec ardeur.

J'ai immédiatement appliqué la méthode de M. Grin à quelques centaines d'arbres ; j'ai obtenu les plus beaux résultats dans la restauration des vieux pêchers ; mais l'expérience, faite en grand, m'a prouvé bientôt que les pincements trop courts épuisaient vite les vieux arbres et faisaient périr les jeunes en deux ou trois années au plus.

C'était une déception ; j'ai voulu aller jusqu'au bout, et j'ai été récompensé de ma persévérance. J'ai tué en quatre ans, avec toute la conscience possible, un espalier de pêchers tout entier, avec les pincements Grin, dans mon jardin d'expérimentation d'Orléans. (Ceci n'est pas la récompense de la taille Grin.) Mes pêchers auraient duré moins longtemps si, pour conserver quelques arbres auxquels je tenais, je n'avais allongé mes pincements. C'est aux résultats obtenus avec des pincements beaucoup plus longs que je dois l'idée de la taille Gressent, et ma reconnaissance envers M. Grin.

M. Grin n'est plus, et, tout en repoussant sa taille comme mortelle pour le pêcher, je suis heureux d'honorer sa mémoire en rendant un légitime hommage à

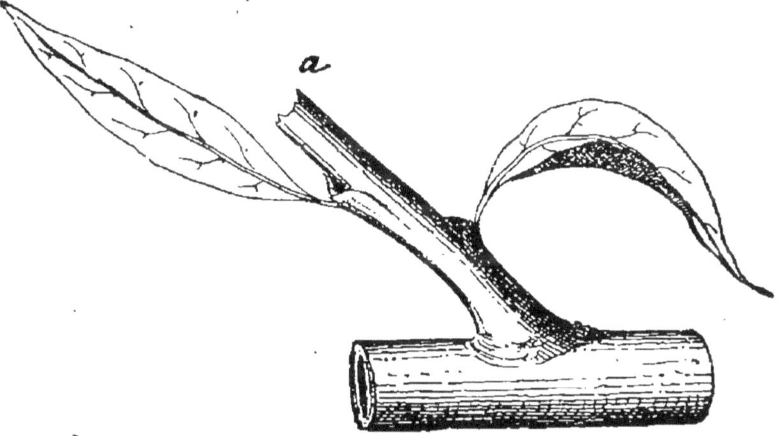

Fig. 282. — Méthode Grin, premier pincement.

son caractère, à son amabilité, comme à son dévouement, à sa bonne foi, à sa persévérance, et de garder le meilleur souvenir du service qu'il m'a rendu.

Malgré les importantes modifications de ma taille, celle de M. Grin pouvant être utilement employée mais temporairement seulement, et comme moyen d'équilibre, dans la restauration des vieux pêchers, il est utile de la décrire.

Voici comment **M. Grin** opérait :

Dès qu'un bourgeon de pêcher atteignait la longueur de 5 centimètres environ, il le pinçait sur les deux premières feuilles de la base (*a*, fig. 282). Il se développait bientôt de nouveaux bourgeons à l'aisselle des deux feuilles : ces bourgeons étaient pincés

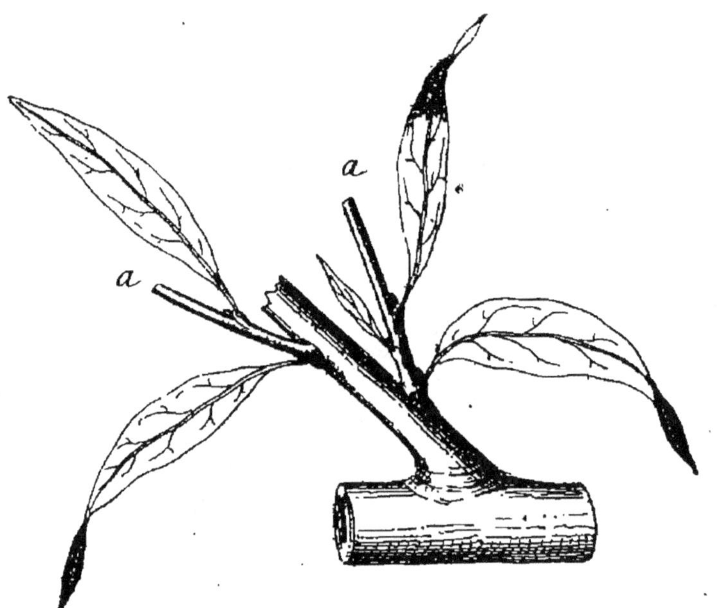

Fig. 283. — Méthode Grin, deuxième pincement.

à une feuille seulement lorsqu'ils atteignaient une longueur de 5 centimètres (*a*, fig. 283), et jusqu'au mois d'août on pinçait successivement, à une feuille seulement, toutes les productions qui apparaissaient sur les bourgeons pincés ; arrivé à cette époque, on laissait allonger un peu les derniers bourgeons en en pinçant toutefois l'extrémité, s'ils dépassaient une longueur de 10 à 12 centimètres (fig. 284). L'effet de ces pincements successifs était de produire pour l'année suivante une quantité de fleurs comme le montre la figure 284. Alors on taillait en *a*; les yeux *b*, situés à la base, se développaient l'année suivante. On choi-

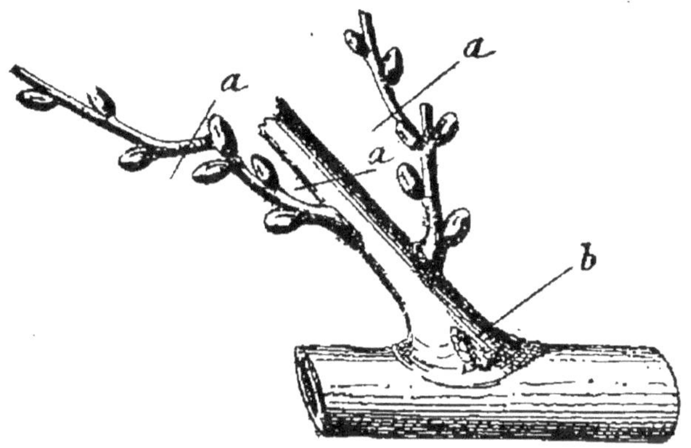

Fig. 284. — Méthode Grin, fructification.

sissait le bourgeon le plus rapproché de la base pour le soumettre à de nouveaux pincements et fournir une nouvelle lambourde, puis on supprimait tous les autres (fig. 284).

Très souvent, les pincements réitérés ont eu pour effet de faire développer en bouquets de mai les yeux de la base (*a*, fig. 285). Ces bouquets fournissent toujours les plus beaux fruits ; alors on enlevait tout le produit des pincements et l'on taillait en *b* (même figure).

Les branches du pêcher étant palissées à 30 centimètres, il fallait empêcher, sur les prolongements, le développement des bourgeons anticipés. On appelle ainsi les bourgeons qui naissent sur les prolongements de l'année, et chez le pêcher, qui a toujours tendance à s'emporter par le haut, ces bourgeons poussent avec une rapidité extrême, surtout pendant les chaleurs. Alors ils produisent des bourgeons très longs,

Fig. 285. — Méthode Grin, bouquet de mai produit par les pincements.

dont les mérithalles sont fort écartés, toujours dépourvus d'yeux à la base, et sur lesquels il est impossible d'obtenir une fructification normale (fig. 286).

Pour obvier à cet inconvénient, M. Grin a employé plusieurs procédés; il s'est servi d'incisions et d'entailles, que j'ai essayées et abandonnées, comme le pincement des feuilles, sans pouvoir obtenir un résultat concluant.

Le bourgeon anticipé est la plaie des pêchers non palissés; on les modère, et l'on obtient de bons résultats par le pincement dont je parlerai plus loin.

N'oublions pas, en résumant la méthode Grin, qu'elle ne peut être appliquée utilement que seulement

Fig. 286. — Bourgeon anticipé du pêcher.

pendant quelques semaines, pour faire naître des bouquets de mai, sur de vieux arbres en restauration, et jamais sur de jeunes arbres ni sur des pêchers en bon état.

TAILLE DUBREUIL. Au mois de janvier 1868, au moment de l'*éclosion* du jardin de la ville de Paris, le journal *le Siècle* annonçait une nouvelle taille du pêcher par M. le professeur Dubreuil; taille, disait le journal, qui n'était ni la taille Grin, ni la taille Gressent, etc. etc., et ledit journal ajoutait que cette taille ÉTAIT LE DERNIER MOT de la taille du pêcher.

Une nouvelle taille excite toujours la curiosité; mais une taille annoncée comme étant le DERNIER MOT, c'est-à-dire la perfection, et surtout quand ce DERNIER MOT est annoncé par un des organes les plus répandus de la presse, quelque peu modeste que soit la réclame, on a hâte d'en connaître le fond.

Examinons le dernier mot pour en apprécier la valeur :

Première opération : pincement des bourgeons à deux feuilles : c'est le pincement Grin.

Cette taille n'est pas laborieuse; on attend. « Vers la fin du mois de juin, dit l'auteur (page 509, 6e édition), au moment où ils ont acquis (les bourgeons), la consistance ligneuse sur presque toute leur longueur, on leur applique une taille en vert, c'est-à-dire qu'on coupe ces bourgeons anticipés au-dessus de la quatrième feuille. »

Voici la seconde opération : ce n'est pas précisément la taille Gressent; j'y apporte plus de réflexion. L'auteur ne nous dit pas quelle est la longueur de ses bourgeons anticipés, nés sur un pincement Grin ; elle doit varier, vers la fin du mois de juin, entre 80 centimètres et 1ᵐ,20. C'est bien long, surtout pour l'aspect des espaliers, et le rapprochement est bien court pour éviter la gomme.

Troisième opération : taille en vert de la seconde génération de bourgeons sur trois feuilles. (Cela ressemble beaucoup à la dernière opération Grin.) Vient ensuite la taille d'hiver, qui n'est autre chose que les rognages habituels opérés après les pincements Grin; puis le chapitre se termine par une innovation, pour éviter les bourgeons anticipés : laisser trois prolongements au lieu d'un. C'est beaucoup de prolongements pour un arbre que l'on soumet à un régime qui l'empêche de pousser; mais qu'importe? Le bon public essayera, et il obtiendra, je n'en doute pas, des résultats beaucoup plus désastreux qu'en appliquant les *pincements à mort*.

Soyons moins *fantaisistes*, et ayons un peu plus de bon sens. Le public paye toujours les frais des niaiseries inspirées par l'orgueil et par l'inexpérience; notre devoir de professeur est de lui éviter de nouvelles déceptions. Raisonnons donc comme des gens qui *ont vu* des arbres et qui ont pris *la peine de les traiter eux-mêmes*.

La taille à quatre feuilles produira une forêt de bourgeons qui formera un fouillis impossible, encore augmenté par la seconde taille à trois feuilles; il se développera à la base du bourgeon primitif des bourgeons qui formeront très vite une tête de saule, et la présence de ces nombreuses têtes de saule fera redouter une taille d'hiver, qui sera encore moins salutaire pour les arbres que les pincements Grin. Quant aux trois prolongements, le résultat peut être obtenu; il est possible d'éviter ainsi la production des bourgeons anticipés; mais lorsque chaque branche sera pourvue de trois prolongements, armés d'un colossal appareil de feuilles à l'extrémité, toutes les ramifications de la base, et même du milieu de l'arbre, périront infailliblement.

Le bon sens public a fait justice de l'article du *Siècle*, comme du dernier mot. Personne n'a voulu même l'expérimenter. *Le Siècle* écrira bien des lignes, et l'habile professeur dira bien des paroles sans jamais écrire ni prononcer le *dernier mot de la taille du pêcher* et même de quoi que ce soit.

CHAPITRE IX

PÊCHER

TAILLE GRESSENT

Tout ce que j'ai dit de la formation de la charpente et du recépage, en plantant les pêchers, s'applique à ma taille comme à toutes les autres. Les modifications portent seulement sur les rameaux à fruits.

Les deux formes les plus convenables pour le pêcher sont :

1° Le candélabre à branches obliques (fig. 287). C'est de toutes les formes celle qui s'équilibre le mieux, la plus facile à faire comme la plus productive, et celle qui donne les plus beaux fruits.

L'arbre a de 5 à 6 mètres de développement en largeur, et les branches sont distantes de 35 centimètres.

2° L'éventail de Montreuil modifié (fig. 288).

L'arbre a de cinq à six mètres de développement en largeur, et les branches sont également distantes de 35 centimètres.

Pour la taille de Montreuil, un écartement de 70 à 80 centimètres entre les branches est indispensable pour le palissage. 35 centimètres suffisent pour la taille Gressent.

On dessine ces deux formes, sur le mur, comme toutes les autres, avec des lattes de sciage ou des baguettes bien droites, avant de planter l'arbre. Commençons par le candélabre à branches obliques (fig. 287), la forme par excellence pour le pêcher. Après avoir dessiné la forme sur le mur (fig. 289) avec des lattes, on plante, comme je l'ai dit, un pêcher de deux ans élevé sur deux bras. On taille les bras à 40 centimètres de longueur environ, et l'on élève sur chacun d'eux un bourgeon vigoureux sur les lignes *a*.

La seconde année, on met ces bourgeons en place sur les lignes *b*, après avoir supprimé quelques centi-

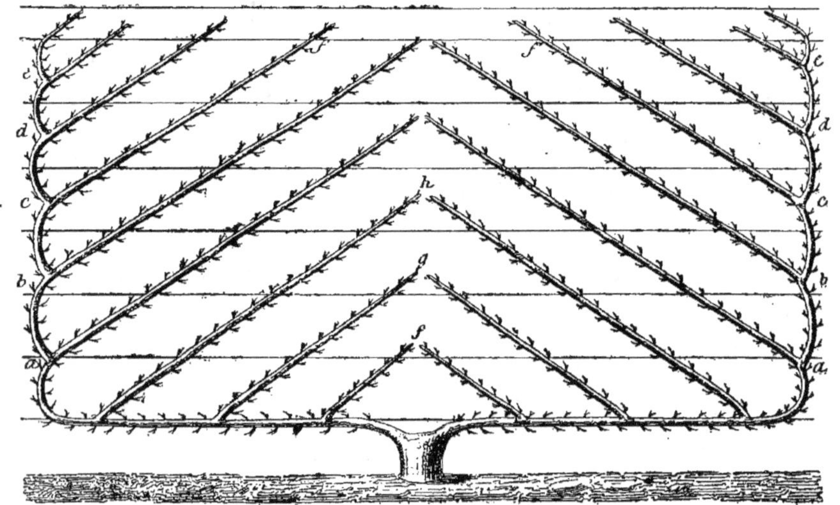

Fig. 287. — Candélabre à branches obliques.

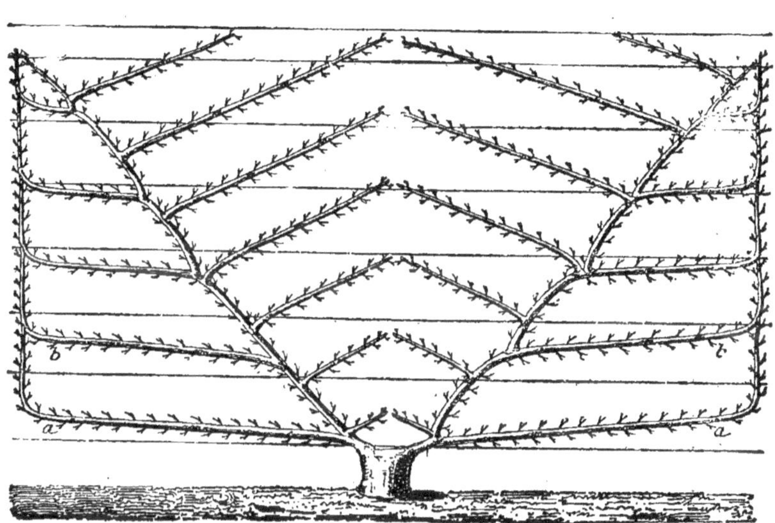

Fig. 288. — Éventail modifié.

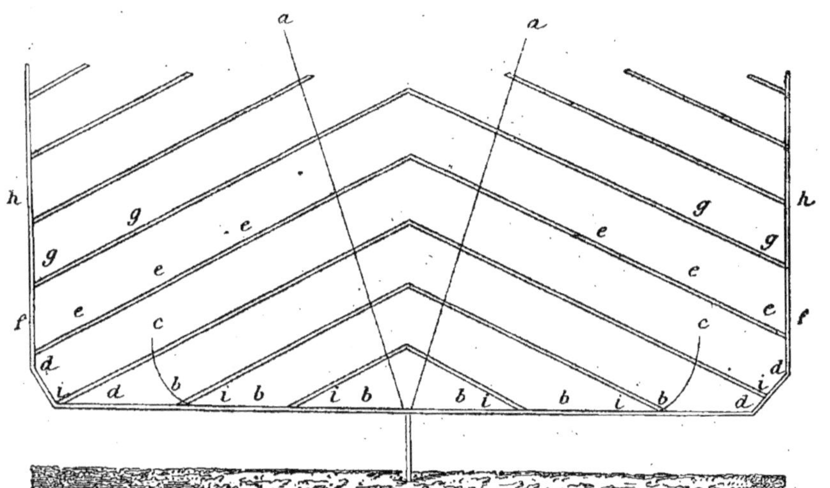

Fig. 289. — Formation du candélabre.

mètres seulement de l'extrémité, et on la relève en *c*, pour faire pousser le nouveau prolongement avec vigueur. La troisième année, les prolongements sont mis en place sur les lignes *d*, et recourbés en *e*, pour fournir les deux branches les plus longues.

La quatrième année, on élève deux bourgeons vigoureux aux points *f*, pour former les branches *g* et *h* et l'on taille aux points *i* les rameaux à fruits sur un bon œil à bois, afin d'obtenir en même temps toutes les branches de l'intérieur. La cinquième année, le mur est couvert, et l'année suivante l'arbre est à fruit de la base au sommet.

Ce mode de formation de la charpente, basé sur la théorie des inclinaisons, ne nécessite pas d'amputation. Une suppression de quelques centimètres de l'extrémité des prolongements est suffisante pour obtenir le développement de tous les yeux de la base et un bon prolongement. En conséquence, tout le produit de la végétation est consacré à l'extension de la charpente et à la fructification. La sève circule lentement dans toute l'étendue des branches pour faire irruption dans la ligne verticale ouverte à dessein afin de favoriser l'accroissement. De cette double combinaison de la charpente, il résulte une formation très prompte, et une fructification immédiate, et, de plus, l'arbre, exempt d'amputations et de cicatrices, est d'une santé et d'une vigueur sans égales, ce qui détermine la production de fruits aussi volumineux que savoureux.

Pour l'éventail, on plante et l'on recèpe comme

pour le candélabre. La forme est également dessinée sur le mur avant la plantation. On taille les bras à 40 centimètres de longueur, et l'on élève sur chacun d'eux un bourgeon vigoureux sur les lignes *a* (fig. 290).

La seconde année, on couche ces deux pousses sur les lignes *b* (fig. 290), pour former le premier étage de branches, et on relève l'extrémité sur la ligne *c*, pour leur donner le plus de vigueur possible; il naît par l'effet de la courbure, plusieurs bourgeons aux points *d*; on en choisit un vigoureux de chaque côté pour les palisser sur les lignes *e*, et l'on supprime tous les autres.

La troisième année, les pousses palissées sur la ligne *e* seront mises en place sur les lignes *f* pour former le second étage de branches, en relevant l'extrémité sur la ligne *g*, afin de favoriser leur développement. Les branches du premier étage, relevées en *c*, l'année précédente, seront allongées d'un mètre environ; on les palissera sur la ligne *h*, et on les relèvera en *i*, pour les fortifier. On élèvera deux nouveaux bourgeons aux points *j*, et on les palissera en *k*, pour former le troisième étage des branches.

La quatrième année, les pousses élevées sur la ligne *h* (fig. 290) seront mises en place sur la ligne *l*; le second étage de branches, relevé sur la ligne *g*, sera mis en place sur la ligne *n*. On taillera tous les rameaux à fruits situés au point *p*, sur un bon œil à bois, pour obtenir pendant l'été toutes les branches de l'intérieur, et l'on achèvera de former les côtés

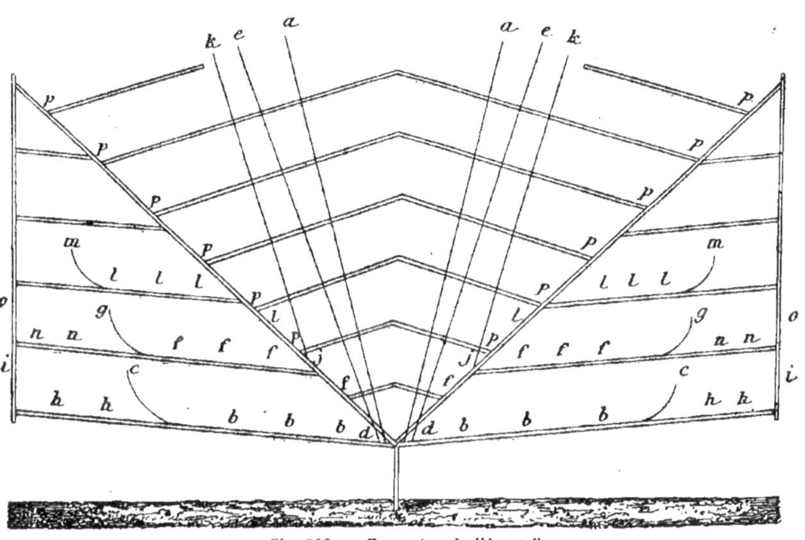

Fig. 290. — Formation de l'éventail.

de l'arbre, comme les trois premiers étages. La cinquième année, le mur sera complètement couvert, et le maximum du produit sera obtenu l'année suivante.

Au fur et à mesure de l'accroissement de la charpente, on appliquera aux bourgeons latéraux les opérations suivantes, pour les convertir en rameaux à fruits, sur toutes les branches.

Supposons un prolongement de la charpente né l'année précédente, taillé de manière à développer tous les yeux de la base. La première opération, avant de palisser ce prolongement, sera d'éborgner avec la lame du greffoir tous les yeux placés contre le mur. Cette opération consiste à couper l'œil à sa base; ensuite, et seulement lorsque les yeux conservés, ceux du dessus, du dessous et du milieu du prolongement, auront produit des bourgeons de 2 à 3 centimètres de longueur, il faudra enlever les bourgeons doubles ou triples aux endroits *a* (fig. 291) en les coupant à leur base avec la lame du greffoir. Il ne faut en conserver qu'un seul à cháque endroit; si la branche est palissée horizontalement, on garde le plus vigoureux en dessous, le plus faible en dessus, et celui de vigueur

Fig. 291. — Éborgnage du pêcher.

moyenne au milieu, afin d'obtenir une végétation égale partout.

On laisse tous les bourgeons conservés pousser librement jusqu'à ce qu'ils aient développé de quatorze à quinze feuilles, et alors seulement on les pince une fois pour toutes sur dix à douze feuilles, suivant leur vigueur.

Les bourgeons faibles peuvent être pincés sur neuf feuilles, ceux de vigueur moyenne sur dix, et ceux très vigoureux sur douze. Plus le bourgeon est vigoureux, plus le pincement doit être allongé, pour laisser à la sève une étendue plus grande à parcourir, afin d'éviter la production de trop de bourgeons anticipés. En cela, comme dans toutes les opérations d'arboriculture, il faut une juste appréciation de l'opérateur et jamais rien de mécanique.

J'ai dit qu'il fallait pincer quand les bourgeons avaient développé de quatorze à quinze feuilles. J'insiste sur ce point, parce que je connais l'impatience de certains propriétaires, qui pincent toujours trop tôt et avant que le bourgeon ait acquis la consistance suffisante ; rien n'est plus dangereux que de pincer des bourgeons trop tendres sur le pêcher : il en résulte souvent la mort et un vide sur la branche. Pour pratiquer le pincement avec fruit sur le pêcher, il faut que le bourgeon soit déjà coriace et ait acquis un peu de consistance ligneuse. Ce pincement est le seul à appliquer au pêcher, mais il est urgent de le faire à temps et de l'appliquer juste, pour s'épargner du travail inutile dans les opérations suivantes.

Il faut éviter de pincer à la fois tous les bourgeons d'un pêcher, d'abord parce que, dans ce cas, il y aurait des bourgeons trop tendres et d'autres trop durs : l'opération serait mauvaise ; ensuite parce que le temps d'arrêt occasionné dans la végétation par le pincement de tous les bourgeons à la fois pourrait déterminer la gomme.

Le pincement doit être fait au fur et à mesure de la maturité des bourgeons, lorsqu'ils ont acquis de la consistance et que les yeux de la base sont bien formés (*a*, fig. 292). Le but de ce pincement est de suspendre momentanément la végétation du bourgeon, de l'empêcher de devenir trop vigoureux et de concentrer, pendant un temps donné, l'action de la sève sur les yeux de la base, assez longtemps pour les bien constituer et y faire naître le rudiment des fleurs ou des bouquets de mai, pas assez pour leur faire produire des bourgeons.

Si le pincement est fait sur moins de neuf ou dix feuilles, indépendamment de l'inconvénient d'une foule de bourgeons anticipés, les yeux de la base, destinés à produire des fleurs, se développeront en bourgeons qui formeront des têtes de saule à l'empattement du rameau, et ne seront pas assez aoûtés pour produire des fleurs donnant des fruits. Les fleurs nées sur des bourgeons trop tendres coulent et ne produisent pas de fruits.

Quelques temps après, il se produit un bourgeon anticipé à l'extrémité du bourgeon pincé. On laisse pousser ce nouveau bourgeon jusqu'à ce qu'il ait

Fig. 292. — Pincement du pêcher.

Fig. 293. — Rapprochement du pêcher.

développé une douzaine de feuilles, ce qui nous amènera jusqu'au mois de juin environ, pour les arbres chargés de fruits, bien équilibrés et portant des bourgeons de vigueur moyenne. A cette époque, si les yeux de la base sont bien développés, on taillera en vert avec la serpette au-dessus du pincement en *a* (fig. 293), ou au-dessous, en *b*, si les yeux de la base ne sont pas suffisamment développés, et même en *c*, s'ils ne le sont pas du tout.

Au printemps suivant, le bourgeon taillé en vert en *a*, en *b* ou en *c* (fig. 293), présentera l'aspect de la figure 294 ; on le taillera en *b* sur six ou huit yeux, suivant sa vigueur. Il porte plusieurs fleurs, plus qu'il n'est possible de conserver de fruits ; mais, si le rameau est taillé trop court, il meurt souvent et laisse un vide sur la branche. Pendant que le rameau taillé produira des fruits l'été suivant, l'effet de la taille qui lui a été appliquée sera non seulement de concentrer une grande quantité de sève sur les fruits et de leur faire acquérir un volume remarquable, mais encore de faire développer à la base de ce rameau, aux points *a* (fig. 294 et 295), les yeux latents en bourgeons ou en bouquets de mai. Si les yeux se sont développés en bourgeons, on conservera le plus faible pour le soumettre au traitement que je viens d'indiquer et fournir un rameau à fruits pour l'année suivante, et l'on coupera le rameau qui aura fructifié en *c* (fig. 294), et ainsi de suite chaque année, sans jamais laisser allonger les talons, ni redouter de voir sur les pêchers ces productions de vieux bois inerte, aussi longues que nombreuses, et si nuisibles au développement des fruits et à la santé des arbres.

Fig. 294. — Résultat du rapprochement.

Si les yeux *a* (fig. 294) ont produit des bouquets de mai, au lieu de bourgeons, on taillera sur ces bouquets. Le bouquet de mai s'éteint rarement, tandis que le rameau taillé trop court meurt souvent.

Si le rapprochement du bourgeon (fig. 293) a été fait en *c*, le rameau présentera au printemps suivant l'aspect de la figure 295. La sève, circonscrite dans un espace plus restreint, a opéré une pression plus

énergique sur les yeux de la base, et les a fait développer en bouquets de mai : alors on taille en *b*
(fig. 295), et l'œil *a* fournit un bourgeon de remplacement ou un bouquet de mai pour l'année suivante.

Dans ce dernier cas, il est urgent de laisser pousser

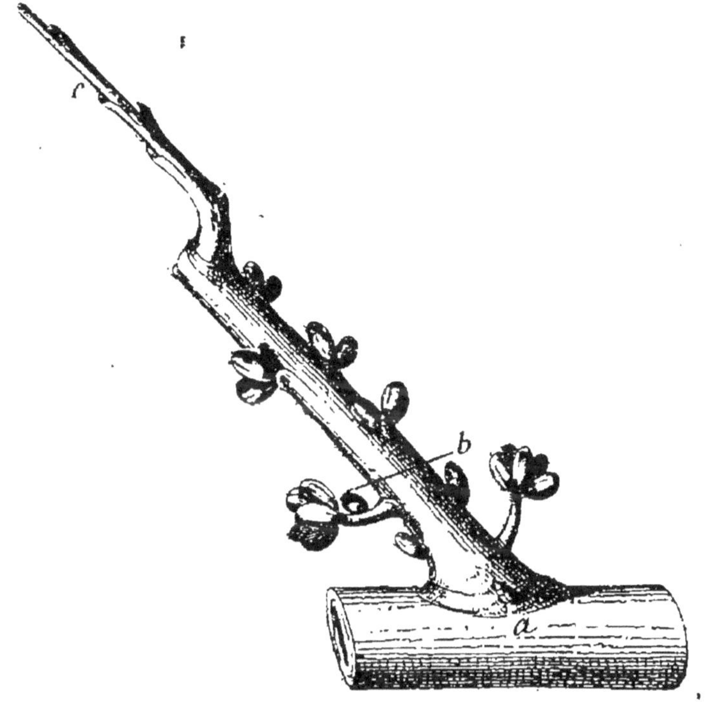

Fig. 295. — Résultat d'un rapprochement plus court.

librement, pendant l'été, le bourgeon *c* (fig. 295),
jusqu'à ce qu'il ait développé une douzaine de feuilles ;
il absorbe la sève surabondante et contribue puissamment à la formation des bouquets de mai, qu'il nourrit avec le cambium élaboré par ses feuilles. Si ce
même bourgeon *c* devenait trop vigoureux, il serait

utile de lui appliquer une taille en vert sur quatre ou cinq feuilles, suivant l'état des yeux de la base. Si le rudiment des bouquets est formé, il faut laisser la sève se dépenser ; s'il n'est pas bien formé, il faut déterminer sa formation en concentrant momentanément l'action de la sève sur les yeux de la base, opération facile en coupant le bourgeon c (même figure) sur quatre ou cinq feuilles, suivant l'état des yeux. Le temps d'arrêt occasionné par l'amputation est suffisant pour faire développer les yeux de la base; le nouveau bourgeon, qui pousse au-dessous de la section, absorbe la sève surabondante, arrête leur élongation et détermine leur mise à fruit.

Les tailles en vert, comme les pincements, ne doivent pas être faites toutes à la fois, mais partiellement. Elles fournissent à l'opérateur, en pratiquant ainsi, le moyen le plus énergique d'équilibrer les arbres en conservant le nombre de feuilles indispensable à leur accroissement et à leur fructification.

Si les arbres sont mal équilibrés, il se produira inévitablement, surtout dans la restauration des vieux pêchers, une certaine quantité de gourmands ; on les soumettra au pincement à douze feuilles environ (a, fig. 296). On les pincera d'autant plus long qu'ils seront plus vigoureux. Plus le pincement est long, moins il se produit de bourgeons anticipés.

Il se développera bientôt à l'extrémité du bourgeon pincé deux bourgeons vigoureux b et c (même figure); on pincera le bourgeon b, toujours le plus vigoureux, sur huit feuilles, dès qu'il aura produit une douzaine

Fig. 296. — Rapprochement du gourmand.

de feuilles, et aussitôt que le bourgeon *c*, moins vigoureux, en aura développé huit environ, on rapprochera en *d*, d'abord pour détruire la bifurcation ; ensuite en *e*, si les yeux de la base sont développés, et en *f*, s'ils ne le sont pas suffisamment.

On laisse un bourgeon anticipé se développer au-dessous de la section du rapprochement, pour absorber l'excédent de sève ; on pince sur six ou huit feuilles s'il devient trop vigoureux, et le printemps suivant le gourmand présentera l'aspect de la figure 295 ; on taillera en *b*, à la taille d'hiver, comme nous l'avons déjà indiqué.

Il est impossible de déterminer l'époque du rapprochement ; il demande, plus que toute autre opération, une appréciation exacte de la part de l'opérateur. Si les arbres sont assez chargés de fruits, et de vigueur moyenne, un seul rapprochement pratiqué au-dessous du pincement, en juin ou juillet, suffira. Si les arbres sont vigoureux et portent peu de fruits, deux rapprochements seront nécessaires, le premier au-dessous du pincement, lorsque le bourgeon anticipé aura atteint une longueur de 20 à 25 centimètres, et le second sur le bourgeon qui naîtra après la taille en vert. Suivant sa vigueur, ce bourgeon sera rapproché sur six, sept ou huit feuilles.

Enfin, si les arbres ne portent pas de fruits, ils pousseront avec une vigueur extrême, et il se développera quelquefois trois ou quatre bourgeons anticipés sur le bourgeon pincé (*a*, fig. 297) : dans ce cas, il faudra rapprocher d'abord en *b* et en *c*, pour enlever tous les

Fig. 297. — Pincement et rapprochement sur un arbre très vigoureux.

bourgeons qui jetteraient de l'obscurité dans l'arbre ; pincer ensuite à six ou sept feuilles seulement le bourgeon qui naîtra au point *d*, afin de concentrer l'action de la sève sur les yeux de la base et les faire développer en bouquets de mai. Enfin, s'il se développait encore des bourgeons très vigoureux sur le bourgeon conservé, et que les yeux de la base ne fussent pas bien développés, on rapprocherait en *e*, et l'on obtiendrait infailliblement deux ou trois bouquets de mai à la base du rameau *f*.

On taillera en *g*, le printemps suivant ; l'arbre ne s'emportera plus quand il sera chargé de fruits, et il n'est possible de le couvrir de fruits, attachés à la base des rameaux, qu'à l'aide de rapprochements successifs (fig. 297).

L'opération de la mise à fruit du pêcher est des plus simples ; elle sera toujours facile à exécuter pour celui qui se sera donné la peine d'étudier un peu l'organisation des arbres, raisonnera ses opérations et aura un peu de pratique.

Pour obtenir la meilleure fructification, sur le pêcher, des fleurs à la base des rameaux, *moyen infaillible* de récolter des fruits monstrueux, il suffit d'abord d'appliquer le premier pincement, et ensuite de rapprocher le ou les bourgeons qui repoussent, toutes les fois qu'ils acquièrent trop de vigueur. Quand les rapprochements seront faits plus ou moins longs suivant l'état des yeux de la base, de manière à concentrer momentanément, et au besoin à plusieurs reprises, l'action de la sève sur eux, pour les développer suffisamment, et dépenser l'excédent de sève dans le bourgeon qui repousse, on obtiendra une mise à fruit certaine et dans les meilleures conditions.

N'oublions pas que les pincements, comme les rapprochements trop courts, ruinent vite les arbres et produisent un fouillis impossible, dans lequel l'opérateur se perd lui-même. Le meilleur moyen d'éviter cet inconvénient est de détruire tout d'abord les bifurcations en opérant les rapprochements. C'est une question de principe. Admettons que le pincement ait été fait trop court, sur six feuilles (fig. 298).

Dans ce cas, la sève, circonscrite dans un espace trop restreint, agit avec force sur les yeux et les fait développer en bourgeons anticipés. Nous en avons quatre (*a*, fig. 298).

Si nous voulons soumettre ces quatre bourgeons au pincement, nous aurons *un petit balai* qui jettera l'obscurité dans l'arbre et empêchera toute fructification. Il faut toujours éclairer l'arbre et dépenser assez de sève pour empêcher l'œil *b* de produire un bourgeon. Cela est facile en pinçant d'abord les trois bourgeons supérieurs, et ensuite en rapprochant en *c* ; les bifurcations tombent; on laisse allonger le bourgeon anticipé, placé au-dessous de la section; il absorbe l'excédent de sève et fournit assez de feuilles pour entretenir l'arbre en état de vigueur et de santé, tout en permettant à la lumière de pénétrer partout. On pince ce bourgeon à dix feuilles, et on le rapproche ensuite, au-dessous du pincement, quand il produit un bourgeon trop vigoureux.

Fig. 298. — Destruction des bifurcations sur un pincement trop court.

Les bourgeons anticipés qui se développeront pendant l'été à l'aisselle des feuilles, sur les bourgeons des prolongements, seront pincés très courts, à deux feuilles, et ce dès que la seconde paire de feuilles sera visible.

Ces bourgeons poussent avec une rapidité excessive, surtout pendant les chaleurs ; quand on néglige de les pincer à temps, les mérithalles s'allongent démesurément en quelques heures, et les fleurs sont perchées sur un rameau dénudé par la base (fig. 299).

Fig. 299. — Bourgeon anticipé pincé trop tard.

Si le pincement est fait à temps, aussitôt que la troisième feuille est visible, en *a* (fig 300), on obtient les meilleurs résultats. Le prin-

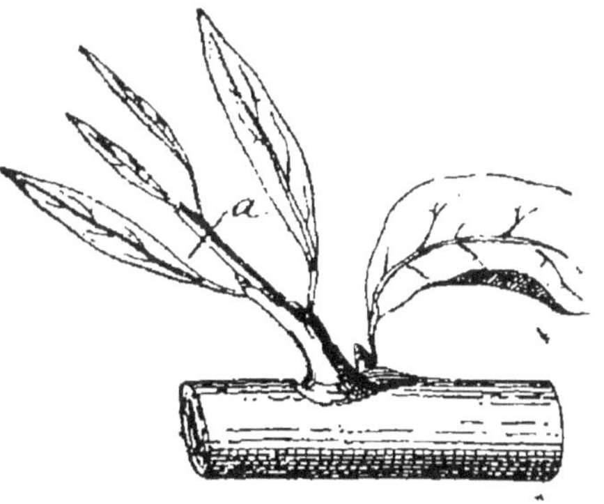

Fig. 300. — Bourgeon anticipé pincé à temps.

temps suivant, le bourgeon pincé offre l'aspect de la figure 301 ; il porte à la base un bouquet de mai *a*, et des fleurs isolées *b* ; le bourgeon *c*, qui s'est développé pendant l'été, a été pincé sur huit ou neuf feuilles et rapproché au besoin.

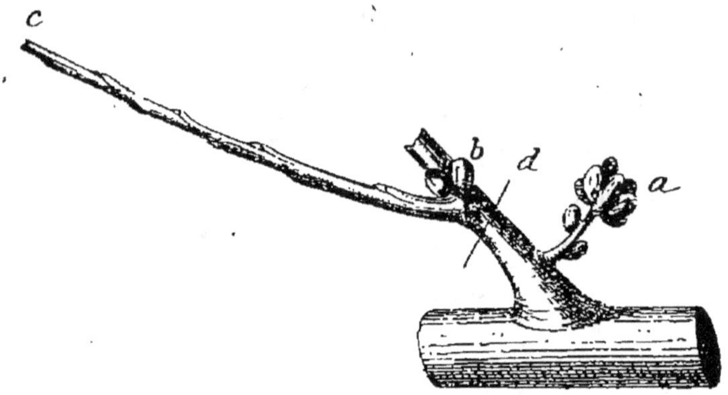

Fig. 301. — Bourgeon anticipé bien pincé : résultat.

A la taille d'hiver, on coupe en *d*, et l'on obtient sur le bouquet *a* des fruits monstrueux.

SECONDE ANNÉE

Les opérations d'été que je viens de décrire, pincements et rapprochements en vert, produisent une quantité considérable de bouquets de mai. Le bouquet de mai est la production donnant les plus belles pêches; c'est un petit rameau long de 1 à 5 centimètres, pourvu de rudiments d'yeux à la base (*a*, fig. 302)

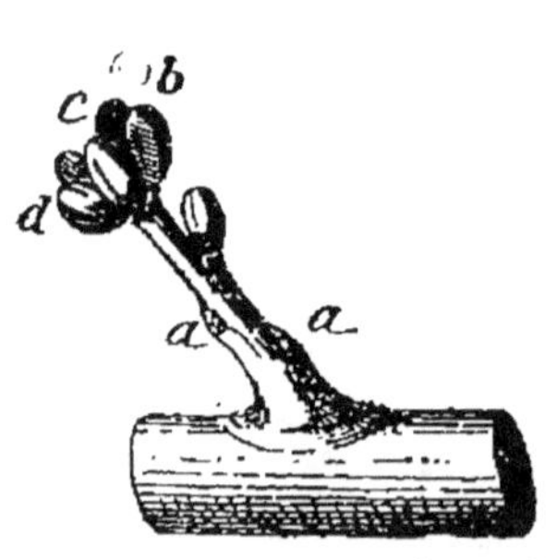

Fig. 302. — Bouquet de mai.

et se terminant par une couronne de fleurs *b*, au centre de laquelle il y a toujours un œil à bois, *c*.

Ces bouquets apparaissent souvent sur le vieux bois ; les tailles courtes favorisent leur formation. Lorsqu'ils naissent à la base des gourmands, on taille sur le plus rapproché de la base, et l'on conserve deux fruits (*a*, fig. 303). Bientôt l'œil à bois, placé à l'extrémité, produit un bourgeon *b*, que l'on pince très court en *c*, sur quatre ou cinq feuilles. Ce pincement concentre l'action de la sève sur les rudiments

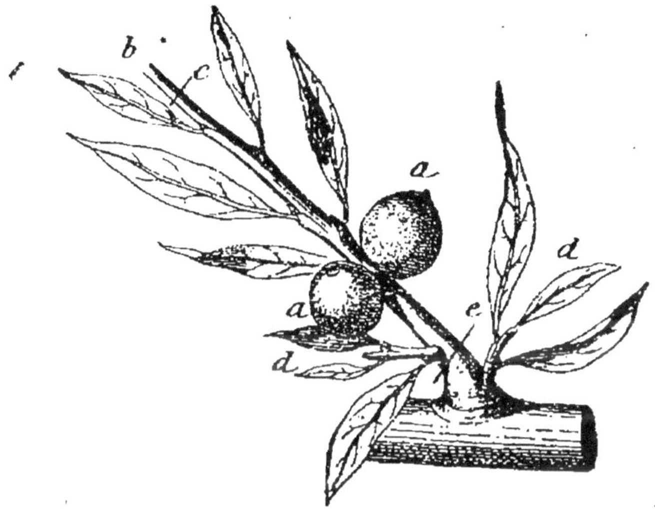

Fig. 303. — Pincement et taille du bouquet de mai.

d'yeux placés à la base, et ils se développent pendant l'été, pour former de nouveaux bouquets de mai pour l'année suivante (*d*, même figure). Le printemps d'après, on taille en *e* (fig. 303), sur le bouquet le plus rapproché de la base.

Les bouquets de mai, une fois obtenus, seraient éternisés, si on prenait la peine de pincer le bourgeon terminal à quatre feuilles. Non seulement ce pincement augmente considérablement le volume des

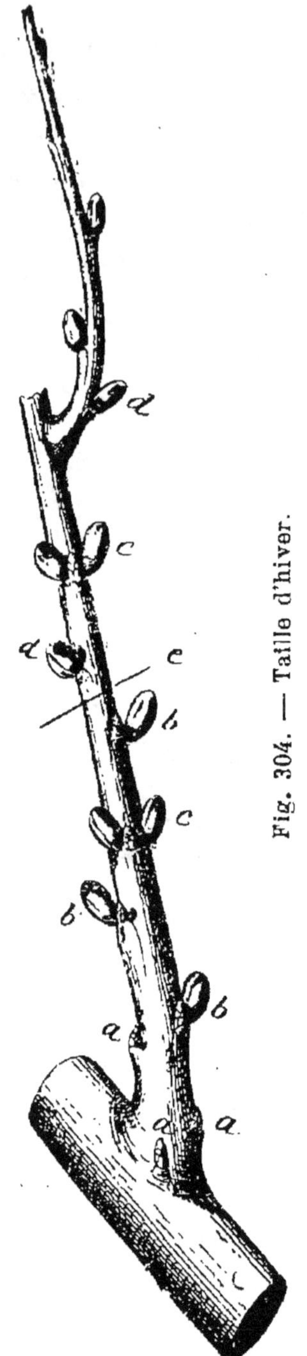

Fig. 304. — Taille d'hiver.

fruits, mais encore il convertit infailliblement en nouveaux bouquets de mai les rudiments d'yeux placés à la base.

Lorsque le dernier rapprochement a été bien fait, pendant l'été, le rameau opéré présente, le printemps suivant, à la taille d'hiver, l'aspect de la figure 304; il porte des yeux à la base, *a*, et des fleurs de la base au sommet: tantôt une fleur accompagnée d'un œil *b*, tantôt des fleurs au milieu desquelles il y a un œil *c*, et quelquefois une fleur sans œil *d*. Il est utile de tailler court pour faire développer les yeux *a* en bouquets de mai; mais il faut éviter de tailler trop court, dans la crainte de faire périr le rameau. On taille sur six ou sept yeux en *e* (fig. 304), sur une fleur accompagnée d'un œil.

Au réveil de la végétation, l'œil terminal produit un

bourgeon *a* (fig. 305) ; on le pince à six feuilles, environ en *b*, pour concentrer l'action de la sève sur les

Fig. 305. — Suppression des fruits et des bourgeons inutiles.

fruits et sur les yeux de la base ; on conserve deux fruits au plus, *c* et *d*, souvent un seul, et il y en a encore trop. On pince à deux ou trois feuilles, en *e*, le bourgeon qui accompagne le fruit *d* ; on supprime les autres fruits, et en même temps les bourgeons *f* et *g*, qui les accompagnent ; dans le cas contraire, on les pince à deux feuilles. Si les yeux de la base *h*, *i* et *j* se développent, si le bourgeon *a*, qui a été pincé en *b*, produisait un bourgeon anticipé, on rapprocherait en *l*, et sous l'influence de cette dernière opération, les yeux *h*, *i* et *j*, se convertiront en bouquets de mai. Si l'œil *h*, situé en dessus, produisait un bourgeon, il serait soumis au pincement et même au rapprochement, s'il y a lieu, et l'année suivante on taillerait en *m*, sur les bouquets formés par les yeux *i* et *j*. Le rameau fourni par l'œil *h* sera taillé à six ou sept yeux.

Quand le rapprochement a été mal fait ou opéré trop tard, il n'y a pas de fleurs à la base du rameau ; il ne porte que des yeux ; on le taille sur cinq ou six yeux, et l'année suivante il porte des fleurs et souvent des bouquets de mai nés sur les yeux de la base.

Lorsque les pêches ont atteint tout leur développement, il faut effeuiller pour les exposer au soleil, afin de les colorer, mais cinq ou six jours seulement avant de les cueillir, et bien se garder d'arracher les feuilles, ce qui nuirait à la récolte de l'année suivante ; il faut les couper avec une serpette ou des ciseaux, et laisser après l'arbre le pétiole et une partie de la lame de la feuille.

Les pêches doivent être cueillies deux ou trois jours avant de les manger. Elles gagnent beaucoup en qualité à être gardées deux jours seulement au fruitier. Aussitôt détachées de l'arbre, il est bon de brosser légèrement les pêches avec une brosse douce, pour enlever le duvet qui les recouvre ; leur coloris gagne beaucoup à cette opération.

La taille des rameaux à fruits du pêcher que je viens de décrire offre les avantages suivants :

1° De dispenser des palissages d'hiver et d'été, opérations les plus longues et les plus difficiles dans la taille du pêcher ;

2° De ne demander qu'un intervalle de 35 centimètres entre les branches de la charpente, au lieu de 70 à 80, ce qui permet de doubler le nombre des branches de la charpente, et, par conséquent, celui des fruits ;

3° D'obtenir une quantité de fruits attachés sur des onglets très courts, et de permettre à la sève de parvenir jusqu'à eux sans entraves ;

4° De ne jamais donner lieu à la naissance de talons ni de têtes de saule, qui empêchent les fruits de grossir, en entravant la circulation de la sève ;

5° D'être la taille la plus simple, la plus vite faite et la plus à la portée de tous ;

6° De produire une quantité considérable de bouquets de mai, et, par conséquent, des fruits énormes.

Le volume des fruits est dû autant à la présence des bouquets de mai qu'à l'effet des rapprochements qui concentrent sur eux une grande quantité de sève.

Cette taille est, en effet, celle qui peut donner les

meilleurs résultats lorsqu'elle sera médiocrement exécutée, en ce que l'erreur, résultant d'une opération mal faite, peut être réparée par l'opération suivante, ce qui ne peut avoir lieu pour les autres tailles.

Ainsi, admettons que les pincements aient été mal exécutés : s'ils ont été faits trop longs, on sera toujours à même d'y remédier par une taille en vert ; on rapprochera un peu plus sévèrement. S'ils sont trop courts, cela pourra nuire à la vigueur de l'arbre, surtout s'ils ont été faits trop tôt ; ils produiront quelques vides, mais on aura encore des fleurs, et en taillant bien en vert le mal pourra être facilement réparé.

L'immense avantage de cette taille, je le répète, est de pouvoir remédier à une opération mal faite ou faite en temps inopportun. La taille en vert est une ressource inappréciable ; elle permet toujours de remédier à tout, de produire des fleurs quand même, et où l'opérateur voudra les obtenir, toutes les fois qu'elle sera bien exécutée, et ne sera pas appliquée plus tard que du 15 juillet au 5 août.

Que personne ne prenne en mauvaise part le souci que je prends des opérations mal comprises et mal appliquées. L'expérience de l'enseignement m'autorise à parler ainsi, et, devant la vérité à tous, je considère comme un devoir de la dire. Tout le monde taille des arbres ; très peu de personnes les taillent bien. Peu comprennent, ou plutôt se donnent la peine d'étudier assez pour comprendre. Ce fâcheux état de choses est dû aux enseignements empiriques, qui tous sont nés d'*un système*, et se résument en une opération quelconque appliquée mécaniquement, à une époque fixe et dans tous les cas, tandis que la taille des arbres est une science basée sur des principes immuables : c'est de la chirurgie végétale, demandant du savoir, du tact, de l'appréciation et de l'adresse.

Ma taille du pêcher, bien appliquée par ceux qui ont travaillé, produira les résultats les plus prompts et les plus féconds. Le pincement bien fait détermine la fructification ; la taille en vert, appliquée juste, fait naître les fleurs où l'on veut les obtenir. La taille en vert est la clef de la fructification ; elle l'établit d'une manière certaine, sans trouble pour la végétation, sans danger pour l'arbre, et place les fruits dans les meilleures conditions pour acquérir toute la qualité et tout le volume possibles, puisqu'ils sont attachés sur des onglets très courts, nés eux-mêmes sur la branche mère, et qu'il n'y a jamais de nodosités ni de talons à la base pour entraver la circulation de la sève.

Appliquée imparfaitement, cette taille donnera encore des résultats ; elle produira des fruits quand même, et aura surtout l'immense avantage de maintenir l'arbre en équilibre, et d'éviter les nombreux gourmands qui perdent tous les pêchers mal soignés.

En outre, le rapprochement fait en juillet concentre toute l'action de la sève sur les fruits, au moment où ils croissent le plus rapidement, et concourt puissamment à augmenter leur volume, tout en assurant la fructification pour l'année suivante.

CHAPITRE X

PÊCHER

RESTAURATION, ABRIS, MALADIES

Le pêcher est plus difficile à restaurer que les autres arbres, d'abord parce qu'il est presque entièrement dégarni, emporté |par le haut et anéanti par le bas quand il a été mal conduit. Ensuite il est impossible d'obtenir de nouveaux bourgeons sur cet arbre quand les branches sont attaquées par la gomme, ce qui a presque toujours lieu à la suite de mauvaises amputations.

Un moyen très énergique de restaurer les vieux pêchers, et qui donne d'excellents résultats, quand toutefois les branches sont saines, est celui-ci :

Rabattre les branches de la charpente, c'est-à-dire en supprimer le quart, le tiers et quelquefois la moitié, suivant l'état de dénudation ou d'épuisement de l'arbre ; faire les suppressions de manière à équilibrer l'arbre, et surtout détruire les branches verticales (a, fig. 306), afin de pouvoir obtenir de nouvelles branches à leur base ; les équilibrer avec le dessus,

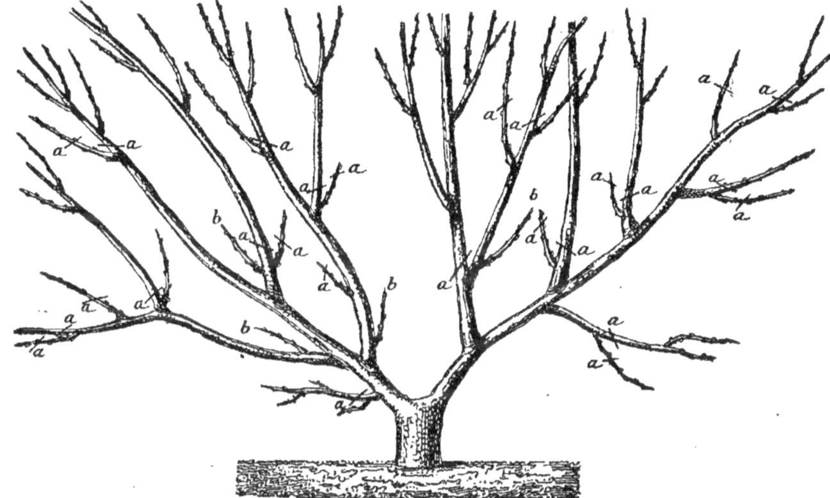

Fig. 306. — Restauration du pêcher.

et avoir le soin de couper sur un bourgeon vigoureux, pour rétablir la charpente avec de bons prolongements ; favoriser également le développement de bourgeons vigoureux aux points b (fig. 306), et les palisser verticalement, pour activer leur végétation, jusqu'à ce qu'ils soient assez longs pour couvrir toutes les parties dénudées. Alors on abaisse ces derniers bourgeons sur la branche dégarnie, et l'on pratique des greffes herbacées Jard, sur toutes les parties dénudées (fig. 307).

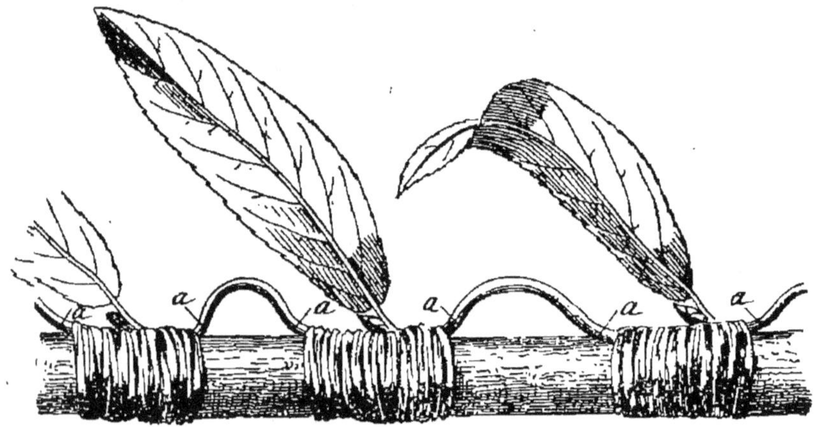

Fig. 307. — Greffe herbacée Jard.

Puis, pendant le premier été seulement, jusqu'au 15 juin ou au 10 juillet au plus tard, on soumet au pincement de M. Grin, à deux feuilles d'abord, et à une ensuite, tous les bourgeons latéraux. Du 15 juin au 10 juillet, suivant l'état de la végétation, on détruit les bifurcations, pour laisser pousser un seul bourgeon, qui est soumis ensuite au pincement à dix feuilles et aux rapprochements, s'il y a lieu. Ces pincements réitérés ont pour effet de concentrer l'action de la sève sur les prolongements, de leur faire acquérir une grande longueur, et de faire naître souvent de nouveaux bourgeons sur le vieux bois ; ces derniers bourgeons seront pincés sur dix feuilles et rapprochés ensuite s'il en est besoin.

C'est le seul cas où le pincement Grin puisse rendre des services réels ; mais il faut en user très modérément et ne jamais prolonger sa pratique plus loin que le 10 juillet; il y aurait danger pour les arbres. Dans aucun cas, les bourgeons qui percent sur le vieux bois ne doivent être pincés courts; ce serait les tuer infailliblement.

Dès la seconde année, on peut récolter une assez grande quantité de fruits sur des arbres restaurés ainsi ; on applique alors complètement la taille Gressent, et en trois années environ on fait encore avec un mauvais pêcher un arbre qui n'est pas de la première régularité, mais susceptible de produire d'abondantes récoltes pendant quelques années.

Dans toutes les restaurations de pêchers, il est urgent d'avoir le soin de conserver des bourgeons qu'on laisse allonger, afin d'opérer des greffes pour regarnir les parties dénudées, et même pour remplacer de mauvaises branches au besoin. C'est, il est vrai, une œuvre de patience ; mais, lorsqu'on fait une restauration avec intelligence, on est bien récompensé de ses peines par la production, car, toutes choses égales d'ailleurs, un vieil arbre restauré produit toujours plus et plus vite qu'un nouvellement planté.

Quand l'opération de restauration est conduite par une main expérimentée, il se développe en quantité des bouquets de mai sur le vieux bois ; les anciens talons en produisent presque tous à la base, et l'arbre se regarnit vite, bien que la routine affirme que le pêcher ne produit jamais rien sur le vieux bois.

Chaque fois que l'on restaure un pêcher, il est urgent d'enlever une partie de la terre qui recouvre les racines, pendant le repos de la végétation, et de la remplacer par de la terre neuve, prise au milieu d'un carré de potager, de la bien fumer avec des engrais très consommés, et de mêler à l'engrais quelques poignées de plâtre, de vieux mortier de chaux ou de cendre. Le plâtre ou la chaux sont toujours préférables quand on peut s'en procurer. On peut employer pour cet usage des plâtras provenant des démolitions, en ayant soin de les réduire presque en poudre. La poudre d'os, mêlée avec les engrais, produit les meilleurs résultats quand on peut s'en procurer. On choisit pour cette opération un temps doux et un ciel couvert.

Dans tous les cas, pour toutes les cultures de pêchers, sur quelque sujet qu'ils soient greffés, il sera toujours bon d'additionner les engrais de calcaire et d'en ajouter une petite portion aux engrais qu'on leur distribue tous les ans.

A la rigueur, on peut restaurer les pêchers sans interruption de récolte, bien que cet arbre se prête moins à cette opération que le poirier. On échoue quelquefois, mais on réussit souvent, et quand on ne possède que des vieux pêchers en mauvais état, il n'y a pas à hésiter de tenter la restauration, même la plus hardie, pour éviter la disette de pêches pendant deux ans.

Quand les arbres sont déformés, presque entièrement ruinés, il faut essayer de les refaire par le pied, tout en récoltant quelques fruits. Voici comment on opère :

Par un temps doux et couvert, on change la terre qui est au pied ; on la remplace par de la terre prise dans le milieu d'un carré potager, bien fumé par conséquent, et que l'on additionne de calcaire.

Cela fait, on supprime la moitié au moins de la charpente, pour concentrer l'action de la sève sur la base de l'arbre. Neuf fois sur dix, dans ce cas, il part un ou plusieurs sauvageons sur la racine ; on conserve le plus vigoureux, et l'on supprime tous les autres.

Le sauvageon obtenu, on soumet la vieille charpente au pincement Grin jusqu'au mois d'août ; ensuite on la laisse pousser. Cette opération suffit pour couvrir l'arbre de fleurs, qui s'épanouiront au printemps suivant.

Du 25 août au 15 septembre, on pose à la base du sauvageon, à 25 centimètres de hauteur du sol, deux écussons, l'un à droite, l'autre à gauche. Il faut toujours greffer une variété vigoureuse, plus vigoureuse que celle du vieil arbre, pour obtenir vite un jeune pêcher.

Le printemps suivant, on recèpe le sauvageon au-dessus des écussons ; ces derniers poussent et fournissent les deux premières branches de la charpente du nouvel arbre. On les palisse presque verticalement en avant du mur, et on les traite comme celles d'un jeune pêcher en formation.

Le même printemps, on taille le vieil arbre, couvert de fleurs et bientôt de fruits. On récolte, et l'on élève en même temps le jeune arbre devant le vieux.

Si le vieil arbre présente une certaine vigueur, on lui applique encore le pincement Grin jusqu'au mois d'août.

L'année suivante, on récolte encore les fruits du vieil arbre, et l'on favorise le développement du jeune.

La troisième année, le jeune arbre porte des fleurs ; on coupe le vieux au pied ; on palisse le jeune à sa place, et l'on récolte ses premiers fruits.

Si le vieil arbre ne produit pas de sauvageons à la base, on en est quitte pour le restaurer comme je l'ai indiqué, et lui faire produire des fruits, en attendant ceux des arbres que l'on vient de planter.

Même, en ne réussissant qu'à moitié, on récoltera toujours des fruits ; donc on peut toujours essayer.

ABRIS

Le pêcher, fleurissant de très bonne heure, a besoin d'abris plus complets que les autres espèces. Disons d'abord que les pêchers non abrités ne donnent jamais de récoltes certaines ; avec les abris, on peut compter sur une récolte égale tous les ans, à un dixième près. Voir *Abris pour le pêcher*, pages 99 et suivantes.

Lorsque les arbres n'ont pas été abrités et que les

fleurs ont été atteintes par la gelée, on peut en sauver une partie en couvrant l'arbre immédiatement avec des toiles ou des paillassons, et ce avant que le soleil ait paru. Les fleurs qui dégèlent lentement à l'ombre ne souffrent pas trop. Quand le soleil les fait dégeler brusquement, tout est perdu.

MALADIES

Le pêcher est plus sujet que tous les autres arbres à des maladies graves, tellement graves qu'elles le font périr en quelques heures quand on ne le soigne pas ou qu'on le taille mal; en outre, le pêcher est attaqué avec fureur par certains insectes, et il succombe souvent à leurs ravages.

Les principales maladies du pêcher sont: la gomme, la cloque, la lèpre, le blanc des racines et le rouge.

La GOMME a tous les caractères de l'ulcère, et en est un par le fait ; elle est quelquefois causée par les changements brusques de température ; mais elle est produite quatre-vingts fois sur cent par les étranglements des liens et par les mauvaises amputations, par les onglets laissés ou par la déchirure des sections faites avec des instruments qui mâchent le bois au lieu de le couper. Chaque fois que la gomme apparaîtra, cherchez dans le voisinage de l'écoulement gommeux ; vous trouverez toujours un étranglement de la branche, une amputation déchirée ou un onglet décomposé, causes premières de la maladie.

J'ai recommandé l'emploi d'excellents instruments de taille ; cette recommandation est applicable au pêcher surtout : non seulement il doit être taillé avec des instruments très tranchants, mais encore toutes les sections doivent être faites de manière que le biseau soit du côté du mur, et non en avant, afin qu'elles se cicatrisent plus vite et soient moins exposées aux intempéries.

La gomme se manifeste par le déchirement des écorces (*a*, fig. 308). La sève décomposée s'échappe

Fig. 308. — Gomme.

bientôt par les déchirures et produit tout autour un écoulement d'une substance épaisse, ressemblant à la gomme arabique (*b*, même figure). Les plaies grandissent, l'écoulement augmente, et la branche tout entière mourrait, si l'on n'y apportait remède.

On guérit la gomme assez facilement quand on s'y prend à temps. Aussitôt qu'elle apparaît, on avive toute la partie endommagée ; on frotte la plaie simplement avec des feuilles d'oseille ; on la laisse sécher pendant quelques jours, et on la recouvre ensuite avec du mastic à greffer.

Quand on opère au début, l'arbre est guéri ; mais, si on attend pour opérer, la maladie envahit toute la branche, et elle ne tarde pas à mourir.

Les vieilles écorces produisent aussi quelquefois la gomme, lorsqu'elles sont trop dures pour céder à la dilatation de l'accroissement en diamètre; alors il faut pratiquer plusieurs incisions en long, et du côté du mur, avec la pointe de la serpette ou du greffoir. La branche grossit aussitôt, et la maladie disparaît; mais il vaut mieux ne pas attendre qu'elle se manifeste pour faire les incisions, quand on voit des écorces trop dures.

Si on pratiquait toujours la taille avec de bons instruments, si les amputations étaient faites de manière que les écorces pussent facilement les recouvrir, et si l'on avait le soin de mettre du mastic à greffer, non seulement sur les plaies du pêcher, mais encore sur celles de toutes les espèces, on éviterait les trois quarts des maladies qui tuent les quatre-vingt-dix centièmes des arbres fruitiers. Toute plaie excédant 1 centimètre de diamètre doit être couverte de mastic à greffer, et cela sur toutes les espèces d'arbres à fruits.

La CLOQUE est produite par les changements brusques de température. On la voit presque toujours apparaître quand il survient une nuit froide après quelques journées chaudes. Cette maladie attaque le parenchyme des feuilles, qui se boursouflent, se crispent et deviennent très épaisses. Lorsque le parenchyme est entièrement décomposé (fig. 309), la maladie gagne les bourgeons, qui grossissent démesurément, se déforment, se contournent et se décomposent, comme la feuille. Cette affection est des plus dangereuses; dès l'instant où les feuilles sont décomposées, elles ne fonctionnent plus : l'accroissement cesse. Lorsque les bourgeons sont atteints, les fruits tombent, et bientôt la maladie envahirait toutes les branches et ferait périr l'arbre, si l'on n'y apportait remède.

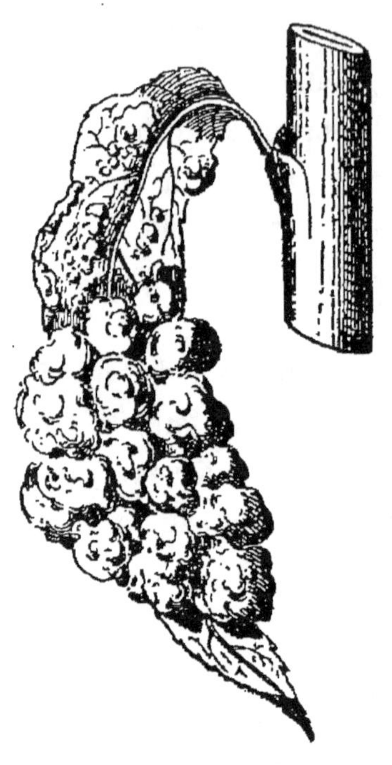

Fig. 309. — Cloque.

Lorsque la maladie n'est pas très intense, c'est-à-dire quand une partie des feuilles seulement est atteinte, il suffit d'enlever immédiatement les parties malades pour obtenir la guérison ; mais lorsque, comme dans la majorité des cas, on a attendu pour agir que toutes les feuilles et les bourgeons soient atteints, il n'y a pas à hésiter : il faut immédiatement rabattre ces bourgeons sur un ou deux yeux, afin d'obtenir très vite de nouveaux bourgeons, qui poussent vigoureusement et ne se ressentent pas des atteintes de la maladie. Dans ce cas, elle est radicalement guérie, mais il ne faut pas hésiter ; il faut trancher dans le vif, sans quoi on s'expose à prolonger la maladie, à perdre les fruits et même l'arbre.

La cloque apparaît tous les printemps avec plus

ou moins d'intensité, suivant les irrégularités de la
température ; si on avait le soin de couper les parties
de feuilles qui en sont atteintes, aussitôt qu'elle apparaît, elle ne causerait jamais d'accidents.

Les arbres bien abrités avec des chaperons et des
toiles sont moins exposés aux atteintes de la cloque,
mais on ne doit pas la négliger dès qu'elle se manifeste par un petit point rouge à la surface de la feuille ;
il faut aussitôt enlever avec des ciseaux la partie
atteinte.

La LÈPRE, appelée aussi *meunier* et *blanc* des
feuilles, est due au développement d'un champignon
invisible à l'œil nu, qui envahit les feuilles et les
fruits, et les couvre d'une poussière blanche. Quelques
praticiens ont conseillé de rabattre les bourgeons
attaqués ; ce moyen est impuissant ; les bourgeons
qui repoussent sur la taille sont également atteints ;
les feuilles se crispent, cessent de fonctionner, et
bientôt elles tombent. La lèpre entraîne la mort de
l'extrémité des bourgeons et un affaiblissement considérable dans toutes les parties de l'arbre.

Il n'y a qu'un remède efficace, c'est le soufrage,
comme pour la vigne. A l'aide de ce seul moyen, la
maladie disparaît en quelques jours, quand on opère
à temps et surtout par une température élevée. Si
l'on a attendu trop tard, il faut rabattre l'extrémité
des bourgeons et avoir le soin de soufrer les nouvelles pousses à plusieurs reprises.

La lèpre atteint plus particulièrement certaines
variétés de pêchers. Les *Madeleine* y échappent rare-

ment ; j'ai dû les abandonner complètement pour éviter cet inconvénient.

Le BLANC DES RACINES, maladie terrible en ce qu'elle tue en vingt-quatre heures des arbres de vingt ans, n'est autre chose qu'un champignon qui envahit les racines et les décompose en quelques heures. Cette maladie apparaît toujours pendant les grandes chaleurs à la suite d'une pluie d'orage. Des arrosements donnés non seulement aux pêchers, mais encore à tous les arbres fruitiers pendant les chaleurs, déterminent souvent le blanc des racines.

Il est très difficile de remédier à cette maladie chez le pêcher surtout, car, la plupart du temps, l'arbre est mort quand on s'aperçoit de sa présence. Cependant, lorsqu'on veille les arbres de près, il est possible d'en sauver quelques-uns ; mais pour cela il faut être sur les lieux et visiter attentivement tous les arbres après les pluies abondantes qui surviennent dans les mois de juillet et d'août, à la suite des plus fortes chaleurs. Dès qu'un arbre semble souffrir, aussitôt que les feuilles paraissent fatiguées, il faut immédiatement découvrir le collet de la racine et la naissance des plus grosses racines, les brosser pour enlever tout le blanc, et frotter le collet et toutes les parties attaquées avec un mélange de fleur de soufre, de charbon pilé et de sel. Prenons pour guide une mesure de capacité : la fleur de soufre entrera pour sept dixièmes, la poudre de charbon pour deux et le sel égrugé bien fin pour un ; on mêle le tout ensemble, et, après avoir saturé le collet, on découvre avec précaution les racines, et on leur applique le même traitement, sur toutes les parties atteintes, puis on mélange la même composition avec le sol.

Je n'ai pas la prétention de donner ce remède comme infaillible, mais j'affirme avoir sauvé plusieurs arbres en l'employant. Cela ne demande qu'un peu de peine ; on peut et l'on doit toujours essayer, bien que le plus souvent il soit trop tard.

Le ROUGE est une maladie plus redoutable que le blanc des racines, en ce qu'on ne connaît pas la cause qui la détermine, et qu'il n'y a pas de remède à lui appliquer.

Les rameaux se colorent d'abord en rouge vif, puis ensuite au rouge foncé, et l'arbre meurt instantané-ment. Quelquefois il languit pendant une année ; dans ce cas, il est préférable de le remplacer. Un pêcher atteint du rouge ne guérit jamais, et nous ne connais-sons pas plus la cause de la maladie que le remède à lui appliquer.

Les insectes qui nuisent le plus au pêcher sont : le tigre, les charançons, les chenilles, les perce-oreilles, les pucerons, les fourmis et les kermès.

Le TIGRE s'attache au pêcher comme au poirier ; on le détruit par les moyens que j'ai indiqués pour le poirier (page 561).

Les CHARANÇONS sont détruits par les moyens indi-qués pour le poirier.

Les CHENILLES, mêmes moyens de destruction que pour le poirier.

Les PERCE-OREILLES sont redoutables en ce qu'ils

attaquent les bourgeons, et surtout les fruits, qu'ils entament, et bientôt les guêpes et les frelons viennent augmenter le dommage et les perdre complètement.

Les perce-oreilles ne sont pas faciles à détruire ; cependant on peut en tuer une très grande quantité en les cherchant d'abord dans tous les trous des treillages et des palissages, ensuite en plaçant de distance en distance dans les arbres des petits paquets de rameaux pourvus de leurs feuilles. Les perce-oreilles, qui recherchent l'humidité, viennent se loger derrière, et, en ayant soin de les visiter tous les matins, on en détruit une assez grande quantité.

Les meilleurs pièges pour les perce-oreilles sont des tronçons de tiges de dahlia, coupés à une longueur de 35 à 40 millimètres, et jetés au pied des arbres. La tige du dahlia desséchée est creuse dans toute sa longueur ; les perce-oreilles s'y réfugient de préférence ; il suffit de les secouer tous les matins pour en détruire une grande quantité.

Les PUCERONS sont les plus cruels ennemis du pêcher, d'autant plus cruels que leur présence attire les fourmis, très friandes de leurs œufs, et que ces dernières augmentent les dégâts des pucerons au point de compromettre la vie des arbres.

Les pucerons commencent par s'attacher aux bourgeons et déposent leurs œufs sur leurs feuilles ; presque aussitôt les fourmis viennent dévorer les œufs des pucerons, mais elles piquent aussi les nervures des feuilles, pour se nourrir des sucs qu'elles renferment. La feuille mutilée se contourne, se déforme, comme celle attaquée par la cloque, ce qui fait souvent confondre les attaques des pucerons et des fourmis avec la maladie de la cloque. Lorsque les pucerons et les fourmis s'acharnent après de jeunes pêchers, ils déterminent souvent leur mort, en mettant leurs feuilles hors de service.

Les pucerons, comme les fourmis, se détruisent en trempant les bourgeons dans une dissolution de savon noir, et en seringuant toutes les parties attaquées avec la même dissolution ; en cas d'insuccès, employer la poudre foudroyante et même le liquide concentré Rozeau ; ils m'ont donné les meilleurs résultats.

Quand les fourmis ravagent un espalier de pêchers, il faut les détruire immédiatement. On laboure tous les 6 ou 8 mètres, sur les bords de la plate-bande, un diamètre de terre de 50 centimètres que l'on mouille copieusement, et qu'on recouvre ensuite avec un grand pot à fleur, dont on bouche le trou.

Trois ou quatre jours après, on trouve une fourmilière sous chaque pot, on verse sur chaque fourmilière un arrosoir d'eau additionnée de liquide concentré Rozeau, et tout est détruit instantanément sans le moindre danger pour les arbres.

Les KERMÈS attaquent aussi le pêcher et lui causent de grands dommages. On les détruit à l'aide des mêmes moyens que j'ai indiqués pour le poirier (page 562).

AMANDIER

L'amandier se traite en tout comme le pêcher, il exige l'espalier aux mêmes expositions, de l'extrême

nord aux rives de la Loire ; les formes à lui imposer
comme la taille à lui appliquer sont les mêmes.

A partir des rives de la Loire jusqu'à la Méditerranée, on peut cultiver l'amandier en touffe dans le verger Gressent, ou à haute tige dans les vergers.

Il n'y a qu'une seule variété d'amandier à cultiver
pour récolter des fruits verts : c'est l'*amandier prin-
?? se*.

CHAPITRE XI

ABRICOTIER

L'abricot est un fruit précieux, ayant un mérite
réel comme fruit de table, donnant en outre des confitures excellentes, et cependant l'abricotier est peut-
être un des arbres qui ont été le plus négligés jusqu'à
présent. On s'est contenté, la plupart du temps, de le
greffer à haute tige et de le planter dans les vergers
où les intempéries du printemps lui permettent à
peine de donner une récolte abondante tous les huit
ou dix ans en moyenne sous les climats de Paris et
du Nord.

Nos ancêtres, désireux de récolter de ces excellents fruits tous les ans, ont planté des abricotiers en espaliers; ils ont bien obtenu un produit plus régulier, des fruits plus précoces, mais moins bons, parce que les abricots demandent à la fois une certaine somme de chaleur, beaucoup de lumière et d'air surtout, pour acquérir de la qualité. Ils mûrissent à moitié à l'espalier, où ils ne produisent le plus souvent que des fruits pâteux, cotonneux et manquant de saveur.

On a déclaré avec raison que les abricots d'espalier ne valent rien ; on a replanté des abricotiers à haute tige dans les vergers, et la culture de cet arbre, si précieux dans le jardin fruitier, en est restée là.

L'abricotier à haute tige a sa raison d'être, même au nord de Paris. C'est le mode de culture qui donne les fruits les plus nombreux et les meilleurs ; mais il faut bien se garder de planter, sous le climat de Paris, des abricotiers à haute tige, dans les champs, dans les vergers et même dans les grands jardins ; ils y seraient sans cesse exposés à geler et ne donneraient guère de fruits qu'une fois en dix ans.

L'abricotier à haute tige doit être planté dans une cour bien abritée par des bâtiments très rapprochés ; dans ces conditions, il donne, même au nord de Paris, des fruits presque tous les ans en quantité suffisante.

J'ai dit qu'il fallait que l'abricotier à haute tige fût planté dans une cour bien abritée par des bâtiments, parce que, dans ce cas, il ne gèle pas, et la cour est toujours assez grande pour lui laisser la somme d'air et toute la lumière qui lui sont indispensables pour mûrir ses fruits. Abri naturel, air, chaleur et lumière, voilà tout le secret de la culture de l'abricotier à haute tige. Il n'est pas de maison de campagne où l'on ne puisse trouver un coin pour y planter deux ou trois abricotiers à haute tige dans les conditions que j'indique.

Il faut planter ces arbres toujours sous l'abri des bâtiments, jamais sous celui des bois, où ils ne donneraient pas de résultats.

L'abricotier réussit parfaitement sous la forme en touffe (fig. 310).

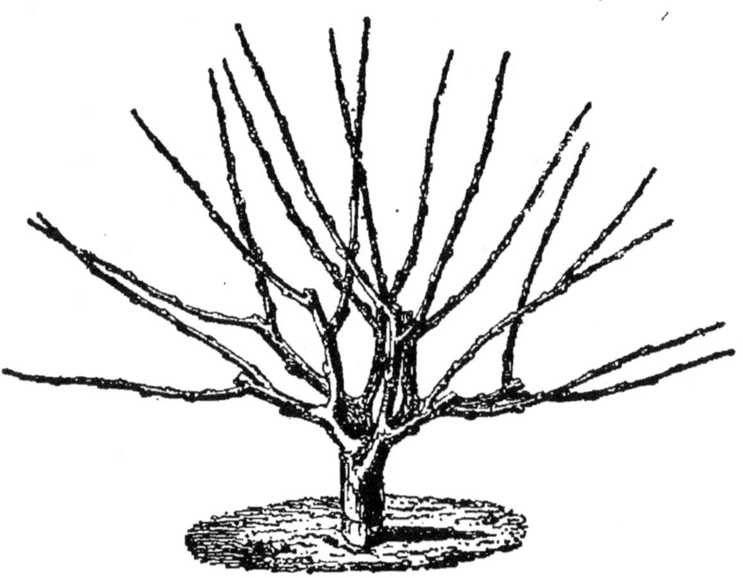

Fig. 310. — Arbre en touffe.

Dans ce cas, on le plante dans un angle bien abrité d'un jardin ou à l'exposition du midi dans des carrières abandonnées ou sur une pente très rapide au midi, et bien garanti des vents du nord.

Sous le climat du Nord et sous celui de Paris, il y aura quelquefois avantage à cultiver l'abricotier en espalier. Sous les mêmes climats, chaque année, on pourra obtenir en plein vent, à des expositions chaudes, ou à l'aide des abris, de la forme et de la taille, une quantité de fruits excellents. Pour en prolonger la récolte le plus longtemps possible, on plantera les variétés suivantes, mûrissant dans les mois de :

Juillet

GROS-ROUGE PRÉCOCE. *Alexandrie*. Fruit gros, oblong, jaune foncé taché de rouge, excellent. Arbre vigoureux et fertile. Exposition du sud-est et du sud-ouest.

ANGOUMOIS. Fruit petit, allongé, d'un jaune presque rouge, très parfumé. Arbre de vigueur moyenne. Exposition du sud-est et du sud-ouest.

Août

COMMUN. Fruit gros, arrondi, jaune pâle, de bonne qualité, mais cotonneux quand il est trop mûr. Arbre vigoureux et fertile, se contentant de toutes les expositions, excepté celle du nord.

ROYAL. Fruit rond, moyen, jaune orange, excellent. Arbre vigoureux et fertile. Les fruits, plus précoces de quinze jours que ceux de l'abricot-pêche, sont aussi bons, mais moins gros. Exposition du sud-est et du sud-ouest.

PÊCHE DE NANCY. Fruit gros, aplati, jaune orange

coloré de rouge, très gros et délicieux. L'abricot-pêche est le meilleur de l'espèce ; on ne saurait trop en planter dans le jardin fruitier, et à haute tige dans les cours. Arbre vigoureux et fertile. Exposition de l'est et de l'ouest.

PORTUGAL. Fruit moyen, mais excellent, chair jaune. Arbre de vigueur moyenne. Exposition du sud-est et du sud-ouest.

JACQUES. Arbre vigoureux et fertile. Fruit gros, jaune fortement piqué de rouge, qualité hors ligne. La place de cet excellent fruit est marquée dans tous les jardins fruitiers.

Septembre

POURRET. Fruit gros, arrondi, excellent. Arbre fertile et vigoureux. Exposition de l'est et de l'ouest.

VERSAILLES. Fruit très gros, jaune pâle, de bonne qualité. Arbre fertile et très vigoureux. Exposition du sud et du sud-est.

L'abricotier peut, à la rigueur, être soumis à la plupart des formes d'espalier et à la forme en vase seulement pour le plein vent. Je passe sous silence, quant à présent, les formes en touffes et à haute tige, qui lui conviennent parfaitement, mais appartiennent à la culture extensive, que je traite plus loin.

L'abricotier est un arbre capricieux. Malgré sa prodigieuse fertilité, il refuse toute fructification lorsqu'il est soumis à des formes ne convenant pas à son mode de végétation. L'école ancienne lui a vainement imposé la quenouille ; l'école moderne a voulu en faire des contre-espaliers verticaux plantés à 30 centimètres de distance, et les amateurs d'architecture végétale ont voulu le ployer à plusieurs formes, sans jamais en obtenir autre chose que des produits accidentels.

L'abricotier pousse très vite, et avec une vigueur toute particulière ; il végète d'une manière diamétralement opposée au pêcher : il s'emporte par la base et a tendance à s'éteindre par le haut. Cet arbre est d'une fertilité remarquable ; mais, fleurissant de très bonne heure, il demande des abris complets, naturels ou artificiels. En outre, l'abricotier est très sujet à la gomme, qui fait périr des branches tout entières et quelquefois l'arbre en quelques heures.

Notre but est de produire d'une manière certaine ; pour cela il faut renoncer à la fantaisie, laisser de côté les systèmes qui ne sont basés sur rien, et l'idéologie, pour entrer dans le domaine de la réalité.

La forme en quenouille ne convient pas à l'abricotier. L'arbre, poussant toujours par le bas, forme un fouillis sans nom, aussi laid qu'infertile. Celle en cordons obliques ou verticaux donne de faibles résultats les deux premières années, mais ne fructifie plus ensuite, parce que les arbres, poussant avec une grande vigueur, n'ont pas assez de place pour s'étendre ; ils se couvrent de gomme sous les amputations et périssent bientôt.

Sans autre guide que les indications du passé et les systèmes en vigueur, j'ai dû encore, pour cette culture comme pour les autres, recourir à l'expérience

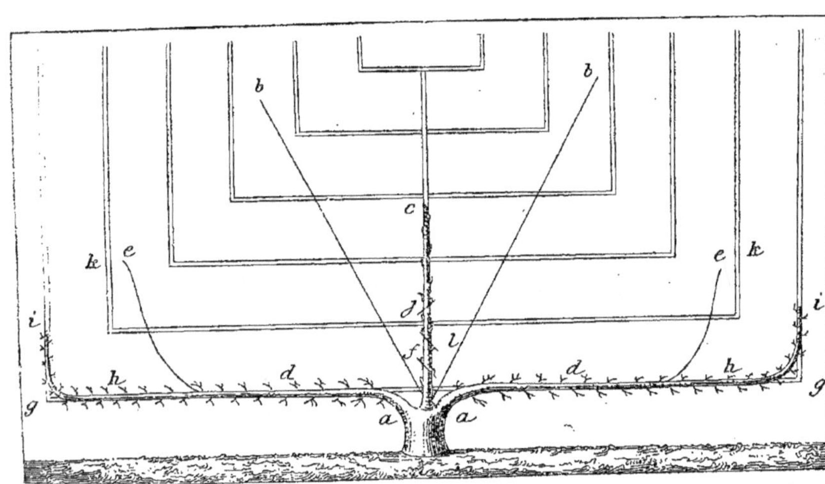

Fig. 311. — Formation de la palmette Verrier.

pratique, et tout essayer pour trouver les meilleures conditions de culture. Les formes préférables pour l'abricotier sont, à l'espalier :

1° La palmette Verrier (fig. 311). Cette forme est parfaitement appropriée à la végétation de l'abricotier ; elle produit sûrement et beaucoup, et c'est la

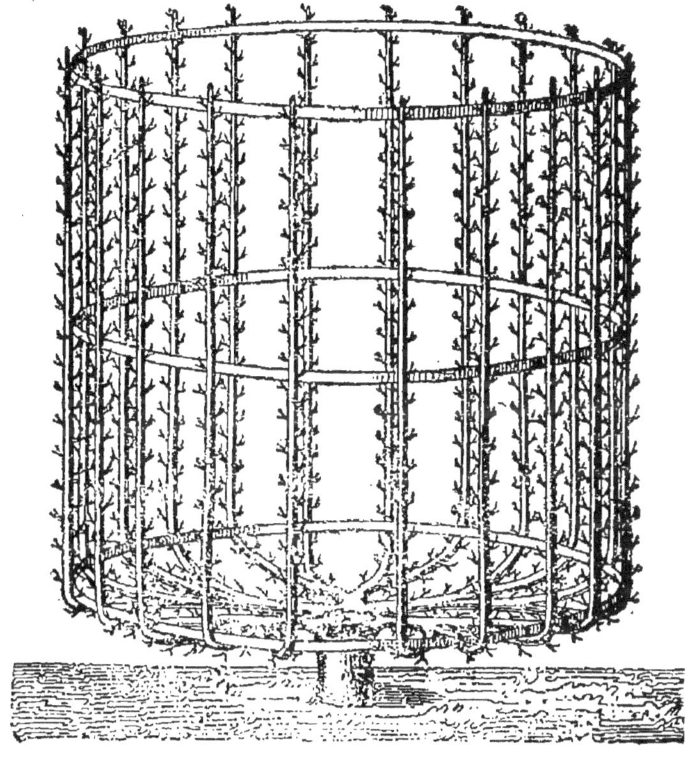

Fig. 312. — Vase.

seule avec laquelle on peut compter sur un produit certain. La rapidité avec laquelle l'arbre pousse diminue sensiblement le temps qu'exige la forme pour couvrir le mur ; la palmette Verrier est l'unique forme à adopter pour l'abricotier en espalier, si l'on veut obtenir un résultat certain. La formation est la même que pour le poirier, avec cette différence que l'on va beaucoup plus vite. (Voir page 484.)

2° Pour le plein vent le vase (fig. 312), et mieux encore le vase ramifié (fig. 313). L'écartement des

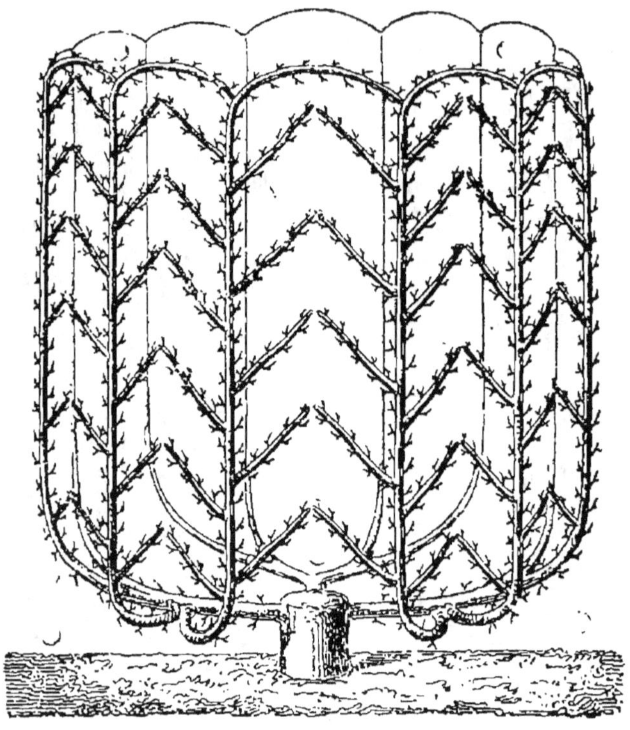

Fig. 313. — Vase ramifié.

branches fait gagner un temps précieux sur la formation de la charpente, et les ramifications, bien traitées, contribuent à augmenter la production, en permettant de renouveler très souvent les rameaux.

Le vase est l'unique forme de plein vent sous

laquelle l'abricotier puisse produire d'une manière sérieuse et continue dans le jardin fruitier.

Si vous voulez des abricots, ne sortez pas de la palmette Verrier, pour l'espalier, des vases pour le plein vent dans le jardin fruitier, des arbres en touffes et à haute tige dans le verger Gressent et dans les cours, mais seulement dans les vergers Gressent à partir du climat du centre de la France, jusqu'à l'extrême midi. Hors de là, il n'y a que déception à attendre.

L'abricotier se greffe sur quatre sujets : sur prunier, sur abricotier franc, sur amandier et sur épine noire.

Le premier est le sujet le plus communément employé, il demande un sol de consistance moyenne, un peu calcaire et pas trop humide.

L'abricotier franc donne lieu à des arbres moins vigoureux que le prunier ; il demande à peu près le même sol et serait préférable au prunier pour le jardin fruitier ; mais la difficulté de se procurer des noyaux en quantité suffisante a rendu ce sujet très rare.

L'amandier produit des arbres très vigoureux, précieux pour les terrains arides, les sols caillouteux et profonds et ceux exposés à la sécheresse, où le prunier donnerait de mauvais résultats.

Enfin, l'épine noire donne lieu à des arbres faibles ; mais elle pousse partout et quand même, jusque dans les sols qui refusent toute végétation au prunier et à l'amandier.

On emploiera les moyens indiqués pour le poirier, pour former la charpente des arbres (voir pour la palmette Verrier pages 484 et suivantes; pour les vases, pages 497 et suivantes), en se souvenant toutefois que l'abricotier a toujours tendance à s'emporter par le bas et à se dégarnir du haut. En outre, il ne faudra jamais oublier, en taillant l'abricotier, que c'est l'arbre le plus sujet à la gomme; il faut donc ne le tailler qu'avec des instruments très tranchants, couvrir immédiatement toutes les plaies un peu grandes avec du mastic à greffer et surtout éviter les cassements, conseillés à tort pour cet arbre par l'école moderne : ils font naître la gomme et tuent très vite les arbres.

Le vase ramifié (fig. 313) se forme comme le vase ordinaire, mais avec cette différence qu'il ne lui faut que neuf branches au lieu de vingt.

On plante une greffe d'un an, que l'on recèpe à 40 centimètres de hauteur du sol, en plantant. On élève trois bourgeons d'égale vigueur et également espacés sur le périmètre de l'arbre.

L'année suivante, on taille à la longueur de 40 centimètres environ les trois rameaux obtenus, et l'on élève sur chacun d'eux trois bourgeons, donnant un total de neuf branches. On les palisse horizontalement sur le cercle volant, aidant à former le fond, et, aussitôt qu'ils dépassent le premier cercle du vase, on les relève verticalement, en les palissant, au fur et à mesure de leur élongation, à distance égale, pour former les neuf branches de la charpente. Ces branches ont un écartement de 66 centimètres et demi.

On taille les prolongements, l'année d'après, à moitié de leur longueur, pour faire développer de chaque côté des ramifications de 30 centimètres environ, afin de boucher les vides entre les branches.

Ces ramifications, que l'on peut renouveler tous les deux ou trois ans, en laissant pousser un nouveau bourgeon à la base, sont d'une fertilité remarquable.

A la plantation, comme dans les fumures annuelles, il faudra aussi mélanger un peu de calcaire aux engrais. La même addition de calcaire est nécessaire pour toutes les espèces à noyau indistinctement. Les noyaux sont formés en grande partie de carbonate de chaux ; lorsque le sol est dépourvu de calcaire, les noyaux ne pouvant se former, les fruits tombent sans cause apparente, et, lorsque le calcaire est en quantité insuffisante, les fruits deviennent amers.

Les rameaux à fruits de l'abricotier, comme ceux de tous les arbres à fruits à noyau, sont formés l'année précédente et ne fructifient qu'une fois. Il faut donc, comme chez les pêchers, obtenir de nouveaux rameaux à fruits tous les ans, et supprimer ceux qui ont porté des fruits. En outre, les fruits de l'abricotier, comme ceux de toutes les autres espèces, devront être obtenus le plus près possible de la branche mère, sur des onglets très courts, sinon sur la branche elle-même, pour permettre à la sève d'y arriver en abondance et sans obstacle, afin d'avoir des fruits très gros et très savoureux.

Cela est facile en procédant ainsi : prenons pour

exemple une branche d'abricotier née l'année précédente et n'ayant reçu aucun pincement. Cette branche
(fig. 314) n'a reçu aucun soin pendant l'été; elle

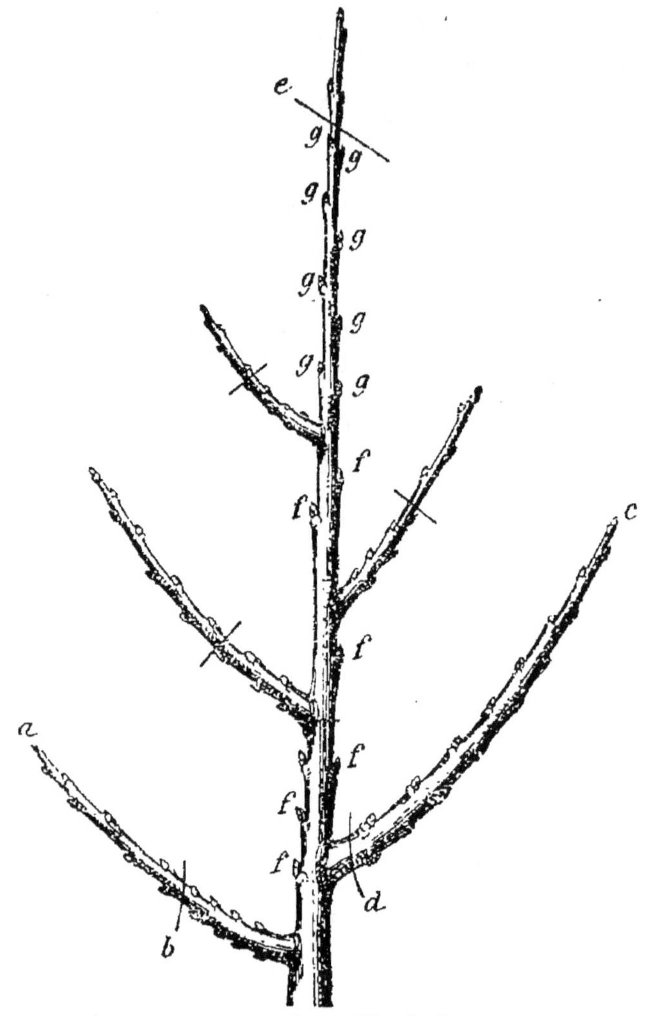

Fig. 314. — Première taille de l'abricotier.

porte des rameaux intacts, de toutes les vigueurs;
il s'agit de convertir les rameaux vigoureux, comme
les faibles, en rameaux à fruits. Commençons,

comme toujours, par le bas, quand on taille un arbre.

Le rameau *a*, de vigueur moyenne, sera taillé en *b*, sur six à sept yeux. Le rameau *c* prend la proportion d'un gourmand ; il sera coupé au point *d*, et on conservera, en raison de sa vigueur, seulement un onglet d'un centimètre environ. Tous les autres rameaux, faibles et de vigueur moyenne, seront taillés : les faibles, à cinq ou six yeux ; ceux de vigueur moyenne, à six ou sept.

La facilité avec laquelle l'abricotier produit des bourgeons sur le vieux bois permet de le tailler très court ; ne laissât-on qu'un onglet de 5 millimètres, les bourgeons apparaîtront à la base au réveil de la végétation.

Disons aussi que l'abricotier produit une grande quantité de bourgeons, presque toujours trop rapprochés pour donner une bonne fructification. Il est urgent d'ébourgeonner sévèrement pour obvier à cet inconvénient.

L'abricotier ayant toujours tendance à produire des gourmands à la base, le prolongement, placé verticalement, sera taillé assez long, en *e*, afin d'attirer la sève au sommet de l'arbre et de la répartir dans une grande étendue de tige, moyen infaillible d'éviter les gourmands à la base.

Nous avons *taillé*, c'est-à-dire coupé avec la serpette les rameaux latéraux, au lieu de les casser, opération qui produit toujours la gomme chez l'abricotier et tous les arbres à fruits à noyau. Voyons comment notre branche d'abricotier va végéter après la taille que nous lui avons appliquée.

Les yeux latents f et g (fig. 314) fourniront des productions de trois ordres ;

Les yeux f, des bourgeons faibles et de vigueur moyenne, des bourgeons vigoureux, et peut-être des gourmands ;

Les yeux g, des bourgeons très faibles et des dards.

Chacune de ces productions devra porter des fleurs et fructifier l'année suivante.

L'abricotier sera ébourgeonné, comme toutes les autres espèces ; on enlèvera les bourgeons doubles, ceux qui seront trop rapprochés ou menaceront, par leur position, de produire des gourmands.

Fig. 315. — Pincement de l'abricotier.

Les bourgeons seront pincés suivant leur vigueur, les faibles sur sept feuilles (a, fig. 315), ceux de vigueur moyenne sur huit à neuf feuilles (b, même figure). Les bourgeons très vigoureux seront pincés sur dix à douze feuilles.

Si le bourgeon pincé sur sept feuilles est faible, il poussera à l'extrémité un bourgeon anticipé peu vigoureux, qui sera pincé sur six feuilles (*a*, fig. 316).

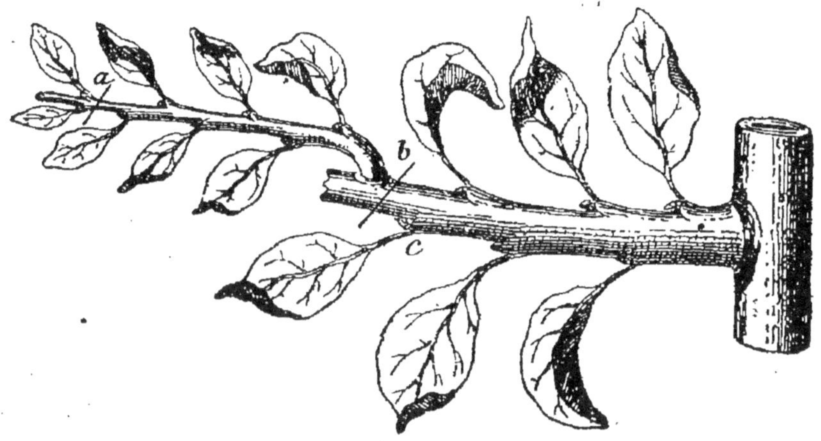

Fig. 316. — Second pincement de l'abricotier.

Dans le cas où ce bourgeon serait un peu vigoureux et produirait un nouveau bourgeon anticipé, on le rapprocherait en *b* (même figure) d'un coup de serpette; l'œil *c* fournirait un bourgeon faible, dont on pincera seulement l'extrémité s'il s'allongeait trop. A la chute

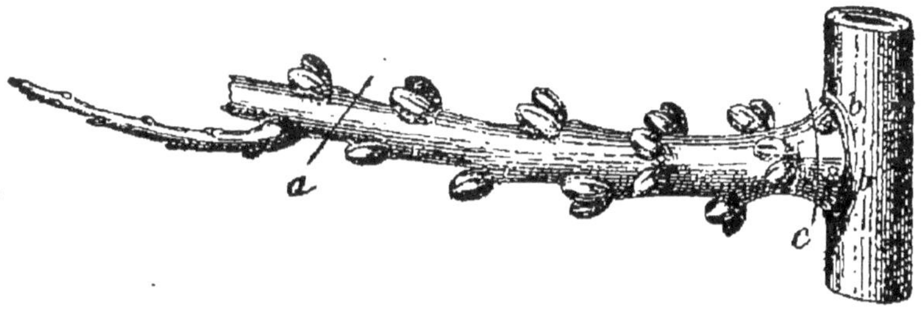

Fig. 317. — Taille de l'abricotier.

des feuilles, le rameau présentera l'aspect de la figure 317 : il sera couvert de fleurs dans toute son étendue.

A la taille d'hiver, on coupera en *a* (même figure), pour faire développer en dards les yeux *b*, et l'année d'après on taillera sur les dards en *c*, pour faire tomber le bois qui a fructifié, et le remplacer par les dards produits par les yeux *b*.

Les bourgeons vigoureux, pincés à dix ou douze feuilles, produiront deux et quelquefois trois bourgeons anticipés à l'extrémité (*a*, fig. 318). Pour évi-

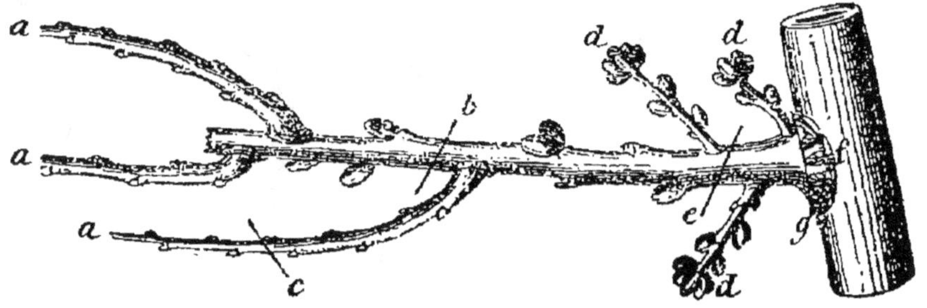

Fig. 318. — Pincement, rapprochement et taille de l'abricotier.

ter l'obscurité |dans l'arbre et concentrer l'action de la sève sur les yeux de la base, afin de les convertir en dards, on rapprochera en *b* et *c*, pendant l'été. Les dards *d* se développeront ; on coupera en *e*, à la taille d'hiver. Pendant que les dards *d* fructifieront, les yeux *f* formeront de nouveaux dards et, l'année suivante, on taillera en *g*, sur une couronne de dards, fournis par les yeux de la base.

Le rameau *c* (fig. 319), très vigoureux, qui a été taillé à 1 centimètre de longueur, développera quatre ou cinq bourgeons. On en conservera deux seulement, un dessus, *a* (fig. 319), l'autre dessous, *b*, et l'on supprimera les autres. Les bourgeons *a* et *b* seront pincés, en *c*, sur douze feuilles ; les bourgeons anticipés qui naîtront à l'aisselle des feuilles des bourgeons pincés le seront à une ou deux feuilles. Vers le mois de juillet, on verra plusieurs yeux percer le vieux bois au point *d* (fig. 319), à l'empattement du rameau amputé. Alors on supprimera le bourgeon de dessus en *e* ; celui de dessous, destiné à absorber l'excédent de la sève, sera rapproché successivement en *f*, et même en *g*, s'il a

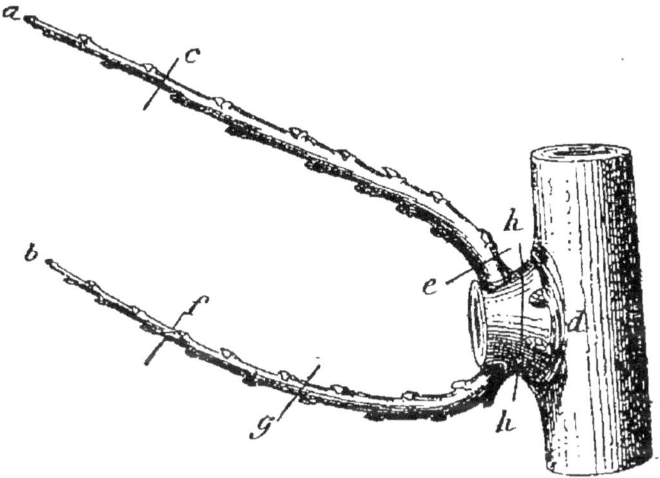

Fig. 319. — Traitement d'un rameau amputé.

produit plusieurs bourgeons anticipés ; il est destiné à absorber l'excédent de la sève, mais il ne doit jamais être converti en gourmand. Si l'opération est bien exécutée, les yeux situés au point *d* s'allongeront de quelques millimètres seulement et produiront autant de petits dards couverts de fleurs. Le printemps suivant, on taillera en *h*, sur ces dards.

Les yeux *f* (fig. 319) se développeront naturellement, par l'effet de la taille longue appliquée à la tige, en

dards couverts de fleurs, et longs de 1 à 5 centimètres.
Il n'y a pas de pincements à faire aux dards; mais
les plus courts, même ceux qui n'ont qu'un centimètre de long, seront taillés ; ils portent un œil à

l'extrémité, et des
rudiments d'yeux à
la base. On enlèvera
seulement l'œil qui
les termine sur ceux
d'un à deux centi-
mètres de longueur ;
si on laissait cet œil,

Fig. 320. — Taille d'un dard d'abricotier.

il produirait un bourgeon vigoureux, et les yeux de
la base, qui doivent fournir des dards l'année suivante, s'éteindraient.

Les dards, ayant de 3 à 4 centimètres, seront taillés
en *b* (fig. 320), et ceux de 5 centimètres et plus seront
taillés en *a* (même figure).

La partie taillée portera huit ou dix fleurs ; le seul
fruit qui sera conservé deviendra magnifique, et l'effet
de cette taille courte sera de faire développer en
dards les yeux *c* (même figure), pour l'année suivante,
où le rameau qui aura fructifié sera coupé à la base
en *d*, sur une couronne de nouveaux dards, fournis
par les yeux.

Quand il se développe un bourgeon très gros destiné à produire un gourmand, on le pince à deux
feuilles afin d'arrêter la végétation à son point de
départ, et de diviser l'action de la sève en deux.
Quelque temps après, il se développe deux bourgeons

anticipés que l'on pince à huit feuilles ; puis, lorsque ces bourgeons ont produit des bourgeons anticipés, il est rare qu'il ne se montre pas quelques rudiments d'yeux à la base du premier bourgeon. Alors on coupe le plus vigoureux des deux bourgeons à la base, et l'on soumet celui conservé au rapprochement. Les yeux situés sur l'empattement produisent des dards couverts de fleurs ; au printemps, on enlève entièrement le rameau et l'on taille sur les dards.

La taille de l'abricotier n'est pas difficile, et cependant beaucoup de personnes ont échoué. Cela tient au manque de renseignements sérieux sur les opérations à appliquer à cet arbre. Les auteurs anciens et modernes n'ont rien écrit de précis, ni rien enseigné d'exact sur ce sujet. Tous ceux qui suivront à la lettre les indications que je viens de donner peuvent compter sur un succès certain.

Les résultats obtenus avec les indications données par les écoles anciennes et modernes ont été si mauvais que j'ai dû chercher une taille pour l'abricotier. J'applique avec succès, depuis de longues années, celle que je viens d'indiquer ; j'en dis le *premier mot* et j'invite ceux qui *piochent* avec moi à m'aider à en trouver, non le dernier, mais le second.

RESTAURATION

L'abricotier est l'arbre le plus commode et le plus facile à restaurer ; ses branches se dénudent facilement et meurent même assez souvent, mais il est si aisé de les remplacer et de faire naître du jeune bois sur cet arbre que l'on peut tenter les entreprises les plus hardies avec de grandes chances de réussite. L'abricotier obéit à la moindre concentration de sève; immédiatement il produit une quantité de jeunes bourgeons qui percent les vieilles écorces avec la plus grande facilité.

Admettons que la branche (fig. 321) soit une branche d'abricotier en espalier : il y en a encore beaucoup dans les vieux jardins, et, bien que je conseille d'en planter peu à l'espalier, ce n'est pas une raison, non seulement pour ne pas soigner ceux qui sont tout venus, mais encore pour ne pas restaurer ceux qui peuvent être remis en état. Tous les vieux abricotiers d'espalier sont à peu près dans l'état de cette branche. Les rameaux à fruits mal taillés ont acquis une longueur de 40 à 50 centimètres, et ne fructifient plus que par les extrémités a (même figure); toutes les parties b de ces branches à fruits sont dénudées. A d'autres endroits, nous trouverons des têtes de saule surmontées d'un petit rameau faible, végétant avec peine au milieu des nodosités et du bois mort (c, même figure).

Il sera impossible de redresser complètement la branche mère; on ne pourra le faire qu'en partie et progressivement, au fur et à mesure du développement de prolongements vigoureux, et lorsqu'ils auront produit une certaine quantité de filets ligneux. On commencera par tailler en d toutes les vieilles branches à fruits, en leur laissant seulement un talon de 2 à 4 centimètres sur la branche mère ; puis on enlèvera complètement les têtes de saule en *e*, et l'on recouvrira enfin les plaies de mastic à greffer ; il faudra, en outre, enlever avec soin les mousses et les vieilles écorces.

On coupera ensuite environ un tiers de la longueur de la branche mère en *f*, sur un bourgeon vigoureux ; si ce bourgeon vigoureux ne se rencontre pas, ou même s'il est né sur une tête de saule, il sera préférable de couper la branche en biseau, à une place bien saine, et d'y poser une greffe en couronne.

Pendant l'été qui suivra cette opération, il naîtra des bourgeons aux points *a* (fig. 322), sur tous les onglets des rameaux à fruits qui ont été coupés. Ces bourgeons, traités comme je l'ai indiqué, seront couverts de fleurs à la base et seront taillés très courts. L'effet du rapprochement de la branche et des ramifications qu'elle portait aura été de faire percer les bourgeons *b* sur le vieux bois ; ces bourgeons, traités comme les précédents, donneront les mêmes résultats ; et, vers la seconde ou la troisième année de la restauration, la branche, redressée en partie, par l'addition des filets ligneux produits par les prolongements, sera couverte en entier de rameaux à fruits très productifs et longs de 4 à 5 centimètres.

Lorsque les branches sont attaquées par la gomme, il faut les couper au-dessous des parties endommagées ; il repousse un prolongement vigoureux, et l'on obtient, en peu de temps, une branche neuve. Si toutes les branches de l'arbre à restaurer étaient atta-

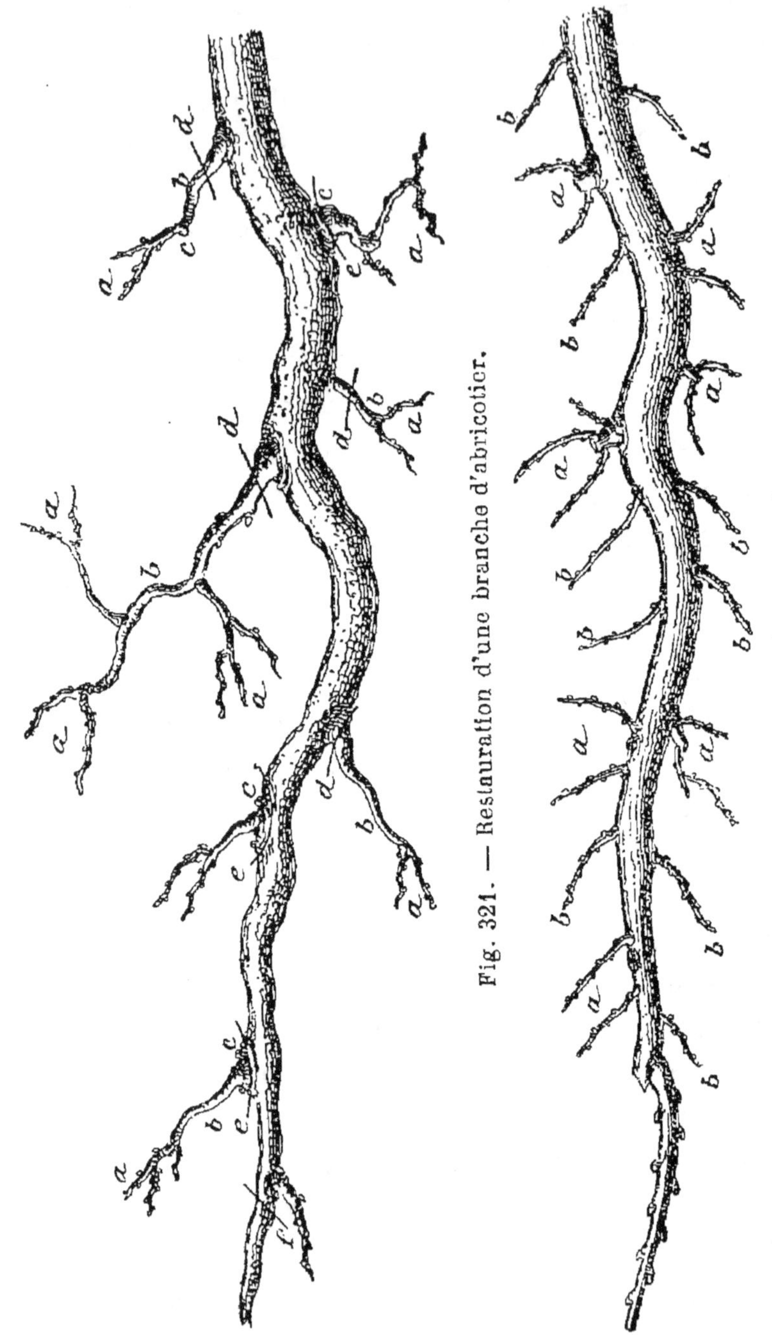

Fig. 321. — Restauration d'une branche d'abricotier.

Fig. 322. — La même restaurée.

quées par cette maladie, il faudrait en couper la moitié d'abord à 25 ou 30 centimètres du tronc ; elles produiront bientôt des bourgeons très vigoureux qui les remplaceront en deux années. On supprime, pour commencer, les plus mauvaises, et l'on conserve les meilleures pour rapporter des fruits, jusqu'à ce que celles qui ont été coupées d'abord produisent ; alors on coupe les autres, et l'on obtient, ainsi, en deux fois, un arbre neuf.

Lorsque les abricotiers, soumis à toutes les formes, donnent des fruits depuis longtemps, ils se dégarnissent. On y remédie pendant quelque temps par la taille ; mais il arrive un moment où la branche est ruinée ; alors on laisse pousser verticalement un gourmand à la base, afin de lui faire acquérir une grande vigueur, et l'année suivante on rabat la branche ruinée sur ce gourmand, qui en fournit très vite une neuve. Quand il ne se produit pas de gourmand, on coupe la branche à 20 centimètres de sa naissance ; il en pousse toujours. Sur les vases qui portent vingt branches, on en recèpe dix la première année, le reste la seconde, et la troisième année on a un arbre neuf.

Quand on restaure un abricotier en espalier, il est toujours utile d'abaisser un peu les branches de la charpente : cette simple opération suffit pour faire développer une quantité de bourgeons sur le vieux bois.

Les abricotiers à haute tige, placés dans les cours bien abritées, produisent beaucoup, mais se ruinent assez vite. Il est utile de renouveler leur charpente tous les quatre ou cinq ans, pour avoir une production soutenue.

Aussitôt que les branches s'allongent, se dénudent et ne fleurissent plus que par les extrémités, on en coupe la moitié à 40 centimètres de leur naissance. On coupe d'abord les plus dégarnies sur tout le périmètre de l'arbre ; l'année suivante on coupe l'autre moitié.

La moitié conservée donne des fruits, pendant que celle coupée repousse vigoureusement et produit quantité de bourgeons, qui fleuriront l'année suivante, et donneront des fruits très volumineux, en raison de leur vigueur.

Pendant que ces fruits mûrissent, l'autre moitié repousse, et nous avons l'année suivante un arbre neuf et de la plus grande fertilité.

Les abricotiers à haute tige et en touffe peuvent être restaurés ainsi quatre ou cinq fois.

Il ne faut pas oublier que l'abricotier est l'arbre le plus sujet à la gomme. Pour l'éviter, les amputations seront faites avec le plus grand soin, à l'aide d'instruments très tranchants et les plaies seront aussitôt recouvertes avec du mastic à greffer.

Il faudra également faire les changements de terre indiqués pour le pêcher, et appliquer une fumure additionnée de calcaire.

CHAPITRE XII

PRUNIER

Le prunier est un arbre dont les écoles anciennes et modernes se sont peu occupées pour le verger, et pas du tout pour le jardin fruitier. Rien d'exact et de sérieusement étudié n'a été publié ni enseigné sur les formes à lui donner, ni sur la manière d'obtenir les rameaux à fruits.

La culture du prunier à haute tige règne en souveraine. C'est celle qui jusqu'à ce jour a donné les meilleurs résultats (j'en parlerai au verger); mais, en dehors du verger, il y a des principes de culture et de taille qui, suffisamment étudiés, permettent au prunier d'occuper une place honorable dans le jardin fruitier.

L'école ancienne paraît avoir abandonné la taille du prunier; l'inventeur des plantations rapprochées le traite *comme le poirier*, pour les formes et la taille. Cela m'a toujours paru bizarre, néanmoins j'ai voulu essayer.

J'ai fait le plus consciencieusement du monde des pruniers en cordons unilatéraux; ils m'ont donné des résultats négatifs. J'ai très mal réussi avec les formes destinées au poirier ; les arbres d'espalier, comme ceux de plein vent, soumis aux formes grandes et moyennes du poirier, m'ont donné peu, et le plus souvent pas de fruits, et les cordons obliques et verticaux moins encore, pour ne pas dire point du tout. La taille des rameaux à fruits du prunier laissait à désirer pour toutes les formes.

Malgré tous les soins possibles, et la foi que j'avais dans les affirmations de l'école moderne, il n'était pas possible de traiter le prunier comme le poirier, et je n'ai pu arriver à une production régulière sans chercher une taille, et des formes sous lesquelles cet arbre puisse fructifier.

J'ai étudié sérieusement ces questions pendant de longues années. C'est, je le crois, le moyen le plus lent, mais le plus sûr d'arriver à la vérité, et je suis convaincu de rendre service à tous, en signalant les écueils que j'ai rencontrés.

Mon but est d'éclairer, autant que je le puis, mes auditeurs et mes lecteurs, et de leur éviter les lourdes déceptions que j'ai éprouvées moi-même. Rien ne décourage autant, et ne fait rétrograder plus vite, qu'un échec ; c'est une meurtrissure pour celui qui a fait l'expérience et un coup fatal porté au progrès.

J'initie à ma marche ceux qui suivent mes travaux et mes expériences, et leur dis : « Voilà ce que j'ai pu faire, aidez-moi. Je travaille pour enrichir mon pays. J'ai dit le premier mot ; prononcez les

suivants ; ceux qui viendront après nous continueront peut-être... ! »

Cela dit, je rends compte de mes observations sur
le prunier et donne les seules formes, comme la
seule taille, qui m'aient donné régulièrement et
d'une manière certaine d'abondantes récoltes.

Le prunier est l'arbre indépendant par excellence ;
il n'aime pas la gêne et obéit peu à la taille. Il se
moque comme un véritable *Frontin* des formes du
poirier dans lesquelles l'habile professeur Du Breuil
a conseillé de l'emprisonner. Il vit non soumis,
mais très insoumis à ces formes, cela est incontestable ; à chaque instant il commet des infractions
incroyables. Comme l'écolier sous la férule, il est
tranquille en apparence, mais se venge en ne produisant rien. C'est peut-être parce que l'enseignement du Conservatoire ne le charme pas ; il est en
pénitence et fait, comme le gamin de Paris, un
mètre de nez au grand maître dès qu'il tourne le dos
en émettant en quarante-huit heures des gourmands
colossaux ne portant jamais la moindre lambourde.
C'est une protestation végétale plus énergique que
vous ne pouvez le supposer, cher lecteur. Essayez
de soumettre le prunier au système Du Breuil ; je ne
vous dis que cela, et vous m'en apprendrez des
nouvelles ; ou plutôt n'essayez pas : je l'ai fait, et je
vous garantis que je ne recommencerai jamais.

Toutes les formes à branches horizontales sont
contraires au prunier. Il refuse toute production
dans ces conditions, ou, s'il en donne de très rares, il

nous les fait payer par des rameaux à fruits de 50 centimètres de longueur. J'ai essayé toutes les formes d'espalier ; le produit n'a jamais été en rapport avec la peine qu'il a fallu se donner pour l'y maintenir.

En théorie, le prunier qui veut de la chaleur, devrait être à l'espalier. Oui, c'est juste en théorie, mais faux en pratique. Il lui faut le plein vent, l'air de toutes parts pour qu'il produise ; je n'entends pas là seulement l'arbre à haute tige, mais en plein vent dans le jardin fruitier, à une place chaude entre les contre-espaliers de poiriers et les palmettes alternes de cerisiers, au milieu des jardins Gressent, où il réussit sous une seule forme : celle en vase.

La reine de toutes les formes pour le prunier est la touffe, la modeste touffe du verger Gressent. Le prunier y est à l'aise ; il produit beaucoup et des fruits monstrueux. J'ajouterai même que la taille simplifiée que je décris plus loin, au verger Gressent, lui plaît infiniment, et il m'a donné de si beaux résultats, dans ces conditions, que je l'aurais abandonné dans le jardin fruitier, sans la forme en vase et la taille que je décris ci-dessous, me donnant des résultats positifs.

La forme en vase étant reconnue, jusqu'à présent, comme la meilleure et la seule productive, nous l'adopterons à l'exclusion de toute autre pour le prunier dans le jardin fruitier. (Voir, pour la formation du vase, pages 497 et suivantes.)

Cela dit, recherchons les variétés à cultiver pour

prolonger le plus possible la récolte de cet excellent fruit.

Les meilleures variétés de prunes sont, pour les mois de :

Juillet

MONTFORT. Fruit très gros, ovale, violet, de bonne qualité. Arbre fertile et vigoureux. Expositions du sud, sud-est et sud-ouest.

Août

BLEUE DE BELGIQUE. Fruit très gros, violet, très précoce et de bonne qualité. Arbre vigoureux et fertile, précieux pour le verger surtout.

MONSIEUR. *Prune de roi, gros hâtif.* Fruit moyen, rond, très beau, violet, excellent de qualité. Arbre vigoureux et fertile. Exposition du sud-est et du sud-ouest. La prune de *Monsieur* acquiert une qualité et un volume remarquables dans les terres un peu légères.

REINE-CLAUDE. *Abricot vert, verte et bonne, reine Claude ordinaire, dorée, hâtive, tardive.* Fruit très gros en vase, moyen à haute tige, vert et jaune taché de rouge, la meilleure de toutes les prunes. Arbre vigoureux et très fertile, à l'exposition du sud, sud-est et sud-ouest. Cette variété fait de très beaux vases.

REINE-CLAUDE VICTORIA. *Alderton.* Fruit très gros, d'excellente qualité. Arbre très fertile et de vigueur moyenne, excellent pour les vergers, à l'exposition de l'est et de l'ouest.

DRAP D'OR ESPEREN. Fruit moyen, rond, jaune foncé, d'excellente qualité. Arbre très fertile et de vigueur moyenne, à l'exposition de l'est et de l'ouest.

PÊCHE. Fruit très gros, jaune fortement coloré de rouge, ayant la teinte de la, pêche, plus recherché pour son volume et pour son coloris que pour sa qualité. Arbre de vigueur moyenne, très fertile, et venant à toutes expositions.

PONDS SEEDLING. Fruit magnifique, couleur pourpre, et bon de qualité. Arbre assez fertile et de vigueur moyenne. Soumis à la taille et à la forme en vase, cet arbre donne des fruits monstrueux. Expositions de l'est et de l'ouest.

JEFFERSON. Fruit très gros, jaune rouge, ovale, d'excellente qualité. Arbre fertile et vigoureux. Exposition du sud-est, du sud-ouest, de l'est et de l'ouest.

Septembre

REINE CLAUDE DIAPHANE. Fruit magnifique et de qualité hors ligne, presque transparent et du plus joli effet pour les desserts. Arbre de vigueur moyenne très fertile. Ce charmant et excellent fruit n'a que le défaut de n'être pas assez connu.

KIRKE'S PLUM. Fruit très gros, violet, bleu, excellent. Arbre fertile et très vigoureux.

REINE CLAUDE VIOLETTE. Fruit moyen, violet, de bonne qualité, le meilleur après la *reine Claude* verte. Arbre vigoureux et fertile. Exposition de l'est et de l'ouest.

WASINGTON. Fruit très gros, globuleux, jaune verdâtre, coloré de rouge, excellent. Arbre très vigoureux pour vases. Expositions du sud-est et du sud-ouest, de l'est et de l'ouest.

Octobre

REINE CLAUDE DE BAVAY. Fruit magnifique ressemblant à la *reine Claude*, en ayant la qualité, mais beaucoup plus gros. Cette prune a été déclarée mauvaise ; elle l'est, en effet, quand on ne sait pas la faire mûrir ou qu'on n'a pas la patience de l'attendre.

La *reine Claude de Bavay* doit être cueillie très tard, et conservée au moins quinze jours au fruitier ; elle peut s'y garder un mois et plus. Dans ces conditions, elle égale presque la *reine Claude* en qualité, mûrit fin de septembre et peut se garder jusqu'en octobre, novembre et quelquefois décembre.

Arbre fertile, de vigueur moyenne, très rustique, venant à toutes les expositions.

COE'S GOLDEN DROP. *Waterloo*. Fruit très gros, ovale jaune piqué de rouge, excellent, et se conservant au fruitier aussi longtemps que la précédente. J'ai conservé des *reines Claude de Bavay* et des *coe's Golden* jusqu'au jour de l'an ; ce sont, à mon avis, les deux meilleures variétés tardives, et depuis longues années je les ai introduites, à la grande satisfaction des maîtresses de maisons, dans les jardins fruitiers que j'ai créés. Arbre de vigueur moyenne, assez fertile. Expositions de l'est et de l'ouest.

TAILLE DES RAMEAUX A FRUITS

On obtient les rameaux à fruits du prunier plus difficilement que ceux des autres espèces, et il est aussi moins facile de les conserver en bon état. Le prunier étant moins sujet à la gomme que le pêcher et l'abricotier, nous pouvons employer, mais accidentellement seulement, les cassements, moyen très prompt et très énergique pour faire naître des fleurs à la base des rameaux.

Supposons la branche, figure 323, un prolongement de prunier de l'année précédente. Au printemps, ce prolongement ne présentera, dans toute son étendue que des yeux à bois. On en supprimera un tiers environ pour lui faire développer tous ses yeux jusqu'à la base.

Sur le premier tiers, les yeux produiront de petits rameaux longs de quelques millimètres portant à leur extrémité une couronne de boutons à fleurs, au centre de laquelle il y a toujours un œil destiné à prolonger le rameau l'année suivante.

Les yeux du second tiers produiront

Fig. 323. — Prolongement né l'année précédente.

des petits dards longs de 3 à 6 centimètres, couverts de boutons à fleurs et portant des yeux à la base et au sommet.

Les yeux du troisième tiers produiront des bourgeons vigoureux qui seront soumis au pincement.

Le premier pincement est l'opération la plus importante dans la formation des rameaux à fruits du prunier. Cet arbre a toujours tendance à laisser éteindre les yeux rudimentaires de la base; si le premier pincement est fait trop long ou trop tard, le rameau s'allonge, et la base se dénude.

Le premier pincement du prunier doit être fait sur *cinq feuilles* (*a*, fig. 324), afin de stimuler

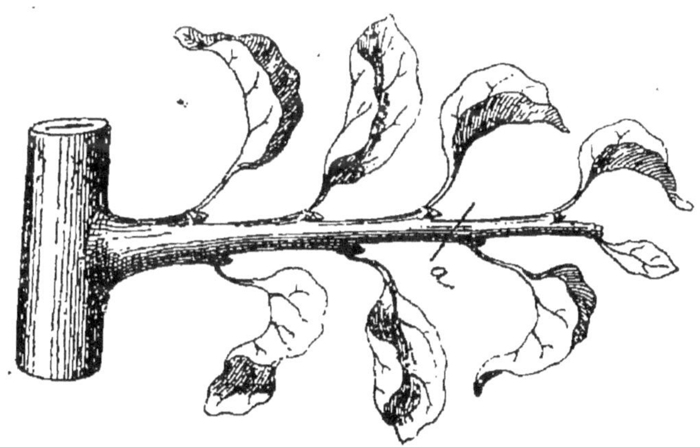

Fig. 324. — Premier pincement du prunier.

l'énergie vitale des yeux de la base, de les forcer à se développer et de les convertir en rameaux à fruits.

Le second pincement se fait sur huit feuilles

(*a*, fig. 325), quand il n'y a qu'un bourgeon anticipé. S'il y en a deux, il faut détruire la bifurcation à l'aide d'un rapprochement opéré en *b* (même figure, et l'on pince en *c*, sur huit à neuf feuilles, le bourgeon conservé (*c*, même figure).

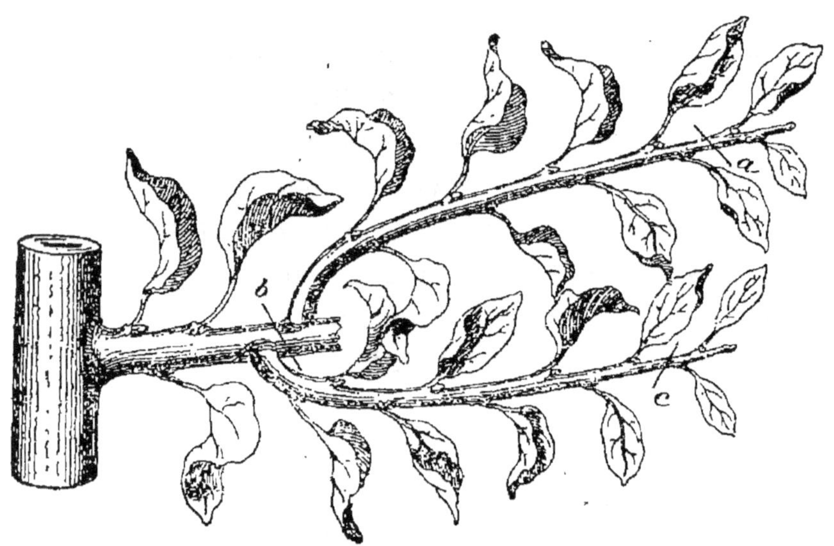

Fig. 325. — Second pincement et rapprochement en vert du prunier.

Le printemps suivant, notre prolongement traité comme je viens de l'indiquer présentera l'aspect de la figure 326. On laissera intacts les rameaux *a*, mais on surveillera le développement du bourgeon produit par l'œil placé au centre des boutons à fleurs. Ce bourgeon sera pincé sur cinq feuilles au plus, afin d'obtenir d'abord des fleurs à sa base et, les années suivantes, de nombreux rameaux à fruits sur l'empattement du rameau primitif, ce qui ne pourrait avoir lieu si on laissait ce bourgeon s'allonger.

Les rameaux *b* seront taillés en *c* (même figure), sur cinq à six yeux, et taillés en *d*, l'année suivante, sur les fleurs les plus rapprochées de la base. Cette taille courte concentrera l'action de la sève sur les fruits, et aura pour effet de faire développer les yeux latents de la base en nouveaux dards pour l'année suivante.

Des rameaux *c*, du troisième tiers, qui ont été soumis au même traitement, seront taillés en *e*, sur des onglets longs de 4 à 5 cent., portant des fleurs et des yeux à la base, comme les précédents.

Il ne faut jamais oublier, chez le prunier, de pincer très court, à quatre ou cinq feuilles, les bourgeons qui naissent sur les lambourdes; quand on les laisse s'allonger, il ne se forme pas d'autres lambourdes et le rameau prend vite les proportions d'une branche.

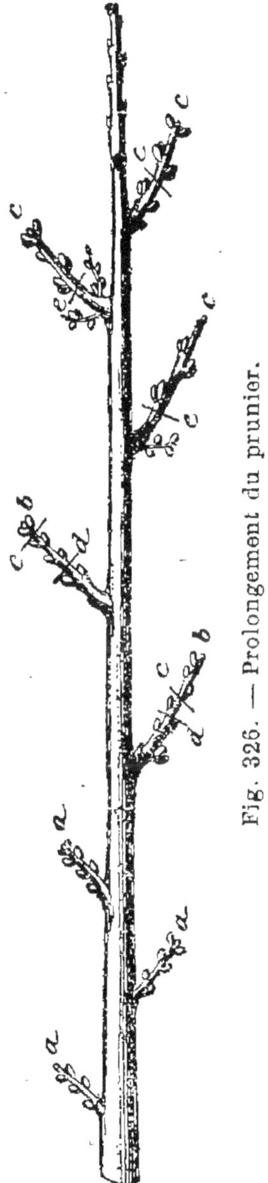

Fig. 326. — Prolongement du prunier.

RESTAURATION

Le prunier ne peut être restauré par les moyens que j'ai indiqués pour l'abricotier ; cet arbre produit difficilement des bourgeons sur le vieux bois. C'est à l'opérateur de remédier à cet inconvénient avec des greffes par approche, pour regarnir les branches dénudées, opération longue et difficile, et praticable dans le jardin fruitier seulement.

Il est un autre moyen de restauration : le recépage des branches. Il est énergique, mais ne réussit pas toujours. Dans tous les cas, il est prudent de poser une greffe en couronne sur le tronçon de la branche ; c'est le moyen le plus sûr d'en obtenir une nouvelle.

La terre doit être changée pour la restauration du prunier, comme pour celles de toutes les espèces à noyaux, et les engrais additionnés de calcaire.

Il sera toujours utile de chauler entièrement les arbres soumis à la restauration, aussitôt que les branches seront débarrassées des mousses et des vieilles écorces, mais cette opération devient indispensable pour toutes les espèces à noyau.

CHAPITRE XIII

CERISIER

J'ai dit précédemment que l'abricotier et le prunier étaient peu cultivés ; je pourrais ajouter que le cerisier ne l'est pas du tout et que les plus belles variétés de cerises sont presque inconnues. Je dois ajouter que, si le prunier est rebelle à la taille, le cerisier est des plus dociles ; c'est l'arbre le plus agréable à cultiver, et ses fruits sont la providence des maîtresses de maisons. Il donne en abondance des fruits superbes (quand on les cultive) depuis la fin de mai jusqu'au 15 octobre ; ces fruits sont jolis, excellents, très sains, parfaits crus, excellents en confitures et confits. En outre, une pyramide de cerises fait toujours sensation quand on la place dans un dessert à la fin de mai, et surtout à l'arrière-saison, dans les mois de septembre et d'octobre.

Il n'existe pas d'arbre plus fertile que le cerisier ; il n'en est pas non plus de moins difficile à conduire, de plus complaisant pour se plier à toutes les formes qu'on veut lui imposer et accepter toutes les expositions.

Le cerisier s'accommode non seulement de toutes

les formes, mais encore de toutes les expositions ; de quelque manière qu'on le place, et partout où on le met, il donne des fruits en abondance, et surtout des fruits magnifiques, quand on se donne la peine de le tailler. Cet arbre peut être soumis à toutes les formes d'espalier et de plein vent, sans exception ; on n'a qu'à choisir des variétés dont la vigueur soit en harmonie avec le développement qu'on veut leur donner.

Le cerisier donne des résultats excellents en vase, et fait merveille en palmettes alternes ; c'est la forme sur laquelle j'ai toujours récolté les plus beaux fruits.

Cependant, malgré la facilité de culture du cerisier et sa prodigieuse fertilité, il ne faut pas oublier qu'il pousse vite et demande à acquérir un certain développement pour durer longtemps. Le vase et la palmette alternes sont les formes de prédilection pour le plein vent ; on en obtient les meilleurs résultats en grandes formes, à l'espalier, au nord, nord-est et nord-ouest.

Commençons par examiner les variétés qui doivent être introduites dans le jardin fruitier, le parti que l'on peut en tirer et leur époque de maturité, pour récolter des cerises de mai à novembre.

VARIÉTÉS MURISSANT PENDANT LES MOIS DE :

Mai

BELLE D'ORLÉANS. Arbre de vigueur moyenne et très fertile. Fruit moyen, mais très précoce, bon de qualité.

ANGLAISE HATIVE. *May Duck*. Fruit gros, arrondi,

rouge foncé, excellent de qualité. Arbre fertile et très vigoureux, propre aux plus grandes formes d'espalier et de plein vent. La cerise anglaise hâtive est très douce ; ses fruits sont mangeables le 15 mai, quand elle est placée en espalier au midi ; en vase, à l'est ou à l'ouest, elle donne des fruits excellents jusqu'à la fin de juin.

Juin

IMPÉRATRICE EUGÉNIE. Fruit gros, rouge foncé, légèrement acidulé, très parfumé. C'est une des meilleures cerises douces et une des plus précoces, comme des meilleures ; sa place est marquée dans tous les jardins fruitiers. Arbre vigoureux et fertile, propre à toutes les formes, donnant ses fruits de très bonne heure.

MONTMORENCY A COURTE QUEUE. Fruit gros, excellent, une des meilleures et des plus précoces parmi les cerises acides. Arbre très fertile, de vigueur moyenne, bon pour les vergers surtout, à toutes les expositions. Le cerisier de Montmorency donnant des fruits très précieux pour les conserves et les confitures, réussit mal soumis aux formes du jardin fruitier. Il lui faut la haute tige ou la forme en touffe pour donner tout son produit.

GUIGNE NOIRE. Fruit très gros, magnifique quand il est cultivé, presque noire en dessus et très coloré en dedans. Il ne faut pas en abuser dans le jardin fruitier ; sa véritable place est dans le verger ; mais un arbre soumis à une grande forme peut y avoir son utilité. La *guigne noire* est très précoce ; le fruit est assez bon cru, et il offre une précieuse ressource pour faire des liqueurs. L'arbre, très vigoureux et très fertile, vient très vite en plein vent, à toutes les expositions. C'est un excellent porte-greffe ; on gagne beaucoup de temps en conservant son fruit jusqu'au tiers ou jusqu'à la moitié de la hauteur qui lui est destinée, et en greffant les étages supérieurs en variétés de cerises plus faibles.

Juillet

ROYALE. *Chery Duck*. Fruit très gros, rouge vif, d'excellente qualité. Arbre de vigueur moyenne, excellent pour formes moyennes à l'ouest, au nord-est et au nord-ouest.

GLOIRE DE FRANCE. Fruit monstrueux et excellent, obtenu par M. Bonnemain d'Étampes. Une des plus belles cerises connues, ressemblant beaucoup à la cerise de *Planchaury*, et en ayant les caractères.

DOWTON. Joli et excellent bigarreau, le seul qui mérite d'être introduit dans le jardin fruitier. Fruit gros, couleur chair, de qualité hors ligne. Arbre vigoureux et très fertile, propre aux plus grandes formes de plein vent. Exposition de l'est et de l'ouest.

REINE-HORTENSE. *Lemercier, belle de Petit-Bric, grosse de Wagnelie, cerise d'Aremberg, Louis XVIII belle suprême, monstrueuse de Jodoigne, cerise de Morestein, monstrueuse de Bavay.* Fruit très gros, rouge vif, d'assez bonne qualité. C'est une des plus grosses cerises; elle est très recherchée pour son volume. Arbre peu fertile, mais très vigoureux. La taille lui est nécessaire.

On obtient, avec cette variété, des fruits monstrueux, dans le jardin fruitier, avec les vases, et surtout des palmettes alternes.

BELLE DE CHOISY. *Doucette, de la Palambe, cerise ambrée.* La meilleure de toutes les cerises. Fruit moyen, rouge foncé, très parfumé et d'une saveur des plus agréables. Arbre de vigueur moyenne, très fertile, propre à toutes les formes sans exception. Expositions de l'est à l'ouest.

BELLE DE SCEAUX. Fruit très gros, rouge vif, de qualité supérieure. Arbre vigoureux et fertile, toujours trop rare dans le jardin fruitier, propre à toutes les formes de plein vent. Expositions de l'est et de l'ouest.

PLANCHAURY. Fruit superbe et excellent, rouge vif. Arbre très fertile et de vigueur moyenne, propre aux formes moyennes de plein vent, excellents pour palmettes alternes Gressent. Expositions de l'est et de l'ouest.

SPA. Très belle variété. Fruit gros, rouge vif, très bon, mais demandant à être mangé très mûr; dans le cas contraire, il est amer. Arbre fertile, assez faible; la meilleure forme à lui imposer est la palmette alterne. Cette cerise mûrit à la fin d'août et dans la première quinzaine de septembre. Expositions de l'est et de l'ouest.

BELLE MAGNIFIQUE. Superbe variété. Fruit excellent, mûrissant quinze jours après la cerise de Spa. Arbre vigoureux et fertile, bon pour toutes les formes, à toutes les expositions.

Obtenue par Chatenay, dit MAGNIFIQUE, pépiniériste à Vitry. De là son nom de *Belle Magnifique*, nom que je lui conserve, malgré tous ceux que l'on a voulu lui donner, autant pour éviter les erreurs que pour rendre hommage à ses auteurs, piocheurs infatigables, travaillant trop pour avoir le temps de s'informer même des noms sous lesquels on déguise leur superbe et excellente cerise.

DUCHESSE DE PALLUAU. Fruit très gros, rouge foncé, d'une qualité supérieure. L'arbre, très vigoureux, et d'une fertilité remarquable, est propre à toutes les formes de plein vent. Cette excellente variété est aussi précieuse par la rare beauté et la bonté de son fruit que par sa prodigieuse fertilité.

Septembre

CERISE DU NORD. Fruit gros, rouge foncé, un peu acide, mais excellent quand il est très mûr, le meilleur de tous pour les confitures et les cerises à l'eau-de-vie. Cette excellente variété n'a que le défaut de n'être pas assez connue. L'arbre, de vigueur moyenne, est très fertile et donne de superbes fruits, à haute tige, dans le verger, où sa place est marquée.

La cerise du Nord, très acide quand elle n'est pas assez mûre, devient excellente à maturité complète.

Le meilleur moyen de la manger toujours bonne,

et de la conserver jusque dans les derniers jours de novembre, est de la laisser à l'arbre jusqu'aux gelées; elle se conserve parfaitement ainsi et peut encore se garder longtemps au fruitier.

MORELLO DE CHARMEUX. Fruit gros, rouge vif, de bonne qualité. Arbre assez fertile et vigoureux, propre à toutes les formes moyennes de plein vent. Expositions de l'est, de l'ouest, du nord-est, du nord-ouest et même du nord, en espalier.

Cette variété, précieuse par sa tardiveté, mûrit très irrégulièrement. Quelques fruits mûrissent dès le mois de septembre, et les autres prolongent leur maturité jusque dans le courant d'octobre. Il est donc urgent de placer le *Morello de Charmeux* à des expositions froides, pour retarder encore sa maturité, et surtout pour l'obtenir régulière. Les expositions du nord-est et du nord-ouest sont les préférables ; les fruits y mûrissent plus également et plus tard. Les premières gelées les surprennent quelquefois aux arbres ; dans ce cas, il faut observer le temps, cueillir les fruits et les rentrer au fruitier, où ils peuvent encore se conserver quelque temps.

Toutes les variétés de cerisiers que je viens d'énumérer forment une riche collection pour le jardin fruitier, mais la plupart pour le jardin fruitier seulement, où elles sont soumises à la taille et à des formes régulières. Plusieurs de ces variétés sont assez rares ; elles ne se cultivent que sur Sainte-Lucie et en cerisier nain, et jamais à haute tige, où elles ne donneraient que des résultats très douteux. Mais, grâce au *verger Gressent* et aux arbres en touffes, les plus rustiques pourront être cultivées pour la spéculation, greffées sur Sainte-Lucie. J'ajoute cette observation pour les personnes qui veulent, quand même, cultiver les variétés de fruits les plus rares et les plus délicates, greffées à haute tige et obtenir des produits d'élite, sans culture.

CULTURE

Le cerisier se greffe sur trois sujets : sur merisier, sur prunier de Sainte-Lucie et sur cerisier franc. Ces trois sujets viennent dans les mêmes sols; le choix à faire entre eux est plutôt subordonné aux formes qu'on veut leur donner qu'à la nature du sol. Le cerisier, je l'ai dit déjà, est l'arbre le moins difficile ; il pousse et donne des fruits partout où les autres espèces ne peuvent vivre. Il ne redoute que les sols argileux ; il prospère dans les sols siliceux, et donne de bons résultats dans les sols essentiellement calcaires, où toutes les autres espèces à noyau finissent par périr.

Le merisier, produit des arbres vigoureux ; il est spécialement employé pour greffer les cerisiers à haute tige que l'on plante dans les vergers, et ne convient nullement au jardin fruitier.

Le prunier de Sainte-Lucie donne lieu à des arbres moins vigoureux. Ce sujet croît naturellement dans les sols calcaires; c'est le préférable pour les sols médiocres. Ensuite, étant moins vigoureux que le merisier, il produit des fruits plus gros et des arbres plus fertiles, surtout pour les formes moyennes. C'est le sujet par excellence et devant être employé uniquement pour le jardin et le verger Gressent.

Le cerisier franc donne lieu à des arbres de vigueur moyenne; il serait préférable au merisier et au prunier de Sainte-Lucie pour les grandes formes; mais, n'étant pas régulièrement cultivé en pépinière, on a dû y renoncer, malgré ses qualités.

TAILLE

Le cerisier, soumis à n'importe quelle forme, se traite par les moyens que nous avons indiqués pour les autres espèces, et, comme tous les fruits à noyau, il exige dans le sol une certaine proportion de calcaire, sans laquelle les fruits deviennent amers.

Les rameaux à fruits s'obtiennent avec la plus grande facilité; la moindre opération appliquée au cerisier produit des fleurs. La fertilité du cerisier et sa facile mise à fruit dispensent des cassements sur les rameaux; tous seront taillés à la serpette, moyen infaillible de conserver les arbres en bonne santé et d'éviter la gomme.

Admettons que la figure 327 soit un cerisier sortant de la pépinière, replanté avec toutes ses racines, pourvu de ses rameaux et destiné à la forme en palmettes alternes. Dans ce cas, il faut obtenir des rameaux à fruits le plus vite possible, de la base au sommet. Le rameau *a*, trop près de la base et trop vigoureux, sera

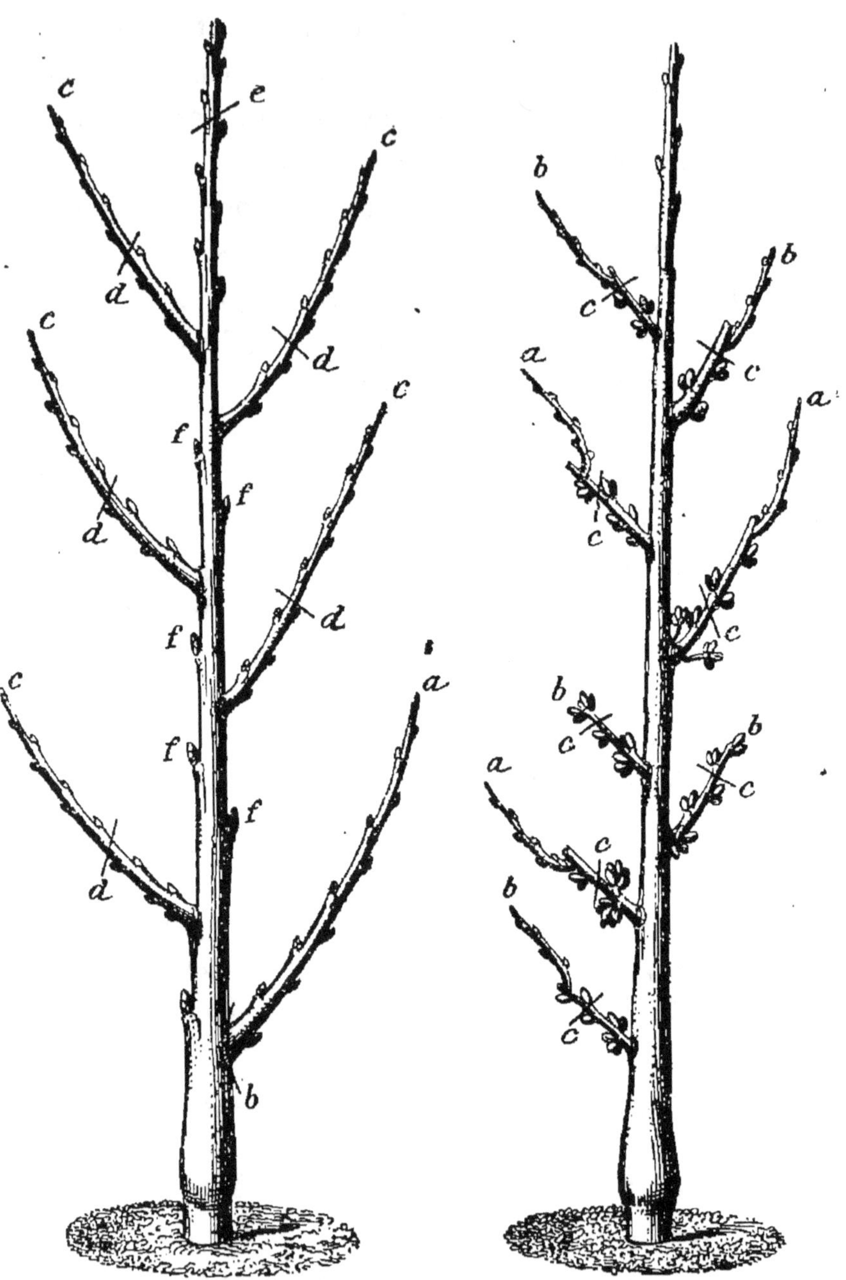

Fig. 327. — Taille du cerisier,
première année.

Fig. 328. — Taille du cerisier,
deuxième année.

supprimé complètement en b ; les rameaux latéraux seront taillés en d, sur cinq ou six yeux, suivant leur vigueur. Ensuite on taillera le prolongement en c, sur un œil placé du côté opposé à la greffe.

Les bourgeons qui se développeront au printemps, à l'extrémité des rameaux que nous venons de tailler, seront pincés sur sept ou huit feuilles ; les seconds bourgeons seront pincés à six feuilles, et, s'il en repoussait un troisième, on rapprocherait, pendant l'été, le premier bourgeon au-dessous du premier pincement.

Les bourgeons produits par les yeux f seront pincés sur huit feuilles ; les seconds bourgeons, ceux qui pousseront après le premier pincement, seront pincés sur six feuilles, et, s'il en repoussait un troisième, on taillerait, pendant l'été, le bourgeon primitif comme le précédent.

Au printemps suivant, l'arbre présentera l'aspect de la figure 328. Les rameaux a, taillés sur cinq ou six yeux, portent plusieurs boutons à fleurs à la base, parmi lesquels il y a des yeux à bois. Les bourgeons, nés des yeux b, qui ont été soumis au pincement et au rapprochement, portent également des boutons à fleurs à la base.

Tous ces tronçons des rameaux seront taillés en c, sur les fleurs les plus rapprochées de la base, c'est-à-dire sur des onglets portant des quantités de fleurs qui, attachées sur la branche mère, ou très près, donneront des fruits superbes. Les yeux de la base placés sur l'empattement du rameau produiront à leur

tour de nouveaux bourgeons et des petites lambourdes très courtes, l'année suivante ; le talon qui
aura fructifié sera taillé à son tour sur ces nouvelles
productions.

Il est bien entendu que les cassements ne seront
jamais pratiqués sur le cerisier, où ils produiraient
immédiatement la gomme, qui ruinerait l'arbre très
vite.

Les opérations d'été se feront avec les doigts, la
serpette ou le petit sécateur ; le premier pincement
sur huit feuilles (*a*, fig. 329) pour les bourgeons de

Fig. 329. — Premier pincement du cerisier.

vigueur moyenne, et neuf ou dix pour les variétés
très vigoureuses.

Le cerisier pousse très vite : il se produit souvent
plusieurs bourgeons anticipés après les pincements.
Lorsqu'il n'y en a qu'un, on le pince en *a*, sur six
feuilles (fig. 330) ; quand un nouveau bourgeon
repousse, on rapproche en *b*, d'un coup de serpette.
Quand il y a deux ou plusieurs bourgeons anticipés,

après le premier pincement on rapproche en *c*, pour détruire la ou les bifurcations, et l'on pince en *d* le bourgeon conservé.

L'effet de ces opérations effectuées pendant l'été est de faire naître une quantité de fleurs et de petites lambourdes à la base et sur toute la longueur du rameau opéré. Après le rapprochement fait en *a* (fig .331) le bourgeon *b* est poussé, il porte des fleurs à la base *c* et des yeux *d* ; les lambourdes *e* sont également le résultat des mêmes opérations. A la taille d'hiver, on taillera en *f* ; les yeux *g* se convertiront en lambourdes pendant la saison suivante, et l'année d'après on taillera en *h*, sur trois ou quatre petites lambourdes des plus fertiles.

Fig. 330. — Second pincement et rapprochement du cerisier.

Les prolongements du cerisier, comme tous ceux des espèces qui poussent énergiquement, développeront souvent des bourgeons anticipés. Il faudra, surtout pour les palmettes alternes Gressent et pour les vases, pincer ces bourgeons très sévèrement, c'est-à-dire aussitôt qu'ils montreront leur seconde paire de feuilles, et

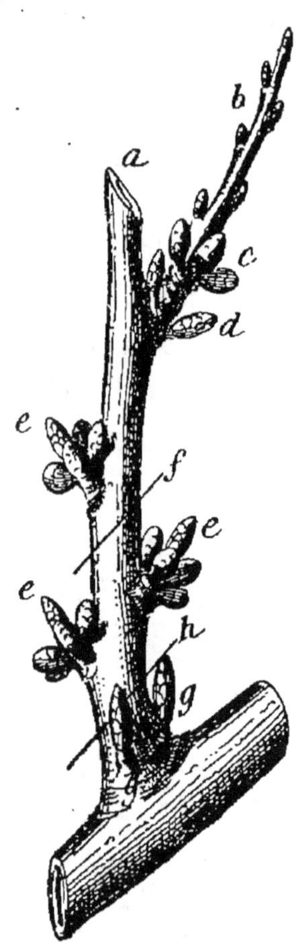

Fig. 331. — Résultat du pincement et du rapprochement sur le cerisier.

pincer aussi très court, à trois ou quatre feuilles, le bourgeon qui poussera après ce premier pincement, ensuite on laisse pousser. Le résultat de ces pincements sera de faire naître des boutons à fleurs à la base de ces bourgeons (*b*, fig. 332). On taillera en *c*, au printemps suivant, sur les fleurs les plus rapprochées de la base.

Si on laissait développer ces bourgeons librement, ils deviendraient très longs et ne produiraient de fruits que l'année suivante, après avoir été soumis à la taille (*a*, même figure).

Lorsque les arbres sont destinés à de grandes formes, on pince les bourgeons anticipés des prolongements à cinq ou six feuilles, et on laisse pousser le second bourgeon librement. Il y a moins de fleurs l'année suivante, mais la branche est plus vigoureuse. On taille sur les boutons à fleurs les plus rapprochés de la base, et il naîtra sur l'empattement de nouveaux bourgeons qui fourniront des boutons à fleurs pour l'année d'après.

Pendant les deux premières années, le cerisier demande plus de pincements . et de rapprochements que les autres espèces ; voilà tout. La troisième année, lorsque les opérations d'été ont été bien faites, il ne demande pas plus de travail que les autres arbres; la production des fruits est telle, et les fruits sont si gros, qu'ils absorbent la majeure partie de la sève.

Lorsque le cerisier est soumis à une forme à branches horizontales, il faut, comme pour les cordons unila-

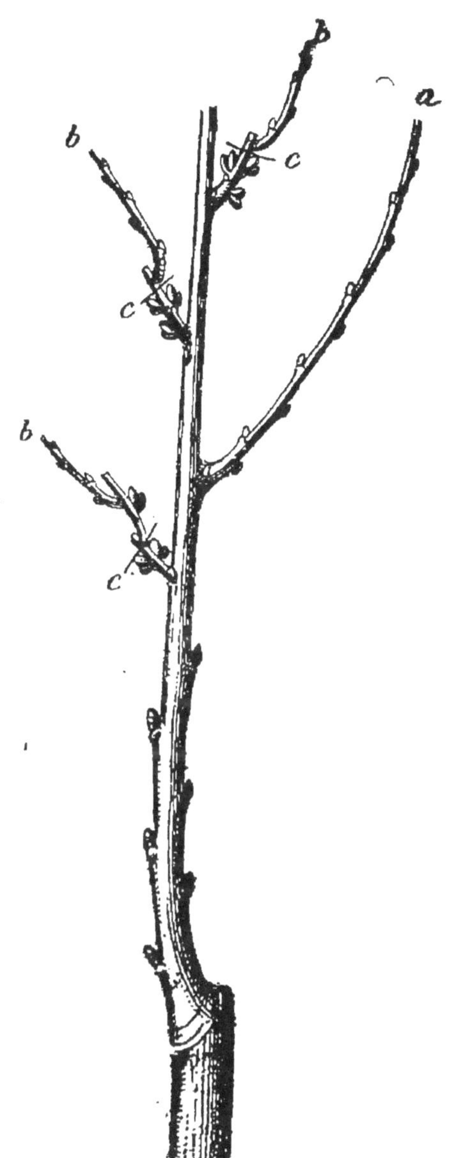

Fig. 332. — Pincement et taille des bourgeons anticipés du cerisier.

téraux, éviter la production des bourgeons sur le

dessus des branches ; ces productions acquerraient trop de vigueur et nuiraient à l'équilibre de l'arbre en diminuant la production des fruits.

Les bourgeons qui naissent sur le dessus des branches sont coupés à deux feuilles, aussitôt qu'ils en ont développé cinq ou six. Grâce à cette opération, la base du bourgeon amputé se couvre de fleurs produisant les plus beaux fruits.

RESTAURATION

La restauration ne brille pas avec le cerisier ; il est presque entièrement ruiné par la gomme quand il cesse de produire. Vouloir sa restauration dans cet état serait tenter de ressusciter un cadavre. Cependant lorsque, comme trop souvent, le cerisier a été mutilé maladroitement lorsqu'il était encore jeune, et surtout que ses branches ne sont pas trop attaquées par la gomme, on peut encore en tirer parti et lui faire produire d'abondantes récoltes.

Dans ce cas, on rapproche les vieilles branches sur un rameau bien sain, afin d'obtenir des bourgeons bien vigoureux avec lesquels on construit une nouvelle charpente. C'est le seul moyen ; il ne réussit pas toujours, mais il vaut mieux ne pas laisser d'illusion au lecteur, sur une chose difficile, que de lui faire tenter des essais infructueux.

CHAPITRE XIV

VIGNE

CULTURES, VARIÉTÉS, MULTIPLICATION, PLANTATION

La vigne doit occuper une large place dans le jardin fruitier, afin de fournir une abondante provision de raisins, non seulement pendant la saison, mais encore pendant tout l'hiver. Je donne plus loin le moyen de conserver les raisins jusqu'en avril.

La vigne a été cultivée et taillée jusqu'à ce jour, dans la plupart des jardins, avec la même insouciance et la même ignorance que les arbres fruitiers ; dans la majorité des cas, elle est placée dans des conditions où elle ne peut donner que des récoltes accidentelles et soumises à des formes contraires à toutes les lois de la fructification.

Hâtons-nous de dire, avant d'aller plus loin, que les tonnelles et les berceaux de vignes, si estimés par les cabaretiers des environs de Paris, ne peuvent pas donner de récoltes sérieuses. Indépendamment du cachet de cabaret que cette forme donne au jardin, elle est contraire à la végétation de la vigne, et impossible, quand on veut récolter des raisins de choix. Les tonnelles, comme les berceaux de vigne, ne devront jamais paraître dans le jardin fruitier, excepté sous le climat de l'olivier.

Depuis le nord de Paris jusqu'à la Loire, la vigne ne devrait être cultivée qu'en espalier, contre les murs au midi, à l'est, au sud-est et au sud-ouest; nous la planterons exceptionnellement en cordons bordant des plates-bandes d'espalier au midi, et dans le centre des gradins du jardin fruitier, mais il ne faudra cultiver dans ces conditions qu'un très petit nombre de variétés, pour être assuré de récolter une quantité égale de raisins mûrs, tous les ans.

J'entends enseigner ici une culture de vigne sérieuse, et surtout donnant des résultats exacts. Mon but est de donner, dans tous mes jardins, non seulement une grande quantité de fruits de premier choix et de première qualité, sur un très petit espace de terrain, mais encore d'obtenir, chaque année, une récolte égale en quantité et en qualité. Voilà pourquoi, sous un climat aussi inconstant que le nord et une partie du centre de la France, la vigne destinée à produire du raisin de table ne peut être cultivée que dans les conditions que j'ai indiquées.

Les seules variétés de raisins que je cultive, depuis le nord de Paris jusqu'à la Loire, et qui donnent chaque année des fruits à coup sûr, sont:

Précoce Malingre. Raisin blanc d'excellente qualité, dont le principal mérite est la précocité; il mûrit dans la seconde quinzaine de juillet et au commencement d'août. Cette précieuse variété réussit parfaitement dans l'extrême nord de la France, en Normandie et en Bretagne, en espalier au midi, quoi qu'en disent les indigènes ; qu'ils essayent la culture que je vais leur enseigner, et ils récolteront d'excellents raisins. Sous le climat de Paris, le *précoce malingre* donne de bons résultats en cordons, au bord d'une plate-bande d'espalier au midi.

CHASSELAS DE THOMERY. Cette variété est le fond de la plantation du jardin fruitier. Le fruit est excellent : ses grains peu serrés et ses grappes de moyenne grosseur mûrissent toujours bien ; s'il entre cent pieds de vigne dans le jardin fruitier, on doit planter environ quatre-vingts pieds de chasselas de Thomery. Il mûrit vers le 10 septembre et peut se garder au fruitier jusqu'en mars, avril et même mai. En outre, il n'existe pas de chasselas dont la couleur et la qualité égalent celles du chasselas de Thomery.

CHASSELAS ROSE ROYAL. De qualité hors ligne et de très longue garde, très recherché pour son coloris riche et brillant ; sa teinte rose apporte une heureuse diversité dans les desserts.

FRANKENTAL. Raisin noir splendide, grappes énormes, grains très gros, très recherché pour les desserts, dont il est un des plus beaux ornements. De plus, ce raisin est tellement doux qu'il est toujours mangeable, même imparfaitement mûr. Espalier à l'exposition du midi.

MUSCAT D'ALEXANDRIE. Le seul que l'on puisse cultiver avec quelque chance de succès en pleine terre, et encore en le plaçant en espalier à l'exposition du midi ; on ne doit compter récolter des raisins parfaitement mûrs que tous les deux ou trois ans.

Le muscat est un excellent raisin ; mais il faut en être très sobre dans le jardin fruitier, en planter deux ou trois pieds au plus, car, je ne saurais trop le répéter, il n'y a pas de produit plus inconstant que celui-là.

Je clos ici ma liste des variétés de raisins : les collectionneurs vont crier *haro !* Je leur répondrai : « Mes plantations de vignes sont pauvres en variétés, cela est vrai, mais tous mes jardins très riches en excellents raisins. Les amateurs de verjus sont libres de planter autant de variétés qu'ils le voudront ; mais mon opinion est que la terre du jardin fruitier, qui absorbe un certain capital et une somme de travail élevée, doit produire une rente exacte, et que tout arbre qui ne donne qu'une récolte accidentelle, dans les années exceptionnelles, doit être banni du jardin fruitier. »

CULTURE

Disons tout d'abord que la culture du raisin de table ne ressemble en rien à celle du vignoble. Ce sont deux cultures très différentes et qu'il ne faut jamais confondre sous peine d'échec complet ; j'en donne pour exemple toutes les vignes à raisin de table soignées par les vignerons : rien de plus misérable, ni de moins productif. Le vigneron ne soupçonne même pas la culture des raisins de table ; il est convaincu de la savoir parfaitement : de là, le lamentable état des vignes à raisin de table dans les pays vignobles.

C'est donc uniquement de la culture du raisin de table qu'il est question ; je traiterai plus loin de celle du vignoble, toute différente de celle du raisin de table.

La vigne n'est pas très difficile sur la qualité du sol ; mais elle redoute par-dessus tout l'humidité. Il lui faut des sols très légers, perméables, exempts d'humidité et surtout calcaires. Plus l'exposition sera froide et plus on se rapprochera du nord, plus le sol devra être léger, perméable, exempt d'humidité et additionné de calcaire, s'il en manque.

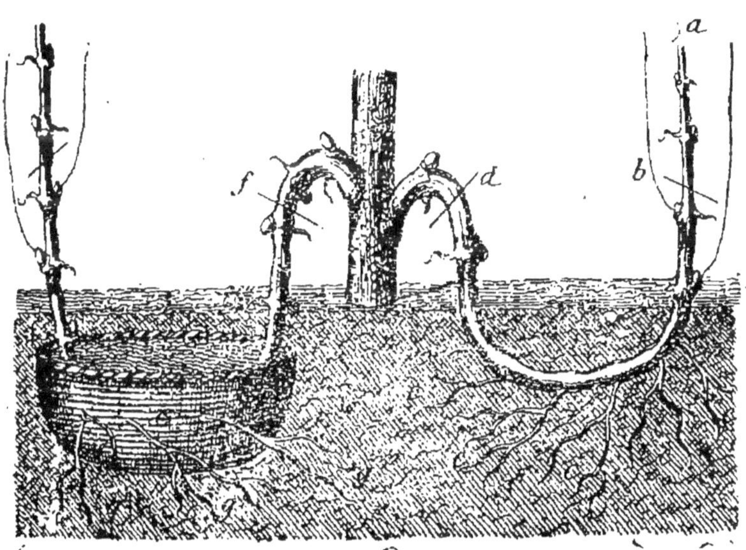

Fig. 333. — Marcotte de vigne à racines nues et en panier.

Un mot sur la multiplication de la vigne est nécessaire pour éclairer les propriétaires qui veulent en planter. La vigne se reproduit toujours par marcottes ; on enlève sur une souche de vigne des bourgeons vigoureux, et l'année suivante on couche les sarments en terre (*a*, fig. 333) ; on relève l'extrémité, et l'on taille sur deux yeux hors de terre (*b*, même figure) ; l'année suivante, il pousse deux bourgeons vigoureux. Le cambium élaboré par les feuilles de ces bourgeons fait pression sur les yeux de la partie enterrée, et y détermine l'émission de racines (*c*, même figure). L'hiver suivant, on sèvre la marcotte, c'est-à-dire qu'on la coupe au point *d*; on l'arrache et on la livre au commerce. C'est ce que l'on appelle une marcotte à racine nue, et ce que l'on plante la plupart du temps.

Ces marcottes reprennent incontestablement ; mais elles font attendre leurs premiers fruits plusieurs années, trois au moins, temps nécessaire pour former un bon appareil de racines qui leur permette de pousser vigoureusement.

Les pépiniéristes consciencieux et éclairés marcottent la vigne par les mêmes procédés, mais avec cette différence qu'au lieu de coucher le sarment en pleine terre, ils le placent au milieu d'un panier rempli de terreau enterré à cet effet (*e*, même figure). Après avoir sevré la marcotte en *f*, on retire le panier tout entier et on l'expédie.

Le terreau ayant fourni une nourriture très abondante aux jeunes racines, elles ont atteint de grandes proportions, et se sont fait jour à travers les interstices de l'osier (*g*, même figure). Une marcotte faite dans ces conditions a le double de racines et, le panier étant replacé en terre, les principales racines ne sont pas exposées au contact de l'air. L'effet de la déplantation est nul sur les vignes en panier ; aussi poussent-elles vigoureusement, et donnent-elles toujours des fruits la première année après la plantation.

Les vignes en panier coûtent quelques centimes de plus que les marcottes à racines nues. Mais il y a avantage à éviter une économie désastreuse s'il en fut jamais ; les vignes en panier rapportent vingt fois la valeur de la différence en raisin, pendant qu'on attend patiemment pousser celles à racines nues et que l'on remplace les mortes.

Depuis quelques années, certains pépiniéristes ont abandonné les paniers au profit des pots, pour marcotter la vigne. Cela leur est plus commode, mais c'est une opération déplorable : la vigne, plantée verticalement dans le pot, n'émet pas de racines, et, quand par hasard il y en a quelques-unes, elles sont tellement gênées qu'elles ne peuvent végéter.

La plantation à racines nues est préférable à ce mode de marcottage, vicieux s'il en fut jamais ; c'est une nouvelle manière de tuer la vigne, rien de plus.

Avant de nous occuper de la plantation de la vigne, une courte explication sur la nature des engrais à lui donner est utile. L'expérience a prouvé de la manière la plus positive que les engrais azotés, appliqués à la vigne, produisaient beaucoup de bois, du bois très vigoureux, et peu ou point de fruits, tandis que les silicates de potasse et tous les agents calcaires, mêlés à des détritus de végétaux, produisaient l'effet contraire : peu de bois, mais une quantité de fruits très savoureux. Le résultat de ces expériences nous donne la clef de la fumure de la vigne.

Quand on plante un arbre fruitier quelconque, il faut d'abord obtenir une bonne charpente, bien constituée, établie sur du bois vigoureux, et couvrir ensuite cette charpente de rameaux à fruits. Donc, lorsque nous planterons de la vigne, nous fumerons abondamment avec des engrais azotés : déchets de laine en première ligne, ou des engrais animaux à leur défaut, afin d'obtenir très promptement une charpente vigoureuse et un volumineux appareil de racines. Quand la charpente sera établie, nous nous servirons des silicates de potasse et des agents calcaires, mélangés à des détritus végétaux, pour faciliter la production des fruits.

Si les vignes sont pourvues d'une charpente très vigoureuse, nous leur donnerons comme fumure des feuilles décomposées ou du sarment coupé menu, mêlé à des plâtras réduits en poudre, des vieux mortiers de chaux, ou à des cendres de charbon ou de houille arrosées avec des urines. Dans le cas où les vignes auraient produit beaucoup de fruits, il serait bon de mêler aux plâtras, aux vieux mortiers ou aux cendres et aux feuilles une certaine quantité de fumier d'écurie, ou des composts entièrement décomposés, dont j'ai indiqué la fabrication au chapitre des *Engrais*.

Le sarment coupé à une longueur de 4 à 5 centimètres et décomposé avec les engrais a une puissante action sur la végétation de la vigne, dans les sols un peu compacts, où il contribue à les alléger et à les rendre perméables à l'air.

Lorsqu'on plante de la vigne on ne saurait trop se défier des vieilles habitudes et des déplorables préjugés dont l'application compromet souvent l'existence de cet arbrisseau. Les praticiens ont l'habitude de coucher en une seule fois une très grande longueur de bois ; j'en ai vu coucher juqu'à 4 mètres à la fois. Dans ce cas, voici ce qui a lieu : la partie enterrée étant très longue et les bourgeons très peu nombreux,

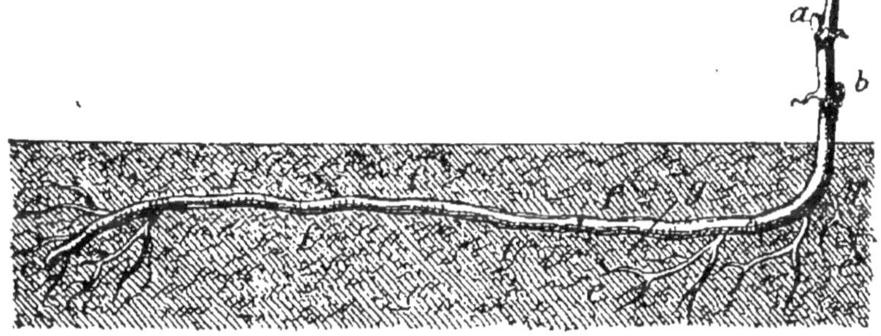

Fig. 334. — Mauvais couchage.

l'équilibre ne peut s'établir entre le système aérien et le système souterrain. Les feuilles produites par les bourgeons a et b (fig. 334) ne peuvent élaborer assez de cambium pour qu'il puisse parcourir toute la partie nouvellement couchée, faire pression à l'extrémité des racines c, et concourir à leur accroissement. Le cambium élaboré par les feuilles des bourgeons nés des yeux a et b fait pression sur la courbure d, et y fait développer les racines e ; ces racines s'allongent, absorbent à leur profit tout le cambium, et alors non seulement la partie *f*, qui a été enterrée, n'émet pas de racines, mais encore les anciennes pourrissent ; la partie couchée meurt au point *g*, et la vigne n'est plus pourvue que d'un appareil de racines très restreint.

Quand on veut obtenir de nouvelles racines et conserver les anciennes, il ne faut jamais coucher plus de 40 à 50 centimètres de bois à la fois ; lorsqu'on en couche davantage, on obtient bien des racines sur la courbure, mais on s'expose toujours à perdre les anciennes. Dans ce cas, il vaudrait mieux se tenir tranquille.

La racine de la vigne, comme celle de tous les autres arbres, doit être proportionnée à la tige. Quand la racine est trop longue, il en périt toujours une grande partie. L'expérience a prouvé qu'une racine de 80 centimètres de longueur était suffisante pour nourrir une vigne d'un assez grand développement. Lorsqu'elle est plus longue, l'extrémité pourrit au grand détriment de la vigne. En conséquence, nous procéderons ainsi à la plantation de la vigne.

Posons tout d'abord ceci en principe : *La vigne demandant un sol léger et très perméable à l'air, ses racines devront toujours être placées horizontalement. En plantant la racine de la vigne verticalement, on diminue sa vigueur de moitié,* et on L'EXPOSE A TOUTES LES MALADIES.

Pour la plantation des paniers à l'espalier, on fera un trou si on plante éloigné, ou une tranchée si on

plante rapproché, de la profondeur de 40 centimètres
et de la largeur de 80 centimètres (a, fig. 335). On
mettra environ 10 centimètres d'épaisseur de l'engrais
dont on disposera, au fond du trou ou de la tranchée,
et on le mélangera bien avec la terre du fond b
(même figure).

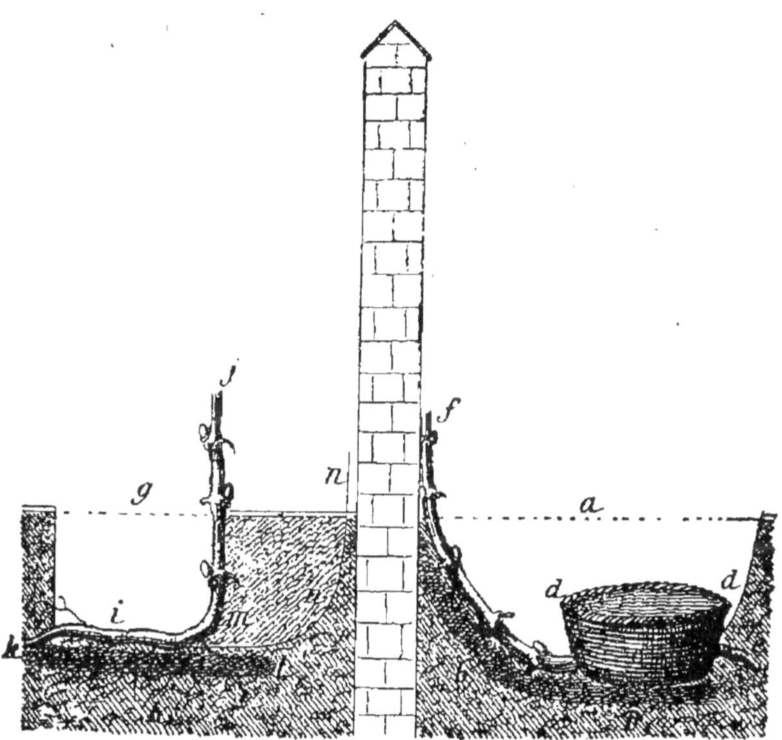

Fig. 335. — Plantation de la vigne.

On placera ensuite le panier de vigne c au fond
du trou ou de la tranchée, après l'avoir fendu verticalement sur deux bouts en d, afin de pouvoir abaisser facilement le talon, d'un bout, et la tige de la
marcotte, de l'autre; on pique le talon de la

marcotte *e*, qui sort toujours du panier, un peu incliné en bas, dans le talus du trou. On répand de l'engrais tout autour du panier, et l'on étale avec soin toutes les racines qui en sortent; on met un peu de terre mélangée d'engrais, en avant du panier, puis on couche la tige jusqu'au mur, et on la fixe solidement en terre avec un ou deux crochets en bois.

La tige sera taillée en *f*, sur deux yeux hors de terre, en ayant la précaution d'en conserver un au niveau du sol, puis on comblera le trou, en ayant soin de mélanger la terre avec de l'engrais. On conserve un œil au niveau du sol pour parer aux accidents : celui sur lequel on a taillé peut s'éteindre ; alors on a recours à l'œil de réserve pour former la charpente. La terre devra toujours avoir été défoncée à la profondeur de 70 centimètres environ, un mois avant de procéder à la plantation.

Quand on plante des marcottes à racines nues, on fait un trou ou une tranchée de 40 centimètres cubes, à 40 centimètres en avant du mur *g* (même figure); on garnit le fond de fumier *h*, puis on plante la marcotte *i*, dont on relève l'extrémité en *j* ; on comble avec de la terre bien fumée ; on taille sur deux yeux, et l'on palisse les bourgeons sur un échalas.

L'année suivante, le bout de la marcotte piquée en terre aura produit des racines (*k*, même figure); la partie couchée *l* a produit aussi des racines.

Si la tige est très vigoureuse, on procédera au second couchage en faisant un trou de 40 centimètres du point *m*, au mur ; on découvrira les nouvelles racines avec la plus grande précaution, et de manière à ne pas les endommager, au point l; puis on couchera la tige sur la ligne n, en mêlant un peu d'engrais avec la terre comme pour la plantation, et l'on taillera sur le troisième œil au-dessous du sol.

L'année suivante, la racine sera longue de 80 centimètres au moins, et couverte de radicelles vigoureuses de la base au sommet. Une vigne ainsi plantée et enracinée peut produire des raisins en abondance pendant cinquante ans.

Si la tige n'était pas assez vigoureuse pour opérer le second couchage la deuxième année, il faudrait la rabattre sur un ou deux yeux, et attendre la troisième.

La plantation de la vigne pour cordons, au bord des plates-bandes d'espalier au midi, se fera comme je viens de l'indiquer, mais avec cette différence que le panier sera posé en sens opposé, en long parallèlement à la plate-bande, la tige devant venir au bord au lieu de s'appliquer contre le mur.

Je n'adopte, jusqu'à ce jour, que trois formes pour la vigne ; l'expérience m'a prouvé que c'étaient les meilleures et les plus fertiles : je les ai adoptées à l'exclusion de toutes les autres, jusqu'à ce que je trouve mieux :

1° Les CORDONS CHARMEUX, à coursons alternes, pour les murs de toutes les hauteurs ;

2° Les OBLIQUES BRISÉS, pour les murs de toutes les hauteurs ;

3° Les cordons de VIGNE GRESSENT, à un et deux

rangs, pour placer au bord des plates-bandes d'espalier au midi.

Il est beaucoup d'autres formes qui peuvent être adoptées ; mais elles sont moins productives que celles que j'indique. Je ne fais aucune allusion à la nouvelle invention du créateur des plantations rapprochées. J'entends par autres formes celles connues, non seulement inspirées par le bon sens et la connaissance de la vigne, mais encore pratiquées avec un certain succès. Quant à la nouvelle invention de mon savant collègue, elle n'est qu'une parodie du système *Hoïbrenck*, de désastreuse mémoire : je ne puis que souhaiter pour l'avenir à la ville de Paris meilleure chance dans ses essais.

CHAPITRE XV

VIGNE

FORMATION DE LA CHARPENTE

CORDONS CHARMEUX A COURSONS ALTERNES (fig. 336). Cette forme, très productive, est due à M. R. Charmeux, ancien maire de Thomery et arboriculteur distingué. Les cordons à coursons alternes sont une excellente forme pour les murs de toutes les hau-

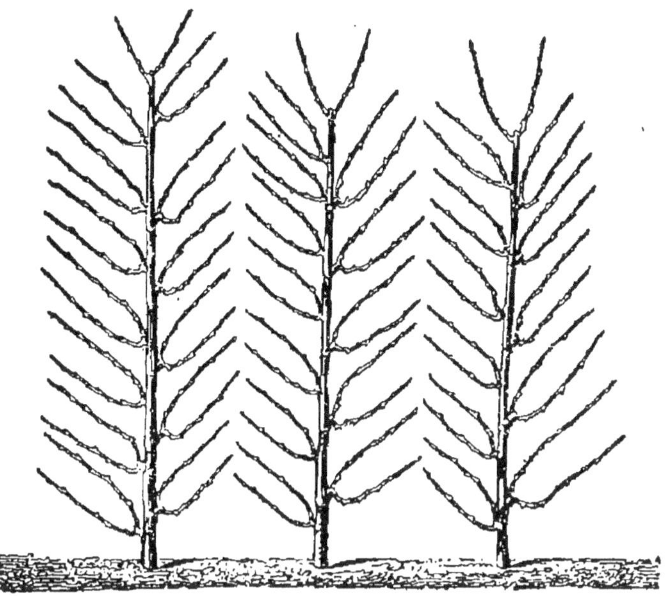

Fig. 336. — Cordons de vigne à coursons alternes.

teurs. Dans le principe, les treilles si renommées de Thomery avaient été établies sur deux bras latéraux

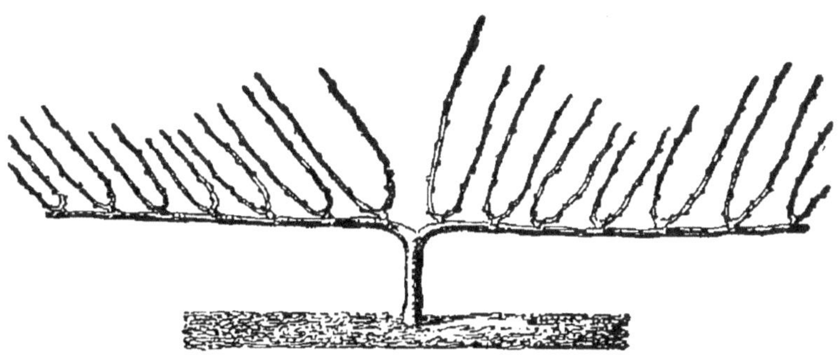

Fig. 337. — Cordons de vigne à deux bras.

(fig. 337). Ces bras avaient une longueur totale de $2^m,60$; ils présentaient un immense inconvénient, celui de produire des coursons très vigoureux à la base et à l'extrémité, et de très faibles au milieu. C'est cet inconvénient, fort préjudiciable à la récolte, qui a fait chercher à M. Charmeux une autre forme pour la vigne.

Je ne dirai rien des vignes qui étendent leurs bras gigantesques, dans la plupart des jardins, au sommet des murs au-dessus des arbres d'espaliers, et dont l'unique fonction est d'empêcher ces arbres de pousser et de fructifier, sans jamais donner une demi-récolte de raisins présentables. Je me contenterai de dire que les coursons doivent être placés à 30 centimètres environ les uns des autres ; que chaque courson doit produire annuellement au moins une grappe de raisin ; puis j'inviterai les propriétaires à bien regarder leurs vignes, après avoir lu les lignes qui suivent ; ce qu'ils verront sera beaucoup plus éloquent, pour les convaincre, que tout ce que je pourrais dire et écrire.

Les cordons de vigne en haut des murs doivent être supprimés partout où il en existe, si l'on veut avoir des arbres dessous. Leur ombre empêche les arbres placés au dessous de fructifier et de pousser par le haut. Ces arbres ombragés par le cordon de vignes ne poussent plus ; ils produisent des gourmands par le bas, et périssent en quelques années, sans rien produire.

De deux choses l'une : il faut planter de la vigne, ou des arbres. Ils doivent être séparés, et occuper chacun le mur de la base au sommet, et le couvrir entièrement. Dans ce cas, on est assuré d'avoir des fruits et du raisin. Avec un cordon de vigne en haut du mur, on obtient peu de raisins, guère de fruits, et l'on remplace les arbres tous les six ou sept ans.

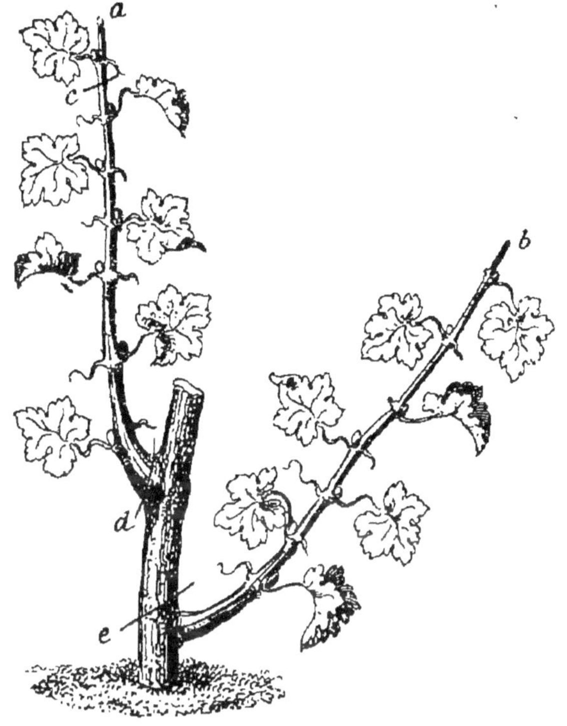

Fig. 338. — Premier ébourgeonnement de la vigne.

Lorsque la vigne, plantée comme je l'ai indiqué précédemment, commencera à pousser, on laissera allonger les bourgeons produits par les deux yeux sur lesquels on a taillé : le bourgeon *a* (fig. 338), et le bourgeon *b*, produit par l'œil de réserve, conservé rez le sol. Ce dernier est préférable pour former la charpente ; on favorise son développement en pinçant en *c* le bourgeon *a*, sur six feuilles. Le bourgeon *b* prend de la vigueur, et, quand il a atteint la longueur de 30 à 40 centimètres, on coupe en *d* le bourgeon *a*, pour faire acquérir au bourgeon *b* toute la vigueur possible. A la taille d'hiver, on coupe le chicot en *e*, et l'on a un sarment robuste et bien constitué.

Lorsque le bourgeon destiné à fournir la tige a été choisi, on le palisse après le mur ou sur un échalas de la longueur d'un mètre environ ; on supprimera, au fur et à mesure de leur développement, toutes les vrilles qui apparaîtront, et tous les bourgeons anticipés qui naîtront à l'aisselle des feuilles. Ce bourgeon sera pincé à une longueur de 70 à 80 centimètres : mais, si la vigne pousse avec une vigueur excessive, il faudra le laisser allonger jusqu'à un mètre.

Fig. 339. — Bourgeon anticipé de la vigne.

On supprimera le premier bourgeon qui naîtra à l'aisselle des feuilles (c'est le bourgeon anticipé A, fig. 339) en le cassant à la base ; à côté de ce bourgeon, il existe un œil (B, même figure), qui reste latent, si la vigne ne pousse pas avec excès ; mais qui, sous l'influence d'une végétation active, se développera pendant l'été et produira un bourgeon gros, court, et dont les yeux seront très rapprochés. Ce bourgeon donnera lieu à un sarment très fertile ; il faudra le conserver pour fournir un courson l'année suivante.

LA FERTILITÉ DE LA VIGNE COMME LA CERTITUDE D'UNE RÉCOLTE APRÈS LES GELÉES TARDIVES SONT SUBORDONNÉES A LA SUPPRESSION DU BOURGEON ANTICIPÉ. Dans tous les cas, pour former la charpente, comme pour établir les rameaux à fruits, il faut supprimer le bourgeon anticipé.

Cette opération, aussi simple qu'importante, a été si mal comprise, que je ne saurais trop insister pour la faire bien saisir à tout le monde.

Tâchons de nous entendre sur le bourgeon anticipé. Il n'existe pas sur le vieux bois, ainsi que l'ont pensé certaines personnes, qui ont supprimé les premières pousses de l'année et détruit leur récolte, croyant enlever le bourgeon anticipé.

Le bourgeon anticipé apparaît de mai à septembre, A L'AISSELLE DES FEUILLES, sur les bourgeons nés au printemps.

Donc, au printemps, quand un bourgeon de vigne se développe, il porte des feuilles. A l'aisselle de chaque feuille, il y a deux yeux placés l'un à côté de l'autre : l'un pointu et l'autre rond.

Lorsque la végétation devient active, dans le courant de mai, l'œil pointu se développe le premier et produit un bourgeon : c'est le bourgeon anticipé (A, fig. 339).

Il faut casser ce bourgeon, le bourgeon anticipé, avec le doigt, à sa naissance, c'est-à-dire l'enlever complètement, dès qu'il se développe.

Aussitôt le bourgeon anticipé enlevé, le second œil, l'œil stipulaire (B, même figure), grossit, s'arrondit et s'étale dans toute l'aisselle de la feuille (A, fig. 340).

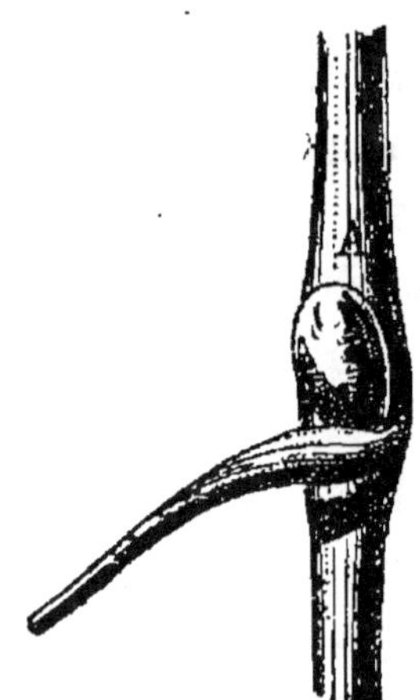

Fig. 340. — Développement du second œil de la vigne après l'enlèvement du bourgeon anticipé.

Le bourgeon anticipé produit par le premier œil ne donne jamais que du bois grêle, mince et toujours infertile ; le second, au contraire, l'œil stipulaire, QUAND LE BOURGEON ANTICIPÉ A ÉTÉ ENLEVÉ, produit un bourgeon, court, ayant les yeux rapprochés et un talon énorme à la base (a, fig. 341). Ce talon contient le rudiment d'une quantité d'yeux, visibles et invisibles, qui se développeront sous l'influence d'une taille courte, et produiront DES BOURGEONS PORTANT TOUS DES GRAPPES.

Lorsque cet œil (l'œil A de la fig. 340) pousse au printemps et produit le bourgeon de la figure 341, il porte des grappes. Quand une gelée tardive survient, détruit les grappes et le bourgeon lui-même, RIEN N'EST PERDU, et ON OBTIENT UNE RÉCOLTE CERTAINE en cassant AUSSITÔT APRÈS LA GELÉE, en *b* (fig. 341) LE BOURGEON GELÉ.

Il ne reste sur le vieux bois que le talon *a* de la figure 341. Quelques jours après l'enlèvement du bourgeon gelé, ce talon *a* (fig. 341) produit deux ou trois bourgeons PORTANT TOUS DES GRAPPES.

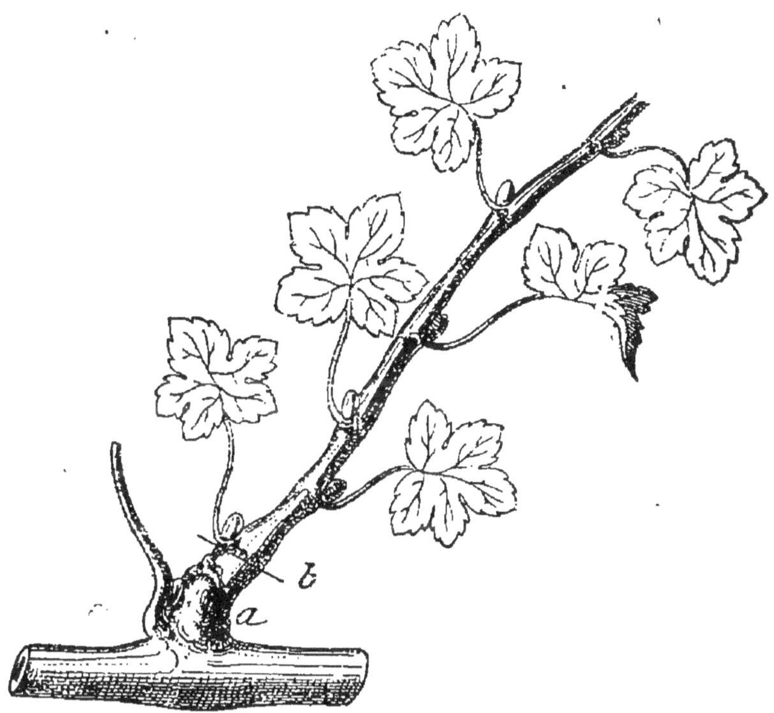

Fig. 341. — Bourgeon de la vigne produit par le second œil. Traitement après la gelée.

On conserve un seul bourgeon portant deux grappes, et l'on supprime les autres. La récolte est en retard de quinze jours, rien de plus ; mais, pour obtenir ce résultat, IL FAUT AVOIR SUPPRIMÉ LE BOURGEON ANTICIPÉ L'ANNÉE PRÉCÉDENTE DÈS SA NAISSANCE.

La suppression des bourgeons anticipés est la clef de la production de la vigne.

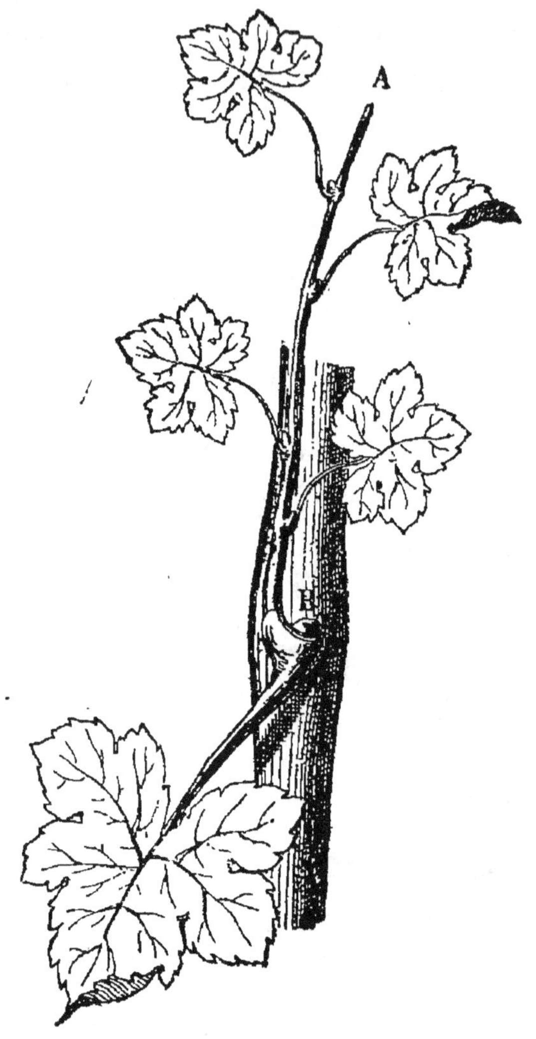

Fig. 342. — Bourgeon anticipé recouvrant le second œil.

Quand on néglige de les enlever, voici ce qui arrive : le bourgeon anticipé (A, fig. 342) grandit et s'enforcit par la base ; il recouvre d'abord partiellement l'œil B (même figure), l'écrase et finit ensuite par l'anéantir en le recouvrant : alors il ne vous reste pour tailler que du bois improductif dans les bonnes années, et dont vous ne pouvez tirer aucun parti dans les mauvaises.

Quelques praticiens avouent que la suppression du bourgeon anticipé peut avoir du bon ; mais ils se gardent bien de l'opérer, parce que, disent-ils :

Si le second œil se développe en bourgeon, TOUT SERA PERDU. Je réponds, moi : TOUT SERA SAUVÉ. Voici pourquoi :

Laissez pousser votre bourgeon jusqu'à la longueur de 40 centimètres environ, et pincez-le ; supprimez à l'aisselle des feuilles de ce nouveau bourgeon tous les bourgeons anticipés.

Il se développera peut-être un ou deux bourgeons à l'extrémité de votre bourgeon pincé ; vous les pincerez en *b* (fig. 343).

Cette simple opération sera suffisante pour faire mûrir complètement le bourgeon à la fin de l'année, et à la taille d'hiver vous trouverez les yeux *a* (fig. 343), qui seront d'une fertilité prodigieuse dans les années normales, et vous donneront des grappes énormes et des grains monstrueux.

On laisse souvent acquérir aux bourgeons destinés à former la charpente de la vigne une longueur démesurée, 2 ou 3 mètres et plus. C'est une faute capitale ; dans ce cas les yeux de la base, les seuls dont on ait besoin pour la taille, sont mal constitués et restent improductifs.

Le maximun de longueur pour les prolongements de la vigne ne doit pas excéder 1 mètre à $1^m,10$ pour les variétés de vigueur moyenne et $1^m,20$ à $1^m,30$ pour les variétés très vigoureuses, si l'on veut établir une bonne charpente.

Fig. 343. — Traitement des bourgeons produits par les seconds yeux.

Quand on taillera la vigne, il faudra, comme pour toutes les espèces à bois mou et à moelle très abondante, prendre le soin de laisser un onglet de 15 millimètres environ au-dessus de l'œil, car, dans ces espèces la mortalité descend toujours à 1 centimètre au-dessous de la coupe, et fait périr l'œil lorsqu'elle est faite trop près de lui. Il faut en outre pratiquer le biseau de manière que, si la vigne pleure, la sève qui s'échappe ne puisse couler sur cet œil et le désorganiser (fig. 344).

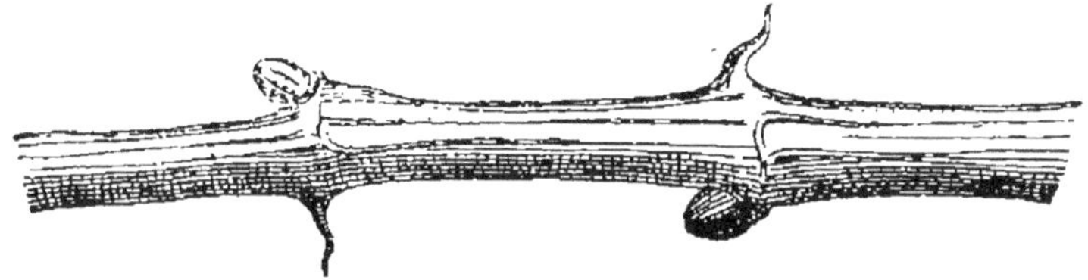

Fig. 344. — Coupe de sarment.

Ce simple détail a une très grande importance dans la taille de la vigne, surtout dans celle des chasselas, qui se taillent sur un œil. Lorsque la coupe est faite trop près, l'œil s'éteint et la récolte est perdue. Les tailles mal faites sont souvent l'unique cause de la stérilité des treilles.

J'ai dit que les coursons devraient être placés à 30 centimètres de distance. On pose des lignes horizontales de fils de fer sur le mur, la première à 35 centimètres du sol, les autres à 25 centimètres de distance afin de pouvoir palisser facilement sur les fils de fer les bourgeons qui naîtront des coursons.

La vigne est le seul arbre qui exige des fils de fer aussi rapprochés, des lignes horizontales à 25 centimètres de distance pour faciliter le palissage.

J'ai dit également que les cordons verticaux à coursons alternes (fig. 345), distants de 80 centimètres, pouvaient être plantés contre des murs de toutes les hauteurs. Lorsque le mur n'a pas plus de 3 mètres de hauteur, on plante les vignes à 80 centimètres de dis-

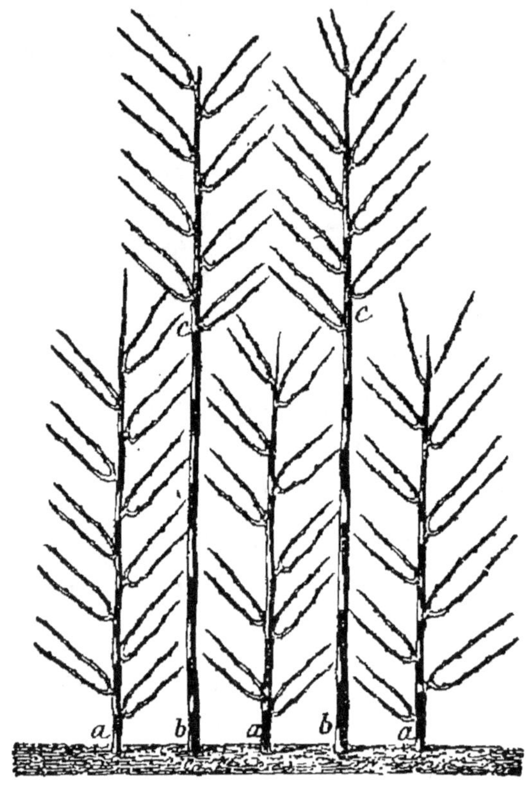

Fig. 345. — Cordons verticaux à couronnes alternes
sur des murs excédant trois mètres.

tance ; lorsqu'il est plus élevé, on les plante à 40 centimètres. La moitié des vignes couvre la moitié inférieure du mur (*a*, fig. 345) et fournit des coursons de la base à la moitié du mur ; les autres vignes *b* s'élèvent sans ramifications jusqu'à la partie *c*, où l'on forme des coursons qui couvrent la seconde partie du mur.

Ceci posé, revenons à la formation de la charpente. La vigne porte des yeux alternes ; il faut que nous formions un courson avec le bourgeon produit par chaque œil. Rien n'est plus simple en opérant ainsi :

On taille la vigne sur trois yeux, pour obtenir trois

Fig. 346. — Coursons alternes, taille, seconde année.

bourgeons ; deux pour former les deux premiers coursons, le troisième pour le prolongement ; on choisit, à cet effet, un œil situé en avant. Les deux bourgeons de la base (*a* et *b*, fig. 346) porteront des fruits. On leur conservera à chacun une ou deux grappes de raisin ; ils seront palissés presque horizontalement et pincés à 40 centimètres de longueur environ ; les vrilles et les bourgeons anticipés seront scrupuleusement supprimés. Ces bourgeons ne doivent porter que deux grappes de raisin et des feuilles.

Le bourgeon *c*, formant le prolongement, sera pincé à une longueur variant entre 70 centimètres et 1 mètre, suivant sa vigueur. Les vrilles et les bourgeons anticipés seront également enlevés au fur et à mesure de leur développement.

Au printemps suivant, notre vigne opérée présentera l'aspect de la figure 346. Les deux bourgeons qui ont produit des grappes formeront les deux premiers coursons et seront taillés en *d* : le prolongement, qui a été pincé plus ou moins long, sera taillé en *e*, à une longueur variant entre 50 et 60 centimètres, suivant sa vigueur, sur un œil placé en avant. Cet œil devra fournir un prolongement pour l'année suivante. Les bourgeons produits par les yeux *f* et le nouveau prolongement seront traités, l'année d'après, comme nous l'avons indiqué, et ainsi de suite jusqu'à ce que la vigne ait atteint la limite qui lui est assignée.

Ce mode de formation de la vigne est assez prompt ; lorsque la charpente est achevée, le mur est entièrement couvert, et le produit est considérable.

Lorsque le mur sera assez élevé pour exiger deux étages de vignes (fig. 345), on laissera pousser un unique bourgeon, celui du prolongement, pour l'étage le plus élevé (les ceps *b*, même figure) ; tous ceux latéraux seront supprimés. On enlèvera sur le bourgeon de prolongement toutes les vrilles et les bourgeons anticipés. Dans aucun cas on ne devra leur laisser acquérir une longueur excédant 1^m,20, pour les tailler, au printemps suivant, de 50 à 70 centimètres de longueur, et ainsi de suite d'année en année, jusqu'à ce qu'ils aient atteint les points *c*, où l'on formera les premiers coursons par les moyens que j'ai indiqués.

J'insiste sur la longueur des pincements et sur celle du bois à obtenir chaque année, quand on a besoin d'une tige très élevée. La longueur du bourgeon ne doit jamais excéder 1^m,20, et celle du sarment taillé 80 centimètres. On ne peut monter, il est vrai, que de 60 à 80 centimètres par an ; c'est long, mais on obtient une charpente excellente et assurée contre toutes les déceptions.

J'insiste, dis-je, sur ce point, parce que la vigne, poussant très vigoureusement, on a toujours tendance à laisser allonger démesurément les bourgeons, et à tailler ensuite beaucoup trop long. Dans ce cas, le sarment qui fournit la base de l'arbre est faible, mal constitué ; il pousse souvent des prolongements beaucoup plus gros que le sarment qui les a produits, et, lorsqu'on veut mettre de telles productions à fruit, on n'obtient que des coursons faibles, produisant à grand'peine une mauvaise grappe de loin en loin, puis enfin on est obligé de venir rabattre au pied, après plusieurs années de lutte infructueuse, pour obtenir une meilleure charpente. Si l'on eût bien opéré tout de suite, on aurait eu une vigne excellente et très fertile, à l'époque où l'on a été forcé de la rabattre et de tout recommencer.

Les vignes destinées à former les cordons Charmeux se plantent à 80 centimètres, quand on ne fait qu'un étage, et à 40 centimètres quand on en fait deux.

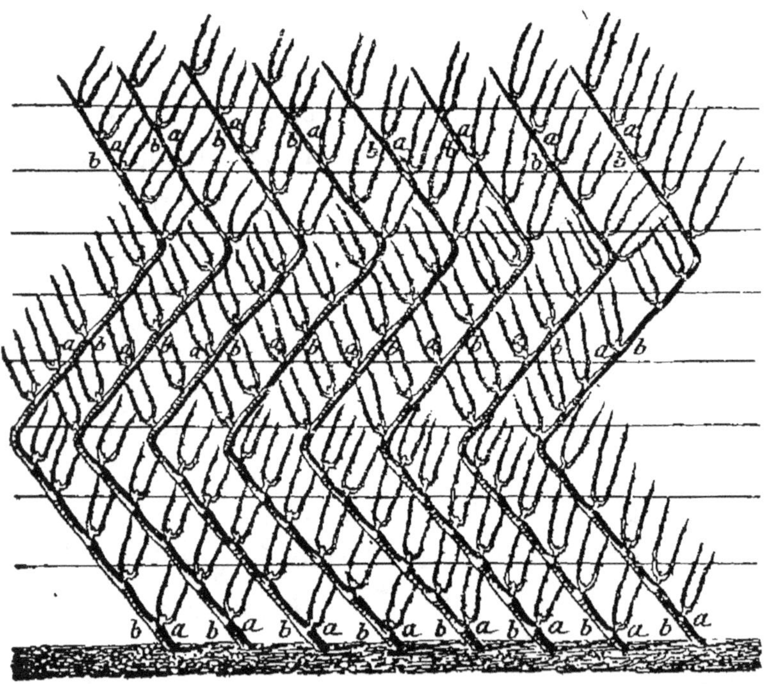

Fig. 347. — Cordons obliques brisés.

Les CORDONS OBLIQUES BRISÉS (fig. 347) conviennent aux murs de toutes les hauteurs. On plante les pieds de vigne de 70 à 80 centimètres de distance, suivant leur vigueur, et l'on ne conserve, pour former des

coursons que les bourgeons du dessus (*a*, même figure);
ceux du dessous, *b*, sont supprimés. Cette forme est
d'une végétation très active et d'une fertilité remarquable; le mur est très vite couvert et produit abondamment en peu de temps; en outre, chaque vigne, ne
portant que la moitié de ses coursons, pousse avec
vigueur, donne de magnifiques produits, et le temps
d'arrêt apporté dans l'ascension de la sève par les
brisures concourt puissamment à accélérer et à assurer la fructification, comme à maintenir un équilibre
parfait dans toutes les parties de la vigne.

La vigne en obliques brisés est incontestablement
la meilleure forme pour les murs de toutes les hauteurs. Je n'en connais pas qui puisse couvrir un mur
aussi vite, et donner un produit égal en nombre et en
poids, comme en qualité; de plus, c'est la forme la
plus facile à faire, la plus vite achevée, et depuis
nombre d'années je n'hésite pas à l'adopter, à l'exclusion de toute autre, pour l'espalier.

Pour les murs de 2 mètres d'élévation, on partage
la hauteur en trois parties égales, de 70 centimètres
environ; c'est la longueur de la taille d'un sarment
vigoureux. On incline le sarment sur un angle de 50 degrés, et on le taille sur un œil en dessus (*a*, fig. 348);
cet œil produit un sarment qui est taillé l'année suivante sur l'œil *b*, et fournira le sarment *c*; en trois
ans, le mur est entièrement couvert. La seconde année
on éborgne les yeux *e*, et on élève les bourgeons *d*,
pour former des coursons; la troisième, on éborgne
les yeux *g*, et on élève les bourgeons *f*; et, la qua-

trième, on éborgne les bourgeons i, pour former les derniers coursons avec les bourgeons h.

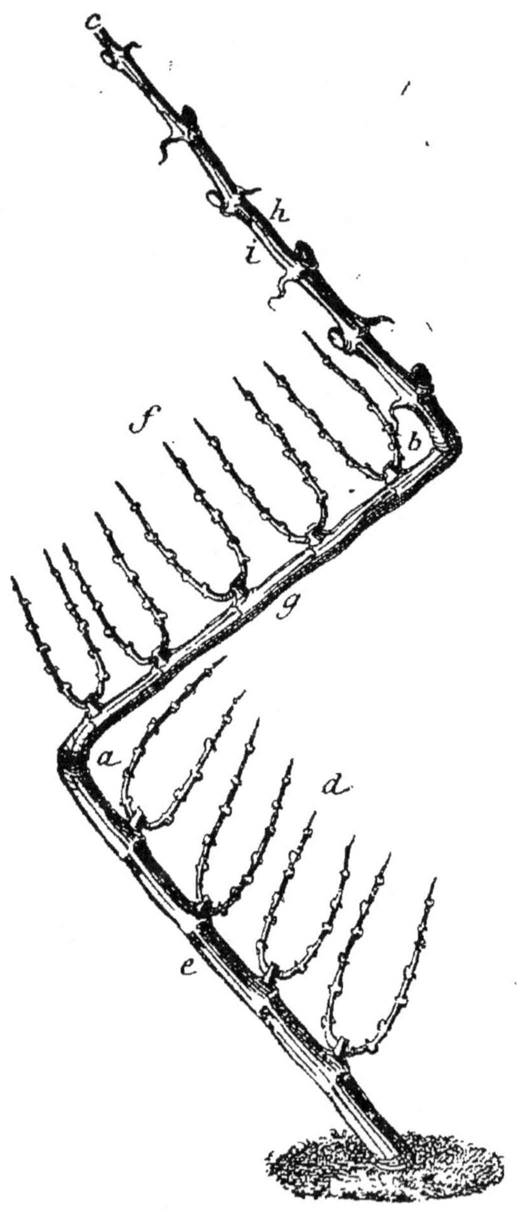

Fig. 348. — Formation des obliques brisés.

Lorsque les murs ont plus de 2 mètres 50 centimètres de hauteur, on fait quatre brisures au lieu de trois. Comme pour les autres arbres, on dessine la forme sur le mur, avec des lattes de sciage ou des baguettes bien droites, avant la plantation.

Les CORDONS DE VIGNE GRESSENT sont assez vite formés et ils produisent beaucoup. On les établit à un ou deux rangs, suivant la largeur de la plate-bande d'espalier.

Les cordons à un rang ont une élévation de 60 centimètres, et peuvent être placés au bord des plates-bandes de 1^m,20 à 1^m,50 de large. On les établit sur

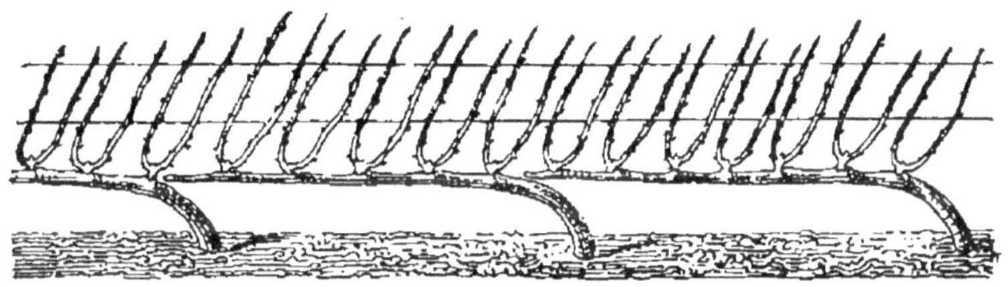

Fig. 349. — Cordons de vigne à un rang.

trois fils de fer, le premier à 20 centimètres du sol, le second à 40 et le troisième à 60 (fig. 349), et on les plante à la distance de 1^m,50.

Les cordons à deux rangs ont une élévation de 1 mètre ; ils se placent au bord des plates-bandes de 1^m,50 à 2 mètres de large ; ils sont établis sur cinq rangs de fils de fer, le premier à 20 centimètres du sol, et les autres distants de 20 cent. Les cordons de vignes à deux rangs se plantent à la distance d'un mètre.

L'usage établi est de faire des cordons de vigne sur deux bras, comme l'ancienne treille de Thomery.

Cette forme offre d'immenses inconvénients : souvent les bras sont trop longs ; dans ce cas, ils ne produisent de fruits qu'à la base et à l'extrémité. Deux bras sont ensuite plus difficiles à équilibrer qu'un seul, et il en résulte souvent des vides dans la plantation. Frappé de ces inconvénients, j'ai planté des vignes à $1^m,50$ de distance pour les cordons à un rang ; je les ai élevées sur une seule tige, que je couche sur le premier fil de fer placé à 20 centimètres du sol.

Cela me permet de garder un prolongement d'un certaine longueur, toujours très fertile, et de le renouveler, quand il s'affaiblit, avec un sarment vigoureux.

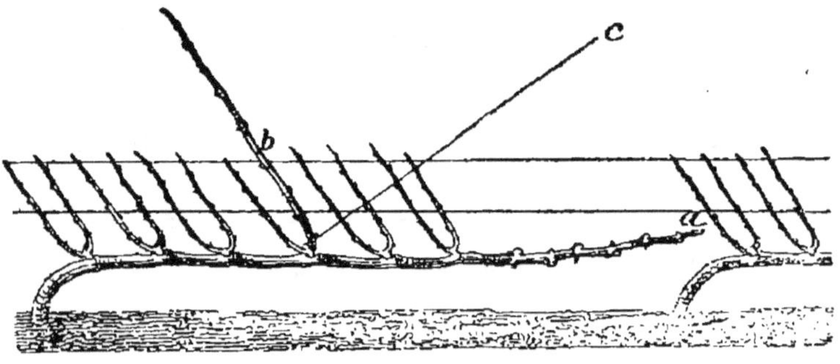

Fig. 350. — Renouvellement du prolongement de la vigne.

Prenons pour exemple la figure 350 : le prolongement *a* est faible ; les coursons laissent à désirer comme vigueur. Le sarment *b* est très vigoureux ; on favorisera son développement en le palissant sur la ligne *c*, pendant l'été : à la taille d'hiver, on coupera toute la partie faible de la charpente à la base du sarment *b*, incliné sur la ligne *c*, et il suffira de le coucher sur le fil de fer, pour remplacer avec avantage le prolongement *a*.

Pour arrêter la végétation trop active de la vigne et favoriser la fructification, on palisse les bourgeons nés sur les coursons en sens inverse de la direction de la sève (fig. 350).

Les cordons à deux rangs (fig. 351) sont établis tout différemment, afin d'obtenir ce double résultat : production abondante de fruits, et renouvellement facile de la charpente. C'est le seul moyen d'obtenir une fertilité soutenue chez la vigne. Chaque pied forme deux étages de cordons, et le renouvellement de la charpente est des plus faciles, en procédant, pour chacun des étages, comme je viens de l'indiquer pour les cordons à un rang.

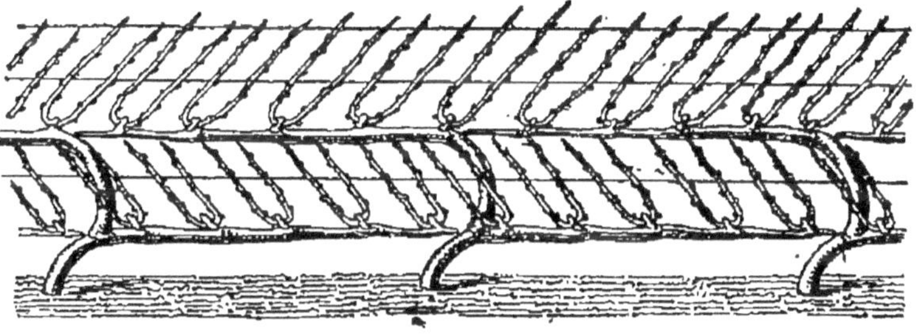

Fig. 351. — Cordons de vigne à deux rangs.

Pour modérer la végétation et assurer la maturation du raisin, on palisse les coursons du premier étage en sens inverse de la sève (fig. 351), et le second rang dans le sens opposé.

En opérant ainsi, on obtient des vignes très fertiles, bien équilibrées, dont la charpente se renouvelle avec la plus grande facilité, et l'on évite tous les inconvénients des cordons à doubles bras horizontaux.

La plantation des cordons de vignes demande les

mêmes soins que celle de l'espalier ; elle se fait comme je l'ai indiqué précédemment. En moins de trois ans, ces cordons sont entièrement formés et produisent d'abondantes récoltes.

CHAPITRE XVI

VIGNE

RAMEAUX A FRUITS

Les fruits de la vigne viennent sur des bourgeons produits par des sarments nés l'année précédente ; plus on taille long, et plus le bourgeon de l'extrémité est éloigné du vieux bois, plus il porte de fruits. Il faut concilier, dans la taille, les exigences de ce mode de fructification, propre à la vigne, avec la conservation des coursons, qui ne doivent jamais s'allonger. On obtient assez de fruits, et l'on conserve parfaitement les coursons, en taillant ainsi : les *chasselas* et le *précoce malingre* sur un œil ; les *muscats* sur trois yeux, et le *Frankental* sur quatre.

Commençons par les *chasselas*, qui se taillent sur un œil, mais sur un bon œil, gros, bien formé, et non sur un œil avorté, comme cela a lieu trop souvent dans la pratique : dans ce cas, la taille ne sert qu'à détruire la récolte.

Supposons à la figure 352 un bourgeon né l'année précédente et destiné à former un courson ; il y a deux conditions à remplir : obtenir des fruits le plus près possible du vieux bois, et un nouveau bourgeon destiné à produire des fruits pour l'année suivante, et placé de façon à permettre de raccourcir le talon

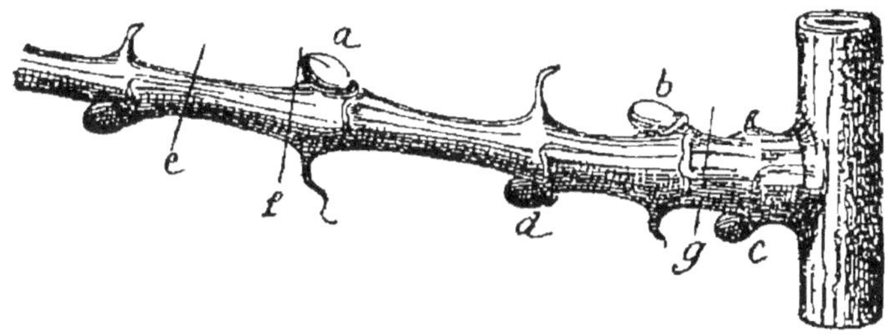

Fig. 352. — Première année, taille à fruit de la vigne.

du courson, au lieu de l'allonger, comme cela se fait presque toujours.

L'œil *a* n'est pas le plus rapproché de la base, mais c'est du moins le premier qui soit bien formé ; nous taillerons dessus en *e*, avec la certitude de lui voir produire un bourgeon très fertile. Si nous eussions taillé sur l'œil *b*, qui n'est pas bien constitué, nous aurions peu ou point de fruits, en raison de la faiblesse de l'œil. Nous serions encore privés de fruits si la section était faite en *f*, sur l'œil *a*, excellent ; il périrait sous l'influence d'une taille trop courte ; la mortalité l'atteindrait infailliblement.

Les yeux *b*, *c* et *d* fourniront des bourgeons de remplacement pour la taille de l'année suivante. Il ne nous en faut qu'un ; nous choisirons l'œil *c*, plus rapproché de la base et nous ébourgeonnerons les yeux *b* et *d*, qui ne serviraient qu'à jeter de l'obscurité sur les bourgeons conservés, et vivraient au détriment des fruits et du bourgeon de remplacement.

L'année suivante on taillera en *g*, sur le sarment fourni par l'œil *c*, et ce sarment sera taillé, comme nous venons de le faire, pour le sarment primitif qui aura fructifié à cette époque. Dans le courant de l'été,

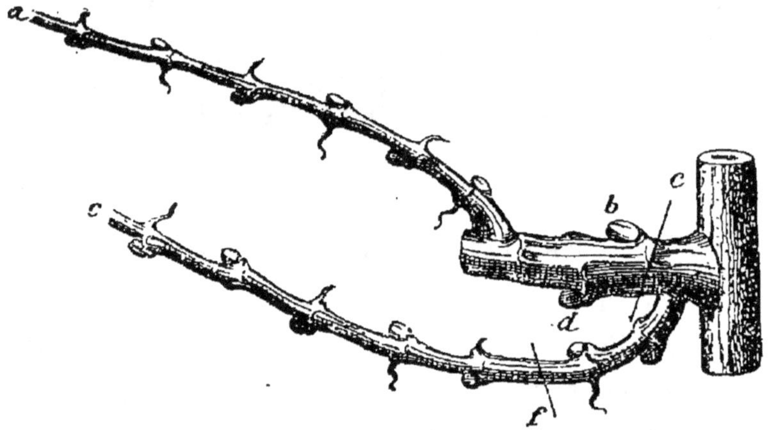

Fig. 353. — Seconde année, taille du courson.

l'œil *a* (fig. 353) produira le sarment *a* (fig. 353) ; ce sarment a donné deux grappes de raisin. Les yeux *b* et *d* ont été éborgnés (fig. 352 et 353). Toute l'action de la sève étant concentrée sur l'œil *c* (fig. 352), cet œil a produit le bourgeon *c* (fig. 353), sur lequel nous taillerons l'année suivante. On fera tomber en *e* (fig. 353) le tronçon du courson, et l'on taillera en *f* le sarment *e*, qui fournira à son tour un bourgeon portant deux grappes de raisin, et un bourgeon de remplacement, très près du vieux bois.

L'ébourgeonnement, malheureusement trop négligé, est une des opérations les plus importantes à appliquer à la vigne. C'est la clef de la fertilité et de la maturation des fruits ; il faut qu'il soit bien fait, et surtout fait à temps, ou la récolte de l'année et celle de l'année suivante sont compromises.

Reprenons le sarment de chasselas (fig. 353) que nous venons de tailler, et examinons-le attentivement au moment où la végétation s'eveille : c'est le moment le plus favorable pour pratiquer l'ébourgeonnement.

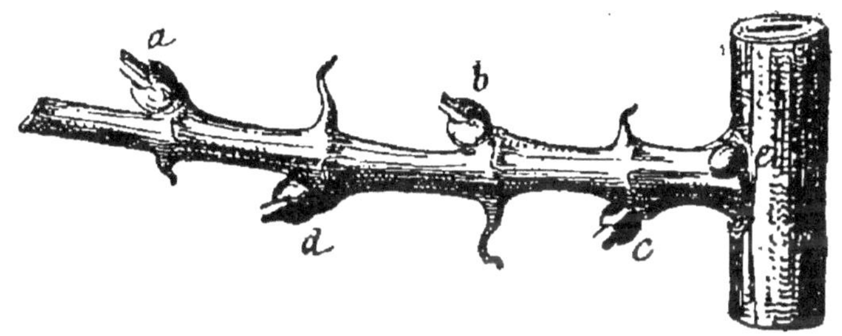

Fig. 354. — Ébourgeonnement de la vigne.

Aussitôt que les yeux de la vigne grossissent et s'allongent (fig. 354), il faut pratiquer l'ébourgeonnement, très facile alors, parce qu'on y voit clair, et presque impossible plus tard, lorsque les yeux ont produit des bourgeons qui forment un fouillis impossible. Nous avons quatre yeux sur notre taille ; il ne nous en faut que deux : l'œil *a* (fig. 354), le plus éloigné du vieux bois pour produire deux grappes de raisin, et, l'œil *c*, le plus rapproché de la base, pour fournir le bourgeon de remplacement.

Il faut donc ébourgeonner les yeux *b* et *d*, opération des plus promptes et des plus faciles ; en poussant les bourres avec le doigt, elles se cassent tout de suite à la base.

Il arrive souvent, au moment de l'ébourgeonnement, que des rudiments d'yeux situés sur l'empattement, invisibles à la taille, se développent au réveil de la végétation. Prenons par exemple l'œil *e* (fig. 354) ; il s'est développé depuis la taille, et est des mieux placés pour fournir le bourgeon de remplacement. Dans ce cas, on éborgne les yeux *b*, *c* et *d*, et l'on conserve seulement les yeux *a* et *e*.

La suppression des yeux *b*, *c* et *d*, et plus tard le palissage sévère du bourgeon *a*, auront pour effet de

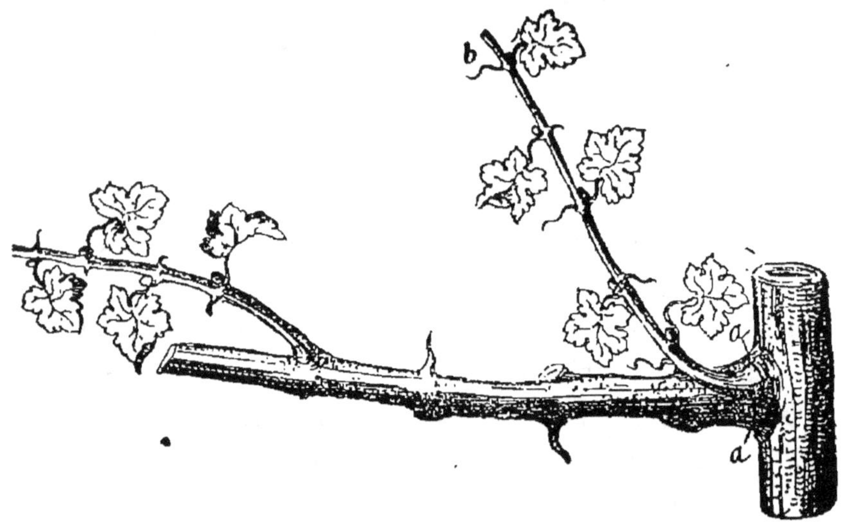

Fig. 255. — Courson de vigne ébourgeonné.

concentrer l'action de la sève sur le bourgeon *e*, et de le faire développer vigoureusement. Le courson ébourgeonné présente l'aspect de la figure 355 ; il ne porte que deux bourgeons, l'un à l'extrémité pour donner des fruits, l'autre tout à fait à la base pour fournir le sarment de remplacement.

L'année suivante, on taillera en *a* (fig. 355); le talon tout entier de l'ancien courson tombera et l'on fera la même opération l'année suivante sur le sarment *b* (même figure), sans que le courson puisse s'allonger d'un centimètre.

Nous obtiendrons des coursons dans les mêmes conditions avec le *muscat* et le *Frankental*, qui se taillent plus long. C'est une affaire d'ébourgeonnement, rien de plus. Le *muscat* ne produit de raisin

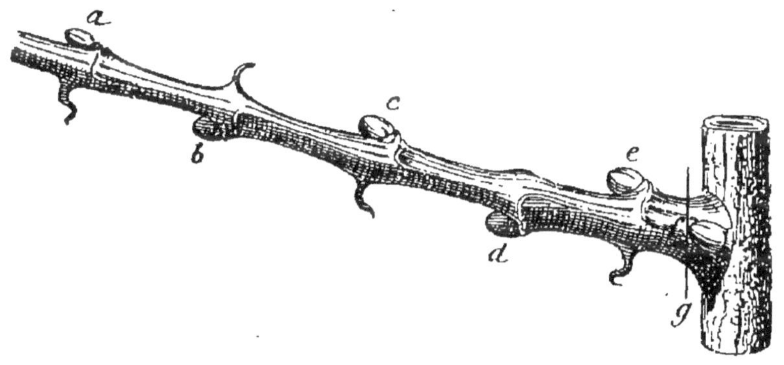

Fig. 356. — Taille du muscat et du Frankental.

que taillé sur le troisième œil, et le *Frankental* sur le quatrième. J'insiste sur cette règle ; quand on taille ces vignes plus court, comme les *chasselas*, ce qui est arrivé trop souvent, on opère pendant vingt ans sans voir une grappe de raisin. Pour éviter de laisser s'allonger les coursons, on taille sur l'œil *a* (fig. 356), et, dès que la végétation s'éveille, on éborgne les yeux *b*, *c*, *d* et *e*, afin de conserver seulement l'œil *a*, pour

produire des fruits, et l'œil *f*, pour fournir le bourgeon
de remplacement. En ébourgeonnant ainsi, les coursons que l'on taille sur trois ou quatre yeux ne s'allongent pas plus que ceux des *chasselas*. L'année suivante, quand l'œil *a* aura fructifié, on taillera en *g*,
sur le sarment qu'aura produit l'œil *f*, et ainsi de
suite d'année en année.

Il ne faut pas manquer, à l'ébourgeonnage, de supprimer les yeux doubles et triples, c'est-à-dire
lorsqu'il y a deux ou trois bourres à chaque attache,
en supprimer une ou deux, pour n'en conserver
qu'une seule.

Fig. 357. — Rapprochement dans les années stériles et très fertiles.

On choisit la plus vigoureuse, la mieux développée,
et l'on supprime tout ce qui l'accompagne. Cette opération, des plus importantes, doit être faite aussitôt
que les bourres s'allongent.

Le défaut d'ébourgeonnement retarde la végétation

de la vigne, nuit à sa vigueur et à sa fructification comme à la maturation du raisin.

On laisse toujours deux bourgeons sur les coursons : l'un à l'extrémité pour produire des fruits a (fig. 357), l'autre à la base pour fournir le bois de remplacement b (même figure). Il est cependant deux cas où l'on n'en laisse qu'un : celui dans lequel tous deux n'auraient pas de fruits, et celui dans lequel ils en porteraient tous les deux.

Dans le premier cas, dans les années infertiles, le bourgeon fructifère est inutile, puisqu'il ne porte pas de fruits : il fatiguerait la vigne. On taillera en c, dans le courant de mai, sur le bourgeon de la base, qui, recevant toute l'action de la sève, sera énergiquement constitué et produira un sarment des plus fertiles pour l'année suivante. C'est un cas tout à fait exceptionnel. Dans le second cas, beaucoup plus fréquent, une grande quantité de fruits pourrait épuiser la vigne ; si elle n'est pas très vigoureuse, on supprimera le bourgeon a, à la base, pour ne conserver que le bourgeon b, qui produira deux grappes et sera en même temps bourgeon à fruits et de remplacement.

Quand la vigne est très vigoureuse et le sol en bon état de culture, on peut conserver, dans les années très fertiles, trois grappes par courson ; deux sur le bourgeon à fruits et une sur celui de remplacement.

Quand, au contraire, la vigne est faible, il y a avantage à conserver les deux bourgeons, afin d'avoir plus de feuilles et d'augmenter l'appareil de racines.

Dans ce cas, on supprime les grappes placées sur le bourgeon de remplacement, pour n'en conserver que deux sur le bourgeon à fruits. .

. La conservation, comme la fertilité de la vigne, dépend en grande partie de l'ébourgeonnement. Si les vignes étaient bien ébourgeonnées, elles produiraient toujours de très beaux fruits et ne se couvriraient jamais de ces coursons aussi difformes que hideux à voir, que l'on rencontre sur toutes les vieilles vignes; il y en a de gros comme le poing et de longs comme la main. Une vigne couverte de semblables difformités, non seulement ne produit presque plus rien, mais encore est incapable de produire des raisins passables.

Dès que les yeux s'allongent et qu'ils ont produit des bourgeons de la longueur d'un centimètre au plus, il faut impitoyablement casser à la base tous ceux qui ne servent à rien, et ne conserver que les deux indispensables à la fructification et au remplacement.

Il est urgent de faire le premier ébourgeonnement de bonne heure, parce qu'assez souvent il se développe de nouveaux bourgeons sur le talon du courson; alors il faut ébourgeonner à nouveau, afin de rapprocher le bourgeon de remplacement de la base; quand le premier ébourgeonnement est fait trop tard, l'opération, très facile faite à temps, devient impossible.

Au fur et à mesure du développement des bourgeons conservés, il faut avoir soin d'enlever les vrilles, qui dépensent inutilement de la sève; il faut également supprimer les bourgeons anticipés qui naissent à l'aisselle du bourgeon portant les grappes, et de celui destiné à le remplacer. Le bourgeon fructifère ne doit porter que deux grappes de raisin et des feuilles ; celui de remplacement, que des feuilles. Tous les bourgeons anticipés qui se développent vivent aux dépens des fruits de la fructification pour l'année suivante.

Dès que les deux bourgeons conservés ont atteint la longueur de 40 centimètres environ, il faut les soumettre au pincement ; ils ne doivent plus s'allonger ; si on leur laisse produire des bourgeons anticipés, soit à l'aisselle des feuilles, soit à l'extrémité, c'est au détriment de la récolte de l'année et de celle de l'année suivante.

Chez la vigne, le fruit ne mûrit qu'avec le bois, Les raisins mûrissent difficilement sous notre climat ; c'est donc au cultivateur à hâter autant que possible la végétation de la vigne, pour lui faire mûrir à la fois ses bourgeons et ses fruits. Rien ne prolonge plus la végétation de la vigne et ne retarde autant la maturation du raisin que la production incessante de ces longs bourgeons qui s'accrochent partout, étouffent tout, et condamnent la vigne à ne donner que du verjus. Cela est déplorable, mais il en est ainsi dans bien des jardins.

L'incision annulaire, appliquée à la vigne, après l'épanouissement des fleurs, hâte la maturité du raisin de quinze jours à trois semaines, et aug-

mente d'un tiers environ le volume des fruits. Il y a
bien des années que je répète cela dans tous mes
cours, et il y a bien peu de vignes incisées. Cela
n'avait rien d'étonnant quand il fallait pratiquer l'incision annulaire avec le greffoir; c'était très long,

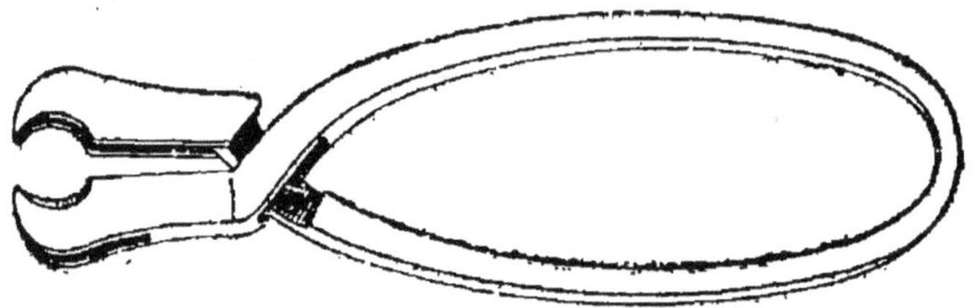

Fig. 358. — Coupe-sève nouveau modèle.

difficile, et souvent l'opération était mal faite; mais
aujourd'hui, grâce au *coupe-sève* (fig. 358), cette opération se fait très vite et avec la plus grande facilité.

Quand il y a deux grappes sur le même bourgeon,
on incise seulement la plus basse; la seconde se res-
sent suffisamment de l'opération.

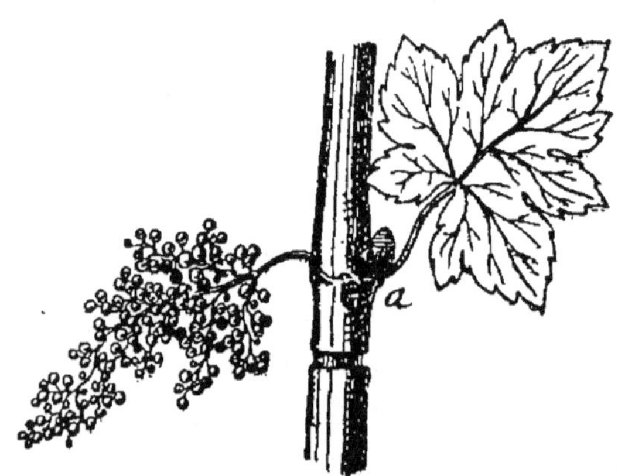

Fig. 359. — Incision annulaire.

L'incision annulaire, consistant à enlever l'écorce
sur une hauteur de 4 à 5 millimètres, doit être pra-

tiquée cinq ou six jours après l'épanouissement de la fleur, et être faite immédiatement au-dessous du point d'attache de la grappe (*a*, fig. 359).

Les bourgeons incisés produisent des raisins beaucoup plus gros et mûrissant de quinze jours à trois semaines plus tôt. Cela s'explique facilement ; l'enlèvement de l'écorce empêche le cambium de descendre ; il reste aggloméré au-dessous de la grappe, qui acquiert en quelques jours un développement disproportionné, qu'elle conserve toujours, même quand la plaie est complètement rebouchée.

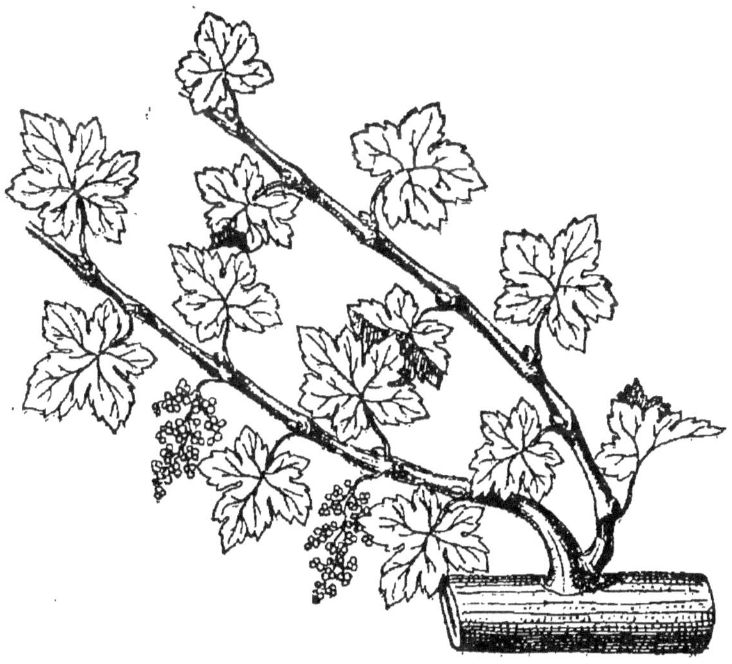

Fig. 360. — Palissages de la vigne.

Dès que les deux bourgeons conservés sur chaque courson ont acquis un peu de consistance, et qu'il est possible de les ployer sans les casser, il faut les pincer : celui qui porte la grappe à deux feuilles au-dessus des fruits, et celui de remplacement à la longueur de 40 centimètres environ ; ensuite on les palisse sur un angle de 40 à 45 degrés avec du jonc, sur les fils de fer (fig. 360). Le palissage et l'inclinaison sont de puissants auxiliaires pour arrêter le développement des bourgeons anticipés, et, indépendamment de cet avantage, ils contribuent à hâter la maturation du raisin.

Tous les bourgeons des coursons doivent être palissés sévèrement, sur un angle de 45 degrés au plus, toujours inclinés, et jamais verticalement, ce qui nuit beaucoup à la qualité du raisin et à la fertilité de la vigne, pour l'année suivante.

Toutes les fois que l'on palisse verticalement les bourgeons de la vigne, on perd un tiers sur le volume des raisins, la moitié de leur qualité, et on retarde la maturation de quinze jours au moins. Ce n'est qu'en tempérant et en abrégeant la végétation de la vigne que l'on obtient la maturation des raisins : le palissage incliné y concourt puissamment : le palissage vertical, au contraire, active et prolonge la végétation de la vigne.

Il est encore un moyen très énergique de hâter la maturation du fruit et du bois : c'est la suppression de quelques feuilles. Il faut que cette opération soit faite avec discernement ; dans le cas contraire, le remède serait pire que le mal. On opère ainsi :

Lorsque le raisin a atteint le volume qu'il doit ac-

quérir, on commence par supprimer les feuilles difformes et celles qui sont trop près du mur. Quand il
est tourné, on supprime encore quelques feuilles autour des grappes, sans cependant les découvrir entièrement ; puis, enfin, quand le raisin est presque mûr,
on enlève les feuilles qui recouvrent les grappes, afin
de les exposer complètement au soleil et à la rosée
pour les colorer.

Il est une autre opération plus puissante encore
pour hâter la maturation et augmenter la qualité des
fruits : c'est le cisèlement. Il serait injuste d'exiger
cette opération des jardiniers ; elle leur prendrait trop
de temps, et c'est ce qui leur manque le plus souvent ;
mais je ne saurais trop engager les propriétaires et
les amateurs à l'appliquer ou à la faire appliquer par
des femmes de journée.

Il n'y a pas de raisin bien coloré, très mûr et susceptible de se conserver longtemps, sans cisèlement.

Le cisèlement consiste à enlever, avec des ciseaux à
ciseler (fig. 361), l'extrémité des grappes. Les grains
du bout de la grappe ne mûrissent jamais ; ils végètent toujours, retardent la maturation de la grappe
et absorbent une portion de sève dépensée inutilement.

Il faut enlever non seulement l'extrémité de la
grappe (*a*, fig. 362), mais encore tous les grains avortés, qui sont à l'intérieur, grains à peine gros comme
les plus petits pois, et qui restent toujours verts. Le
résultat de ce travail est une augmentation notable
dans la qualité et dans le volume des raisins.

Le cisèlement est une opération très peu pratiquée et cependant il est impossible d'obtenir des raisins bien mûrs et de longue garde, s'ils ne sont ciselés. Il faudrait ciseler au moins le raisin destiné à être conservé, si on ne peut faire mieux.

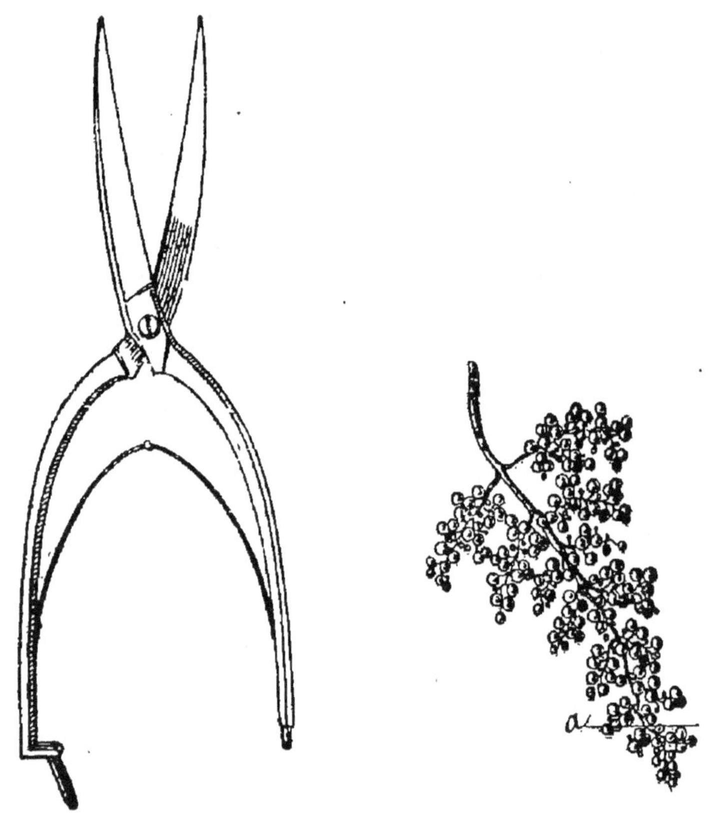

Fig. 361. — Ciseaux à ciseler
le raisin.

Fig. 362. — Grappe de raisin
ciselée.

Nous supprimerons d'abord en *a* (fig. 363) l'extrémité des plus longues ramifications; les grains sont petits, serrés; ils mûriront difficilement et ombrageront le milieu de la grappe en grossissant. Ensuite on coupera rez de la grappe, en *b*, les ramifications trop serrées, pour donner de l'air et de l'espace dans la grappe, et enfin on enlèvera l'extrémité en *c*. Les grains du bout sont petits, mal constitués ; ils ne mûriront jamais et végéteront au détriment de ceux conservés.

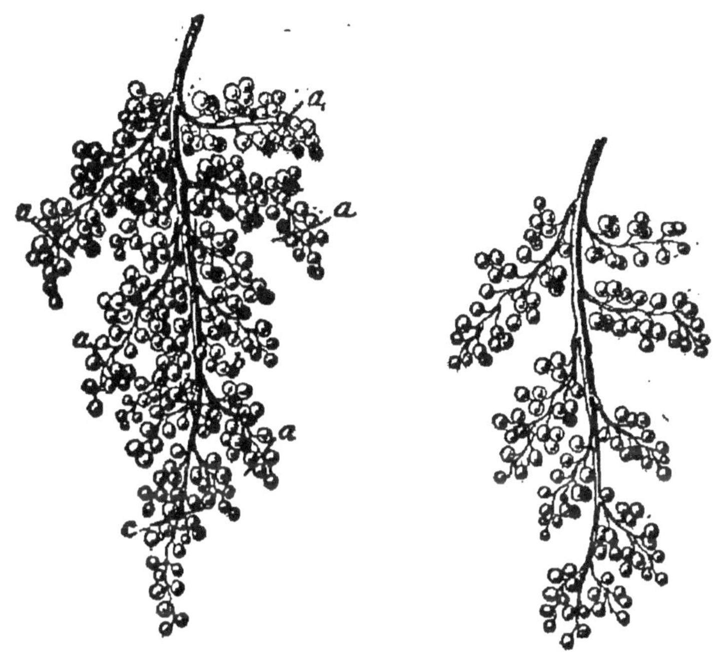

Fig. 363. — Grappe à ciseler.   Fig. 364. — Grappe ciselée.

Voilà notre grappe destinée en cinq ou six coups de ciseaux. Les ramifications sont également espacées ; l'air et la lumière pénètrent partout.

Cela fait, on enlève avec la pointe des ciseaux tous les grains trop serrés, ceux qui sont au centre des ramifications, et enfin tous les grains avortés (ces petits grains verts, mal fécondés, restant gros comme une perle, ne mûrissant jamais, et vivant au détriment des grains conservés).

Alors notre grappe aura l'aspect de la figure 364. Les grains *dansent*, suivant l'expression des ciseleuses ; ils sont bien écartés, ne se touchent pas, et aucune production inutile n'est restée dans la grappe.

Dans ces conditions, les grains conservés acquièrent un grand développement, une qualité hors ligne et un coloris qu'il serait inutile de chercher sans le cisèlement.

Les raisins ainsi traités se conservent excellents et aussi frais que si l'on venait de les cueillir, jusqu'au mois de mai dans des boîtes à raisin ou même dans des fioles remplies d'eau.

Disons en terminant que l'opérateur doit opérer bravement, et ne jamais s'effrayer de la quantité de grains supprimés : le sol en est couvert.

La proportion des grains à supprimer est d'un tiers sur les grappes peu serrées, et de la moitié sur les variétés ayant les grains très agglomérés comme le *précoce noir*, etc.

On ne retire jamais assez de grains. Quand on n'a pas la pratique du cisèlement, on se figure avoir tout abîmé, et toujours on reconnaît, à la récolte, qu'il en reste encore trop.

Le cisèlement donne non seulement la qualité et le coloris au raisin, mais encore il avance la maturité de plus de quinze jours.

Sans cisèlement, pas de maturité complète, point de qualité ni de coloris, pas plus que de raisin de garde.

Le cisèlement est le *secret* des magnifiques raisins

que l'on vend en boîtes à Paris. Tout le monde se demande comment on peut obtenir de tels raisins ; c'est bien simple et bien facile : ciselez, et vous aurez de ces productions d'élite tant que vous en voudrez.

On opère le cisèlement lorsque les grains ont atteint au moins le tiers de leur grosseur.

La vigne est exigeante sous le rapport des abris ; c'est le seul arbre qui supporte des chaperons à demeure. A Thomery, les murs portent des chaperons en tuile de 30 centimètres de saillie. Dans le cas où l'on ferait construire ou réparer dés murs, on pourra y ajouter des chaperons en tuile de 25 centimètres de saillie, mais pour la vigne seulement. Lorsqu'il n'y a pas de chaperons à demeure, ce que je préfère au fond, il faut en placer de mobiles, en paille ou en carton bitumé, comme pour les autres espèces jusqu'à la fin de mai.

RESTAURATION ET MALADIES

Il est quelquefois difficile de restaurer la vigne, car elle est souvent dans un état de décrépitude tel, quand on pense à la restaurer, qu'il est impossible de lui donner une forme régulière. Le moyen le plus simple, quand la décrépitude est complète, est le recépage. Quand les fruits sont bons, on coupe le pied rez le sol et il repousse des bourgeons très vigoureux avec lesquels on établit vite une charpente. Lorsque le fruit ne vaut rien, on a recours à la greffe en fente-bouture (page 137, fig. 58).

On peut cependant obtenir des fruits passables sur une mauvaise charpente, en la rapprochant beaucoup. On supprime le quart, la moitié et quelquefois les deux tiers des branches mères, suivant leur étendue et leur état, afin de concentrer l'action de la sève dans un espace très restreint, et d'obtenir de nouveaux bourgeons vigoureux ; puis l'on fait sauter toutes les têtes de saule, incapables de produire des fruits de qualité.

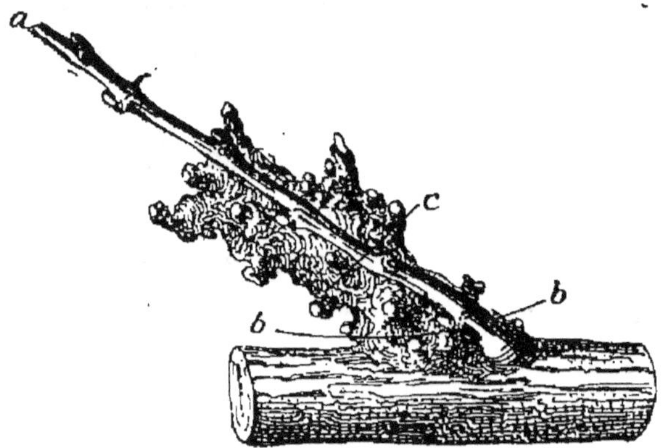

Fig. 365. — Restauration des coursons.

La nature nous aide souvent ; lorsqu'un courson a été négligé et qu'il est devenu difforme, comme celui de la figure 365, la sève, ne pouvant plus pénétrer par ce dédale de nœuds, détermine souvent la naissance d'un bourgeon a, à côté de l'ancien courson. Alors on enlève, en b, toute la tête de saule ; on polit la plaie avec la serpette ; on la couvre avec du mastic à greffer, et l'on taille le sarment en c ; c'est un courson tout neuf, qui produira des fruits superbes.

On obtient d'excellents résultats du rapprochement

des coursons, et il ne faut jamais le négliger, même sur les vignes les mieux tenues.

La vigne est attaquée par plusieurs insectes, notamment par les kermès ; mais, dans le jardin fruitier, on parvient à les détruire en employant les moyens que j'ai indiqués pour le poirier, page 562.

Ce qu'il y a de plus redoutable pour la vigne, c'est l'oïdium, et depuis peu le mildew (mildiou) qui apparaissent on ne sait comment, ni pourquoi, détruisent la récolte de l'année, et souvent celle de l'année suivante.

Je passe sous silence les recettes et les remèdes de bonnes femmes et de droguistes contre ces maladies ; ils sont *toujours infaillibles*, et offerts chaque jour par une foule d'industriels très désireux de faire fortune, en vendant très cher une drogue quelconque leur coûtant quelques centimes. Ces *précieux secrets* trouvent une trop grande place dans les journaux, où le coupeur de canards est chargé de la partie agricole, pour que j'en fasse mention. Le seul remède contre l'oïdium, celui du moins qui a été employé avec le plus de succès contre ses ravages, est le soufrage.

Le plus sûr est de donner un soufrage préventif, aussitôt que les feuilles sont bien déployées. C'est un moyen presque certain de conserver ses récoltes ; si le soufrage est donné inutilement, ce qui arrive quelquefois, le mal n'est pas grand , et je conseille d'opérer ainsi tous les ans. Le soufrage réussit souvent dès le début de la maladie, mais il devient impuissant quand elle est invétérée.

La présence de l'oïdium se manifeste d'abord sur les feuilles par des boursouflures, couvertes, surtout sur la face inférieure, d'une espèce de poussière blanchâtre ressemblant à de la moisissure (fig. 366).

Fig. 366. — Feuille atteinte d'oïdium.

Dans cet état, on peut sauver la récolte, et même guérir la maladie, en soufrant énergiquement deux fois au moins, à quelques jours d'intervalle.

Quand on ne soufre pas tout de suite, la maladie envahit le bois, qu'elle marbre de taches noirâtres (fig. 367).

Quelque temps après, les fruits durcissent et se fendent : alors la récolte est complètement perdue, et celle de l'année suivante très aventurée (fig. 368).

L'oïdium, hâtons-nous de le dire, attaque de préférence les vignes faibles ou placées dans de mauvaises conditions de culture : les vignes mal taillées, couvertes de nodosités ; celles plantées dans des sols qui ne leur conviennent pas ou manquant de calcaire sont toujours les premières atteintes.

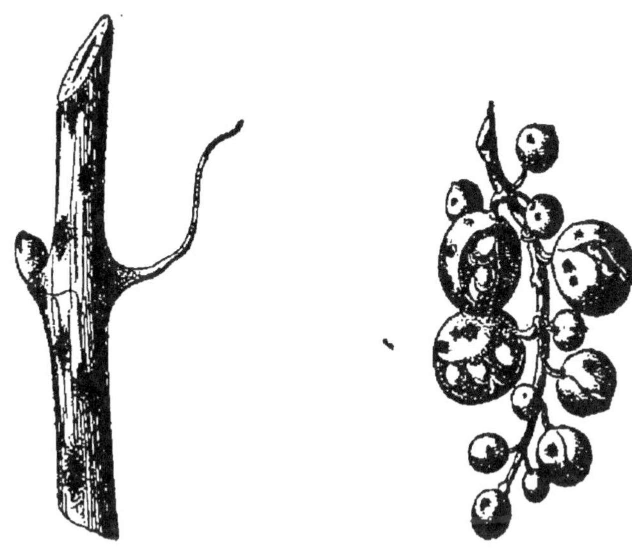

Fig. 367. — Bois atteint d'oïdium.   Fig. 368. — Raisin atteint d'oïdium.

Le premier de tous les préservatifs est une bonne culture et une taille raisonnée ; ajoutez à cela un soufrage préventif ; on n'a pas grand'chose à redouter pour ne pas dire rien. Quand l'oïdium apparaît dans un pays, il est toujours utile de fumer les vignes et d'ajouter une certaine quantité de calcaire aux engrais quand le sol en est dépourvu. Lorsqu'on plante des vignes et que l'on aperçoit quelques taches sur le bois, il est prudent de les chauler aussitôt plantées, et de les soufrer dès que les premières feuilles sont déployées.

Après les étés humides, favorables au développement de l'oïdium, il est toujours prudent de chauler les vignes aussitôt après la chute des feuilles.

Depuis plusieurs années la vigne est atteinte par un nouveau fléau, menaçant nos vignobles de destruction : *le phylloxera*. Beaucoup de personnes se sont occupées de sa destruction, et malheureusement nous n'avons, jusqu'à présent, que des données incertaines.

On m'a demandé de tous côtés des articles sur le phylloxera, je me suis abstenu et je m'abstiens encore, parce que je n'ai pas vu, n'ai pas été à même d'étudier la maladie, et ne sais rien de ce qui la concerne. Avant d'enseigner et de conseiller, il faut savoir ce que l'on enseigne, et connaître la valeur des conseils que l'on donne. C'est le contraire de ce qui se fait aujourd'hui, mais, n'étant guère de mon siècle, je tiens aux vieux usages, et je crois avoir raison.

Nous avons des espérances, rien de plus, pour combattre le phylloxera, et bientôt, je l'espère, il me sera possible de donner des indications précises.

Plus heureux pour le mildew (mildiou) et les autres maladies, nous pouvons les combattre victorieusement avec l'ammoniure de cuivre, grâce aux travaux et aux expériences de M. *Bellot des Minières* (Voir plus loin au *Vignoble*).

CONSERVATION DES RAISINS

Il en est de la conservation des raisins comme du mal de dent : chaque personne a un et même plusieurs remèdes plus impuissants les uns que les autres. J'abandonne complètement toutes les conservations de raisins ridés, au profit de celle des raisins frais. Cette découverte, due à M. Rose Charmeux, est la seule qui soit sérieuse.

Au lieu de cueillir le raisin grappe à grappe, on coupe le sarment à fruit, celui qui porte deux grappes trois ou quatre yeux au-dessous de la première grappe. On coupe ensuite la branche un ou deux yeux au-dessus de la seconde grappe, et on met le bout du sarment dans de l'eau, où il se conserve comme un bouquet.

On a conseillé l'emploi de fioles à médecines accrochées à des râteliers. C'est un matériel cassant, et surtout embarrassant. Quand on n'est pas marchand de raisin, les caisses sont plus commodes et plus économiques.

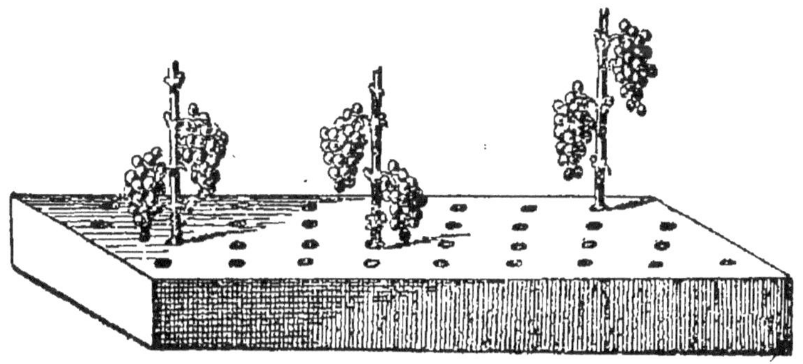

Fig. 369. — Caisse à raisins.

On fait faire une caisse longue, haute de 25 centimètres environ, garnie à l'intérieur d'une chemise en zinc, assez bien soudée pour tenir l'eau. Le couvercle est percé de trous faits en quinconce assez grands pour passer les sarments et distants de 10 à 12 centimètres (fig. 369).

On emplit la caisse d'eau, dans laquelle on met un peu de sulfate de fer ou de poudre de charbon, pour l'empêcher de se corrompre, et l'on pique une branche dans chaque trou. Le raisin se conserve ainsi jusqu'au printemps, sans la moindre ride, et aussi frais que si l'on venait de le cueillir.

Je donne le modèle d'une caisse à raisin qu'il sera facile de faire exécuter partout, et par tout le monde, même par le jardinier.

On fait, avec six planches et quelques pointes, une caisse plate et longue (c'est plus commode pour visiter les raisins), haute de 20 centimètres environ, de la largeur d'une table et de 1^m à $1^m,20$ de longueur. On perce avec une mèche, à 12 ou 15 centimètres de distance, des trous d'un centimètre de diamètre sur toute l'étendue du couvercle. Il ne reste plus qu'à faire venir le ferblantier, le plombier ou le couvreur au besoin, qui vous confectionnera une caisse de zinc pour l'intérieur.

Je donne un modèle des plus faciles à faire, avec une dépense insignifiante; c'est le meilleur et le plus pratique. Je l'ai donné à l'industrie, qui a voulu *faire mieux que moi;* les marchands ont *inventé* des boites en fer-blanc contenant *dix grappes de raisin,* et coûtant le prix de dix caisses qui en tiendraient cinq cents. Mais, circonstance atténuante, je dois avouer que les susdites boîtes sont peintes en beau vert.

Les caisses à raisins ne doivent pas être mises dans le fruitier (elles y répandraient trop d'humidité), mais dans une pièce spéciale, un peu éclairée et où il ne gèle pas. C'est tout ce qu'il faut pour obtenir les meilleurs résultats : des raisins aussi frais au mois de mai que s'ils venaient d'être cueillis.

CHAPITRE XVII

GROSEILLIER, FRAMBOISIER, FIGUIER NÉFLIER, COGNASSIER

Ces cinq arbres appartiennent plutôt à la culture extensive, au verger Gressent, et à haute tige, qu'à la culture intensive, au jardin fruitier. Ils sont rebelles aux formes et à la taille; on ne peut les introduire dans le jardin fruitier qu'à la condition d'occuper des angles, quelquefois difficiles à remplir, et où ils peuvent prendre leurs ébats. J'accepte ces cinq arbres dans le jardin fruitier, comme des enfants terribles, en leur traçant leur ligne de conduite à l'avance, et en les menaçant de les congédier au verger, s'ils ne se contentent pas de la place que nous leur assignerons. Cela dit, commençons par le plus sage.

GROSEILLIER

Le groseillier est un charmant petit arbuste, un peu indiscipliné, mais très fertile, donnant des fruits indispensables pour les confitures, très agréables pour les sirops, et même pour la table, lorsqu'il fait chaud. Il a de grandes qualités, mais d'énormes défauts. C'est un vrai gamin de Paris, qui s'est permis de faire un geste indécent à l'inventeur des plantations rapprochées, quand il a voulu l'emprisonner dans des vases très jolis, *sur le papier*, et dans des cordons verticaux, plus jolis encore, toujours sur le papier, mais impossibles, en vertu des lois végétales. Il a eu l'irrévérence d'ajouter à son geste, à l'adresse de l'éminent professeur, une foule de gourmands, et pas du tout de groseilles. C'est un drôle, d'accord. Il a d'immenses défauts, mais de grandes qualités, et mieux vaut essayer de vivre avec lui que d'en faire un insurgé ; on n'en viendrait pas à bout.

Le groseillier trouve une place excellente dans le jardin fruitier, entre les vases et dans les pointes des angles. La seule forme à lui donner est celle en cépée. Il réussit très mal en vases (très jolis sur le papier) et pas du tout en cordons verticaux, encore plus jolis (toujours sur le papier).

Près des grands centres de population, il y aura souvent bénéfice à cultiver le groseillier en grand dans le verger. Cet arbuste réussit toujours bien dans les sols un peu frais et calcaires surtout. La forme en cépée est la seule à lui donner dans toutes les acceptions, en ce qu'il produit toujours, par le pied, les drageons qui, en s'opposant à l'achèvement des formes, sont une ressource pour renouveler le vieux bois dans les cépées.

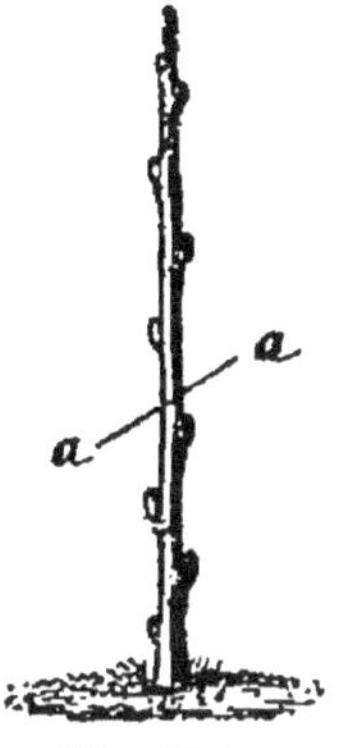

Fig. 370.

Lorsque le groseillier est bien enraciné, on le recèpe sur trois ou quatre yeux (*a*, fig. 370), afin d'obtenir des ramifications que l'on fait ramifier l'année suivante à l'aide d'une taille en *a* (fig. 371), puis les ramifications *b*, taillées à leur tour, pour en obtenir de nouvelles, achèvent de former la cépée.

Alors on tortille en deux un fil de fer n° 17, et l'on en forme un cercle que l'on place au centre du gro-

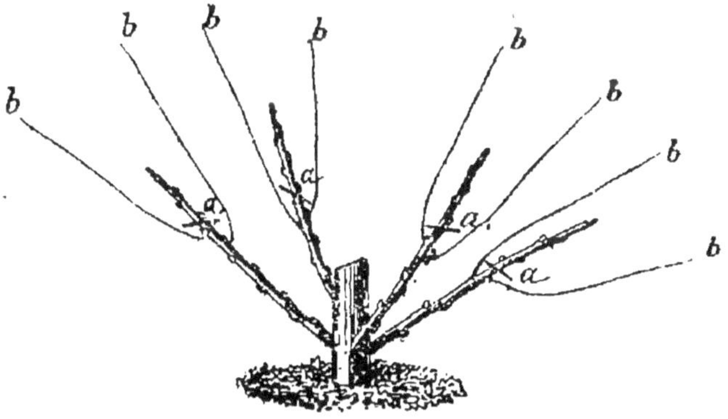

Fig. 371. — Taille du groseillier.

seillier, afin d'écarter les branches qu'on palisse dessus (*a*, fig. 372); la lumière pénètre partout et l'on obtient un groseillier des plus fertiles.

On enlève avec soin toutes les pousses qui naissent
au pied et à l'intérieur du groseillier. Le milieu doit
être vide ; il faut que la lumière y pénètre ; c'est la
première condition de fertilité.

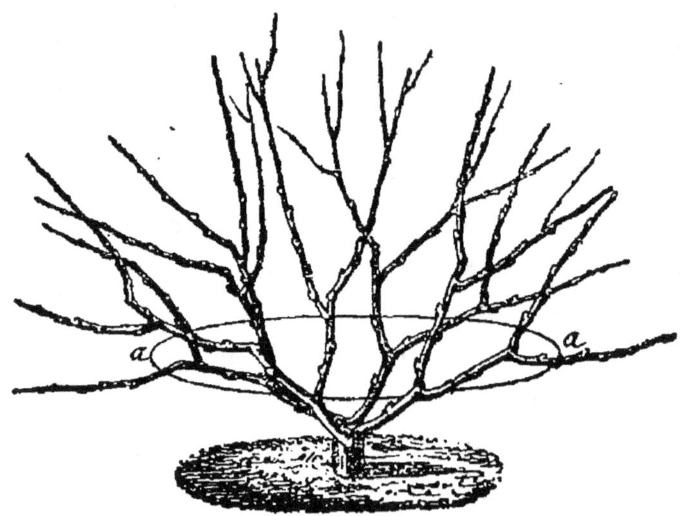

Fig. 372. — Groseillier en cépée, achevé.

Un groseillier formé ainsi donne dix fois ce que
produisent ceux en buissons, et de plus les grappes
sont doubles en longueur et en grosseur.

Les rameaux à fruits du groseillier sont des plus
faciles à obtenir : il suffit d'opérer un seul pincement
ou cassement en vert sur la cinquième ou sixième
feuille des bourgeons latéraux, suivant leur vigueur ;
que l'opération soit faite un peu plus tôt ou un peu plus
tard, l'empattement du rameau pincé se couvre de
fleurs.

On taille sur les fleurs en conservant un ou deux
yeux, pour obtenir de nouveaux bourgeons, qui,

pincés à leur tour, donnent de nouvelles fleurs.

Lorsque les branches vieillissent et deviennent moins productives, on les rabat sur un bourgeon vigoureux de la base, on élève un drageon pour les remplacer, et on les supprime complètement.

Avec ces soins, on peut conserver des groseilliers, très productifs, pendant fort longtemps.

Le cassis et le groseillier épineux se traitent comme le groseillier à grappes ; il ne me reste plus qu'à indiquer les meilleures variétés à cultiver.

GROSEILLIER ROUGE DE HOLLANDE, GROSEILLIER BLANC DE HOLLANDE. Deux variétés excellentes pour la table et les confitures, et très productives, à cultiver partout.

GROSEILLIER DE VERSAILLES. Fruit rouge, très gros, fertile.

GROSEILLIER DE BAR. Fruit rouge, d'une qualité remarquable, assez fertile.

GROSEILLIER COULEUR CHAIR. Tardif et peu fertile. C'est une fantaisie de coloris, rien de plus.

GROSEILLIER CERISE. Fruit très gros et très doux, c'est la groseille par excellence pour la table.

La meilleure variété de cassis est :

FERTILE DE PALLUAU. Fruit rouge, très fertile et excellent.

Le CASSIS DE NAPLES. Fertile, bon fruit, très parfumé, et grappes doubles des autres variétés.

Les groseilliers épineux ne doivent être cultivés que pour le volume de leurs fruits ; la grosseur est leur plus grand mérite. On compte quelques centaines de variétés de groseilliers épineux, dont les plus belles nous viennent d'Angleterre ; je donne ici seulement celles qui produiront les plus gros fruits.

FRUITS ROUGES

London.   *Clayton.*

FRUITS VERTS

Shiner.   *London City.*

FRUITS JAUNES

Leveller.   *Drill.*

FRAMBOISIER

Le framboisier n'est pas moins négligé que le groseillier, bien qu'il soit tout aussi utile. Quand on veut se donner la peine de le cultiver et de le tailler, on obtient sur les plus petits espaces des quantités prodigieuses de fruits superbes ; mais il ne faut pas oublier que le framboisier, plus encore que le groseillier, aime à *vagabonder*, et qu'il est difficile de le maintenir dans des limites restreintes comme les arbres fruitiers. Il pousse au pied une foule de drageons qui ne rendent pas précisément sa culture impossible, mais qui obligent à lui faire de très larges concessions.

Nous admettrons le framboisier dans le jardin fruitier, dans les coins ombragés, à mauvaise expo-

sition, et nous lui donnerons assez de place et de
soins pour en retirer d'abondants et de superbes produits, sur un très petit espace, à l'aide d'une surveillance active. C'est la culture intensive dans l'acception du mot. Il nous donnera du travail, il est vrai ;
mais ses produits d'élite nous en récompenseront
largement.

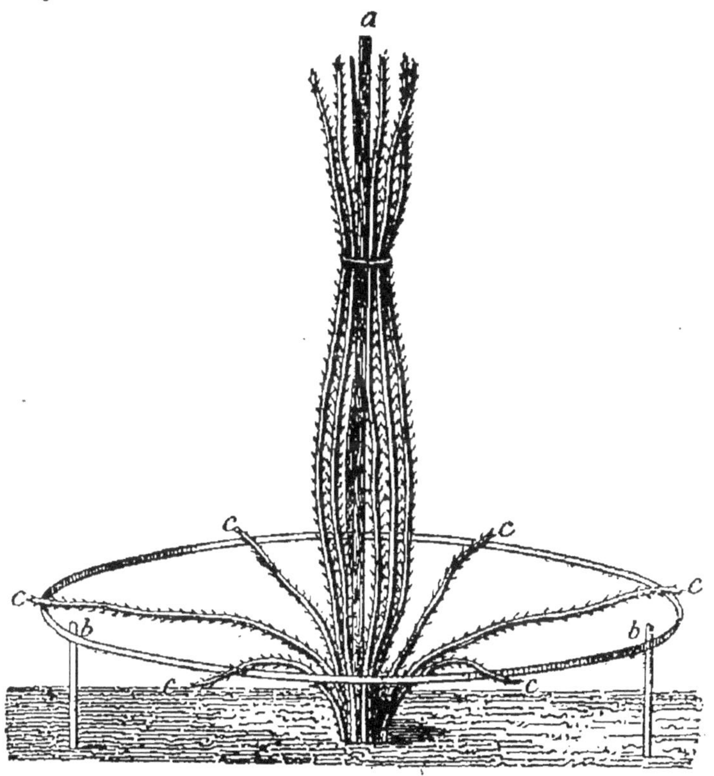

Fig. 373. — Framboisier cultivé pour le jardin fruitier.

Dans le jardin fruitier, nous planterons le frambol-
sier dans les angles, au nord-est et au nord-ouest, à
une distance de 2^m,50 et nous établirons les palissages ainsi : au pied de la cépée, un piquet en fer ou

en bois (*a*, fig. 373), de 1^m,50 d'élévation, au centre d'un cercle de 1^m,50 de diamètre (*b*, même figure), soutenu par des piquets en fer de 50 centimètres d'élévation. C'est la seule forme possible dans le jardin fruitier.

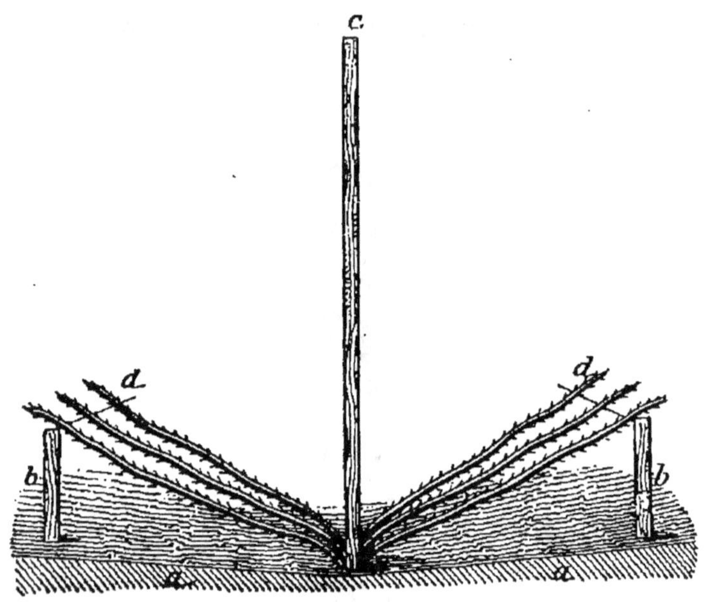

Fig. 374. — Plantation et taille du framboisier.

Dans le verger Gressent, on plante les framboisiers au milieu d'une plate-bande de 2 mètres de large, un peu creuse au milieu, pour leur conserver une fraîcheur constante (*a*, fig. 374), et on les plante à 1^m,50 d'intervalle. On place ensuite sur chacun des bords de la plate-bande, à 20 centimètres de l'allée, une ligne de fils de fer installée sur des piquets, et élevée de 50 centimètres au-dessus du sol (*b*, même figure).

Le framboisier fructifie sur du bois de deux ans, et le bois qui a fructifié meurt à la fin de l'année. Chaque année, il pousse au pied une quantité de nouveaux bourgeons qui produisent des fruits l'année suivante. Notre but est donc d'obtenir une quantité de bourgeons donnée, et aussi une quantité de fruits égale chaque année. La production du fruit, comme celle du bois, sera réglée par la taille.

Le difficile n'est pas d'obtenir les bourgeons nécessaires, mais de limiter la production des bourgeons qui naissent sans cesse sur la souche. La quantité de bourgeons à conserver pour la forme palissée sur cercle, pour le jardin fruitier, varie entre six et dix, suivant la vigueur du pied, et pour le verger de quatre à six, aussi suivant la vigueur du sujet. Les bourgeons choisis, le nombre est subordonné à la vigueur du pied ; il faut supprimer impitoyablement tous ceux qui naissent après coup, et attacher les bourgeons conservés sur le tuteur *a* (fig. 373) et sur celui *c* (fig. 374) afin de les obtenir vigoureux et fertiles.

Les fruits du framboisier apparaissent sur les bourgeons mixtes, bourgeons qui se développent la seconde année, fructifient et meurent comme la tige qui les a produits.

Le printemps suivant, les bourgeons élevés sur le tuteur *a* (fig. 373) et ceux attachés sur le tuteur *e* (fig. 374) seront soumis à la taille. On supprimera environ le tiers de leur longueur totale, pour faire développer tous les yeux de la base au sommet ; pour favoriser encore la fructification, on les palissera :

1° Ceux de la figure 373 à distance égale, sur le cercle *b*, en *c* (même figure) ;

2° Ceux de la figure 374 également de chaque côté, en *d*.

L'effet de cette taille et des inclinaisons sera de faire développer des bourgeons mixtes de la base au sommet, et par conséquent d'obtenir des fruits de bas en haut. Ces fruits, parfaitement éclairés, deviendront très gros, mûriront très bien, et il sera très facile de les cueillir sans se piquer les doigts et sans briser les framboisiers.

Pendant l'été suivant, on élèvera sur la souche plus ou moins de nouveaux bourgeons, suivant sa vigueur ; ils seront attachés sur les tuteurs *a* et *c*, et remplaceront l'année suivante ceux qui auront fructifié.

Les meilleures variétés de framboisiers sont :

BIÈRE A FRUITS ROUGES ;

BIÈRE A FRUITS JAUNES, toutes deux remontantes, donnant en abondance de beaux et excellents fruits ;

PILATE. Fruit rouge, très fertile et très hâtif ;

GAMBON. Excellente, rustique et fertile ;

HORNET. La plus grosse framboise connue jusqu'à ce jour.

Le sol devra être défoncé pour le groseillier et pour le framboisier, comme pour toutes les autres espèces. Il devra être abondamment fumé et surtout paillé avec soin, ces deux arbustes demandant un peu de fraîcheur. La plantation devra toujours être faite sur une plate-bande creuse, et rechaussée tous les ans avec un peu de terre mélangée d'engrais.

FIGUIER

Le figuier peut être cultivé à haute tige, sous les climats du Centre, de l'Ouest et du Midi, où il donne de brillants résultats dans ces conditions. Cet arbre n'aime pas la taille et n'y obéit pas. (Je regrette d'être obligé de faire cet aveu, mais il est dicté par l'expérience.) Le figuier n'est jamais plus beau et ne produit d'aussi belles figues que lorsqu'il est cultivé à haute tige et abandonné à lui-même. On peut s'en convaincre en regardant les superbes figuiers à haute tige de la Bretagne, de la Vendée, du Berry et du Midi.

Il est possible d'obtenir des figues sous le climat de Paris avec beaucoup de soins, et dans des conditions spéciales ; mais, pour être assuré de réussir, il ne faut cultiver que deux variétés : la *blanquette*, connue depuis longtemps, et le *figuier royale*, qui la détrônera bien vite lorsqu'il sera connu.

Le fruit du *figuier royal*, à peau verte et à chair rose, est aussi précoce que la *blanquette*, plus fertile et bien supérieure en qualité.

Je regrette encore d'être obligé d'insister sur cette recommandation et de désavouer des *Gros-Jean* qui veulent donner des leçons à leur curé, avant d'avoir appris à lire ; des *Gros-Jean*, dis-je, ne connaissant pas même l'*a b c* de l'arboriculture, se posant en docteurs, affirmant avec un aplomb superbe que la *figue violette* réussit parfaitement sous le climat du Nord. Cette figue, excellente, il est vrai, appartient au climat du Midi, et ne commence à mûrir, régulièrement du moins, qu'à partir des rives de la Loire.

J'ai essayé la figue violette un peu partout; ce que j'avance ici est dicté par l'expérience pratique, et je considère comme une nécessité de le dire, pour éviter aux propriétaires des dépenses inutiles et des déceptions certaines.

Depuis le climat de Paris jusqu'au Nord, on cultivera deux variétés seulement : la *blanquette* et la *figue royale*, et encore faudra-t-il les préserver des gelées, pour être à peu près sûr d'avoir des figues tous les ans.

Le figuier demande une somme de chaleur élevée pour mûrir ses deux récoltes de fruits; sous les climats du Nord et de Paris, la première récolte seule mûrira. Il aime l'humidité combinée avec de la chaleur, et avant tout des sols très calcaires.

C'est assez dire que, sous le climat de Paris, le figuier exige une place chaude, naturellement abritée des vents froids, un sol un peu humide, et contenant une grande quantité de calcaire. C'est une question de culture et d'amendement. En outre, il faudra garantir le figuier des gelées, auxquelles il est très sensible, en l'empaillant ou en l'enterrant pendant l'hiver.

Le figuier est un arbre essentiellement rebelle à la taille. Il ne faut pas songer à lui imposer l'espalier ou une forme quelconque; il ne s'y maintiendrait pas. J'ai essayé tout cela le plus consciencieusement possible d'après les affirmations fantaisistes de l'école moderne et n'ai rien obtenu. On peut bien planter le figuier contre un mur, mais il faut le laisser libre pour qu'il réussisse, lui appliquer un élagage pour favoriser sa fructification, et non une taille, qui diminuerait sensiblement sa récolte.

La culture du figuier donne d'excellents résultats à ma porte, sur le terroir d'Argenteuil; mais elle y est faite dans des conditions spéciales. Les figuiers sont plantés dans d'anciennes carrières, au pied de coteaux très accidentés, exposés au midi, c'est-à-dire abrités des vents du nord, nord-est, nord-ouest et recevant le soleil *en plein*. De plus, ces figuiers sont plantés dans des terrains essentiellement calcaires, et recevant forcément une certaine quantité d'eau par leur position déclive.

Les figuiers, tous en cépée, sont enterrés à l'automne pour les préserver des gelées, et déterrés au printemps, quand le froid n'est plus à craindre. On leur applique une taille; mais, disons-le, c'est plutôt un élagage, pour favoriser la végétation, qu'une taille réglée.

Le figuier ne peut être cultivé dans le jardin fruitier qu'en cépée, à l'endroit le plus chaud, le mieux abrité et en lui laissant une certaine place pour s'étendre. Il sera utile de surveiller son développement, pour qu'il ne produise pas trop de branches, ce qui nuirait à sa fructification. Douze branches, divisées

par quatre comme dans la figure 375, sont suffisantes ;
les quatre branches des divisions *a*, *b* et *c* (même

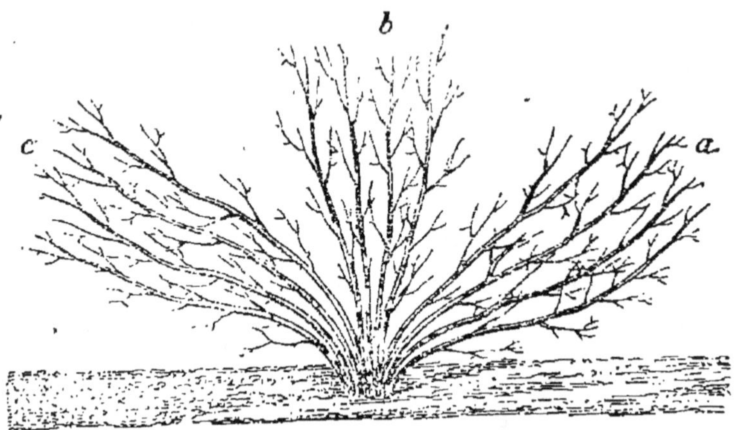

Fig. 375. — Cépée de figuier.

figure) seront réunies à l'approche des gelées, cou-

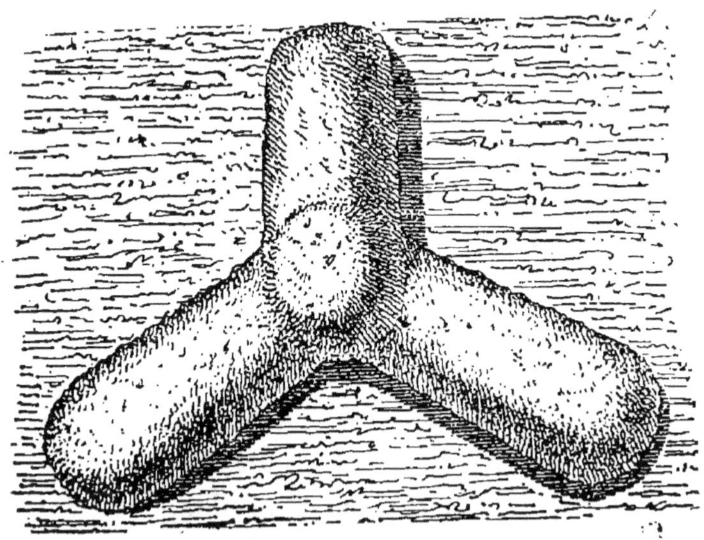

Fig. 376. — Cépée de figuier enterrée.

chées dans trois fosses, et attachées avec des crochets : on les recouvrira de 50 centimètres de terre (fig. 376).

Dans cet état, le figuier passe l'hiver le plus rigoureux sans courir le moindre danger ; c'est le mode d'abri le plus simple pour les figuiers de plein vent. Pour ceux placés à l'angle des murs, on se contente de les empailler.

Lorsque les figuiers sont déterrés ou découverts au printemps, quand les gelées ne sont plus à craindre, on leur applique un éborgnage dans le but d'empêcher la confusion par un trop grand nombre de bourgeons, de favoriser le développement des fruits et d'assurer la récolte pour l'année suivante.

On éborgne, avec la lame d'un greffoir ou de la serpette, l'œil terminal du bourgeon de prolongement a (fig. 377); les yeux b terminant les rameaux latéraux sont également éborgnés, pour les empêcher de s'allonger et pour concentrer l'action de la sève sur les fruits c. Ensuite, pour favoriser le développement des fruits et assurer la production d'un bourgeon de remplacement, à la base des rameaux, on éborgne les yeux d, c'est-à-dire que l'on en conserve deux, un à la base, pour fournir le bourgeon de remplacement, et l'autre au sommet, pour faire circuler la sève dans toute la branche.

A l'automne, on pratique la taille avant d'enterrer les figuiers. On rabat les branches qui ont fructifié sur les rameaux produits par les yeux e, en coupant en f (fig. 377).

Il est urgent d'enlever les secondes figues avant

d'enterrer les figuiers ; elles ne réussissent qu'accidentellement, dans les années très chaudes ; et elles pourraient déterminer la pourriture si on les enterrait.

Fig. 377. — Éborgnage et taille du figuier.

Lorsque les branches se dénudent, on laisse pousser un bourgeon vigoureux sur la souche pour les remplacer, et l'on coupe la branche épuisée rez le sol.

NÉFLIER

C'est encore un arbre rebelle au premier chef, et que j'ai essayé inutilement de soumettre à des formes et à une taille régulières, sur les affirmations de l'école Du Breuil, qui voulait le cultiver en oblique.

Le néflier est, presque partout, abandonné à lui-même, relégué la plupart du temps au milieu des haies, où l'on ne lui rend qu'une visite par an, pour cueillir ses fruits. La nèfle, sans avoir un grand mérite comme fruit, est cependant recherchée par quelques personnes, et donne d'abondants produits quand on lui accorde des soins en harmonie avec son mode de végéter.

Les meilleures variétés à cultiver sont :

Le NÉFLIER ORDINAIRE ;

Le NÉFLIER A GROS FRUITS. Les fruits de cette variété sont plus gros que ceux de la précédente, mais elle est moins fertile.

Le NÉFLIER SANS OSSELETS. Fruit très petit, dépourvu d'osselets, plutôt curieux que recommandable par sa qualité.

Les formes à haute tige ou en cépée, et en touffe, sont les seules qui puissent être données au néflier. Quand on veut redresser ses branches tortues et soumettre ses rameaux capricieux à la taille, il cesse de donner des fruits.

J'ai essayé pendant huit années, dans mon jardin d'expérience d'Orléans, de soumettre le néflier aux formes et à la taille indiquées par mon savant collègue Du Breuil, et je suis forcé d'avouer que, malgré tous les soins possibles, j'ai complètement échoué. Les arbres ont vécu ; mais ils ont refusé une production passable sous l'empire de la taille.

Le néflier peut être placé dans le jardin fruitier, en cépée seulement, dans un coin, au nord, ou au nord-ouest, et la seule taille à lui appliquer est un ébourgeonnage et quelques rapprochements, pour éviter la confusion ; mais il faut se garder de tailler ses rameaux si l'on veut avoir des fruits. Les fleurs sont toujours placées à l'extrémité, et quand on l'enlève la récolte est plus que compromise.

Le néflier, presque toujours greffé sur épine blanche, s'arrange de tous les sols et vient à toutes les expositions.

COGNASSIER

Le cognassier, comme le néflier, cesse de produire soumis à une forme quelconque et sous l'influence de la taille ; il ne peut entrer dans le jardin Gressent, en touffes ou à haute tige, que traité comme le néflier. Un élagage pour empêcher la tête de devenir trop touffue est tout ce qu'il demande pour donner de beaux fruits. Il porte ses fleurs, comme le néflier, au bout des rameaux ; il faut se garder de les tailler si l'on veut avoir des fruits.

La seule variété à planter pour en récolter les fruits est le *cognassier du Portugal ;* il donne les plus gros et les meilleurs coings.

Le cognassier exige un sol substantiel et une exposition chaude pour bien mûrir ses fruits ; dans les sols médiocres, on greffe le cognassier du Portugal sur poirier franc.

SIXIÈME PARTIE

CHAPITRE PREMIER

CULTURE FORCÉE DES FRUITS

Par le temps de vapeur et d'électricité où nous vivons, on voudrait avoir des fruits à la minute; quantité de personnes me demandent de leur enseigner la culture forcée des fruits.

Disons tout d'abord que les fruits obtenus à l'aide de surchauffage coûtent des prix insensés, sont d'un petit volume et sans saveur aucune, comme tout ce qui est obtenu par des moyens hors nature. Tels sont les produits de la culture à la vapeur; ce n'est pas celle-là que je veux enseigner, chers lecteurs, mais une culture peu dispendieuse, à la portée de tous comme de la bourse de tout le monde, et donnant de beaux et d'excellents fruits, deux mois environ avant leur saison naturelle; c'est tout ce qu'il est possible de faire pour obtenir des produits de valeur et de bonne qualité en conservant les arbres en bon état.

J'entre dans le domaine de la réalité, pour y rester, et comme toujours vous éviter les échecs, les déceptions et les dépenses en pure perte.

Pour obtenir des résultats certains et opérer à coup sûr, nous limiterons la culture forcée à quatre espèces de fruits : pêches, abricots, cerises et raisin. C'est peu, me diront les forcenés des systèmes à la vapeur. Oui, c'est peu, j'en conviens, mais les résultats sont assurés, si vous voulez bien, chers lecteurs, suivre à la lettre ce qui suit.

Disons tout d'abord que, pour obtenir des résultats certains, il faudra faire tout le contraire de ce qui a été tenté jusqu'à ce jour pour forcer les arbres fruitiers, moyens vicieux s'il en fut jamais.

Nous proscrivons de la manière la plus absolue les arbres fruitiers plantés dans les serres, pour les forcer tous les ans, comme les vignes plantées à demeure devant les serres pour les forcer également tous les ans.

La nature reprend toujours ses droits ; on peut empiéter dessus, avec prudence et dans une certaine mesure, mais jamais les supprimer sans courir à un échec certain. Il n'existe pas d'arbres susceptibles de subir le forçage tous les ans, sans tomber dans l'infertilité et la décrépitude.

Les arbres ont impérieusement besoin, pour constituer solidement leurs productions fruitières, du soleil et de la température de chaque époque. Si à la température normale, permettant une élaboration lente et complète des productions fruitières, vous

substituez une température élevée, la végétation trop
active ne permet pas à ces productions de se former
d'une manière complète. De là, l'infertilité, et bientôt
la décrépitude 'et la mort des arbres, quand l'état
anormal se prolonge pendant plusieurs années.

Si vous doutez de cette vérité, cher lecteur, visitez
les arbres fruitiers plantés dans les serres ; tous sont
atteints de décrépitude et ravagés par tous les insectes.

Regardez les vignes plantées contre les serres et
forcées tous les ans ; elles portent à grand'peine
quelques mauvaises grappes de raisin et sont toutes
ravagées par l'oïdium, le mildew, etc.

Conclusion : une récolte bonne la première année ;
médiocre la seconde, et à peu près nulle les suivantes.
Voilà ce qui a été fait jusqu'à présent, et ce qu'il est
urgent de changer pour obtenir mieux ; rien de plus
facile, presque sans dépenses, en conservant ses arbres
en parfaite santé, et en production soutenue, si vous
voulez bien suivre mes indications sans y rien
changer.

Nous nous garderons bien de faire des plantations
spéciales pour forcer ; nous soumettrons alternativement à ce régime les pêchers, les abricotiers et la
vigne plantée à l'espalier, tous les trois ans, et nous
n'emploierons d'autre appareil de chauffage que la
serre volante, ne coûtant rien, pas même de combustible ; le soleil suffit pour obtenir les meilleurs
résultats.

Le pêcher et la vigne sont toujours plantés à l'espalier à bonne exposition, sous les climats de Paris et

du Nord. Il n'en est pas de même de l'abricotier qui ne donne des fruits savoureux qu'en plein vent, où il est impossible de le forcer, à moins de construire une serre spéciale pour chaque arbre.

Je veux des choses praticables ; nous planterons quelques abricotiers en espalier, uniquement pour forcer ; nous les alternerons avec les pêchers, afin de pouvoir couvrir l'un et l'autre avec la serre volante.

La serre volante est la préférable pour tous les arbres fruitiers à forcer, en ce qu'elle s'établit où l'on veut, et permet de ne forcer les mêmes arbres que tous les trois ou quatre ans, et par conséquent de les conserver en aussi bon état de santé, de longévité et de fertilité que s'ils n'avaient jamais été forcés, et ce en donnant chaque année, en abondance, des fruits de premier choix et de première qualité.

Lorsque l'on remet l'arbre forcé en plein air, après la récolte des fruits, et qu'on l'y laisse pendant deux années, il se rétablit complètement et peut supporter sans inconvénient un nouveau forçage sans trouble dans son existence plus que dans sa production.

Occupons-nous d'abord de la serre volante.

CHAPITRE II

SERRE VOLANTE

Quatre ou cinq panneaux de châssis ; quelques
planches ; une brouettée de mousse ou un peu
d'étoupe ; quelques pointes, et deux heures de temps
du premier ouvrier venu, voilà tout ce qu'il faut

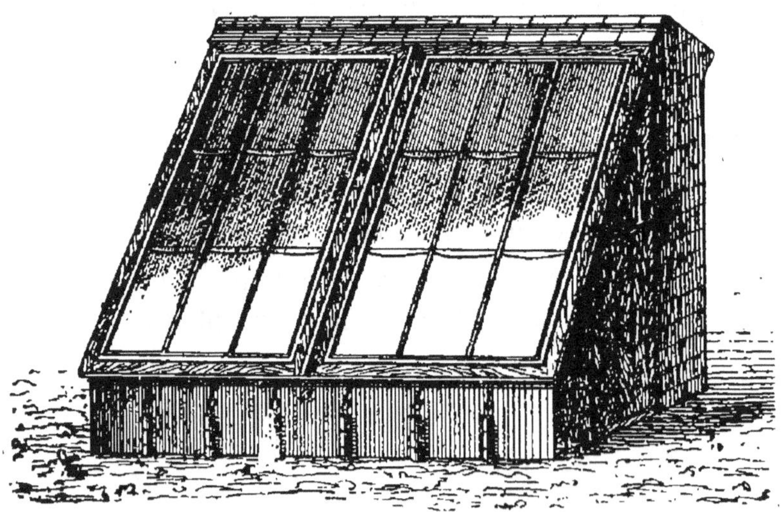

Fig. 378. — Serre volante.

pour établir une serre volante (fig. 378) et forcer les
fruits avec succès.

Pour les murs de 2 mètres d'élévation, les châssis

dü potager ayant une longueur de 1^m,30 suffiront ; pour les murs de 2^m,50 d'élévation, il faudra employer des châssis spéciaux ayant 1^m,60 à 1^m,80 de longueur.

On commence par poser au haut du mur de 2 mètres un chaperon en planches ayant 50 centimètres de largeur, auquel on donne 20 centimètres de pente afin d'avoir un facile écoulement des eaux pluviales.

Ensuite, on place à 1^m,50 ou 2 mètres du mur, suivant sa hauteur et la largeur de la plate-bande, une devanture haute de 50 centimètres, de la longueur de la serre (*a*, fig. 378), en la faisant entrer de 2 centimètres dans le sol, afin d'empêcher l'air de pénétrer, puis on la fixe solidement avec des piquets *b*, même figure, enfoncés à l'extérieur et à l'intérieur pour lui donner la solidité d'un mur.

Cette devanture est faite avec deux planches superposées, ayant une hauteur totale de 44 centimètres. Après on établit les deux bouts avec des planches bien jointes C, même figure, et on place la porte à l'un des deux bouts D, même figure.

Voilà le cadre de notre serre monté ; il n'y a plus qu'à clouer une tringle solide pour appuyer les châssis à la devanture du bas, au bord du chaperon et sur les deux bouts de la serre, et à y placer les barres d'écartement des châssis pour terminer la construction.

Il est urgent, avant de poser les châssis, de boucher soigneusement tous les jours existants entre les planches, avec de la mousse ou de l'étoupe : les arbres souffrent beaucoup des courants d'air. Le calfeutrage fait, on pose les châssis, et le soleil nous donnera la chaleur nécessaire pour obtenir six semaines et deux mois de précocité, en même temps que d'excellents fruits.

On opère exactement de la même manière pour poser la serre volante contre des murs de $2^m,50$. Les châssis sont plus longs, rien de plus, et leur longueur est subordonnée à la hauteur des murs.

Le plus souvent les murs ont une hauteur de 2 mètres et même moins ; dans ce cas, les châssis de couches suffisent pour la serre volante. Il n'y a que pour les murs de $2^m,50$ qu'il sera utile de faire confectionner des châssis de $1^m,60$ à $1^m,80$ de longueur. Lorsque les murs auront 3 mètres et plus, on couvrira la serre volante avec deux châssis superposés.

La largeur des châssis n'a pas d'importance ; ceux de couches seront excellents pour les murs de 2 mètres et de 3 mètres ; il n'y a que ceux confectionnés pour les murs de $2^m,50$ ayant $1^m,60$ à $1^m,80$ de longueur dont il sera utile de diminuer la largeur d'un carreau, afin de les rendre plus maniables.

Rien de plus facile et de plus économique que d'installer une serre volante partout, même dans le dernier village, pour obtenir avec la plus grande facilité les résultats les plus agréables pour les propriétaires, et les plus lucratifs pour les cultivateurs. Aux environs de Paris et des grandes villes, les beaux fruits de bonne qualité obtenus deux mois avant leur saison se vendent ce que l'on veut.

CHAPITRE III

PÊCHER, ABRICOTIER ET VIGNE, CULTURE FORCÉE

La culture des arbres forcés n'est pas difficile, mais elle demande des soins et une surveillance constante de la température, pour être couronnée de succès.

J'appelle l'attention des jardiniers surtout, sur cette surveillance de tous les instants, parce que je sais leur tendance à ne donner aucun soin à tout ce qui est sous verre. Le verre doit tout faire! Il fait beaucoup assurément, mais quand on aide son action par des soins assidus et intelligents.

Quand on a choisi les arbres à forcer, et devant être couverts avec la serre volante, le premier soin est de couvrir le sol d'un épais paillis pour l'empêcher de geler. Le second est de les tailler ; on choisit pour cette opération un jour où il ne gèle pas.

La taille doit être faite du 5 au 15 février, époque à laquelle on pose la serre volante.

Les gelées sont toujours à redouter à cette époque; souvent elles sont de longue durée. Quand elles ne sont qu'accidentelles, il faut opérer la taille aussitôt que le temps le permet, c'est-à-dire quand il ne gèle pas. Aussitôt après la taille, on donne un labour à la fourche, par lequel on enfouit le paillis dans toute l'étendue devant être recouverte par la serre volante, et on recouvre le sol d'un nouveau paillis de fumier très consommé. Vers le 15 février on monte la serre volante.

Quand les gelées sont persistantes et de longue durée, on ajourne la taille ; il y aurait danger de les faire par la gelée. Du 10 au 15 février, on donne le labour, on paille et on pose la serre que l'on couvre de paillassons pendant la nuit si la gelée persiste. Cinq ou six jours après, on a obtenu dans la serre une température de plusieurs degrés au-dessus de zéro, alors on taille.

La taille d'hiver comme les opérations d'été à appliquer aux arbres forcés sont exactement les mêmes que celles indiquées pour chaque espèce, dans le jardin fruitier.

La taille opérée et la serre posée, il n'y a qu'à observer le temps. Couvrir la nuit avec des paillassons quand il gèle ; enlever les paillassons aussitôt que le soleil apparaît et les replacer, AVANT L'ENTIÈRE DISPARITION DU SOLEIL, afin de faire provision de chaleur pour la nuit.

Quelques jours après l'apposition de la serre volante, la végétation se manifeste ; on procède à l'éborgnage des pêchers, ensuite à l'ébourgeonnage des abricotiers et de la vigne. Bientôt les fleurs s'ouvrent et les bourgeons s'allongent ; on laisse les châssis fermés pendant la floraison, à moins de température très douce au dehors. Dans ce cas on donne un peu d'air de midi à deux heures, si toutefois le soleil luit et s'il n'y a pas d'humidité dans l'atmosphère : pluie ou brouillard. Dans le cas contraire, on laisse les châssis fermés afin d'assurer la fécondation.

Presque toutes les fleurs nouent dans ces conditions ; on laisse les fruits grossir, et, quand ils ont atteint le volume d'un gros pois, on procède à l'éclaircissement, comme je l'ai indiqué à la taille de chaque espèce.

Pendant les journées chaudes, et en plein soleil, on donne un peu d'air de onze heures et demie à deux heures et demie ou trois heures. Il faut, en outre, veiller avec le plus grand soin aux insectes : chenilles, pucerons et fourmis, que la chaleur de la serre volante attire, et les détruire aussitôt qu'ils apparaissent, avec des soufflages de poudre foudroyante Rozeau et des aspersions de liquide concentré Rozeau.

Quelque temps après les bourgeons s'allongent ; on leur applique les pincements et tous les soins indiqués pour chaque espèce. Le traitement des arbres est le même que pour ceux en plein air, avec cette différence qu'ils ont un grand mois d'avance et sont plus exposés aux attaques des insectes, recherchant toujours la chaleur.

Lorsque le sol se dessèche, on donne un arrosement à l'engrais liquide, pour rétablir l'humidité indispensable et activer la végétation.

Au fur à mesure que la chaleur augmente, on donne de l'air plus, et plus souvent, de onze heures à quatre heures quand il fait beau, mais en ayant toujours le soin de fermer les châssis avant la disparition du soleil, non seulement pour conserver la chaleur donnée, mais encore pour l'augmenter à l'aide des derniers rayons du soleil frappant sur les vitres closes.

Vers la fin de mai, les fruits sont presque à leur grosseur ; si le temps est clair, le soleil brillant, et la température élevée, on enlève complètement les châssis, et la maturation des fruits, accomplie sous l'influence du soleil, nous les donne aussi savoureux que s'ils étaient venus sans le secours de la serre.

On pratique toutes les opérations de pincement, de rapprochement et d'effeuillement au fur et à mesure de la végétation, comme sur les arbres à l'air libre.

Aussitôt la récolte des fruits, qui a lieu six semaines ou deux mois avant leur saison, on enlève toute la serre, et l'on continue à soigner les arbres, pour les forcer de nouveau deux ans après.

Quand on veut obtenir un mois de plus de précocité, on chauffe la serre, avec un poêle, n'importe lequel, à 10 degrés, aussitôt son apposition, pour l'élever ensuite à 15 ou 18 ; et l'on donne aux arbres, au fur et à mesure de leur végétation, les soins que je viens d'indiquer.

On obtient une plus grande précocité à l'aide de chauffage, mais aussi des fruits moins bons, parce qu'ils n'ont pas la chaleur naturelle du soleil pour accomplir leur maturation; les arbres aussi sont plus fatigués après avoir été chauffés artificiellement.

Voilà pour l'abricotier, le pêcher, la vigne et même le cerisier en espalier que l'on pourra soumettre au même traitement si on ne les force pas en pots, ce qui est préférable.

CHAPITRE IV

ARBRE EN POT POUR FORCER

La culture des arbres en pots fait la joie des maîtresses de maison, en ce qu'elle leur donne le moyen de composer des surtouts remarquables et des bouts de table faisant toujours sensation dans un dîner bien servi.

Rien de plus joli, en effet, sur une table que ces petits arbres en boules portant de superbes fruits aux coloris les plus riches. Le pêcher, le cerisier, la vigne, l'abricotier et le pommier d'api sont les arbres par excellence pour la culture en pots.

Les arbres en pots se forcent dans la serre volante, où on les place devant les arbres d'espalier. Rien de

plus facile que de se donner le luxe d'une certaine
quantité d'arbres en pots, surtout lorsque l'on a créé
une petite pépinière vous donnant des arbres à volonté.

Pour le cerisier on prend des arbres greffés sur
Sainte-Lucie ; la variété de cerise préférable pour cet
emploi est l'*Impératrice Eugénie*, fruit excellent,
gros et très hâtif, arbre aux rameaux courts, ne s'allongeant jamais beaucoup.

Pour le pêcher, le sujet préférable est l'épine noire,
produisant des arbres, ne prenant jamais de grands
développements. On peut greffer sur ce sujet pour la
culture en pots les variétés de pêches : *Grosse mignonne hâtive* et *Noire de Montreuil*.

L'abricotier royal est le préférable, greffé aussi sur
épine noire.

Le pommier d'api, greffé sur paradis, forme les
plus jolis petits arbres que l'on puisse voir, avec leurs
nombreux fruits aux brillants coloris.

La vigne en pots est élevée sur une tige unique
portant quatre coursons à la base, ce qui donne 10 à
12 grappes de raisins.

Les variétés préférables pour forcer sont : Précoce
malingre, Madeleine, chasselas de Thomery, et Franc-
kental, le roi des raisins de luxe.

On commence à former l'arbre en pleine terre ;
voici comment on procède : on choisit une greffe d'un
an que l'on recèpe à 30 centimètres du sol ; on élève
quatre branches sur le tronc (*a*, fig. 379).

Aussitôt la chute des feuilles, vers la fin d'octobre
ou dans les premiers jours de novembre au plus tard,

on déplante l'arbre avec soin, en lui conservant toutes
ses racines, pour le replanter dans un pot rempli de
bonne terre, additionnée d'un quart de terreau de
couche, puis on enterre complètement le pot aussitôt
après la plantation.

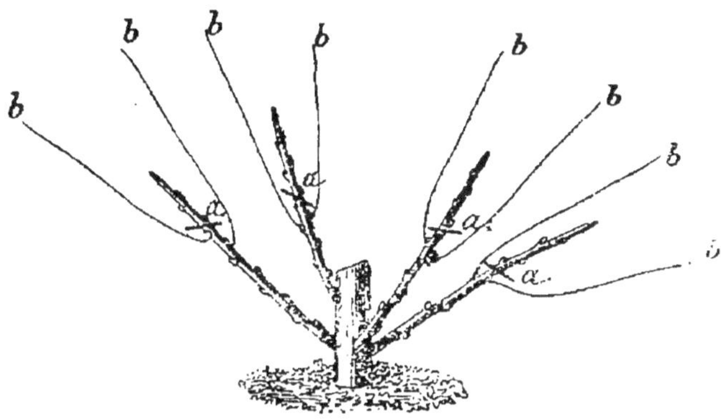

Fig. 379. — Première et seconde taille des arbres en pot.

Vers la fin de janvier on applique la seconde taille,
on coupe les quatre branches obtenues aux points *a*
(fig. 379), pour obtenir pendant l'été les bifurcations
b, même figure.

Au mois de février suivant, les branches obtenues
portent toutes des fleurs ; on peut commencer à forcer
l'arbre. On taille les huit branches obtenues à 30 centimètres de longueur ; on déterre le pot, pour l'enterrer
sur le bord de la plate-bande où l'on a placé la serre
volante. On donne les mêmes soins de pincement,
de taille en vert, etc., qu'aux arbres d'espaliers.

Dès que les fruits sont mûrs, on enlève le pot et, au
besoin, on sert l'arbre sur la table, où il fait toujours
sensation.

Les fruits récoltés, on réenterre le pot dans un carré de la pépinière. Le printemps suivant, on taille encore les bifurcations obtenues à 30 centimètres ; même opération l'année suivante où l'arbre présente l'aspect de la figure 380 et peut être forcé de nouveau.

Pour obtenir un arbre régulier et bien égaliser les branches, on pose à l'intérieur de l'arbre le cercle *a* (fig. 380), sur lequel on palisse les branches.

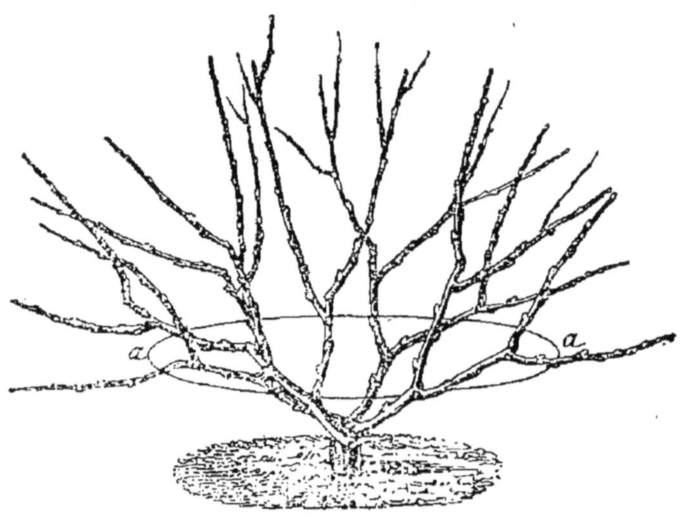

Fig. 380. — Arbre en pot formé.

Rien n'est plus joli et ne produit meilleur effet au milieu d'un dessert que ces petits arbres couverts de fruits.

La culture en est des plus faciles ; il ne faut qu'é-lever un certain nombre de petits arbres, ce qui peut se faire dans tous les jardins, et leur donner les soins nécessaires.

N'oublions pas que, pour forcer à l'espalier, comme pour cultiver en pots, il ne faudra jamais employer que des variétés très hâtives.

Si vous voulez, chers lecteurs, vous contenter de deux mois à deux mois et demi de précocité, en récoltant d'excellents fruits, rien de plus facile en suivant à la lettre ce qui précède ; mais, si vous demandez des fruits à la vapeur, au milieu de l'hiver, faites de la culture en serre chaude, où vous récolterez de mauvais fruits, mais très précoces et vous coûtant un prix fou.

Les fruits ne peuvent acquérir leur saveur que sous l'influence de l'air et sous l'action des rayons solaires. C'est pourquoi, dans toutes les cultures forcées, je vous recommande toujours de donner de l'air, toutes les fois que la température le permet. Donner de l'air, c'est donner de la qualité et de la saveur aux fruits.

SEPTIÈME PARTIE

FRUITS. — FRUITIER. — JARDIN FRUITIER

CHAPITRE PREMIER

RÉCOLTE ET CONSERVATION DES FRUITS DU FRUITIER

RÉCOLTE

La récolte et la conservation des fruits demandent impérieusement l'œil du maître et la surveillance active de la maîtresse de la maison, pendant la saison de la récolte et le séjour des fruits au fruitier. C'est un peu de peine à se donner assurément ; mais il ne faut pas compter conserver les fruits longtemps, même dans le meilleur fruitier, s'ils ont été mal récoltés, dans de mauvaises conditions, et même quand les fruits ont été bien récoltés et que le fruitier est négligé ou dirigé avec insouciance ou incapacité.

Commençons par la récolte, qui exige la surveillance du maître ou de la maîtresse de la maison, ou au moins la direction d'un jardinier-chef capable.

On ne doit jamais cueillir de fruits, de quelque espèce qu'ils soient, et en quelque saison que ce soit, que de onze à trois heures, lorsque toute trace de rosée a disparu et avant que l'atmosphère se recharge d'humidité.

On ne doit cueillir les fruits que par un ciel découvert et un temps bien sec.

Il ne faut jamais attendre que les fruits tombent pour cueillir ceux qui restent sur l'arbre. En opérant ainsi, on s'expose à ne manger que des fruits pourris.

Les fruits cueillis trop tôt se rident, ne mûrissent jamais et ne sont pas mangeables.

Il faut s'être occupé pendant un certain temps de la culture des fruits pour savoir choisir juste le moment de la cueille. C'est une appréciation qui s'acquiert beaucoup par la pratique, et, je ne saurais trop le répéter, la conservation des fruits est subordonnée, en partie, à une cueille faite à temps.

Les fruits de toutes les espèces, pour acquérir toutes leurs qualités, doivent être cueillis, non quand ils ont acquis leur complet développement, cela n'est pas suffisant, mais lorsque leur épiderme s'éclaircit et devient transparent : c'est le bon moment ; récoltés ainsi les fruits mûrissent parfaitement au fruitier, sont juteux, sucrés et conservent toute leur saveur. Si l'on attend, ils tombent bientôt, blettissent vite, restent cotonneux et fades.

La récolte des fruits ne se fait pas, comme la vendange, toute à la fois. En opérant ainsi, on est certain de cueillir dans les plus mauvaises conditions.

Chaque fruit demande à être cueilli à son tour ; la cueille doit se pratiquer comme les pincements, au fur et à mesure de la maturité.

Les fruits d'espalier se cueillent avant ceux de plein vent, ils mûrissent toujours un peu plus tôt ; et à l'espalier, comme au plein vent, les fruits du bas de l'arbre demandent à être cueillis avant ceux du haut. La sève, tendant toujours à monter, agit encore d'une manière active au sommet de l'arbre, quand elle a presque abandonné les ramifications du bas. Il faut une période de huit à douze jours entre la cueille des arbres d'espalier et de ceux de plein vent, et une de cinq à huit jours entre la récolte des fruits du bas et celle du haut de l'arbre.

On ne doit se servir pour la cueille des fruits que de paniers plats, garnis de mousse bien sèche, dans lesquels on n'en place qu'un rang. Quand les fruits sont placés les uns sur les autres dans des paniers creux, ils se meurtrissent et ne se conservent pas.

Lorsque les fruits ont été récoltés avec toutes ces précautions, il faut les retirer du panier et les poser un à un le plus doucement possible, sans qu'ils se touchent, sur une grande table garnie de paille bien sèche, dans un endroit très sain. On les laisse ainsi pendant six à huit jours sans y toucher, avant de les rentrer au fruitier, afin de leur laisser évaporer leur humidité surabondante. En enfermant les fruits au fruitier immédiatement après la cueille, on s'expose à en faire pourrir la moitié.

DU FRUITIER

Le fruitier placé dans de bonnes conditions et susceptible de conserver des fruits pendant longtemps est une chose rare ; cependant il existe dans toutes les maisons des pièces propres à l'établissement d'un excellent fruitier, et ce presque sans dépense.

La plupart du temps, on choisit, pour installer le fruitier, une pièce au premier étage, exposée au midi et quelquefois placée sous les combles. Un fruitier ainsi placé est dans les plus mauvaises conditions ; les changements de température y sont trop brusques ; les fruits s'y conservent quelquefois assez longtemps ; mais après deux mois de séjour dans un pareil local ils sont tout ridés, incapables d'être vendus et indignes d'être servis sur une table honnête.

Pour éviter ces inconvénients, on place quelquefois le fruitier dans une cave fraîche ; cela ne vaut pas mieux : les fruits ne se rident pas, il est vrai, mais ils pourrissent infailliblement ou contractent un goût de moisi détestable.

Nous savons que, pendant tout le temps de leur accroissement, les fruits absorbent l'acide carbonique et exhalent l'oxygène : nous savons encore que, lorsque la maturation commence, le contraire a lieu. Lorsque le fruit, d'acide qu'il était, devient sucré, il exhale l'acide carbonique et absorbe l'oxygène. Quand tout l'acide carbonique est exhalé et remplacé par l'oxygène, la maturité est complète, et la décomposition commence.

Donc, pour conserver les fruits le plus longtemps possible, il faut empêcher l'absorption de l'oxygène par tous les moyens possibles ;

Les placer à une température peu élevée et toujours égale, de 4 à 6 degrés au-dessus de zéro ;

Priver le fruitier de lumière, dont l'action accélère la maturation des fruits ;

Conserver au fruitier une atmosphère sèche, contenant le moins d'oxygène et le plus d'acide carbonique possible ;

Éviter le moindre contact entre les fruits.

L'endroit le plus favorable pour établir un fruitier est un sous-sol peu profond et exempt d'humidité. Il est facile de défendre une pièce naturellement abritée des variations de température. Il suffit de faire boiser soigneusement toutes les murailles, d'y faire placer des tablettes, comme nous l'indiquerons plus loin, de priver cette pièce de lumière, d'y mettre de doubles fenêtres et une double porte, pour avoir un fruitier placé dans les meilleures conditions. Mais on ne trouve pas dans toutes les maisons un sous-sol fait exprès, et il faut essayer d'établir un bon fruitier, soit dans une cave très saine, soit dans une pièce de maison.

Si l'on choisit une cave, la première condition est de la trouver exempte d'humidité ; dans le cas contraire, il vaut mieux choisir n'importe quelle pièce ; on boise les murailles avec le plus grand soin ; on établit des tablettes tout autour ; on bouche le soupirail, et l'on met une double porte.

Quand on est forcé de placer le fruitier dans une.

pièce de la maison, il est utile de la boiser entièrement, si elle ne l'est pas, autant pour égaliser la température que pour la défendre de l'humidité, et de la choisir à l'exposition du nord ou du nord-est, pour éviter les brusques changements de température. On ferme la croisée avec deux paires de volets distincts de 30 à 40 centimètres, et l'on bouche l'intervalle qui existe entre eux avec de la paille bien sèche. On clôt le fruitier avec une double porte, et dans ces conditions on peut être assuré d'y conserver des fruits aussi longtemps que possible dans le meilleur état.

Il est utile de donner un peu d'air et même au besoin d'en établir un courant de temps à autre dans le fruitier, quand l'humidité s'y manifeste, par suite de l'évaporation des fruits ; une ou deux heures suffisent, par un temps sec, pour évaporer l'humidité ; ensuite on peut refermer sans danger.

Quand on aperçoit un peu d'humidité sur les fruits, il faut donner de l'air aussitôt et ne refermer que lorsqu'elle est bien évaporée. Si on néglige d'ouvrir ou que l'on attende, on s'expose à perdre une grande partie des fruits par la pourriture.

En quelque endroit que soit placé le fruitier, il est indispensable de boiser entièrement les murs. On s'expose à perdre tous les fruits, en négligeant, ou en voulant économiser la boiserie. On pose des tablettes superposées tout autour du fruitier, depuis le bas jusqu'en haut. Ces tablettes sont séparées par des intervalles de 50 à 70 centimètres, et placées en gradins de façon à ce que l'on puisse voir tous les fruits, même ceux du dernier rang, sans les toucher. Chaque tablette doit être garnie d'un petit rebord, pour empêcher les fruits de tomber, et, dans toute sa longueur, de petites tringles d'un centimètre de saillie tous les 15 centimètres, pour empêcher les fruits de rouler les uns sur les autres et de se toucher.

La confection des tablettes sera la même pour tous les fruitiers ; elles seront garnies d'un peu de paille ou de mousse bien sèche.

Une grande table, également munie d'un petit rebord, est indispensable au milieu du fruitier. Elle sert à poser les fruits avant de les ranger définitivement, et plus tard à placer les plus avancés, ceux qui sont bons pour la consommation immédiate.

Le fruitier doit être soigneusement nettoyé et aéré, par un temps bien sec, longtemps avant d'y placer les fruits.

On les place, espèce par espèce, et variété par variété, sur la table qui est au milieu du fruitier, pour les mettre, avec la plus grande précaution et dans le même ordre, sur les tablettes, où ils doivent rester jusqu'à complète maturité.

Lorsque tous les fruits sont rangés, on ferme soigneusement le fruitier, et il ne reste qu'à surveiller les fruits tous les cinq ou six jours, pour enlever aussitôt ceux qui se gâtent et ceux qui sont mûrs, pour les livrer à la consommation.

Il faut toucher les fruits, une fois rangés, le moins possible, et ne le faire qu'avec les plus grandes précautions. Le fruitier doit être assez bien clos pour qu'il ne soit jamais nécessaire d'y faire du feu. Le seul chauffage convenable pour le fruitier, dans les hivers exceptionnels, est une chaufferette contenant du poussier de charbon.

Quand on n'a pas une très grande quantité de fruits à conserver, on peut obtenir les meilleurs résul-

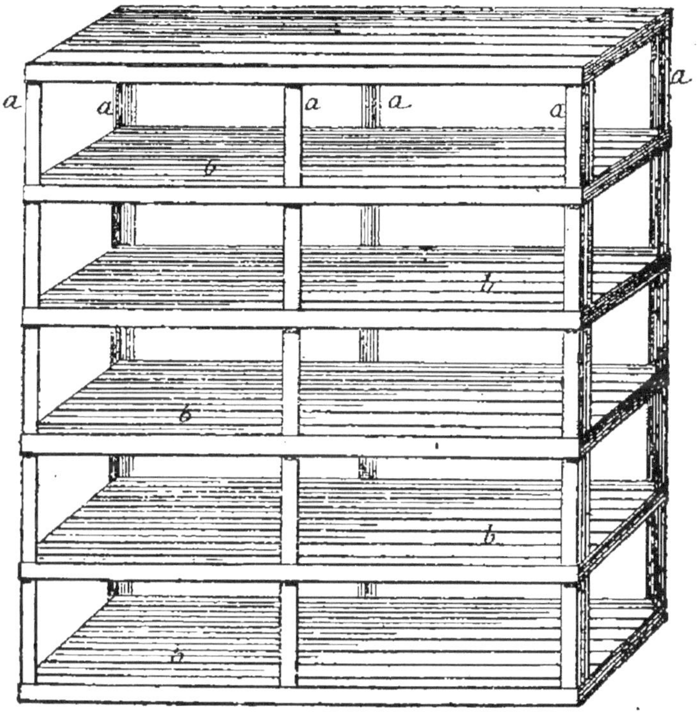

Fig. 381. — Fruitier portatif.

tats, comme les plus économiques, avec le fruitier portatif (fig. 381). Avec deux petits fruitiers, on peut garder deux mille fruits sans dépense aucune.

Il est facile de fabriquer le fruitier portatif soi-même ou de le faire confectionner par le jardinier, s'il est un peu adroit. Il suffit pour cela d'avoir des tringles de sapin de 4 centimètres sur 2 et de 2 centimètres sur 1.

Les tringles de 4 centimètres sur 2 servent à faire le cadre et les pieds du fruitier portatif (*a*, fig. 381). Pour donner une grande solidité au pied, on cloue deux tringles l'une sur l'autre.

Les lattes de 2 centimètres sur 4 forment les fonds à claire-voie (*b*, même figure). On cloue les mêmes lattes sur le tour, et l'on a ainsi des rebords de 2 centimètres à tous les fonds.

Le fruitier portatif peut se placer au milieu d'une cave très saine, d'un sous-sol, et même dans une pièce de maison, pourvu qu'elle soit obscure et qu'il n'y gèle pas.

Si la pièce dans laquelle on place le fruitier portatif doit rester éclairée, on pourra y conserver les fruits très longtemps, en couvrant complètement le fruitier portatif avec une vieille couverture en laine. C'est le meilleur abri contre la lumière et les variations de température.

En faisant une chemise bien cousue, de la dimention du fruitier portatif, et tombant jusque sur le plancher, on pourra mettre le fruitier portatif n'importe dans quelle pièce. Mais il faut que la chemise soit en laine épaisse, et couvre bien le tout, du haut en bas.

CHAPITRE II

ENTRETIEN DU JARDIN FRUITIER. — SOINS A DONNER TOUS LES MOIS

Le jardin fruitier exige une foule de petits soins, qu'il est urgent de lui donner en temps opportun. Un des plus importants est de poser convenablement les abris et de les enlever à temps. Ces abris influent autant sur la récolte que la taille et tous les soins de culture réunis ; sans eux, il n'y a pas de produit assuré pour le pêcher, l'amandier et l'abricotier, du moins depuis le nord de la France jusqu'aux rives de la Loire. (Voir le chapitre des abris, page 102.)

TRAVAUX DE CHAQUE MOIS

Janvier

Lorsqu'on est en retard pour planter, ce qui aurait dû être fait en novembre, il faut profiter des petites gelées pour faire les derniers défoncements, c'est un temps excellent pour cela : la terre se manie bien et est facilement attaquée par la pioche. Si l'on doit planter des arbres isolés, il est préférable de faire les trous par les gelées et de laisser la terre exposée aux influences des agents atmosphériques jusqu'à la plantation.

Lorsque les gelées sont rigoureuses, il faut achever de couvrir les plates-bandes occupées par les arbres fruitiers de fumier frais, surtout si le sol est argileux, si l'on n'a eu la précaution de le faire en décembre. Si l'on est en retard pour les défoncements, on peut encore les faire par une forte gelée, en ayant soin de couvrir le sol de paille, afin de l'empêcher de geler profondément. On opère en découvrant au fur et à mesure du défoncement, et, le soir, on prend la précaution d'emplir la tranchée de paille.

On doit toujours profiter des gelées rigoureuses pour faire une foule de choses dont on ne peut pas s'occuper quand il fait beau : couper les bouts de fil de fer pour raccommoder les lattes, faire sa provision d'osier, repasser tous les instruments et les mettre en état, emmancher solidement les outils avariés, réparer les abris, faire enfin tout ce qui a été négligé dans l'été, faute de temps, et peut s'effectuer, au coin du feu, choses qui font toujours défaut quand elles manquent, faute de prévoyance, le jour où l'on est pressé de s'en servir.

Lorsqu'il ne gèle pas, il faut se hâter de planter, car il est déjà tard ; c'est aussi le bon moment pour enlever les bouchons de chenilles, les mousses et toutes les vieilles écorces par les temps humides, et de pratiquer les derniers chaulages sur les arbres émoussés, sur ceux que l'on veut restaurer et sur ceux qui ont été ravagés par les insectes. On peut tailler, sans inconvénient, vers la fin de ce mois, quand le temps est doux, les arbres les plus faibles et les plus précoces du jardin fruitier.

Février

La majeure partie de la taille doit être faite dans ce mois quand les gelées ne s'y opposent pas. Avant de tailler, il est urgent de dépalisser les arbres en entier, afin d'éviter les étranglements produits par les anciens liens.

Quand les fortes gelées ne sont plus à craindre, on resserre tous les fils de fer avant de repalisser les arbres, et l'on se hâte de planter lorsque les gelées en ont empêché. On peut émousser et chauler encore ; mais c'est bien tard.

On doit s'occuper de l'aménagement et de la fabrication des engrais nécessaires pour enfouir ou pour pailler, le mois suivant, dans le jardin fruitier.

Si l'on n'a pas eu la précaution de couper les greffes nécessaires, il faut se hâter ; il est encore temps ; mais d'un jour à l'autre la végétation peut s'éveiller, et il sera trop tard.

Quand il gèle dans le mois de février, on doit s'occuper de visiter tous les appareils d'abris et de les préparer, s'il y a lieu, car ils doivent être posés à la fin de ce mois. Les chaperons en paille et en carton bitumé doivent être en bon état et toutes les toiles raccommodées.

Vers la fin de février, on place les chaperons en paille sur les pêchers, les abricotiers et la vigne ; si le temps est froid, on charrie les fumiers destinés au jardin fruitier; quand la saison est douce, on taille.

Mars

Tous les arbres doivent être taillés dans ce mois, surtout les abricotiers, les pêchers, les pruniers et les cerisiers. Si le temps manque, il ne faut laisser à tailler que les poiriers vigoureux, et de variétés tardives, et les pommiers, ou les arbres qui ont été mal conduits, et n'ont pas porté de fruits. Une taille appliquée au commencement de la végétation, lorsque les bourgeons ont 3 ou 4 centimètres de longueur, fatigue les arbres et concourt puissamment à leur mise à fruits.

On pose toutes les toiles devant les abricotiers et les pêchers. Avant de poser les toiles, la taille doit être exécutée, l'arbre bien palissé ; le labour de printemps devra être fait, et le paillis appliqué. On place également des toiles sur les contre-espaliers de poiriers. Tous les abris, sans exception, doivent être posés le 10 mars au plus tard.

Aussitôt les arbres taillés, on fait le labour de printemps ; ce labour doit toujours être fait avec la fourche à dents plates (fig. 382) et, au besoin, avec la fourche à dents plates, forme américaine, que l'on trouve partout (fig. 383). Il ne peut plus y avoir de prétexte pour employer la bêche, qui, comme tous les outils à lame, doit être proscrite du jardin fruitier. Les outils à lame, avec quelque précaution qu'on s'en serve, coupent une grande quantité de radicelles et meurtrissent les grosses racines, tandis que la fourche les

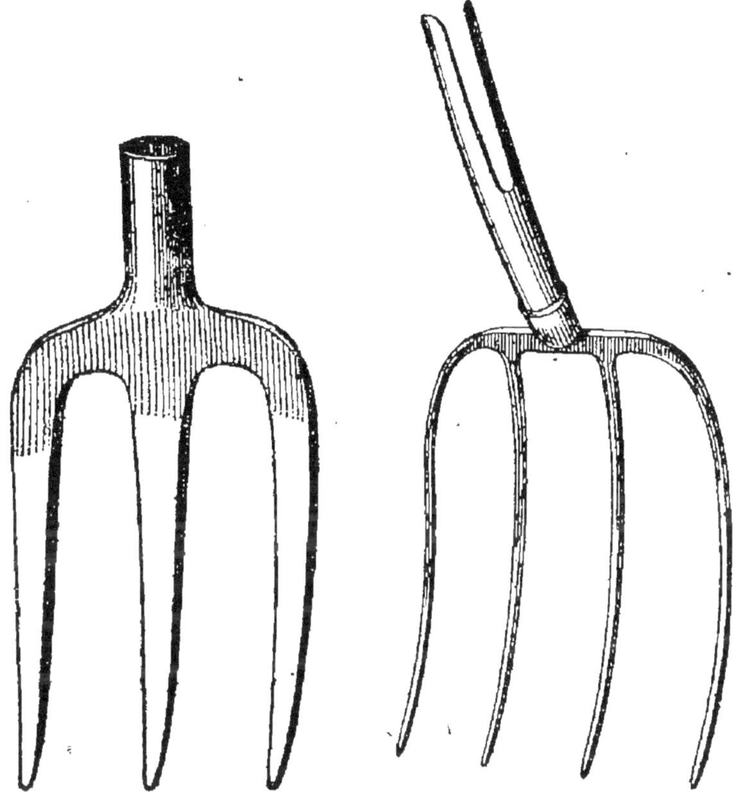

Fig. 382. — Fourche à labourer.   Fig. 383. — Fourche, forme américaine, de fabrication française.

déplace à peine. Aussitôt les labours faits, on applique les paillis. La plus profitable de toutes les fumures, pour le jardin fruitier, est la fumure en couverture; elle sert à la fois d'engrais et de couverture. On fait les greffes en fente par rameaux, vers le 15 mars.

Avril

Le dernier arbre du jardin fruitier doit être taillé pendant ce mois. Tous les labours doivent être faits dans tous les sols, et tous les paillis posés.

Le jardin fruitier est en parfait état; toutes les opérations d'hiver sont terminées; celles d'été commencent.

Pendant ce mois, on éborgne les yeux triples et doubles des pêchers et des autres espèces, et l'on commence à faire la guerre aux chenilles, dont les toiles apparaissent dans les pommiers. En faisant une chasse active au commencement de la végétation, on détruit une quantité considérable d'insectes; mais, si l'on attend que les feuilles soient développées, il est difficile de les atteindre.

Le matin, pendant qu'il y a de la rosée, il est bon de souffler sur les arbres un peu de *poudre foudroyante Rozeau*. J'ai obtenu d'excellents résultats de ce mode d'opérer pour les pucerons, les chenilles et les vers qui attaquent les arbres fruitiers.

On applique la greffe en couronne vers le 15 avril.

Si les vents du nord-est sont persistants, il sera bon d'arroser les plantations nouvelles avec un peu d'engrais liquide afin de donner à la fois aux arbres nouvellement plantés l'humidité qui leur manque et une nourriture abondante.

Mai

La végétation s'éveille, dans quelques jours tout

le jardin sera en fleurs. Les bourgeons se montrent ;
il faut s'occuper de l'ébourgeonnement et bientôt des
pincements. Pêchers, abricotiers, pruniers, cerisiers,
poiriers, et même pommiers, réclament les soins de
l'arboriculteur. Il faut songer à ébourgeonner la
vigne.

Pendant ce mois, on continue une guerre acharnée
aux insectes ; on achève de détruire les chenilles :
on recherche les limaçons, et l'on détruit les pucerons et les fourmis sur le pêcher avec la poudre foudroyante Rozeau et avec le liquide concentré Rozeau,
si les insectes sont en grand nombre.

Dans les premiers jours de mai on enlève les toiles
des pêchers, et vers le 20 tous les abris, et l'on

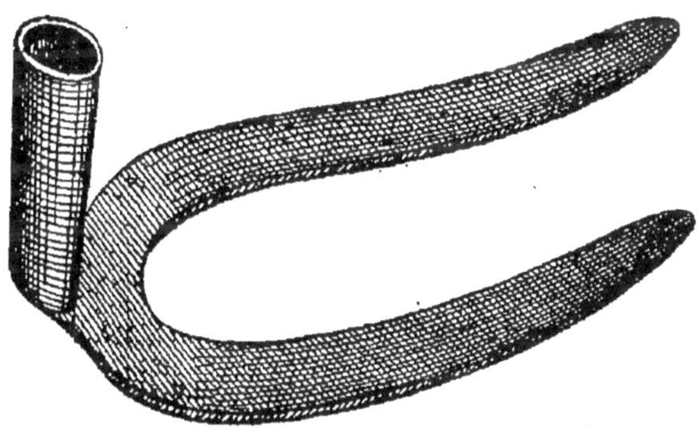

Fig. 384. — Crochet à biner.

donne immédiatement un binage au crochet partout
où l'on a marché. Les binages, comme les labours,
doivent être faits avec des instruments à dents, avec
le crochet à dents plates (fig. 384). On supprime,
quinze jours après qu'ils sont noués, une partie des
fruits trop nombreux.

Juin

C'est le mois où la végétation est dans toute son activité ; c'est celui où l'arboriculteur doit tout voir et tout visiter. On continue les pincements ; on favorise le développement des bourgeons destinés à augmenter la charpente des arbres, et on les palisse en conséquence.

C'est surtout dans ce mois qu'il faut veiller à maintenir l'équilibre entre toutes les parties des arbres à l'aide des inclinaisons. On palisse avec du jonc une partie des prolongements ; on s'occupe de la dernière suppression des fruits, de l'incision annulaire sur la vigne ; on prépare les prolongements à être greffés sur les arbres voisins, en pinçant leur extrémité quand ils ont dépassé de 25 à 30 centimètres le point où ils doivent être greffés. On commence à tailler en vert les bourgeons les plus vigoureux des pêchers et des arbres à fruits à noyau.

On doit toujours donner un binage profond au jardin pendant le mois de juin. Ce binage se pratique au crochet, sans déranger le paillis.

Juillet

La végétation est encore très active ; on a peu de pincements à faire, mais beaucoup de rapprochements sur les pêchers, les abricotiers, les pruniers et les cerisiers.

On continue à palisser les prolongements et à

maintenir l'équilibre entre toutes les branches de la charpente.

On fait avec le fusil la guerre aux moineaux, qui mangent les cerises, et aux loirs, qui attaquent les pêches. On détruit les pucerons et les fourmis sur tous les arbres. On préserve facilement les cerises des attaques des moineaux, en couvrant les cerisiers avec les toiles qui ont servi à abriter les pêchers, et en accrochant dans les arbres des oiseaux de proie empaillés.

On commence à imbiber les fruits à pépins avec la dissolution de sulfate de fer, et l'on veille aux étranglements produits par les liens posés au printemps.

Août

On fait les derniers pincements, les cassements en vert, et presque tous les derniers rapprochements sur les pêchers. Dans ce mois, on voit les résultats des opérations d'été et les boutons à fruits pour l'année suivante. Les prolongements de la charpente ont acquis à peu près tout leur développement ; la fructification est établie ; il n'y a plus qu'à surveiller la végétation.

On cueille quantité de fruits de toutes espèces, et l'on continue de traiter les fruits à pépins de saison par le sulfate de fer.

On bine encore si l'année est sèche ; on arrose à l'engrais liquide si cela devient nécessaire, et l'on asperge les feuilles des arbres par les grandes chaleurs.

Dans le courant de ce mois, on pose des écussons où les bourgeons ont fait défaut, et sur les arbres dont on veut changer le fruit; vers le 20 on commence à greffer des boutons à fruits.

Septembre

Ce serait le mois de vacance des arboriculteurs, s'il n'y avait pas de greffes de boutons à fruits à faire; le meilleur moment est du 5 au 10 de ce mois. Il n'y a plus rien à pincer : quelques cassements en vert à faire, de loin en loin, voilà tout, avec la cueille des fruits.

Quand la saison est pluvieuse et qu'il pousse beaucoup d'herbe, on doit encore faire un binage, et pour tous sans exception avoir le soin de le faire avant que l'herbe ne graine.

Octobre

Il n'y a plus d'opération à faire dans le jardin fruitier; mais c'est le moment de la cueille des fruits d'hiver.

Cette opération doit être faite par un temps bien sec, et toujours dans le courant de la journée, quand il ne reste pas de trace de rosée. Les fruits doivent être cueillis avec beaucoup de précaution et déposés dans des paniers plats, où l'on n'en place qu'un rang. Lorsqu'on met les fruits dans des paniers, les uns sur les autres, il en résulte une pression qui les empêche de se garder aussi longtemps. Il faut donc les déposer dans le panier avec la plus grande précaution, et éviter de les cogner les uns contre les autres.

Lorsque les fruits sont cueillis, il est bon de donner un premier labour à la fourche dans les sols argileux. Quand l'été a été sec, il est toujours utile de donner un labour par lequel on enfouit la fumure en couverture, à la fin d'octobre ou dans les premiers jours de novembre, dans tous les sols. Ce labour fait pénétrer les pluies et rend au sol l'humidité qui lui a manqué pendant l'été.

S'il y a des plantations à faire, il faut se mettre en mesure de défoncer, pour planter le mois suivant ; les plantations de novembre réussissent toujours et gagnent une année sur celles faites au printemps.

Novembre

On s'occupe de défoncer et de faire des trous partout où il y a des arbres à remplacer, pour les planter à la fin de ce mois ou en décembre au plus tard.

On laboure le jardin fruitier à la fourche quand cela n'a pas été fait le mois précédent ; on nettoie les arbres ; on enlève les mousses, les vieilles écorces, et l'on chaule ceux qui en ont besoin. Le chaulage doit toujours être appliqué en grand, après une année sèche, afin de détruire le plus d'insecte possible.

S'il y a beaucoup d'arbres à tailler et que l'on craigne de se trouver en retard, on peut tailler en novembre ; les plaies ont le temps de se cicatriser avec les gelées.

Décembre

On finit les labours, et l'on achève les nettoyages
et les chaulages, et l'on coupe toutes les greffes dont
on aura besoin au printemps, pour les enterrer horizontalement, à 30 centimètres de profondeur, contre
un mur au nord. On plante quand le temps le permet ;
si l'hiver menace d'être rigoureux, on répand une
couche de fumier sur le sol. Ce fumier est enlevé pour
donner le labour du printemps et être mis en couverture après le labour.

CHAPITRE III

RENSEIGNEMENTS ET RECETTES

Autant pour satisfaire au désir qui m'a été exprimé
par mes nombreux lecteurs que pour leur éviter une
correspondance à laquelle il m'est matériellement
impossible de répondre, pendant quatre ou cinq mois
de l'année, je publie un chapitre consacré aux renseignements indispensables à toutes les personnes qui
s'occupent de leurs jardins fruitier, potager et d'agrément.

Tout le monde ne sait pas au juste ce que c'est qu'un professeur d'arboriculture et d'horticulture ; beaucoup de personnes se figurent que la science est *dépendante du commerce*, et un plus grand nombre est convaincu QU'ELLE N'EN EST QU'UNE ADDITION.

Il est urgent, pour éviter des centaines de lettres inutiles, de définir la position de chacun.

Le PROFESSEUR est un homme de science et non un jardinier, un pépiniériste, un industriel ou un marchand quelconque exerçant un métier pour vivre.

La mission du professeur est d'étudier, d'enseigner et de propager son enseignement par sa parole et par ses écrits ; il a fait les études nécessaires pour cela et son but est non le bénéfice pour lui, mais le bien-être pour tous et l'augmentation de la fortune publique. La vie d'un homme instruit et travailleur est insuffisante pour élucider les questions les plus importantes, celles de vie ou de mort, dans les cultures ; celles de richesse ou de ruine pour le pays. Cela n'a rien de commun avec un trafic quelconque avec lequel on gagne sa vie. En général, les gens vivant d'une industrie ou d'un commerce quelconque n'ont pas l'instruction nécessaire pour enseigner ou pour écrire, et quand, par hasard, il se trouve un industriel essayant d'aborder l'enseignement, c'est uniquement en vue de son intérêt personnel : la science comme l'intérêt publique lui sont sacrifiés.

L'homme de savoir et d'expérience, ayant consacré sa vie au progrès, au bien-être de ses concitoyens et à la prospérité nationale, ne doit pas descendre jusqu'aux intérêts commerciaux ; ce sont ces derniers qui doivent s'élever au niveau de la science, du patriotisme et, je pourrais dire, souvent à celui du bon sens.

L'homme de science travaille et expérimente pour éclairer le public et lui indiquer le chemin de la vérité. Le commerçant n'a qu'un but : son intérêt personnel ; l'écoulement de sa marchandise, bonne ou mauvaise, au prix le plus avantageux pour lui ; toute sa science est d'*enfoncer la pratique*, pour me servir de son langage, de dénigrer tout ce qui peut porter atteinte à son intérêt personnel, et de couvrir l'intelligence d'autrui avec l'éteignoir de sa bêtise.

Entre les travaux de la science et les actes du commerce il y avait un abîme : j'ai essayé de le combler.

Lorsque j'ai débuté dans l'enseignement, il y a plus de trente-cinq ans, je me suis heurté de front aux intérêts commerciaux. Une foule de marchands ayant à écouler des produits impossibles se sont faits les ennemis acharnés du progrès. Presque tous se sont ligués pour l'étouffer dès le début.

J'avais la foi dans ce que la nature, secondée par mes essais, m'avait prodigué (c'était le fait accompli dans toute sa brutalité). J'étais alors jeune, ardent, et, de plus, convaincu : j'ai accepté la lutte.

Croyant à la bonne foi, j'ai eu d'abord la naïveté de dire à tous : « Venez et voyez ! » Un petit nombre est venu, A VU, et est parti TRÈS IRRITÉ des résultats obtenus ; quelques-uns ont cassé mes arbres, croyant anéantir mon école. La majeure partie n'a même pas voulu voir, croyant ses intérêts personnels compromis par une amélioration, s'est servie de l'arme de Bazile avec habileté et persévérance.

Ceux qui avaient vu, et ceux qui ne voulaient même pas voir se sont unis dans une ligue commune contre le progrès. C'était la race marchande ; et, fidèle à son programme, elle s'écriait en chœur : « Périsse toute amélioration plutôt que nos intérêts ! » Ceci se passait il y a trente-cinq ans.

Les pépiniéristes, les plus intéressés dans la propagation des bons fruits de table, ont été les premiers et les plus redoutables obstacles. Ils avaient à écouler un stock important de mauvais fruits à cuire, et de vieilles quenouilles : « Prenez mes quenouilles et mes variétés et je ne ferai pas autre chose ! »

Impossible de les sortir de là ; mon enseignement était compromis par leur entêtement.

Je voulais la fin, j'ai accepté les moyens ; j'ai fait de la pépinière pour propager partout les beaux et les bons fruits. Le succès a été grand, et, le démon de l'envie aidant, tous les pépiniéristes se sont mis à cultiver les bonnes variétés lorsqu'ils ont vu que tout affluait chez moi, et que leurs fruits à cuire leur restaient.

Mon but était atteint ; je me suis alors empressé de céder mes pépinières à *Alfred Collin*, jardinier à *Sannois (Seine-et-Oise)*, en lui donnant toutes les indications nécessaires pour continuer ce que j'avais commencé avec tant de succès, pour les arbres fruitiers et pour les griffes d'asperges, de cette délicieuse variété d'Argenteuil, alors inconnue hors du canton d'Argenteuil et que j'ai propagée dans l'Europe entière.

M. Cottin est mort au mois de septembre 1883, à l'âge de quarante-deux ans. Madame veuve *Cottin* paraît vouloir continuer l'œuvre qui avait fait une position à son mari.

Les marchands de toute espèce refusaient de fabriquer mes modèles, légers, solides et des plus économiques ; ils avaient à écouler leurs monumentales et ruineuses charpentes en fer, avec arcs-boutants, pierre de taille, etc., sans compter les scellements au soufre et au plomb, etc. etc.

J'ai cherché un serrurier intelligent, je lui ai donné des dessins ; j'ai surveillé la fabrication, et mes modèles en fer, ne coûtant pas plus cher que le bois, ont vu le jour, à la grande satisfaction des propriétaires.

A cette époque, *M. Basile Derouet* est apparu dans ma maison. Je lui ai fait cadeau de tous mes modèles, et lui ai fait monter sa maison de quincaillerie horticole. Le succès a été complet ; on y trouvait tous mes modèles, et je me faisais alors un plaisir de le guider dans la fabrication.

Débarrassé de la pépinière et de la ferraille, je me suis livré tout entier à l'enseignement et à mes expériences.

L'Arboriculture fruitière et *le Potager moderne* marchaient à pas de géant, malgré l'opposition des libraires, qui, eux aussi, avaient d'autres ouvrages à écouler. J'ai expédié mes livres moi-même, par la poste et par retour du courrier.

Tout allait pour le mieux, lorsque l'inondation de la Loire est venue détruire mon jardin d'expériences d'Orléans, en 1866. Les jardins-écoles de Sannois, plantés en mai 1867 et en mars 1868, ont vite donné un démenti à ceux qui criaient bien haut que mon école ÉTAIT MORTE.

Quelques années plus tard, les Prussiens ont abîmé mes jardins-écoles de Sannois ; les ennemis du progrès et les chevaliers de l'intérêt personnel se sont mis en quatre pour achever l'œuvre de l'ennemi : ils ont cassé et coupé ce qu'il avait respecté.

Peine perdue ! Mes jardins-écoles de Sannois, habilement restaurés, se sont relevés de ces désastres, et étaient plus resplendissants que jamais deux années après.

Cette école, des plus complètes, a fait l'admiration des visiteurs pendant douze années et a imposé silence à toutes les calomnies des marchands. A mon grand regret, je me suis vu contraint de la fermer devant le pillage de mes récoltes et la corruption de mes serviteurs augmentant d'une manière effrayante dans les dernières années.

Je comptais me reposer un peu, quand les instituteurs primaires, qui avaient le plus contribué à répandre mon enseignement, par la lecture de mes ouvrages et par leurs applications pratiques, sont venus me dire : « Rendez-nous un grand service ; nous ne pouvons faire venir des graines en petites quantités ; le port coûte plus que l'achat. Trouvez un moyen de rendre l'achat possible pour nos bourses souvent très plates ! »

Les bons légumes étaient alors inconnus à quinze lieues de Paris. La propagation des bonnes espèces de légumes dans toute la France prenait à mes yeux la proportion d'une question d'alimentation publique. Pour la résoudre et seconder les louables efforts des instituteurs primaires, j'ai fait des graines potagères, et les leur ai expédiées franco par la poste.

Le succès de *Parcs et Jardins*, demandé, depuis de longues années, par mes lecteurs et mes auditeurs, m'a mis, sur leur demande, dans l'obligation de faire dès graines de fleurs. Ce nouveau livre donnant à tous la facilité de créer des jardins paysagers, et de cultiver les fleurs avec succès, je ne pouvais refuser mon concours pour propager partout et très vite les plus belles collections de fleurs.

Si j'ai consenti, un peu malgré moi, à accepter cette nouvelle charge, c'était avec l'espérance de faire une position sûre à un homme laborieux et honnête, le jour où je le rencontrerais.

J'avais chez moi, depuis plusieurs années, en qualité de chef d'expédition, un jeune homme actif et laborieux, M. BLANCHE ; je lui ai fait cadeau de mon exploitation de graines, en mai 1887, ne lui demandant pas même de reconnaissance, mais de continuer mon œuvre dans l'esprit où elle avait été créée.

Cela dit, définissons la part de chacun :

Le pépiniériste, M. ALFRED COTTIN, SANNOIS (Seine-et-Oise), et aujourd'hui Madame veuve COTTIN, les arbres fruitiers et les griffes d'asperges : c'est l'état, le métier qu'elle entreprend et la marchandise qu'elle a à vendre. C'est donc à elle qu'il faut s'adresser directement pour l'achat des ARBRES FRUITIERS et des GRIFFES D'ASPERGES : à Madame veuve ALFRED COTTIN, à SANNOIS.

Le marchand d'objets de jardinage de toutes espèces était M. BASILE DEROUET, rue de Bailleul, n° 9, à PARIS, ayant aujourd'hui pour successeur M. RIDARD.

On trouve chez M. RIDARD tous les objets inventés ou adoptés par moi, concernant les jardins fruitiers, potagers et paysagers : palissages, outils, ustensiles, tous, excepté les arbres fruitiers et les griffes d'asperges qui appartiennent à Madame veuve ALFRED COTTIN, pépiniériste, à SANNOIS (Seine-et-Oise).

Donc, quand on veut acheter des outils de jardinage quelconques, ou tout objet recommandé par moi, il faut s'adresser directement à M. RIDARD, rue de Bailleul, n° 9, à PARIS.

Les CULTURES GRESSENT (graines potagères et de fleurs) sont aujourd'hui la propriété de M. A. BLANCHE. C'est donc à lui, à M. A. BLANCHE, graines, à SANNOIS (Seine-et-Oise), qu'il faut s'adresser directement pour tout ce qui concerne les graines; c'est le seul possesseur de mes variétés d'élite, et de mes cultures de graines.

Mme Vve COTTIN a envoyé à mes clients des catalogues annonçant que mes cultures de graines lui appartenaient; puis elle a publié en tête de ses catalogues un PRÉTENDU EXTRAIT d'acte de vente.

C'est avec le plus profond regret que je me vois

forcé de donner le démenti le plus formel à Mme A. COTTIN. Je n'ai jamais eu la pensée de lui vendre ou de lui donner une affaire exigeant un travail au-dessus de l'organisation d'une femme, et ne pouvant se faire avec la pépinière.

Il est donc bien entendu qu'il est inutile de me demander des arbres, des griffes d'asperges, des graines, des pioches, des contre-espaliers, des râteaux, des arrosoirs, des serpettes, etc. etc., ne voulant me faire marchand de quoi que ce soit, et voulant encore moins me mêler des trafics des marchands.

Chacun a sa part, c'est à chacun des industriels que je viens de désigner qu'il faut s'adresser directement pour les objets de son commerce.

J'ai suffisamment indiqué dans mes livres ce que l'on devait acheter, je l'ai désigné assez clairement pour que l'acheteur se le fasse bien livrer. C'est une affaire entre l'acheteur et le marchand, chez lequel je n'ai rien à faire ni à voir. Si mes conseils n'ont pas été suivis, c'est à l'acheteur à le voir, rien n'est plus facile avec les indications que j'ai données.

Voulant ne m'occuper que de mes propres affaires, et LES FAIRE DIRECTEMENT et SANS INTERMÉDIAIRES, je me charge :

1° Des consultations verbales et écrites ;

2° De l'expédition directe de mes livres, les *Classiques du jardin*.

L'Arboriculture fruitière, 10e édition ; *le Potager moderne*, 8e édition, et *Parcs et Jardins*, 4e édition, renfermant toute la science horticole, exposée avec clarté, précision et d'une manière assez pratique pour permettre aux personnes qui veulent prendre la peine de les étudier, de diriger leurs cultures et même de créer des jardins.

L'*Almanach Gressent*, donnant également les nouveautés et le résultat des expériences faites pendant l'année. *L'Almanach Gressent* est le complément des livres : il paraît tous les ans, du 1er au 5 septembre de l'année précédente.

(Le demander de bonne heure, car il est souvent épuisé avant la fin de l'année.)

Tout le reste concerne les différents industriels susnommés, et eux seuls peuvent expédier les objets que l'on me demande trop souvent inutilement.

J'ai écrit les lignes qui précèdent dans mes livres, mes almanachs et mes catalogues. Je les reproduis encore ici, parce que, ne trouvant souvent pas le temps de répondre aux lettres utiles, je laisserai désormais sans réponse toutes celles contenant des demandes de marchandises qui ne me concernent en rien.

RECETTES

CHAULAGE ORDINAIRE. Applicable après la plantation, à la chute des feuilles, après un été très chaud ou après une restauration, pour détruire les larves d'insectes qui restent attachées après les écorces :

Chaux éteinte. . . . . 2 litres.
Argile . . . . 1 —

Bien délayer le tout et le pétrir avec les mains, pour dissoudre complètement l'argile, afin de rendre le chaulage adhérent ; ajouter de l'eau jusqu'à ce que le chaulage ait la même consistance que la pâte à faire des beignets ; appliquer avec un pinceau sur toutes les parties de l'arbre.

Chaulage caustique, pour détruire le *tigre*, les *kermès* et le *puceron lanigère*. Préparer et appliquer ce chaulage comme le précédent, mais avec cette différence qu'au lieu d'employer de l'eau pure on se sert d'eau dans laquelle on a fait dissoudre du liquide concentré Rozeau, dans la proportion de 10 grammes par litre.

A défaut du liquide concentré Rozeau, on peut joindre au chaulage 500 grammes de fleur de soufre par 10 litres, mais c'est moins énergique, surtout pour le tigre et le puceron lanigère.

Désinfection des engrais. Faire dissoudre un kilogramme de *sulfate de fer* par vingt litres d'eau, et arroser avec. L'odeur la plus infecte est neutralisée instantanément.

Encre pour écrire sur les étiquettes en zinc. Ce sont les plus économiques. L'encre dont je donne la recette ne s'efface jamais.

Oxyde de cuivre . . . . 4 grammes.
Sel d'ammoniaque. . . . . 4 —
Noir de fumée . . . . 2 —
Eau distillée. . . . . 40 —

Remuer toutes les fois qu'on se sert de cette encre.

MASTIC A GREFFER pour appliquer à chaud sur les plaies des arbres fruitiers à haute tige et pour les arbres forestiers :

Pour 100 parties en poids.

Poix noire	28
Poix de Bourgogne	28
Cire jaune	16
Suif	14
Cendre tamisée	14
	100

ONGUENT FORSYTH, pour boucher les cavités des arbres cariés.

Bouse de vache.	1 kilogramme.
Plâtre	500 grammes.
Cendres de bois	700 —
Sable	60 —

Lorsque les cavités sont très grandes, on fait du mortier de chaux, comme pour construire un mur, et l'on y ajoute des petits cailloux.

UN NOUVEAU MASTIC A GREFFER. — Ce ne sera jamais un mastic commercial, mais un excellent mastic sans danger aucun pour les arbres, que tout le monde peut fabriquer partout, surtout dans les localités où il est impossible de se procurer le mastic *L'homme-Lefort*, le meilleur de tous les mastics vendus par le commerce.

Je dois la recette de ce mastic à un de mes adeptes distingués et lui laisse la parole:

« Prendre poids pour poids de la cire jaune ordinaire et de l'huile de lin siccative.

« Faire fondre la cire, y verser petit à petit l'huile de lin en remuant, et laisser refroidir.

« Pour l'hiver on peut forcer un peu la quantité d'huile de lin.

« La chaleur de la poche suffit pour que ce mastic se ramollisse facilement sous les doigts auxquels il n'adhère pas, et il s'applique en couches aussi minces que l'on veut.

« En séchant, il se forme à la surface, par l'oxydation de l'huile, une pellicule qui préserve la cire de l'attaque des mouches.

« Le mastic doit être conservé à l'abri de l'air, dont le seul effet est d'ailleurs de former à la surface une pellicule qu'il faut enlever avant de s'en servir de nouveau.

« Ce mastic se conserve indéfiniment. »

Excellente recette pouvant rendre d'importants services ; grâce à elle, il n'est plus permis de laisser les arbres se couvrir de nécroses qui finissent par les tuer, sous le prétexte que l'on manque de mastic à greffer.

HUITIÈME PARTIE

VERGER GRESSENT

CHAPITRE PREMIER

CULTURE EXTENSIVE DES FRUITS DE TABLE

BUT DE SON ENSEIGNEMENT

La culture extensive des fruits de table ou la spéculation fruitière à la portée de la bourse du dernier paysan et de l'intelligence la plus vulgaire est une chose neuve en France. Oui, c'est une chose neuve dans une bien vieille question, question moralisatrice, utilitaire et philanthropique s'il en fut jamais, question agitée, ressassée depuis longtemps, sans qu'on lui ait fait faire un pas en avant.

Devant la détresse de l'agriculture et le phylloxera qui menace nos vignobles, la culture intensive des fruits de table pour l'exportation, et celle des fruits à cidre prennent une importance énorme.

Nos cultivateurs, ruinés pour la plupart, trouveront une ressource dans la culture des fruits de table, dont

l'exportation est toujours croissante, dans celle des
fruits à cidre, acquérant une plus-value nouvelle, à
mesure que le phylloxera étend ses ravages.

L'exportation des fruits de table est assurée ; on
peut nous prendre notre industrie et la faire fonctionner à l'Étranger, mais nul n'a le pouvoir de nous
prendre notre climat, et de nous arracher la production des fruits.

Cette production peut devenir sous peu une ressource importante pour l'agriculture et la richesse
pour la petite culture, si on veut prendre la peine de
l'étudier et d'agir énergiquement.

Il faudrait d'abord pourvoir les propriétaires
comme les cultivateurs d'arbres à bon marché, chose
facile en créant, chez les propriétaires et les fermiers
comme chez les petits cultivateurs, des pépinières
d'arbres fruitiers qui permettraient à tous de planter
largement, avec la plus grande économie, de produire
des arbres promptement formés, et d'un produit aussi
abondant que certain.

Ce livre en donne tous les moyens ; il suffira de
l'étudier sérieusement et d'en appliquer les indications à la lettre, en restant sourd aux cris comme aux
préjugés de l'ignorance et de la routine.

Ce n'est pas seulement à la petite culture que je
m'adresse, mais à la grande, qui possède le savoir,
et peut encore risquer un certain capital dans une
entreprise utile. Cela dit, je viens à mon sujet.

Personne ne contestera qu'à trente ou quarante
lieues de Paris on manque de fruits et de légumes.

Tout le monde sait que, si ces deux cultures étaient faites d'une manière rationnelle, sur des terrains presque abandonnés, ce serait un bienfait général : non seulement les marchés seraient approvisionnés ; l'alimentation et la salubrité publique y gagneraient beaucoup ; une foule de braves gens, trouvant une petite fortune dans ces deux cultures, ne quitteraient plus leur clocher pour aller chercher la misère dans les grands centres de population ; mais encore l'exportation centuplerait vite la production et la grande culture y trouverait des ressources très appréciables.

Indépendamment de ces bienfaits, les populations rurales, si dignes d'intérêt, en alimentant les villes et en faisant leur petite fortune, trouveraient dans les champs, presque incultes, pour des millions de fruits et de légumes que l'Étranger paye avec son or. Ce serait la réalisation de la richesse de la France donnée par son sol et ses bras, et ce serait la meilleure de toutes les richesses, celle qui donnerait à tous, sans rien prendre à personne, en enrichissant la nation !

Vous savez cela aussi bien que moi, cher lecteur, et vous allez me répondre : « Nous sommes d'accord. » En théorie, oui, mais en pratique ? Quittons un instant Paris, qui regorge de tout ; cessez de regarder par les verres grossissants de la grande ville. Laissez un instant les lunettes de l'illusion, pour voir avec les yeux de la réalité, et dites-moi ce qu'a fait la province devant les élucubrations urbaines.

Chacun est rempli de bon vouloir, je le constate avec bonheur ; mais, quand le bien-être, je dirai plus, la moralisation et la richesse de la France sont en jeu, l'intention ne suffit pas ; il faut l'action et le résultat.

L'école ancienne a enseigné les pyramides ; les paysans ont trouvé cela trop long, trop difficile et pas assez productif pour oser l'entreprendre : ils étaient dans le vrai.

L'école moderne est venue ensuite avec sa culture de spéculation fruitière, cordons obliques et verticaux, exigeant un capital de création de 40,483 fr. 50 par hectare.

Je ne veux faire la guerre à personne ; mais, travaillant depuis longues années au bien de mon pays, je le veux avant tout, et ne fais de critique que pour constater un fait : c'est qu'il n'a pas fait un pas en avant sous l'empire de l'école ancienne, et qu'il est disposé à en faire plusieurs en arrière devant l'exposé de l'utopie éditée par l'école moderne.

Il s'est fondé, je le sais, une foule de sociétés d'horticulture, animées de l'esprit du progrès ; elles ont fait d'excellentes choses pour les jardins de propriétaires, mais leur action n'est pas assez étendue sur la campagne, sur le paysan.

Le paysan, c'est le peuple agricole et horticole, et c'est par lui seul que l'aisance et la richesse peuvent naître. Le jour où l'on donnera au paysan une culture facile, se faisant sans capital important, il donnera chaque année des millions à la France, et sera le premier, comme le plus puissant levier de l'augmentation de la fortune publique.

La culture est trouvée et expérimentée ; c'est, en première ligne, la culture extensive des fruits et des légumes : le VERGER GRESSENT, et ensuite le verger d'arbres à haute tige bien dirigé, qui tous deux apporteront l'aisance et la richesse à la grande et à la petite culture.

Reste à faire connaître cette culture, et à l'enseigner jusque dans le dernier village de France.

L'expérience de la culture m'a fait trouver les modifications à apporter à l'arboriculture pour la rendre populaire ; celle de l'enseignement m'a indiqué les moyens d'action. Il les faut prompts et énergiques, pour avancer rapidement, et répandre partout à la fois, dans les plus humbles villages, des doctrines appelées à leur donner le bien-être, en enrichissant la France.

Ce but peut être facilement atteint, et en très peu de temps, avec le concours des propriétaires, les premiers intéressés, des instituteurs primaires et de l'armée.

Les propriétaires possédant le capital et l'intelligence doivent donner l'exemple les premiers.

Les instituteurs sont remplis de zèle ; partout je les ai vus très empressés, non seulement de mettre en pratique ce qu'ils venaient apprendre, mais encore de l'enseigner. .

Que des cours soient organisés pour les écoles normales des départements ; cours faits par des professeurs, et non par des paysans ou des domestiques déguisés en messieurs, enseignant avec un aplomb superbe ce qu'ils auraient le plus impérieux besoin d'apprendre. Les instituteurs assisteront à ces cours. Faisons plus : que ces cours soient publics, avec places réservées pour le corps enseignant. Mais, avant tout, que ces cours soient sérieux, qu'il y soit enseigné des principes de culture, et non des préjugés et des erreurs additionnés de balivernes politiques ; alors le progrès marchera vite dans les campagnes.

Organisons ces mêmes cours partout où il y a des agglomérations de troupes. L'armée fera une économie notable à l'État en produisant ses légumes et fournira bientôt à toutes les contrées de la France d'excellents horticulteurs, et même des professeurs.

Dans ces conditions, le départ du conscrit serait moins pénible ; l'espérance de revenir avec une instruction nouvelle au village et d'y trouver une bonne position en y apportant la richesse stimulerait son zèle et amoindrirait bien des regrets.

L'armée aurait une grande influence dans le mouvement que je voudrais déterminer ; mais, n'eût-on que les instituteurs primaires, sa marche serait encore très rapide, en donnant à tous le même enseignement. C'est UN DÉSIR EXPRIMÉ DEPUIS LA CRÉATION DES BIBLIOTHÈQUES SCOLAIRES par tous ceux qui ont eu *l'Arboriculture fruitière* et *le Potager moderne* entre les mains, et ont fait des applications d'après ces livres, cela est tout naturel : le succès, qu'on avait vainement cherché dans certains enseignements et dans bien des livres, a couronné le premier essai.

L'enseignement gratuit, que j'ai si souvent donné aux instituteurs primaires, m'a appris par expérience que le petit cultivateur, le seul qui puisse donner assez d'extension à la culture fruitière pour enrichir la France, ne l'entreprendra qu'à trois conditions :

1° D'en avoir vu un exemple avant de commencer;

2° De débourser très peu et même point d'argent ;

3° De n'entreprendre qu'une chose simple, facile, et dont le succès soit assuré, sans y dépenser trop de temps.

Cette preuve matérielle m'a tracé la ligne de conduite que je suis depuis longues années :

1° Jardin-école (celui de l'instituteur), pour montrer à tous *les résultats pratiques des théories enseignées ;*

2° Enseignement aux instituteurs primaires pour convertir le *jardin communal en jardin-école.*

Le développement de cette idée et le travail constant m'ont fait trouver depuis :

1° LE VERGER GRESSENT, donnant de très beaux fruits, et pouvant se *créer* sans capital ;

2° LES ARBRES EN TOUFFE, très fertiles, et se *formant presque tout seuls ;*

3° LA TAILLE SIMPLIFIÉE par le verger Gressent, taille féconde en résultats, pouvant *s'exécuter en très peu de temps et être faite par des femmes et par des enfants.*

Avant de commencer ces nouvelles cultures, il me reste à remercier du fond du cœur tous ceux qui ont fait des *vergers Gressent* des vives sympathies qu'ils m'ont témoignées ; cette trop légitime dette payée, j'arrive à ma culture extensive.

CHAPITRE II

SPÉCULATION FRUITIÈRE SANS CAPITAL

VERGER GRESSENT

Le verger Gressent sera, autant que possible, placé dans un endroit bien exposé et naturellement abrité, par des arbres ou des accidents de terrain, des vents du nord et de l'ouest. Un coteau incliné au sud, sud-est ou sud-ouest, est excellent ; le verger Gressent sera encore très bien placé à mi-côte dans une vallée abritée par les coteaux, si les brouillards n'y sont pas fréquents. Le point capital est de trouver une exposition chaude, abritée et exempte des brouillards, qui attirent les gelées.

Le verger Gressent devra être clos avec une haie : c'est une clôture excellente et très économique.

Suivant la nature du sol, on choisira, parmi les espèces suivantes, afin d'obtenir une prompte végétation.

Dans les sols argileux. — Épine blanche, prunellier sauvage, pommier sauvage, charme.

Dans les sols siliceux. — Épine blanche, prunellier sauvage, Sainte-Lucie, épine-vinette.

Dans les sols calcaires. — Épine blanche, prunellier sauvage, Sainte-Lucie, nerprun cathartique,
orme.

Il faut éviter, pour clore les vergers, ces haies
épaisses d'un mètre au moins, étouffant toutes les récoltes et occupant une place énorme pouvant être utilisée pour la culture. Ces haies épaisses ont presque
toujours des brèches, et, même quand elles n'en ont
pas, on les traverse facilement en écartant les branches
avec deux bâtons.

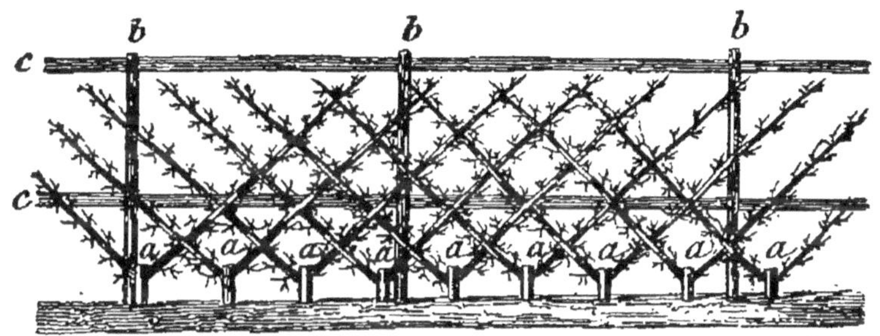

Fig. 385. — Haie croisée.

La haie croisée (fig. 385) est infranchissable ; elle ne
tient pas de place et ne nuit pas aux cultures. Il
suffit de la bien établir pour avoir une clôture excellente, que ni les hommes ni les animaux ne peuvent
traverser.

Avant de planter la haie, il est urgent de défoncer
le sol, sur un mètre de largeur, à une profondeur de
60 centimètres environ, et de le fumer copieusement
avec du fumier fait ou avec des composts. On plante
une seule ligne de plants à 40 centimètres de distance
et l'on supprime la moitié de la tige en plantant.
L'année suivante, on recèpe à 10 centimètres du sol,

et l'on élève deux bourgeons seulement sur chaque plant, un de chaque côté (*a*, fig. 385). On place des piquets tous les 4 mètres environ (*b*, même figure), et l'on fixe dessus deux gaules transversales ou des fils de fer, pour palisser la haie. La seconde année on abaisse les bourgeons sur un angle de 45 degrés environ, et on les attache à chaque point de jonction avec un fil de fer n° 6, comme les mailles d'un treillage. Les branches grossissent ; le fil de fer entre dans le bois, et les branches sont greffées ensemble par le seul fait de la ligature.

La haie forme alors des losanges d'une solidité à toute épreuve. Une telle clôture est impénétrable ; une poule ne la traverserait pas ; elle ne demande d'autre entretien qu'un coup de cisaille tous les ans.

On ne devrait planter que des haies croisées, et souvent, lorsque la pièce de terre dans laquelle on veut créer un verger Gressent est close d'une ancienne haie, on hésite à l'arracher, devant l'inconvénient de rester trois années sans être fermé.

Cette objection m'a été faite plusieurs fois, et je l'ai trouvée tellement juste, que je me suis mis en quête d'un moyen de restauration pour les vieilles haies.

Je dois dire, pour rendre hommage à la vérité, que ces antiques haies, plantées sur deux rangs, ne closent qu'en apparence. Presque toutes ont d'énormes brèches, et, quand elles n'en ont pas, on les traverse facilement.

Grâce à l'ingénieuse greffe en maillons de M. le comte des Cars, nous pourrons facilement boucher toutes les brèches des haies et, ce qui vaudra mieux, les convertir en haies croisées, sans cesser un instant d'être clos.

Quand on veut souder deux branches ensemble pour boucher une brèche, on les abaisse l'une vers

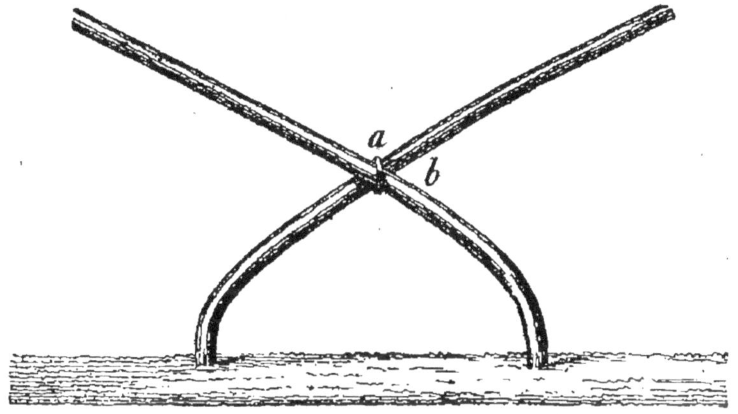

Fig. 386. — Greffe par maillon.

l'autre et on fait tout simplement un maillon avec un bout de petit fil de fer, au point *a* (figure 386).

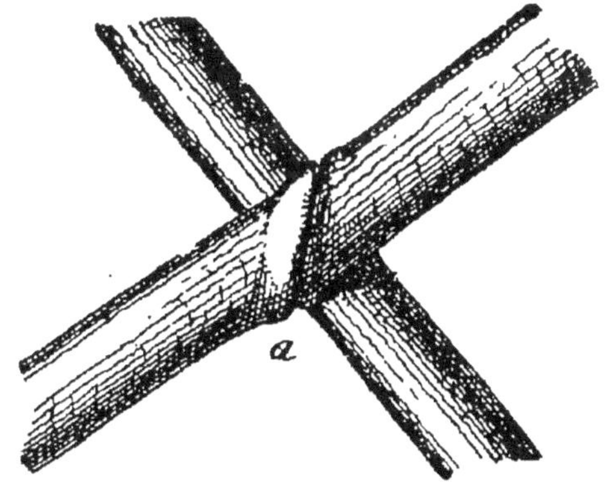

Fig. 387. — Greffe par maillon, première année.

Voici ce qui se produit :

Les branches grossissent en diamètre pendant l'été

de la première année ; le fil de fer a presque disparu dans les écorces, il s'est formé un bourrelet tout autour (*a*, fig. 387).

La seconde année, les filets ligneux et corticaux recouvrent entièrement le maillon de fil de fer, et les deux branches sont soudées ensemble. La troisième année, et souvent la seconde, lorsque la végétation est active, la greffe par maillon forme un nœud que rien ne peut rompre (fig. 388).

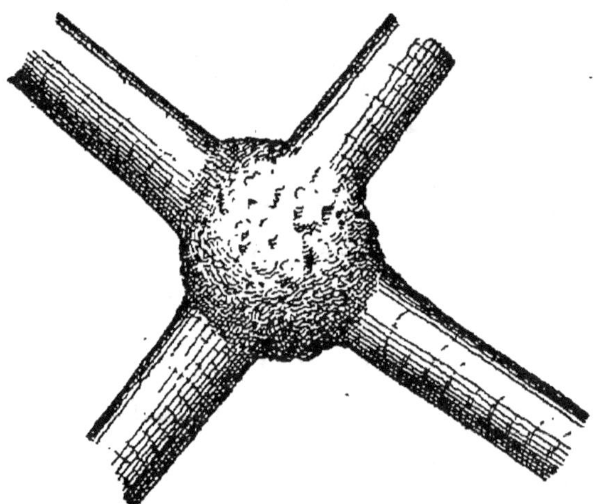

Fig. 388. — Greffe par maillon, troisième année.

On ne voit plus rien qu'un nœud de bois soudant deux branches solidement ensemble.

Il est inutile d'employer du fil de fer galvanisé, pour faire les greffes en maillon ; le fil de fer brut est excellent.

Rien de plus simple et de plus facile à exécuter ; rien non plus d'aussi solide.

Veut-on boucher une brèche à une vieille haie ?

C'est fait en un instant. On prend les branches de chaque bord de la brèche ; on les incline les unes vers les autres et on les maillonne ensemble. Grâce aux maillons, la brèche ne peut plus être ouverte, et, à la fin de l'été, la soudure est opérée.

Nous voulons boucher la brèche *a* de la vieille haie fig. 389). Nous croisons les deux branches *b*, sur les lignes *c*, et les maillonnons en *d* ; les branches *e* seront

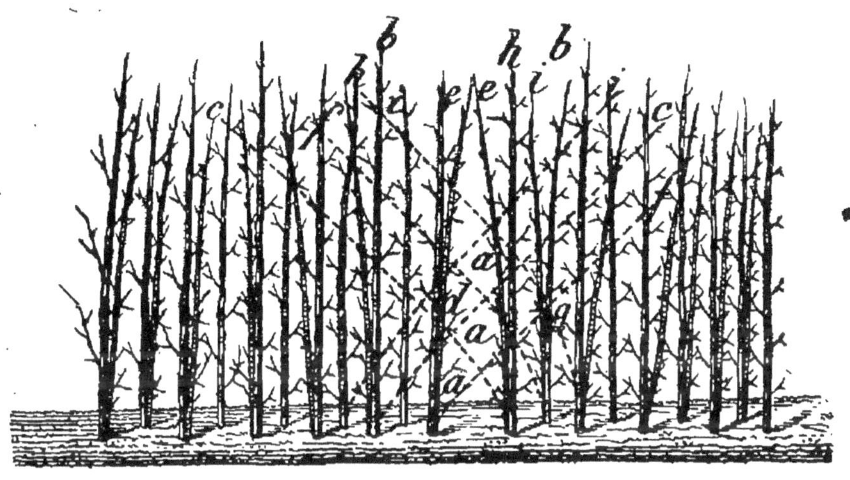

Fig. 389. — Brèche de vieille haie à boucher.

courbées sur la ligne *f*, et maillonnées en *g* ; les branches *h* seront inclinées en *i*, et maillonnées à tous les points de jonction, avec toutes celles qu'elles rencontreront.

Une brèche ainsi bouchée n'est jamais rouverte, mais on peut en faire une autre à côté. Il est beaucoup plus sûr d'opérer sur la haie tout entière et de la restaurer complètement. On reste clos et, aussitôt que le maillonnage est fait, on n'a plus rien à redouter des maraudeurs.

Pour convertir une vieille haie en haie croisée, on attend la chute des feuilles, afin d'y voir clair et d'opérer sûrement et vivement.

On taille d'abord les rameaux latéraux sur une longueur de 1 à 2 centimètres de la base, afin d'opérer sur les tiges principales pourvues d'onglets seulement.

Cette opération faite, la haie offre l'aspect de la figure 390. On incline les tiges *a* sur les lignes *b*, et

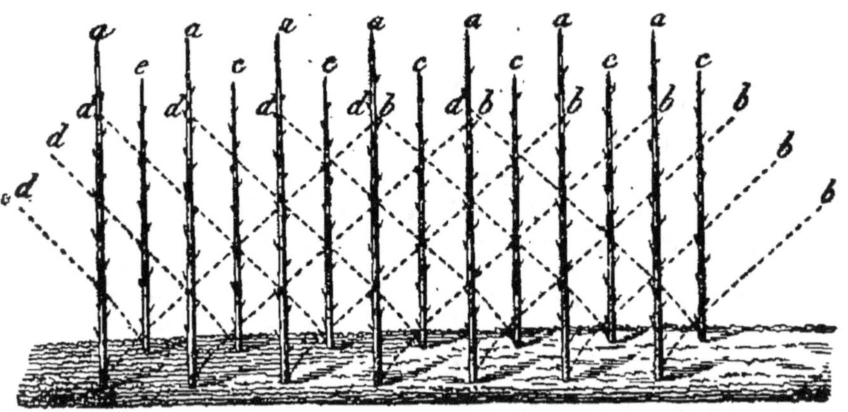

Fig. 390. — Vieille haie, taillée à convertir en haie croisée.

les lignes *c* sur les lignes *d* ; puis on maillonne à tous les points de jonction des branches.

Aussitôt cette opération faite, la clôture est des plus solides, et il est impossible d'y ouvrir des brèches. Au réveil de la végétation, les rameaux coupés à 1 ou 2 centimètres produisent des bourgeons qui bouchent tous les losanges. Un coup de croissant de chaque côté fait ramifier encore ces nouvelles productions, et rend la haie impénétrable.

En même temps les maillons de fil de fer se recouvrent ; les branches se soudent ensemble, à tous

les points de jonction, et, à la place d'une haie qui
ne vous fermait pas et était des plus nuisibles à vos
cultures, vous avez une muraille de verdure épaisse à
la base, mince en haut et qu'une poule ne pourrait
pas traverser.

Je ne saurais trop engager, surtout à l'époque où
nous vivons, les propriétaires à restaurer ainsi les
haies de leurs parcs : ils seront sûrs d'être chez eux ;
et les cultivateurs à en faire autant, pour préserver
leurs récoltes des atteintes des maraudeurs.

On ne cultivera dans le *verger Gressent* que des
fruits de table ayant une grande valeur sur les marchés. Il s'agit ici de créer une nouvelle culture, donnant un produit élevé ; ce produit ne peut s'obtenir
qu'avec des variétés de fruits spéciales, répondant
aux besoins de l'exportation et de l'alimentation des
villes, et non avec les mauvaises variétés, trop répandues dans les campagnes, et qui semblent n'être cultivées que pour compromettre la santé publique.

Le verger Gressent n'est pas un jardin ; c'est une
culture de spéculation, où il n'entre qu'une seule
forme d'arbres : la forme en touffe. Elle ne convient
pas à toutes les espèces de fruits, et les variétés que
l'on cultiverait au hasard pourraient donner un produit nul sur les marchés.

Pour éviter les erreurs, je publie la liste suivante,
avec indication de climat. Les personnes qui suivront
cette liste seront certaines d'obtenir de beaux et bons
fruits, se vendant bien sur les marchés ; mais il ne
faut pas sortir de la liste et faire de la fantaisie : ce

serait au détriment du produit et de la bourse du cultivateur.

POIRIERS

Madeleine sur franc. — Nord, Ouest et Centre.

Beurré Giffart sur franc. — Nord, Est, Ouest et Centre.

Épargne sur franc. — Nord, Est, Ouest et Centre.

William sur franc. — Nord, Est, Ouest et Centre.

Bonne d'Ézée sur franc. — Nord, Est, Ouest et Centre.

Louise bonne sur franc. — Nord, Est, Ouest et Centre.

Duchesse. — Nord, Est, Ouest et Centre.

Beurré Clairgeau sur franc. — Ouest, Centre et Midi.

Triomphe de Jodoigne sur franc. — Est, Ouest et Centre.

Brom Parck. — Est, Ouest, Centre et Midi.

Duchesse d'hiver. — Centre et Midi.

Beurré Fouqueray. — Est, Ouest et Centre.

Bergamote Hérault. — Partout.

Passe-Colmar. — Nord, Est, Ouest et Centre.

Beurré Diel. — Nord, Est, Ouest et Centre.

Doyenné d'Alençon. — Est, Ouest et Centre.

Doyenné d'hiver. — Est, Ouest, Centre et Midi.

Robertine. — Nord, Est, Ouest et Centre.

Bon Chrétien d'hiver. — Midi seulement.

Crassane. — Midi seulement.

Royale d'hiver. — Midi seulement.

POMMIERS

Belle Dubois. — Nord, Est, Ouest et Centre.
Belle Joséphine. — Nord, Ouest et Centre.
Reine de Bretagne. — Nord, Est, Ouest et Centre.
Reinette d'Hennebont. — Nord, Est, Ouest et Centre.
Reinette de Caux. — Nord, Est, Ouest et Centre.
Canada. — Est, Ouest, Centre et Midi.
Calville. — Est, Ouest, Centre et Midi.
Pomme de Roirie. — Est, Ouest et Centre.
Reinette du Mans. — Nord, Est, Ouest et Centre.

PÊCHERS

Mignonne hâtive et tardive. — Centre et Midi.
Reine des vergers. — Centre et Midi.
Pavie et *Alberge.* — Midi seulement.

ABRICOTIERS

Pêche. — Est, Ouest, Centre et Midi.

PRUNIERS

Monsieur et *reine Claude.* — Partout.
Bleue de Belgique. — Partout.
Coé Golden. — Ouest, Centre et Midi.
Reine Claude Victoria. — Partout.
Pond's seedling. — Partout.

CERISIERS

Anglaise hâtive. — Partout.
Montmorency. — Nord, Est, Ouest et Centre.
Belle Magnifique. — Partout.

NÉFLIER

Commun. — Nord, Est, Ouest et Centre.

FIGUIERS

Figuier royal. — Ouest, Centre et Midi.
Blanquette. — Ouest et Centre.
Figue violette. — Ouest, Centre et Midi.

GROSEILLIERS

Hollande rouge et blanche.
Fertile de Palluau.
Cassis de Naples.
Ces trois variétés à cultiver partout.

Voir à chaque espèce, aux *Cultures spéciales*, pour la description des fruits.

Si le sol du verger est substantiel, on y cultivera des fruits à pépins ; s'il est léger ou calcaire, on y plantera des arbres à fruit à noyau. Une seule forme d'arbre y sera adoptée, la forme en touffe, facile à faire, prompte à rapporter, ne demandant ni supports ni fils de fer, et se taillant sans monter à l'échelle : économie d'argent et de temps.

Les arbres en touffes seront plantés en échiquier, à la distance de cinq mètres en tous sens, et pendant les six ou neuf premières années on cultivera, entre les lignes d'arbre, et même entre les arbres, des légumes qui ne s'arrosent pas, comme dans la plaine. La vente des légumes remboursera non seulement, dès la première année, les frais de plantation, mais donnera encore un bénéfice élevé au cultivateur, en attendant la récolte des fruits.

Les arbres seront plantés à 5 mètres les uns des autres comme nous l'avons dit. On établira une plate-bande de deux mètres de large, au milieu de laquelle seront les arbres. Il restera entre les lignes un espace de trois mètres, qui sera cultivé en légumes soumis à l'assolement de trois ans. (Voir le *Potager Moderne*, 8ᵉ édition, par Gressent, pour cet assolement.) On pourra également cultiver des légumes non arrosés sur un espace de trois mètres entre les arbres, mais en ayant soin de ne jamais planter de légumes dans l'espace de un mètre au moins au pied des arbres. Il faudra, en outre, éviter de fumer les arbres trop copieusement : cela nuirait à la fructification. On enfouira, chaque année, une épaisseur de dix centimètres de fumier environ à l'extrémité des racines, mais pas plus ; les légumes ne seront pas arrosés, à moins que ce ne soit à deux mètres au moins des racines des arbres.

Il ne faudra jamais labourer avec la bêche au pied

des arbres : on couperait les racines ; il faut faire les labours, dans le voisinage des racines, avec la fourche à dents plates.

Il y aura toujours profit à choisir un sol substantiel pour créer le verger Gressent ; il sera favorable à la culture des gros légumes et permettra de cultiver les poires et les pommes d'hiver, qui se vendent toujours à un prix élevé.

Il est bien entendu que le verger Gressent doit être créé dans la plaine, et non dans un jardin. Le verger Gressent est destiné à produire des fruits pour vendre dans le pays ou exporter, et les gros légumes si nécessaires à l'alimentation publique.

Près des grands centres de population, lorsque les débouchés sont bien assurés, il y aura bénéfice à ne cultiver que deux ou trois variétés de fruits : celles qui se vendent le plus cher, et donnent les plus abondants produits.

Dans le voisinage des villes, où de grandes fabriques de liqueurs sont établies, il y aura souvent avantage à ne cultiver qu'une seule espèce de fruit, quelquefois à planter un hectare en groseilliers ou en cassis.

Dans ce cas, on plante les groseilliers en lignes distantes de trois mètres, et les pieds à deux mètres de distance entre eux.

En principe, quand on cultive pour vendre, et que le débouché d'un produit est bien assuré, on gagne toujours beaucoup à ne faire qu'une chose. Ainsi, si vous n'avez qu'une seule variété de poires, les opérations d'été se feront en une fois, et bien plus vite que s'il fallait les faire en huit ou dix fois, pour autant de variétés. La cueille et la vente se font aussi en une seule fois. Indépendamment de l'avantage de recevoir une somme ronde, on gagne un temps très précieux, surtout si l'on vend au marché, en n'y allant qu'une fois au lieu de dix.

Il en est de même pour la culture des légumes : si, au lieu de faire de tous les légumes dans le verger Gressent, vous faites sur la sole A, entière, une récolte de choux hâtifs et une de choux d'hiver contre-plantés de trois récoltes de salades ; sur la sole B, une récolte d'oignons, suivie d'une de carottes tardives, et sur la sole C, trois récoltes de pois et de haricots, vous aurez des cultures demandant peu de main-d'œuvre, et presque pas de dérangements. Elles donneront un peu moins d'argent que les cultures plus multipliées ; mais en échange elles vous laisseront le temps de les doubler, et il y aura profit. (Voir le *Potager moderne*, 8e édition, culture extensive).

Si le sol sur lequel le *verger Gressent* a été créé est substantiel, sans être trop tenace, calcaire ou siliceux, on pourra planter, en même temps que les arbres, une ligne d'asperges roses hâtives d'Argenteuil, à la distance d'un mètre, entre les lignes d'arbres, et une touffe d'asperges entre chaque arbre comme l'indique la figure 391.

Les lignes A sont plantées avec des arbres en touffes, entre lesquels il y a un pied d'asperges. Les lignes B indiquent les buttes d'asperges plantées à un mètre de distance, au milieu des lignes d'arbres.

Fig. 391. — Disposition du verger Gressent, avec des arbres en touffe et des asperges.

La plantation des asperges n'empêche pas la culture des légumes, qui non seulement paye la rente de la terre et rembourse les frais de plantation, mais donne encore un bénéfice élevé au cultivateur, en attendant ces deux récoltes.

Partout où la culture de l'asperge sera possible, il faudra cultiver l'asperge rose hâtive d'Argenteuil, la seule qui n'ait pas d'égale, comme qualité et comme volume. Partout l'asperge se vend bien, et celle d'Argenteuil ne restera jamais une heure sur le marché; sa culture est facile et très lucrative. Depuis trente-cinq ans j'ai popularisé cette culture dans toute l'Europe, et partout elle donne les plus brillants résultats.

Lorsque les arbres ont acquis un grand développement, on renonce à la culture des légumes; il ne reste dans le *verger Gressent* que les arbres en plein rapport et les asperges.

J'ai dit que la création du verger Gressent se faisait sans capital : je vais le prouver.

Les frais de création pour un hectare de verger Gressent seraient comptés au maximum :

Location d'un hectare.	200 fr.
Plantation de la haie.	100
Achat de 400 arbres à 50 fr. le cent.	200
400 trous à 25 centimes.	100
Fumier pour la plantation, 400 kil. déchets de laine à 10 fr.	40
Plantation	6
Achat de 2 300 griffes d'asperges d'Argenteuil, à 40 fr. le mille.	92
Plantation	8
Total. .	746 fr.

Je compte les prix d'achats élevés, ainsi que la

main-d'œuvre, que les petits cultivateurs peuvent avoir avec un rabais considérable quand ils ne font pas tout eux-mêmes.

Il y aurait donc encore à déduire :

La main-d'œuvre de la haie.	60 fr.
La location.	200
Les trous	100
Le fumier chez le propriétaire	40
La plantation.	14
Total. .	414 fr.

A retirer de 746 fr., restent 332 fr., avec lesquels un cultivateur peut créer un *verger Gressent* d'un hectare. Dans ces conditions-là, le petit cultivateur marchera toujours, surtout s'il a vu des résultats dans le jardin de l'instituteur de son village, et lu *l'Arboriculture* et *le Potager moderne*, qui doivent être dans la bibliothèque communale, parce qu'il saura à l'avance la rente que doit lui donner sa mise de fonds de TROIS CENT TRENTE-DEUX FRANCS, POUR UN HECTARE PLANTÉ POUR LA SPÉCULATION FRUITIÈRE.

Je n'établis pas de chiffres de produit pendant les six premières années ; la récolte des fruits, des légumes et des asperges donnera un bénéfice élevé, et la sixième année où la production des légumes cessera, mais où celle des asperges et des fruits aura atteint le maximum, on pourra compter sur les chiffres suivants :

400 arbres en touffes, donnant un minimum de 100 fruits chacun, donnent 40,000 fruits à 150 fr. le mille.	6,000 fr.
2,300 bottes d'asperges, donnant un minimum de 1,500 bottes à 2 fr.	3,000
	9,000 fr.

Dépenses annuelles :

Loyer	200	
Engrais	300	
Main-d'œuvre	300	1,000 fr.
Imprévus	200	
Bénéfice net		8,000 fr.

Si j'ai exagéré les dépenses de création, j'ai pris des *minimum* impossibles pour les produits comme quantité, et aussi comme prix de vente. Les fruits que j'estime 15 centimes seront vendus 25 et 30 centimes ; et, au lieu de 100, on en cueillera 150 et 200 sur chaque arbre.

Puis 1,500 bottes d'asperges en valent plus de 2,000, non pas vendues 2 fr., mais de 3 à 4 fr.

J'aurais pu établir mes comptes sur la valeur réelle ; je préfère les baser sur des *minimum* qui tromperont mes adeptes, et je conserve toujours mon habitude de les *traiter ainsi*. Lorsque je retourne les voir, toutes les mains sont tendues vers moi, et je tiens à cet accueil-là beaucoup plus qu'à l'argent.

Mon chiffre de bénéfices est bien modeste à côté de celui promis par la culture idéale, à 40,483 fr. 50 de capital par hectare ; mais il existe, je puis le garantir, au-dessous de la vérité, et cela par expérience. Beaucoup de petits cultivateurs, et bon nombre de propriétaires ont créé des *vergers Gressent*, parce que c'est facile à faire, ne coûte pas grand'chose, et donne un produit certain.

La vérité ne se cache pas plus que la lumière ; on la soustrait bien aux regards pendant un instant, mais elle perce toujours et triomphe infailliblement dans un temps donné. J'ai commencé mon œuvre seul, et depuis bien des années. Je la poursuis avec mes propres ressources ; je n'ai pas hésité à m'imposer des sacrifices énormes, de fondation de jardins-écoles, d'enseignement gratuit, de matériel de cours, parce que j'avais la conviction d'enrichir mon pays. Mes adeptes ont changé ma conviction en certitude, en me montrant les résultats obtenus.

L'expérience pratique me prouve surabondamment que le verger Gressent, à la portée de tous, créé non seulement sans dépense, mais donnant encore un bénéfice élevé en légumes dès l'année de la plantation, sera la clef d'une abondante production de fruits et de légumes dans les campagnes pour le fermier comme pour le paysan, parce qu'il est à la portée de toutes les bourses, de toutes les intelligences, et ne fait rien risquer au cultivateur.

C'est avec une conviction profonde, et fort des résultats obtenus, que j'ai créé mon verger à l'ancienne école fruitière de Sannois, et y ai montré à satiété pendant douze ans les résultats d'une culture nouvelle, appelée, j'en suis certain, à créer des richesses réelles dans les pays les plus primitifs, par sa simplicité, son économie et sa facilité d'exécution.

CHAPITRE III

VERGER GRESSENT

FORMATION DES ARBRES EN TOUFFES

Les arbres en touffes sont les seuls qui doivent entrer dans le verger Gressent. Je les y admets à l'exclusion de toute autre forme, parce que ce sont les plus faciles à faire, les plus productifs et aussi ceux qui se forment le plus vite, et conservent leur fertilité le plus longtemps.

Les arbres en touffes donnent les meilleurs résultats dans le verger Gressent, et même dans les champs ; mais il ne faut jamais les planter dans les jardins, où ils étoufferaient tout avec leur volumineuse tête, et nuiraient aux autres récoltes par leurs racines. Ils appartiennent essentiellement au domaine de la culture extensive ; leur place est uniquement dans le verger Gressent et dans la plaine, où on les plante en échiquier à cinq mètres de distance en tout sens.

On fait des trous ronds de 80 centimètres de diamètre et de 60 centimètres de profondeur, et l'on plante comme je l'indique plus loin pour les arbres à haute tige.

L'arbre en touffe, suivant la vigueur de l'espèce, se compose de douze ou quatorze branches, que l'on fait ramifier deux fois. Il faut donc commencer la charpente avec six branches, sept chez les variétés les plus vigoureuses.

Pour obtenir promptement des arbres en touffes, on plante des greffes d'un an, et l'on demande pour cela au pépiniériste des arbres un peu courts, et forts du collet. Ce sont ceux qui se ramifient le plus facilement à la base. Il y a quelquefois avantage à planter des arbres de deux ans, des quenouilles déjà ramifiées ; mais il faut qu'elles n'aient pas plus de deux ans, soient bien ramifiées à la base, et aient été arrachées avec toutes leurs racines. Les arbres de deux ans, ne remplissant pas ces conditions, sont plus longtemps à venir et ne font jamais d'aussi bons arbres que les greffes d'un an.

On habille les racines et on plante l'arbre avec les soins indiqués page 323 et suivantes. La greffe doit être orientée au midi. Si l'arbre n'a qu'un an, on taille en a (fig. 392), c'est-à-dire que l'on retranche un peu plus de la moitié de la longueur totale, afin de forcer les yeux de la base à se développer et à fournir des bourgeons à la base.

Quand on plante une quenouille de deux ans dans les conditions que j'ai indiquées, on taille la tige en a (fig. 393), les rameaux latéraux en c ; le rameau terminal d tombe à la taille.

L'effet de la taille en *c* est de faire bifurquer les branches du bas pour obtenir douze branches ; on les taille court la seconde année, pour leur donner plus de vigueur, et au besoin pour obtenir la seconde bifurcation. Quand on a obtenu une douzaine de

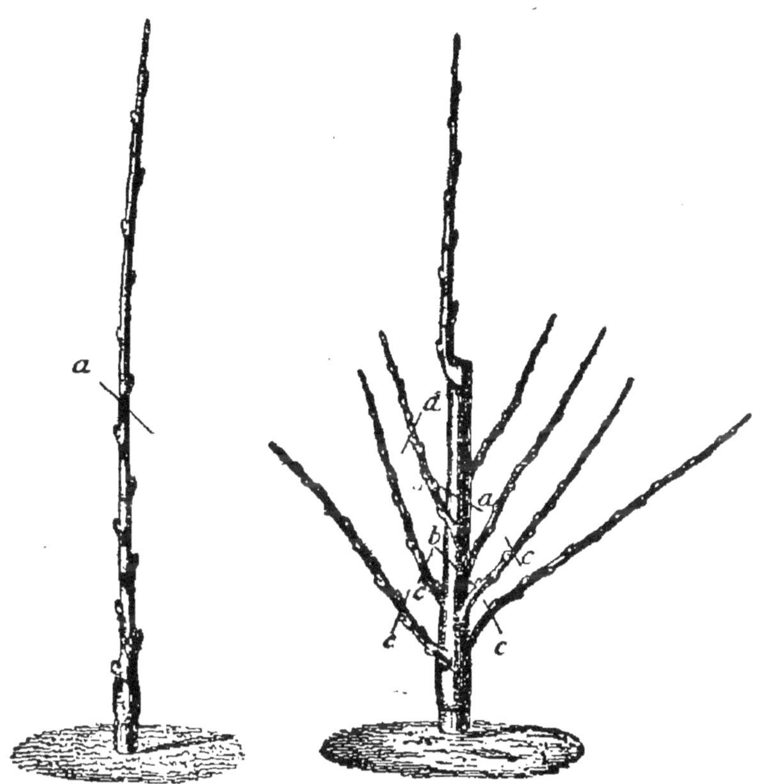

Fig. 392. — Arbre en touffe d'un an, première taille.

Fig. 393. — Arbre en touffe de deux ans, première taille.

branches, nombre nécessaire à la charpente de l'arbre, on taille la tige principale en *b* (fig. 393). L'arbre est formé ; il n'y a plus ensuite qu'à laisser allonger les branches en supprimant un tiers environ des prolongements tous les ans, et soigner les rameaux à fruits, comme je l'indique dans le chapitre suivant. Notre arbre formera une touffe vide au centre, sera parfaitement éclairé, et très fertile par conséquent.

On aura le soin de détruire, au fur et à mesure qu'ils naîtront, tous les bourgeons du centre ; la tête de l'arbre doit toujours être vide à l'intérieur pour conserver sa fertilité.

Reprenons notre greffe d'un an, taillée en a (fig. 392) ;

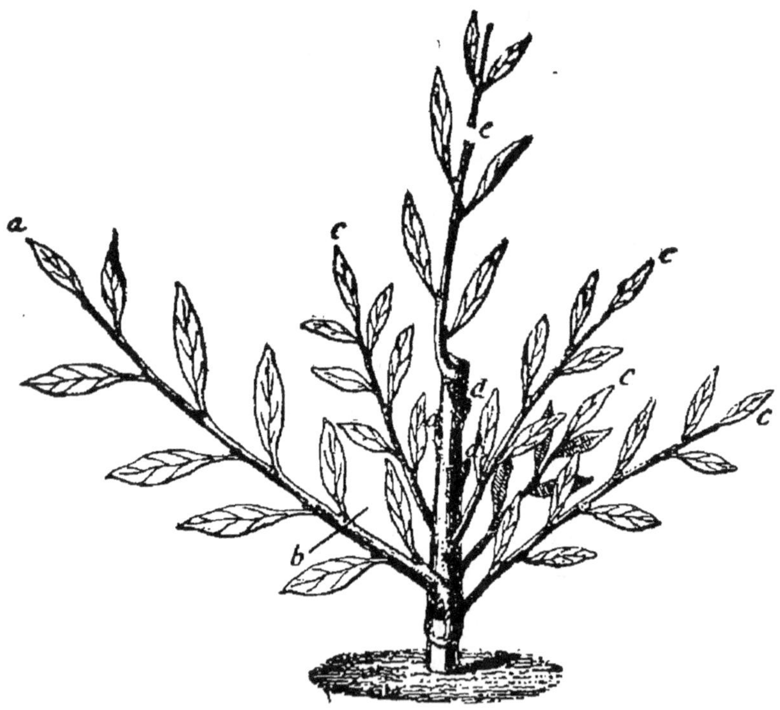

Fig. 394. — Arbre en touffe, ébourgeonnement.

c'est ce que nous planterons le plus souvent et ce qu'il y a même avantage à planter toujours. Il nous faut six branches, que nous ferons bifurquer pour avoir nos douze indispensables. Vers la fin de mai, lorsque les bourgeons seront bien développés, on appliquera l'ébourgeonnement suivant : s'il existe un gourmand (*a*, fig. 394), on le taillera en *b*, pour le faire bifurquer pendant l'été et obtenir deux bourgeons de la même vigueur que les autres, *c*. Les bourgeons *c* sont bien placés ; on les laissera pousser librement jusqu'à la fin de l'année ; on pincera le prolongement en *e*, et on supprimera les bourgeons produits par les yeux *d*, pour donner de la vigueur aux branches en formation. C'est tout ce qu'il y aura à faire pour le premier été.

A la fin de la saison, l'arbre présentera l'aspect de

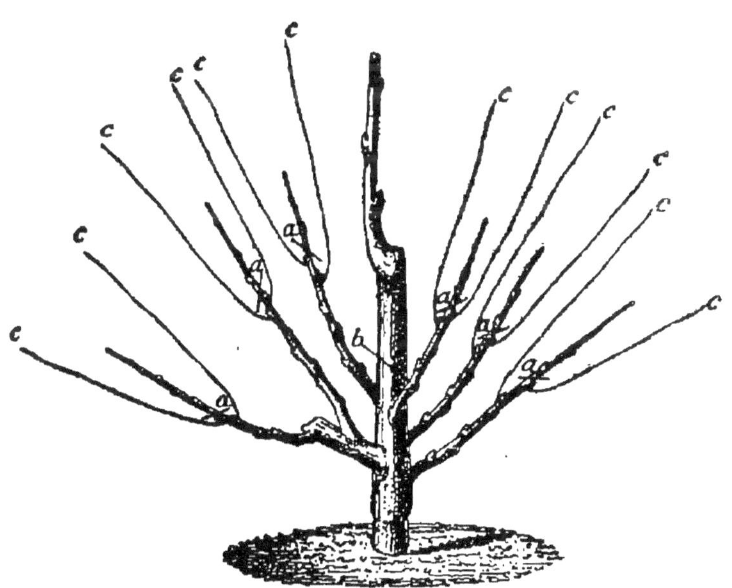

Fig. 395. — Arbre en touffe, seconde taille.

la figure 395. A la taille d'hiver, on taillera les branches latérales en *a*, à moitié de leur longueur, afin d'obtenir, l'été suivant, une bifurcation *c*, sur chacune des six branches obtenues, et d'en avoir douze l'année suivante *c*, puis on coupera la tige en *b* (fig. 395).

L'arbre donne ses premiers fruits, et la charpente est achevée. Il n'y a plus qu'à supprimer, chaque année, un tiers environ de la longueur des prolongements, afin de faire développer tous les yeux de la base au sommet, et de donner les soins nécessaires pour la formation et l'entretien des rameaux à fruits.

Si les branches de l'arbre avaient tendance à pousser trop verticalement, comme cela a lieu chez quel-

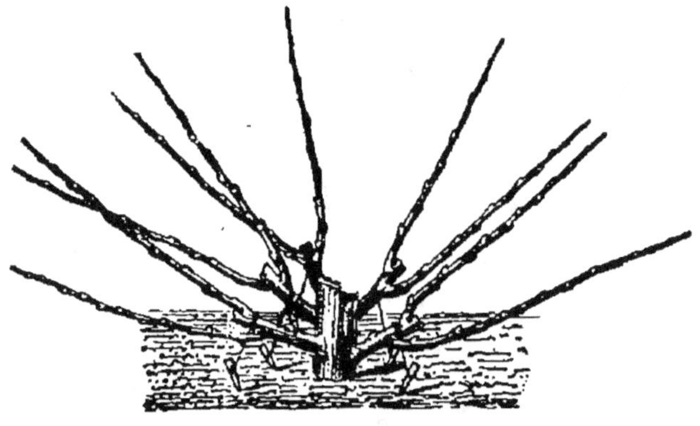

Fig. 396. — Abaissement des branches de l'arbre en touffe.

ques variétés de poiriers, il faudrait les abaisser pour les éloigner du tronc, afin de laisser la lumière pénétrer au centre de l'arbre. Cela est très facile en enfonçant solidement en terre des piquets (fig. 396) au-dessous des branches, et en les attachant sur les piquets avec un osier. La branche conserve le pli donné et n'a plus besoin de supports les années suivantes. Ce cas est exceptionnel, et il est rare que l'on soit obligé d'avoir recours à ce moyen. Le plus souvent les branches s'écartent d'elles-mêmes, sous l'influence de la taille, et forment une espèce de vase d'autant plus fertile qu'il est parfaitement éclairé.

Chez quelques variétés, les branches s'écartent naturellement beaucoup ; on en profite pour augmenter la charpente, en taillant de manière à obtenir une nouvelle bifurcation donnant vingt-quatre branches au lieu de douze.

J'ai fixé une moyenne de douze branches pour les arbres en touffes, mais ce n'est pas une règle absolue. Ce nombre pourra être augmenté de plusieurs branches, suivant la vigueur de l'arbre et la tendance des branches à s'écarter naturellement.

Pour aider à l'écartement des branches, on taille les prolongements sur un œil placé en dessous.

Nous n'avons pas à faire, dans le verger Gressent, des formes régulières, comme dans le jardin fruitier. Nous opérons dans la plaine et non dans un jardin, et uniquement en vue du produit ; il faut en faire partout où cela est possible, sans oublier cependant que les branches doivent être assez isolées pour être bien éclairées, et surtout que le centre de l'arbre doit toujours rester vide : c'est la première condition de fertilité.

Rien n'est plus simple, plus facile à faire, ni plus productif que les arbres en touffes ; ils peuvent être formés par le premier ouvrier venu, pourvu qu'il ait un peu d'intelligence, et ce n'est pas ce qui manque chez les petits cultivateurs. La forme est facile à faire et n'entraîne à aucune dépense d'argent ni de temps ;

joignez à ces avantages la fertilité : c'est tout le secret de la vogue des vergers Gressent, dès le début.

Le point capital est d'obtenir un arbre dont les ramifications partent de 30 centimètres au-dessus du sol, le centre entièrement vide pour que la lumière y pénètre, et des branches s'éloignant du tronc, pour garnir tout le périmètre (fig. 397).

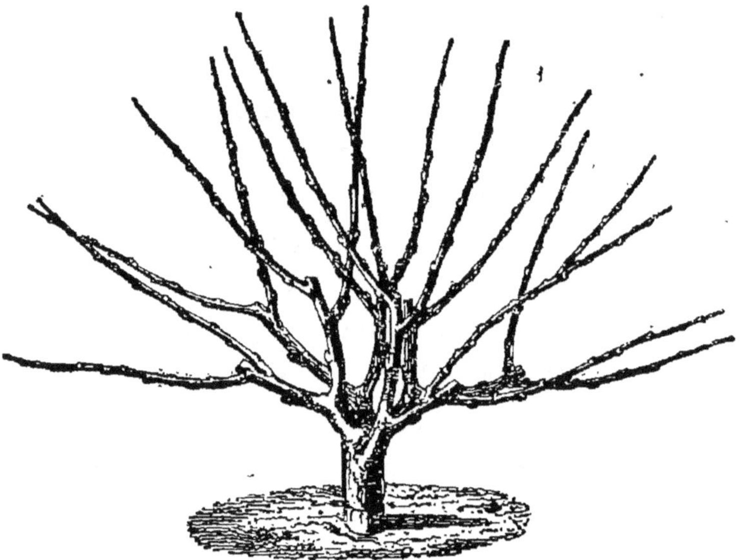

Fig. 397. — Arbre en touffe.

Restent les rameaux à fruits à obtenir et à entretenir, afin de récolter une grande quantité de fruits, d'un volume remarquable, et se vendant un prix élevé sur les marchés, autant pour l'approvisionnement des villes que pour l'exportation. Nous leur appliquerons la taille simplifiée, assez simple et assez facile pour être exécutée par des femmes et des enfants, sous la surveillance d'une personne ayant étudié l'*Arboriculture fruitière*.

CHAPITRE IV

VERGER GRESSENT

TAILLE SIMPLIFIÉE

Si l'enseignement de l'arboriculture était non pas obligatoire, mais seulement répandu dans toutes les écoles primaires, et si l'on y enseignait aux enfants, en leur apprenant à lire, les premiers principes d'une culture raisonnée, le jour de congé des enfants, le jeudi, serait suffisant pour leur faire entretenir dans le meilleur état de production tous les arbres de la commune.

Dans ces conditions, le travail des enfants serait aussi productif que celui des hommes. Cela est facile à réaliser, et, pour atteindre ce but, il ne faut que donner aux instituteurs primaires un enseignement d'arboriculture et d'horticulture rationnel, sanctionné par la pratique, et donner le même à tous, et partout.

Je sais par expérience le zèle des instituteurs : que la direction leur soit donnée, ils feront des merveilles. Jadis, on a voulu leur faire faire de l'agriculture ; la pensée était excellente au fond ; mais l'application n'a pas été et ne pouvait pas être satisfaisante. Aujourd'hui on retombe dans la même erreur en recommandant l'enseignement de l'agriculture aux instituteurs primaires.

En agriculture, comme en horticulture, il faut être *homme pratique* pour enseigner, savoir faire ce que l'on enseigne et en avoir l'expérience, sans cela l'application donnera à la théorie des démentis qui ôteront bientôt toute autorité au professeur.

Les instituteurs n'ont et ne peuvent avoir d'autorité en agriculture auprès des agriculteurs, et ils en ont moins encore auprès des petits cultivateurs, parce qu'ils ne cultivent pas, ne font pas ce qu'ils enseignent et n'ont pas de résultats à montrer. Ils ont fait merveille en horticulture, parce qu'ils l'appliquent et peuvent montrer dans leurs jardins les résultats des théories enseignées.

Les instituteurs peuvent rendre aux petits cultivateurs des services importants en agriculture, mais en commençant par l'horticulture productive, les fruits et les légumes, dont la culture en plaine conduit forcément à une augmentation considérable de l'agriculture : des céréales et des fourrages. Ils seront crus alors, parce qu'ils auront fait et pourront faire voir les résultats de leur enseignement ; mais, pour arriver à ce résultat, il faut que l'agriculture soit la conséquence de l'horticulture.

L'horticulture faite, même dans la plaine, produit un revenu égal à la valeur foncière. Elle donne non

seulement un produit en argent très élevé, mais encore
elle oblige à employer des engrais perdus le plus souvent, et à donner au sol une culture énergique, qui
double la production des grains et des fourrages, venant après les légumes. L'horticulture seule peut donner une idée de la puissance du sol, lorsqu'il est cultivé
avec intelligence ; c'est la clef de l'agriculture, la seule
avec laquelle l'instituteur primaire puisse ouvrir la
porte du progrès, parce qu'il débute par un succès :
les résultats obtenus surprennent et enthousiasment ;
l'autorité est acquise par le résultat, et alors on écoute
l'instituteur avec attention lorsqu'il parle d'agriculture. Cette conviction m'a fait écrire *le Potager moderne*, et les résultats obtenus avec ce livre l'affer-
missent chaque jour.

Le Potager moderne est à sa huitième édition, en
moins de vingt ans ; ce chiffre d'éditions tirées à des
nombres considérables dit clairement les services que
ce livre a rendus.

Je reviens à la taille simplifiée :

POIRIER

Les rameaux à fruits doivent être créés au fur et à
mesure de la formation de la charpente. On convertit
les bourgeons latéraux qui naissent sur les branches
en rameaux à fruits à l'aide des moyens suivants :

Opérations d'été. — Du 15 à la fin de mai, lorsque
les bourgeons latéraux ont développé de douze à
dix-huit feuilles, on les *casse complètement* avec le

talon d'une serpette, *au-dessus de la huitième feuille* (*a*, fig. 398). J'entends par casser complètement qu'il faut *casser* et non couper le bourgeon, au-dessus de la huitième feuille, et enlever la partie cassée. Il faut bien

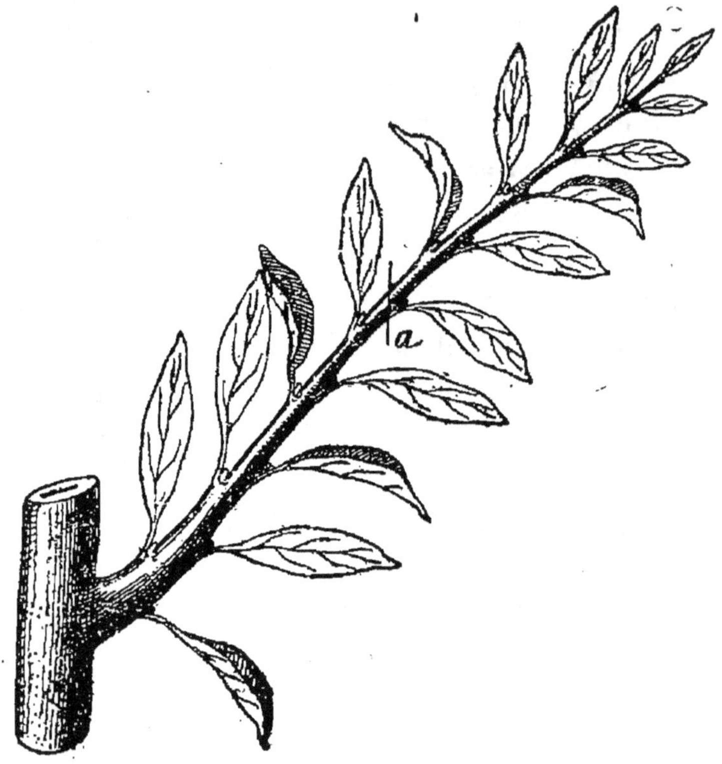

Fig. 398. — Premier cassement en vert.

se garder de la laisser pendre après l'arbre, où elle jetterait de l'obscurité et empêcherait la fructification.

Ce cassement opéré lorsque les bourgeons sont déjà un peu coriaces remplace parfaitement le pincement; il assure la fructification, n'affaiblit pas les arbres, et les feuilles des bourgeons garantissent les fruits des gelées du mois de mai.

Il est bien entendu que l'on casse les bourgeons latéraux seulement ; ceux de prolongement restent intacts pour augmenter la charpente.

Les arbres vigoureux produiront de nouveaux bourgeons sur les bourgeons cassés; de la fin de juin au 20 juillet, on opérera ainsi : s'il y a un seul bourgeon sur la partie cassée, on cassera le premier bourgeon

Fig. 399. — Second cassement en vert.

au-dessous du premier cassement, en laissant sept feuilles dessus (fig. 399). S'il y a deux ou trois bourgeons sur la partie cassée, il faut casser au-dessus du bourgeon le plus bas, pour détruire les bifurcations en a (fig. 400), et casser le nouveau bourgeon sur cinq ou six feuilles, suivant sa vigueur (b, même figure).

C'est tout ce qu'il y a à faire pendant l'été pour obtenir des résultats certains.

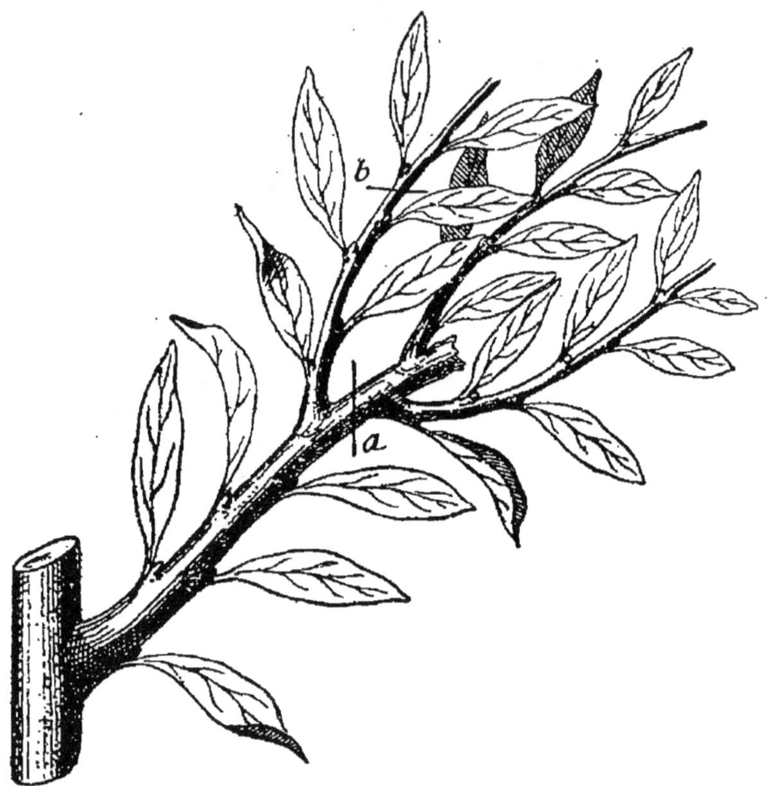

Fig. 400. - - Second cassement en vert sur des arbres très vigoureux.

Vers la fin de janvier, quand les grandes gelées ne sont plus à craindre, on pratiquera la taille d'hiver. Elle consiste à casser au-dessus du cinquième ou du sixième œil les rameaux faibles et de vigueur moyenne, qui ont été cassés en vert l'été précédent. Ces rameaux cassés en vert ont produit le bourgeon a (fig. 401), après le cassement en vert; on le casse en b (même figure) à la taille d'hiver.

Les rameaux très vigoureux recevront un casse-

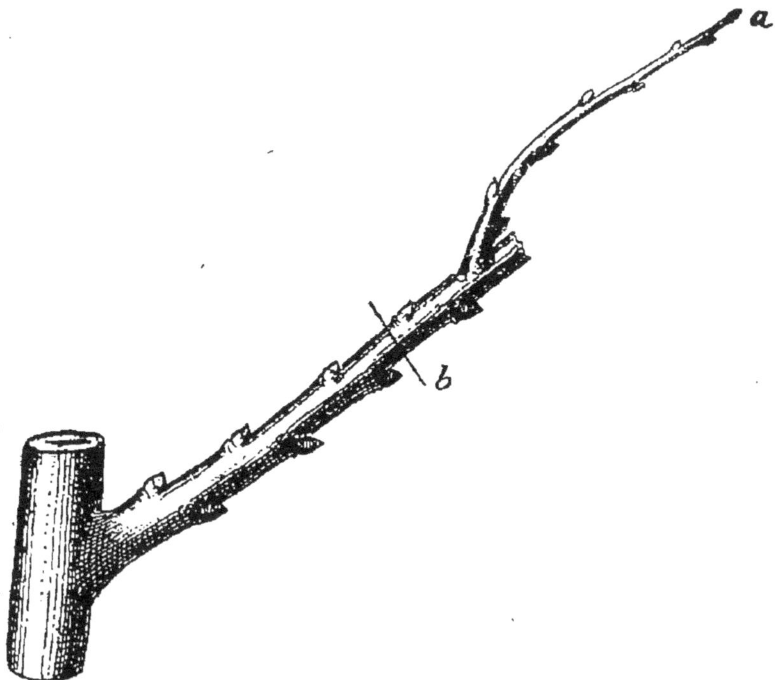

Fig. 401. — Cassement en sec des rameaux faibles de vigueur moyenne.

ment double, pour modérer leur vigueur et obtenir

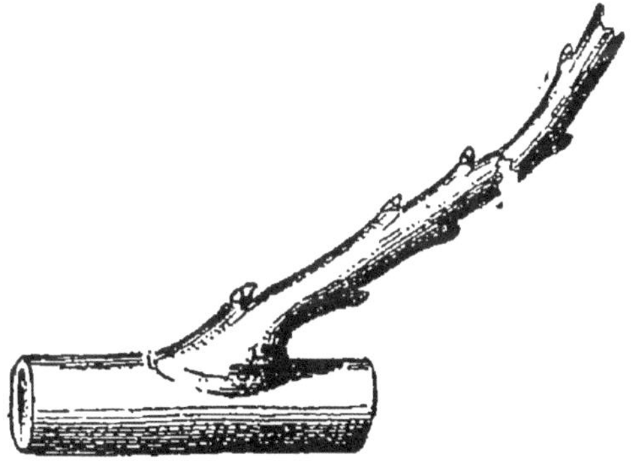

Fig. 402. — Cassement double.

leur mise à fruit. Ils seront cassés complètement sur

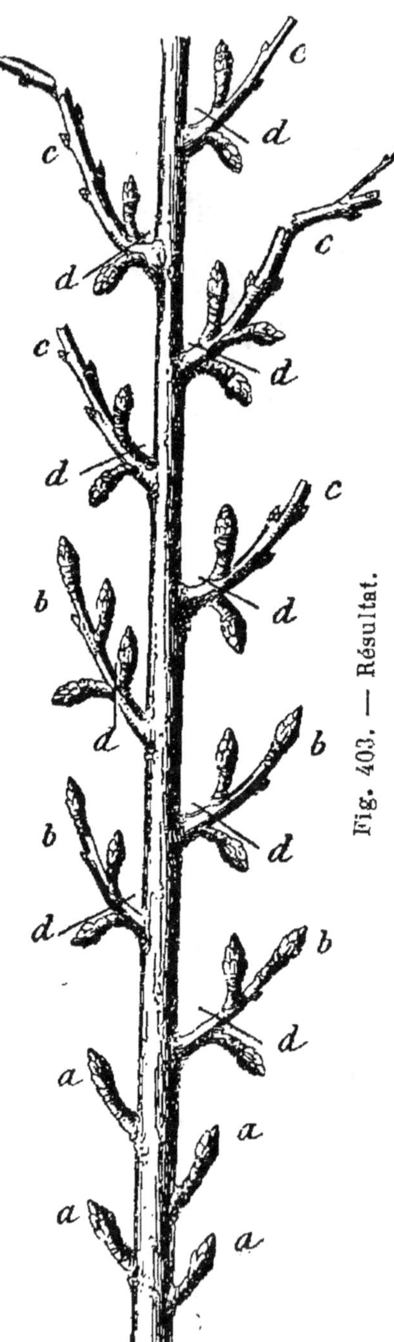

Fig. 403. — Résultat.

six yeux, et partiellement à 2 centimètres au-dessous (fig. 402).

Ce double cassement assurera la mise à fruit des rameaux les plus vigoureux.

L'année suivante, les rameaux cassés en sec, comme je viens de l'indiquer, présenteront l'aspect de la figure 403.

Les yeux du bas *a* sont convertis en boutons à fruits; les dards *b* seront également à fruits, et les rameaux *c*, ayant reçu au printemps précédent des cassements simples et doubles, porteront tous des boutons à fruits à la base.

Alors, autant pour obtenir des fruits d'une beauté remarquable, et d'une grande valeur par conséquent, que pour assurer la production dans les mêmes conditions les années suivantes, on taillera en *d* (fig. 403) sur un seul bouton à fruits.

Quelques personnes hésiteront devant la nécessité de supprimer autant de boutons à fruits. Quelques-unes voudront les garder tous. Cette mesure, par trop conservatrice, aurait pour résultat de compromettre la récolte de l'année et d'anéantir celle des années suivantes. Voici ce qui se produira :

L'arbre, épuisé par une floraison trop abondante, n'aura plus la force de nourrir ses fruits. Ils seront petits, rachitiques, pierreux et sans valeur aucune. La surabondance des fruits, quelque défectueux qu'ils soient, absorbera toute la sève, et l'arbre ne pourra pas produire de boutons à fruits pour l'année suivante.

En taillant, comme je viens de l'indiquer, sur un seul bouton à fruits, on obtiendra une abondante récolte de beaux fruits, et une grande quantité de fleurs pour l'année suivante : des récoltes assurées et égales chaque année.

La majeure partie des variétés de poiriers se mettra à fruit à l'aide des opérations que je viens d'indiquer Il en est quelques-unes, telles que les *bon chrétien* d'hiver, les *bergamote Esperen*, les *passe-Colmar*, les *beurré Giffard*, etc., qui demanderont des opérations plus compliquées.

Ces variétés fructifient sur des dards; elles sont très fertiles, mais un peu plus longues à se mettre à fruit. Presque toutes produisent de nombreux bourgeons anticipés, après le premier cassement en vert. On détruira les bifurcations par un second cassement, et on laissera pousser un bourgeon à l'extrémité *a*

Fig. 404. — Cassement d'un rameau fructifiant par dards.

(fig. 404). Si le bourgeon repoussé sur le second cassement en vert menaçait de devenir trop vigoureux, on le casserait sur cinq à six feuilles, et on laisserait le bourgeon *a* (même figure) pousser librement jusqu'à la fin de l'été.

A la taille d'hiver, on cassera ce rameau en *b* (fig. 404).

Pendant l'été, il poussera un bourgeon à l'extrémité du cassement en sec (*a*, fig. 405). On soumettra ce nouveau bourgeon au cassement en vert, s'il menace de devenir trop vigoureux, et au printemps suivant

Fig. 405. — Taille à fruits.

vant le rameau présentera l'aspect de la figure 405. On taillera en *c* (même figure), sur le bouton à fruits le plus rapproché de la base, et les boutons à fruits *b* sont supprimés.

La *bergamote Esperen*, malgré sa fertilité, est quelquefois rebelle. Elle fructifie sur des dards, il faut la forcer à produire le premier. Quand le bourgeon *a* (fig. 406) s'allonge trop, on le casse en vert en *b* (même figure). Le plus souvent, le dard *e*, portant trois boutons à fruits, se forme pendant l'été.

Au printemps, on taille en *e* (même figure) et en *f*, sur un seul bouton à fruits. L'année suivante, les yeux *d* se convertissent naturellement en boutons à fruits, et l'on taille en *g*, sur celui le plus rapproché de la base.

Fig. 406. — Taille des variétés rebelles.

Lorsque la fructification est obtenue, il faut conserver les bourses en état de production continuelle, chose facile en cassant à leur base toutes les brindilles qui poussent dessus, pour les forcer à développer en boutons à fruits les yeux contenus dans les rides du pédoncule.

Il est urgent de ne laisser aucune production à bois se développer sur les bourses. Les bourgeons qui naîtront et accompagneront les fruits seront pincés sur quatre feuilles, mais ceux-là seulement ; tous les autres seront cassés sur huit feuilles. Cette opération aura pour résultat d'augmenter le volume des fruits et de faire naître de nouveaux boutons à fruits à la base des bourses.

Les bourses sont les renflements spongieux qui ont porté des fruits. A la taille on coupe l'extrémité des bourses quand elle est dépourvue de brindilles, et l'on casse sur deux yeux seulement les rameaux attachés dessus, quand elles ne portent pas de nouveaux boutons à fruits ; s'il y a un bouton à fruits, formé sur la bourse ou les rides des pédoncules, on taille dessus.

POMMIER

Le pommier se traite comme le poirier, mais avec cette différence qu'il faut supprimer la moitié des prolongements de la charpente au lieu du tiers ; faire le premier cassement sur sept feuilles au lieu de huit, et les cassements à la taille d'hiver sur un œil de moins que sur le poirier.

ABRICOTIER

Lorsque les bourgeons latéraux ont développé une quinzaine de feuilles, on les coupe avec le sécateur sur la septième et la huitième feuille. Il ne faut jamais faire de cassements sur l'abricotier ; la gomme se déclarerait aussitôt et ruinerait l'arbre très vite.

Dans le cours de l'été, il se développera un ou

deux bourgeons, quelquefois trois sur la partie taillée ; on coupera avec la serpette, ou au pis-aller avec un sécateur bien tranchant, sur le bourgeon le plus rapproché de la base, en *b* (fig. 407), afin de détruire les bifurcations qui jetteraient de l'obscurité dans

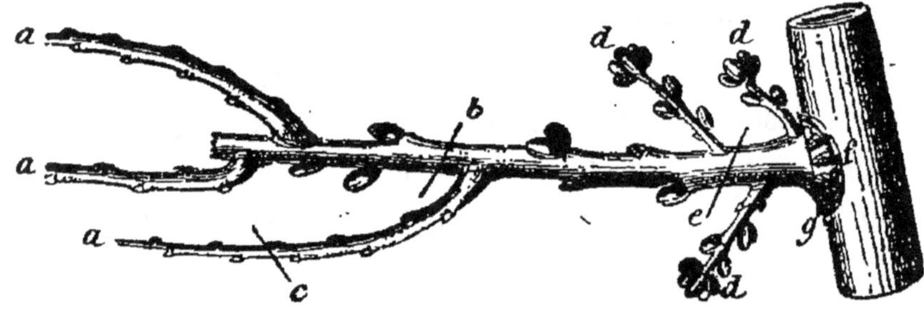

Fig. 407. — Taille en vert, rapprochement et taille de l'abricotier.

l'arbre et empêcheraient la fructification. On taille également le bourgeon conservé sur six ou sept feuilles, en *c* (même figure), et on laisse pousser jusqu'à la fin de la saison.

Le résultat de cette opération est de faire naître des dards (*d*, même figure) à la base du bourgeon primitif, et de couvrir ce même bourgeon de fleurs. Le printemps suivant, on taille sur les fleurs les plus rapprochées de la base en *e* (fig. 407). Les deux dards conservés donneront de très beaux fruits, et pendant le cours de la végétation les yeux *f* (même figure), situés sur l'empattement du rameau, s'allongeront en dards couverts de fleurs. On taillera sur ces dards l'année suivante.

PRUNIER

La première taille en vert doit être faite sur cinq

feuilles, afin de forcer les yeux de la base du bourgeon à se développer. Ces yeux fournissent d'excellentes productions fruitières, mais ils ont toujours tendance à s'éteindre; de là, la nécessité de faire la première taille asséz courte. La seconde se fait sur sept ou huit feuilles, en ayant toujours le soin de détruire les bifurcations.

A la taille d'hiver, on coupe sur les lambourdes les plus rapprochées de la base.

<h2 style="text-align:center">CERISIER</h2>

Une seule taille en vert, faite au sécateur, sur sept à huit feuilles, suffit pour faire naître quantité de

Fig. 408. — Taille en vert et rapprochement du cerisier.

boutons à fleurs, et de bouquets de fleurs à la base des rameaux. On rogne en vert une seconde fois les bourgeons les plus vigoureux, qui naissent sur la partie taillée, toujours en détruisant les bifurcations en *d* et en *c* (fig. 408) ; l'année suivante, à la taille d'hiver, on coupe les rameaux très courts sur les fleurs les plus rapprochées de la base.

A l'aide de ces simples soins on obtiendra beaucoup et de très beaux fruits ; leur prix gît dans leur beauté. Un beau fruit se vend plus cher que dix petits.

La taille simplifiée ne s'applique qu'aux arbres cultivés dans le verger. Cette taille, excellente pour le verger Gressent, est insuffisante pour le jardin fruitier.

Mon but, en réduisant la taille à sa dernière expression de simplicité, est de la rendre accessible à toutes les intelligences.

La taille simplifiée, très facile à exécuter, est féconde en résultats ; elle pourra être opérée presque mécaniquement par des ouvriers intelligents, le jour où les instituteurs primaires en auront montré les résultats dans le jardin communal, et auront appris assez de physiologie végétale à leurs élèves, pour qu'ils se souviennent que sans feuilles, et même avec une quantité de feuilles insuffisante au-dessus de l'œil que l'on veut convertir en bouton à fruits, il n'y a pas de fructification possible.

Ce jour-là les rognages inintelligents ne seront plus pratiqués ; on verra disparaître des jardins ces pauvres arbres tout tortus, sans cesse pincés à deux ou trois feuilles, taillés à l'épaisseur d'un écu, constamment mutilés avec autant de brutalité que d'ignorance, et condamnés dès leur naissance à la décrépitude et à la mort, sans possibilité de donner un fruit. Ce jour, qui sera celui de la production, de l'aisance pour tous, est prochain, nous en avons l'espérance. Les résultats obtenus par les instituteurs primaires à l'aide de nos livres et de nos leçons offrent les garanties les plus sérieuses pour l'avenir.

CHAPITRE V

VERGER

CULTURE DES ARBRES A HAUTE TIGE

L'abus des arbres à haute tige dans les jardins, où ils ruinent et étouffent tout, avec leurs racines et leurs branches, autant que la tendance des propriétaires à cultiver à haute tige les variétés de fruits les plus délicates et les plus rares, pour obtenir des *fruits hors ligne*, sans autre peine que de les *regarder pousser*, m'a mis dans l'obligation de traiter à fond du verger, afin d'éviter d'incessantes écoles aux propriétaires, et de les mettre à même de se créer un nouveau revenu, avec le verger, en l'établissant dans de bonnes conditions, et ne lui demandant que ce qu'il peut produire.

Disons tout d'abord ce que c'est que le verger, afin que tout le monde puisse s'entendre, en appelant les choses par leur nom. Je demande très humblement pardon des lignes qui suivent à ceux qui ont suivi mes cours ; mais elles sont indispensables pour la masse de plusieurs départements, qui s'obstinent à appeler *verger le jardin fruitier.*

Le VERGER est la dernière expression de la culture extensive des arbres fruitiers ; c'est un champ clos dans lequel on cultive des arbres à haute tige seulement avec des gros légumes, du fourrage ou des arbres à fruits nains. Posons tout d'abord en principe que le verger ne produit jamais que des fruits de quatrième ordre, en fait de fruits de table, et encore il n'est possible de cultiver à haute tige que des variétés très rustiques, susceptibles de supporter toutes les intempéries, et très fertiles, parce qu'avec tous les soins possibles on n'obtient une bonne récolte que tous les trois ans environ. Malgré ces inconvénients, il y a bénéfice à établir des vergers près des grands centres, et même à les planter avec des fruits de table ; mais, pour obtenir des résultats profitables, il faut que le verger soit bien créé, convenablement dirigé, et planté avec des espèces et des variétés soigneusement choisies.

Le verger donne aussi des produits élevés pour les fruits à cuire, ceux destinés aux conserves et aux boissons : cidre et poiré. Il doit être planté suivant les besoins et les débouchés du pays ; dans ces conditions, c'est une excellente spéculation.

Je ne saurais trop appeler l'attention des propriétaires sur l'urgence de créer des vergers d'arbres à cidre. Le produit de nos vignes ravagées par le phylloxera est sensiblement diminué ; le mildew (mildiou) est venu compléter l'œuvre de destruction.

Il est à craindre que le mildew traité avec le sulfate de cuivre à très haute dose ne fasse disparaître, sous quelques années, quantité de nos vignes. Des cas d'empoisonnement ont eu lieu chez des individus ayant bu des vins provenant de vignes sulfatées au cuivre avec excès. Les végétaux s'empoisonnent exactement comme les hommes et les animaux, mais avec cette différence que la mort est plus longue à venir, mais elle se produit infailliblement.

Nous avons donc à redouter la perte des vignes sur lesquelles on a abusé du sulfate de cuivre ; devant cette crainte, la création de nombreux vergers d'arbres à cidre s'impose à la prévoyance de tous.

Le verger doit être placé, autant que possible, à mi-côte, être exposé au sud-est ou au sud-ouest pour être très fertile, et jamais au nord ou dans des fonds bas et humides ; les brouillards nuisent à la fécondation, et les gelées détruisent les fruits. Les espèces à planter seront choisies suivant la nature du sol.

On plantera : des POIRIERS *dans les sols de bonne qualité et de consistance moyenne ;*

Des POMMIERS *dans les sols argileux et calcaires ;*

Des ARBRES A FRUIT A NOYAU *dans les sols calcaires et siliceux.*

Dans tous les cas, le verger devra être clos, autant pour le défendre des attaques des animaux que de celles des maraudeurs. La meilleure clôture est la haie croisée, comme pour le verger Gressent, ou l'ancienne haie restaurée, si elle existe (voir pages 857 et suivantes).

Le verger ne sera pas défoncé comme le jardin fruitier; on fera des trous seulement pour planter les arbres. Toutes les fois que cela sera possible, il sera toujours bon de défoncer en plein avec une charrue puissante suivie d'une fouilleuse, de fumer au maximum et de faire, l'année qui précède la création du verger, une récolte de plantes sarclées, afin de rendre la terre meuble sur toute sa surface, et de la bien nettoyer à l'aide des binages.

Quelque culture que l'on adopte dans le verger, les arbres à haute tige seront plantés en quinconce, à 12 mètres de distance. Suivant les besoins du propriétaire et les débouchés du pays, on cultivera le verger soit tout en arbres fruitiers (fruits de table ou à cidre), avec arbres fruitiers et légumes, ou avec arbres et fourrage.

VERGER PLANTÉ TOUT EN ARBRES FRUITIERS

Si le verger est auprès d'une grande ville ou d'une ligne de chemin de fer, et que les fruits se vendent cher, il y aura bénéfice à en cultiver toute l'étendue en arbres fruitiers. Les arbres à haute tige seront plantés en quinconce à 12 mètres de distance. On plantera entre les lignes d'arbres à haute tige une seule ligne de poiriers sur cognassier, de cerisiers ou de pruniers, suivant la qualité du sol et les débouchés du pays à 5 mètres de distance. Ces arbres seront destinés à la forme en touffes, c'est-à-dire soumis à la taille simplifiée, et produiront des fruits de choix qui seront vendus un prix élevé. Entre les arbres à haute tige, on plantera encore un arbre en touffe ou trois cépées de groseilliers ou de cassis, dans les pays où l'on fabrique des liqueurs et des sirops. Ce mode de plantation est très productif pendant une quinzaine d'années, ensuite il faut arracher impitoyablement les touffes et les cépées, sous peine de perdre les arbres à haute tige. On fume et on laboure tous les ans; on bine deux ou trois fois pendant l'été, et, lorsque tous les petits arbres sont arrachés, on laboure à la charrue pour semer une avoine avec de la luzerne, et, deux années après, on a deux produits importants : les fruits des arbres à haute tige et la luzerne. Il faut toujours labourer et biner le pied des arbres, et détruire la luzerne qui envahit sans cesse le terrain qui leur est consacré.

VERGERS AVEC LÉGUMES

Rien n'est plus avantageux pour un fermier, qui manque toujours de fruits et surtout de légumes, et pour un petit cultivateur voisin d'une grande ville, que de cultiver un verger avec légumes.

On plantera toujours les arbres à haute tige à 12 mètres en tout sens, et dans toute l'étendue du verger on cultivera des légumes pendant neuf ans. Le verger sera soumis à l'assolement de trois ans. On y cultivera des légumes rustiques pouvant se passer d'arrosement. (Voir *le Potager moderne*, 8ᵉ édition, au *Potager du petit cultivateur*.) Ces légumes sont une grande ressource dans une ferme, et ont une valeur élevée sur les marchés. Après la troisième rotation, c'est-à-dire au bout de neuf ans, lorsque la tête des arbres sera très développée, on sèmera une avoine avec luzerne, ou l'on établira une prairie pour conserver deux récoltes maximum, l'une de fruits, l'autre de fourrages.

VERGER AVEC FOURRAGE

Les arbres sont toujours plantés à la même distance de 12 mètres. Le défoncement à la charrue et la récolte des plantes sarclées ont été faits l'année qui a précédé la création du verger. On sèmera une avoine avec luzerne ou trèfle l'année de plantation, ou l'on établira une prairie, au choix. Il ne faudrait jamais oublier de conserver un diamètre de terre de 1 mètre environ au pied des arbres, et d'entretenir cette terre dans un état d'ameublissement parfait.

Les fruits du verger étant destinés à la vente, et les arbres ne pouvant y être abrités comme dans le jardin fruitier, on ne devra y cultiver que des variétés rustiques, fertiles et de bonne qualité. Par conséquent, nous serons très sobres de variétés, si nous voulons obtenir des produits aussi réguliers que possible, et trouvant un prix rémunérateur sur le marché.

Le choix des arbres à haute tige et celui des variétés à cultiver ont une très grande importance : c'est le premier élément de succès. Il ne faudra jamais accepter d'arbres que greffés sur les sujets suivants si l'on veut réussir :

Poiriers, toujours greffés sur poirier franc, et jamais sur cognassier ;

Pommiers, greffés sur pommier franc ;

Abricotiers et *pruniers*, greffés sur pruniers de semis et non de drageons ;

Cerisiers, greffés sur merisiers.

Comme dans le jardin fruitier, on cherche toujours de gros arbres pour planter dans le verger. C'est une erreur regrettable, en ce qu'elle fait perdre un temps précieux.

Les arbres à haute tige, de quatre et cinq ans, ont un appareil de racines très développé, toujours mutilé à l'arrachage. Ces arbres privés de leurs racines reprennent très lentement et très difficilement ; souvent ils meurent au bout de trois ou quatre ans.

En Normandie on plante les arbres de sept ou huit ans, coûtant un prix exorbitant, et offrant peu de chance de réussite. On objecte que les arbres doivent être gros pour se défendre des atteintes des bestiaux ; une armature bien faite défend aussi bien un petit arbre qu'un gros.

Le prix de l'armature est trois fois payé par la différence du prix des arbres, et en plantant de jeunes arbres le succès est certain, et le résultat beaucoup plus prompt.

Pour la production du cidre, on choisira des arbres non greffés de trois ans au plus ; ceux de deux ans n'en valent que mieux. Ces arbres seront greffés un an après la plantation avec les variétés du pays.

Les arbres portant des fruits de table sont achetés greffés, et ne doivent pas avoir plus d'une année de greffe.

Que les arbres soient greffés ou non, ils doivent être très droits et exempts de nœuds sur la tige ; les écorces doivent être vives, tendres, bien nourries et très lisses. Tout arbre tortu ou couvert de nœuds doit être rejeté comme un rebut. (Voir plus loin, à la *Pépinière*, la formation des tiges.)

Les sujets choisis, restent les variétés, qui n'ont pas moins d'importance. Pour obtenir des résultats argent, il faut cultiver des variétés fertiles, assez rustiques pour braver toutes les intempéries, et donnant des fruits de valeur.

On pourra choisir, en toute assurance, dans la liste suivante, établie pour tous les climats de la France.

POIRIERS (*greffés sur franc*)

Doyenné de juillet. — Pour le Nord, l'Est et l'Ouest.
Madeleine. — Nord, Est, Ouest et Centre.
Épargne. — Nord, Est, Ouest et Centre,

Beurré d'Amanlis. — Nord, Est, Ouest et Centre.

William. — Nord, Est, Ouest et Centre.

Louise bonne. — Nord, Est, Ouest et Centre.

Angleterre. — Nord, Est, Ouest et Centre.

Beurré Piquery. — Est, Ouest, Centre et Midi.

Duchesse. — Nord, Est, Ouest et Centre.

Curé. — Partout.

Catlilac. — Partout.

Messire Jean. — Est, Ouest et Centre.

Doyenné d'Alençon. — Est, Ouest, Centre et Midi.

Beurré Diel. — Nord, Est, Ouest et Centre.

Martin sec. — Nord, Est, Ouest et Centre.

Saint-Germain. — Midi.

Bon Chrétien. — Midi.

POMMIERS *(greffés sur franc)*

Rambourg d'été. — Nord, Est, Ouest et Centre.

Rambourg d'hiver. — Nord, Est, Ouest et Centre.

Reinette dorée. — Partout.

Reinette grise. — Nord, Est, Ouest et Centre.

Reinette franche. — Partout.

Canada. — Est, Ouest, Centre et Midi.

Reinette d'Angleterre. — Nord, Est, Ouest et Centre.

Reinette de Caux. — Nord, Est, Ouest et Centre.

Reinette de Grandville. — Nord, Est, Ouest et Centre.

Reine des Reinettes. — Est, Ouest, Centre et Midi.

Chaligny. — Nord, Est, Ouest et Centre.

Glace. — Est, Ouest et Centre.
Cappendu. — Nord, Est, Ouest et Centre.
Reine de Bretagne. — Partout.
Calville. — Centre et Midi.
Reinette d'Hennebont. — Nord, Est, Ouest et Centre.
Pomme de Roirie. — Nord, Est, Ouest et Centre.
Reinette du Mans. — Nord, Est, Ouest et Centre.

ABRICOTIERS

Commun. — Est, Ouest et Centre.
Royal. — Est, Ouest, Centre et Midi.
Pêche. — Est, Ouest, Centre et Midi.
Pourret. — Ouest, Centre et Midi.

PRUNIERS

Montfort. — Partout.
Bleue de Belgique. — Partout.
Reine Claude. — Partout.
Reine Claude diaphane. — Est, Ouest, Centre et Midi.
Reine Claude Violette. — Est, Ouest, Centre et Midi.
Reine Claude de Bavay. — Est, Ouest, Centre et Midi.
Jefferson. — Est, Ouest, Centre et Midi.
Sainte-Catherine. — Centre et Midi.
Agen. — Centre et Midi.
Damas. — Est, Ouest, Centre et Midi.

Pond's seedling. — Est, Ouest, Centre et Midi.
Mirabelle. — Est, Ouest, Centre et Midi.

CERISIERS

Anglaise hâtive. — Nord, Est, Ouest et Centre.
Guigne noire. — Nord, Est, Ouest, Centre et Midi.
Bigarreaux : *Napoléon, gros cœuret et Esperen*. — Partout.
Montmorency. — Nord, Est, Ouest et Centre.
Nord. — Nord, Est, Ouest et Centre.
Reine Hortense. — Partout.
Belle de Sceaux et admirable de Soissons. — Partout.

Il est d'autres variétés qui peuvent réussir à haute tige ; mais, si l'on veut un produit exact, assuré, il est prudent de se renfermer dans cette liste.

CHAPITRE VI

VERGER

PLANTATION ET FORMATION DES ARBRES A HAUTE TIGE

La plantation des arbres à haute tige, portant des fruits de table ou à cidre, diffère beaucoup de celle des arbres nains. On ne leur fait que des trous, tandis que l'on défonce le sol tout entier pour les arbres nains dans le jardin fruitier.

Il est préférable de faire des trous ronds ; sans remuer plus de terre, on donne plus d'espace à parcourir aux racines, et elles s'étendent plus facilement et plus régulièrement. On donne à ces trous 1^m,50 de diamètre et 80 centimètres de profondeur.

Quand cela est possible. il est préférable d'ouvrir les trous un ou deux mois d'avance, et de laisser la terre se déliter sous l'influence des agents atmosphériques. On procède ainsi à l'ouverture des trous : on enlève d'abord la superficie du sol, la couche de terre pénétrée par les racines des herbes, et l'on en fait un tas à part (*a*, fig. 409); on enlève ensuite toute la terre

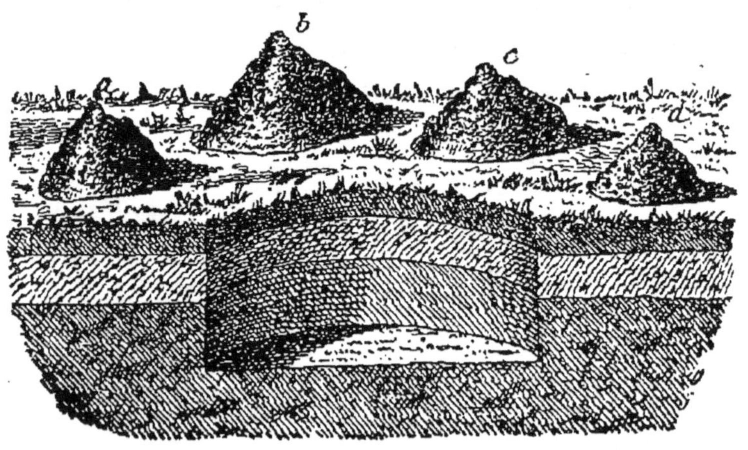

Fig. 409. — Ouverture d'un trou.

végétale, et l'on fait un second tas (*b*, même figure ; ensuite on fait un troisième tas *c*, avec la terre provenant du sous-sol. Puis, quelques jours avant de planter, on dépose à côté du trou une réserve de l'en-

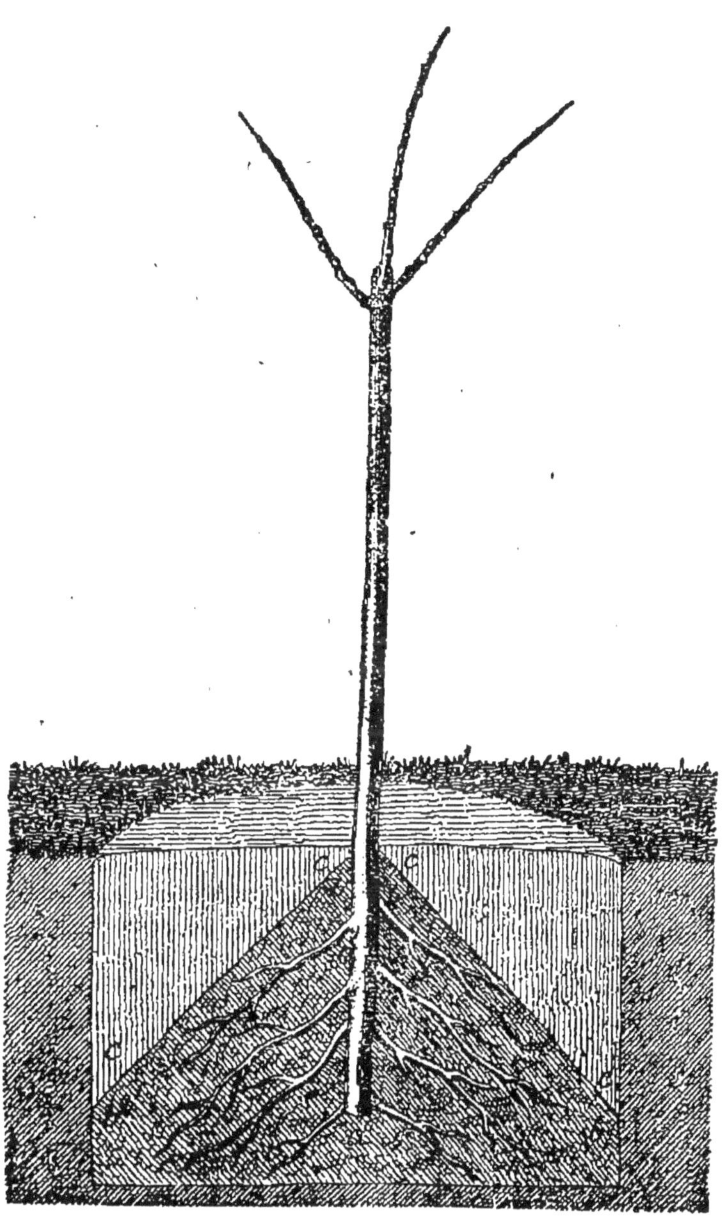

Fig. 410. — Plantation.

grais dont on peut disposer, pour fumer l'arbre en le plantant (*d*, fig. 409). Gazons décomposés, vases, vieux terreaux de fossés, composts, tout est bon.

Les racines des arbres à haute tige sont habillées comme celles des arbres nains. (Voir pages 317 et suiv.) L'habillage fait, on forme au bord du trou un monticule (fig. 410) avec de la terre végétale prise sur le tas *b* (fig. 409) ; on pose l'arbre sur ce monticule ; on étend les racines du premier étage tout autour, et on les couvre avec la terre du tas *b* (fig. 409). On opère de même pour les étages supérieurs de racines ; on les étale bien par étages, en les recouvrant alternativement avec la terre des tas *a* et *b* (fig. 409, jusqu'à la ligne *b* (fig. 410) ; on place l'engrais tout autour en *c* (fig. 410) ; on met par dessus ce qui reste de terre végétale, et l'on rebouche le trou avec de la terre du sous-sol, le tas *c* (fig. 409).

En opérant ainsi, les racines sont entourées de bonne terre et d'engrais ; avant qu'elles n'aient envahi toute la terre végétale, le sous-sol, placé au dessus, acquiert bientôt une valeur égale, sous l'influence de l'air, de l'engrais et de la culture. Les arbres plantés ainsi deviennent très vigoureux en peu d'années.

L'arbre planté, il faut le tailler pour commencer à former la tête. Celle des arbres à haute tige doit être complètement évidée au milieu pour y laisser pénétrer la lumière, et être formée comme celle de la figure 411 ; c'est la première condition de fertilité.

Rien n'est plus facile ; il ne faut pour cela qu'une taille pendant les trois ou quatre premières années, et ensuite cinq minutes tous les ans pour détruire les branches qui naissent au centre de la tête.

Avant de s'occuper de la formation de la tête, et

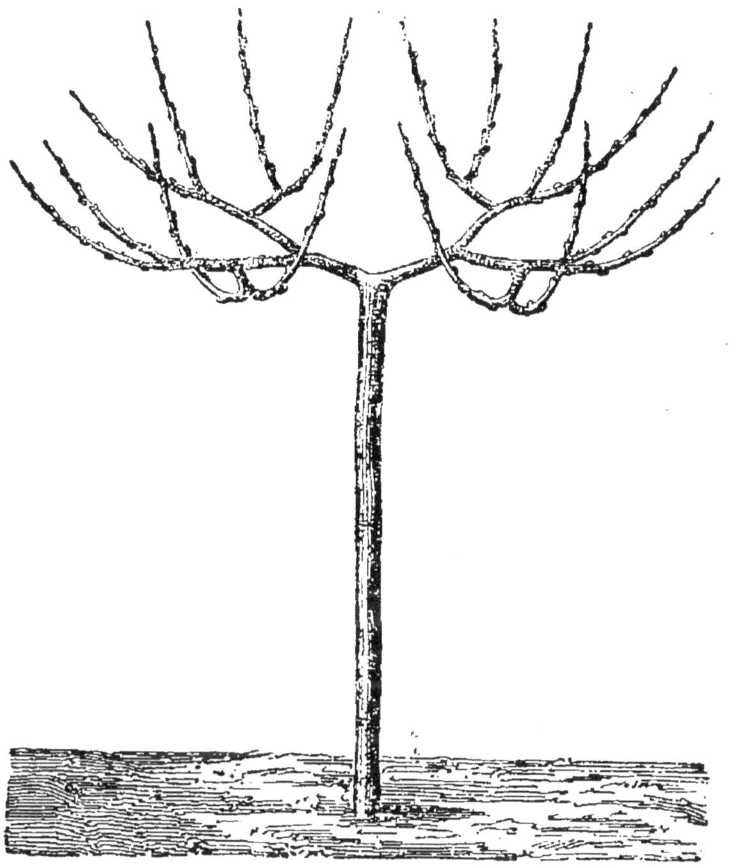

Fig. 411. — Arbre à haute tige.

aussitôt la plantation, il est indispensable de garantir les arbres des atteintes des animaux dans les vergers servant de pâture, et des accidents le long des chemins à l'aide d'une armature solide.

On a fait une foule de choses, toutes plus impuissantes et impossibles les unes que les autres. Les arbres à haute tige ont à redouter dans le verger et sur le bord des chemins: les vaches qui viennent se gratter dessus, le choc de la charrue, les accrocs des voitures, la dent des moutons, etc. etc., enfin la malveillance, et le plus souvent la bestialité des ivrognes, qui se figurent accomplir un acte d'héroïsme en cassant en deux un arbre bien repris et du plus bel avenir.

La meilleure armature, celle qui met les arbres le plus sûrement à l'abri, se compose de trois piquets (*a*, fig. 412) profondément enfoncés en terre et consolidés par six planchettes (*b*, même figure) solidement clouées aux piquets. C'est la plus simple, la plus économique, et la seule qui n'expose pas les arbres à une foule d'accidents, comme les tuteurs avec des ligatures de fil de fer, qui coupent d'abord les écorces et ensuite l'arbre, etc. etc.

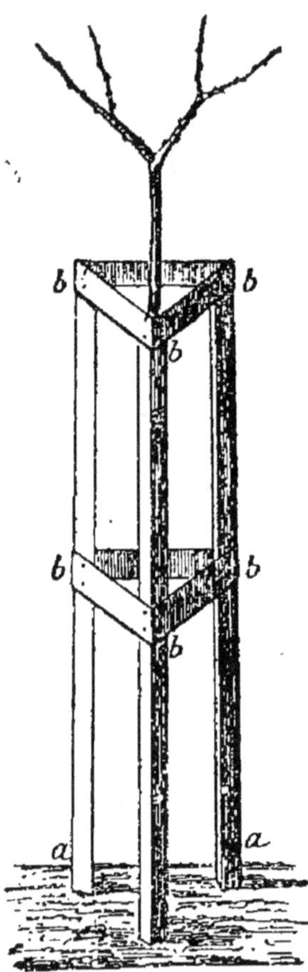

Fig. 412. — Armature pour les arbres à haute tige.

Ce soin pris, on s'occupe de former la tête et d'opérer la première taille. L'arbre que l'on vient de planter a un an de greffe. Sa tête se compose de deux ou trois branches latérales.

Quand il n'y a que deux branches, on les taille à la

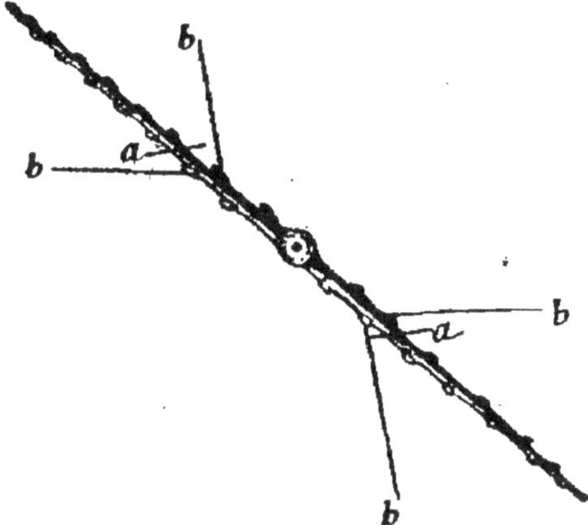

Fig. 413. — Première taille sur deux branches.

longueur de 30 centimètres environ, en *a* (fig. 413),
pour obtenir deux bifurcations (*b*, même figure).

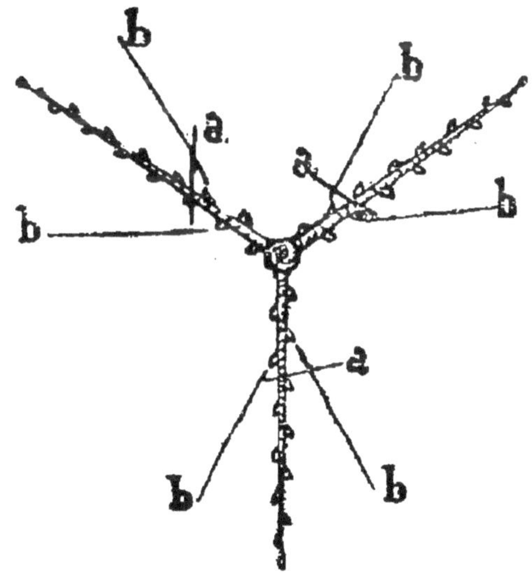

Fig. 414. — Même taille sur trois branches.

Si la tête de l'arbre a trois branches, on applique

la même taille *a*, pour obtenir les bifurcations *b*
(fig. 414). On va un peu plus vite.

La seconde année, que l'arbre ait été commencé
avec deux ou trois branches, on taille encore à 30 centimètres de longueur les bifurcations obtenues, pour
en obtenir deux nouvelles sur chaque branche, et l'on

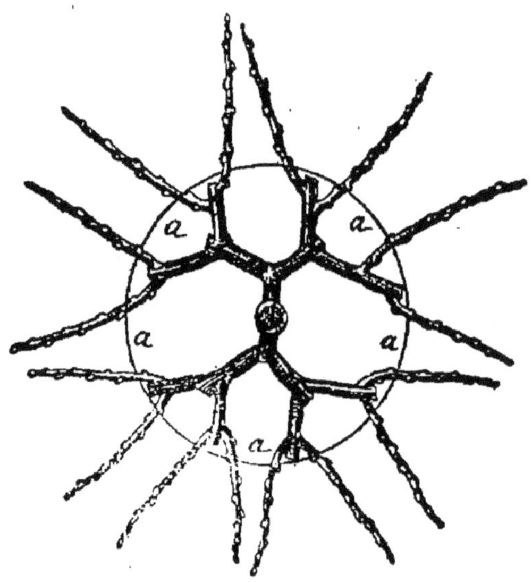

Fig. 415. — Tête formée sur deux branches.

détruit tous les bourgeons qui naissent en dedans du
cercle *a* (fig. 415 et 416). La quatrième année, la tête
de l'arbre est achevée et présente l'aspect de la
figure 411.

La lumière pénètre au centre ; la fructification
s'opère avec la plus grande facilité. Il n'y a plus qu'à
visiter les arbres chaque hiver, afin de supprimer les
branches qui poussent à l'intérieur, comme celles
qui s'élancent verticalement dans la tête, pour conserver une production abondante et continue.

Si on savait, et si l'on voulait dépenser chaque année pendant l'hiver, à l'époque où on ne fait pas grand'chose, et même rien du tout, à visiter les

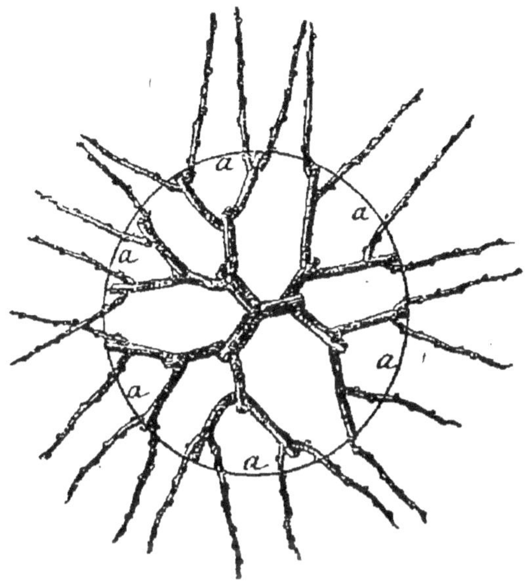

Fig. 416. — Tête formée sur trois branches.

arbres à haute tige, dix minutes par arbre, la production des fruits serait facilement doublée.

J'appelle très sérieusement l'attention de tous sur ce fait, qui acquiert une grande importance dans les pays à cidre surtout.

CHAPITRE VII

RESTAURATION ET ENTRETIEN DES ARBRES A HAUTE TIGE

L'entretien des arbres à haute tige, plantés, cultivés et élevés comme je viens de l'indiquer, n'est rien. Il suffit, une fois par an seulement, de les visiter, pour enlever les branches mortes et celles qui poussent dans l'intérieur de la tête; il faut également enlever avec le plus grand soin le gui et la mousse qui naissent sur les branches, chose très facile par un temps humide et pendant l'hiver, où l'on a toujours du temps de reste.

Fig. 417. — Serpe à lame bombée.

Les amputations doivent être faites avec des instruments très tranchants, avec une bonne serpe ; celle à lame bombée (fig. 417) est la plus commode et la meilleure pour la suppression des branches.

La section de la branche doit être faite rez du

tronc (fig. 418). On recouvre aussitôt la plaie avec du mastic à greffer, seul moyen d'éviter la carie chez les arbres à fruits à pépin, et la gomme chez les arbres à fruits à noyau.

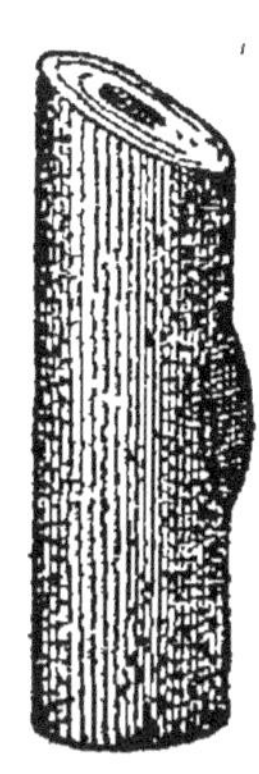 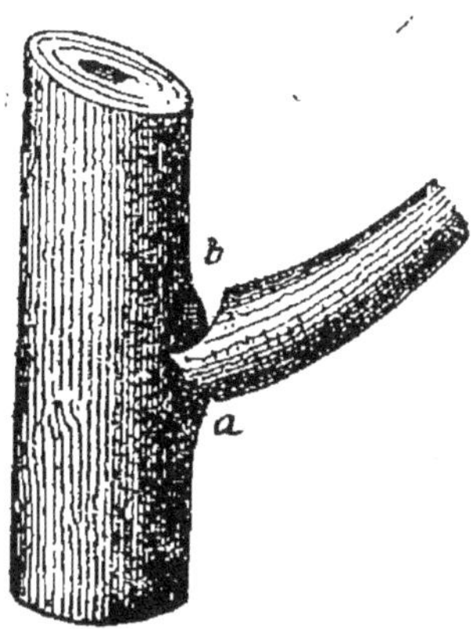

Fig. 418. — Branche bien coupée.   Fig. 419. — Entaille en dessous.

Quand on coupe une branche un peu grosse, il est indispensable de faire d'abord une entaille en dessous avec la serpe (*a*, fig. 419); ensuite on sape la branche en dessus en *b*. Lorsqu'on omet de faire l'entaille *a*, en dessous, le poids de la branche la fait tomber avant qu'elle ne soit entièrement coupée, et dans sa chute l'écorce se déchire souvent sur toute la hauteur du tronc de l'arbre.

Quand on se sert de la scie pour supprimer une branche, il faut ensuite bien polir la plaie avec une serpette ou une serpe très tranchante, toujours couper rez le tronc, et recouvrir aussitôt de mastic à greffer. Si la plaie reste découverte, ou si on laisse un onglet (fig. 420), le bois se décarbonise au contact destructif de l'oxygène ; il se carie, tombe en poussière, et, quelques années après, on trouve un trou à la place de l'onglet (*a*, fig. 421). Bientôt la carie atteint le canal médullaire, descend jusqu'au

Fig. 420. — Onglet.

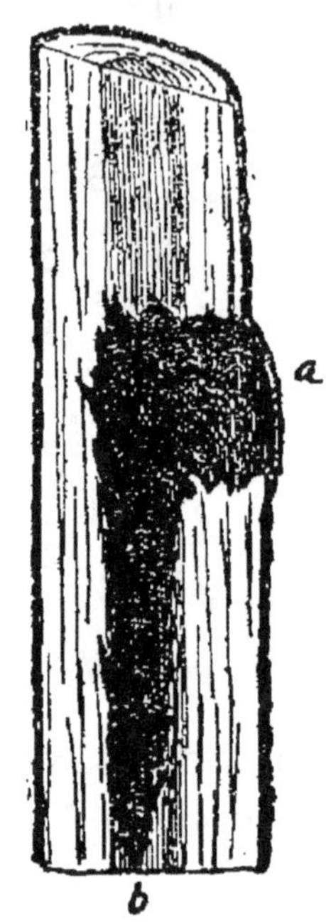

Fig. 421. — Arbre fendu en deux, effet de l'onglet laissé.

collet de la racine et tue l'arbre (*b*, même figure). Lorsque ces accidents arrivent, l'arbre est toujours en plein rapport ; c'est une perte réelle, causée autant par l'ignorance que par la négligence.

On peut sauver et conserver, pendant de longues années encore, les arbres les plus perforés par la carie, quand elle n'a pas atteint le collet de la racine. Voici comment on opère : il faut d'abord élargir le trou primitif, et aviver les parois jusqu'aux parties bien saines ; enlever ensuite toutes les parties cariées avec des instruments tranchants, dans toute la profondeur de la cavité, et la remplir complètement, après l'avoir bien nettoyée, de mortier de chaux auquel on mêle des petits cailloux, si la cavité est très grande et très profonde. On laisse sécher le mortier pendant quelques jours ; on avive l'orifice du trou, et l'on recouvre de mastic à greffer. Quelques années après, les écorces recouvrent l'ouverture, et l'arbre est aussi bien portant que s'il n'avait jamais été atteint par la carie.

Il faut bien se garder d'employer le goudron de gaz pour recouvrir les plaies ; c'est incontestablement très économique, mais fort dangereux pour les arbres à fruits. Les mastics à froid sont les meilleurs pour le jardin fruitier, mais ils deviennent trop dispendieux pour les employer en grandes quantités. Quand on a beaucoup de très gros arbres à restaurer, on peut fabriquer soi-même un mastic à chaud ne coûtant presque rien. Il se compose de :

Pour 100 parties en poids :

Poix noire.	28
Poix de Bourgogne.	28
Cire jaune.	16
Suif	14
Cendre tamisée	14
	100

Ce mastic s'emploie à chaud pour les arbres à haute tige et les arbres forestiers seulement, mais jamais pour le jardin fruitier.

L'entretien des arbres à haute tige demande peu

de temps et pas de dépense ; mais il est urgent de leur consacrer quelques minutes tous les ans. Quand ces arbres sont entièrement abandonnés, ainsi que cela a lieu à peu près partout, il pousse des branches qui obstruent la tête et la prive de lumière ; le gui absorbe une partie de la sève des arbres ; la mousse les envahit ; les fruits disparaissent et la décrépitude arrive bien vite.

Lorsque la tête des arbres du verger a été formée comme je l'ai indiqué, et que l'on se donne la peine de visiter ces arbres tous les hivers, pour enlever les branches qui naissent à l'intérieur, couper le bois mort, enlever le gui et la mousse aussitôt qu'ils apparaissent, opérations qui, je ne saurais trop le répéter, ne demandent que quelques minutes, faciles à trouver pendant l'hiver, les arbres sont d'une vigueur extrême, d'une fertilité remarquable ; leurs fruits sont plus gros, et ils paraissent défier le temps par leur santé et leur rusticité.

N'oublions pas, en terminant, que la fructification ne peut s'accomplir que sous l'action des rayons solaires. Tous les vieux arbres deviennent stériles, parce que la lumière ne pénètre plus dans leur tête ; lorsque les arbres ont été plantés trop près, et qu'ils se touchent, ils cessent de produire, alors il n'y a pas à hésiter à en supprimer un sur deux, et à dégager ensuite le centre des têtes de ceux conservés, de façon à ce que la lumière puisse y pénétrer. C'est un moyen aussi énergique qu'infaillible pour obtenir une abondante récolte, pendant de longues années encore, sur des arbres condamnés à la stérilité.

Lorsque les arbres ont été négligés depuis longtemps, qu'ils sont couverts de mousse et ne poussent plus du tout, on peut encore les rajeunir et en tirer bon parti pendant longtemps en opérant ainsi :

On commence par dégager complètement tout l'intérieur de la tête ; on ne conserve que les branches du tour, dont on supprime les ramifications lorsqu'elles sont trop nombreuses, et l'on supprime encore un quart ou un tiers de la longueur totale des branches conservées.

Fig. 422. — Emoussoir perfectionné.

On opère en décembre et janvier ; les amputations doivent être faites rez le tronc, avec une serpe bien tranchante, et recouvertes aussitôt de mastic à greffer.

Aussitôt les suppressions faites, on enlève avec l'émoussoir (fig. 422) toutes les mousses et les écorces inertes, et on chaule l'arbre.

Lorsque ces diverses opérations sont terminées, on laboure au pied de l'arbre, sur un diamètre de 1 mètre environ, et l'on y enfouit une bonne fumure d'engrais très consommé.

L'arbre pousse avec vigueur ; on dirige les jeunes bourgeons, comme je l'ai indiqué, pour former une tête bien établie. Au besoin, on supprime les bourgeons, lorsqu'ils sont trop nombreux, et avant tout les verticaux et ceux placés au centre de la tête.

Les nouveaux bourgeons donnent naissance à de nouvelles racines, et en moins de trois ans l'arbre le plus maladif devient aussi vigoureux que fertile ; il peut donner d'excellents et abondants produits pendant de longues années, si on veut lui consacrer dix minutes tous les hivers, pour maintenir la tête vide et supprimer les gourmands verticaux.

Dans tous les cas, il est toujours utile de rapprocher les branches des arbres qui ne . poussent plus, pour leur faire produire de nouveaux bourgeons et de nouvelles racines ; c'est un moyen de restauration très énergique, qui produit toujours les meilleurs résultats.

Cette restauration peut se faire partiellement, en deux ou trois années et sans interrompre la récolte.

Quand un arbre cesse de produire régulièrement, on rapproche d'abord le tiers des branches, l'année suivante le second tiers, et l'année d'après le troisième. Les bourgeons vigoureux, nés après le premier rapprochement, donnent des fruits quand on attaque le troisième tiers. En opérant ainsi, on récolte toujours des fruits, et en moins de cinq années on renouvelle complètement les têtes d'arbres que l'on arrache le plus souvent, parce qu'on ne sait pas les restaurer.

CHAPITRE VIII

PÉPINIÈRE

SOL, DÉFONCEMENT, ENGRAIS, MULTIPLICATION
PLANTATION, ETC. ETC.

Mon but n'est pas d'enseigner à faire de la pépinière pour en faire une industrie ; il faut pour cela savoir le *métier*, l'avoir appris et longuement pratiqué, opérer sur une grande échelle avec activité et intelligence, et être toujours sur le terrain, pour y trouver la fortune. Je veux simplement donner les indications nécessaires aux propriétaires, aux fermiers, aux petits cultivateurs et aux instituteurs primaires, pour obtenir de bons arbres avec très peu de dépense.

Une pépinière est indispensable aux grands propriétaires pour faire les arbres qu'ils ne trouvent pas en pépinière, tels que : arbres pour mettre en pots, poiriers sur épine blanche, pêchers et abricotiers sur abricotier franc et sur pêcher franc, et sur épine noire, et aussi aux fermiers, surtout dans les contrées à cidre, pour élever des arbres excellents, leur revenant à un prix des plus modérés pour leur permettre de planter en grand, et produire assez de cidre pour combler les vides faits dans nos vignobles par le phylloxera.

Les instituteurs, généralement peu favorisés de la fortune, trouveront dans l'élevage de quelques arbres une économie notable, et, en suivant à la lettre les indications suivantes, ils arriveront vite, non seulement à faire d'excellents arbres, ne coûtant presque rien, mais encore à faire créer des petites pépinières dans le pays, et par conséquent à y propager les bons fruits, et à y faire créer des plantations apportant le bien-être à tous.

Le premier soin quand on plante une pépinière est de se procurer les arbres devant fournir les greffes. Il suffit de s'adresser à une maison honorable pour avoir les variétés demandées.

On plante les arbres (greffe d'un an) destinés à fournir les greffes, dans un sol riche, copieusement fumé, à la distance de trois mètres en tous sens, et l'on supprime les deux tiers de la longueur totale de la tige, en les plantant. Tous les yeux produisent des bourgeons vigoureux fournissant d'excellentes greffes. On conserve cinq ou six yeux seulement à la base de chaque bourgeon enlevé ; l'année suivante, ces yeux fournissent des bourgeons vigoureux, donnant quantité de greffes.

Il faut choisir, pour créer une pépinière, un sol de

consistance moyenne, substantiel sans être compact, et ayant une profondeur de 50 à 60 centimètres environ.

On défonce le sol à deux fers de bêche, ou à la charrue suivie d'une fouilleuse, et l'on enfouit une copieuse fumure à la profondeur de 25 centimètres environ. Il faudra employer les engrais dont on disposera : tous sont bons ; mais, si on les achète, on prendra des déchets de laine de préférence. Cette fumure donne lieu à une végétation luxuriante et éloigne les vers blancs.

Si l'on veut réussir, il faut bien se garder de faire le plant soi-même ; il y a bénéfice à l'acheter dans une bonne maison, et à le payer plus cher pour l'avoir de premier choix.

Les plants de cognassier, poirier franc, pommiers doucin et francs, etc. etc., valent de 20 à 30 francs le mille.

On choisira de bons plants de cognassier pour poirier ; de doucin et de paradis pour pommier nain, avec le plus de racines possible, une tige bien saine et bien vive ; du semis de pruniers d'un an pour prunier, abricotier et pêcher sur prunier ; du semis de Sainte-Lucie d'un an pour cerisier nain, et du semis de poirier d'un an pour poirier franc.

Les amandes pour pêcher sur amandier, les noyaux de pêches pour pêcher franc, d'abricotier pour abricotier franc, d'épine noire, etc. etc., se sèment après les avoir stratifiés. Vers les premiers jours de janvier on prend un grand pot à fleur au fond duquel on met 5 centimètres de terre environ (*a*, fig. 423), puis un lit de noyaux *b*, un lit de terre et un lit de noyaux, et ainsi de suite jusqu'en haut du pot. La terre doit être

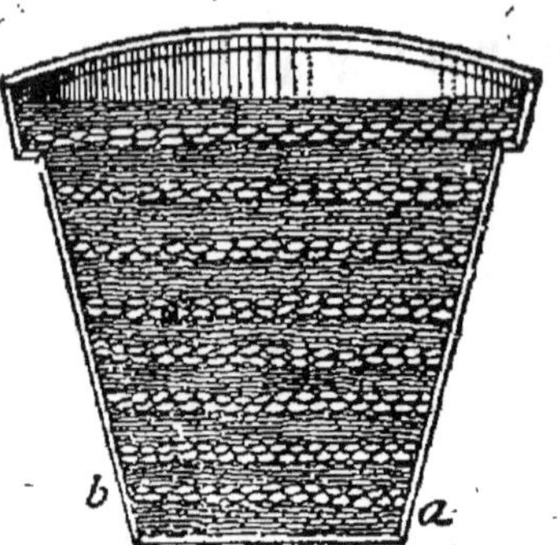

Fig. 423. — Stratification.

humide, mais pas trop mouillée. On abandonne le pot à la cave, en ayant soin de donner un léger bassinage de temps en temps, si la terre se dessèche trop. Au mois de mars, les noyaux sont ouverts et complètement germés.

Avant de semer, on supprime un tiers environ de la radicule de l'amandier, du pêcher et de l'abricotier, pour la forcer à se ramifier. Les radicules des autres sujets sont laissées intactes.

Les semis doivent être faits dans une terre plus légère que forte, profondément labourée et copieusement fumée.

On ouvre des sillons à la distance de 30 centimètres et profonds de 10 centimètres environ, et on place dedans, tous les 15 centimètres environ, un noyau germé. Il est utile de donner plusieurs binages, pendant l'été, autant pour détruire les mauvaises herbes que pour maintenir le sol perméable à l'air. A la fin de l'année, le plant est bon à mettre en place pour le greffer au mois d'août suivant.

L'amandier, pour greffer les pêchers, pousse avec une telle rapidité qu'il faut le semer tout de suite en place. La terre bien préparée et fumée, on ouvre des sillons à la distance de 70 centimètres, et profonds de 12 centimètres environ, et l'on y place une amande germée tous les 45 centimètres. Au mois de septembre suivant les amandiers peuvent être greffés.

L'époque la plus favorable pour faire les semis est le mois de mars ; on peut les prolonger jusqu'au 15 avril, mais c'est déjà tard.

Le pêcher greffé sur amandier pousse très vite, mais la reprise n'en est pas toujours assurée. Il est rare qu'il n'en meure pas quelques-uns dans les nouvelles plantations.

Le propriétaire, faisant les arbres chez lui, évitera cet inconvénient, et plantera des arbres qui reprendront à coup sûr. Rien de plus simple.

On se procurera des paniers à beurre. Ces paniers en écorce, très solides, sont ronds ; leur diamètre est de 40 centimètres, et leur hauteur de 45 à 50. On en trouve chez tous les fruitiers pour quelques centimes.

Au mois de mars on remplira les paniers de bonne terre, mélangée de fumier très consommé ou d'un peu de terreau de couche ; on plantera une amande germée au milieu, et on enterrera complètement les paniers dans un carré.

La végétation de l'amandier sera des plus promptes dans ces conditions. Au mois de septembre suivant, on posera deux écussons sur chaque amandier, un de chaque côté pour obtenir deux branches.

Pendant l'été suivant, les deux branches acquerront une longueur d'un mètre au moins. A l'automne nous aurons un excellent pêcher sur deux bras ; il suffira de déterrer le panier et de le placer au milieu du trou fait à l'avance, pour que la reprise soit infaillible, et que l'arbre pousse comme s'il n'avait pas été déplanté.

Les deux bras seront coupés après la plantation sur une longueur de 20 centimètres environ, et pousseront avec toute la vigueur que produit un recépage sur un arbre qui n'a pas été déplanté. Dans ces conditions, indépendamment de la certitude de la reprise de l'arbre, on gagnera au moins une année sur sa formation et sa production.

La vigne est le seul arbre qu'il y aura bénéfice à marcotter. On plante un pied de vigne vigoureux ; on le fume copieusement et, lorsqu'il est bien enraciné, on le recèpe à 30 centimètres du sol. Pendant l'été, on choisit sur la souche cinq ou six bourgeons vigoureux, et l'on supprime les autres ; les bourgeons anticipés et les vrilles sont supprimés au fur et à mesure qu'ils se produisent ; on palisse les bourgeons sur des échalas, et l'on pince l'extrémite quand ils ont atteint la longueur de $1^m,20$ à $1^m,50$.

L'année suivante, au printemps, on supprime les sarments faibles, s'il y en a, pour ne conserver que les vigoureux ; on ouvre des rigoles profondes de 25 centimètres environ autour de la vigne, et l'on y couche les sarments en *a* (fig. 424) ; on les fixe solidement avec des crochets en bois *b*, et l'on recouvre de terre, en ayant soin de relever l'extrémité du sarment, que l'on fixe sur un des échalas *c*, puis on met un bon paillis de vieux fumier pour maintenir la fraîcheur dans le sol et donner de la nourriture aux racines qui vont naître. Cela fait, on taille sur deux yeux hors de terre. Il se développe pendant l'été deux bourgeons vigoureux; on supprime les vrilles et les bourgeons anticipés, et on attache les bourgeons sur les échalas, c.

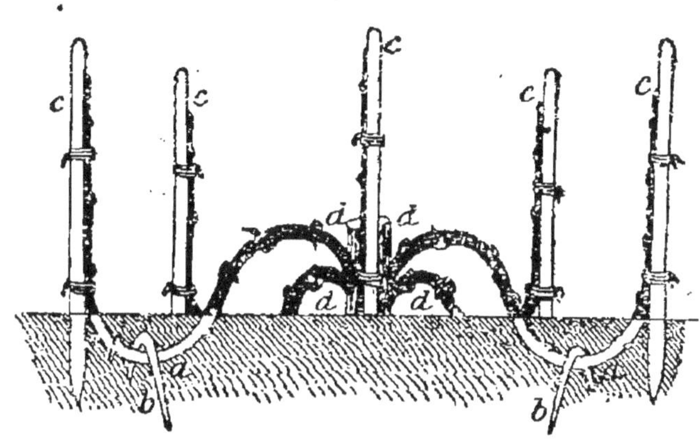

Fig. 424. — Marcottage.

A la fin de la saison, la partie couchée est enracinée ; on sèvre la marcotte en d, c'est-à-dire qu'on la détache du pied mère, et on l'arrache pour la planter à demeure.

Le moment le plus favorable pour planter la pépinière est du 15 décembre à la fin de janvier, quand toutefois les gelées ne s'y opposent pas.

On plante bien jusqu'en mars, mais la plantation d'hiver est préférable. Quand on peut planter en décembre avec de bons plants, les quatre-vingt-dix centièmes seront bons à greffer au mois d'août suivant.

Il faut habiller tous les plants avant la plantation. Le cognassier et les pommiers doucins et paradis provenant de marcottes, sont taillés de la manière

suivante : on prend cinq ou six plants à la fois, et
ur un billot on coupe la tige d'un seul coup de serpe,
à moitié de sa longueur, en *a* (fig. 425); puis, avec une
serpette, on coupe les racines en *b* (même figure),
assez court pour qu'elles ne se rebroussent pas en

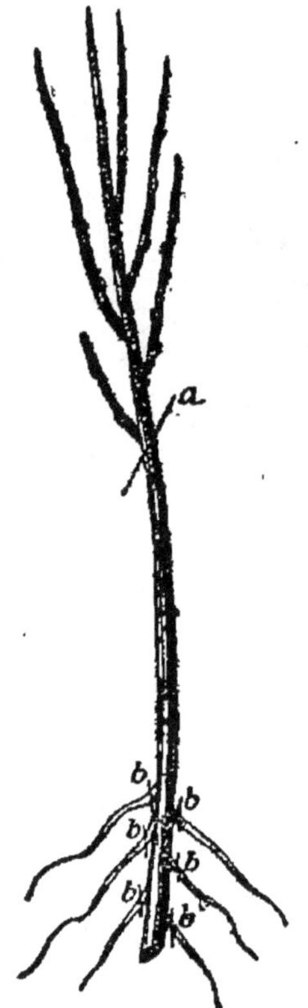
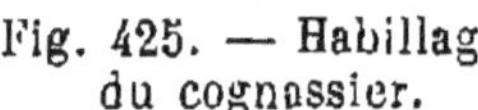

Fig. 425. — Habillage
du cognassier.

Fig. 426. — Habillage
du semis.

plantant à la cheville et en conservant environ un
centimètre de longueur.

La tige des plants provenant de semis, poirier franc,
prunier Sainte-Lucie, etc., se coupe comme les pré-

cédents, en b (fig. 426) ; et l'on supprime le tiers environ du pivot en a (même figure), pour contraindre la racine à se ramifier.

Le plant de cognassier, après l'habillage, présente l'aspect de la fig. 427, et celui des semis celui de la figure 428.

Lorsque tout le plant est préparé ainsi, on procède à la plantation. Les lignée doivent être orientées de l'est à l'ouest, pour donner moins de prise au vent. On pose un long cordeau pour planter aux distances suivantes :

Fig. 427
Cognassier habillé.

Fig. 428. — Plant de semis habillé.

Pour le cognassier : les lignes à 85 centimètres et les plants à 45 ;

Pour le doucin et le paradis : les lignes à 70 centimètres et les plants à 35 ;

Pour la Sainte-Lucie : les lignes à 90 centimètres et les plants à 50 ;

Pour le prunier : les lignes à 70 centimètres et les plants à 40.

Les poiriers francs sont repiqués en lignes distantes de 50 centimètres et les plants à 30, pour être replantés l'année suivante : les lignes à 70 centimètres et les plants à 40. Sans ce repiquage, le poirier franc n'émettrait pas de racines et ne ferait que de mauvais arbres. On le greffe la seconde année après le repiquage.

La plantation se fait à la cheville, avec un plantoir un peu long, quelques semaines après le défoncement, lorsque le sol est un peu rassis. Il est urgent de bien appuyer la racine sur la terre, et de l'y bien faire adhérer, en appuyant fortement avec la cheville.

Aussitôt la plantation faite, on donne un binage énergique pour alléger le sol.

CHAPITRE IX

GREFFE, RECÉPAGE, SEMIS, ETC.

Lorsqu'arrive le printemps, quand le soleil prend de la force et que la terre est bien saine, on donne un binage, autant pour détruire les mauvaises herbes que pour rendre le sol perméable et l'ouvrir à l'influence des agents atmosphériques.

Il ne faut jamais regarder à un binage en pépinière ; c'est une façon coûteuse, il est vrai, mais c'est un prêt fait à la terre, et toujours rendu avec usure. Même lorsque les terres sont propres, il y a profit à donner deux ou trois binages de mars à août, époque de la greffe. On ne doit jamais voir un brin d'herbe dans la pépinière, et le sol doit toujours être meuble ; quand il y a de l'herbe, rien ne pousse.

Il faut bien se garder de planter des légumes dans la pépinière. Quelques petits pépiniéristes, inspirés par la misère, y ont semé des haricots, etc. ; ils ont détruit leurs récoltes d'arbres pour récolter quelques mauvais légumes.

Le sol de la pépinière doit appartenir exclusivement aux arbres, si l'on veut réussir.

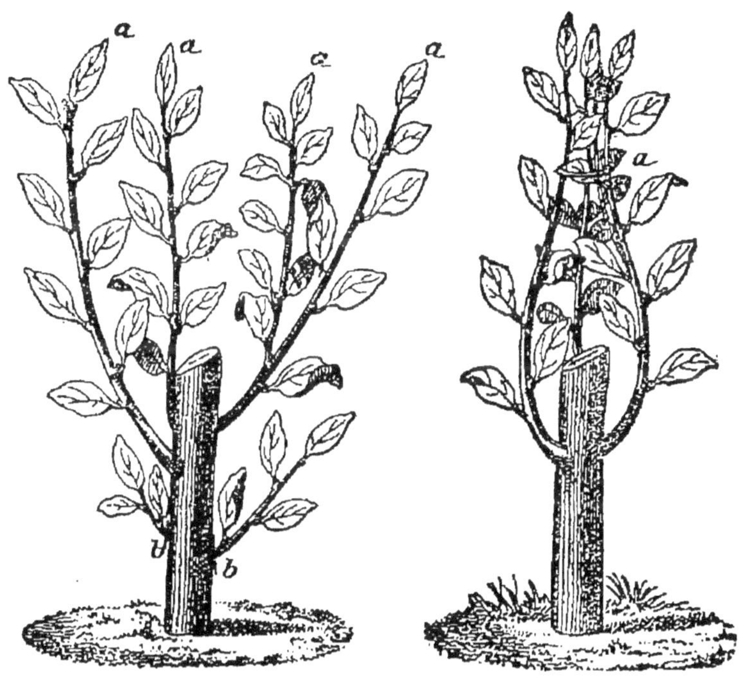

Fig. 429. — Cognassier en août.   Fig. 430. — Cognassier préparé
pour la greffe.

Dans les premiers jours de juillet, on prépare le plant pour la greffe. Cette opération consiste à supprimer en *b* (fig. 429), sur le tronc, les bourgeons qui sont placés trop bas et gèneraient pour greffer. Des rameaux vigoureux ont poussé au sommet du plant (*a*, même figure), on les réunit tous, et on les attache en *a* (fig. 430) avec un lien de paille, pour laisser le passage libre, le plant découvert, et éviter de retarder les greffeurs.

Lorsque les plants sont préparés, on s'assure du *bourgeon* nécessaire, des greffes pour greffer la pépinière. On prend des pousses de l'année, vigoureuses et bien aoûtées ; il faut que les bourgeons aient passé à l'état ligneux pour donner de bonnes greffes.

On greffe en écusson (voir page 148) du 15 juillet au 15 août, suivant la température et l'état de la végétation. Les greffes doivent être prises sur des arbres sains, vigoureux et exempts de maladie. Toute greffe prise sur un arbre faible ou malade ne produit jamais qu'un mauvais arbre.

En outre, il faut n'employer que les yeux du milieu du bourgeon, si l'on veut obtenir de bons arbres. Ceux du bas ne sont pas assez développés ; ils ne produisent que des sujets faibles ; ceux du haut ne sont pas assez mûrs, ils ne reprennent pas. Tout cela ne paraît rien, mais tous ces riens constituent une foule de causes d'insuccès, quand l'expérience pratique manque.

Chaque matin on fait sa provision de greffes. Aussitôt le bourgeon détaché de l'arbre, le premier soin est de couper les feuilles, pour éviter l'évaporation ; ensuite on coupe le bourgeon en bas pour faire tomber les yeux qui ne sont pas assez développés ; on en fait autant de l'extrémité, afin de ne livrer aux ouvriers que les bons yeux. On enveloppe les greffes dans un linge ou dans de la mousse humide, et l'on se met à l'œuvre.

Chaque greffeur doit être suivi d'une attacheuse. Les greffes se font en juillet et août, au moment le plus chaud de l'année; il faut que l'opération marche rondement pour être couronnée de succès. Le greffeur lève l'écusson, incise les écorces, l'insère, le coupe du haut et passe à un autre sujet. L'attacheuse lie derrière lui, et, pour opérer dans de bonnes conditions, elle ne doit jamais avoir plus de dix arbres à lier devant elle. Quand elle ne peut suivre le greffeur à dix arbres près, il faut la changer.

On greffe en premier le poirier franc, que la sève abandonne avant les autres espèces. Aussitôt après le poirier franc, on prend le prunier, ensuite le cognassier, le pommier ensuite, et en dernier lieu l'amandier dans les premiers jours de septembre. Il faut toujours éviter de greffer le pommier après la pluie ; il reprend mal. Quand le temps est mauvais, il est préférable d'attendre qu'il s'assainisse.

Aussitôt après la greffe, on donne un binage énergique pour alléger le sol et détruire les mauvaises herbes. C'est à la rigueur la dernière façon de l'année; mais, si cependant l'automne était humide, il serait indispensable de donner un dernier binage à la fin de la saison.

Rien n'est plus dangereux que de laisser de l'herbe dans une pépinière à l'approche de l'hiver. Il n'en faut pas davantage pour faire geler les écussons; il n'y a rien à craindre quand la terre est propre.

Lorsque les greffes ont été liées avec du coton, il est indispensable de les desserrer quinze jours après, pour éviter des étranglements. Les ligatures végétales sont plus économiques; elles se desserrent toutes seules, coûtent moins cher et épargnent une façon.

Vers la fin de l'hiver, quand les grandes gelées ne sont plus à redouter, on opère le recépage : il consiste à couper le sujet d'un coup de serpette, 12 à 15 centimètres au-dessus de la greffe (*a*, fig. 431).

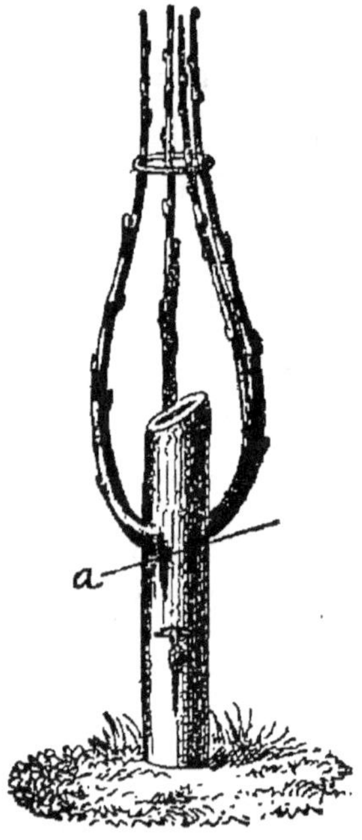

Fig. 431. — Recépage.

Aussitôt après cette opération, on donne un labour à la houe. La pépinière est en bon état de culture; le recépage concentre toute l'action de la sève sur la greffe; il n'y a plus qu'à attendre la végétation.

Il ne faut jamais être en retard pour les façons. Le pépiniériste qui les fait attendre est un homme coulé, il n'aura jamais que de mauvais produits; celui qui est toujours prêt et attend la végétation s'enrichit vite.

CHAPITRE X

ÉBOURGEONNAGE, ÉDUCATION DES TIGES
ARRACHAGE, ETC.

———

Nous avons recépé nos sujets de 12 à 15 centimètres au-dessus de la greffe. La végétation de la seconde année s'éveille ; l'œil de l'écusson s'allonge, et il perce plusieurs yeux sur le sujet. Nous laisserons ces yeux s'allonger, comme celui de la greffe ; mais il faudra les surveiller, pour qu'ils n'acquièrent pas plus de vigueur qu'elle et ne vivent pas à son détriment.

La greffe *a* (fig. 432) est bien partie ; le bourgeon *b* est aussi vigoureux qu'elle ; il l'absorberait inévitablement si l'on n'y portait remède. Le bourgeon *b* sera pincé en *d*, et on conservera les bourgeons *c* moins vigoureux que la greffe, jusqu'à ce que celle-ci ait atteint la longueur de 25 à 30 centimètres. Alors on supprimera tous les bourgeons rez le tronc en *e*, pour laisser la greffe absorber à elle seule toute la sève du sujet (fig. 432).

Aussitôt l'ébourgeonnage fait, on attache la greffe avec un jonc (*a*, fig. 433) sur le chicot du sujet, afin de la redresser pendant qu'elle est tendre ; elle n'a plus qu'à pousser, et vers le mois de septembre, lorsque la greffe a acquis la consistance ligneuse et n'a rien à craindre, on enlève le chicot d'un coup de serpette

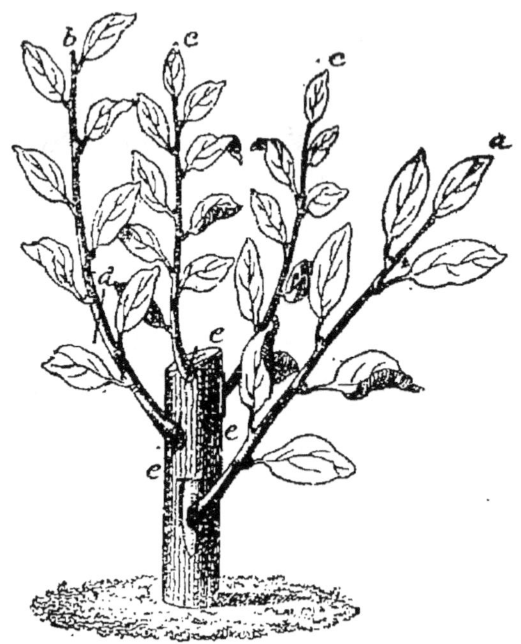

Fig. 432. — Ébourgeonnement.

en *b* (fig. 433). On a alors un arbre d'un an bien constitué ; il n'y a plus qu'à attendre l'époque de l'arrachage.

Le point capital, pour obtenir de bons arbres, est de faire l'ébourgeonnement et le palissage en temps opportun. Ceux qui ont toujours le temps et opèrent quinze jours trop tard ne récoltent que des arbres pitoyables, tandis que leurs voisins en ont de 2 mètres de haut. Ce n'est pas du sol que vient la différence: il est la même dans les deux pièces; c'est du soin et du travail, source de tous les succès, bien plus encore en culture qu'en toute autre chose.

L'arrachage doit être fait avec soin, afin de ménager les racines ; il est des plus faciles pour les greffes d'un an. Le meilleur ins-trument, pour l'opérer vite et bien, est une forte bêche, mais une bêche de 40 centimètres de lame (fig. 434), et non une espèce de pelle à feu. On plonge la bêche verticalement dans le sol; on fait levier avec, et l'arbre est enlevé sans perdre une radicelle. Pour les arbres à haute tige, qui ont des racines assez étendues, il faut les cerner tout autour avec la pioche, et les enlever avec le plus de racines possible.

Quand on veut faire des arbres à haute tige, il faut bien se garder de faire la tige avec le sauvageon ;

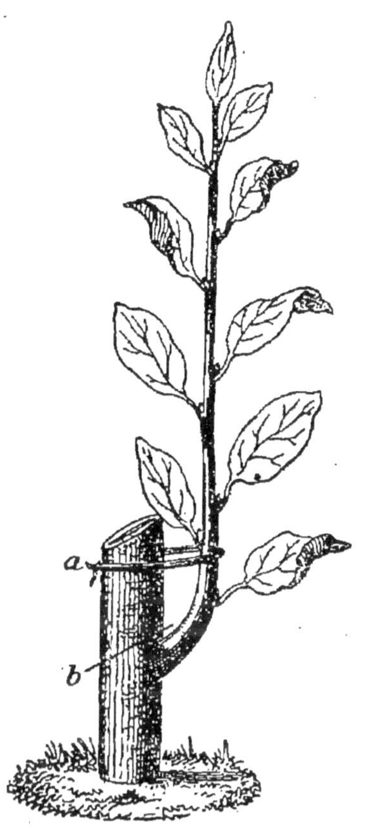

Fig. 433. — Sujet ébourgeonné et greffe palissée.

cela demande un temps infini, et ne donne guère que des arbres tortus et sans valeur aucune. On repique du plant de poirier ou de pommier franc en décembre ou janvier ; ce plant est recépé l'année suivante, quand il est bien pris, afin d'obtenir une tige vigoureuse.

Au mois d'août, après le repiquage, on pose à la base du plant, presque rez le sol, un écusson d' un

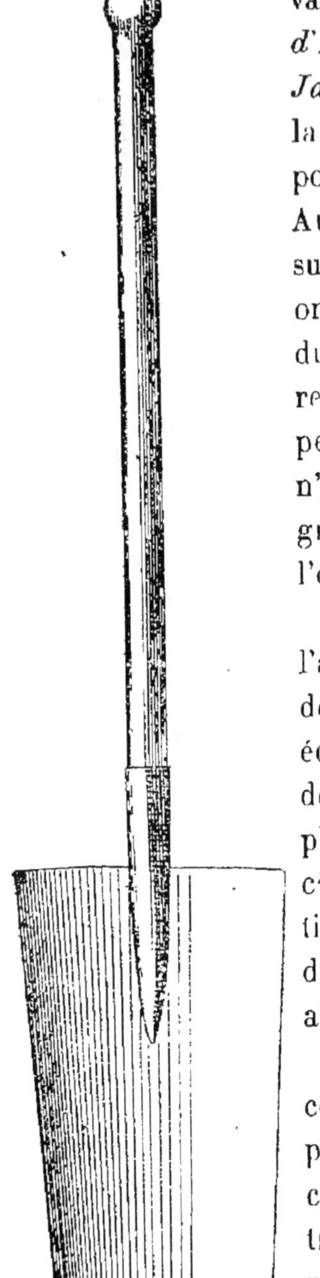

Fig. 434. — Bêche de labour et d'arrachage (modèle au dixième).

variété très vigoureuse du *beurré d'Amanlis*, du *Carisis* ou de la *Jaminetle* pour les poiriers, de la *belle Joséphine* ou du *Canada* pour les pommiers, etc. etc. Au lieu de recéper au printemps suivant, sur un œil du plant, on taille sur l'écusson, qui produit une tige droite, très vigoureuse, et forme un baliveau superbe en moins de trois ans. Il n'y a plus, la tige obtenue, qu'à greffer en tête la variété que l'on veut reproduire.

Les tiges faites ainsi ont l'avantage d'être droites comme des barres de fer, d'avoir les écorces lisses et unies. Ce sont des arbres d'élite, que l'on peut planter avec certitude de succès ; mais la formation de la tige, toute prompte qu'elle est, demande des soins ; on la traite ainsi :

On recèpe sur l'écusson, comme je l'ai dit précédemment pour les greffes d'un an. Quand, ce qui est rare, la tige n'est pas très droite, on y met un tuteur pour la redresser, et on l'attache dessus (fig. 435).

Il est utile de conserver une certaine quantité de rameaux latéraux sur les tiges, pour les faire grossir vite ; mais il ne faut jamais laisser ces rameaux

Fig. 435. — Tuteur pour redresser la tige.

Fig. 436. — Pincement d'une tige en formation.

devenir trop vigoureux ; ils grossiraient trop par la base, et leur extraction laisserait des cicatrices dangereuses sur l'arbre.

Le pincement est un moyen très efficace pour favoriser le développement de la tige. Les bourgeons *a* (fig. 436) sont d'une vigueur égale à celle du prolongement ; si on laisse ces trois bourgeons pousser librement, l'arbre cessera de monter. Il faut pincer les bourgeons *a* en *b*, afin de concentrer l'action de la sève sur le bourgeon du prolongement, et lui faire acquérir un grand développement. Les deux bourgeons *c* sont trop vigoureux : on les pincera en *d* ; l'équilibre sera parfait et le prolongement poussera avec vigueur.

Au fur et à mesure que la tige s'allonge, il faut supprimer les rameaux latéraux progressivement, mais jamais tous à la fois. L'arbre (fig. 437) a deux ans de pousse. A la taille d'hiver, on supprimera en *a*, rez le tronc, les rameaux les plus bas. La plaie produite par la section sera recouverte pendant l'été suivant. Lorsque l'arbre aura

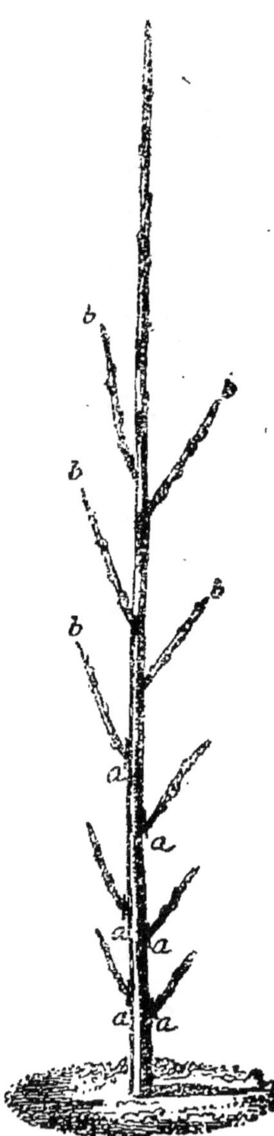

Fig. 437. — Élagage de la tige.

fourni un autre prolongement, on supprimera les rameaux *b*, l'année d'après. La tige aura acquis la longueur voulue ; elle sera droite comme une barre de fer, et il n'y aura plus qu'un écusson à poser au sommet, pour former la tête, avec la variété désirée, et l'on aura un arbre de premier choix, dont la reprise est assurée à l'avance, s'il a été bien arraché et bien replanté.

La greffe en écusson est toujours préférable, même pour les arbres à haute tige, en ce qu'elle ne désorganise pas l'arbre, avec une fente, qui se rebouche souvent mal et donne lieu à une foule de maladies. En suivant à la lettre les indications que j'ai données, on obtiendra des arbres d'élite.

Tout cela est facile à faire assurément et semble très simple après une lecture. La difficulté n'est pas de faire une opération comme je l'indique, mais de la faire au moment voulu ; pour cela, il faut l'expérience pratique, et par elle seule on peut arriver à opérer en temps opportun.

On me demande, depuis bien des années, de traiter de la pépinière dans mes livres. J'ai dû ajourner parce que j'avais la conviction que les trois quarts de ceux qui essayeraient obtiendraient des résultats négatifs. Une seule considération m'avait décidé d'abord : la désignation de mes livres par le ministère de l'Instruction publique pour les bibliothèques scolaires, et une seconde, plus puissante encore : la détresse de l'agriculture.

Les instituteurs primaires, dont le zèle est aussi

grand que les ressources sont restreintes, pourront réussir parce qu'ils sont laborieux et attentifs, mais à la condition *de se procurer du plant d'élite.*

Il y aura un bénéfice notable pour les propriétaires et les instituteurs à acheter leur plant dans une maison honorable. Ils auront pour une faible somme du plant excellent, qu'ils ne pourraient obtenir eux-mêmes et qui leur reviendrait plus cher.

La *fabrication du plant* est une industrie toute spéciale ; il faut le faire en grand et être organisé pour cela, si l'on veut arriver à de bons résultats.

De bon plant, cultivé comme je l'ai indiqué, donne des arbres excellents en dix-huit mois ; de mauvais plant, donne des arbres pitoyables en trois ans, et souvent plus.

CHAPITRE XI

VIGNOBLE

CONSIDÉRATIONS GÉNÉRALES. — DISPOSITION
PRÉPARATION DU SOL. — PLANTATION

Depuis longues années, mes auditeurs et mes lecteurs me demandent instamment de les guider dans la culture des vignobles, et me pressent d'écrire un livre comme *l'Arboriculture fruitière* et *le Potager moderne*, traitant du vignoble.

Je n'ai pas écrit et je n'écrirai probablement pas le livre demandé. J'ai horreur des compilations ; je ne veux pas faire un livre avec ce qui a été dit sur le vignoble, et il ne me reste pas assez de temps pour faire les expériences indispensables à la confection d'un livre sérieux et utile. Cela demanderait une existence tout entière, et le Temps me dira bientôt : « Arrête-toi ! »

J'étudie sérieusement le vignoble et fais des expériences continues depuis plus de vingt-cinq ans ; je me fais un plaisir de donner dans ce livre et dans mes almanachs ce que j'ai acquis.

Lorsque j'ai cherché la lumière parmi les mille méthodes pratiquées en France, je n'ai trouvé qu'obscurité et confusion.

Chaque contrée a son mode de plantation, chaque arrondissement des formes particulières, et presque chaque commune une taille qui lui est propre.

Ces innombrables méthodes de formes et de tailles donnent toutes des raisins, cela est incontestable, mais sont loin de produire ce que l'on peut exiger de la vigne. La majeure partie a pris naissance dans l'empirisme ; il en est bon nombre en dehors des lois végétales. Chez toutes, nous trouvons, à l'examen, absence totale de principes.

Cela ne doit surprendre personne : la culture de la vigne est plus arriérée que toutes les autres, parce qu'elle a été presque entièrement abandonnée aux vignerons.

Le vigneron est, je ne saurais trop l'en féliciter, un travailleur infatigable ; mais il s'est formé tout seul et n'a eu, pour guider ses bras vaillants, que la houe, la serpe et le sécateur. C'est beaucoup, assurément, que de se servir d'outils avec dextérité, de les faire marcher vite et longtemps ; mais cela ne suffit pas pour découvrir les secrets de la nature, augmenter la production, et par conséquent la richesse publique.

Depuis une trentaine d'années, les propriétaires, suivant nos cours d'arboriculture et de culture de légumes, et obtenant par leur direction des résultats que les jardiniers les plus habiles n'ont pu atteindre, se sont demandés si le vigneron n'avait pas une certaine similitude avec le jardinier, et si la même direction n'augmenterait pas le produit de leurs vignes.

De là, nos premières études, et les premières applications par les propriétaires. Presque toutes ont été des plus heureuses. C'est le début, et je suis fondé aujourd'hui à croire à son avenir.

J'ai commencé l'œuvre avec la certitude de n'avoir pas assez de temps pour l'achever, mais avec la conviction d'accélérer le mouvement et de créer encore quelques richesses pour mon pays.

Tout est à faire dans le vignoble. Que le lecteur ne s'effraye pas de ma franchise : je la crois salutaire pour qui veut bien faire et sortir de la profonde ornière du passé.

Je laisse à mes collègues la description de toutes les formes et de toutes les tailles pratiquées par la routine ; cela ne nous apprendrait absolument rien.

Il est plus utile de poser des principes qui nous aideront à rectifier les erreurs du passé et à entrer franchement dans la voie du progrès.

LA CULTURE DE LA VIGNE A POUR BUT D'OBTENIR PROMPTEMENT LA PLUS GRANDE QUANTITÉ POSSIBLE DES MEILLEURS PRODUITS, AVEC LE MOINS DE DÉPENSE POSSIBLE.

Pour obtenir ce résultat, il faut :

1° CHANGER LA DISPOSITION DES VIGNES, afin d'opérer toutes les façons du sol à la charrue, et non à la main. Il y aura une économie de plus de moitié dans la main-d'œuvre, et la disposition de la vigne peut être changée même dans les anciens vignobles; je le prouverai plus loin ;

2° CULTIVER LE SOL ET LE FUMER DE MANIÈRE A OBTENIR LE MAXIMUM DE LA VÉGÉTATION, chose facile avec des façons énergiques et des engrais judicieusement choisis ;

3° PLANTER DES CHEVELÉS BIEN ENRACINÉS, VIGOUREUX ET BIEN CONSTITUÉS ET LES PLANTER DANS DE BONNES CONDITIONS, AFIN D'OBTENIR TRÈS VITE DES SUJETS FERTILES. Une petite pépinière pour l'élevage du plant suffira au propriétaire pour approvisionner son vignoble, presque sans dépense, de plant d'élite, et lui faire gagner deux années au moins sur la production ;

4° DONNER AUX VIGNES UNE FORME RATIONNELLE ET BIEN ÉQUILIBRÉE, AFIN D'OBTENIR LE MAXIMUM DE PRODUCTION. La fructification abondante et régulière des arbres est due à l'équilibre dans toutes leurs parties.

La vigne obéit aux mêmes lois que les autres arbres
fruitiers, et diminue ses produits en raison du manque
d'équilibre ;

5° APPLIQUER UNE TAILLE RAISONNÉE, EN HARMONIE
AVEC LES LOIS VÉGÉTALES, ET SUBORDONNÉE A LA VIGUEUR
DU CÉPAGE.

La taille à long bois pour les cépages très vigoureux, la taille mixte pour ceux de vigueur moyenne,
et la taille à bois court pour les faibles nous assureront sur tous les cépages une production des plus
abondantes ;

6° RECHERCHER DANS L'ORGANISATION DE LA VIGNE, ET
PAR LES OPÉRATIONS DE TAILLE, A PARER AUX DÉSASTRES
DES GELÉES TARDIVES. - Le moyen est trouvé et expérimenté depuis plus de trente années ; reste à le populariser et à le faire appliquer partout ; cela demande
un demi-siècle.

CHAPITRE XII

VIGNOBLE

PRÉPARATION DU SOL. — FUMURE. — DISPOSITION
PALISSAGE. — PLANTATION

Quand on crée une pièce de vigne, le premier soin
doit être de préparer, d'amender et de fumer le sol

de manière à l'amener au plus haut degré de puissance et de fertilité.

Il faut d'abord le défoncer profondément à la charrue, afin de lui donner le plus de guéret possible, et ensuite lui donner une façon au scarificateur, pour briser les mottes et rendre la terre bien meuble.

La vigne demande une certaine quantité de calcaire dans le sol pour prospérer. Si le sol en est dépourvu, il faudra en répandre avant de défoncer, et l'enfouir en défonçant.

Ensuite il est urgent de fumer abondamment, en plantant, non en plein, mais partiellement, chaque pied de vigne avec des engrais azotés, afin d'obtenir une très prompte végétation.

Le sol préparé convenablement, on s'occupera de poser les palissages pour attacher la vigne. Nous la planterons en ligne, afin de donner les labours et les binages à la charrue, et nous la palisserons sur des fils de fer ne coûtant pas plus cher que les échalas, favorisant la fructification comme la maturation, et ne demandant pas de réparations.

Pour les vignes à taille à long bois, nous adopterons la distance de 1^m,20 entre les lignes, celle de 1 mètre pour les vignes à taille mixte, et enfin la distance de 90 centimètres pour les vignes à taille courte.

Les fils de fer seront fixés à des supports en bois ou en fer. Le fer est préférable en ce qu'il ne demande jamais de réparations.

Les vignes à taille à long bois exigent des palissages de 1 mètre d'élévation, portant trois lignes de fil de fer, la première à 40 centimètres du sol, la seconde en haut, et la troisième au milieu.

Un palissage de 80 centimètres d'élévation avec deux fils de fer suffira pour les vignes à taille mixte, et de 70 centimètres d'élévation avec deux fils de fer pour les vignes à taille courte (fig. 438).

Quelle que soit la hauteur des lignes, la charpente se composera toujours de deux inclinés (a, fig. 438) pour les extrémités, et de piquets (e, même figure) pour les supports intermédiaires. Ces supports seront placés de 5 à 7 mètres de distance.

La pose est des plus faciles. Les extrémités de chaque bout sont formées avec une barre de fer coudée (b, fig. 438) terminée par une croix en fer (c, même figure).

On fait un trou de 35 à 40 centimètres de profondeur; on pose la croix à plat sur le sol; on la cale avec deux pierres, et l'on bouche le trou en tassant bien la terre. Il n'y a pas de mesure de hauteur à prendre; les fers sont coudés à égale longueur; il suffit de placer la naissance du coude à la hauteur du sol pour avoir une régularité complète dans toutes les hauteurs.

On place ensuite une pierre cerclée d'un fil de fer galvanisé n° 17, munie d'une boucle, pour attacher tous les fils de fer perpendiculairemennt à la tête de l'incliné. Cette pierre doit être enterrée à une profondeur de 50 centimètres ou moins, et recouverte avec

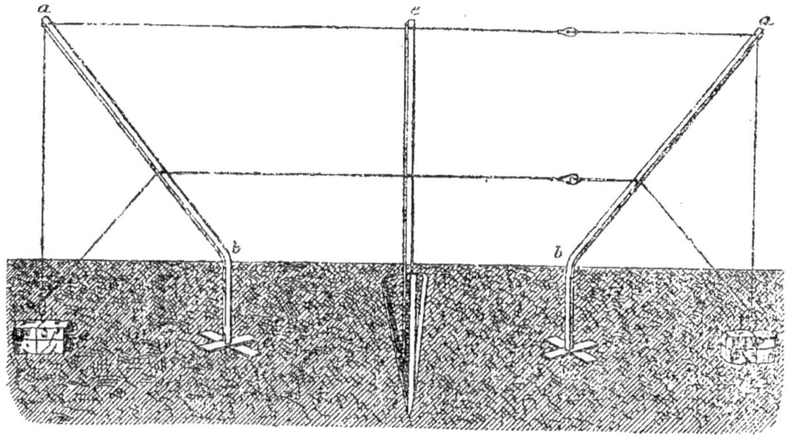

Fig. 438. — Installation des palissages du vignoble.

de la terre bien tassée avec les pieds, pour offrir la résistance voulue (*d*, fig. 438).

Quand on opère avec des montants en bois, il faut leur donner la même inclinaison qu'aux barres de fer (*a*, fig. 438), et poser le bout sur une pierre solide, pour qu'ils ne s'enfoncent pas en terre sous l'action des raidisseurs. Toute extrémité de ligne posée verticalement ou moins inclinée que je l'indique, ne résistera pas à l'action des raidisseurs, et les fils de fer ne pourront être tendus, même quand on ajouterait des jambes de force pour caler les montants. Les raidisseurs entraînent tout, et rien n'est solide.

Les supports intermédiaires *e* (fig. 438) sont terminés par un piquet en fer ; on les enfonce au maillet, les deux premiers à 4 mètres des montants, les autres de 5 à 7 mètres de distance entre eux.

On passe des fils de fer n° 13 dans tous les trous des supports, et on les tortille à la boucle faite à la pierre du côté gauche (*d*, fig. 438).

On monte ensuite des raidisseurs (même figure) sur des fils de fer que l'on fixe à la pierre de l'autre extrémité, et de manière que tous les raidisseurs soient placés en ligne (même figure). Cela économise beaucoup de temps quand il faut desserrer ou resserrer les fils de fer.

On donne un tour de clef aux raidisseurs, et l'opération est terminée.

La maison *Bazile Derouet*, ayant M. Ridard pour successeur, rue de Bailleul, n° 9, à Paris, fabrique tous les objets relatifs au palissage des vignobles. M. Ridard, aussi actif qu'intelligent, a fait faire un grand pas au palissage du vignoble, et les a établis à des prix acceptables pour tout le monde.

Les palissages posés, on fera les trous pour planter, ou plutôt des augets à la houe, ayant 40 centimètres de longueur, 30 de largeur et 30 à 35 de profondeur.

Nous plantons du plant enraciné pour gagner deux ans. En le fumant convenablement, nous gagnerons encore une année.

Les trous faits, on apportera le fumier ; on en garnira le fond des augets, et on en laissera une poignée en réserve à côté, pour la plantation.

Tous les engrais peuvent être employés pour la plantation de la vigne : fumiers animaux, boues de ville, déchets de laine, chiffons, composts, etc.

Il ne faut pas oublier, en fumant, que la vigne demande un sol essentiellement calcaire. Donc il sera utile d'ajouter aux engrais soit des plâtras concassés, de la chaux, du plâtre, des vieux mortiers, ou même des cendres, faute de mieux.

Cela fait, on plante. Les distances à laisser entre les vignes sont : 1 mètre pour les vignes à taille longue ; 80 centimètres pour les vignes à taille mixte et 70 centimètres pour les vignes à taille courte.

Ces distances pourront varier de 10 à 20 centimètres en plus ou en moins, suivant la qualité du sol et la vigueur du cépage.

Avant de placer notre plant de vigne dans l'auget,

il faudra avoir le soin de jeter une pelletée de terre sur le fumier, pour éviter de mettre les racines en contact direct avec lui.

Cela fait, on couche la racine horizontalement au fond de l'auget, en relevant l'extrémité de la tige verticalement contre le palissage; on couvrira la racine de 3 à 4 centimètres de terre, et l'on mettra par dessus la poignée de fumier laissé en réserve, puis l'on recouvrira le tout.

La vigne ainsi plantée pousse vigoureusement et donne vite des résultats. On commencera à récolter l'année qui suit celle de la plantation, et l'année d'après on obtiendra une récolte sérieuse.

Mais, pour obtenir ce résultat, il faut planter des vignes enracinées, et surtout placer les racines horizontalement pour qu'elles poussent avec activité. La vigne dont la racine est placée verticalement reprend mal et met le double de temps à végéter. Rien de plus simple, ni de plus clair.

Il y a deux manières d'opérer, quand on possède un peu de vigne, pour ne jamais manquer de bon plant.

La première est de tirer parti des vieilles souches épuisées. On les coupe en *d* (fig. 439). Il pousse plusieurs bourgeons vigoureux sur la vieille souche; on palisse verticalement, et, le printemps suivant, on les couche en terre en *a*, on les fixe avec des crochets *b* (même figure). On recouvre de terre, et l'on taille deux yeux au-dessus du sol.

L'été suivant, on élève les pousses, et on les palisse

sur les échalas *c* (même figure). La partie enterrée
s'enracine, et, à la fin de la saison, on a des plants
bien enracinés et très vigoureux.

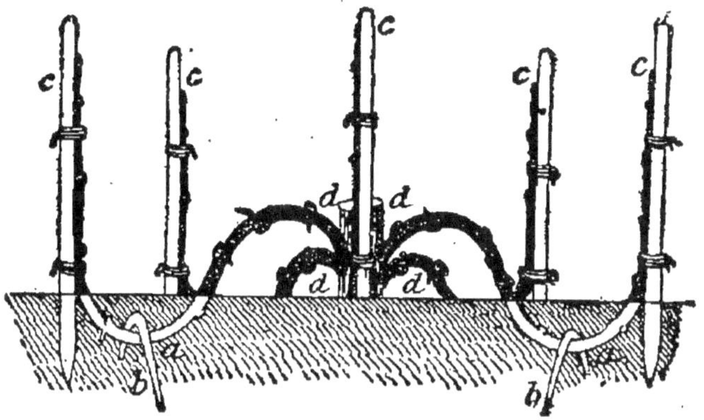

Fig. 439. — Marcottes.

La seconde est plus simple encore. — Après la
taille de la vigne, on choisit parmi les sarments
coupés tous ceux de vigueur moyenne, ayant les yeux
bien développés, et pourvus d'un petit talon de bois
de deux ans; c'est ce qu'on appelle une crossette à
peu près partout.

On réunit ces crossettes par bottes, après les avoir
rognées toutes à la même longueur, 40 centimètres
environ, puis on les met dans l'eau pendant quinze
jours, en faisant tremper 30 centimètres environ de
l'extrémité inférieure.

Pendant que les crossettes trempent et s'amollissent
on cherche un coin de bonne terre, que l'on fume
copieusement avec n'importe quel fumier. On laboure
à deux fers de bêche en enfouissant la fumure,
en ayant soin de diviser la terre, et de casser toutes
les mottes.

Ensuite on ouvre à la houe une tranchée de 30 centimètres de largeur sur 25 de profondeur. On couche horizontalement les crossettes à 20 centimètres de distance et l'on ouvre une seconde tranchée à 60 centimètres de la première, en couvrant les crossettes avec la terre de l'ouverture de la seconde, et ainsi de suite, tant que l'on a des crossettes à enterrer.

Il faut toujours laisser deux yeux hors de terre.

L'année suivante, les yeux laissés hors de terre ont produit des bourgeons; ceux enterrés, des racines; et l'on a du plant excellent pour repeupler ou planter à nouveau.

CHAPITRE XIII

VIGNOBLE

FORMES A DONNER AUX VIGNES. — FORMATION DE LA CHARPENTE

Chaque pays, je l'ai dit déjà, a son mode de plantation, ses formes particulières, et aussi des tailles différentes. Il est incontestable que chacun de ces mille procédés, souvent opposés, donne des résultats et produit du vin.

Je suis loin de vouloir tout bouleverser ; respectons
ce qui existe ; conservons le bien. Admettons que ce
qui existe soit le bien, je vous l'accorde ; mais cherchez le mieux avec moi. Le moyen le meilleur et le
plus sûr de s'éclairer est d'expérimenter comparativement surtout : un essai comparatif ne permet pas
de réplique et ne laisse de doute à personne.

Expérimentez en petit, en aussi petit que vous le
voudrez ; mais essayez, et, lorsque vous vous serez
rendu compte par un essai pratique, par un travail
consciencieux, vous serez vite édifié sur ce que vous
aurez à faire, et c'est le seul moyen d'arriver au mieux.

Il n'y a qu'une forme pour équilibrer la vigne et
en obtenir un produit abondant et régulier ; c'est la
forme sur deux bras égaux, fructifiant tous deux.

Je dis fructifiant tous deux, parce que, dans certaines contrées où ces lignes seront lues, on laisse à
la vigne deux bras. L'un est taillé court pour ne
donner des raisins que l'année suivante et l'autre est
taillé long pour porter des fruits.

Cette taille est tellement primitive et si en dehors
de toutes les lois végétales, qu'elle ne mérite pas
d'examen. Je ne puis que plaindre les propriétaires
dont les vignes sont taillées ainsi, et les engager à
faire *tout de suite* des essais comparatifs.

Supposons la première pousse d'une vigne venant
d'être plantée (fig. 440) ; nous voulons l'établir sur
deux bras. On taillera sur trois yeux, en A (même
figure) ; les deux yeux B et C (même figure) formeront les deux bras. L'œil E (même figure), œil de ré-

serve en cas d'accident, sera éborgné aussitôt que les deux autres auront poussé.

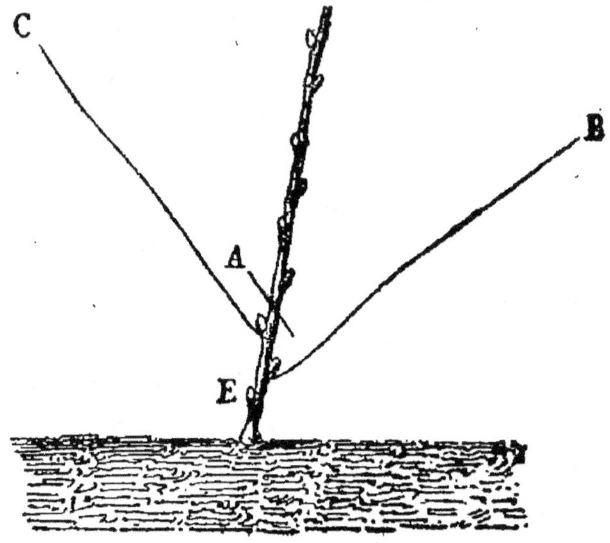

Fig. 440. — Première taille de la vigne.

En cas d'accident ou de destruction d'un des yeux B ou C, on se servirait de l'œil D, pour faire un bras; dans le cas contraire, on le supprime.

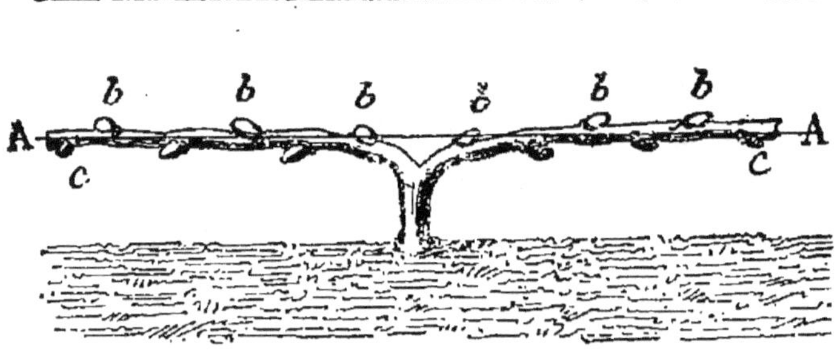

Fig. 441. — Formation des bras.

L'année suivante, on taille plus ou moins long,

suivant la vigueur du cépage, et on met en place (A, fig. 441) sur le premier fil de fer *c*.

Les yeux *b* (même figure) se développeront au printemps, donneront leurs premiers raisins et formeront les premiers coursons l'année suivante.

Pour les vignes à longue taille, palissées sur trois fils de fer, on établira la vigne sur deux bras portant chacun trois coursons (fig. 442), et l'on procédera ainsi à la formation :

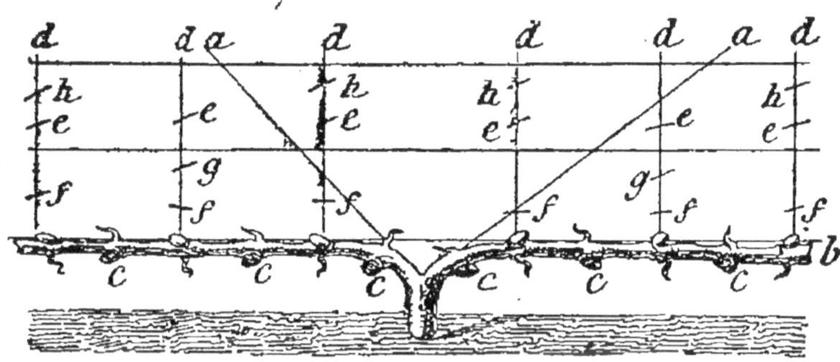

Fig. 442. — Formation de la vigne.

La première année, si la vigne pousse vigoureusement, on conservera deux bourgeons que l'on palissera sur les lignes *a* (fig. 442), après avoir supprimé les bourgeons anticipés, et l'on pincera les deux bourgeons lorsqu'ils dépasseront la longueur de 80 centimètres.

Si la vigne ne fournissait pas de bourgeons assez vigoureux, on supprimerait les bourgeons anticipés, et l'on taillerait court l'année suivante, pour obtenir deux bourgeons très vigoureux.

Si, au contraire, la vigne pousse avec énergie, il faudra en profiter pour hâter la formation de la charpente. Dans ce cas, on palissera les deux bourgeons horizontalement sur la ligne *b* (fig. 442), et on les taillera en *b*. On supprimera les yeux *c*, placés en dessous, et on laissera s'allonger les bourgeons qui naîtront des seconds yeux du dessus. On en choisira trois d'égale vigueur de chaque côté, pour former les coursons l'année suivante, et on les palissera sur la ligne *d* (même figure).

On rognera ces derniers bourgeons en *d*, pour les vignes à taille longue et en *e*, pour celles à taille courte, et l'on enlèvera tous les bourgeons anticipés.

La charpente est formée et pourvue de chaque côté de trois bourgeons nés des seconds yeux, et portant des empattements qui donneront ample vendange, même après la gelée.

Au printemps suivant, on taillera en *f* (fig. 442), pour les vignes à taille courte. Les coursons seront formés ; on conservera deux yeux seulement, le plus éloigné de la branche mère pour produire des raisins, et le plus rapproché de la base pour asseoir la taille de l'année suivante. Tous les autres seront ébourgeonnés. Neuf fois sur dix, les deux bourgeons conservés porteront des grappes.

Les vignes à long bois seront taillées en *g* et en *h* (fig. 442), deux ou quatre tailles en *h*, suivant leur vigueur et la quantité de long bois qu'elles pourront porter ; deux ou quatre tailles en *g*, si l'on garde quatre ou deux longs bois.

La vigne, établie et soignée comme je viens de l'indiquer, donne une quantité considérable de raisins, mûrissant bien et très vite. Les grappes sont d'égale grosseur, grâce à l'équilibre de la vigne, et mûrissent de très bonne heure, palissées sur les fils de fer, où elles sont exposées à la lumière.

Rien de plus simple que de conserver les vignes parfaitement équilibrées avec ce mode de charpente.

Admettons qu'un ou même les deux bras de la vigne (fig. 443) soient épuisés par une trop abondante production ; nous allons les rétablir en une saison, sans cesser un instant de récolter.

Dans ce cas, que la vigne soit à taille longue ou courte, nous laisserons pousser les bourgeons *a* (fig. 443) à la longueur de 70 à 80 centimètres. Nous

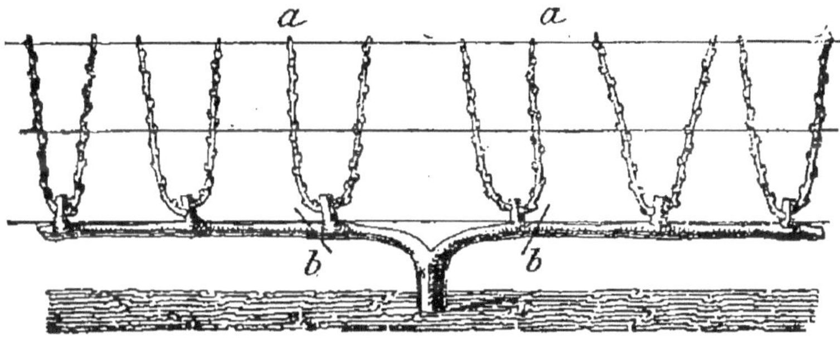

Fig. 443. — Rajeunissement d'une vigne formée.

supprimerons les bourgeons anticipés, et le printemps suivant nous taillerons les bras en *b* (même figure).

Ces bras amputés seront remplacés par les sarments *a*, sur lesquels nous reformerons quatre coursons pendant le cours de l'été, à l'aide des moyens indiqués pour la formation première.

Toutes les vignes, jeunes comme vieilles, peuvent être soumises à une forme régulière.

Sans équilibre dans l'arbre, on n'obtient jamais que des fructifications de hasard, à la place d'une production d'une régularité mathématique.

Les plus vieilles vignes, même celles qui paraissent ruinées, peuvent être soumises à une forme régulière pour en augmenter le produit. Rien de plus simple.

Supposons une vigne ruinée par des tailles vicieuses, n'ayant aucune forme, et terminée par une *mailloche colossale* (fig. 444). (Il y en a beaucoup ainsi et même

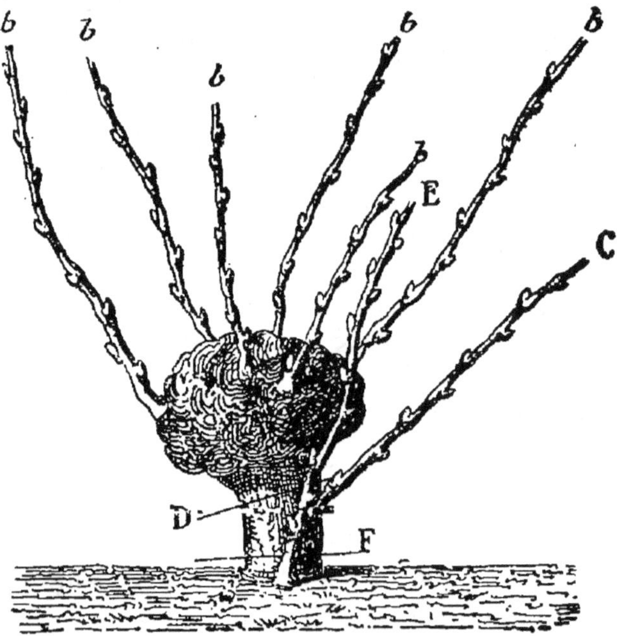

Fig. 444. — Restauration des vieilles vignes.

de plus grosses.) Nous voulons en faire une vigne à deux bras.

La seconde année, si ce n'est la première, nous aurons la facilité d'opérer et de faire une vigne régulière avec ce vieux *têtard*.

Jusqu'à présent la mailloche A (fig. 444) a fourni des bourgeons *b* (même figure), qui ont donné des grappillons plus ou moins grêles et dont la grosseur diminue à mesure que celle de la mailloche augmente.

Cette mailloche est formée d'un tel dédale de nœuds que la sève, y pénétrant avec la plus grande difficulté, fait irruption de tous côtés, tantôt sur le corps de l'arbre, tantôt par les racines, où elle produit des bourgeons C et E (même figure).

Si la production de ces bourgeons n'a pas lieu l'année même où vous voudrez restaurer la vigne, attendez à l'année suivante : elle sera infaillible.

S'il se développe un bourgeon sur le corps de la vigne (C, fig. 444), élevez ce bourgeon bien précieusement ; enlevez dessus tous les bourgeons anticipés, et l'année suivante vous scierez votre vigne en D (même figure).

Si le bourgeon naît sur les racines (E, même figure), élevez-le de la même manière que le précédent, et l'année suivante sciez la vigne en F (même figure).

On couvrira la plaie avec du mastic à greffer, et le bourgeon conservé sera traité comme la jeune vigne nouvellement plantée.

En moins de quatre années, vous aurez à la place d'un vieux têtard produisant à grand'peine quelques mauvais grappillons, une vigne régulière, forte, bien équilibrée et couverte de grappes splendides.

Palissez sur fils de fer, si les vignes sont en ligne,

et je vous réponds que votre récolte annuelle sera plus que doublée.

Tout cela est facile, mais ne peut être convenablement fait, et fait avec discernement, que par l'initiative et sous la surveillance immédiate et constante du propriétaire ; s'il n'impose pas sa volonté, il y aura toujours des *si*, des *mais*, des *car*, et une foule de raisons et de dictons pour prouver qu'il ne faut rien essayer.

CHAPITRE XIV

VIGNOBLE

TAILLE

Pour éviter de me fâcher avec les vignerons, j'admets que ce qui existe dans chaque contrée et même dans chaque commune est le bien. C'est entendu et bien entendu ; mais je suis à la recherche du mieux, et ferai tout mon possible pour le trouver.

Posons d'abord les règles générales qui guideront sûrement l'opérateur, dans ses essais de taille, sur la vigne.

Plus les vignes seront vigoureuses, plus il faudra les

charger à bois, et à fruit par conséquent, c'est-à-dire que plus les vignes seront vigoureuses, plus on devra les tailler long, et leur faire produire des raisins.

En général, les cépages à taille à long bois, très vigoureux et très fertiles, donnent des vins médiocres. Dans ce cas, l'élévation du revenu gît dans la quantité et non dans la qualité ; donc il faut obtenir la plus grande quantité possible.

Si la vigne porte trois coursons de chaque côté, on conservera deux longs bois, deux bois longs de 50 centimètres, trois et même quatre si elle est d'une vigueur excessive. Ces longs bois donneront des quantités considérables de raisin. Les autres coursons, taillés sur trois ou quatre yeux, fourniront des longs bois pour l'année suivante, en donnant quelques grappes.

Il est bien entendu qu'il faut obtenir le plus de raisins possible, mais sans ruiner la vigne, et en s'assurant une bonne récolte pour l'année suivante.

Les cépages de vigueur moyenne, ceux que l'on devrait soumettre à la taille mixte, donnent des vins de bonne qualité, et ayant souvent une grande valeur. On peut augmenter sensiblement la récolte à l'aide de la taille mixte, mélange de taille courte, demi-longue et longue.

Si notre vigne de vigueur moyenne est bien cultivée et végète d'une manière satisfaisante, il faudra en profiter pour augmenter le produit.

Admettons qu'elle pousse énergiquement, nous lui laisserons de chaque côté un sarment long de 20 à 30 centimètres, suivant sa vigueur, et nous élèverons, pendant l'été, deux bons bourgeons pour les remplacer l'année suivante.

Dans le cas où la vigne s'affaiblirait, on taillerait tout en coursons l'année d'après.

Admettons encore que nous voulions ménager la vigne outre mesure, et ne la chargions que tous les deux ans de deux longs bois. Qui nous empêche, dans une pièce de vigne, de tailler la moitié des ceps les plus vigoureux avec deux longs bois, et les autres entièrement à coursons, pour leur laisser deux longs bois l'année suivante ?

Dans ces conditions, la vigne ne serait nullement fatiguée, végéterait avec une régularité mathématique et donnerait un grand tiers de vin de plus.

Les cépages à taille courte seront continuellement taillés en coursons, pour éviter de les ruiner.

Je pose en principe, et l'expérience me l'a prouvé, que :

La production du raisin, quelque abondante qu'elle soit, ruine beaucoup moins la vigne que la SURABONDANCE DES BOURGEONS, ET SURTOUT DES BOURGEONS ANTICIPÉS.

La nature, dans son immense libéralité, a pourvu les végétaux d'un nombre de rameaux double au moins de celui nécessaire ; elle semble dire à l'homme : « Je te donne le double de ce qu'il te faut ; étudie, travaille, et avec ce que je te prodigue efforce-toi de te donner le nécessaire. »

L'homme accepte ce que la Providence lui envoie,

s'en contente, et compte entièrement sur elle pour emplir les celliers.

Et cependant si l'homme prenait la peine de supprimer sur sa vigne tous les bourgeons inutiles, ceux conservés auraient plus de vigueur, seraient mieux constitués, produiraient des raisins meilleurs l'année courante, et en donneraient le double l'année suivante.

Il ne suffit pas de tailler la vigne ; il faut encore l'ébourgeonner ; c'est une des opérations les plus importantes, celle qui contribue le plus à la fertilité, et elle est aussi négligée que la suppression du bourgeon anticipé, qui pare aux désastres de la gelée.

La vigne exige les opérations d'été aussi impérieusement que les autres arbres. Donc, lorsque les bourgeons ont atteint une longueur de 5 à 10 centimètres, il faut ébourgeonner, c'est-à-dire supprimer les bourgeons placés trop près les uns des autres, et ceux qui sont doubles et triples, pour n'en laisser qu'un seul à chaque attache.

Cette opération est très vivement faite au début de la végétation, où il suffit de pousser les bourgeons avec le doigt pour les casser à la base, elle produit les résultats suivants :

1° La vigne n'offre pas l'aspect d'un fouillis sans nom ;

2° Elle pousse avec beaucoup plus de vigueur, toute l'action de la sève étant concentrée sur les parties conservées;

3° Les raisins sont plus gros et mûrissent plus vite;

4° Enfin le bois réservé pour la taille de l'année suivante, bien mûr et bien constitué, est d'une fertilité remarquable.

Ajoutez à l'ébourgeonnage le rognage, opération des plus vite faites sur la vigne palissée sur fils de fer, et la suppression du bourgeon anticipé; vous aurez des récoltes plus qu'abondantes dans les années moyennes, et des récoltes passables quand vos vignes auront gelé.

Le fil de fer du haut sert de mesure pour le rognage; on le fait lorsque la vigne est palissée, et lorsque les raisins sont déjà assez gros. On arrête la végétation herbacée au profit du fruit, en coupant les bourgeons de 5 à 10 centimètres au-dessus du fil de fer.

J'ai traité de la taille en principe; j'en ai dit assez pour guider les personnes qui voudront essayer de traiter leurs vignes elles-mêmes. Pour l'instant, je leur donne la clef de la taille, suivant la vigueur des vignes.

Je n'ai pas dit un mot des cépages, avec intention. Les descriptions de cépages, des plus fantaisistes, données par des conseilleurs qui n'ont vu de vignes que par leurs croisées ou par celles d'un wagon, ont le déplorable résultat d'exciter le propriétaire à introduire de nouveaux cépages, pour abandonner ceux acclimatés dans le pays.

Loin de ma pensée de repousser l'amélioration par l'introduction de nouveaux cépages; mais il ne faut procéder qu'avec la plus grande prudence, et n'abandonner les cépages réussissant dans le pays que lorsqu'on a acquis la certitude du succès avec les nouveaux.

La qualité du vin provient beaucoup moins de la variété de la vigne que de la nature du sol et de la culture.

J'ai essayé, pour en étudier la taille, des vignes venant directement du clos Vougeot. J'en ai planté à mes jardins de Sannois et en Anjou. Dans les deux localités, j'ai obtenu deux vins différents avec les mêmes vignes et la même culture : à Sannois, de la piquette, peut-être un peu moins... (comment dirai-je cela pour ne pas révolter les indigènes?) moins ... sémillante que celle du pays, et en Anjou de bon vin, mais qui n'a rien de commun avec celui récolté sur les mêmes vignes au clos Vougeot.

Mon but est de diminuer, dans tous les vignobles produisant du vin passable, les cépages à quantité, donnant toujours de mauvais vins, au profit de ceux à qualité, donnant de bons vins valant le double des premiers.

Pour faire renoncer aux cépages à quantité, il faut augmenter le produit de ceux à qualité. Mes expériences, depuis plus de vingt-cinq ans, me prouvent chaque année davantage que cela est non seulement possible, mais encore facile en appliquant les tailles que j'indique.

En appliquant la taille à long bois pour les cépages vigoureux, la taille mixte pour ceux de vigueur moyenne, et la taille courte pour les cépages faibles, on peut facilement augmenter le produit des vignes suivant leur vigueur.

Pour parfaire mon œuvre, j'ai soumis les principaux cépages cultivés en France à des tailles différentes, afin de choisir et d'enseigner celle qui donne le produit le plus élevé. Je suis fixé pour plusieurs cépages, et laisse les autres à l'appréciation de l'opérateur suivant leur mode de végéter.

Voici pourquoi je n'indique dans ce livre que la taille spéciale de peu de cépages, celles que j'ai expérimentées et dont je puis répondre. Fidèle à mon programme, je n'enseignerai jamais que ce dont je serai certain.

Mes almanachs des années suivantes publieront d'autres tailles spéciales, au fur et à mesure de mes expérimentations.

En attendant le complément des tailles spéciales, nous ne devrons rien négliger pour obtenir une récolte passable, non en qualité, mais en quantité, sur les vignes complètement gelées.

CHAPITRE XV

VIGNOBLE

MOYENS DE PARER AUX DÉSASTRES DE LA GELÉE
SUPPRESSION DES BOURGEONS ANTICIPÉS

LA SUPPRESSION DU BOURGEON ANTICIPÉ EST LA CLEF DE LA FELTILITÉ DE LA VIGNE. Dans tous les cas, pour former la charpente, comme pour établir les rameaux à fruits de la vigne, il faut supprimer le bourgeon anticipé.

Cela dit, tâchons de nous entendre sur le bourgeon anticipé. Il n'existe pas sur le vieux bois, ainsi que l'ont pensé certaines personnes, qui ont supprimé les premières pousses de l'année et détruit leur récolte croyant enlever le bourgeon anticipé.

Le bourgeon anticipé apparaît de mai à juillet A L'AISSELLE DES FEUILLES, sur les bourgeons nés au printemps.

Donc, au printemps, quand un bourgeon de vigne se développe, il porte des feuilles. A l'aisselle de chaque feuille, il y a deux yeux placés l'un à côté de l'autre, l'un pointu, l'autre rond.

Lorsque la végétation devient active, dans le courant de mai, l'œil pointu se développe le premier et produit un bourgeon ; c'est le bourgeon anticipé (A, fig. 445).

Fig. 445. — Bourgeon anticipé de la vigne.

Il faut casser ce bourgeon, le bourgeon anticipé, avec le doigt, à sa naissance, c'est-à-dire l'enlever complètement, et ce, pendant qu'il est tendre, afin de le supprimer radicalement, et laisser toute la place au second œil.

Aussitôt que le bourgeon anticipé a été enlevé, le second œil, l'œil stipulaire (B, même figure), grossit, s'arrondit et s'étale dans toute l'aisselle de la feuille (A, fig. 446).

Le bourgeon anticipé, celui produit par le premier œil (A, fig. 445), ne donne jamais que du bois grêle, mince et toujours infertile ; le second, au contraire, l'œil stipulaire (B, même figure), produit un bourgeon gros, court, ayant un talon énorme à la base (*a*, fig. 447). Ce talon contient le rudiment d'une quantité d'yeux visibles et invisibles, qui se développeront sous l'influence d'une taille courte ET PORTE-RONT TOUS DES GRAPPES.

Lorsque cet œil pousse au printemps et produit le bourgeon de la figure 447, il porte des grappes. Lorsqu'une gelée tardive survient, détruit les grappes et le bourgeon lui-même, on casse toute la partie détruite, aussitôt après la gelée en *b* (fig. 447).

Le talon *a* (même figure) ne gèle jamais. Quinze jours après il produit plusieurs bourgeons PORTANT TOUS DES GRAPPES. *Le résultat est infaillible.*

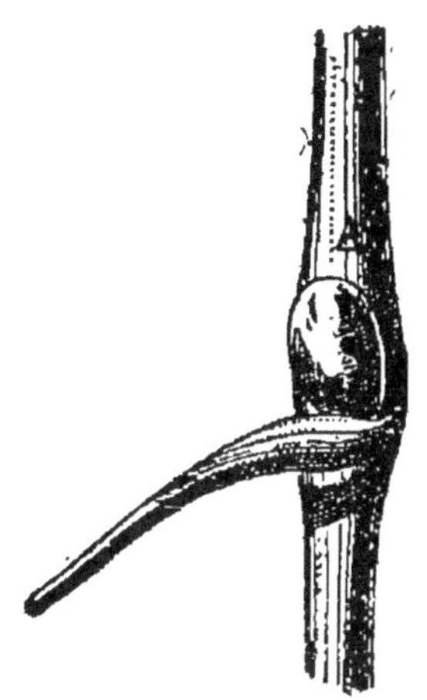

Fig. 446. — Développement du second œil de la vigne après l'enlèvement du bourgeon anticipé.

Donc, pour obtenir ce *résultat infaillible*, il faut avoir supprimé le bourgeon anticipé, et créé le talon *a* (fig. 447) l'année précédente, ou il n'y a pas de remède aux désastres de la gelée.

Il me semble que c'est clair.

La suppression des bourgeons anticipés est la clef de la production de la vigne. Quand on néglige de les enlever, voici ce qui a lieu:

Le bourgeon anticipé (*a*, fig. 448) grandit et s'élargit par la base; il recouvre d'abord partiellement l'œil A (même figure), l'écrase et finit ensuite par l'anéantir en le recouvrant ; alors il ne vous reste pour tailler que du bois improductif dans les bonnes années et dont vous ne pourrez tirer aucun parti dans les mauvaises.

Fig. 447. — Bourgeon de la vigne produit par le second œil ; traitement après la gelée.

Les praticiens, quelques-uns plutôt, conviennent que l'enlèvement du bourgeon anticipé a du bon ; mais qu'il présente un grand danger : le développement du second œil en bourgeon pendant le même été ; ils disent alors que tout est perdu, et je réponds, moi, que tout est sauvé.

Dans les sols où la vigne pousse activement, comme

chez les cépages vigoureux, les seconds yeux se développent en bourgeons à l'extrémité.

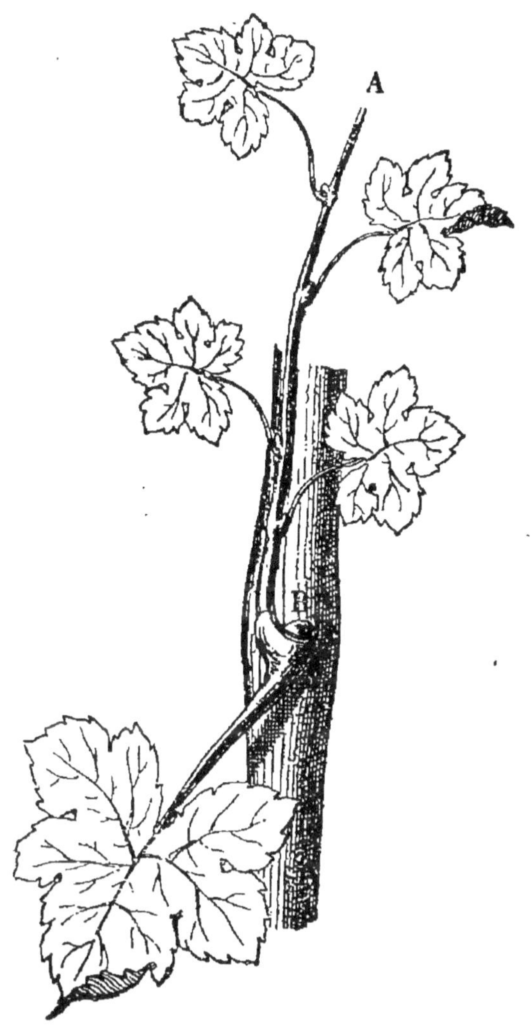

Fig. 448. — Bourgeon anticipé recouvrant le second œil.

Si la vigne est à taille courte, on rogne les deux bourgeons du haut en *b* (fig. 449), et on laisse pousser celui qui est en dessous; si, au contraire, la vigne est à taille longue, on pince en *c* (même figure) le bourgeon du milieu, et l'on applique un simple rognage aux deux bourgeons du haut.

Fig. 449. — Traitement des bourgeons produits par les seconds yeux.

Dans les deux cas, les seconds yeux (*a*, fig. 449), dont les bourgeons anticipés ont été également enlevés, ont acquis tout leur développement et seront d'une fertilité qui étonnera tous ceux qui traiteront la vigne ainsi.

La gelée peut griller toutes les premières pousses : il suffira d'abattre, sans perdre une minute, les bourgeons gelés, pour voir, quinze jours après, tous les empattements portant des bourgeons couverts de raisin.

Il y a plus de trente ans que je montre cela à qui ne veut pas fermer les yeux à la lumière, et, chaque année que mes vignes ont gelé, le public a constaté qu'elles ont toujours donné des résultats surprenants, après les gelées les plus dévastatrices.

J'ai laissé geler chaque année à mes anciens jardins-écoles de Sannois, et avec intention, pendant plusieurs années, deux cordons de vigne chacun de 50 mètres de long au moins, et de huit ou dix variétés de raisins.

Des milliers de personnes qui ont visité ces jardins peuvent affirmer qu'après les gelées les plus désastreuses mes deux cordons de vignes étaient littéralement couverts de raisins. Il me semble que c'est concluant.

Pour les cépages à taille mixte, les bourgeons anticipés enlevés, on laisse le second œil produire un bourgeon que l'on rogne à 60 centimètres environ.

On a toujours ce même empattement tant désiré, donnant du raisin à volonté.

Pour les bourgeons soumis à la taille longue, le rognage est fait à la longueur de 80 à 90 centimètres.

Les bourgeons anticipés sont enlevés sur toute la longueur du bourgeon primitif, bien entendu.

Pour obtenir une nouvelle récolte sur les vignes gelées, il faudra, il est vrai, enlever les bourgeons anticipés, puis pratiquer encore un ébourgeonnage après la gelée, pour ne pas laisser les vignes porter plus de raisins qu'elles n'en peuvent nourrir. Il faudra faire tout cela ; c'est l'affaire de quelques journées de femmes. Voilà pour le travail et pour la dépense. Au résultat maintenant.

Pendant que vos voisins, restés dans l'inaction, se lamenteront, maudiront la gelée et en seront réduits à une grande gêne, pendant une année au moins, vous, vous ferez une abondante vendange. Vous emplirez vos cuves et vos tonneaux de vin moins bon que celui qu'eût produit le raisin non gelé, je vous l'accorde ; mais vous vendrez ce vin moins parfait ce que vous voudrez, parce qu'il n'y en aura pas d'autre.

Vous aurez travaillé, dépensé un peu d'intelligence et d'argent ; les esprits forts et les routiniers du pays se seront pas mal moqués, au début, de vous et de vos essais ; mais, à la place de la gêne et de la misère de vos voisins, l'abondance et la richesse viendront s'asseoir à votre foyer ; les rieurs deviendront sérieux ; il en est même qui diront que vous avez *une chance à nulle autre pareille*, et ils s'empresseront de vous imiter.

Avant de vous mettre à l'œuvre, notez bien ceci : beaucoup de personnes, suivant nombre de méthodes différentes, depuis l'immortel Mathieu-Laensberg jusqu'au célèbre M. Du Breuil, refusent de casser le bourgeon anticipé à la base ; elles le pincent, suivant les conseils de l'illustre astrologue, un célèbre facteur de la poste aux lettres qui s'est improvisé professeur d'arboriculture, d'une à cinq feuilles pour empêcher le développement du second œil.

Loin de redouter le développement du second œil, je le provoque et en obtiens les meilleurs résultats, comme je l'ai indiqué précédemment.

Le bourgeon anticipé *doit être cassé, entièrement enlevé à sa base et il ne doit en rester aucun fragment* à l'aisselle *de la feuille*. Dans ce cas, le second œil (A, fig. 446) effectue librement son développement et acquiert toutes ses qualités. Son empattement, cette inépuisable réserve de raisins, se forme, même quand l'œil reste à l'état latent (*a*, fig. 447).

Quand, au contraire, vous pincez le bourgeon anticipé sur une ou plusieurs feuilles, et laissez le talon à l'aisselle de la feuille à côté du second œil, ce talon est un obstacle insurmontable à l'accroissement du second œil, et à la formation de son empattement.

Lorsqu'au printemps vous coupez, à la taille, le tronçon du bourgeon anticipé, le second œil, celui sur lequel vous fondez toutes vos espérances, étranglé par le talon du bourgeon anticipé, annihilé quelquefois, est toujours mal constitué (B, fig. 448).

Il y a avantage à provoquer le développement des seconds yeux, comme je l'ai indiqué. C'est un moyen très prompt et très énergique pour former la charpente, et s'assurer la plus abondante récolte.

Je me suis servi de ce procédé pour rétablir la charpente de toutes les vignes dont le bois était radicalement gelé, après les 26 degrés que la Providence nous a infligés en 1871.

Toutes mes vignes, sans exception, ont été recépées.

Pour les cordons à deux rangs, j'ai choisi deux bourgeons vigoureux, un pour chaque étage, et les ai pincés à la longueur de 1 mètre, après avoir supprimé les bourgeons anticipés. Les seconds yeux se sont développés et ont produit des bourgeons comme celui de la figure 447. Tous portaient des grappes, que j'ai supprimées, et j'ai pincé les bourgeons à la longueur de 40 centimètres.

Ma charpente était refaite dans l'année même, et avec d'excellent bois : la récolte l'a attesté. Ces cordons à deux rangs, ayant de 120 à 140 mètres de long, ont gelé complètement au mois de mai 1872, et ont porté la même année plus de 600 kilogrammes de raisin.

J'avais planté à dessein, dans mes cordons de vigne (raisin de table), vingt pieds de *meunier* soumis au même traitement, et sur lesquels j'ai été obligé de retirer la moitié des grappes, tant il y en avait, et cela APRÈS AVOIR GELÉ RADICALEMENT.

Je cite ces deux exemples, dont tout le monde a vérifié l'exactitude à *mes jardins-écoles de Sannois*, parce que je tiens à prouver l'infaillibilité du résultat montré, depuis plus de trente ans, à des milliers de personnes.

Je ne saurais trop répéter que le bourgeon anticipé est l'écueil de la culture de la vigne. Quand on le laisse se développer, il anéantit l'œil stipulaire et ne produit que du bois infertile. Quand on l'enlève, l'œil stipulaire se développe et apporte une fertilité prodigieuse, autant dans la formation de la charpente que dans celle des coursons, et nous permet de braver la gelée.

Ce que j'indique est INFAILLIBLE COMME RÉSULTAT. Ce résultat a été constaté à mes jardins-écoles, depuis plus de trente années, par des milliers de personnes. Mais je sais, par expérience, que, malgré toutes les preuves données, il faudra encore un demi-siècle pour populariser une chose aussi simple.

Je ne verrai pas le triomphe d'une méthode aussi simple que féconde en résultats, mais qu'importe ? Le lièvre est levé ; on le chassera, j'en suis certain, et dans quelque *quarante ans* il y aura des INVENTEURS qui populariseront ma méthode comme provenant de leur cru, se feront décorer et breveter, pour L'AVOIR INVENTÉE. J'en ai vu d'aussi, pour ne pas dire de plus fortes que cela, depuis une vingtaine d'années.

Cette indication si simple du rôle du bourgeon anticipé de la vigne, puisée dans l'étude et l'observation, m'a valu les injures des *boutiquiers*, auxquels je n'ai pas même voulu faire les *honneurs de la police correctionnelle.*

Dans un demi-siècle, ce que j'indique ici formera le fond de la culture de la vigne.

Qu'importe ! marchons toujours, nous mourrons, mais la France vivra ; à elle le fruit de notre travail. Pour ma part, j'oublierai bien vite les déceptions et l'ingratitude devant un succès qui lui assurera le bien-être.

J'ai posé le premier jalon dans la cinquième édition de *l'Arboriculture fruitière ;* il me reste à traiter dans cette édition des tailles spéciales complètement expérimentées et ayant donné depuis plusieurs années les plus brillants résultats.

CHAPITRE XVI

ÉTUDE DES CÉPAGES. — TAILLES SPÉCIALES

LE MEUNIER

Je commence la nomenclature de mes tailles spéciales pour le vignoble par le *meunier, cépage à quantité,* cultivé presque partout, en raison de son rende-ment abondant :

Le MEUNIER est connu sous ce nom dans l'Est et dans une partie du Centre de la France ; il porte le nom de *plant de Brie* dans Seine-et-Oise, celui de *morillon taçonné* dans la Marne, de *carpinet* dans le Puy-de-Dôme, et *fernaises* dans la Meurthe. Le cep est vigoureux et fertile ; les feuilles couvertes d'un duvet blanc ; les grappes sont nombreuses, les grains gros et serrés.

Le *meunier* doit être soumis à la taille longue. Son produit est des plus abondants ; c'est le cépage à quantité par excellence, mais ses fruits donnent un vin plat, de médiocre qualité et se gardant mal, surtout quand il a été planté dans des sols un peu argileux.

Nous supposons toujours les vignes plantées en lignes distantes d'un mètre, et palissées sur fils de fer supportés par des montants et des piquets en fer, le mode de culture préférable à tous les autres, au point de vue de l'abondance du produit et de la prompte maturation.

Les pieds de vigne ont été plantés à un mètre ; c'est le maximum de distance pour les cépages les plus vigoureux. Il va sans dire que nous avons planté des vignes enracinées l'année précédente, ainsi que je l'ai conseillé.

Dans ce cas, notre vigne présente, la seconde année, l'aspect de la figure 450 ; elle est pourvue d'une bonne tige et de vigoureuses racines.

Il faut, avec cette unique tige, obtenir deux bras d'égale vigueur pour former la charpente.

On taille sur trois yeux, en A (fig. 450), pour obtenir deux pousses vigoureuses (B et C, même figure) ; l'œil E, conservé pour parer aux accidents, sera éborgné aussitôt que les yeux B et C auront fourni de bons bourgeons.

On palisse ces deux bourgeons sur un angle de 45 degrés environ sur les fils de fer ; on enlève les bourgeons anticipés au fur et à mesure qu'ils se produisent, et l'on pince l'extrémité de ces bourgeons à

la longueur de 1 mètre à 1^m,20, suivant leur vigueur.
C'est tout ce qu'il y a à faire la première année.

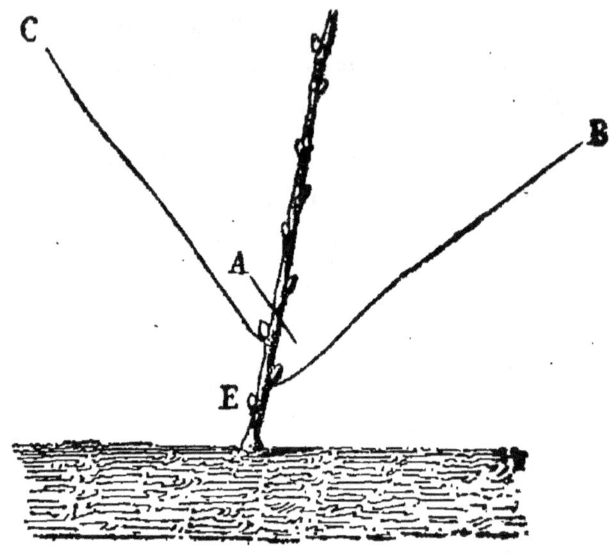

Fig. 450. — Première taille de la vigne.

L'année suivante, on taille les deux bras à une longueur variant entre cinq et huit yeux, suivant leur

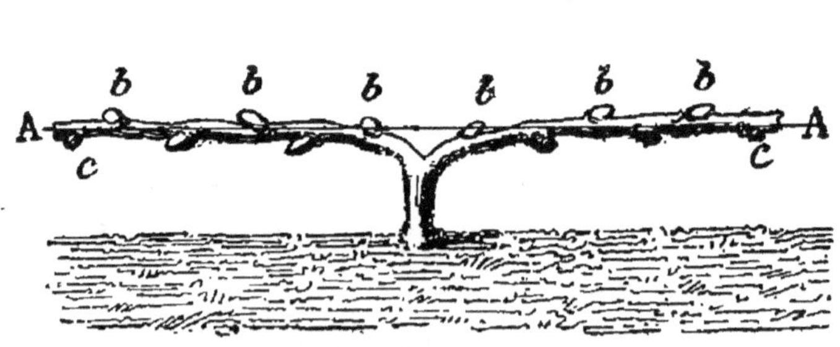

Fig. 451. — Formation des bras.

vigueur. Supposons la moyenne, et taillons/sur six
yeux (fig. 451).

La taille opérée, on palisse horizontalement les deux sarments, en A, sur le premier fil de fer; puis on éborgne les yeux du dessous, moins les yeux c, conservés en dessous à dessein, pour obtenir des bourgeons moins vigoureux.

Au printemps, les six yeux B et les deux yeux C (fig. 451) se développeront en bourgeons. Nous en conserverons huit, quatre de chaque côté. Nous n'avons pas encore de taille longue; nous laissons huit bourgeons, qui donneront chacun deux grappes de raisin.

On palissera ces bourgeons un peu inclinés sur les fils de fer : on enlèvera tous les bourgeons anticipés et, quand ils dépasseront le troisième fil de fer, on les rognera tous à la hauteur du fil de fer (fig. 452).

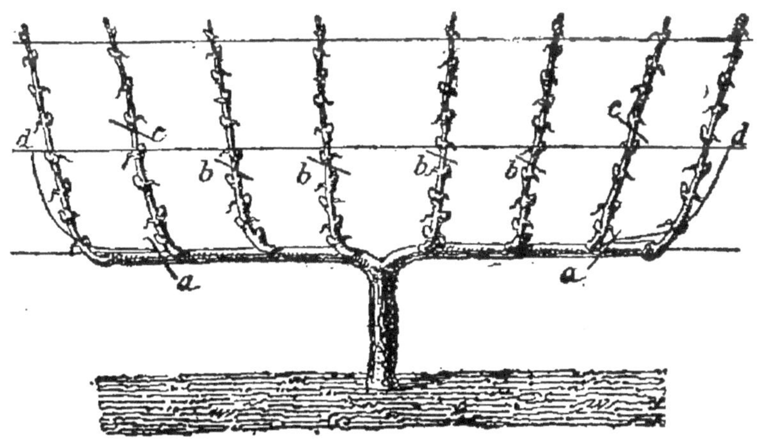

Fig. 452. — Taille.

Au printemps suivant, notre charpente sera formée; notre vigne présentera l'aspect de la figure 452. Nous allons lui appliquer la taille réglementaire pour le *meunier*, garder sur notre vigne deux longs bois et quatre courts.

Nous supprimerons d'abord en *a* (fig. 452) les deux sarments produits par les yeux placés en dessous.

Nous taillerons ensuite les quatre sarments du centre sur quatre yeux, en *b*, puis ceux des deux extrémités en *c*, sur sept à huit yeux, et nous les palisserons sur la ligne *d* (même figure).

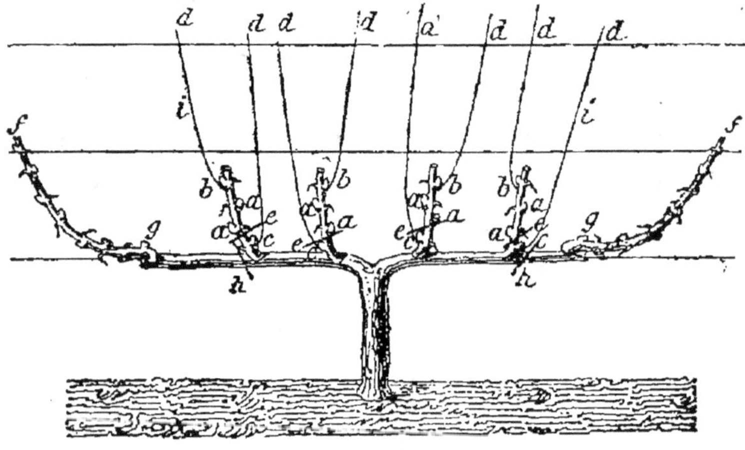

Fig. 453. — Taille.

Notre vigne taillée présentera l'aspect de la figure 453. Aussitôt que la végétation se manifestera, on éborgnera les yeux *a* (fig. 453) sur les tailles courtes pour ne conserver que les yeux *b*, portant des grappes et les yeux *c*, pour fournir les sarments de remplacement. Les bourgeons conservés seront palissés sur les lignes *d*, et l'on taillera en *e*, l'année suivante.

Tous les yeux des sarments *f* (même figure) seront conservés pour porter des grappes ; on favorisera le développement des yeux *g*, en les palissant presque verticalement, afin d'obtenir de bons sarments de remplacement.

On peut tailler ainsi plusieurs années et obtenir de bon bois. Si les sarments de remplacement, fournis par les yeux *g*, n'étaient pas assez vigoureux, on taillerait en *h*, et les sarments *i* serviraient de long bois.

Quatre tailles courtes et deux longues donnent le maximum de la production sur le *meunier* sans fatiguer la vigne.

Les expériences faites depuis quelques années sur fil de fer me permettent d'affirmer que, dans un sol léger et calcaire, on pourra charger davantage le meunier, lui laisser quatre tailles longues et quatre courtes, sans crainte d'épuiser la vigne.

Il est bien entendu que, pour obtenir ce résultat, la vigne doit être palissée sur fil de fer, soigneusement ébourgeonnée, et le sol entretenu en bon état de culture et d'engrais.

Dans tous les cas, après l'ébourgeonnage, il faut toujours enlever les bourgeons anticipés, palisser sur les fils de fer de manière à laisser le plus de lumière possible, et rogner quand les bourgeons dépassent le troisième fil de fer.

Le rognage ne doit être fait que lorsque le raisin est bien formé.

Je ne saurais trop recommander l'ébourgeonnage et la suppression des bourgeons anticipés. Ces deux opérations sont la clef de la production : une vigne ébourgeonnée donne toujours de bon bois pour la taille, même dans les plus mauvaises années ; lorsque les bourgeons anticipés ont été enlevés, elle donne du raisin, même après une gelée complète de tous les bourgeons.

Depuis longues années j'ai traité le *meunier* comme je viens de l'indiquer, et j'ai toujours obtenu des résultats bien supérieurs à ceux des vignerons, dans les bonnes comme dans les mauvaises années.

Dans les bonnes années, j'ai eu plus de raisins et aussi des grappes plus belles, et des grains plus gros et plus mûrs ; dans les années médiocres, j'ai toujours eu une très abondante récolte de beaux raisins, et dans les mauvaises, celles où tout avait gelé, mes vignes étaient chargées de raisins, ayant un retard de quinze jours, il est vrai, mais elles étaient *chargées de raisins*, tandis que mes voisins n'en avaient pas une seule grappe.

LES PINOTS

Après le cépage à quantité, par excellence, j'ai dû m'occuper de celui à qualité, le plus cultivé en France et produisant de très bon vin dans toutes les contrées où l'on cultive la vigne.

Le PINOT noir, appelé en Bourgogne *pinot noir, franc noirien, franc pinot ;* dans le Centre de la France, *auvernat ;* en Champagne, *doré noir*, et *servanien* en Suisse, et les *pinots* blancs donnent d'excellents vins partout, dans la Bourgogne comme dans l'Anjou, et même dans l'Orléanais, quand on veut bien prendre la peine de cultiver la vigne et de soigner la fabrication du vin.

Les excellents vins de M. le docteur Maupoint sont faits avec du pinot récolté dans Maine-et-Loire. Ces vins, après quelques années de bouteille, sont pris pour tous les hauts crus possibles. Personne, il est vrai, ne soigne ses vins comme M. le docteur Maupoint ; mais pourquoi ne pas l'imiter devant un pareil résultat ?

Que les propriétaires, au lieu d'abandonner leurs intérêts à des serviteurs, prennent la peine de faire cultiver leurs vignes d'une manière rationnelle, et de surveiller la fabrication de leurs vins, ils arriveront aux mêmes résultats. Ils feront des vins d'élite, quand leurs voisins feront de la piquette avec le même cépage cultivé dans le même sol.

Depuis longues années, j'ai voulu augmenter le produit des pinots, et j'y suis arrivé par la forme, la taille et l'ébourgeonnage. Cet excellent cépage était autrefois cultivé dans le Loiret, où, mal traité et mal taillé, il produisait peu. On le désignait sous le nom d'*auvernat*. Partout on'a arraché le plant d'*auvernat* pour le remplacer par du *meunier*, parce qu'il produisait davantage. En 1864 et 1865, il ne restait guère d'*auvernat* ou *pinot* que dans le clos de *Guignes*, situé près de Beaugency, et appartenant à M. Meynard de Franc, que ses fonctions à la Cour de cassation n'empêchaient pas de diriger et la culture de ses vignes et la fabrication de son vin.

Disons tout de suite, en faveur de la culture de la vigne, de la fabrication du vin, et de la qualité du cépage, que les vins du clos de Guignes étaient vendus jusqu'à 350 fr. la pièce, tandis que le vin de Beaugency, fait en majeure partie avec du *meunier*, se vendait de 60 à 70 fr. C'est concluant.

M. Meynard de Franc me demanda alors s'il ne serait pas possible d'augmenter le rendement de l'*auvernat* ou *pinot*. Je répondis affirmativement ; après avoir examiné ce qui se faisait en fait de taille dans le pays, je me suis mis à l'œuvre.

Je fis poser au milieu du clos de Guignes trois rangées de fils de fer, et traitai les vignes comme je viens de l'indiquer pour le *meunier*.

L'*auvernat* ou *pinot* était un peu moins vigoureux, mais il poussait bien. On le taillait très court, sous prétexte de faiblesse. Il n'y avait pas de doute pour moi ; j'ai allongé la taille après avoir donné une forme à la vigne, et ai obtenu le produit.

J'ai continué mes essais pendant trois années consécutives, et j'ai obtenu le même résultat, sous l'influence d'une forme régulière, d'une taille plus longue, de l'ébourgeonnement et de la suppression du bourgeon anticipé. Le produit de l'*auvernat* ou *pinot* était presque égal à celui du *meunier*. Les vignerons eux-mêmes étaient convaincus !

J'ai quitté le Loiret. M. Meynard de Franc n'existe plus et j'ignore ce qui a été fait depuis. Satisfait de mon essai, j'avais abandonné le *pinot*, lorsqu'il y a quelques années je visitais les vignes de M. le docteur Maupoint. Son plant de *pinot* était mon *auvernat* du Loiret, et il était au moins aussi mutilé, pour ne pas dire plus *On fait du bon vin*, disaient les vignerons, mais *ça ne produit guère!* Je le crois bien, en le traitant ainsi !

Je me fis envoyer une vingtaine de pieds de *pinot* noir et blanc, les plantai à mes jardins-écoles, où je les soumis à la taille du *meunier*, et j'obtins, pour la seconde fois, les mêmes résultats.

Les vignerons du Loiret m'avaient laissé sous cette prévention : *l'auvernat* ou *pinot noir ne pousse pas!* J'ai opéré avec une extrême prudence, et bientôt la végétation des pinots plantés chez moi a donné tort, pour la seconde fois, au préjugé : *le pinot noir ne pousse pas!* Il ne pousse pas quand on le mutile, c'est vrai. Donnez-lui une forme et une taille rationnelles, il poussera vite et très bien.

Mon second essai a réussi comme le premier. Je n'ose encore affirmer d'une manière absolue, mais je suis autorisé par deux succès, sous deux climats différents, à dire aux propriétaires:

« *Formez et taillez les pinots* exactement comme je viens de vous l'enseigner pour le *meunier;* établissez le *pinot* sur deux bras, palissez sur les fils de fer, et donnez-lui *quatre tailles courtes et deux longs bois;* il poussera bien et produira beaucoup ; marchez hardiment, malgré tout ce qu'on pourra vous dire, et le pire qui puisse vous arriver sera de doubler votre récolte. »

Je continue mes expériences; peut-être aurai-je quelques modifications de détail à apporter à la taille dans quelques années, mais le fond subsistera. Alors, comme toujours, je m'empresserai de faire part à mes lecteurs des améliorations que j'aurai obtenues.

NEUVIÈME PARTIE

LES FLÉAUX DE LA VIGNE

LE PHYLLOXERA. — LE MILDEW (*Mildiou*)

CHAPITRE I

CAUSE PREMIÈRE DES MALADIES. — AVENIR DE LA VIGNE

Le vignoble a été cruellement éprouvé depuis quelques années; le phylloxera a détruit les vignes dans des contrées entières et ruiné quantité de propriétaires.

A peine était-on parvenu à enrayer un peu les ravages du phylloxera que le mildew est apparu et a envahi une foule de contrées épargnées par le phylloxera.

La science a fait tout ce qu'elle a pu pour arrêter le mal; elle l'a amoindri, c'est déjà quelque chose.

La chimie nous a rendu d'immenses services, et nous en rendra encore de plus grands peut-être; mais qui peut garantir qu'elle pourra conjurer entièrement le mal, et supprimer par son action une loi naturelle, celle de l'alternance? Je ne le pense pas.

Les maladies, comme les parasites, ne s'attaquent jamais qu'aux sujets faibles ou anémiques.

D'où vient la faiblesse, l'anémie chez les végétaux?

D'un trop long séjour dans le même sol !

Quelles ont été les vignes atteintes par l'oïdium ?

Les vieilles vignes, ou celles plantées dans des sols argileux ou dénués de calcaire, deux choses leur étant contraires et produisant l'anémie.

Un ou deux soufrages et une addition de calcaire dans le sol ont eu raison temporairement de l'oïdium. Il reparaît aussitôt que les effets du soufre sont annihilés et que le calcaire est absorbé.

Quelles sont les vignes qui ont été le plus maltraitées par le phylloxera.

Celles des Charentes, où la vigne occupe le même sol depuis un temps immémorial ! Ne trouvant plus de nourriture suffisante dans le sol, les vignes sont devenues anémiques et, dans leur état de faiblesse, le phylloxera en a eu vite raison.

On a introduit le plant américain dans les contrées ravagées par le phylloxera; il y a bien réussi, parce qu'il a trouvé un sol neuf, dans lequel il a poussé vigoureusement. Dans ces conditions de vigueur et de santé, le phylloxera l'a respecté. Cela durera-t-il, et les plants américains ne s'affaibliront-ils pas par un long séjour dans le même sol, et ne deviendront-ils pas anémiques à leur tour? C'est ce que l'avenir nous apprendra.

Le mildew est apparu à son tour, dans des conditions identiques, après des températures froides et humides, contraires à la vigne, surtout chez les vieilles vignes, chez celles manquant de calcaire et occupant des sols argileux.

Nous ne voyons pas de jeunes vignes plantées dans des terres neuves, pour la culture de la vigne, et suffisamment calcaires, atteintes de ces fléaux.

J'en conclus que pour la vigne, comme pour toutes les cultures, la loi de l'alternance doit être respectée, ce qui n'a eu lieu ni pour nos grands crus, ni pour ceux produisant des vins ordinaires ou même de la piquette. Le produit était rémunérateur; on a voulu l'éterniser au mépris des lois naturelles. Alors les maladies ont apparu !

Avant de traiter des maladies de la vigne et de tous les moyens curatifs connus, des remèdes de la chimie qui, je n'en doute pas, produisent une accalmie, je crois devoir exposer ce que je crois être la cause première des maladies : L'OUBLI DE LA LOI DE L'ALTERNANCE.

La vigne est considérée comme la seconde richesse du sol français ; la question vaut la peine d'être étudiée, et rien ne doit être négligé pour la résoudre.

Dussé-je soulever des tempêtes, ma conviction est celle-ci :

Les vignes atteintes par les maladies sont en général de vieilles vignes ayant épuisé les substances nutritives du sol pour la vigne.

Arrachez les vignes perdues, et faites pendant huit années au moins des cultures réparatrices sur le sol qu'elles occupent; il se reconstituera et alors vous pourrez y replanter de la vigne avec succès.

Les plans américains plantés immédiatement après l'arrachage de la vigne ne sont pas atteints, soit; mais qui nous dit qu'ils ne s'affaibliront pas à leur tour par un séjour prolongé dans le même sol, et ne l'épuiseront pas, comme la première vigne ? Dans cette hypothèse très probable, les plants américains auraient une durée moins longue que nos vignes replantées après une alternance de huit années.

Qui nous garantit que les plants américains, greffés avec les cépages de nos grands crus, nous donneront un vin de même qualité que ces cépages ? Personne ne le sait ni ne peut l'affirmer.

L'avenir de nos crus gît plus dans une alternance sagement combinée que dans l'introduction de cépages étrangers, dont je crains une courte durée dans le même sol.

Pourquoi ne pas traiter nos grands crus ainsi : moitié par l'introduction des cépages américains et moitié par l'alternance ? Ce serait prudent, et on trouverait peut-être dans cet essai la solution d'un problème intéressant vivement la richesse publique.

Pour les petits crus, ceux produisant des vins ordinaires et même de la piquette, j'ai la conviction qu'une sage alternance et des additions de calcaire produiront les plus heureux résultats.

Nous avons pour les vins ordinaires, et même pour quelques vins fins une ressource dont nous n'avons jamais tiré parti depuis un demi-siècle : notre colonie d'Afrique, où il y a tout à faire, et où l'on n'a rien fait.

La terre est pour rien en Algérie ; la vigne y pousse comme du chiendent, le raisin n'y gèle jamais et y MURIT TOUJOURS. Ce raisin produit un vin ordinaire excellent, et trouverait d'abondants débouchés en France, s'il y était plus connu.

Les maladies dévastant actuellement nos vignobles sont inconnues en Afrique. Pourquoi donc n'y pas planter quelques hectares de vigne. Ce serait assurer l'approvisionnement de la France, donner à nos terres le temps de se reposer, et les propriétaires trouveraient dans cette spéculation des bénéfices aussi élevés que certains.

Quelques propriétaires français, écoutant mes conseils, ont déjà planté de nombreux hectares de vigne, et je crois pouvoir leur affirmer qu'avant huit ans ils auront un revenu annuel, égal au capital dépensé, en achat de terre et en frais de culture.

Jusqu'à présent, on n'a fait, en Algérie, que d'excellents vins ordinaires ; ma conviction est que l'on peut faire mieux dans certains parages. Les Trappistes qui étudient et travaillent l'ont prouvé depuis de longues années. Il y a dans le sol africain l'élément de toutes les richesses, et, si depuis un demi-siècle on avait pris la peine de le cultiver, il aurait produit à la France cent fois au moins autant de millions que le Tonkin en a absorbé.

Le proverbe dit : A quelque chose malheur est bon ! Si les malheurs qui se sont abattus sur nos vignobles peuvent faire ouvrir les yeux aux Français sur les ressources de l'Algérie et les décider à les exploiter après *cinquante-huit ans de réflexion*. La fortune de la France sera vite reconstituée.

Mais, *pour* obtenir un résultat aussi prompt que certain, il faudrait envoyer en Afrique des cultivateurs sérieux, des travailleurs, et leur donner de larges concessions de terrains, au lieu d'en distribuer des parcelles aux escrocs de toutes les nations qui ne les mendient que pour les revendre aussitôt, et ne les cultivent jamais.

Ajoutez à la culture de la vigne en Algérie celle des arbres à fruits à cidre en France : deux nouvelles richesses seront créées. Alors nous pourrons rétablir sûrement nos vignobles, par l'alternance, en augmentant le produit des céréales et des fourrages.

Rien de plus facile à accomplir, le jour où le propriétaire trouvera la sécurité pour sa personne et pour sa fortune, et où nous aurons un ministre de l'Agriculture, compétent dans les choses de son département, pour seconder les efforts des propriétaires.

Alors la France vendra ses vins au monde entier ; nous reverrons l'or de l'Étranger affluer chez nous, en échange des produits de notre sol, LA SEULE RICHESSE VRAIE, DONNANT A TOUS SANS RIEN PRENDRE A PERSONNE.

CHAPITRE II

MODIFICATIONS A APPORTER
DANS LA CRÉATION DES VIGNOBLES

———

J'ai dit, dans le chapitre précédent, qu'une des causes déterminant les maladies de la vigne était un trop long séjour dans le sol. Pour moi ce n'est pas douteux. J'ajouterai, dans celui-ci, qu'une organisation intelligente et une bonne culture sont de nouveaux garants des attaques des maladies qui déciment nos vignes depuis quelques années.

Les parasites ne s'attaquent qu'aux sujets faibles, et les maladies ne se déclarent qu'à la suite d'appauvrissement du sol, amenant la décrépitude de la plante.

Les sujets vigoureux placés par conséquent dans de bonnes conditions de sol, de culture et d'engrais, sont toujours épargnés.

Pour respecter la loi de l'intermittence comme pour combler les vides faits par les maladies, nous aurons beaucoup de vignes à créer ; avant de traiter des moyens curatifs des maladies, résumons d'abord les conditions dans lesquelles nous devons planter et cultiver pour obtenir un résultat à peu près certain.

Posons d'abord ceci en principe :

La culture de la vigne a pour but d'obtenir promptement la plus grande quantité possible des meilleurs produits avec le moins de dépense possible.

Pour obtenir ce résultat, il faut :

1° Cultiver le sol, l'amender et le fumer de manière à obtenir le maximum de la végétation, chose facile avec des façons énergiques, des amendements et des engrais judicieusement choisis ;

2° Changer la disposition des vignes pour les placer à des distances régulières, leur permettant d'être éclairées de tous côtés, premier garant de bonne végétation, de santé et de prompte maturation du raisin, et afin d'opérer toutes les façons du sol à la charrue et non à la main. La disposition de la vigne peut être changée même dans les anciens vignobles (voir pages 946 et suivantes) ;

3° Planter des chevelés bien enracinés, vigoureux et bien constitués, et les planter dans de bonnes conditions, afin d'obtenir des sujets fertiles. Une petite pépinière pour l'élevage du plant suffira au propriétaire pour approvisionner son vignoble, presque sans dépense, de plants d'élite et lui faire gagner deux années au moins sur la production (voir pages 946 et suivantes) ;

4° Donner aux vignes une forme rationnelle et bien équilibrée, afin d'obtenir le maximum de production. La fructification abondante et régulière de la vigne comme celle des arbres est due à l'équilibre dans toutes leurs parties. La vigne obéit aux mêmes lois

que les autres arbres fruitiers, et diminue ses produits en raison du manque d'équilibre.

Toutes les fois que la charpente de la vigne ne sera
pas équilibrée, le produit sera sensiblement diminué
en quantité, en volume et en qualité;

5° Appliquer une taille raisonnée, en harmonie avec
les lois végétales et subordonnée à la vigueur du cépage.

La taille à long bois pour les cépages très vigoureux,
la taille mixte pour ceux de vigueur moyenne et la
taille à bois court pour les faibles, nous assureront
sur tous les cépages une production des plus régulières et des plus abondantes (voir page 966 et suivantes);

6° Rechercher dans l'organisation de la vigne, et
par les opérations de taille, à parer aux désastres
des gelées tardives. Le moyen est trouvé et expérimenté depuis plus de trente années; reste à le populariser et à le faire appliquer partout.

CHAPITRE III

LE PHYLLOXERA

Fléau dont nous ne savons trop encore comment
nous garer. On a beaucoup écrit, plus bavardé
encore, et pas mal spéculé sur cette calamité, sans

rien résoudre ni avoir trouvé un remède certain.

C'est ce qui m'a fait écrire les lignes qui précèdent, et chercher la conservation de nos précieux cépages, en observant la loi de l'alternance, et en leur donnant une culture plus parfaite.

C'est encore le doute sur l'efficacité des plants américains qui m'a fait appeler l'attention de mes lecteurs sur l'avenir de nos possessions d'Afrique comme culture viticole.

On a commencé à combattre le phylloxera avec des drogues, on en a beaucoup essayé ; les marchands en ont considérablement vendu, depuis les plus anodines jusqu'aux plus dangereuses. Le résultat de tout ce commerce et des innombrables réclames est celui-ci : on a quelquefois tué les vignes, mais jamais le phylloxera.

Après les drogues, sont venus les plants américains, avec grand accompagnement de tam-tam et de grosse caisse. Tout ce tapage a produit l'engouement obligé, on a vendu beaucoup de plants américains : excellente affaire pour les pépiniéristes, mais la question n'est pas résolue, bien que les plants américains offrent dans certains cas quelque chance de succès comme porte-greffe.

Je dis dans certains cas et comme porte-greffe, parce qu'il est prouvé aujourd'hui qu'ils fructifient difficilement et donnent des vins médiocres.

En outre, les plants américains demandent une culture et un sol diamétralement opposés à nos vignes de France.

Les vignes américaines demandent des sols riches, frais, profondément défoncés, abondamment fumés et exempts de calcaire, ou ils sont atteints de chlorose et périssent bientôt.

Il résulte clairement de ceci que nos coteaux calcaires et les terrains secs et pierreux ne peuvent être plantés avec les vignes américaines, sans courir à un échec à peu près certain.

Les plants américains les plus répandus pour porte-greffe sont : le *Riparia*, le *Jacquez*, le *Viala*, le *York-Madeira*, le *Rupestris* et le *Solonis*.

Le *Riparia* résiste au phylloxera, mais seulement dans les sols riches et ferrugineux ; dans les terres calcaires ou pierreuses, il est atteint de chlorose et périt bientôt.

Le *Jacquez* craint le mildew, mais il se comporte mieux dans les terres médiocres. A ce titre il peut rendre des services réels, comme porte-greffe.

Le *Rupestris* périt dans les sols calcaires.

Le *York-Madeira* est atteint de chlorose dans les sols médiocres et peu profonds.

Le *Viala* donne de bons résultats dans les sols riches, frais et profonds ; il périt dans les terrains calcaires.

Le *Solonis* est le seul plant américain venant dans les terres calcaires.

Il résulte de cet exposé, fruit de l'expérience des principaux viticulteurs, que deux plants seulement nous offrent quelque chance de succès pour les terrains jadis occupés par nos vignes : le *Jacquez*

pour les sols médiocres et peu profonds, et le *Solonis*
pour les terres calcaires.

Ces deux plants sont à essayer comme porte-greffe
dans les terres médiocres et calcaires ; les autres ne
peuvent prospérer que dans les sols riches, profonds, frais et exempts de calcaire ; ces indications
seront suffisantes pour éviter bien des échecs et des
dépenses en pure perte, à ceux qui se laissent trop
facilement influencer par la réclame, et vont chercher
leurs conseils chez les débitants de drogues et les
marchands de toutes choses.

Malgré tous les inconvénients que présentent les
plants américains, il est utile de les essayer, mais en
petit, et de n'en faire de grandes plantations qu'avec
certitude de succès, c'est-à-dire quand l'expérimentation aura sanctionné les études et les efforts de chacun.

Au moment où je trace ces lignes, un cri d'alarme
s'élève dans ma commune. *Les plants américains
de l'école d'agriculture de Grignon sont atteints par le
phylloxera !* La consternation règne dans le canton
d'Argenteuil et la vallée de Montmorency, où les plantations de vignes, très nombreuses, donnent un revenu
des plus sérieux aux cultivateurs.

J'étais loin de penser que mes doutes sur la valeur
des plants américains seraient si promptement con-
firmés. Malheureusement nous sommes fixés par le
fait accompli, dans toute sa brutalité ; il est indé-
niable : LES PLANTS AMÉRICAINS, COMME NOS VIGNES,
SONT ATTAQUÉS PAR LE PHYLLOXERA.

Quelque pénible que soit cette certitude remettant tout en doute il ne faut pas s'abandonner à des lamentations stériles, mais travailler et chercher autre chose pour combattre les effets désastreux du phylloxera.

Beaucoup de moyens de guérison ont été employés sans résultat appréciable. On avait beaucoup compté sur l'immersion des vignes ; le moyen est dangereux. En admettant que l'immersion détruise le phylloxera, ce qui n'est pas prouvé du tout, le remède tuerait la vigne un peu plus lentement que le phylloxera.

L'excès d'humidité redoutable pour la vigne donnerait immédiatement naissance à *l'oïdium* et au *mildew* (mildiou) et amènerait à bref délai la pourriture des racines. La mort serait un peu plus lente, voilà tout.

Il nous reste une espérance pour lutter victorieusement contre le phylloxera : le traitement des vignes par le sulfure de carbone. C'est le seul traitement qui jusqu'à ce jour ait donné des résultats concluants.

Un grand propriétaire doublé d'un savant, M. *Bellot des Minières*, a obtenu des résultats très appréciables contre le phylloxera par l'emploi du sulfure de carbone. M. Bellot des Minières opère sur des milliers de vignes avec une persévérance digne des plus grands éloges, et j'ai l'espérance que bientôt il nous donnera un moyen de destruction aussi sûr pour le phylloxera que pour le mildew (mildiou) dont les ravages sont aujourd'hui conjurés par l'ammoniure de cuivre que nous devons à M. Bellot des Minières.

J'attends avec impatience le résultat des expériences
de M. Bellot des Minières, et sa savante parole pour
vous la transmettre aussitôt, chers lecteurs. J'attends
et j'espère !

LE MILDEW (*mildiou*)

Encore un nouveau fléau pour la vigne, et qui s'est
abattu sur presque toute la France ; mais nous sommes
heureux de dire que, pour celui-là du moins, on a
trouvé un remède efficace.

Cette nouvelle maladie a une certaine analogie avec
l'oïdum ; elle s'est déclarée dans nos contrées, à la
suite des froids des mois de mai et de juin.

Le mildew est produit par un champignon micros-
copique ; il se manifeste sur la face inférieure des
feuilles, sous l'aspect de taches blanchâtres, puis il
gagne les grappes et s'étend même sur le bois. Bientôt les feuilles tombent et les raisins se dessèchent en
grande partie. Dans ces conditions, il occasionne une
perte de deux tiers de la récolte et compromet celle
de l'année suivante en arrêtant la végétation de la
vigne dont le bois ne peut plus mûrir.

Quantité de procédés ont été employés avec plus ou
moins de succès: les uns dangereux, les autres inef-
ficaces, et enfin d'autres ayant donné des résultats
plus ou moins satisfaisants.

Examinons les plus employés, afin d'éliminer les
dangereux et ceux donnant peu ou point de résultats.

La presse du Midi a préconisé un procédé des plus dangereux, contre lequel on ne saurait trop se mettre en garde.

Voici ce que dit, à ce sujet, un journal très répandu :

« Le procédé sur lequel nous appelons l'attention des viticulteurs a été expérimenté sur de vieilles vignes épuisées et ne donnant plus de raisins. Sous l'influence du traitement, ces vignes ont été reconstituées et ont poussé vigoureusement dès la première année.

« Voici en quoi consiste le remède et comment il doit être appliqué :

« 1° Vers la fin de mars ou aux premiers jours d'avril, creuser au pied de chaque cep un trou en forme d'entonnoir de 15 à 20 cent. de profondeur;

« 2° Faire dissoudre dans l'eau chaude du sulfate de cuivre dans la proportion de 1 kilogr. par 20 litres d'eau ;

« 3° Verser dans chaque trou de 1 à 2 litres de cette eau sulfatée selon la grosseur du cep ; l'eau doit être refroidie quand on la verse ;

« 4° Ajouter ensuite à chaque pied de vigne 3 à 4 litres d'eau ordinaire, la laisser s'infiltrer, puis remettre la terre au pied du cep, et l'opération est terminée. »

Que les vignes aient végété après ce traitement, cela est possible ; mais combien de temps végéteront-elles sous l'influence d'une dose de sulfate de cuivre suffisante pour produire leur empoisonnement la troisième ou la quatrième année, si ce n'est la seconde ?

Je me demande si cette opération, répétée plusieurs fois, ne saturera pas le sol de sulfate de cuivre en quantité assez grande pour produire l'empoisonnement, pendant plusieurs années, sur les cultures qui succéderont à la vigne ?

Chose plus grave encore : les vignes s'assimilent le sulfate de cuivre ; les raisins en seront saturés, et je me demande si les nombreux accidents survenus depuis l'emploi du sulfate de cuivre : coliques persistantes, et même morts d'individus, après absorption de raisins et de vin nouveau, ne sont pas autre chose que des empoisonnements causés par le cuivre ? C'est ma conviction, et le fait suivant vient encore l'affermir.

Un très jeune professeur avait conseillé aux vignerons de traiter au sulfate de cuivre les liens de paille destinés à attacher la vigne. Cela suffisait, affirmait-il, pour prévenir les vignes de toute atteinte du mildew.

Le remède était facile et peu coûteux, la majeure partie des vignerons s'empressa de faire *mariner* la paille dans une forte dissolution de sulfate de cuivre, et de lier ensuite leurs vignes avec cette paille. Le mildew a envahi toutes les vignes et décimé la récolte, mais tous les vignerons avaient la colique.

Très probablement ces braves gens, toujours pressés par leurs travaux, se lavaient mal ou pas du tout les mains, avant de manger, et absorbaient de l'oxyde de cuivre. On avait un instant cru à une épidémie de dysenterie ; elle cessa avec l'emploi des pailles sulfatées.

Un remède très employé, bien qu'ayant donné des demi-résultats, est la *bouillie bordelaise*, ainsi composée :

On fait dissoudre dans 100 litres d'eau, 6 à 8 kilogrammes de sulfate de cuivre ; en même temps on fait éteindre 15 kilogrammes de chaux grasse, à part, dans 30 litres d'eau. Quand la dissolution du sulfate de cuivre est complète, et que la chaux forme une bouillie bien délayée, on mêle le tout ensemble, en ayant le soin de bien agiter pour mêler le tout. Au moment d'employer, on agite encore pour que le mélange soit parfait et la dissolution complète.

Vers le mois de mai, on asperge les feuilles avec cette composition, à l'aide d'un petit balai, ou mieux encore avec un pulvérisateur.

Il y en a de tous les modèles et de tous les prix, on n'a que l'embarras du choix.

La *bouillie bordelaise* a donné quelques résultats, mais son emploi est parfois difficile, malpropre et laborieux. Il faut remuer la composition à chaque instant, et Dieu sait dans quel état se mettent les hommes qui l'emploient.

Ce remède est moins dangereux que le précédent, en ce que la dose de sulfate de cuivre est sensiblement diminuée ; mais le mélange de chaux est plus nuisible qu'utile : la bouillie qui en résulte couvre les feuilles, bouche les stomates, et apporte un obstacle des plus sérieux à la végétation, à la maturation du raisin et à celle du bois de taille pour l'année suivante. En outre, il est prouvé par les expériences les plus positives, que l'action de la chaux sur les feuilles diminue sensiblement la qualité du vin.

Restent deux remèdes qui ont donné des résultats des plus satisfaisants : la liqueur Schweizer, appelée communément *eau céleste*, et l'*ammoniure de cuivre*, de **M.** Bellot des Minières, qui a eu raison du mildew (mildiou) sans danger et sans inconvénient pour la vigne ni pour les raisins.

La liqueur Schweizer (*eau céleste*), lancée après l'*ammoniure de cuivre* de M. Bellot des Minières, est par le fait de l'ammoniure de cuivre, différant dans la composition, et aussi dans les résultats : l'*eau céleste* est composée de un kilogramme seulement de sulfate de cuivre dissous dans un litre d'ammoniaque et mélangé à 100 ou 120 litres d'eau.

Des résultats ont été obtenus avec l'eau céleste, mais elle présente un immense inconvénient ; quand la température s'élève à 28 degrés à l'ombre, le sulfate neutre d'ammoniaque devient acide et l'acide sulfurique désorganise le végétal.

L'*ammoniure de cuivre* de M. Bellot des Minières ne présente aucun inconvénient, tout en étant plus actif que l'eau céleste. Je ne saurais mieux faire pour en donner la composition que de l'emprunter au savant mémoire publié par M. Bellot des Minières.

« ... On prend de la tournure de cuivre — rubans légers, sorte de copeaux que donne une barre de *cuivre rouge passée au tour*. On en emplit des entonnoirs, — vases dans lesquels on a préalablement mis de la tournure, puis on verse de l'ammoniaque pesant 22°; on le reprend et on le passe et repasse jusqu'à ce que la tournure soit dissoute.

« Avec 1 kilogramme de tournure on peut faire 150 kilogrammes d'ammoniure. On le voit, la recette est facile; je la donne non sous sa formule scientifique, que beaucoup pourraient trouver de digestion difficile, mais sous une forme telle que le *premier vigneron* puisse marcher.

« Quand on a son ammoniure préparée et tenue en vase clos, on en pèse 8 kilogrammes ou 7 kilog. 500, et on les verse dans une barrique bordelaise préalablement remplie à *moitié* d'eau excessivement pure; on y verse ces 8 ou ces 7 kilog. 500 selon qu'on veut marcher à $\dfrac{\text{35 ou 37 grammes ammoniure}}{\text{100 grammes eau}}$, on *fait le plein*; on agite, car l'ammoniure pèse moins que l'eau; on mêle en roulant quatre ou cinq fois la barrique sur elle-même; on la hisse *sur la charrette*, et tout est prêt.

« Cependant, il ne faut pas oublier de mettre à cette barrique, ou à ces barriques, s'il s'agit d'une grande exploitation, un *robinet en bois*, très gros (comme un robinet de cuve), qu'on a eu bien soin d'entourer de lamelles de plomb serrées par du fil de fer, car sans cette précaution, le robinet éclate sous la pression des gaz.

« Puis on marche avec des pulvérisateurs, desquels,

autant que possible, on bannit *le cuivre*, que l'ammoniure percerait comme une écumoire, et l'on choisit
des outils dont la forme permet d'atteindre facilement
soit l'intérieur des ceps, soit le dessous des feuilles. »

Le point capital dans les aspersions à l'ammoniure,
comme dans l'emploi de tous les remèdes contre le
mildew, est d'atteindre et mouiller complètement le
dessous des feuilles, siège premier de la maladie. Il
suffit, pour obtenir un résultat complet, d'employer
un bon pulvérisateur. On aura à choisir, parmi tous
ceux inventés : celui qui divisera le mieux l'eau et la
projettera avec le plus de force sera le meilleur.

L'ammoniure de cuivre de M. Bellot des Minières
a l'immense avantage de nous débarrasser du sulfate
de cuivre, et de rendre les empoisonnements impossibles, grâce à la petite quantité de cuivre employée,
ne pouvant produire de l'oxyde de cuivre, poison des
plus redoutables sur les hommes et les végétaux qui,
lorsqu'il ne tue pas les premiers, provoque des coliques de longue durée, et empoisonne infailliblement
les seconds dans un temps plus ou moins long.

Nous n'hésitons pas à conseiller l'emploi de *l'ammoniure par tournure de cuivre* de M. Bellot des Minières à l'exclusion de toute autre préparation ana-
logue, dans laquelle entre le sulfate de cuivre. C'est
celle reconnue la plus énergique contre le mildew et
elle n'offre aucun danger. En l'employant à temps,
on est à peu près certain d'arrêter, et même de se
préserver de l'invasion du mildew.

Ajoutons une indication sûre et qui ne trompera

personne sur l'apparition du mildew sur la vigne : chaque fois que le mildew doit apparaître et envahir la vigne, les groseillers en sont atteints plusieurs semaines avant la vigne.

Voici ce qui se produit : les feuilles des groseillers se dessèchent d'abord tout autour ; la désorganisation gagne les feuilles en quelques jours, et elles tombent toutes avant la maturation des fruits. Deux ou trois semaines après l'apparition de la maladie sur les groseillers, elle envahit la vigne.

Donc, si vous voulez bien, chers lecteurs, garantir vos vignes des atteintes du mildew, et sauver votre récolte, observez les groseillers. Aussitôt que leurs feuilles seront atteintes, injectez vos vignes à l'*ammoniure* de tournure de cuivre, et vous éviterez plus que probablement la maladie ; si elle apparaît sur les vignes, répétez l'opération une et même deux fois, si elle reparaissait après coup, et vous sauverez et votre récolte, et le bois de taille pour l'année suivante.

Mais n'oubliez pas qu'il faut vous servir pour l'aspersion d'un instrument énergique, distribuant bien la solution d'ammoniure, et attaquant surtout les FEUILLES EN DESSOUS. Tout le succès est là !

Pour plus amples renseignements, consulter le remarquable mémoire de M. Bellot des Minières, à la Société des Agriculteurs de France, intitulé : *Ammoniure de tournure de cuivre*, chez MM. *Féret et fils*, libraires-éditeurs, 15, Cour de l'Intendance, *à Bordeaux*. Prix : 1 fr. ; par la poste, 1 fr. 15.

M. Bellot des Minières continue ses expériences sur la plus grande échelle, et nous attendons avec la plus entière confiance le résultat des expériences de ce savant.

DIXIÈME PARTIE

LES DÉSASTRES

CHAPITRE PREMIER

LA GRÊLE, LES GELÉES TARDIVES ET LES HIVERS RIGOUREUX

Mon plus ardent désir est que les lignes suivantes ne servent jamais; mais devant les fréquents excès de température dont nous avons été affligés depuis plusieurs années, j'ai cru devoir les écrire.

Notre climat tend à se refroidir; il n'est pas d'années où nous n'ayons à enregistrer des sinistres partiels causés par la grêle et les gelées tardives, et, depuis dix-huit années, deux hivers dont la rigueur comme la durée ont produit de véritables désastres : celui de 1871-1872, et celui de 1879-1880, dont les conséquences ont été terribles pour les plantations fruitières.

Les pertes ont été immenses; elles auraient été beaucoup moins grandes, si on avait su y porter remède dès le début.

Malheureusement, devant un désastre inattendu

tout le monde perd la tête ; le découragement s'empare de tous, et le temps pouvant être si précieusement employé à réparer le mal, l'est à maugréer contre le sort et à se lamenter.

Chaque fois qu'il s'est produit des accidents entraînant des pertes importantes, je me suis empressé de chercher à y porter remède, en indiquant la voie à suivre, par l'organe des journaux. Je fais composer et tirer un article spécial à Paris, et l'envoie aux journaux de toutes les opinions, avec prière de reproduction.

Ce moyen, très prompt en théorie, manque d'efficacité en pratique, par la lenteur de l'exécution. Il faut opérer immédiatement après les grêles et les gelées tardives, quand on veut sauver quelque chose et voici ce qui arrive :

Les indications que je donne n'ayant aucun intérêt politique, un grand nombre de journaux ne les publient pas ; d'autres s'abstiennent, parce que je ne pense pas comme eux, et ceux qui les publient le font souvent trop tard pour que le mal puisse être réparé en temps opportun. En outre, le découragement règne en souverain, et souvent les premiers intéressés à agir restent inactifs.

Ces considérations m'ont décidé à indiquer, dans cette partie de l'*Arboriculture*, le traitement à appliquer immédiatement aux arbres fruitiers et à la vigne, après la grêle, les gelées tardives, et leur mode de restauration après un hiver rigoureux.

Quand on saura d'avance qu'il est possible d'obte-

nir une récolte sur des vignes gelées, de rétablir celles
qui ont été grêlées, de sauver quantité d'arbres fruitiers que l'on s'est empressé d'arracher, les propriétaires et les cultivateurs ne seront pas complètement
désarmés devant un nouveau désastre ; des essais seront tentés, parce que la question sera connue et étudiée à l'avance, et des sommes considérables pourront
être sauvées. Les chapitres suivants sont écrits dans
l'espoir d'atteindre ce but.

Je commence par les accidents les plus fréquents :
ceux causés par les gelées tardives.

CHAPITRE II

LES GELÉES TARDIVES

TRAITEMENT DES ARBRES FRUITIERS ET DE LA VIGNE

Les gelées tardives, celles survenant dans la seconde
quinzaine de mai, sont redoutables, en ce qu'elles entraînent toujours une diminution, et souvent une
perte de récolte. Les arbres fruitiers, ceux à fruits à
noyau surtout, éprouvent de sérieuses avaries ; la récolte de la vigne est quelquefois totalement perdue.

J'ai indiqué précédemment des procédés de culture

destinés à conjurer les effets des gelées tardives quand elles n'excèdent pas deux degrés, au moyen des abris naturels et artificiels.

Lorsque la récolte sera détruite, il faudra, sans aucun retard, préparer celle de l'année suivante, qui souvent compensera la perte; mais, pour atteindre ce but, il faut agir, et tout de suite après le désastre.

Les arbres à fruits à pépins, soumis à la taille dans les jardins et dans les vergers, n'auront guère à souffrir des atteintes d'une gelée de un ou deux degrés, si on s'est abstenu de les pincer pour leur appliquer le cassement en vert, ainsi que je l'ai indiqué à la taille du poirier, page 400. Les bourgeons préserveront suffisamment les fruits de la gelée, neuf fois sur dix.

La perte de fruits sera presque certaine sur les arbres pincés à deux ou trois feuilles, sans cesse mutilés et rognés; il n'y reste rien pour abriter les fruits naturellement; ils sont forcés de geler.

Après la chute des fruits, il pousse sur ces arbres une quantité de bourgeons vigoureux, dont il faut régler la végétation, pour obtenir des fruits l'année d'après. Si on néglige ce soin, on s'expose à perdre la récolte suivante.

Il faut d'abord procéder à un ébourgeonnage énergique: supprimer les bourgeons trop rapprochés, pour faire pénétrer la lumière dans toutes les ramifications de l'arbre; supprimer également les bourgeons doubles et triples, naissant toujours sur les nodosités, pour n'en conserver qu'un seul: *le plus faible.*

Ces bourgeons seront soumis au cassement en vert sur huit feuilles, comme je l'ai indiqué pages 400 et suivantes.

Tous les bourgeons qui naîtront sur les bourses seront pincés à quatre feuilles, afin de les forcer à produire des boutons à fruits à la base; s'il naissait deux bourgeons sur les bourses, supprimer le plus vigoureux, et pincer le plus faible sur quatre feuilles.

L'année suivante, les bourses porteront des boutons à fruits à la base. On taillera sur le bouton à fruits le plus rapproché de la base, et sans *rien laisser au dessus*.

Les rameaux cassés en vert l'été précédent seront cassés à la taille de l'hiver, comme je l'ai indiqué pages 406 et suivantes.

La seconde année tout sera à fruit ; l'arbre, complètement restauré, donnera le double de ce qu'il avait jamais produit.

Les arbres à fruits à noyau sont plus sensibles à la gelée que ceux à fruits à pépins. Ils n'auront rien à redouter dans le jardin fruitier, s'ils ont été abrités avec des toiles. Sans abris, la récolte sera souvent compromise et quelquefois totalement perdue.

Dans ce cas, il sera prudent d'appliquer une seconde taille pour rapprocher de la branche mère les productions fruitières à obtenir. On supprime les parties de rameaux qui portaient des fruits pour concentrer toute l'action de la sève sur les bourgeons de la base, et en faire naître de plus rapprochés encore sur le vieux bois. C'est presque une restauration, elle est des plus profitables sur les pêchers et les abricotiers soumis à la taille, et cette opération ne doit jamais être négligée aussitôt après la perte des fruits par une gelée tardive.

Les arbres à haute tige, excepté l'abricotier, peuvent se passer de soins après la perte de leurs fruits. Il est bon cependant de les visiter et de supprimer, si l'on n'a pu le faire pendant l'hiver, quelques branches du centre de la tête, afin d'y faire pénétrer la lumière ; c'est le moyen le plus sûr de déterminer une abondante fructification pour l'année suivante.

Les abricotiers à haute tige exigent une taille après les gelées tardives, aussitôt que l'on a acquis la certitude de la perte de la récolte.

On opère un rapprochement énergique sur les branches, afin d'obtenir, pendant l'été, une grande quantité de bourgeons vigoureux, qui seront couverts de fleurs au printemps suivant.

L'abricotier pousse vite, et produit de nouveaux bourgeons sur le vieux bois avec la plus grande facilité. Tout le secret de la fertilité de cet arbre gît dans la production du bois nouveau.

Dès que les branches se dénudent ou s'affaissent, il n'y a pas à hésiter, il faut les rapprocher pour obtenir des bourgeons vigoureux, toujours très fertiles. Ce rapprochement est indispensable, après une gelée tardive, ayant non seulement détruit les récoltes, mais encore atteint les bourgeons.

Les ravages des gelées tardives se réparent facilement sur la vigne; dans les jardins et le vignoble, quand les vignes ont été ébourgeonnées l'année précédente, et que les bourgeons anticipés ont été enlevés. Dans ce cas, il n'y a pas une minute à perdre; on casse aussitôt les bourgeons gelés sur leur empattement, en les poussant avec le doigt.

Quinze jours après les gelées ne sont plus à craindre, alors il se développe sur le talon du bourgeon supprimé deux ou trois bourgeons portant tous des grappes. On supprime les plus faibles, pour n'en conserver qu'un seul: le plus fort. (Voir le traitement du bourgeon anticipé à la taille de la vigne, page 738 et suivantes.)

Alors la récolte perdue est retrouvée, presque aussi abondante, moins bonne en qualité, cela est incontestable : mais entre pas de vin et du vin de seconde et même de troisième qualité, il n'y a pas à hésiter. Le vin médiocre se vend plus cher que le bon dans les années de disette ; le revenu est sauvé, c'est le point capital.

Quand la suppression du bourgeon anticipé n'a pas été opérée, il ne faut pas compter sur une récolte, mais il est urgent d'en préparer une bonne pour l'année suivante, en faisant naître du bois fertile.

On atteint sûrement ce résultat en pratiquant une seconde taille à la vigne. On coupe sans hésiter au-dessous des bourgeons qui portaient les grappes, et on rapproche les tailles longues sur deux yeux, afin de concentrer l'action de la sève sur les bourgeons de remplacement.

Aussitôt que ces bourgeons ont atteint la longueur de 15 à 20 centimètres, on pratique un ébourgeonnage sévère pour supprimer ceux trop rapprochés, et les bourgeons doubles ou triples sur la même attache ; on n'en conserve qu'un : le plus vigoureux.

Les bourgeons conservés, élevés dans ces conditions, acquièrent une grande vigueur, et donnent pour l'année suivante du bois fertile, surtout quand on a eu le soin de supprimer les bourgeons anticipés, de les palisser et de pratiquer le rognage à temps.

CHAPITRE III

LA GRÊLE

TRAITEMENT DES ARBRES ET DE LA VIGNE GRÊLÉS

La grêle est le fléau qui terrifie et décourage le plus les propriétaires et les cultivateurs. Elle arrive toujours lorsqu'on s'y atttend le moins, et que les récoltes ont la plus belle apparence. En quelques minutes, il ne reste plus rien ; tout est haché, et la récolte perdue sans ressources.

La récolte est perdue, c'est certain ; il n'y a pas d'espoir d'en obtenir une autre pour l'année, ce n'est pas douteux, mais il faut penser à assurer celle de l'année suivante ; c'est tout ce que l'on peut espérer, et on y parvient en acceptant bravement le malheur qui vous frappe, et en agissant immédiatement, au lieu de perdre un temps des plus précieux à se lamenter.

L'aspect des arbres et de la vigne est terrifiant, c'est le mot, après une grêle sérieuse ; les feuilles et les débris de rameaux jonchent le sol avec les fruits, tout est haché ; les grosses branches elles-mêmes sont déchirées et mutilées ; c'est navrant à voir ! Et cependant, c'est le moment où il faut agir avec le plus de promptitude et d'énergie pour sauver les arbres, et les faire produire les années suivantes.

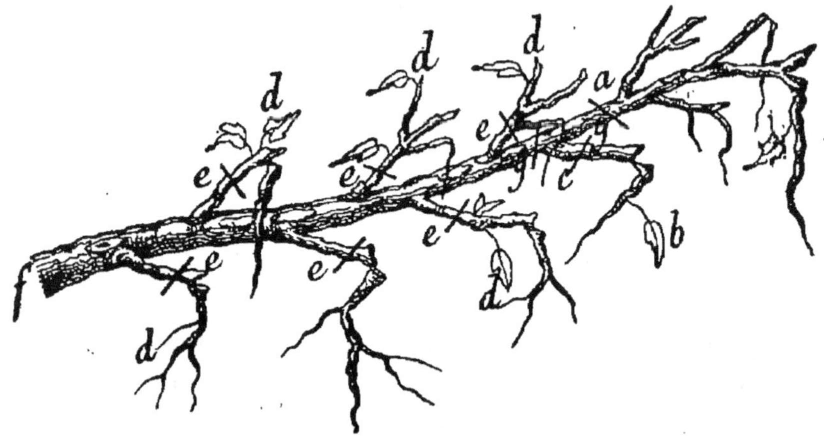

Fig. 454. — Branche grêlée.

Les arbres, soumis à l'espalier comme en plein vent, offrent l'aspect de la branche figure 454, après la grêle.

Les feuilles et les fruits ont été enlevés ; les rameaux

latéraux sont brisés; la branche principale est couverte de blessures; les écorces sont déchirées partout.

Il faut, aussitôt après la grêle, pour les arbres à fruits à noyau aussi bien que pour ceux à fruits à pépins:

1° Supprimer la partie de la branche principale la plus endommagée, c'est-à-dire l'extrémité, tailler en *a* (fig. 454), sur le rameau *b*, et tailler ce rameau en *c*, sur les deux premiers yeux de la base;

2° Pour les arbres à fruits à noyau et à pépins, rapprocher d'un coup de serpette ou de sécateur les rameaux *d* (fig. 454), brisés et mutilés, en *e*, sur la partie laissée entière;

3° Avec une serpette bien tranchante, ou avec la lame d'un greffoir, enlever toutes les aspérités des déchirures faites aux écorces, sur toute l'étendue de la branche, de *f* en *g* (fig. 454). La même opération devra être faite aux rameaux latéraux, sur la partie qui a été conservée.

Les personnes qui auront opéré aussitôt après la grêle, trouveront leurs branches dans l'état de la figure 455, à la chute des feuilles.

La suppression d'une partie de la branche principale, en *a* (fig. 455), et celle des rameaux mutilés, concentrant la sève dans un espace restreint, la sève d'août activée a produit:

1° Un bon prolongement de la charpente *a* (fig. 455), remplaçant avec avantage la partie coupée;

Sur toutes les tailles pratiquées aux rameaux

latéraux, des bourgeons vigoureux *b* (fig. 455), et des dards *c* (même figure).

Sur les arbres à fruits à noyau beaucoup de ces productions porteront des fleurs qui donneront des fruits; sur les arbres à fruits à pépins, elles donneront d'excellent bois pour assurer, par la taille, une prompte et abondante fructification l'année suivante, en leur appliquant les opérations indiquées à la taille du poirier, pages 381 et suivantes;

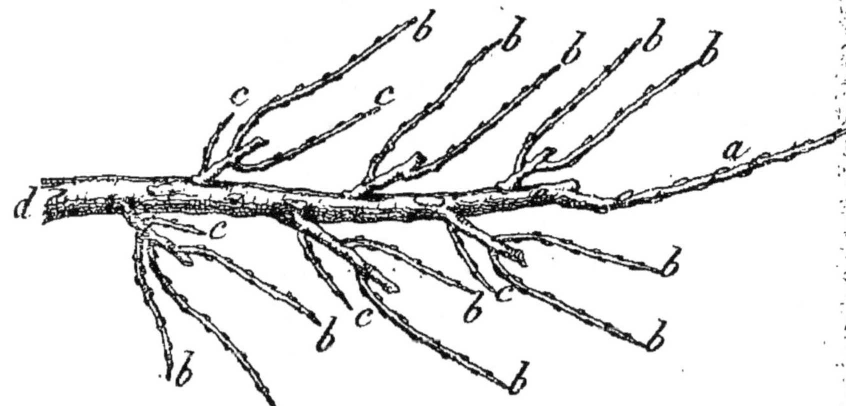

Fig. 455. — Résultats de la taille faite à temps.

3° Sur toute l'étendue de la branche principale, de *d* en *e* (fig. 455), où les aspérités des déchirures des écorces ont été enlevées, les mutilations de la grêle sont presque recouvertes, grâce à la prompte végétation de l'arbre.

Il n'y aura qu'à appliquer aux productions nouvelles, les tailles indiquées pour chaque espèce de fruits à pépins ou à noyau, pour obtenir en très peu de temps un arbre vigoureux et des plus fertiles, meilleur et plus productif qu'avant, parce qu'il aura été entièrement restauré, et tous les rameaux à fruits créés d'une manière rationnelle.

Pour les arbres qui auront été taillés aussitôt après la grêle, le mal sera réparé en grande partie à la chute des feuilles; les blessures faites par la grêle seront presque effacées, et on aura du bois jeune et vigoureux pour tailler.

Mais, pour les arbres qui auront été abandonnés à eux-mêmes, le résultat sera désastreux. Les fractions de rameaux mutilés n'auront donné lieu qu'à une végétation pitoyable; à peine quelques rosettes de feuilles se seront formées sur les parties mutilées, et le plus souvent aux extrémités; les yeux de la base, au lieu d'avoir produit des bourgeons vigoureux, seront endormis sur les arbres à fruits à pépins, et éteints sur ceux à fruits à noyau. Dans ce cas, c'est une récolte perdue, et les deux suivantes seront compromises sans compter le préjudice porté aux arbres.

Malheureusement, la majeure partie des arbres fruitiers grêlés, en mai ou juin et même juillet, se trouveront dans ce cas à la chute des feuilles. C'est un malheur assurément, mais il n'est pas sans remède; il y a beaucoup de temps perdu, mais les arbres peuvent être encore sauvés, si l'on veut agir aussi promptement qu'énergiquement.

Aussitôt après la chute des feuilles, il faudra opérer la taille que je viens d'indiquer, mais plus énergiquement. Les aspérités produites sur les écorces par les blessures de la grêle ont été un obstacle au recouvrement des plaies par les écorces. Il y a solution de continuité dans la production des filets ligneux et corticaux, par conséquent dépérissement de la tige, et atonie des racines. Une végétation vigoureuse peut seule sauver les arbres déjà en danger de mort, et on ne peut l'obtenir qu'à l'aide des moyens suivants :

1° Fumure au pied de l'arbre, non auprès du tronc (le remède serait pire que le mal), mais dans le périmètre occupé par l'extrémité des racines, c'est-à-dire sur une largeur de 40 à 50 centimètres, à la distance de 50 à 80 centimètres du tronc, suivant la grosseur de l'arbre et l'étendue de ses racines. Cette fumure sera enfouie par un labour à la fourche ;

2° Taille énergique, c'est-à-dire un peu plus courte, des branches de la charpente que dans la figure 454 ;

3° Taille très courte, sur un ou deux yeux, de tous les rameaux latéraux.

Ces tailles ont pour but de circonscrire la sève dans un espace très restreint, seul moyen d'obtenir des bourgeons vigoureux et une végétation active, sans laquelle les plaies des blessures ne peuvent se recouvrir : la fructification ne s'établirait pas, et l'arbre resterait en danger de mort ;

4° Enlever, aussitôt après la taille, toutes les aspérités produites par les blessures de la grêle sur les écorces. Cette opération se fait très promptement avec une serpette bien tranchante, et même au besoin avec une plane, quand elles sont trop nombreuses ;

5° Couvrir ensuite les principales blessures, les plus larges, avec du mastic à greffer.

En opérant ainsi, et tout de suite après la chute des feuilles, on rétablira encore les quatre-vingt-dix centièmes des arbres à fruits à pépins dans les meilleures conditions.

Il sera trop tard pour ceux à noyau ; les déchirures des branches auront produit la gomme, et l'arbre sera à peu près perdu, quand on voudra le restaurer ; on pourra cependant essayer un rapprochement énergique, mais sans grande chance de succès.

Si les arbres dans cet état sont négligés, les faibles mourront dans l'année ; ceux de vigueur moyenne prolongeront leur agonie pendant deux années environ ; les plus vigoureux, seuls, survivront aux ravages de la grêle, mais resteront infertiles pendant trois années environ.

A l'œuvre donc, et aidez la nature d'un peu de travail raisonné : elle vous le rendra au centuple.

Les arbres à haute tige, à fruits à noyau et à pépins, exigent également les soins de l'homme pour leur conservation et leur production. Ces arbres sont les plus négligés ; on profitera de l'occasion pour les restaurer et les rajeunir.

Disons tout d'abord que la tête des arbres à haute tige doit être vide au centre, pour laisser y pénétrer la lumière, comme l'indique la figure 456.

Lorsque la tête d'un arbre à haute tige est trop fourrée au centre, la fructification ne s'y produit

jamais. Donc, lorsque ces arbres auront été grêlés,
il faudra :

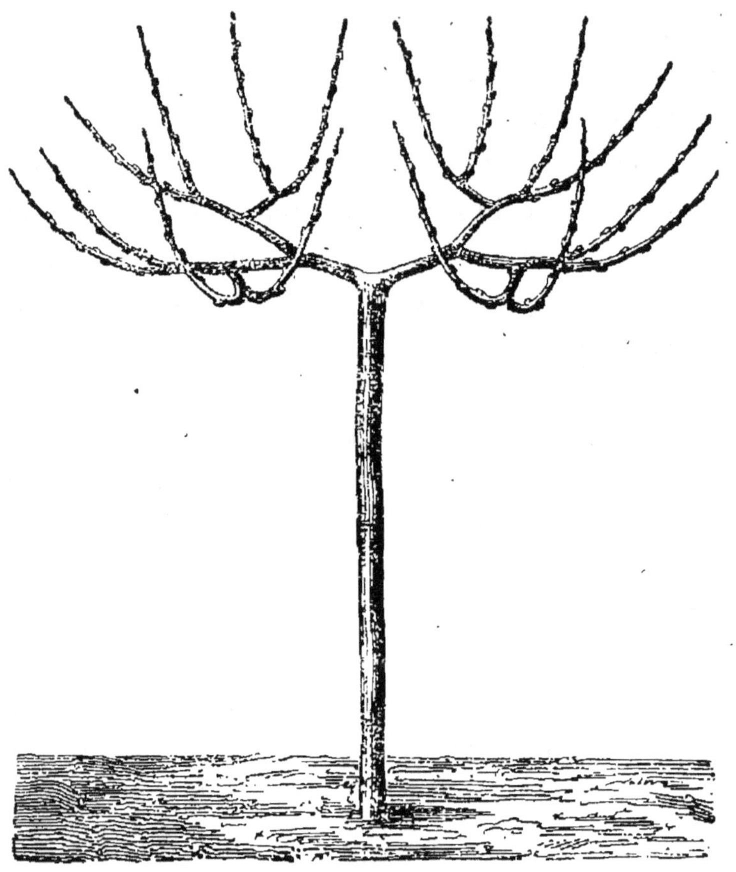

Fig. 456. — Arbre à haute tige.

1° Avant tout, et tout de suite, supprimer les
branches montant verticalement dans la tête. Ces
suppressions devront être faites avec une serpe bien
tranchante rez le tronc, sans onglets, et recouvertes
de mastic à greffer, comme l'indique la figure 457.

Quand on laisse un onglet (fig. 458), la carie s'y met

bientôt, gagne le tronc et fait périr l'arbre (fig. 459);

2° Lorsque le centre de la tête de l'arbre sera dégagé, comme l'indique la figure 456, on taillera les branches conservées en *a* (fig. 460). Cette taille, jointe à la suppression des branches qui obstruaient

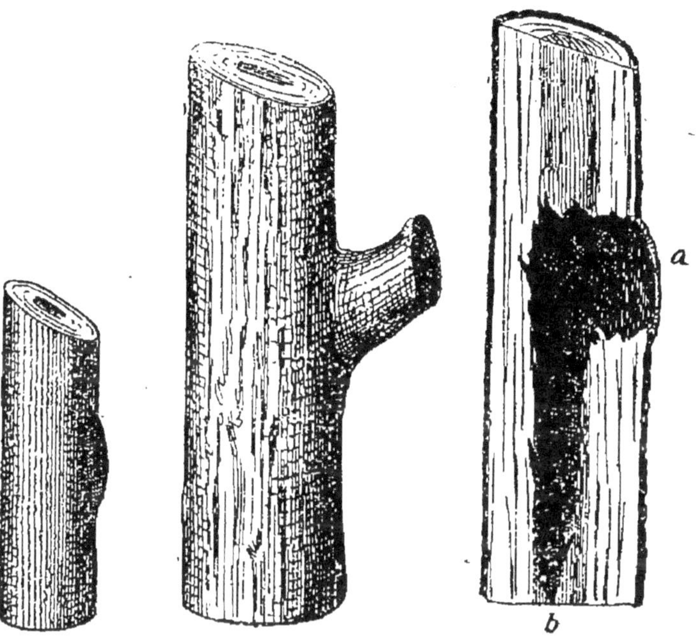

Fig. 457. — Branche bien coupée.   Fig. 458. — Onglet.   Fig. 459. — Arbre fendu en deux, effet de l'onglet laissé.

la tête, produira une concentration de sève des plus énergiques, et partant de là une végétation des plus vigoureuses;

3° Aussitôt après la taille, on enlèvera, avec une serpette ou une plane, toutes les déchirures d'écorce laissées par la grêle, et on recouvrira les plus grandes plaies de mastic à greffer.

Il n'y aura donc plus qu'à donner à la végétation nouvelle la direction que j'ai indiquée, pages 914 et suivantes, pour obtenir des arbres vigoureux et des plus productifs en très peu de temps.

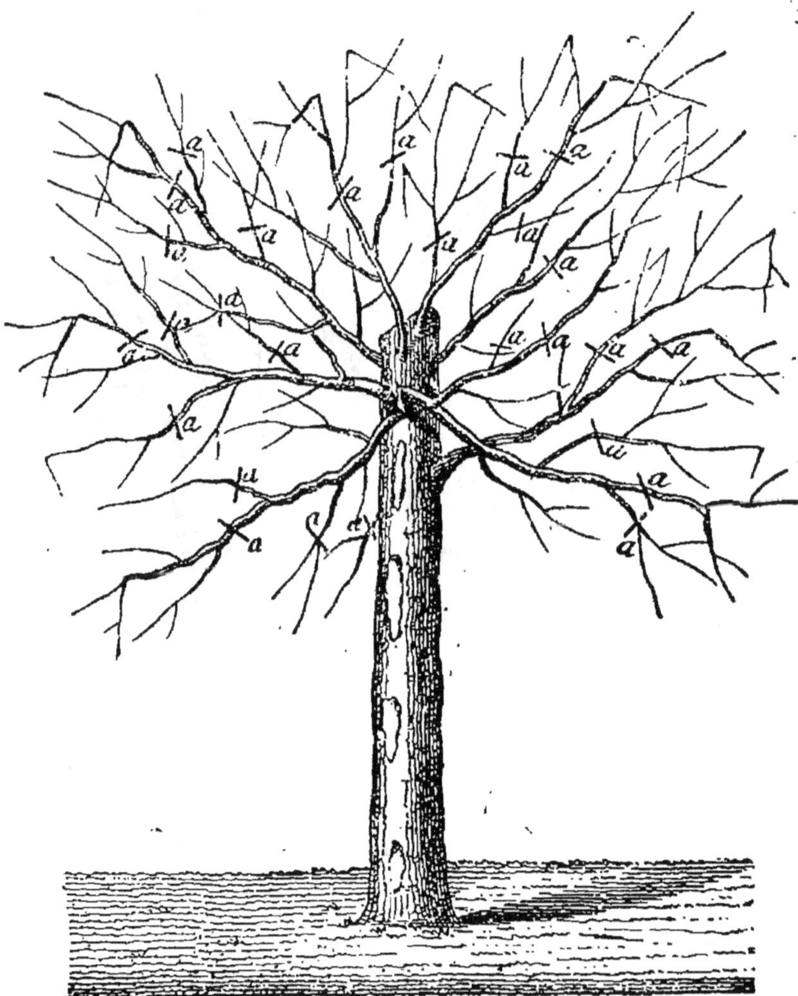

Fig. 460. — Tête d'arbre dégagée des branches du centre.

Je puis même affirmer avec certitude que les arbres à haute tige grêlés, ainsi traités, seront plus productifs qu'ils ne l'avaient jamais été, si l'on veut bien leur consacrer, chaque hiver, de huit à dix minutes de temps pour les maintenir en bon état.

Dans les vignobles complètement grêlés, la perte peut être limitée à la récolte de l'année, en taillant tout de suite après la grêle, comme je vais l'indiquer :

Une taille énergique et immédiate, quelle que soit l'époque, peut seule assurer une bonne demi-récolte pour l'année suivante.

Si quelques grappes ont été épargnées, on les conservera, et on taillera sur un ou deux yeux les bourgeons mutilés et ne portant pas de fruits, afin de faire développer de nouveaux bourgeons.

Quand le bourgeon est complètement brisé et qu'il ne reste pas d'yeux visibles, on taille sur son empattement ; il y existe des yeux invisibles qui se développeront en bourgeons, sous l'influence de la taille.

Ces bourgeons, qu'il faut obtenir à tout prix et le plus promptement possible, peuvent seuls donner des fruits l'année suivante, en les soumettant au traitement que j'indique plus loin. Le point capital est de les obtenir.

Donc pour les vignes portant encore quelques grappes et quelques bourgeons intacts, conservation de ces grappes et de ces bourgeons, et taille à un ou deux yeux, et même sur l'empattement, des bourgeons mutilés.

Pour les vignes entièrement dénudées, c'est-à-dire n'ayant conservé ni une grappe ni un bourgeon, il ne faut pas hésiter à supprimer, tout de suite, un cinquième, un quart, et même un tiers de la charpente, suivant l'étendue des mutilations, et tailler les bourgeons latéraux sur un ou deux yeux, et même sur leur empattement, s'il ne reste pas d'yeux.

Quel que soit l'état de la vigne, il poussera des bourgeons à la suite de cette taille : mais il faut l'opérer vivement sans hésitation et radicalement, si l'on veut sauver la récolte de l'année suivante ; s'il y a hésitation, lenteur ou mollesse dans l'opération, tout est perdu.

Lorsque les bourgeons qui naîtront après la taille auront atteint la longueur de 5 à 6 centimètres, il faudra procéder à un ébourgeonnage. On conservera sur chaque taille le bourgeon le plus vigoureux, et l'on supprimera tous les autres.

Il ne faut conserver qu'un seul bourgeon sur chaque taille ; on taillera dessus l'année prochaine, et il donnera du raisin. Quand on en conserve deux, quelque vigoureux qu'ils soient, la végétation est ralentie, le bois mûrit mal et ne produit pas de raisins.

Lorsque les bourgeons conservés auront atteint la longueur de 40 à 45 centimètres, on aura soin d'enlever tous les bourgeons anticipés qui naîtront à l'aisselle des feuilles. Ces bourgeons entretiennent la végétation, empêchent le second œil, celui qui produit des bourgeons fertiles l'année suivante, de se constituer, et sont une cause première d'infertilité sur du bois ayant à peine le temps de mûrir.

Une taille et deux ébourgeonnages, de mai ou juin

à la fin d'août. C'est de la main-d'œuvre, cela est vrai, mais c'est le seul moyen d'obtenir une récolte l'année suivante. Ceux qui hésiteront ou ne voudront pas prendre la peine de le faire ne récolteront rien. Une récolte achetée par un peu de travail ou rien.

Les personnes qui auront opéré aussitôt après la grêle auront déjà des résultats à la fin de l'année. Malheureusement ce sera la minorité ; la majorité, en proie au découragement, ne fera rien et se trouvera, au moment de la taille, devant des vignes dans un état lamentable, impropre à donner un produit appréciable.

Pour ceux-là, il n'y a guère de récolte à espérer la seconde année, mais ils pourront encore reconstituer leurs vignes dans les meilleures conditions pour l'année suivante, en opérant ainsi à la taille :

1° Suppression d'une partie de la charpente, suivant son état de mutilation.

Ainsi on taillera la branche de la charpente en *a* (fig. 461), si elle n'est pas trop mutilée à la base ; en *b*, si elle est hachée jusque-là, et même en *c*, si le bois ne vaut rien jusque-là.

Lorsque la branche est littéralement hachée tout entière, ce qui s'est malheureusement produit souvent dans plusieurs localités, il faut la couper à la base et recommencer à faire une vigne avec les nouvelles pousses.

2° S'il n'y a pas d'espoir de récolte, tailler très court sur les yeux les plus rapprochés de la base, les coursons, en *d* (fig. 461). Si quelques sarments, moins

mutilés, peuvent produire quelques grappes, on les
taillera à fruits ; ceux ne laissant aucun espoir seront
taillés très còurt afin d'obtenir des bourgeons vigoureux qui porteront des fruits l'année suivante.

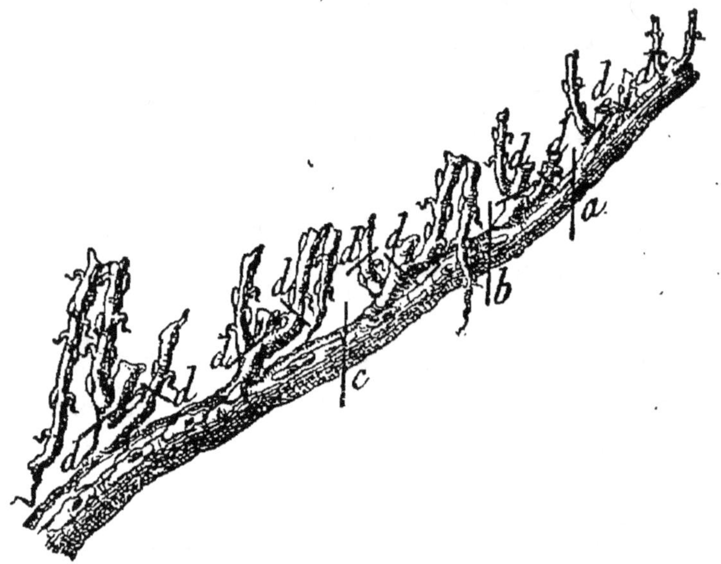

Fig. 461. — Vigne grêlée. — Taille.

3° Après la taille, faire disparaître avec la serpette
toutes les aspérités produites par la grêle sur les
branches mutilées, afin qu'elles puissent se recouvrir
facilement pendant la végétation.

La vigne ainsi taillée produira des bourgeons vigoureux. Il faudra ébourgeonner, c'est-à-dire choisir le
bourgeon le plus vigoureux et le plus près de la base,
pour le conserver, et supprimer tous ceux qui l'accompagneront.

Il faut, pour obtenir du bois très fertile, qu'il soit
vigoureux et surtout bien constitué, bien mûr, sui-

vant l'expression des vignerons. On ne peut obtenir ce résultat qu'en concentrant toute l'action de la sève sur les bourgeons à conserver, et en hâtant la végétation à l'aide de l'ébourgeonnage et de la suppression des bourgeons anticipés. (Voir pages 738 et suivantes, pour la suppression du bourgeon anticipé.)

Quand on laisse plusieurs bourgeons à la même attache, ils se partagent la sève, se font ombre et ne produisent jamais que du bois infertile pour la taille. Quand il n'y en a qu'un, il est vigoureux, bien constitué et toujours d'une fertilité remarquable.

Ajoutez à l'ébourgeonnage la suppression des bourgeons anticipés, et vous créerez par ce fait, à la base de chaque bourgeon, un talon contenant une réserve considérable de bourgeons des plus fertiles en cas de gelée, et qui vous seront du plus grand secours après les accidents de grêle, pour reconstituer immédiatement votre vigne.

CHAPITRE IV

ARBRES GELÉS. — SOINS A LEUR DONNER

Espérons que nous ne reverrons plus d'hiver comparable à celui de 1879-1880 ; mais, si pareille calamité se représentait, il serait urgent d'être assez éclairé sur la question pour éviter une nouvelle destruction inutile qui, cette fois, ne serait rien moins que la ruine totale de notre industrie fruitière.

Dans le courant de janvier 1880, plus de deux mille personnes m'écrivaient à la fois ceci en substance :

« Tous mes arbres sont gelés ; tout est perdu ; envoyez-moi vite une consultation écrite, pour sauver quelque chose s'il y a moyen. »

Il m'était matériellement impossible, même en abandonnant complètement mes intérêts privés, de répondre seize à dix-huit pages, par retour de courrier, à plus de deux mille personnes.

Je me suis adressé à *l'Estafette*, qui a publié, le 21 et le 22 janvier, l'article suivant, que j'ai donné ensuite à un grand nombre de journaux de Paris et de province.

Une rage de destruction s'était emparée des jardiniers : ils abattaient tout ! Les propriétaires découragés les laissaient faire. La France était menacée, par ce fait, d'une disette totale de fruits.

J'ai été assez heureux pour arrêter la destruction par les conseils suivants :

Les arbres gelés. — Soins à leur donner.

Un nouveau malheur vient encore de frapper la culture : presque tous les arbres fruitiers et beaucoup de ceux d'ornement ont été atteints par la gelée. Le mal est grand ; les pertes sont considérables ; mais beaucoup d'arbres peuvent être sauvés et promptement restaurés en opérant sagement.

Malheureusement, comme après tous les désastres, le découragement s'est emparé de tout le monde, et chacun arrache, avant de s'être rendu compte des effets du mal. On coupe et l'on abat à tort et à travers ; depuis trois semaines des milliers d'arbres, qui eussent pu être facilement restaurés, ont été abattus ; c'est une frénésie de destruction qu'il est temps d'arrêter, dans l'intérêt général.

Il ne suffit pas de détruire sans réflexion, dans un moment de désespoir exagéré ; il faut remplacer ce que l'on a anéanti inutilement ; et avec quoi le remplacer, quand les jeunes arbres des pépinières ont beaucoup plus souffert que ceux d'un certain âge ?

En agissant ainsi, on conduit le pays à une disette complète de fruits, et on le prive, pour plusieurs années, d'un de ses revenus les plus importants.

Disons tout d'abord, que *presque tous les arbres atteints par la gelée peuvent être refaits ou restaurés* dans un délai plus ou moins long, mais toujours beaucoup plus court que celui exigé par une nouvelle plantation.

Les arbres n'ayant de bon que la racine, c'est-à-dire entièrement gelés, et ces cas sont très rares, peuvent être refaits en quatre années ; il en faut huit pour élever un jeune arbre !

Les arbres partiellement atteints peuvent être restaurés en deux années ; presque tous donneront des fruits l'année prochaine, et même cette année.

Ceci posé en principe, cessons de tuer nos blessés, et apportons tous nos soins à les guérir, et à leur rendre leur vigueur première, par un traitement raisonné.

Commençons par les arbres fruitiers les plus maltraités, par ceux à fruits à noyau, et par celui qui a le plus souffert, le pêcher.

Le pêcher ne se restaure pas, dit-on : et l'on abat tout. Le pêcher se restaure ; j'en ai donné cent fois la preuve à la suite de mes cours dans mes jardins-écoles.

Vous arracherez pour planter à nouveau dans trois ans ; vous aurez cent fois raison de planter de nouveaux arbres, aussitôt que les pépiniéristes pourront vous en livrer ; mais, en attendant cette époque, faites des pêches avec ceux offrant quelque chance de végétation.

Vous aurez des pêchers peu réguliers, j'en conviens ; mais ils vous donneront, dès l'année prochaine, des fruits d'autant plus précieux qu'ils seront rares, et vous pourrez prolonger la récolte des arbres restaurés jusqu'à ce que les nouveaux plantés produisent.

Avant tout, et même pour les pêchers les plus abîmés : *tailler tard*, c'est-à-dire quand la végétation commencera à se manifester. Un certain nombre de rameaux à fruits, atteints par la gelée, et que l'on couperait aujourd'hui, sont encore dans la possibilité de végéter et même de fructifier.

Ne tailler que lorsque les yeux commenceront à

s'allonger : alors on y verra clair, et plus d'une heureuse surprise se produira pour ceux qui sauront attendre. Ensuite il faudra opérer une taille énergique,

Supprimer d'abord toutes les parties mortes, pour tailler sur les yeux susceptibles de produire des bourgeons vigoureux, avec lesquels on établira une nouvelle charpente.

On conservera avec le plus grand soin les rameaux à fruits portant des fleurs susceptibles de donner quelques fruits : il en coulera beaucoup ; mais, en temps de désastre, il faut savoir ménager tout ce qui peut produire.

Lorsque les fruits seront bien formés, on opérera une seconde taille de rameaux à fruits. Tous ceux ne portant pas de fruits sont taillés court, pour faire développer les yeux de la base, et leur faire produire de nouveaux rameaux à fruits.

Beaucoup de pêchers profondément atteints n'auront pas conservé de fleurs ; une grande partie de la charpente sera complètement gelée. On taillera ceux-là plus court ; au besoin, on supprimera la moitié, les deux tiers ou même les trois quarts de la charpente ; on coupera tout le bois sec, jusqu'à ce que l'on trouve les parties vivantes. Alors on s'arrêtera, et on attendra les effets de la végétation. Il ne faut que deux bourgeons pour refaire un arbre, et il est rare de ne pas les trouver, même sur les arbres les plus endommagés.

Quelquefois le pêcher est entièrement gelé ; il est

mort, mais il pousse au pied un sauvageon. On y pose deux écussons, et en moins de quatre ans on obtient un excellent arbre. J'ai employé ce moyen avec succès après l'hiver de 1871.

N'arracher qu'à la dernière extrémité, et quand on est certain qu'arbre et sujet sont bien morts.

L'abricotier et le cerisier ont été également gravement atteints; mais ces deux arbres poussent avec une telle énergie qu'il est toujours facile de les refaire, quand il en reste une partie vivante.

Il faudra attendre la végétation, afin de conserver toutes les parties vivantes et de n'enlever que les mortes.

Les pruniers ont moins souffert; il n'y aura que les parties mortes à enlever, et j'espère qu'elles seront peu nombreuses.

Pour les abricotiers, les cerisiers et les pruniers à haute tige, attendre que la végétation se manifeste, et alors seulement supprimer toutes les parties mortes et les branches du centre de la tête, afin d'y laisser pénétrer la lumière; l'année suivante, les arbres seront des plus fertiles et dans le meilleur état.

Les poiriers et les pommiers ont beaucoup souffert dans les jardins et dans les champs. Dans certaines contrées, le bois de deux et trois ans a été gelé complètement. Ce sont des cas exceptionnels; chez la plupart, le bois de l'année et celui de l'année précédente sont atteints, mais ils ne sont pas perdus.

Posons ceci en principe : une branche d'arbre à

fruits à pépins n'est jamais perdue, quand elle conserve intacte une partie du liber (la couche la plus intérieure de l'écorce). Dans ce cas, elle est susceptible de végéter et de fructifier. Je dirai même plus : chez les poiriers et les pommiers trop vigoureux et infertiles par conséquent, les atteintes partielles de la gelée détermineront la fructification. Il suffira d'appliquer une taille raisonnée pour obtenir ce résultat. De là à arracher, il y a loin, et c'est fort de mes expériences de 1871 que je viens vous dire : N'arrachez rien, quoi que l'on puisse vous dire et vous conseiller : restaurez. Dans tous les cas, vous ne risquez rien à essayer, puisque vous ne pouvez remplacer que dans deux ans ce que vous arrachez.

On peut commencer à tailler les poiriers et les pommiers, ou plutôt leur appliquer une taille provisoire. Tailler les prolongements à la longueur habituelle, un peu plus court, s'ils sont trop gelés, et s'arrêter, dès que, sur la coupe, on apercevra le liber vivant, c'est-à-dire vert encore. Lorsque la végétation se manifestera, il sera peut-être utile de couper davantage ; mais, pour Dieu, laissez la parole à la nature, plus savante que vous, et attendez qu'elle ait dit son dernier mot, avant de détruire sur la foi d'un dicton, plus ou moins erroné, ou par cupidité, dans l'espoir de vendre de la *marchandise* que vous ne pourrez livrer ; elle est plus gelée que les arbres que vous faites détruire?

Taille très prudente des prolongements et conservation de toutes les parties vivantes, de celles dont l'intérieur de l'écorce est encore vert. Taille plus prudente encore des rameaux à fruits ; c'est la partie résistant le mieux à la gelée.

Beaucoup de boutons à fruits sont gelés dans les espèces de fruits à pépins ; mais ils ne le sont pas tous ; et, le seraient-ils tous, respectez la lambourde qui les porte. Cette lambourde n'est pas gelée, et son pédoncule contient le rudiment de nombreux boutons à fruits, qui se développeront pendant le cours de la végétation. Respectez donc au moins ces productions de l'avenir ; elles sont l'abondance pour l'année prochaine et les suivantes.

Si le bouton à fruit est gelé, laissez-le ; n'y touchez pas : il tombera tout seul, et il s'en développera d'autres, au dessous, pendant l'été. Si vous coupez vos lambourdes, parce qu'à tort vous les croyez gelées, vous vous priverez de fruits pendant trois années.

Les lésions sont beaucoup moins dangereuses chez les arbres à fruits à pépins que chez les arbres à fruits à noyau, où elles engendrent la gomme. Cette maladie décompose les couches du liber et les vaisseaux séveux ; la mort suit la décomposition. Chez les arbres à fruits à pépins, la décomposition reste partielle, et il y a toujours espoir de les sauver, tant qu'il reste une partie des écorces intérieures intacte.

Un rameau gelé partiellement végète encore, et quand les lésions sont recouvertes par les filets ligneux et corticaux formés pendant l'été, il a recouvré toute sa vigueur : il végète et fructifie comme s'il n'avait pas été gelé.

J'ai basé mes opérations de restauration sur ces principes après l'hiver dè 1871, et le succès a été complet. C'est fort des résultats obtenus que je viens dire : Non seulement n'abattez pas vos arbres, mais encore ne les rognez pas trop.

La taille que je viens d'indiquer, appliquée actuellement, sera rectifiée dans le courant d'avril ou de mai; alors la végétation nous aura montré tout ce qu'elle peut nous donner; on opérera une taille de rectification, afin d'obtenir une végétation vigoureuse pour créer promptement de nouveaux filets ligneux et corticaux, en même temps que de nouveaux rameaux à fruits, et le mal sera réparé.

Pour obtenir ce résultat, il faut opérer la première taille avec la plus grande prudence : couper le moins de bois possible, en dehors des règles de la taille; il sera temps de couper à la seconde taille ce qui n'aura pas poussé ou aura mal végété.

J'entends par taille, une taille raisonnée, et non les rognages systématiques que l'on fait subir aux poiriers et aux pommiers, à leur grand détriment. Une taille vicieuse ne ferait qu'augmenter le mal, et il serait plus salutaire de ne pas tailler du tout, ou du moins de ne le faire qu'en juin, quand la végétation aurait dit son dernier mot.

Les poiriers et les pommiers à haute tige ont aussi été atteints par la gelée. Quelques branches périront; mais il faut bien se garder de rien couper, quant à présent, des parties que l'on croit plus ou moins gelées. Ces arbres ont toujours la tête trop fournie, ce qui nuit considérablement à leur produit. La seule chose à faire est de supprimer les branches trop nombreuses du centre de la tête, celles qui l'obstruent et empêchent la lumière d'y pénétrer.

Le fait de cette suppression donnera un excédent de sève, de vigueur, aux parties conservées, et beaucoup de celles atteintes par la gelée se rétabliront sous l'influence d'une végétation active.

Vers la fin d'avril, on supprimera les parties mortes et l'année suivante l'arbre sera complètement rétabli.

Les vignes en espalier ont été épargnées en partie; il est temps de les tailler, c'est le bon moment.

Le vignoble a plus souffert. Les vignes hautes sont gelées en grande partie dans certaines localités : il faudra couper jusqu'aux parties vivantes, et il est à craindre que l'on ne soit obligé d'aller jusqu'à 40 centimètres du sol, à la hauteur de la neige, où seulement on retrouvera la vie.

Les extrémités des vignes basses sont gelées; mais ce qui était sous la neige est intact; celles-là pourront être taillées et produiront du raisin cette année.

Les arbres d'ornement ont beaucoup souffert, les conifères surtout, et pour ceux-là le mal est presque sans remède, la restauration en étant pour ainsi dire impossible.

Le recépage ne donne rien ; il ne donne que la ressource d'une branche du bas, que l'on redresse sur un tuteur pour en former un nouvel arbre.

Les arbres à feuilles caduques offrent plus de ressources. Beaucoup sont plus ou moins gravement atteints. Il faut attendre la fin de mars et même le courant d'avril pour les opérer. Alors on sera certain de ce que l'on fera, et on pourra couper toutes les parties mortes, mais pas avant : c'est s'exposer à mutiler inutilement les principaux ornements des parcs et des jardins.

Les arbustes à feuilles persistantes : lauriers, houx, troënes, fusains, etc., sont tous gelés, cela est incontestable ; mais ils ne sont pas perdus. Si l'on veut les rétablir à coup sûr, il faut bien se garder de leur couper quoi que ce soit avant la fin de mars ou le courant d'avril. Voici pourquoi :

Toutes les parties de ces arbustes qui étaient sous la neige n'ont pas été atteintes par la gelée ; elles sont aussi vivantes que les racines. Il nous reste donc, au pis aller, de chacun de nos arbustes : la racine et 40 centimètres de tige. C'est plus qu'il n'en faut pour les refaire en deux ou trois années.

J'ai la conviction qu'une partie de la tige, dont les feuilles sont gelées, n'est pas morte et produira de nouvelles pousses au réveil de la végétation.

Je ne veux rien couper à présent, d'abord pour conserver ces parties vivantes, qui augmenteront la charpente des arbustes, et ensuite par prudence, pour être certain de conserver ce que la neige a sauvé.

Nous ne sommes qu'au 20 janvier ; le mois de février peut nous amener encore des gelées dangereuses (ce qui s'est produit). Conservons donc sur les parties vivantes de nos arbustes un abri naturel, tout

posé, et ne demandant aucun travail : les feuilles gelées. Si vous les enlevez, en coupant ce que vous
croyez perdu, vous vous exposerez à un nouveau désastre, et cette fois il sera sans remède.

De la fin de mars au 15 avril, il faudra commencer
à tailler les arbustes à feuilles persistantes, et avec la
plus grande prudence, après avoir bien examiné
toutes les branches sur lesquelles les yeux s'allongeront.

On taillera sur un œil bien constitué, et on laissera
les feuilles mortes jusqu'à la fin d'avril ou aux premiers jours de mai, pour abriter les jeunes pousses.

En mai, on opérera à coup sûr une taille de rectification sur des parties bien vivantes ; on rétablira la
forme de l'arbuste, et deux années après le mal sera
en grande partie réparé.

J'ai chez moi une assez belle collection d'arbustes à
feuilles persistantes ; tous sont gelés. Je leur appli-
querai le traitement que je viens d'indiquer, et j'an-
nonce à l'avance que je n'en perdrai pas deux sur
cent.

Les arbres fruitiers à haute tige et ceux d'ornement dont le tronc s'est fendu sous l'influence de la
gelée ne sont pas perdus. Il suffira de soustraire au
contact de l'air les parties mises à nu, avec un englument quelconque. Dans quelques années, les
écorces recouvriront tout, et l'arbre poussera avec vigueur.

Mes auditeurs et les personnes qui ont lu les *Classiques du jardin* seront convaincus de ce que j'avance ;

ils opéreront comme je l'indique et sauveront leurs arbustes ; ceux qui ne m'ont ni entendu, ni lu, hésiteront peut-être. C'est à ceux-là que je dis : Vous ne risquez rien, puisque vous croyez tout perdu ; mettez en pratique, sans la moindre hésitation, les conseils que je viens de vous donner, et avant un an vous me remercierez, ainsi que le journal qui les a publiés, de les avoir donnés et répandus parmi tous ceux dont les cultures et les jardins ont été décimés par l'hiver de 1879-1880.

GRESSENT,

Professeur d'arboriculture et d'horticulture,

à Sannois (Seine-et-Oise).

(*Estafette* des 21 et 22 janvier 1880.)

A l'apparition de ces lignes, les praticiens pur sang (j'entends par là ceux qui ne savent rien et ne veulent rien apprendre) se sont écriés :

— M. Gressent est fou : il veut nous faire tailler et cultiver du bois mort ! *En v'là de l'ouvrage, et de la belle !*

Des industriels me devant beaucoup, mais faisant *commerce d'amitié* avec les domestiques, ont fait chorus avec eux, en s'écriant: « Dam ! il vieillit..... vous comprenez ! »

Ce que j'avais *osé écrire* était tellement *scandaleux*, toujours d'après les laquais, que, lorsque l'on demandait mes almanachs à ces *négociants*, on répondait:

— Cela ne doit plus paraître; on n'en voit plus.

— Et les livres?

— Cela ne pouvait pas durer.

— Allons donc !

— Le commerce ne tient plus *c'tarticle*-là.

Heureusement la majeure partie du peuple français a eu assez de bon sens pour apprécier les *boniments* de boutique, et assez de dignité pour ne pas s'aplatir devant les domestiques.

On a lu mes articles un peu partout ; on s'est inspiré de mes livres, et la majorité a opéré suivant mes principes. Elle s'en félicite aujourd'hui, parce que les arbres traités comme je l'ai indiqué végètent avec vigueur et ont donné une récolte sérieuse dans l'année 1881.

Les propriétaires, comme les jardiniers de bon sens qui m'ont suivi à la lettre, ont tous obtenu les mêmes résultats que moi.

Je cite mes résultats, parce que des centaines de personnes sont venues les contrôler dans mon jardin.

Sur cinq pêchers plantés dans mon petit jardin fruitier :

Un sera arraché, bien qu'il vive encore ; mais il est trop dénudé pour être restauré.

Un autre, couvrant 20 mètres de mur, a été recépé sur deux bourgeons. Ces bourgeons sont aujourd'hui des branches vigoureuses, qui feront un arbre en trois années.

Les trois autres, très endommagés, dénudés et condamnés par tous (J'étais un imbécile — style de boutique, — de ne pas les f..... au feu !), ont été restaurés, regarnis, arrangés par moi, et les arbres de *l'imbécile* portent bon an mal an *trois à cinq cents fruits* de premier choix.

Ces arbres ne seront jamais bien réguliers, mais ils me donneront des fruits, et beaucoup, jusqu'à ce que je puisse en élever d'autres.

J'avais, comme tout le monde, la perspective de me priver de pêches pendant *cinq années* en arrachant mes pêchers. Il n'était pas possible de planter en 1880 : tous les arbres des pépinières étaient gelés! Il fallait attendre 1881, où les arbres ont été rares et chers, mais on a pu en avoir. Les pêchers plantés en 1881 ou 1882 ne donneront de récolte sérieuse qu'en 1885 : il était plus sage de tenter de restaurer, pour produire des fruits en 1885, que d'arracher.

Non seulement cette mesure offrait une précieuse ressource au propriétaire; mais encore elle permettait à la spéculation de se faire un revenu, en attendant celui des arbres à planter, revenu d'autant plus appréciable, que les fruits ont complètement fait défaut en 1880, et qu'ils ont été d'un prix élevé les années suivantes.

Pour l'année 1880, ma récolte s'est composée de cinq pêches; mais j'en avais plus d'un mille en 1881.

Ceux qui ont suivi mes conseils sont dans le même cas. Si les hommes intelligents avaient le courage de rire d'un malheur, ils riraient des arracheurs de pêchers. Plaignons-les, et souhaitons que la leçon leur profite.

Ma vigne a gelé jusqu'à la hauteur de la neige (40 centimètres du sol). J'ai taillé sur les parties vivantes, au lieu de recéper rez le sol. Chaque vigne a poussé avec vigueur et a été complètement refaite en trois années.

Les arbres à fruits à noyau ont beaucoup souffert, les abricotiers surtout, qu'il a fallu récéper. Les cerisiers et les pruniers ont été gravement atteints ; ils ont perdu une partie de leurs branches, mais tous ont repoussé plus ou moins vigoureusement et je n'en ai pas perdu un seul.

Mes poiriers et mes pommiers ont été rudement éprouvés. Je les ai taillés, comme je l'ai indiqué, sur les parties vivantes, et j'ai attendu jusqu'en juillet pour les retailler. Il en est de plus ou moins abîmés, mais pas un n'est mort ; tous ont végété, et la majeure partie était refaite en 1882. En résumé, c'est une récolte de perdue, et presque deux années de perdues aussi sur la végétation. C'est une perte assurément, mais qui n'obligeait en rien à arracher les arbres et à détruire les plantations qui pouvaient être restaurées aussi facilement.

Pour les vieux poiriers et les vieux pommiers qui ont résisté à la gelée, l'hiver 1879-1880 sera peut-être un bien, en ce que l'état des arbres obligera les propriétaires à les restaurer. (Voir *Restauration du poirier*, pages 513 et suivantes.)

Les arbres d'ornement, les conifères et les arbres à feuilles persistantes surtout ont largement payé leur tribut au fatal hiver de 1879-1880. Les rosiers à haute tige ont presque tous péri : c'est un véritable désastre pour les jardins d'agrément. Là encore on s'est beaucoup trop hâté de détruire. Il y avait du mal, il y en avait beaucoup ; mais tout n'était pas perdu, et bien des arbres d'une grande valeur eussent été sauvés, si on ne se fût hâté de les abattre

Lorsque j'ai été appelé par des propriétaires prudents, pour constater l'état de leurs arbres avant de les abattre, j'ai trouvé quantité de conifères donnant encore signe de vie ; une partie était encore verte. Beaucoup d'autres avaient toutes les feuilles brunes, mais certaines parties du bois encore vivantes. Pour les uns comme pour les autres, j'ai dit :

— Attendez ! le cas est nouveau ; essayons de les sauver, il sera toujours temps de faire du bois à brûler.

Après cette consultation, je recevais invariablement tous les quinze jours une lettre disant :

« Monsieur, tout est perdu ; rien ne pousse ; mon jardinier veut tout abattre. »

« Attendez encore ! » était ma seule réponse.

Un disciple de saint Fiacre, plus ardent que les autres, dit un matin à son maître, vers le mois de juin :

— Si Monsieur ne veut pas que j'abatte tout ça, je m'en vas ! C'est laid dans *mon jardin ;* je veux que *mon jardin* soit propre, et je ne veux pas y garder des arbres morts quand *mon pépiniériste* peut *m'en* fournir des vivants et des beaux (*sic*) !

Émoi du propriétaire et *relettre*. Le cas était grave ; je partis aussitôt, et après quelques instants d'inspection minutieuse je constatai ceci :

Les conifères dont les feuilles étaient entièrement mortes l'étaient aussi. Je donnai satisfaction au jardinier en lui disant de les abattre. Tous ceux qui avaient conservé une partie verte donnaient signe non douteux de végétation. Les parties vertes s'étaient agrandies, et sur toutes les parties mortes en apparence on voyait, en relevant les feuilles mortes, poindre les yeux à la base des branches et sur une grande partie de leur longueur.

Je fis couper les feuilles mortes et tailler les branches sur les yeux les plus vigoureux placés à l'extrémité des parties vivantes.

Au mois d'août suivant, ces arbres étaient garnis de feuilles et poussaient énergiquement. En 1881, ils étaient bien regarnis, et ils sont superbes aujourd'hui : la plupart sont des arbres de vingt-cinq ou trente ans.

Le jardinier, devant ce succès, dit à tout le monde, en se rengorgeant : « Voyez mon ouvrage ! Un tas d'*imbéciles* voulaient que j'abatte ces arbres-là, mais je n'ai pas voulu dénuder mon jardin. Je savais bien, moi ! qu'ils repousseraient ! » Ils ont tellement bien poussé que la Société d'horticulture de l'endroit lui a décerné une médaille !!!

Les arbustes à feuilles persistantes ont été gelés jusqu'à la hauteur de la neige (40 centimètres du sol). Ceux recépés à cette hauteur poussent avec vigueur et ont une grande année d'avance sur ceux coupés rez le sol, comme on l'a fait trop souvent.

Les rosiers à haute tige, gelés dans la proportion de

90 pour 100, repoussent, ou plutôt les églantiers sur lesquels ils étaient greffés repoussent ; il n'y a qu'à couper la tige sur la pousse la plus vigoureuse, et à la greffer, pour faire de nouveaux rosiers.

Les rosiers nains ont été préservés par la neige et ont fleuri comme s'il n'y avait pas eu d'hiver rigoureux. Ils sont une précieuse ressource pour fournir des greffes pour toutes les variétés gelées sur les hautes tiges.

Des arbres d'ornement à feuilles caduques ont aussi péri par le gelée. Ils sont morts, c'est incontestable ; mais, quand ils seront bien placés dans le parc ou le jardin, on devra conserver leur cadavre pour servir de support à des arbres artificiels.

Avec des rosiers Bancks, des chèvrefeuilles, des clématites à grandes fleurs, etc. etc., on couvre le corps d'un arbre mort, ou on en établit un sur une charpente en fer en moins de quatre ans. C'est une précieuse ressource quand on ne veut ni ne peut attendre un arbre vingt ans.

Un arbre artificiel, fait comme je l'ai indiqué dans la quatrième édition de *Parcs et Jardins*, présente, au bout de quatre années, souvent trois, l'aspect des figures 462 et 463 ; une masse de verdure couverte de fleurs.

Tout doit être tenté, après un désastre, pour le réparer. Cela est et paraît logique ; mais dans la pratique on fait le contraire : vient-il une gelée tardive qui endommage les vignes, une grêle qui abîme les récoltes ou un hiver comme ceux de 1870 et 1880, on commence par se lamenter ; on gémit pendant plusieurs mois en se croisant les bras, et, quand on se décide à s'en servir, c'est pour tout détruire.

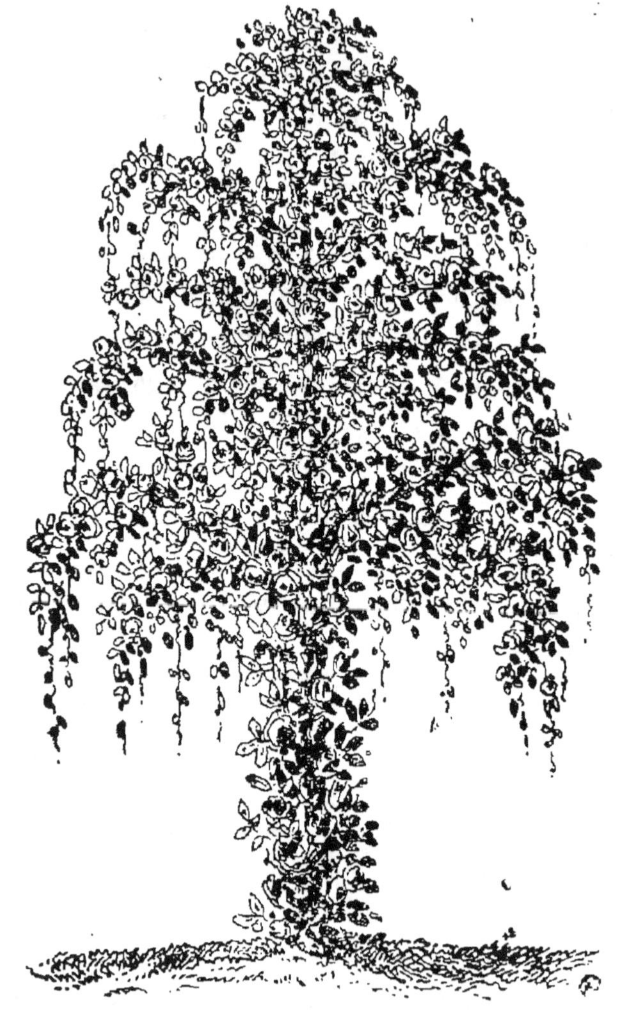

Fig. 462. — Arbre artificiel formé avec un arbre mort.

Rien n'est jamais perdu entièrement : la Providence ne le veut pas ; ses vues sont impénétrables ; peut-être veut-elle forcer l'homme à travailler quand il s'engourdit trop dans la mollesse et le bien-être.

Fig. 463. — Arbre artificiel établi sur une charpente en fer.

Le mal de l'hiver 1880 est en bonne voie de réparation chez tous ceux qui ont voulu y porter remède. Chez beaucoup, tout est resté à l'abandon. Rien n'eût été perdu pour cela s'ils eussent voulu se remuer. Si pareil désastre revient, qu'ils s'inspirent des chapitres de *l'Arboriculture fruitière*, traitant de la restauration du poirier, du pommier, du cerisier, du prunier, de l'abricotier, de la vigne et des arbres à haute tige.

ONZIÈME PARTIE

PLANTATIONS D'ALIGNEMENT

CHAPITRE PREMIER

PLANTATIONS SUR LES ROUTES ET LES CHEMINS

Les arbres plantés le long des routes, comme sur le bord des chemins, ont pour but: de donner de l'ombre aux passants et un revenu à l'État ou aux communes. Le plus souvent, la végétation de ces pauvres arbres ne leur permet pas de donner de l'ombre, et encore moins de revenu. Cela tient à ce que l'ignorance la plus absolue a présidé à leur plantation comme à leur entretien.

Le but proposé est facile à atteindre avec une bonne plantation et un élagage, ou plutôt un entretien raisonné des arbres.

Les arbres doivent d'abord être soigneusement plantés: c'est un grand point. On fera les trous et la plantation comme je l'ai indiqué pour les arbres à haute tige, pages 909 et suivantes.

L'habillage des racines se fera comme celui des

arbres fruitiers, pages 317 et suivantes. La taille différera en ce sens qu'il faudra faire quelques suppressions sur la tige, mais TOUJOURS LAISSER LA FLÈCHE INTACTE. C'est le premier principe de la taille des arbres d'alignement.

Dans la plupart des localités, quand on plante un arbre, on lui coupe la moitié des racines et la moitié de la tête (fig. 464).

Un arbre mutilé ainsi a beaucoup de peine à reprendre, et fait rarement un bon arbre.

Avec l'ombre il nous faut un revenu ; nous ne pouvons l'obtenir élevé qu'avec des arbres propres à faire du bois d'œuvre ou de charpente, c'est-à-dire des arbres bien droits, ayant un tronc très long et très sain, sans cicatrices, sans chancres et sans carie, retirant toute la valeur du bois. Cela n'est pas plus difficile à obtenir que des arbres rabougris, tortus, bossus et chancreux, à l'aide d'une taille raisonnée.

Fig. 464. — Mauvais habillage et mauvaise taille.

Quand les arbres sont bien soignés dès leur plantation, on les obtient très vite beaux et bons. Presque tous les arbres ont tendance à former une tête ronde, au détriment de la tige. Celui représenté par la figure 465 est dans ce cas : il sort de la pépinière et vient d'être planté.

Une première taille lui donnera une bonne direction. La flèche *a* est moins vigoureuse que les branches *b* et *c* ; nous couperons la branche *d* presque aussi vigoureuse que la flèche en *e* ; les branches *b* et *c* seront coupées en *f*, pour être supprimées en *g*, l'année suivante, lorsque la flèche aura grandi et fourni d'autres branches ; la première branche à partir du sol sera complètement supprimée vers le tronc.

Pour mieux faire saisir toute l'importance de la taille de plantation, prenons pour exemple un arbre excellent, mais dont la tête a été négligée en pépinière et menace de *tourner* à la *boule*, au lieu de monter.

Nous avons à appliquer une taille de plantation à l'arbre, figure 466. Supposons qu'il ait perdu le tiers de ses racines ; nous avons donc à supprimer le tiers de la tige, pour obtenir un équilibre parfait.

Cet arbre sort de la pépinière où il a poussé comme il l'a voulu. La branche *a* (fig. 466) est une branche gourmande ; la branche *b* est trop forte. Ces deux branches ont absorbé la majeure partie de la sève, et se sont développées outre mesure, au détriment de la tête. La flèche *c* (même figure) ne s'est pas allongée, et la branche *d*, destinée à devenir très forte, l'absorbera en moins de deux ans, si nous laissons l'arbre dans son état naturel.

Par la même opération, nous allons supprimer le tiers de la tige, et forcer la flèche à s'allonger et à former une bonne tête. Nous couperons la branche *a*, beaucoup plus forte, en *e* ; nous lui laisserons des feuilles, rien de plus, pour aider à la reprise de l'arbre.

La branche *b*, trop forte aussi, sera taillée en *f* ;

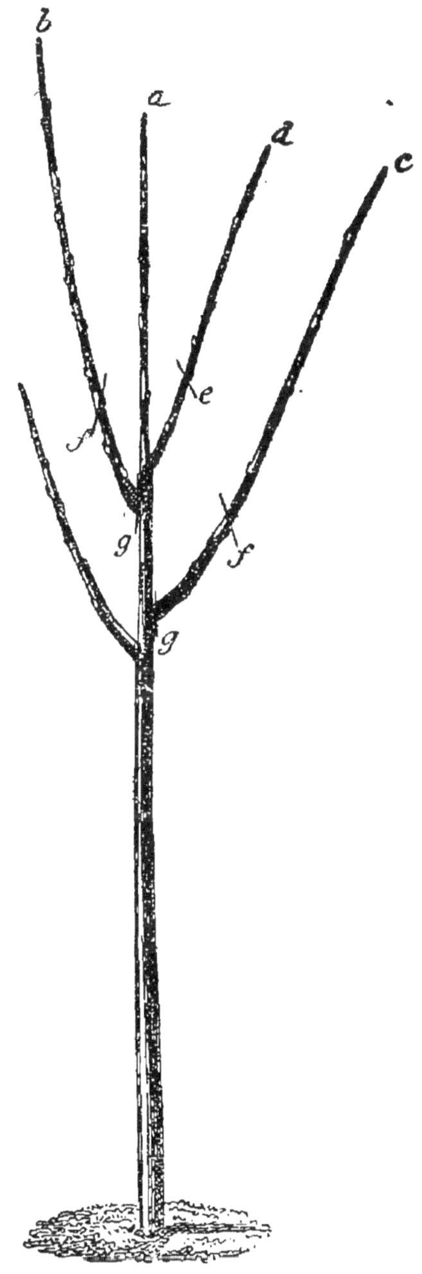

Fig. 465. — Première taille.

la branche *d*, ayant tendance à devenir trop vigoureuse, sera taillée en *g*, et les deux dernières branches en *h*.

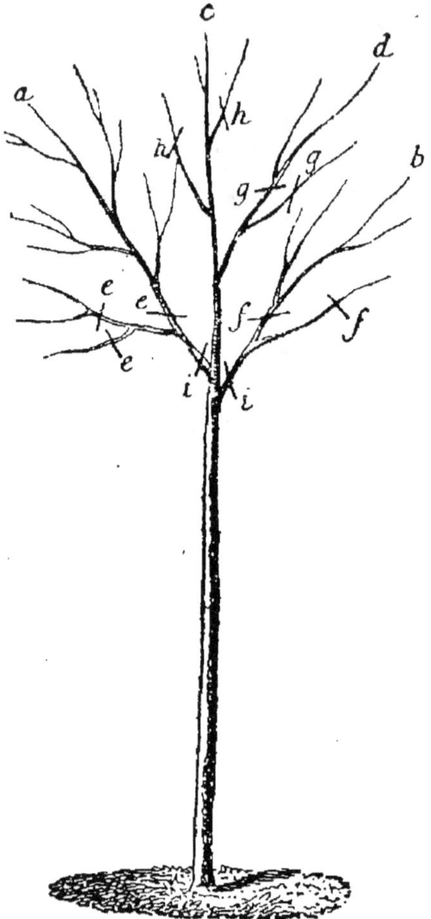

Fig. 466. — Taille de plantation.

L'arbre, suffisamment garni de feuilles, reprendra bien, et, toute l'action de la sève étant concentrée sur la flèche *c* (fig. 466), elle poussera vigoureusement : l'arbre remontera vite et formera une tête élancée au lieu de rester rabougrie.

Nous accélérerons encore la formation de la tête et l'élongation de la flèche en supprimant les branches *a* et *b* en *i* (fig. 466), mais l'année suivante seulement, lorsque l'arbre sera repris et aura bien poussé.

Il ne faut pas un grand effort d'imagination pour tailler un arbre ainsi, et le travail matériel, la section, demande trois minutes. Avec aussi peu de peine on obtient un grand résultat, et on gagne plusieurs années sur la végétation.

Pour les arbres des plantations d'alignement comme pour les baliveaux conservés dans les bois, posons ceci en principe :

FAVORISER TOUJOURS LE DÉVELOPPEMENT DE LA FLÈCHE. Un arbre dont la flèche cesse de pousser ne monte plus. Il est *couronné*, arrêté dans son mouvement ascensionnel : il pousse en largeur et prend bientôt l'aspect d'un pommier.

De l'élongation de la flèche dépend l'avenir de l'arbre ; elle montera toujours, quand elle ne sera pas absorbée par une production plus vigoureuse, ou arrêtée par une branche de vigueur égale.

Prenons, par exemple, la flèche *a*, de l'arbre fig. 467. Si nous laissons faire la nature, la branche *b*, plus vigoureuse, l'absorbera l'année suivante. Pendant cette même année, la branche *c* se ramifiera et arrêtera, l'année d'après, la végétation de la branche *b*, qui aura absorbé la flèche. Alors l'arbre se couronnera ; il cessera de monter et ne s'étendra plus qu'en largeur.

Coupons la branche *b* en *d* (fig. 467) et la branche *c* en *e* (même figure) ; la flèche s'allongera forcément, et l'arbre continuera à monter.

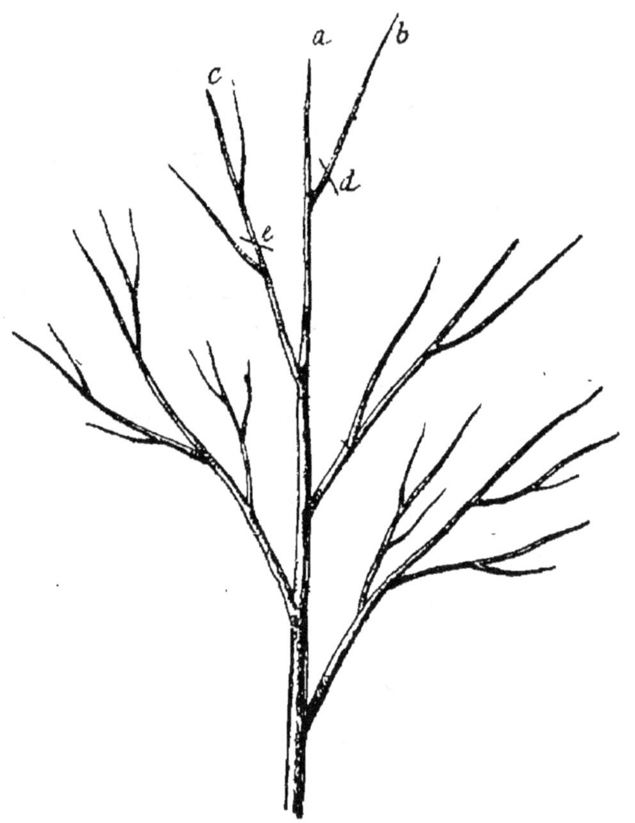

Fig. 467. — Taille pour favoriser le développement de la flèche.

Il n'y a pas besoin de grimper dans les arbres pour faire cette opération. Avec un échenilloir (fig. 468), espèce de sécateur monté au bout d'un long manche et que l'on fait mouvoir avec une corde, cette taille se fait avec la plus grande facilité, sans quitter le pied de l'arbre.

Les arbres les plus maltraités entre tous dans les plantations d'alignement sont les ormes. Leur bois a une assez grande valeur, mais rognés, mutilés

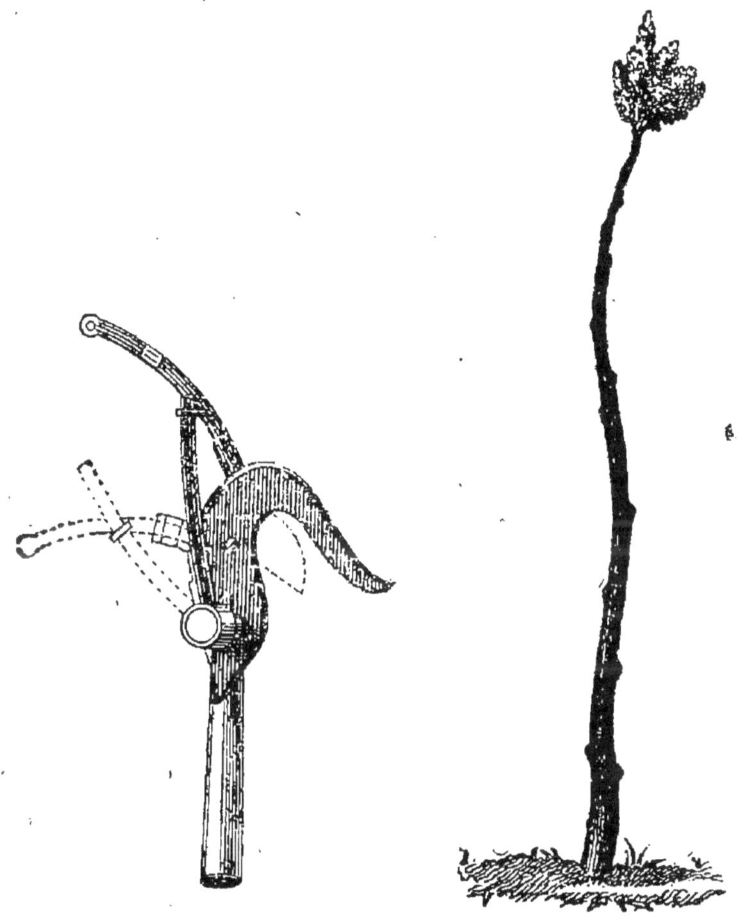

Fig. 468. — Échenilloir.   Fig. 469. — Élagage exagéré.

comme ils le sont, ils ne font guère que du bois à brûler assez médiocre. Ce triste résultat est entièrement dû à la mauvaise direction de ces arbres et à l'ignorance absolue de ceux qui les dirigent. Ils ont été mal plantés, la tête a été coupée, et, au lieu de les diriger on les a élagués jusqu'en haut (fig. 469).

Cet élagage, encore en vigueur dans la majeure partie de la France, est le pire de tous. L'enlèvement de toutes les branches à la fois est un obstacle à l'accroissement en diamètre de l'arbre. Il ne pousse pas davantage en hauteur : l'espèce de petit balai laissé en haut est presque toujours cassé par le vent ; la tête se couronne et, après nombre d'années, l'arbre traité ainsi, après avoir donné comme produit quelques mauvais fagots, est court, tortu, bossu et chancreux comme celui de la figure 470, et à peine bon à fournir une chétive récolte de bois à brûler.

Pour obtenir un arbre bien droit, il faut le soumettre à un élagage raisonné et lui donner les soins suivants, après la première taille.

1° Veiller constamment au facile développement de la flèche et détruire les fourches comme les branches trop nombreuses qui l'avoisinent. Si nous laissons pousser librement la tête de l'arbre (fig. 471), il se couronnera très vite et ne montera plus ; la branche *b* est presque aussi forte que celle qui porte la flèche. On taillera la branche *b* en *c*, pour la couper rez le tronc, en *d*, l'année suivante. La branche *e* menace le développement de la flèche ; elle sera taillée en *f*, et les branches *g*, trop pressées, seront coupées rez le tronc, en *h* ;

2° Supprimer les branches doubles, aussitôt leur formation, dès la première année, et en enlever une

rez le tronc, en *a* (fig. 472), pour favoriser l'accroissement de l'arbre ;

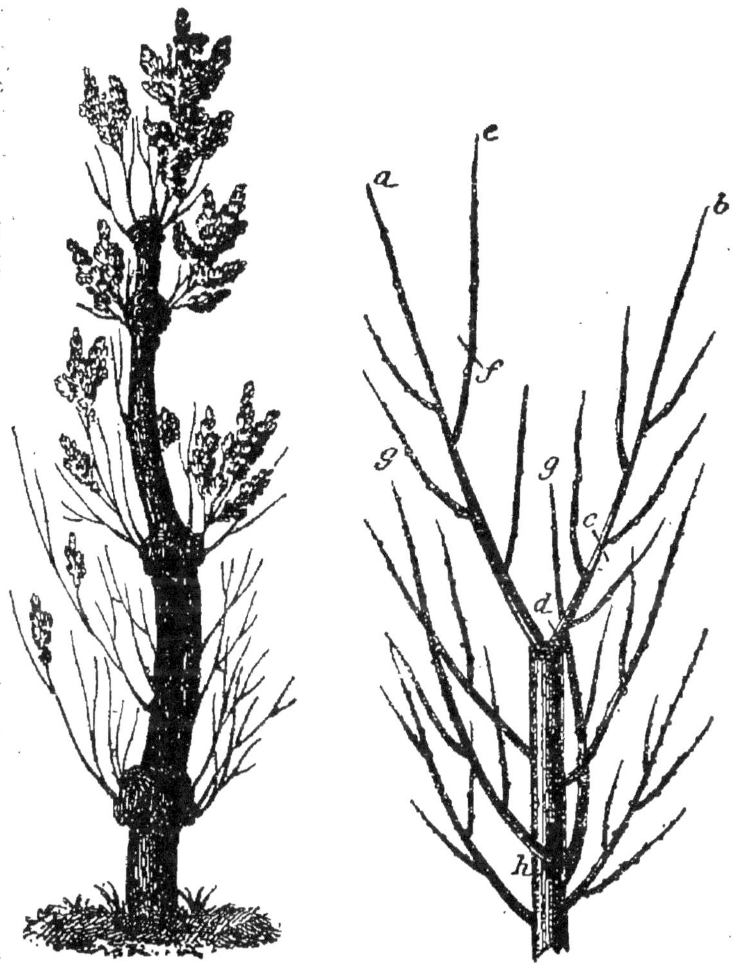

Fig. 470. — Résultat de
l'élagage exagéré.

Fig. 471. — Taille de la tête
pour l'équilibrer.

3° ÉVITER LA CONFUSION DANS LA TÊTE DES ARBRES et
supprimer, dès leur apparition, les branches trop
rapprochées qui contribuent à arrêter la végétation
de l'arbre et à lui faire une tête en boule. Les bran-

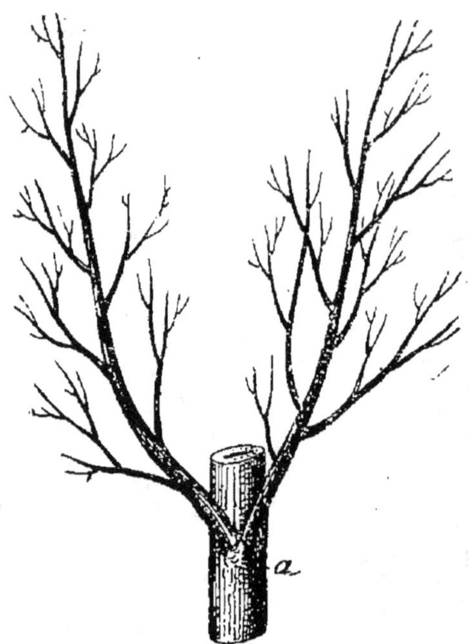

Fig. 472. — Suppression des branches doubles.

Fig. 473. — Suppression des branches trop nombreuses.

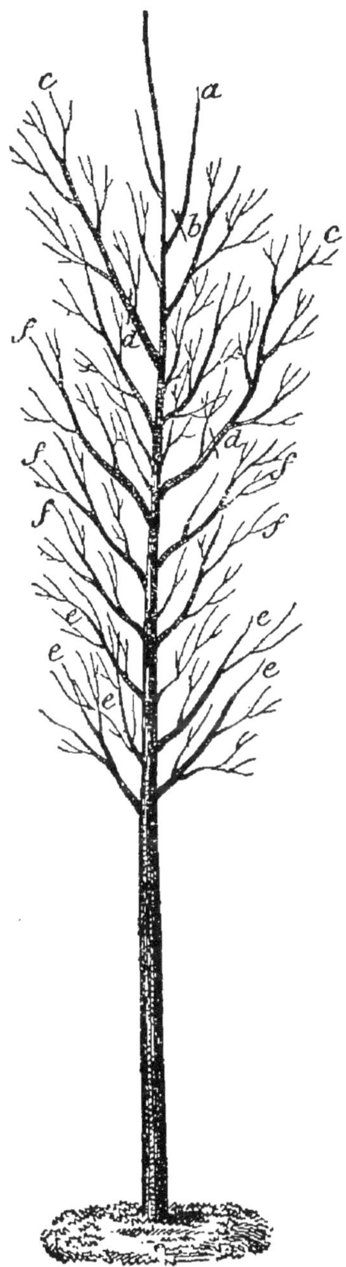

Fig. 474. — Résultat de l'élagage partiel.

ches agglomérées de la figure 473 sont dans ce cas. Les branches *a* seront coupées en *b*, rez le tronc; cette suppression permettra aux branches *c* de végéter régulièrement, sans empêcher l'accroissement de la flèche.

4° ÉLAGUER L'ARBRE AU FUR ET A MESURE DE SON DÉVELOPPEMENT, PARTIELLEMENT, D'ANNÉE EN ANNÉE, ET JAMAIS TOUT D'UN COUP.

L'application des soins que je viens d'indiquer et de l'élagage partiel a pour résultat de produire des arbres aussi droits que celui de la figure 474. Ces arbres montent très vite ; leur tronc grossit promptement, est très sain et a une grande valeur.

Pour mieux faire comprendre notre taille et notre élagage, opérons sur la figure 474.

La branche *a* sera coupée en *b*, pour faciliter le développement de la flèche : les branches *c*, trop vigoureuses, seront coupées à moitié de leur longueur, en *d* ; les branches *e* seront supprimées rez le tronc, et deux années plus tard, lorsque la tête aura grandi, on supprimera les branches *f*, et ainsi de suite d'année en année, autant que le tronc pourra acquérir de longueur.

Toutes les amputations doivent être faites avec des instruments très tranchants, et les suppressions de branches avec la serpe et rez le tronc.

Le jour où les cantonniers posséderont les pages qui précèdent, on aura de l'ombre sur toutes nos routes et l'État y trouvera un revenu élevé.

CHAPITRE II

PLANTATIONS URBAINES

L'insouciance et l'incurie qui président à l'entretien des plantations urbaines sont vraiment quelque chose de regrettable, à une époque où tout le monde s'occupe plus ou moins d'arboriculture et où chacun prend à tâche de tout améliorer d'après nos leçons et nos livres. J'ai lieu d'espérer que ce chapitre, entre les mains des maires et des instituteurs primaires, apportera une notable amélioration à des plantations fort utiles au point de vue de la salubrité et qui font en même temps l'ornement des villes comme des plus modestes communes.

. La plantation se fait avec les soins indiqués dans le chapitre précédent. La taille diffère en ce que le but proposé n'est plus le même. Les plantations urbaines ne sont destinées qu'à donner de l'ombre ; on n'a pas à se préoccuper de la valeur du bois ni du produit.

Les formes des arbres changent aussi suivant leur destination. Avant de traiter de la taille et de l'élagage, disons un mot des espèces à planter.

Les plantations des villes sont exposées à une foule d'accidents : les attaques des gamins et des ivrognes, les fuites des tuyaux de gaz, les coups, les chocs des voitures, etc. etc. Elles exigent des arbres très rustiques pour résister à tout cela, des arbres ayant un feuillage épais et tenant longtemps, pour donner de l'ombre le plus possible et le plus longtemps possible.

Le tilleul, trop employé dans les plantations urbaines, pousse vite ; il est rustique, mais il a pour cet emploi le plus grand inconvénient : celui de perdre ses feuilles de très bonne heure.

Le platane est bien préférable ; il pousse plus vite encore que le tilleul, est plus vigoureux et résiste à tout. Il ne faut pas oublier que le platane est un arbre de première grandeur : il ne faut le planter que lorsqu'on peut lui consacrer un certain espace et bien se garder de le rogner comme le tilleul. Dans les conditions que j'indique, le platane est le roi des arbres pour les plantations urbaines.

Le marronnier est un bel arbre, mais il demande plus de soins que tous les autres et résiste moins bien aux accidents précités. (Voir *Parcs et Jardins*, 4ᵉ édition, pour la formation du marronnier.)

Deux inconvénients graves m'ont fait renoncer au marronnier pour les plantations des villes : la chasse aux hannetons et la récolte des marrons.

Aussitôt que les hannetons apparaissent, tous les gamins du pays sont montés dans les arbres et brisent la moitié des branches ; dès que les marrons ont atteint leur grosseur, ils jettent des pierres dans les arbres. Les meurtrissures produisent des chancres, et les arbres périssent bientôt.

L'orme donne de très bons résultats, mais il est long à venir.

Le vernis du Japon pourra être employé assez souvent. Il est d'une vigueur à toute épreuve, pousse vite et a un beau feuillage.

Le catalpa peut être employé accidentellement pour les promenades ; il s'étend vite et a l'avantage d'avoir une feuille large et une fort jolie fleur.

On choisira parmi ces différentes espèces, suivant les circonstances.

Fig. 475. — Avenue élaguée bas.

Les avenues étroites sont généralement élaguées en éventail et très bas, pour donner le plus d'ombre possible dans un court délai (fig. 475).

Le tilleul est excellent pour cet emploi. Il n'y a

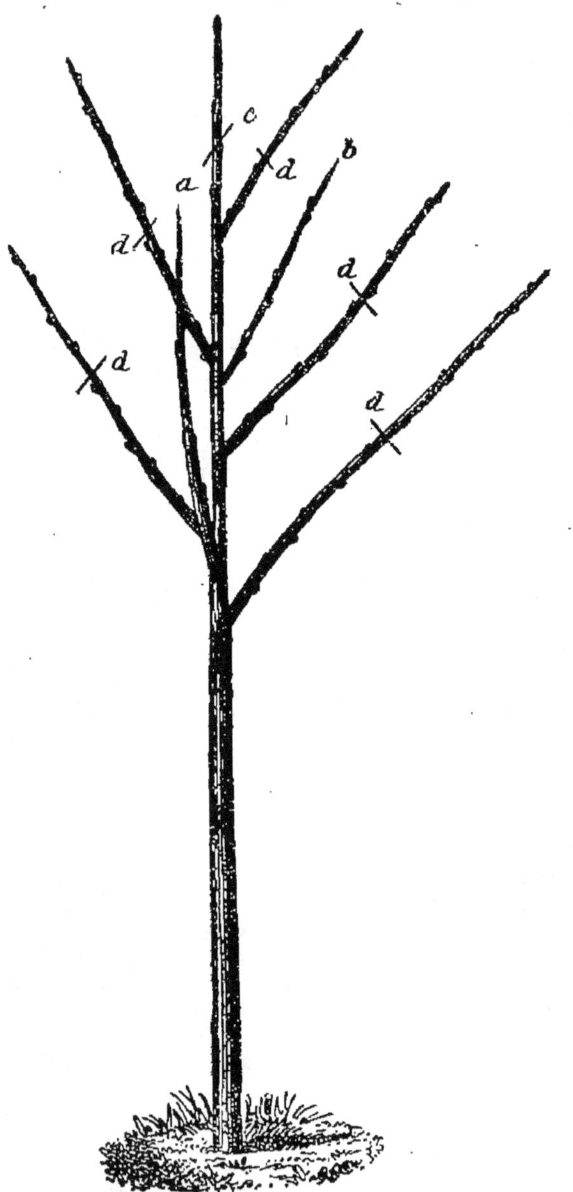

Fig. 476. — Tilleul première taille.

pas à se préoccuper de la flèche ; il faut obtenir le

plus vite possible des branches qui forment l'éventail et garnissent les vides. Aussitôt l'arbre planté, on supprime les branches en dedans et en dehors de l'allée (*a* et *b*, fig. 476), pour ne conserver que celles de

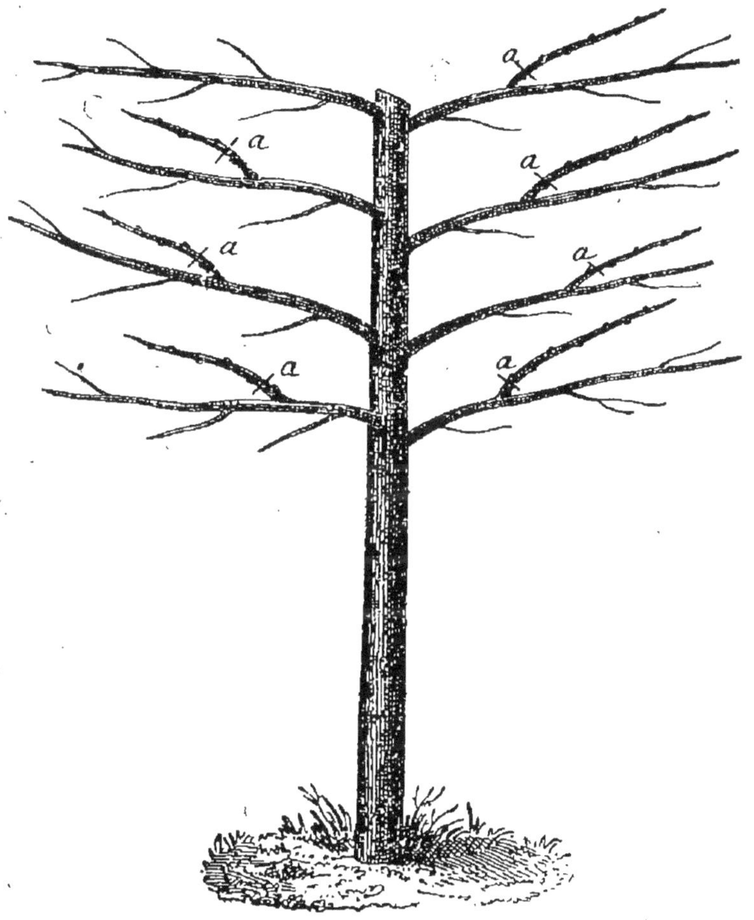

Fig. 476. — Tilleul équilibré.

droite et de gauche ; on taille la flèche en *c*, pour la faire bifurquer et concentrer l'action de la sève sur les branches du bas. Les autres branches sont taillées en *d*, sur un œil ou sur un rameau placé en dessous, pour les abaisser naturellement.

Pendant les premières années, il faut équilibrer l'arbre, c'est-à-dire obtenir un nombre à peu près égal de branches de chaque côté, et enlever les branches qui ont tendance à pousser dans la ligne verticale *a* (fig. 477). Toutes les branches qui naissent en dedans ou en dehors de l'allée sont enlevées au fur et à mesure ; tout est sacrifié à la formation de la charpente, ensuite le croissant (fig. 478) fait le reste.

Le plus souvent nous aurons à former des arbres bordant de grandes avenues et pouvant atteindre à une grande hauteur, sans le moindre inconvénient (fig. 479).

Dans ce cas, on taillera les arbres à la plantation, de manière à obtenir des branches latérales : on supprimera, comme pour la plantation précédente, les branches en dedans et en dehors de l'allée, pour ne conserver que les branches latérales, mais avec cette différence que l'on favorisera le développement de la flèche, pour arriver à une certaine hauteur, tout en établissant solidement les branches latérales.

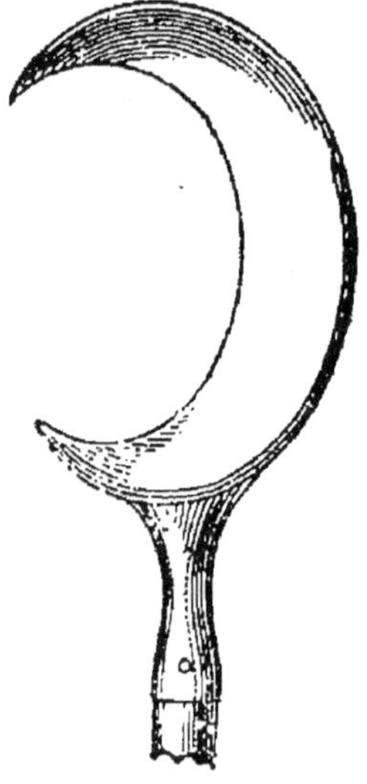

Fig. 478. — Croissant.

La charpente une fois établie et bien équilibrée, le croissant égalise tout, et, quand elle est établie, rien n'est plus facile que d'obtenir, avec un élagage annuel, une voûte de verdure, que beaucoup de grandes villes envient et qu'elles pourraient obtenir facilement en suivant nos prescriptions.

Fig. 479. — Grande avenue.

Des auteurs d'un grand mérite, en traitant de la taille forestière, ont conseillé l'emploi du coaltar, du goudron de gaz, pour recouvrir les plaies. Le public, toujours enclin à généraliser une recette donnée pour certains cas, a fait des applications déplorables.

Le coaltar peut être employé sans inconvénient pour mastiquer les plaies sur toutes les espèces à bois dur ; mais il produit de véritables désastres sur les espèces à bois tendre et sur les arbres fruitiers ; IL LES FAIT PÉRIR.

Il y a une certaine économie dans l'emploi du coaltar en forêt, quand on a des masses de plaies à couvrir sur des chênes ; mais, pour les plantations d'alignement et les plantations urbaines, souvent composées de bois tendres, il y a avantage à employer les mastics à greffer, soit à chaud, soit à froid, parce qu'alors on ne compromet pas l'existence des arbres. Une dépense minime devient dans ce cas une immense économie.

CHAPITRE III

ARBRES D'ORNEMENT ET FORESTIERS

Il y a souvent dans les parcs des arbres que l'on sauverait au poids de l'or, *si l'on savait*, parce que ces arbres sont placés pour ménager un point de vue et sont quelquefois le plus bel ornement du parc. On leur accorde bien de temps à autre, sur la réclamation des propriétaires, deux ou trois heures de bûcherons, qui sapent leurs branches à tort et à travers, et c'est tout.

Les arbres d'ornement isolés doivent être traités, pour la formation, l'entretien du tronc et l'équilibre des branches, comme les arbres de plantation d'alignement (pages 1058 et suivantes).

Lorsqu'ils ont été mal soignés, il est urgent d'enlever les onglets laissés, qui deviennent toujours une cause de décrépitude, et quelquefois de mort. Il faut alors leur donner tous les soins nécessaires pour les rétablir. (Voir *Parcs et Jardins*, 4° édition, au chapitre : Restauration des arbres d'ornement. Cette question y a été traitée à fond.)

Le jour où les jardiniers, auxquels de grandes propriétés sont confiées, prendront la peine de consulter nos livres et de suivre nos indications à la lettre, ils sauveront bien des arbres précieux, que le propriétaire payerait, je répète, au poids de l'or. L'étude des serres, des fleurs, etc. etc., ne permet pas toujours de compléter celle de l'arboriculture pour les arbres fruitiers, d'ornement et pour les plantations des avenues.

Les jardiniers de valeur, qui ont sérieusement étudié la floriculture, en conviennent et écoutent religieusement les conseils de l'expérience. Avec ceux-là un mot dit à propos suffit, et leur intelligence supplée au reste. Mais avec ceux qui ont la prétention de tout savoir sans avoir rien appris, c'est beaucoup plus difficile, pour ne pas dire impossible, parce qu'ils ignorent; et précisément parce qu'ils ignorent, ils repoussent *a priori*, et sans examen, tout ce qui ne vient pas d'eux.

La majeure partie des propriétaires n'est pas assez heureuse pour avoir des hommes intelligents et de bonne foi. Cela est triste à dire, mais existe. Dans ce cas, c'est au propriétaire à ACQUÉRIR LES CONNAISSANCES NÉCESSAIRES ET A COMMANDER.

Rien n'est plus facile en étudiant nos livres : ARBORICULTURE, POTAGER MODERNE, et PARCS ET JARDINS. La tâche n'est pas si rude que bien des propriétaires le supposent ; la majeure partie de ceux éloignés de Paris ont chez eux de *braves et dignes serviteurs* qui ne demandent qu'à marcher en avant, et n'avancent pas parce qu'ils ne savent pas. Ces braves gens ne demandent qu'à apprendre. Que le maître leur mette nos livres entre les mains, ils les étudieront ; que le maître les guide dans leurs applications et supplée à ce qu'ils n'auront pas toujours bien compris : les résultats se produiront vite, et le serviteur sera plus heureux de les avoir obtenus que le maître lui-même. J'ai eu cent exemples de ce que j'avance ici.

Le jardinier de province fait tout : horticulture, agriculture et sylviculture, et tout cela sans avoir acquis des connaissances exactes. A qui la faute ? Est-ce à lui ? Assurément non ! Il ne sait pas, parce qu'un enseignement sérieux ou un bon livre lui ont manqué ; il ignore même que des livres pouvant le guider existent. Ce serviteur n'est pas lettré ; il sait juste lire. Que son maître, auquel il est dévoué, lui donne de bons livres : il marchera, et plus vite qu'il ne le suppose. Au maître la direction, au serviteur l'exécution.

Parcs et Jardins traitant tout spécialement des arbres d'ornement, il me reste à parler de la formation et de l'entretien des arbres forestiers.

Cette fois, nous avons affaire aux gardes ; en général, ils sont soigneux, aiment leur métier, en ont l'amour-propre et font bien ce qu'ils savent, mais laissent de côté ce qu'ils ignorent. Ce qui leur manque, ce n'est pas le bon vouloir, ce sont souvent les connaissances nécessaires. Essayons de les guider dans l'élevage et l'entretien du chêne, le roi des forêts.

Le chêne est l'arbre qui a le plus de valeur, et cette valeur serait plus que doublée si on aidait un peu la nature. Il faudrait, pour obtenir les résultats les plus profitables, avoir un tronc très long et exempt de carie, lui donner les mêmes soins qu'aux arbres de plantations d'alignement ; équilibrer la tête, favoriser le développement du tronc, éviter les chancres, etc., en employant les moyens indiqués pages 1058 et suivantes.

La suppression des branches gourmandes est des plus importantes, en ce qu'elles absorbent la sève et arrêtent l'accroissement de la tête ; lorsqu'elle a été négligée, l'arbre se couronne et ne monte plus.

Alors il faut le restaurer, et faire la suppression des branches en deux fois.

Prenons, pour exemple, la figure 480. Les branches *a*, *b* et *c* s'opposent à l'élongation du tronc ; elles sont très vigoureuses, et de plus leur agglomération sur le même point empêche tout accroissement vertical. Si nous supprimons tout d'un coup ces trois branches en *d*, rez le tronc, nous ferons trois plaies très grandes et très nuisibles au développement de l'arbre. Cou-

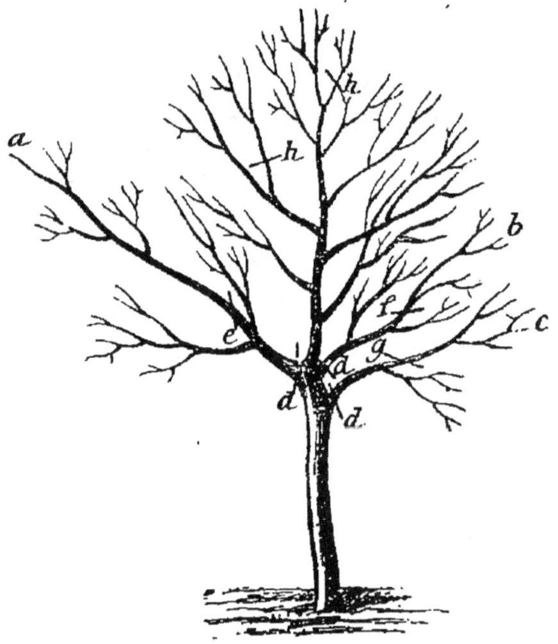

Fig. 480. — Chêne abandonné à lui-même.

pons d'abord la branche *a* en *e*, la branche *b* en *f*, et la branche *c* en *d* ; l'action de la sève se portera vers le haut de l'arbre. Ajoutons à ces opérations les tailles en *h*, pour favoriser le développement de la flèche ; notre arbre poussera par le haut. Deux années après, lorsque la tête sera bien développée, nous supprimerons les chicots des branches a, b et c, en d, rez le tronc, et nous couvrirons aussitôt les plaies avec du coaltar, que l'on peut employer sans inconvénient sur le chêne. Quelques années après, notre chêne s'élèvera majestueusement dans les airs et nous fournira un tronc droit.

Il est bien entendu que la suppression des branches, faite en deux années, doit l'être en deux fois : la première en coupant la branche à moitié, au tiers ou au quart de sa longueur, suivant la quantité de sève qu'elle absorbe, mais jamais sur un chicot de quelques centimètres de long, ne portant pas de feuilles. Le chicot oublié est atteint de carie, se décompose et perd le tronc.

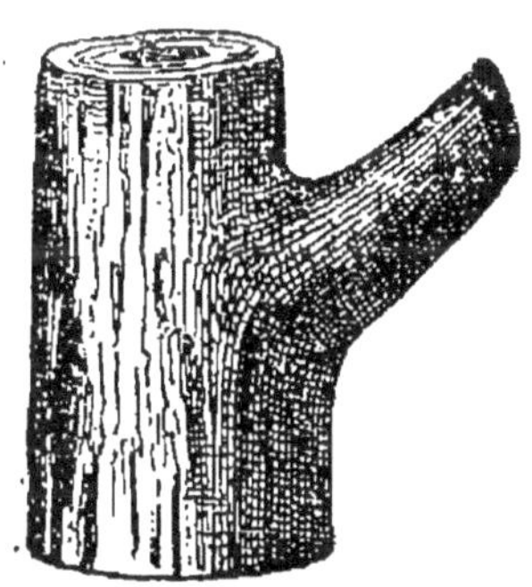

Fig. 481. — Coupe avec chicot.

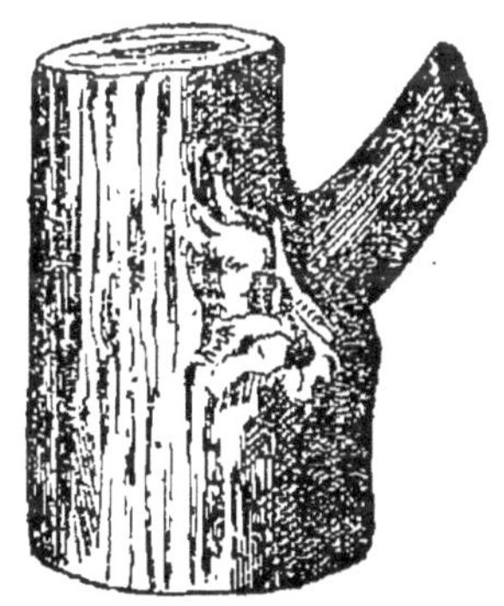

Fig. 482. — Chicot au bout de deux ans.

La plus dangereuse de toutes les coupes de branches est celle en chicot (fig. 481), surtout quand elle est faite à la scie et n'est pas recouverte aussitôt après l'amputation. Dans ce cas, il serait préférable de ne rien faire du tout.

Deux années après la suppression de la branche, le chicot se décarbonise au contact de l'oxygène de l'air ; les écorces forment leur bourrelet pour recouvrir la plaie, mais le chicot y est un obstacle infranchissable (fig. 482).

Les bourrelets serrent toujours la base du chicot

Fig. 483. — Chicot ancien.

Fig. 484. — Résultat final.

d'année en année (fig. 483) ; il finit par tomber en poussière, et la carie gagne le cœur de l'arbre (fig. 484). Alors l'arbre n'a plus de valeur et ne peut faire que du mauvais bois à brûler.

La formation des arbres que l'on élève est facile ; il est plus difficile de les restaurer, cependant il y a encore bénéfice à le faire. Admettons qu'un propriétaire vienne d'acheter des bois en mauvais état. Il ne devra pas tout restaurer, mais il devra au moins l'entreprendre sur les meilleurs chênes, sur ceux qu'il est encore possible de ramener à une forme rationnelle.

Prenons l'arbre (fig. 483) abandonné depuis longtemps, et cherchons à lui faire produire un tronc droit. Nous supprimerons les trois premières branches rez le tronc en *a*. La branche *b*, dans la ligne verticale, formera le tronc futur.

Fig. 485. — Restauration.

Nous couperons la branche *c* en *d*, pour concentrer l'action de la sève sur la branche *b*; nous opérerons ensuite les tailles en *e*, pour équilibrer la tête, et trois ou quatre ans après, nous aurons un arbre en bon état.

Quelquefois les propriétaires reculent devant des dépenses de restauration : c'est un tort, car le bois paye non seulement la main-d'œuvre, mais donne encore un bénéfice au propriétaire, tout en doublant la valeur de ses arbres.

Un bois gagne autant qu'un jardin à être soigné; la différence est la même. Les façons ne doivent jamais être négligées : plantation des bordures, élagage des arbres, formation des baliveaux, éclaircissement des futaies, nettoyage des bois, etc. etc.

La plantation des bordures, faite avec intelligence, donne un produit sérieux ; mais il faut savoir les exploiter à temps, c'est-à-dire aussitôt que les arbres sont bons à abattre. Souvent le propriétaire hésite : il ne veut pas dégarnir ses allées; il attend quelques années pendant lesquelles les arbres perdent de leur valeur, au lieu d'en acquérir. Ce laps de temps, perdu en hésitations, eût suffi pour élever de jeunes arbres.

L'élagage, en donnant un produit, double la valeur des arbres. Que quelques propriétaires essayent, ils se rangeront bien vite à mon avis.

La formation des baliveaux se fait comme celle des arbres d'alignement, pages 1058 et suivantes. Quand on voudra prendre la peine de leur donner les soins que j'ai indiqués, on gagnera moitié du temps sur leur accroissement, et l'on obtiendra des arbres ayant le double de valeur de ceux abandonnés à eux-mêmes.

Il est non moins urgent d'éclaircir les futaies, toujours trop épaisses, surtout dans les dernières années. Une éclaircie intelligente, faite à temps, donne un produit sérieux et augmente la valeur de la futaie comme son produit, pour la prochaine exploitation,

Le nettoyage des bois compte pour beaucoup dans leur prompte végétation. Les genêts, les ajoncs, les bruyères, les broussailles, qui vivent au détriment des arbres, retardent sensiblement leur accroissement. L'argent dépensé pour nettoyer les bois est peut-être celui qui rapporte le plus, et malheureusement celui que l'on dépense le moins et le plus difficilement.

Mon intention n'est pas d'enseigner la sylviculture dans ce livre, mais de donner seulement les indications les plus utiles, et de les donner assez clairement pour permettre à toutes les intelligences de les mettre en pratique ; si je suis assez heureux pour réussir, ce sera un grand pas de fait.

Je ne puis mieux terminer ce livre qu'en recommandant aux propriétaires de bien se pénétrer des principes qu'il renferme ; lorsqu'ils les posséderont, ils pourront commander le travail des jardins et des parcs, comme celui du vignoble, des bois, etc., et ils s'en trouveront bien.

J'ai également l'espérance que les instituteurs primaires, remplis partout de bon vouloir, feront d'heureuses applications ; celles-là seront des plus utiles : elles sont destinées à apporter le bien-être parmi les populations privées d'enseignement, et à augmenter la fortune de la France. Puisse ma voix, celle du travail sans relâche et de l'expérimentation, être écoutée ; elle l'a été, l'est, et le sera, j'en suis certain, dans l'avenir, parce que cette voix qui s'élève dans le chaos de toutes les ambitions, de tous les intérêts personnels et politiques, crie toujours : FRANCE ET PATRIE.

traite à fond : de l'état actuel des jardins : — création des potagers ; — préparation du sol ; — arrosage abondant et économique ; — fabrication des engrais ; — engrais solides, liquides et engrais chimiques ; — assolement ; son introduction dans les anciennes cultures ; — couches ; — châssis ; cloches ; — abris économiques pour remplacer les châssis et les cloches ; — outils à employer ; — labours ; — fumures ; — dressage des planches, etc. ; — succession de cultures et contre-plantations ; — variétés de légumes à cultiver ; — époques des semis, etc., etc.

Potager : du propriétaire, du rentier, du fermier, du presbytère, de l'instituteur primaire, des gares, des employés, etc.

Culture en plaine : verger Gressent ; — potager de la ferme, des petits cultivateurs et des métayers, des camps et de l'armée. — Culture spéciale de chaque espèce de légumes. — Influences atmosphériques ; — précautions à prendre ; — maladies ; — traitement ; — destruction des insectes, etc. etc. ; — travaux à opérer chaque mois. — Culture de l'asperge pour la spéculation.

Un volume de 1040 pages et 178 figures explicatives intercalées dans le texte. — **Prix : 7 fr.**

3° Parcs et jardins (4e édition). — Traité complet de la création des parcs et jardins paysagers, de la culture des arbres et arbustes d'ornement et de toutes les fleurs.

Les trois premières éditions de *Parcs et Jardins*, enlevées en peu de temps, ont donné à tous les moyens pratiques et économiques de transformer les jardins, et d'obtenir facilement les plus belles fleurs.

Dans la quatrième édition *considérablement* augmentée de texte et de figures, les lacunes existant dans les trois premières ont été comblées : la culture des fleurs et l'entretien des jardins sont des plus faciles à l'aide de ce livre, même pour les personnes ignorant la culture.

La quatrième édition de Parcs et Jardins contient : Les parcs en 1880. — Etat actuel des jardins. — Le sublime du genre. — Embarras des propriétaires. — Le mal, le remède. — Création des parcs et des jardins : Considérations générales. — Principes fondamentaux. — Divisions et ordres des opérations. — Travail intellectuel. — Travail matériel. — Inspection du sol. — Recherches des vues. — Arbres à conserver. — Plan. — Vues. — Parti à en tirer. — Surprises. — Perspectives. — Mouvements de terrains. — Dessin des allées. — Effets d'hiver et d'été. — Coloris. — Massifs d'arbres et d'arbustes. — Élagages. — Massifs de décoration. — Massifs factices. — Arbres en groupes et isolés. — *Choix des arbres et arbustes d'ornement* par rang de taille et nuance de feuillage. — Plans de plusieurs jardins. — Les fleurs : Corbeilles. — Bordures. — Groupes et fleurs isolées. — Habillage des troncs d'arbres. — Chemises. — Arbres artificiels. — Les kiosques et les constructions rustiques. — Les terrasses. — Surprises. — Ponts. — Volières, etc. — Moyen infaillible de se débarrasser des indiscrets. — Rochers et rocailles. — Pièces d'eau. — Les avenues. — Caisses. — Massifs de Poteries. — Vases, jardinières et suspensions. — Plan d'un jardin complet. — Tracé sur le terrain. — Préparation du sol. — Triage des terres. — Distribution des engrais. — Arbres, fleurs et pelouses. — Plantation et taille des arbres d'avenues. — Entretien et restauration des arbres et arbustes, conifères, etc. — Culture des fleurs. — But. — Sol. — Engrais. — Arrosages. — Outils. — Couches. — Semis. — Repiquages. — Multiplication artificielle. — Boutures, etc. Greffes, etc. — Culture en pots. — Pincements, etc. — Plantations de corbeilles. — Les gazons. — Maladies, insectes et animaux nuisibles. — Culture spéciale de chaque espèce de fleurs. — Les clefs du succès : la terre, la semence, la culture, la direction, etc., etc. — Date des floraisons et couleurs des fleurs. — Entretien général. — Rosier : formation et taille. — Taille des rosiers remontants, jaunes et grimpants. — Conclusion. Un volume de 1092 pages et 308 figures, 7 fr.

Toute la science horticole est réunie dans ces trois volumes, les plus pratiques qui existent. Une personne étrangère à la culture peut, avec leur aide, créer et diriger ses jardins avec certitude de succès, promptitude et économie dans la production.

PLUS-VALUE FONCIÈRE ET LOCATIVE DES PROPRIÉTÉS par la conversion des *fouillis*, aussi laids qu'improductifs, entourant les habitations, en jardins pittoresques.

PRODUCTION PROMPTE, ABONDANTE ET ÉCONOMIQUE des plus *beaux fruits*, des MEILLEURS LÉGUMES et des plus JOLIES FLEURS.

MISE EN VALEUR DES TERRES INCULTES ET DES TERRAINS COMMUNAUX par l'introduction des cultures les plus productives sur ces terrains ;

AUGMENTATION DE LA FORTUNE PUBLIQUE par la mise en valeur des terrains incultes;

AMÉLIORATION DU SORT DE LA CLASSE OUVRIÈRE par la production des terrains abandonnés ;

NOURRITURE SAINE, ABONDANTE ET ÉCONOMIQUE dans les centres ouvriers, par la production abondante des fruits et des légumes;

RICHESSE POUR LE PAYS, AISANCE, BIEN-ÊTRE POUR TOUS ET MORALISATION DES MASSES PAR LE TRAVAIL INTELLIGENT appliqué au SOL, LA PREMIÈRE RICHESSE DE LA FRANCE.

Tel est le but des *Classiques du jardin*, but facile à atteindre pour qui voudra prendre la peine d'étudier ces livres et d'en appliquer les prescriptions à la lettre.

S'adresser directement à M. le professeur GRESSENT, à SANNOIS (Seine-et-Oise). On expédie les livres franco *par la poste et par retour du courrier.*

ALMANACH GRESSENT

ALMANACH GRESSENT, prix : **50** centimes traitant des nouveautés horticoles de l'année, et uniquement d'arboriculture, de potager moderne et de floriculture.

Chaque année il paraît un nouvel **ALMANACH GRESSENT,** tenant le public au courant des expériences nouvelles faites pendant l'année. — L'**ALMANACH** est le complément des livres.

L'**ALMANACH GRESSENT** paraît toujours du 1er au 5 septembre de l'année précédente. (*Envoi franco par la poste.*)

Demander de bonne heure pour être assuré de l'avoir, car il est toujours épuisé avant la fin de l'année.

S'adresser directement à M. le professeur GRESSENT, à SANNOIS (Seine-et-Oise).

GRAINES POTAGÈRES ET DE FLEURS
Anciennes cultures Gressent.

LES MEILLEURES VARIÉTÉS DE LÉGUMES et les PLUS BELLES COLLECTIONS DE FLEURS, toutes celles recommandées par le *Potager moderne* et *Parcs et Jardins*, sont expédiées franco par la *poste* ou *colis postal*, AUX MEILLEURES CONDITIONS DE PRIX, dans les 48 heures de la réception de la demande.

M. le professeur GRESSENT a DONNÉ à M. BLANCHE, son ancien chef d'expédition, son exploitation de graines, à la seule charge de continuer son œuvre dans le même esprit de progrès et d'utilité publique.

M. BLANCHE est le seul propriétaire des cultures de graines de M. le professeur *Gressent* et lui seul possède tous ses types de variétés.

Tout autre individu se disant possesseur ou successeur des cultures de graines du professeur Gressent n'aura d'autre but que de tromper le public à son profit.

ENVOI FRANCO DU CATALOGUE A TOUTE PERSONNE le demandant DIRECTEMENT à M. BLANCHE, graines, à SANNOIS (Seine-et-Oise).

TABLE DES MATIÈRES

TROISIÈME PARTIE

Notions générales

QUATRIÈME PARTIE

Culture intensive

CINQUIÈME PARTIE

Cultures spéciales

SIXIÈME PARTIE

Culture forcée des fruits

SEPTIÈME PARTIE

Fruits. — Fruitier. — Jardin fruitier

HUITIÈME PARTIE

Verger Gressent

NEUVIÈME PARTIE

Les fléaux de la vigne

Tours, imp. Deslis Frères, rue Gambetta, 6.